中规智库年度报告

（2023）

中国城市规划设计研究院 编

中国建筑工业出版社

图书在版编目（CIP）数据

中规智库年度报告．2023/ 中国城市规划设计研究院编．—北京：中国建筑工业出版社，2023.5
ISBN 978-7-112-28656-0

Ⅰ．①中… Ⅱ．①中… Ⅲ．①城市规划—研究报告—中国—2023 Ⅳ．① TU984.2

中国国家版本馆 CIP 数据核字（2023）第 070735 号

责任编辑：毕凤鸣　周方圆
责任校对：赵　菲

中规智库年度报告（2023）
中国城市规划设计研究院　编
*
中国建筑工业出版社出版、发行（北京海淀三里河路 9 号）
各地新华书店、建筑书店经销
北京建筑工业印刷厂制版
北京富诚彩色印刷有限公司印刷
*
开本：787 毫米×1092 毫米　1/16　印张：37¾　字数：617 千字
2023 年 5 月第一版　　2023 年 5 月第一次印刷
定价：**316.00** 元
ISBN 978-7-112-28656-0
（41085）

编委会

序

2022年，党的“二十大”胜利召开，习近平总书记在党的二十大报告中指出，“坚持人民城市人民建、人民城市为人民，提高城市规划、建设、治理水平，加快转变超大特大城市发展方式，实施城市更新行动，加强城市基础设施建设，打造宜居、韧性、智慧城市”，为在新征程上做好城市规划工作、推进以人为核心的新型城镇化建设指明了方向。

持续肆虐三年的疫情影响了人们生产生活的方方面面，暴露了城市规划、建设、治理的不足与“短板”。2022年，我国人口总量达到峰值后进入下降通道，超高老龄化社会加速到来，再加上需求收缩、预期转弱和外部环境动荡不安等多重因素影响，我国经济社会高质量发展面临更大挑战。

在危机中育新机，于变局中开新局。面对气候变化、能源转型和数字化转型等挑战和机遇，国际社会努力实现求同存异。G20峰会将全球卫生基础设施、数字化转型和可持续的能源转型作为关注的三大优先议题。《联合国气候变化框架公约》第27次缔约方大会（COP27）正式设立了“损失和损害”基金，为那些最易遭受气候灾害影响的国家提供资金，帮助他们在遭受极端天气影响后进行恢复和重建。联合国人居署启动“上海全球可持续发展城市奖”，以城市可持续发展为主题，旨在表彰世界范围内在可持续发展方面取得突出进展的优秀城市，更好落实联合国《2030年可持续发展议程》和全球发展倡议。

纷繁复杂的内外部形势，呼唤高水平智库为国家出谋献策。一年来，我院围绕“探索规律—转变模式—防控风险”这条主线，积极申报国家“十四五”重点研发计划，前瞻性研制国家新型城镇化、城市高质量发展和高水平规划建设所需要的关键核心技术；我们围绕人民群众关心的城市公共服务、宜居宜业、安全绿色等急难愁盼问题，持续进行规划—建设—治理—运营系统性的研究和思考；我们围绕住房和城乡建设部中心工作，在城市体检、城市更新、历史文化保护传承、城市底线守护等方面，继续创新性地开展规划设计和案例实践，追求思想型智库和实践型智库的有机整合，使其浑然一体。

为人民建设宜居、智慧、韧性的城市，任重道远，责任重大。我们唯有以“踔厉奋发，笃行不怠”的精神，创新性开展规划设计和研究工作，才能不负时代、国家和人民的期盼。

中国城市规划设计研究院　院长 王凯　党委书记 王立秋

2023 年 2 月 5 日

目　录

总　论

2022 年世界继续在撕裂中前行。俄乌战争进一步恶化全球化外部条件，产业链、供应链的重组加速进行，友岸外包、阵营分割的趋势更加显化，给正处于转型发展关键阶段的中国经济增添了隐忧，也给我国城市和区域发展带来新的挑战。国家经济面临的需求收缩、供给冲击、预期转弱三重压力仍然较大，扩大内需、有效投资、创新驱动成为广受关注的热点话题，规划行业应围绕空间布局优化开展支撑性集成研究。随着新型冠状病毒对经济运转影响减小，粗放发展的不良倾向在部分地区出现“回流”，对科学规划和高质量建设提出了更为迫切的要求。

党的二十大擘画了全面建设社会主义现代化国家、以中国式现代化全面推进中华民族伟大复兴的宏伟蓝图。报告中所提出的“坚持人民城市人民建、人民城市为人民，提高城市规划、建设、治理水平，加快转变超大特大城市发展方式，实施城市更新行动，加强城市基础设施建设，打造宜居、韧性、智慧城市”等重点内容，为中国城市规划设计研究院（以下简称“中规院”）“中规智库”的建设明确了任务。2022 年全国科技工作会议要求“坚持科技是第一生产力、人才是第一资源、创新是第一动力”，为“中规智库”建设指出了努力的方向。

2022 年，中共中央办公厅印发了《国家“十四五”时期哲学社会科学发展规划》，明确提出“要加强中国特色新型智库建设，着力打造一批具有重要决策影响力、社会影响力、国际影响力的新型智库”。对照国家对智库建设的要求，针对“中规智库”建设的短板和难题，我们邀请了国务院发展研究中心、中国社会科学院、中国（深圳）综合开发研究院、新华社、北京大学、清华大学、中国人民大学等走在国家高端智库建设前列的单位，为中规院传授经验。我们还邀请了多位业内知名专家，为提高智库报告的质量出谋划策。

一、在继承中完善“中规智库”报告内容

2022 年是“中规智库”发布年度报告的第二年。在 2021—2022 年度报告框架基础上，结合专家意见完善了报告结构。年度报告设置了主题报告和专项报告 2 个版块，主题报告围绕 2022 年度“中规智库”建设的大事件——“科技创新”进行系统论述；专项报告围绕“中规智库”建设的 5 个重点（高端对话、重大发布、建言献策、政策解读、创新实践）组织稿件，“高端对话”“重大发布”“建言献策”“政策解读”4 个版块是去年报告框架的延续，“创新实践”是结合中规院实践型智库的特点新增设的。此外，我们还邀请了院外知名专家撰写文章，力求报告具有更广泛的行业代表性。

二、以科研提升“中规智库”创新发展能力

2022 年是国家“十四五”重点研发专项全面启动的一年。中国城市处于从“增量扩张”进入“存量更新”的加速转型期，城市建设既要应对资源环境紧约束的挑战，也要满足人民对美好生活（安全、品质、特色）的需求。因此，“十四五”国家重点研发专项立项支持的项目[①]涵盖范围明显大于“十三五”时期[②]，涉及可持续、安全、绿色、交通、生态、智慧、文化等行业关注的热点，覆盖了宏观、中观和微观各个角度，打通了理论研究—技术创新—装备研发—应用示范的全部环节，这既响应了国家重大战略和社会经济发展的需求，也体现了国家加速构建符合中国特色和发展阶

① 国家“十四五”研发专项中，涉及城镇建设发展相关的重点专项有 9 项，包括城镇可持续发展关键技术与装备、重大自然灾害防控与公共安全、绿色宜居村镇技术创新、交通基础设施、典型脆弱生态系统保护与修复、长江黄河等重点流域水资源与水环境综合治理、物联网与智慧城市关键技术及示范、文化科技与现代服务业、国家质量基础设施体系。

② 在城镇化与城市发展领域，国家“十三五”期间设立了“绿色建筑与建筑工业化”重点专项，为工程建设的绿色化、工业化和信息化奠定了良好基础，但项目的设置对城乡规划建设行业亟须突破的科学问题覆盖明显不足。

段的城镇化技术体系的决心。按照“空间优化—品质提升—智慧运维—风险防控”的技术指南要求（图 1），中规院与清华大学、哈尔滨工业大学、同济大学、天津大学、东南大学、西安建筑科技大学等高校，以及中国建筑设计研究院有限公司、中国水利水电科学研究院、中国市政工程华北设计研究总院有限公司、北京首都创业集团有限公司等在城市基础设施和绿色建筑探索的前沿单位，搭建了跨学科、多维度、重示范的研发合作平台。中规院希望这个平台是开放的、共享的，以“城市群都市圈空间优化关键技术”“基于城市可持续发展的规划建设与治理理论和方法”“城市更新设计理论与方法”“城市内涝风险防控与系统治理关键技术及示范”等 8 个项目的合作为契机，汇聚城市规划行业内外力量，共同探索城市发展规律，推动城市建设模式的转变和城市安全风险的防范，持续研究并形成中国本土的城乡规划和人居环境建设理论方法。

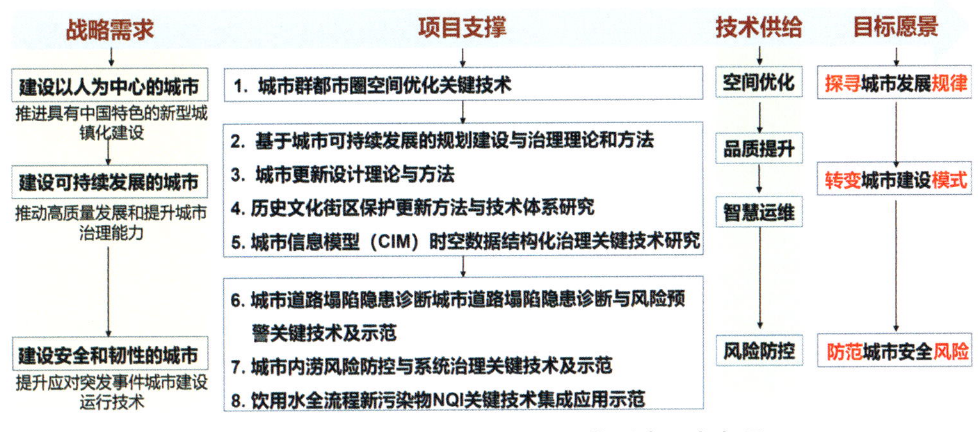

图 1　中规院参与的国家“十四五”重点研发专项

中国工程院高度关注城市和区域安全风险防范的话题，并在 2022 年启动了战略研究与咨询项目“城市安全面临的挑战与对策”，中规院参与了与“安全韧性城市规划与设计”课题相关的研究工作。研究立足“大变局”与“双循环”时代的新特征，系统梳理安全韧性城市规划与设计的理论方法与技术手段，从空间、系统、时间三个维度，分析我国城市在不同自然、社会、经济条件下，应对自然灾害、事故灾难、公共卫生事件、社会安全事件和国家安全风险等多种极端风险时，存在的方法技术、规章制度和实施管控问题，以期提出安全韧性城市规划与设计的顶层框架和理论方法体系。

中规院也长期关注气候变化背景下的大江大河流域治理问题。气候变化导致灾害频率增加、水资源年际变化变大、生物重要栖息地面临威胁等，给区域高质量发展带来了严峻挑战，也对流域高水平治理提出了更高要求。2022 年，受中国环境与发展国际合作委员会委托，中规院原院长李晓江牵头“流域高质量发展与气候适应专题政策研究”，对提高流域城市与乡村聚落的安全韧性能力，应对洪水、干旱下的水资源联合调配，生物多样性上下游协同保护机制，再生农业发展与粮食安全保障等问题进行了深入研究。同时，课题组就嘉陵江流域、太湖流域、珠江入海口等典型地区，针对洪涝干旱灾害、农业面源污染、生物多样性、流域下垫面等突出问题，开展了区域协同治理方面的中外经验对比和借鉴研究。

三、以实践彰显“中规智库”实践型智库特色

城市规划、建设和治理具有很强的实践性，只有通过创新性的技术方法和实施方案，才能够解决区域和城市在发展中遇到的真问题。因此，“中规智库”的建设一直坚持将规划编制的技术方法研究与丰富多样的规划实践相结合，这既是实践型智库的定位所决定的，也是“中规智库”保持持续旺盛生命力的根本。

问题导向的创新型实践项目不断丰富。如南昌高质量城市建设方案，以实施落地为工作目标，就空间供给如何与需求匹配、资源环境约束如何有效、重大建设项目如何生成 3 个核心问题，开展了诸多新探索。宁波市城市建设发展纲要，注重从问题导向和战略导向出发，构建从“城市体检—目标纲领—行动框架—项目抓手—实施保障”的技术逻辑，实现从“规划”到“建设”的有效衔接。杭州规划建设评估，不再局限于部门事权，也不拘泥于规划实现度的评价或具体指标的评判，而是尝试提供规划建设领域的综合性战略行动方案，更加关注空间效率与人的需求的关系，将评估重点落实在规划—建设—治理系统提升的对策行动上。

与国土空间规划关联的规划实践开始拓展。国家空间规划体制改革已接近 5 年，“五级三类”国土空间规划的编制已进入尾声。《全国国土空间规划纲要（2021—2035 年）》已正式获党中央批复，省级规划以及计划单列城市、省会城市的规划也相继进入报批阶段。中规院依托国土空间规划

的编制，开启了面向规划实施和空间治理的实践探索。如针对城市开发边界内的分区规划、单元控规的探索持续进行，期待通过此类规划的编制，将总体规划确定的公共服务配置、底线管控和特色风貌的要求进行有效传导并予以落实。针对城市开发边界外的土地综合整治、乡村振兴单元、生态保护修复等方面的规划编制和方案设计，也陆续进入探索和实施阶段。此外，国土用途管制、功能和规划分区、全国统一的国土空间信息平台、规划全生命周期管理等实践也在持续深化之中。

推动规划落地的市场化机制探索持续深入。以中规院主持的永定河流域综合治理与生态修复实施方案为例，通过流域沿线土地开发、水资源运营、生态补偿以及生态资源使用权交易和相关产业经营等方式获得收益，用以平衡流域治理的资金，实现从建设期到运营期整体的、动态的、持续的资金平衡。滩坊更新项目中，建立了统一开放的平台，鼓励原产权人通过作价出资（入股）、产权租赁、收购重组等方式盘活存量资源，同时通过灵活的政策设计吸引新的市场主体参与更新活动。此外，中规院邀请厦门大学赵燕菁教授从财税可持续角度，针对我国政府主导城市更新的特点，就如何构建多项目动态平衡的财务模式进行了分析。

四、城乡高水平发展—建设—治理贯穿“中规智库”建设全过程

纵观2022年度“中规智库”的建设，高质量发展、高水平建设和现代化治理的主题贯穿于中规院服务国家和部委、编制规划、科学研究的始终，这也顺应了国家新阶段、新理念、新格局的内涵和趋势。

（一）高质量发展

研讨实现“四化同步”的中国式现代化的路径。新型工业化是现代化的重要基础，信息化是现代化的重要动力，城镇化是现代化的重要载体，农业现代化是现代化的重要组成。没有高质量的“四化”，就不可能实现现代化。中规院以中国城市百人论坛为平台，召开了“县域·县城·就地城镇化”的专家研讨，依托国际城市规划比较论坛，研讨了我国在人口收缩背景下村镇的可持续发展之路，中国社会科学院、清华大学、南京大学、中国人民大学、国务院发展研究中心、国家发展改革委小城镇中心、住房

和城乡建设部村镇司等单位的知名专家参加研讨。我们还邀请中国人民大学经济学院刘守英教授针对中国的乡村振兴问题，为“中规智库”撰写了专题报告。他从人—地—业—村四者之间要形成有机系统出发，对重构中国的乡村系统、认识中国城乡融合的形态、推进城乡融合的路径、重构城乡转型的方式，提出了富有启发性的思考。

立足区域视角研究城市的规划和发展问题。好的城市规划和研究，离不开区域的精准分析和研判。如城市的防洪与安全风险的研究，需要立足流域尺度对联调联排联控等重点问题的研究；高铁新城和空港枢纽的规划编制和建设研究，如果缺乏区域功能的深入分析，其空间布局和功能配置的科学合理性将受到质疑。从国家批复的都市圈发展规划看，优化区域功能布局、提高核心城市的辐射带动作用，已然成为规划编制和研究的重点内容。《上海大都市圈空间协同规划》作为第一个获批的跨省域国土空间规划，针对交通、生态、市政、绿道、蓝网、文化旅游、产业协同、体制机制共 8 个重点领域，在环太湖、淀山湖、杭州湾、长江口和沿海 5 个重点跨界协调地区，制定了行动方案，明确了具体落实的牵头城市和部门。

打造高水平对外开放平台。由中国和联合国人居署共同研发的“上海指数”，明确提出了上海指数定位和指数构架，在指标体系、标准遴选和试点验算等方面深度参与研究。计划到 2030 年，“上海指数”将在参与旗舰项目的全球 1000 个城市开展实践应用，并形成“上海指数”的全球城市可持续发展知识共享与合作网络，成为中国与世界各地分享中国智慧和经验的“窗口”。此外，《“一带一路”倡议下的全球城市报告 2022》如约而至，报告结合业界对 2021 年度报告的反馈，进一步完善了指标体系及算法，对全球城市的复苏特征与趋势作出新观察，以数字化方式直观呈现、深入探讨了全球创新、生产与服务、联通设施网络特征与趋势，力求使报告更加科学、客观和公正。

（二）高水平建设

在城市更新中更加关注安全韧性问题。城市突发事件层出不穷，为有效应对日益复杂的城市风险，加强城市安全建设与治理，中规院与同济大学长三角城市群智能规划协同创新中心共同举办了 2022 首届长三角城市安全高层研讨会。会议邀请中国工程院吴志强院士、陈湘生院士、李国强教授、袁烽教授、王凯院长等知名专家学者，从全面贯彻落实总体国家安全观、坚持统筹发展和安全的视角，进行了专题研讨，为“中规智库”聚焦城市安全风险的评估、检测、防控和治理等关键环节的创新指明了方向。同时，大量的城市更新研究和项目实践也让我们认识到，城市更新是提高安全韧性的重要手段，应建立适应更新的分灾种、分领域、分专业以及综合性的技术标准体系。例如研制适应高建筑密度、狭窄道路的市政基础设施建设与敷设技术标准，通过适当的拆建来布局室外避灾场所；在范围较大、道路条件较差的更新地区，要开辟最低限度的消防、救援与疏散通道，尤其是在建筑密度很高、存在大量砖木结构建筑的更新地区，应当划分防火分区，并结合地区消防通道、公共空间、绿地建设，设立必要的防火隔离带；在地势低洼、排水设施不完善的更新地区，要重视提高场地和建筑的防内涝能力；在住房建筑更新中要尽可能实现成套化改造，避免共用厕所厨房，上述措施对于防止火灾和控制病毒传播都很重要（李晓江，2023年）。此外，我们邀请中国人民大学叶裕民教授，针对我国超大城市城中村的更新治理，撰写了一篇高水平的咨询报告。

探索多尺度的历史文化保护传承实践路径。2022年是国家历史文化名城保护制度建立的40周年，中规院推出“规话名城”系列学术活动，广泛邀请中国文物学会、中国城市规划学会历史名城学委会、中国建筑设计研究院、云冈研究院等行业内外知名机构的专家学者，撰写纪念文章，开展学术研讨。中规院还配合中央电视台及住房和城乡建设部推出了大型纪录片《文脉春秋》，聚焦20个各具特色的国家历史文化名城，以人物为线、名城为体、文脉为魂，彰显了中华文明的悠久历史与人文底蕴。在规划实践中，中规院牵头陕西和云南2个住房和城乡建设部确定的试点省份的省级保护传承体系规划，创新性地探索了关于区域保护传承体系规划编制的技术方法和工作策略；在广州、南京、杭州、洛阳、拉萨等历史文化名城保护规划中，通过多个空间层次探索历史文化保护与城市发展战略的融合路径；在永新、淮安、景德镇等历史城区的保护更新实践中，探索形成了推动历史文化融入城市建设与发展的技术路径，极大改善了民生条件，实现了高质量发展。

优化城市体检的问题导向和实施导向。过去3年的时间里，中规院对全国城市体检样本城市在规划、建设和治理中存在的问题进行了深入的剖析，为下阶段优化城市体检工作奠定了良好基础。一方面，坚持以问题为导向，未来城市体检工作的重点应在“实”上下苦功，从房子到小区、到社区、到城区，切实找出居民反应强烈的难点、堵点、痛点问题。另一方面，坚持以目标为导向，为更好地推动城市的可持续发展，从产城融合、职住平衡、生态宜居等方面梳理查找城市发展的短板弱项，并成为解决城市问题的指挥棒。中规院结合相关研究和实践，提出应发挥城市体检在推动人居环境品质提升和城市更新行动中的积极作用。从好房子出发，以完整社区建设为目标，是一次将体检指标、城市更新和完整社区有效衔接的新探索。

（三）现代化治理

满足不同群体对空间的差异化需求。2022 年我国人均 GDP 超过 1.27 万美元，达到联合国世界银行的高收入社会标准。研究人的结构、人的发展、人的迁移、人的消费、人的移动、人的安全、人的空间、人的场所，是新时期我们解析人群、了解不同群体差异化需求特征的重要维度，科学供给多元化服务是时代赋予规划从业人员的重要使命。此外，面向儿童、老年人、青年人等不同群体，有针对性地完善基础设施和公共服务，成为相关政府部门关注的重点工作，也是社会治理精细化的重要体现。

以流域为单元探索多要素综合治理。流域具有要素众多、层次复杂、关系错综以及目标功能多样的特征。流域统筹可以打破传统的行政界线，以流域作为协同协作的治理单元，统筹上下游、左右岸、干支流，兼顾效率与公平，从流域自然—社会—经济复合生态系统平衡角度，合理处理人水关系、人地关系、人与自然生态系统之间的关系，把流域水安全、水资源、水环境、水生态和经济社会发展、人民福祉相结合，形成完整的、有机融合的多要素综合治理模式（郑德高，2023）。2022 年，中规院以湖北省为重点，全面探索推进流域综合治理、实现“四化”同步发展的对策。

持续关注超大特大城市的治理问题。聚焦实现高效能治理，破解大“城市病”难题，推进城市治理体系和治理能力现代化，是新时期国家对超大特大城市发展提出的新要求。我们深入分析了我国超大特大城市的现状问题和阶段特征，通过对比东京、伦敦等国际超大特大城市治理经验，提出了提高治理能力的对策建议。一是，“城市病”问题与城市规模的大小没有必然联系，主要与城市的治理能力和水平有关，高效能治理是缓解“城市病”问题的根本出路。二是，以都市圈推动超大特大城市的区域协同治理，是符合城市客观发展规律的有效做法。三是，根据城市所处的不同发展阶段适时调整治理策略，坚持增加优质资源供应与调整存量空间资源并重，给予与城市发展需求相匹配的资源是提升城市治理能力的关键所在。

探索社区共同缔造等基层精细化治理经验。坚持“人民城市人民建”，就是紧紧依靠人民，坚持广大人民群众在城市建设和发展中的主体地位，找到提升基层治理水平的“人民支点”，探索“共谋、共建、共管、共评、共享”的基层治理体系。中规院在参与湖北省共同缔造的工作中，突出强调共同缔造作为一种工作方法，要在提升基层治理体系和治理能力现代化的各个方面发挥作用；探索建立“纵向到底、横向到边”的长效机制，并培养了一批掌握共同缔造理念和方法的骨干人才，初步形成了一批可复制、可推广的经验。

智慧城市助力城市规划建设高效能治理。城市信息模型（CIM）是智慧城市建设的核心，其作为新型基础设施在推进城市治理体系和能力现代化中的作用日益凸显。中规院在苏州和雄安的 CIM 基础平台规划建设顶层设计中，从全局角度对 CIM 基础平台的各方面、各层次、各要素统筹规划，以集中有效资源，高效快捷地建立满足当地现状和需求的时空信息基础设施。雄安城市信息模型平台作为第一个通过验收的项目，其经验推广到苏州、上海、深圳、成都、三亚、北京市南中轴等城市和地区，开创了全国城市信息模型平台建设的经典模式。

五、展望

2023 年注定是在不确定中继续求索前行的一年。从行业外部来看，面对经济增长“保五”与内需增长乏力的矛盾，规划行业和规划人员应该主动作为，以空间的有效供给助力国家创新能力的提高和内需的扩大，研究多样化、个性化、老龄化、人口减量化等新背景下的空间应对。从行业内部来看，随着国土空间规划编制进入收尾阶段，面向实施和治理的研究和实践项目将成为“主角”，如何通过规划—建设—治理的一体化集成和动态治理[①]推动城市的可持续发展，如何通过创新体制机制实现城市更新的制度化和规范化，如何发挥精细化治理在推动城市运行效率提升和城市高质量发展中的作用，如何将土地综合整治规划、分区规划、单元控规、乡村振兴规划、生态保护修复规划等专项规划做成“有用”的规划……将成为城乡规划领域未来探索的主要方向，也将成为规划行业创造社会价值的重要体现。中规院愿以建设国际知名、国内一流的“国家智库”为目标，与兄弟单位一起，在中国式现代化建设的关键时期，贡献“规划人”的智慧和力量。

（院士工作室，执笔人：陈明、张丹妮）

① 周岚，丁志刚．中国规划重塑期的转型和创新应对思考［J］．城市规划学刊，2022（5）：32-36.

关于建设国家高端智库的思考

“智库”自古有之，从先秦的“尊老制度”，到春秋战国的“养士制度”，秦以降的“谏议制度”，直至明清“幕僚制度”，古代智库发展到达顶峰。在治世兴邦、强国富民的过程中，智库始终扮演着重要的角色。

党的十八大以来，以习近平同志为核心的党中央在治国理政新实践中，提出了一系列智库建设新理念、新思想、新战略，党的十八届三中全会首次提出“加强中国特色新型智库建设，建立健全决策咨询制度”；2015 年 1 月，中共中央办公厅、国务院办公厅《关于加强中国特色新型智库建设的意见》，标志着中国特色新型智库建设全面启动，智库建设上升到“推进国家治理体系和治理能力现代化、增强国家软实力”的战略高度。

一、中规院智库发展背景

中国特色新型智库是党和政府科学民主依法决策的重要支撑，是国家治理体系和治理能力现代化的重要内容，是国家软实力的重要组成部分。中国城市规划设计研究院（以下简称“中规院”）自 1954 年成立至今，一直为党中央、国务院、城乡规划建设主管部门提供决策支撑，在我国城乡规划建设中发挥着“智囊”作用。

中规院的前身是建筑工程部城市建设总局城市设计院，是新中国成立最早的规划设计机构，无论是职能（“一五”时期八大重点城市规划编制工作的推进），还是人员（城市设计院成立之初由建工部城建局调入 43 人，形成最早的“班底”），城市设计院与城建局都有着“局院一家”的特殊关系，可以说，城市设计院是城建局对城市规划编制工作职能的延伸，承担着落实中央城市建设方针、政策的任务；随着 1982 年“中国城市规划设计研究院”的重新成立，国家明确院的工作方向和主要任务为“研究中国各类城镇发展战略、目标、标准、布局、方法、程序、理论、政策和实施等重要问题”，进一步确定了中规院为国家城镇化发展提供技术支撑的主要职能；2022年11月，住房和城乡建设部党组书记、部长倪虹在中规院宣讲调研时强调，中规院要自觉在全面建设社会主义现代化国家的大局中发挥智库作用。

回顾中规院近70年的发展，始终致力于服务国家战略、服务政府决策，从新中国成立初期参与156个重点项目选址以及兰州、洛阳、包头等全国重点城市规划，到20世纪70年代完成唐山、天津的震后重建规划，到改革开放后参与完成深圳设立特区、海南建省前沿工作，再到党的十八大以来，积极开展雄安新区规划编制工作，持续推进京津冀协同发展、长三角一体化、粤港澳大湾区、长江经济带、黄河流域生态保护和高质量发展、成渝地区双城经济圈等国家战略和重大项目；从新中国第一部重要的城市规划规章《城市规划编制暂行办法》，到我国城乡规划建设和管理的重要法规《城乡规划法》的参与起草，以及中央城市工作会议的参与筹备，中规院不仅为我国城市规划工作的开创奠定了基础，更是紧密围绕各个时期国家与住房和城乡建设部的中心工作开展技术支撑工作，可以说长期以来，中规院虽无“智库”之名，但一直实“智库”之职。

二、“中规智库”建设探索

为深入贯彻习近平总书记“中国特色新型智库”建设理念，进一步强化中规院服务住房和城乡建设部中心工作的能力，经过多年的探索与实践，中规院在2021年“十四五”开局之年，正式推出“中规智库”学术品牌，并于2023年，在部领导的支持下，正式启动申报国家高端智库工作。

经过近3年的不断探索，“中规智库”始终以建设“国家高端智库”为目标，围绕智库的决策影响力、学术影响力、社会影响力、国际影响力，坚持服务中央决策、坚持服务国家战略、坚持服务科技创新、坚持服务行业发展、坚持服务国际合作，在智库建设方面取得了一定的成效。

在服务中央决策方面，“中规智库”始终以党中央、国务院、部委决策咨询为核心任务，为中央宣传部、中央统战部、中央财经委员会办公室等中共中央各部门，以及住房和城乡建设部、外交部、国家发展改革委、生态环境部、农业农村部、自然资源部、水利部、农业农村部、商务部、文化和旅游部、国家卫生健康委、应急管理部等国务院各部委，提供各类政策研究支撑工作近千件。同时，“中规智库”密切关注社会民生，积极建言献策，坚持问题导向、重点突出，针对新冠病毒、城市内涝、城市繁荣活力等问题，向各级政府报送专报80余篇，努力将学术成果转化为决策行动，为政府提供重要施政依据。

在服务国家战略方面，“中规智库”长期在国家重大区域发展战略领域开展研究支撑工作，系统开展了各项“十四五”规划编制研究工作。围绕住房和城乡建设部中心工作，推动了城市更新行动、绿色低碳城乡建设、历史文化保护传承、城市体检、城市基础设施建设、城市防洪排涝等系列工作的开展，为部决策提供了坚实的研究支撑，充分发挥了中规院在国家发展、改革创新中的“国家智库”作用。

在服务科技创新方面，“中规智库”聚焦国家战略需求、面向规划行业发展要求，近 3 年来承担各类科研项目 300 余项；围绕探寻城市发展规律、转变城市建设模式、防范城市安全风险，牵头 8 项“十四五”国家重点研发计划项目；围绕国家战略、美好人居环境建设及社会热点与百姓体感，发布近 40 个公开报告，涉及国家区域发展和百姓生活品质等各个方面；出版 30 余部学术专著，为智库建设提供研究支撑。

在服务行业发展方面，“中规智库”依托挂靠在院内的行业社团学委会开展学术交流，通过搭建交流平台组织学术活动 200 余场，数十位院士及全国勘察设计大师、400 余位院内外知名专家（含近 50 位国外及中国港澳台专家）在“中规智库”学术平台上开展学术交流；建立应急服务快速响应机制，为全国重要城市地区的供水水质督察和应急保障提供了重要支撑。

在服务国际合作方面，“中规智库”克服疫情影响，保持国际合作交流不中断，与 30 多个国家（地区）、国际组织有关机构交流联系，积极有序推动多边、双边合作工作，特别加强与联合国人居署、欧盟、世界银行等多边国际组织的合作力度，举办各类国际会议近 50 次，签订 4 项谅解备忘录，开展 10 余项国际合作科研课题，就城市更新、生态环境、绿色低碳等可持续发展问题进行深度研讨，着力提升国际话语权，讲好中国规划故事。

“中规智库”坚持创新与探索，着力提升智库产品质量与影响力，努力迈出智库建设的坚实第一步。

三、经验与启示

“中规智库”通过“请进来”与“走出去”的方式，与中央党校、新华社、国务院发展研究中心、中国工程院、中国社会科学院、中国综合开发研究院、中国电子信息产业发展研究院（赛迪研究院）等多家国家高端智库试点（培育）单位进行交流与调研，就如何更好服务国家决策、围绕国家战略开展前瞻性研究等工作开展深入学习与研究。总结而言，有如下经验：

第一，坚持把高质量完成上级部门交办任务作为首要政治任务。一是形成完善的上级部门交办任务工作机制，明确承接、传达、实施、督办、反馈等各环节的工作要求，全力保障交办任务高质量完成。二是建立交办任务激励机制，根据任务体量、完成质效等纳入绩效考核，以保证交办任务件件有着落、事事有回音。

第二，紧密围绕党中央和国务院决策，跟踪研究和超前研究具有全局性、综合性、战略性、长期性问题和热点难点问题，为上级部门提供政策建议和咨询意见。一是围绕国家发展需要，站在国家战略层面确定年度重大重点研究课题，形成年初确定课题、年中汇报课题、年终评审课题的全流程课题管理机制。二是承担国家部委委托课题，积极对接决策部门，根据决策部门需求把握研究方向。三是在实践与调研中发现问题，通过信息专报等多种方式，为上级部门提供民情社意。

第三，坚持以学术研究为基础，形成基础研究—实证研究—对策研究—对策建议—回溯到基础研究的良性循环研究链。一是协调处理研究与咨询的关系，以研究带咨询，以咨询促研究，使智库研究不脱离实际，又使咨询的理论水平、政策水平不断提高。二是深耕专业领域，形成既有战略层面又有工具层面的完整知识体系。三是召开季度“选题务虚会”，确定研究领域，通过选题和审题务虚会汇集众智。四是落实专业的研究团队，形成多专业、复合型团队，并配套自有经费进行研究支持。

第四，建立有利于激发智库活力的组织管理机制。一是建立内部课题招标投标制度，通过自由申报、招标投标竞争方案的方式，让科研人员关注智库建设。二是发挥首席专家作用，首席专家可以站在较高战略层面带领团队进行研究，直接决定国家高端智库成果的质量。三是加强和国内外科研机构合作，可通过专项研究基金的设立，邀请国内外科研机构作专题研究，形成多样结论，推动社会影响。

四、建设“中规智库”的思考

为全面学习贯彻落实习近平新时代中国特色社会主义思想和党的二十大精神，倪虹部长在中规院宣讲调研时强调，中规院要牢牢把握新时代发展的任务，持续加强自身建设，要深刻理解中国式现代化的特征和本质要求，心怀国之大者，自觉在全面建设社会主义现代化国家的大局中发挥智库作用。

通过这些年的智库建设，我们越来越深刻认识到中国特色新型智库是国家治理体系中的重要组成部分。国家高端智库对中规院而言并不是无中生有的新“头衔”，而是引领中规院创新转型、高质量发展的重要驱动。

中规院有着建设国家高端智库的天然优势，从职能来看，中规院的四项基本职能（为国家服务、科研标准、规划设计咨询、社会公益和行业服务）与资政建言、理论创新、舆论引导、社会服务等智库功能高度契合；从研究对象来看，智库的研究对象主要为公共政策，与城乡规划本身具有的公共政策属性一致；从发展趋势来看，近年来，智库的研究逐渐从宏观性、战略性问题转向与百姓生活密切相关的公共政策问题，以化解如居住、养老、环境等民生之忧为重点，与我们“人民城市人民间、人民城市为人民”的以人为核心的规划思想高度统一。

因此，“中规智库”未来的研究主题，一定是紧密围绕党和政府决策急需的重大课题，围绕中国式现代化开展的研究；一定是紧跟时代潮流，坚持问题导向、时间导向、效果导向，切实回答人民急难愁盼问题的研究；一定是面向努力让人民群众住上更好的房子，从好房子到好小区，从好小区到好社区，从好社区到好城区，进而把城市规划好、建设好、治理好，持续实施城市更新行动和乡村建设行动的研究。

随着“中规智库”建设的不断推进和国家高端智库建设带来的新要求，我们必须站在更高起点来谋划智库建设的目标和实施途径，具体需要从以下几个方面逐步完善：

第一，提高决策服务意识和服务水平是国家高端智库建设的根本所在。随着党和政府对科学决策的不断深入，中规院每年承担国家部委交办的工作不断增加，我们要深刻地认识到，科研创新、规划实践与政策建议之间的协调统一、良性循环关系，要聚焦党和国家发展的全局性、战略性、前瞻性问题，深入开展应用对策研究，推出更多高质量、有价值的研究成果，突出“中规智库”在城乡发展领域的专业性智库优势。

第二，深耕专业研究领域，运用综合研究手段，打造高质量智库研究成果。一是深耕住房城乡建设专业领域，随着中规院的发展，目前已经形成了覆盖城乡发展多专业、分支机构地域化的特点，中规院已经从城市规划研究为主拓展到对城市的全面研究，具有填补现有国家高端智库研究领域空白的优势；二是依托中规院在全国各地的大量实践，以调查研究为基础，开展具有“上接天线、下接地气”、针对社会民生的对策建议；三是以中规院城乡建设数据积累和平台建设为基础，利用新技术手段为政策研究提供支撑，形成更有针对性、精准性的高质量智库成果。

第三，加强与其他智库单位的合作与联动。充分发挥科研院所、高校、企业等智库的不同优势与特色，加强智库间的合作，围绕“城乡高质量发展”主题，形成相互合作、相互支撑的智库合作体，共同承担为政府提供智力支持的任务，成为住房和城乡建设领域智库的重要组成部分。

第四，依托行业科技优势将科技成果转化为政策成果，为上级部门提供切实管用的政策建议。充分发挥依托中规院的多家学术团体的行业优势，将包括国家科技进步奖、华夏建设科学技术奖、城市规划学会科技进步奖等科技奖项中的典型科技成果提炼、转化，形成可为上级部门决策使用的政策建议。

第五，构建开放合作平台，提升“中规智库”的国际影响力。一是拓展对外交流合作渠道，积极开展与国际智库的对话与沟通，联合开展项目研究、发布研究成果，不断扩展国际“朋友圈”；二是加强国际传播能力，借助各类媒体平台和出版物，使“中规智库”在国际舞台上传播中国城乡建设的政策、成果，发挥智库在国际交流中的公共外交作用。

第六，建立和国家高端智库相匹配的体制机制势在必行。一是建立以科技创新和决策支撑服务为核心的全面绩效考核体系，形成以智库成果评价为导向的绩效考核激励体系；二是着力培养智库人才，通过优化机构和激励机制，推出一批政治素质高、有深厚学术功底、可靠决策咨询能力的智库人才。

（科技促进处，执笔人：彭小雷、所萌）

参考文献

[1] 邹德慈．新中国城市规划发展史研究——总报告及大事记［M］．北京：中国建筑工业出版社，2014.

[2] 李浩．八大重点城市规划——新中国成立初期的城市规划历史研究［M］．北京：中国建筑工业出版社，2016.

[3] 中国城市规划设计研究院．经天纬地 图画江山——中国城市规划设计研究院六十周年［M］．北京：中国建筑工业出版社，2014.

[4] 唐涛，杨亚琴，李凌，等．中国特色新型智库高质量发展实践——中国智库报告（2018—2020）［M］．上海：上海社会科学院出版社，2022.

主题报告：

以科技创新引领『中规智库』建设

科技是第一生产力，创新是高水平建设智库的源泉。中国的城镇化和城市发展体现出很强的国际规律，又带有深刻的国家特色和时代烙印。因此，我们既需要紧盯国际前沿的热点话题，如绿色、公平、活力、安全可持续等事关人类命运前途的共同关切问题，也需要立足中国类型极为丰富的规划、建设和治理实践，解决各级政府和人民群众关注的急难愁盼问题，把论文写在中国的大地上。

中规院是国内最早将城镇化和空间规划建设布局进行集成研究的团队之一，早在1985年就承担了原国家科委《中国城市化道路初探》的研究，并在后续国家重大水专项、国家科技研发计划、中国工程院和国家相关部委的研究工作中，与兄弟单位一起，为中国快速城镇化背景下的规划建设和管理做出了应有的贡献。这篇主题报告，系统回顾和总结了行业与中规院在研发创新中取得的成绩，也对未来几年应该重点突破的研究领域和技术难题进行了展望。回首走过的历程是为了更好地前行，增强开拓的勇气和力量，继往开来地建设“中规智库”。

第一章　概要

第一节　国际前沿与关注焦点

活力、繁荣、绿色、公平和可持续的发展，始终是国际上城市和区域关注的热点话题。特别是肆虐全球 3 年的新冠病毒，使人们对人与自然和谐共生、安全与发展的关系有了重新的反思。正如联合国人居署在《2022 年世界城市报告：展望城市未来》（*World Cities Report 2022*：*Envisaging the Future of Cities*）中所指出的，城市应为应对各种冲击做好更充分准备，这样才能更好地实现可持续发展。世界和城市的发展并不是始终线性的、乐观的，城市未来的发展会面临各种不同场景和可能性。当然报告也提出，快速城镇化的长期趋势依然没有改变，新冠病毒只是暂缓了其步伐，全球城镇人口的增长正重回正轨。在未来 30 年，世界城市化步伐将继续加快——预计到 2050 年，世界城市化率将从 2021 年的 56% 提高到 68%。结合报告和我们的观察，我们将国际前沿与关注焦点总结为以下几个方面：

一是，应对全球安全风险挑战，建设韧性城市成为未来发展的核心任务。未来韧性城市必须具有以财政可持续性框架为特色的经济韧性、以普遍社会保护计划为特色的社会韧性、以绿色投资为特色的气候韧性，以及更强大的多层次合作能力。韧性城市经济是未来生产力的催化剂，适应气候变化是城市未来首要的关注点，基于自然的解决方案必须成为包容性规划的一部分。各国政府已经在全球可持续发展议程中制定了城市韧性路线图，通过可持续发展目标、《新城市议程》、《仙台减轻灾害风险框架》、《亚的斯亚贝巴行动议程》和《巴黎气候变化协定》，这是多边体系已经制定出的实现城市韧性的协作框架。城市与其腹地的紧密相连是城市复原力的关键，应再次强调紧凑发展、密度管理和防止城市过度拥挤的重要性。“欧洲国土愿景（ET2050）”将“开放、多中心”作为核心政策目标，采取的主要政治行动包括鼓励城市再生态化、控制城市蔓延，最大限度地减少地面硬化和对原始自然土地的开发，从而降低栖息地破碎化和高产农业土壤减少的不利影响。

二是，高度关注贫困和不平等问题，它是实现可持续发展目标的重要一环，是在全球范围内创造包容性和公平城市未来的重要内核。城市贫困和不平等仍然是城市最棘手的挑战之一。在发展中国家，贫民窟和非正规居住区是贫困和不平等现象最持久的空间表现。在发达国家，贫困和赤贫之地已经“根深蒂固”，少数群体承受着边缘化和污名化，以及城市基础设施投资不足。多层面的方法是实现包容性城市未来的关键，在“行动十年”窗口期（2020—2030年）内，城市和地方政府应通过投资基础设施和基本服务，解决多重空间问题，消除导致社会排斥和经济障碍的矛盾。其中有三个维度是至关重要的，即人人有权使用土地、住房和基础设施的空间维度，关注权利与参与的社会维度，以及公平享有机会的经济维度。

三是，城市是复杂的系统，基于城市未来发展存在的地区差异，城市将面临多种发展情景，要为多变的未来做好准备。城市未来有三种可能的情景：第一，最糟糕的情景是引发高损失的情景，在这种情况下，到2030年极端贫困人口可能会增加32%，即2.13亿人。持续的新冠病毒、全球经济的不确定性、环境挑战以及世界各地的战争和冲突等，都将对城市未来产生长期影响。第二,一切照旧让城市进入悲观未来的情景，重返新冠病毒发生前的旧状态，如城市议程中制度性歧视排斥穷人、非正规部门从业者，过度依赖化石燃料，城市化规划和管理不当，未将公共卫生视为城市发展的优先事项，以及根深蒂固的数字化不平等。这些因素导致无法实现包容性、韧性和可持续性的城市发展目标，也无法实现“不让任何一个人掉队”的承诺，对已然处于不利地位的弱势群体影响尤为严重。第三，转向可持续发展，迎接美好城市未来的情景，把《新城市议程》作为实现可持续发展目标的框架，采取协调一致的政策行动，城市将迎来更光明的未来。城市需要为不断变化且不可预测的未来做好准备，这是新冠病毒、供应链中断、高通胀和气候变化等危机带来的警示。

四是，创新和科技在城市规划中扮演着越来越重要的角色，智慧型城市、知识城市成为21世纪城市发展的方向。城市的发展离不开先进的科技。依托创新研发，被广泛应用的技术和几乎覆盖城市生活方方面面的数字化。当前，数字化浪潮席卷而来，城市居民的生活、工作、学习和娱乐方式正在被重塑。对智慧城市的技术需求也正快速增长，预计其需求量每年将增长25%。而对物联网技术的强烈需求，说明了城市智能技术的发展速度，预计未来几年，其年增长率将超过20%。同样地，区块链技术预计在未来几年，普及率将增长30%以上。

第二节　国内规划行业科技创新进展

改革开放以来，随着城镇化的迅猛推进，我国城市在经济发展、规划建设、生态环境、公共服务、社会管理等方面的问题不断涌现，如何实现科学决策成为中央和地方政府面临的重大挑战，也推动了城市领域的科研工作蓬勃开展，一系列具有影响力的成果应运而生，为国家城镇化发展和城市规划建设发挥了重要作用。

一、国内规划行业科研历程回顾

城市是个复杂巨大系统，由自然生态、人工建设、社会人文三大子系统组成，每个子系统又由若干要素组成。各个子系统和要素既会遵循各自的规律，也会因相互耦合与互动产生复杂的关联关系。正如钱学森先生所言，“城市建设要有规划，要搞城市学的研究，都是说整体考虑的重要性。城市也是一个大系统，没有系统的整体考虑怎么行！”

城市规划行业的科研工作，主要集中在如下五个方面。一是城镇化研究，内容涉及城市化本质与内涵、农业转移人口及其市民化、实施新型城镇化的制度改革，以及以人为本、“四化”联动的国家新型城镇化战略等方面的研究。二是城镇化模式及其布局研究，内容涉及：城镇化主要空间载体的研究，如城镇体系、城市群、都市圈、特大城市地区的研究；城镇发展和布局相关自然承载力研究，如建设用地适宜性评价和资源环境承载力评价（简称“双评价”）成为本轮国土空间规划编制的重要前提和依据；各尺度的国土空间与总体格局研究等。三是城镇化发展质量研究。除了传统的评价指标体系的研究，这些年对城市高度、密度、强度的研究，对基础设施、公共服务、综合防灾、社区生活、全龄友好等的技术标准体系的研究成果更加丰富，针对宜居城市、韧性城市、绿色城市、人文城市、智慧城市等专项领域的研究成果也在不断深化。四是城乡治理研究。国家发展进入新阶段之后，对城市和社会治理更加精细化的形势更加需要城市规划行业的研究。因此，区域和城市治理、社区治理、乡村振兴、城乡融合、城市更新、“大城市病”、衰退型城市、城市体检等方面的研究成为热点。五是分系统推进的城市规划领域的研究，如城市交通的持续研究，以国家重大水专项为代表的、在保障城市供水安全领域开展的研究等。

值得关注的是，虽然城镇化和城市发展的研究长期保持着一定“热度”，相关部委和国家基金课题也持续给予了资助，但直到2006年公布的《国家中长期科技发展规划纲要（2006—2020年）》，才首次将“城镇化与城市发展”纳入国家的重大科学问题，并通过涵盖的5个优先主题、25个重点研发方向对研究工作进行了系统性的整体布局，并在3个“五年”规划中持续立项予以支持。以国家科技支撑计划为例，其在“十一五”时期设立了3项与空间布局和规划密切相关的重点项目（城镇化与村镇建设动态监测关键技术、区域规划与土地集约利用关键技术研究、村镇空间规划与土地利用关键技术研究）；在“十二五”时期，设立了2项与此主题相关的重点项目（城镇群空间规划与动态监测关键技术研发与集成示范、城市新区一体化管理与服务关键技术研究与应用示范）；在“十三五”时期则设置了2项重点研发项目（城市新区规划设计优化技术、特色村镇保护与改造规划技术研究）。相关的研究成果深入分析了我国城镇化的趋势和规律，对制约国家、区域、城市等多尺度空间资源优化配置的关键问题进行了联合攻关，促进了城市规划领域行业主管部门、科研院所、规划编制单位、高新技术企业等研究力量的跨界整合。

二、国内规划行业科技创新进展与新趋势

中国城镇化已经进入由“增量扩张”到“存量更新”的转型期，城镇建设既要应对资源环境紧约束的现实，也要满足人民对美好生活（安全、品质、特色）的需求，关注的重点是建成环境完善和风险应对。

党的二十大提出全面推动科技创新战略。要求以国家战略需求为导向，集聚力量进行原创性引领性科技攻关，加快实施一批具有战略性、全局性、前瞻性的国家科技重大项目，为全社会增强自主创新能力、促进国家创新发展提供重要政策支撑。从规划行业的科技创新工作看，一方面，需要落实国家新时期对城市发展的新要求和新理念；另一方面，需要从理论和方法上提高规划领域研究的规范性，解决长期存在的过于重视经验、但科学

性不足的问题。因此，有 4 个方向值得长期研究：

一是将建设没有“城市病”的城市作为长期的研发方向。如针对“城市—功能区—街区—社区”不同层面的城市问题，加强系统性、整体性的技术装备支撑的重点攻关研究；建立各项功能空间、基础设施的全生命周期的评估及监测技术；形成应对适老化、全龄友好要求下的城市更新与品质提升技术。

二是基于“双碳”目标，加强对城市整体的碳排放监测与计量技术集成。如在生产、建造、交通和市政设施各方面加强低碳技术包的集成，针对不同类型城市，进行低碳、资源循环利用的技术创新研发及应用示范。

三是聚焦安全韧性城市的研究领域，提高应对全球气候变化的能力，增强城市各项功能空间、设施、建筑应对各类突发事件的适应性。加强信息化、智能化在韧性城市规划建设及安全评估方面的集成应用示范。

四是强化历史文化保护传承研究。应从全局系统角度整合资源，建立全面普查的数字化技术装备，加强保护安全的特殊材料研发和监测装备研发。

因此，“十四五”国家重点研发计划中布局了上述领域若干重点专项，包括城镇可持续发展关键技术与装备、重大自然灾害防控与公共安全、绿色宜居村镇技术创新、交通基础设施、典型脆弱生态系统保护与修复、长江黄河等重点流域水资源与水环境综合治理、物联网与智慧城市关键技术及示范、文化科技与现代服务业、国家质量基础设施体系等，涵盖可持续、安全、绿色、交通、生态、智慧、文化等多个重点领域，力图构建一套覆盖宏观、中观、微观多角度的，从理论研究到技术创新再到装备研发、应用示范的系统性研究框架。

第三节　中规院科技创新实践与探索

中规院一直在城市规划相关科学研究领域积极求索，曾主持承担了多项国家部委、中国工程院的国家级科研项目。包括原国家科委委托的“中国城市化道路初探——兼论我国城市基础设施的建设”（1985年），国家“十一五”、“十二五”和“十三五”科技支撑计划课题，国家自然科学基金课题，国家重大水专项，以及中国工程院委托的我国城市化进程中的可持续发展战略研究（2005年）、我国大城市连绵区的规划和建设问题研究（2006年）、中国特色新型城镇化战略研究（2012年）、村镇规划建设与管理（2015年）、中国县（市）域城镇化战略研究（2016年）等多项课题。“十四五”时期，中规院又积极承担了8项国家重点研发计划项目，在科技创新领域继续寻求突破。

一、中规院已有科技创新实践成果

一是持续研究我国城镇化的速度、质量和空间布局，为国家城镇化战略的制定发挥了重要的技术支撑作用。如在城镇化发展趋势的科学预测方面，研发了基于中国国情的城镇化趋势预测模型，实现了城镇化速度预测与建设用地规模预测、经济发展水平趋势判断、国家“双碳”目标实现路径3个方面的结合（图1）。在城镇化空间布局和结构研究方面，2006版和2016版全国城镇体系规划相继提出了构建“多元、多极、网络化”的城镇化格局以及打造城市化和魅力特色两类发展地区，推动形成了更加开放、更加均衡、更加高效集约的国土空间发展格局。进入新时期，面对日益严峻的安全风险挑战，规划领域关注的重点开始向安全问题拓展，中规院又提出了由空间资源精准分析、空间布局适应技术、空间发展动态评估构成的全周期的空间优化方法，即通过“定底盘、布棋局、优棋势”，为全国不同地区的可持续发展提供技术支撑。在城镇化空间组织和模式研究方面，2006年中规院参与中国工程院“大城市连绵区规划和建设课题”，对城市化重点地区的空间组织模式进行了系统梳理，将其空间组织模式归纳为带状、簇群、放射等几种典型类型，并对我国大城市连绵区提出“基于集中基础上的分散化”空间引导方向。在2012年“中国特色新型城镇化战略研究”中，对我国的城镇化道路、模式和城镇化分区进行了新一轮思考。在中国工程院“村镇规划建设与管理”和“中国县（市）域城镇化研究”课题研究中，研究了我国东部沿海、东北和西北、中部和西南典型地区村镇空间组织模式和特点，并结合人口密度和地形地貌对不同的县域提出了差异化的经济社会、资源环境、公共服务与基础设施发展策略。

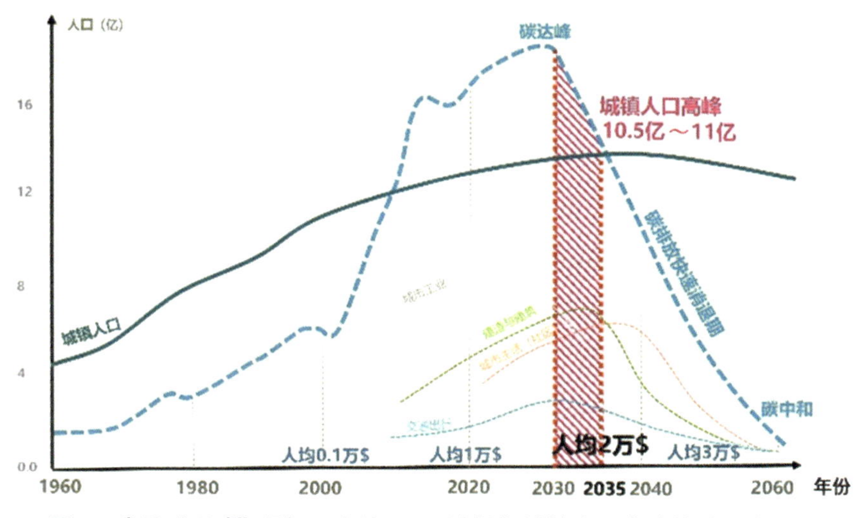

图 1　我国“双碳”目标、人均 GDP 增长与城镇人口高峰的时间路线图

二是以基本民生为出发点，持续关注水、交通等专项领域的关键技术研发。在国家重大水专项方面，“十一五”以来，中规院在饮用水监管、南水北调供水保障、黄河流域供水保障、应急供水、监测技术、技术集成等领域取得重要突破，为构建饮用水安全的工程技术体系、监管技术体系提供了全面的支撑，为国家有关部门的相关重大决策提供关键技术保障。在交通领域研究方面，揭示了城市功能提升与城市交通系统优化互动关系，建立了基于交通可达性的城市内部空间区位分析模型；系统研究了城市交通规划实施跟踪与评价方法，建立了实施跟踪与评价的反馈理论方法；构建了绿色出行发展水平评价指标体系，明确指标计算方法；面向城市、都市圈、城市群研究归纳各自的交通需求和供给特征；系统研究了 TOD（transit-oriented development，以公共交通为导向的开发）模式下高铁枢纽、轨道站点等微观交通枢纽分类规划技术。

三是研制了从用地规模、功能布局，到公服保障、工程实施的体系完整的国家技术标准和工程规范体系，总体上保障了城市建设的集约紧凑和宜居安全（图2）。如在城市建设用地方面，1990 版《城市用地分类与规划建设用地标准》GBJ 137—1990 提出了人均建设用地总量需控制在 60～120 平方米的指标要求，为我国 40 年城市规划的编制提供重要支撑；2011 版《城市用地分类与规划建设用地标准》GB 50137—2011 创新性地提出了基于

“人口规模”和“气候区划”双因子的用地规模结构调控技术，体现了管控的科学性和地域的差异性。在城市交通规划方面，《城市综合交通体系规划标准》GB/T 51328—2018 创新了道路系统分类分级，提出了“两级三类”道路规划方法，构建了新时期城市空间、土地利用与交通系统协同规划技术、指标控制，促进了城市综合交通与城市空间结构的匹配协调，并将绿色交通发展指标化。《城市绿地规划标准》GB/T 51346—2019 是我国第一部系统性的城市绿地规划的标准规范，解决了城市绿地在系统规划、分类规划和相关专业规划方面的技术依据及其规范化问题，是规划行业和园林绿化行业之间的标准化桥梁。在城市市政工程建设方面，《城市排水工程规划规范》GB 50318—2017 和《城市内涝防治规划规范》（报批稿）首次提出应对强降雨的排涝系统和源头减排系统，首次引入了城市内涝风险评估的内容和技术要求，扩展了城市雨水系统的内涵，填补了国内排水体系及排水标准的空白。《城市综合防灾规划标准》GB/T 51327—2018 是我国城市综合防灾减灾救灾专项规划方面的首部国家标准，强调城市综合防灾减灾救灾专项规划与城市规划衔接，统筹、协调并指导各专业的防灾规划。在城市社区规划设计方面，《城市居住区规划设计标准》GB 50180—2018 是我国保障居住区公共服务配置、实现宜居品质的规范性要求，自 1993 年以来历经 4 轮修订完善，发挥了规划标准的政策性、导向性作用，实现居住生活的“更健康、更安全、更宜居”。

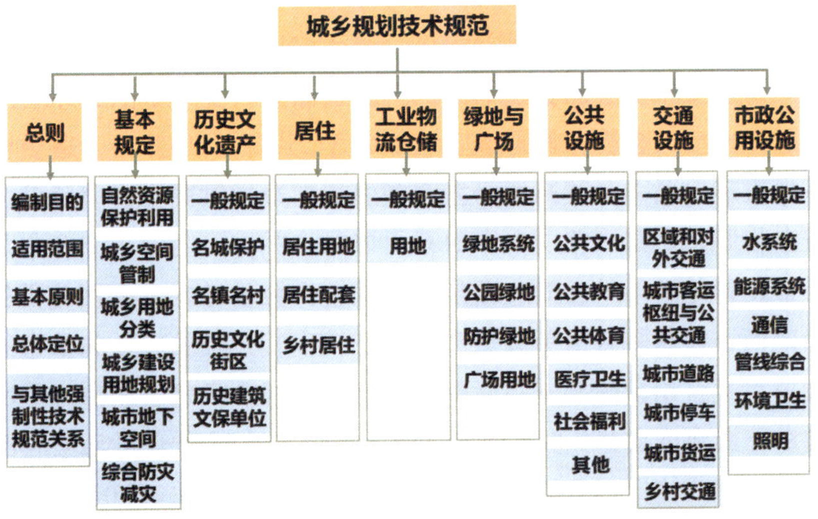

图 2　城乡规划技术规范示意图

二、中规院科技创新探索的新方向

城镇化进入“下半场”，绝大多数城市已经进入“更新提质”的新阶段，加之极端天气气候频发、疫情等突发性公共卫生安全事件威胁加剧，既有研究已经难以适应新时期城镇化和社会经济发展的新变化，亟须创新新时期空间优化的理论和技术方法。

牵头和参与国家“十四五”研发专项，是今后几年中规院科技创新探索的主战场。这些专项为行业提供了“产—学—研—用”密切协作的合作平台，也为中规院与兄弟单位联手为国家和行业做贡献提供了契机。这些项目涵盖了可持续、安全、绿色、交通、生态、智慧、文化等这些行业关注的“热词”，涉及宏观、中观和微观各个角度，打通了理论研究—技术创新—装备研发—应用示范的全部环节：

一是系统开展绿色低碳技术集成研究。促进人居科学发展，探索绿色城镇化的理论范式，构建基于生态优先、公交出行、低碳建造、绿色韧性、智慧运营的绿色低碳技术体系，构建覆盖城乡的绿色低碳类标准规范。

二是资源环境紧约束下城市紧凑发展与更新提质技术。建立城市紧凑绿色发展的目标、指标体系与评估技术，建立可持续、可操作的城市更新模式体系，高效、可持续的城市边缘区管控体系，以及集约、低碳的基础设施支撑体系。

三是高质量发展下都市圈协同发展与调控技术。建立各级城镇规模合理、尺度高效的都市圈空间组织模型，建立都市圈协同发展状态的评估诊断技术、信息共享平台以及感知响应与智慧调控技术。

四是高品质城市建设的多维度评估体系与规划导则。研制城市人居环境综合质量评价与监测指标体系，建立绿色低碳城市、宜居宜游特色城市、功能复合活力城市、公共服务均好城市、健康出行城市的评估体系与规划建设导则。

五是城镇化进程中的文化保护与文态空间建构技术。研制文化价值发掘与风险综合评估技术，建立中华文明标识体系及国家文化廊道与文化魅力景观区格局，构建我国乡村文化价值识别与保护体系，研发基于文化遗产保护与合理利用的文态空间建构技术。

这些研究，归根结底是要为探索城市与区域发展规律，转变城市规划建设模式，防控城市与区域安全风险发挥科技支撑作用。

第二章　探寻城市与区域发展规律

第一节 人口城镇化趋势判断

截至 2022 年，我国城镇化水平已经达到 65.22%，进入城镇化中后期向成熟期过渡的阶段。城镇化增长速度逐步趋缓，不同地域的城镇人口集聚特征差异明显，发达地区人口流动近域化趋势加强，流动人口落户需求呈现多元化特征。

一、当前我国人口城镇化现状特征

（一）全国人口总量减少，城镇化进入中后期

全国人口进入下降通道。我国人口增速自 2016 年以来不断放缓，2022 年末全国人口 14.12 亿人，比 2021 年末减少 85 万人，这是自 1962 年以来首次出现负增长。从生育年龄后移、生育意愿削弱等方面来看，人口增长的拐点已经到来（图 3 ）。

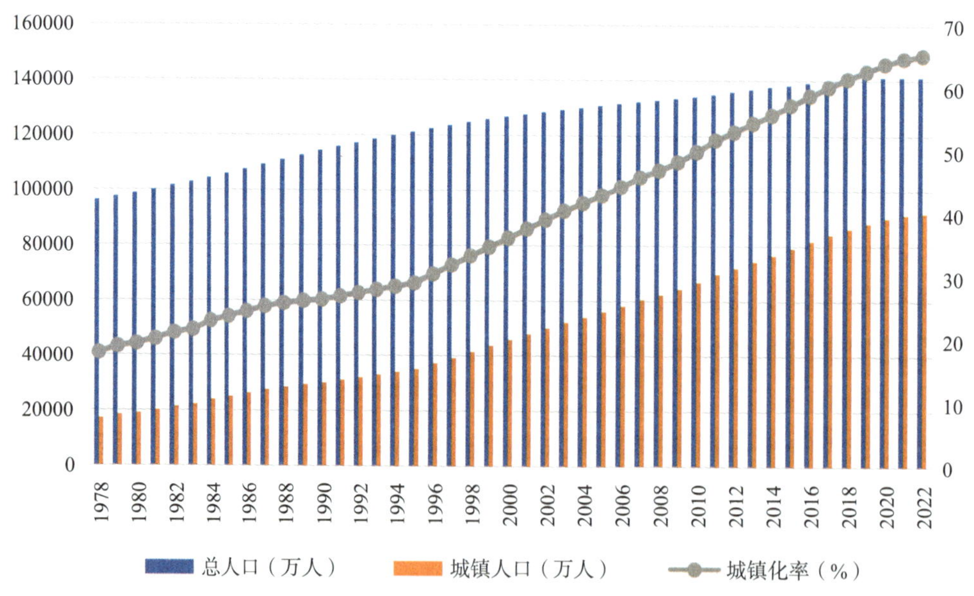

图 3 1978—2022 年全国总人口、城镇人口、城镇化率变化

数据来源：中国统计年鉴、国家统计局

城镇化发展步入中后期。2011 年我国城镇化率超过 50%，这是一个重大的转折，标志着我国一半以上的常住人口居住在城市地区。2019 年我国城镇化率突破了 60%，这也是一个很有代表性的节点，标志着我国城镇化步入中后期，正式进入一个经济、社会、文化、空间组织结构等多方面的全新阶段，“推进以人为核心的新型城镇化”将是下一步发展的重要导向，城镇化的增速也逐步由前些年的高速转向中速增长，2021 年和 2022 年，城镇化率分别提高了 0.83、0.50 个百分点，与前些年近 1 个百分点的增速相比明显放缓（图 4）。

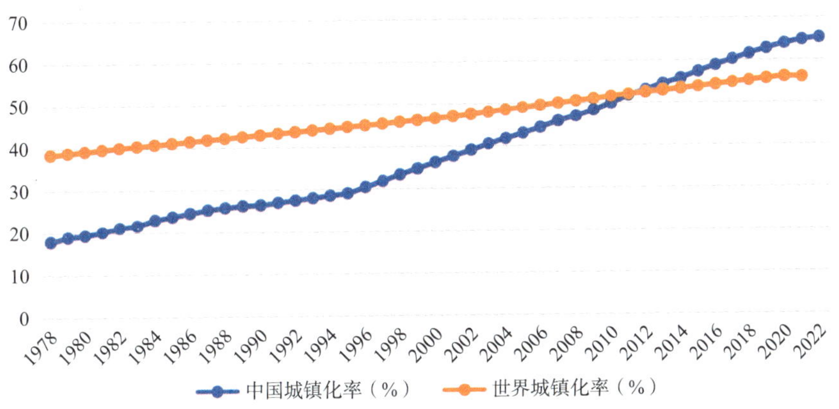

图 4　1978—2022 年世界和中国城镇化率变化

数据来源：国家统计局、世界银行

（二）进入深度老龄化社会，老龄化程度进一步加深

按照国际标准，60 岁及以上人口占总人口的比例超过 10%，或 65 岁及以上人口占比超过 7%，即进入老龄化社会；65 岁及以上人口占比超过 14%，即进入深度老龄化社会。2021 年我国 60 岁及以上人口占比已经达到 18.9%，65 岁及以上人口占比达到 14.2%，这是我国人口形势变化的标志性事件，将对经济运行全领域、社会建设各环节、社会文化多方面产生深远影响（表 1）。

2000—2020 年全国老龄化人口比例　　　　**表 1**

	“五普”（2000 年）	“六普”（2010 年）	“七普”（2020 年）
60 岁及以上	10.3%	13.3%	18.7%
其中：65 岁及以上	7.0%	8.9%	13.5%

数据来源：第五次、第六次、第七次全国人口普查公报

（三）我国正在经历从“人口红利”向“人才红利”的转型

人口红利在相当长时间内是中国经济增长的重要动力。但自2012年起，我国劳动年龄人口的数量和比例均持续性下降，引发了人口红利是否就此消失的讨论。事实上，劳动力人口虽然持续减少，但劳动力素质不断提升，单位劳动力所产出的经济效益已经发生变化，我国正在由“人口红利”转向“人才红利”。2020年与2010年相比，我国每10万人中拥有大学文化程度的由8930人上升到15467人，拥有高中文化程度的由14032人上升到15088人（表2）。

2000—2020年我国人口受教育情况统计 **表2**

	“五普”（2000年）	“六普”（2010年）	“七普”（2020年）
每10万人中拥有大学文化程度	3611	8930	15467
每10万人中拥有高中文化程度	11146	14032	15088
每10万人中拥有初中文化程度	33961	38788	11146

数据来源：第五次、第六次、第七次全国人口普查公报

（四）流动人口落户的意愿在增强，需求呈现多元化的特征

我国的户籍制度是放开中小城市，大城市逐步放开，特大城市仍然严管。从调查数据看，流动人口到大城市，尤其是超大城市落户的意愿十分强烈，这是一个客观现象。1980年及以后出生的新生代流动人口相较于他们的前辈，受教育平均年限有了很大提高，落户到城市的意愿更强，导致意愿增强的因素也从简单追求高收入转向对公共服务的需求。调查显示，流动人口追求的目标第一是子女更好的教育机会（22%），第二为自身谋求更大的发展空间（19%），第三才是更高水平的收入（16%），这和第一代、第二代农民工有了很大的不同。

二、我国人口城镇化发展趋势预测

（一）人口预测

2021年我国人口净增长48万人，2022年人口净减少85万人。从2021

年、2022 年的统计数据看，人口总量进入减量化特征是很明显的。按照《世界人口展望 2022》中方案预测，2050 年，中国总人口数会下降到 13.17 亿人；2100 年，中国总人口数会下降到 7.71 亿人。

（二）城镇化水平预测

对于未来城镇化水平预测，考虑到发展的不确定性，对我国城镇化中长期趋势提出三种情景预测。

一是，低水平情景：在超大、特大城市人口迁移政策保持收紧态势，乡村活力普遍提升、人口吸引能力逐渐强化的情况下，2035 年城镇化水平达 72%，2050 年达 75%。

二是，中水平情景：在保持现阶段高于国际经验的增长速度，继续加强区域协调发展、要素投放更均质、流动人口稳定减少、就近流动的情况下，2035 年城镇化水平达到 74%，2050 年达到 77%。

三是，高水平情景：在农业全面现代化、农村劳动力进一步释放并家庭化迁移，自然资源的约束性进一步收紧，人口进一步向都市圈、城市群集聚的情况下，2035 年城镇化水平接近 75%，2050 达到 80%（图 5）。

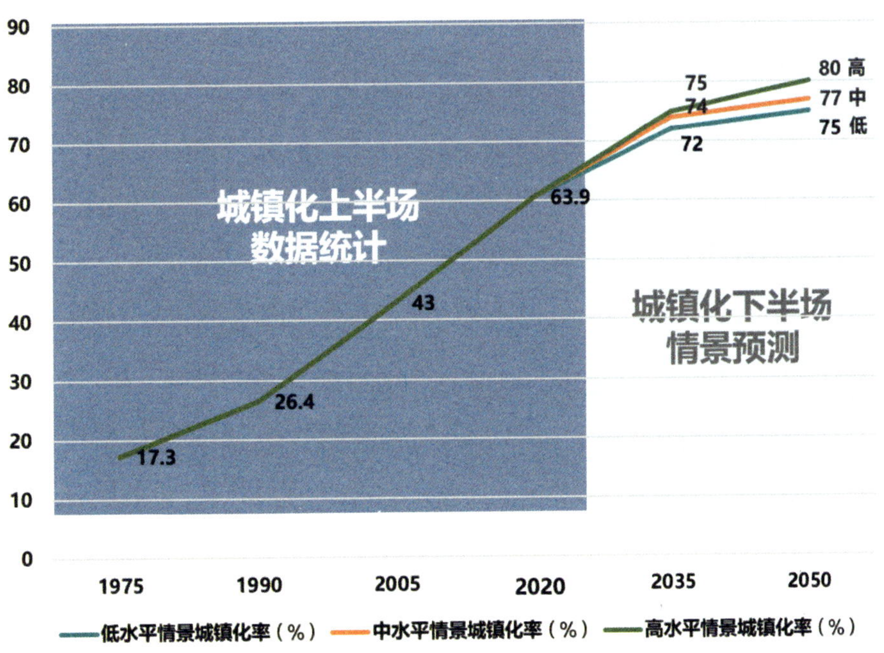

图 5　我国城镇化中长期发展趋势多情景预测示意图

资料来源：王凯，等．中国城镇化率 60% 后的趋势与规划选择［J］．城市规划，2020．

（三）人口老龄化趋势预判

《世界人口展望2022》报告预测，中国60岁及以上人口占比在2024年将达到20.53%。国家卫生健康委预测，“十四五”时期，60岁及以上老年人口总量将突破3亿人，占比将超过20%，我国社会进入中度老龄化阶段。2035年左右，60岁及以上老年人口将突破4亿人，在总人口中的占比将超过30%，我国社会进入重度老龄化阶段。与日本的情况相比，中日老龄化过程接近，但中国的生育率更低，老龄化速度相比日本将更快。日本在相应时期，经历了医疗消费占比上升，医疗行业强劲增长；护理产业扩张，经营尤为活跃；户均规模下降，餐饮业迅速发展。日本老龄化带来的这些变化，给了我们很好的启示。可以认为，我们未来对医疗、护理、餐饮等服务业的需求都会有很大的变化，这都是一些新的情况。

第二节　城镇化格局与重点地区

我国是一个地理多元、地貌多样的大国，拥有七大气候分区和十大流域分布，各地在自然地理格局、资源本底、生态安全方面，面临不同的风险和挑战。因此，扎实做好资源本底的分析是统筹安全与发展、高质量推进城镇化战略的前提。

一、基于资源精准分析的“多元”城镇化道路

（一）分析我国国土空间资源

从自然生态、安全风险两个维度对空间资源开展精准分析，建立包括一般因子、特殊因子和变动因子在内的多因子评价指标模型，分别开展建设适宜性评价和安全风险评价。

1. 建设适宜性评价

选取包括地形、高程、地貌、土地利用类型等用地条件因子，年平均降水量、10 摄氏度以上积温、温湿指数等级等气候条件因子，生态功能重要性、脆弱性等生态环境因子，以及地震、滑坡、崩塌、泥石流、沉降等地质灾害和风暴潮等安全底线因子，并结合水资源承载力校核和粮食安全底线校核，按照国土空间开发建设适宜性强度的不同，将全国国土空间划分为 5 个等级（图 6）。

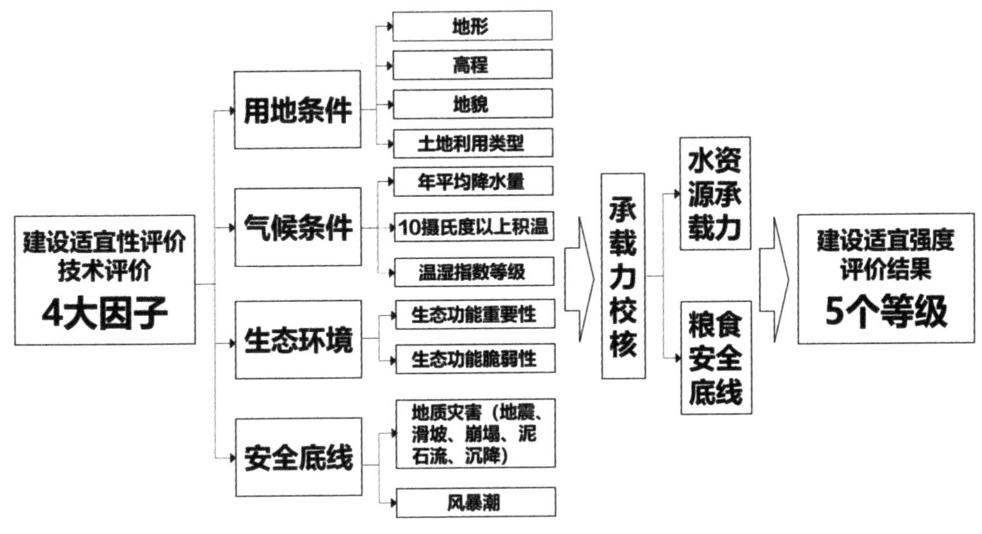

图 6　建设适宜性评价的技术思路

2. 安全风险评价

对暴雨、洪水、地震、滑坡、泥石流、台风、冰雹、雪灾、高低温共九类常见自然灾害，按照暴雨—地震—泥石流、台风—暴雨—洪水、雪灾—低温—高温三类灾害链，按分值加和进行综合风险评估，精准识别全国国土空间的中“安全”“不安全”空间。最终，按照灾害风险的类型和等级，将全国国土空间划分为八类地区[①]。

① 八类地区分别为地震—暴雨—泥石流灾害链中高风险、台风—降水—洪水灾害链中高风险、雪灾—高温—低温灾害链中高风险、台风—降水—洪水和雪灾—高温—低温两类灾害链高风险、地震—暴雨—泥石流和雪灾—高温—低温两类灾害链高风险、地震—暴雨—泥石流和台风—降水—洪水两类灾害链高风险、三类灾害链高风险区以及无风险区。

（二）划定城镇化分区

基于精准分析的分析结果，结合重要城市群和中心城市等城镇化重点地区的识别，以及人口密度的空间分布特征，将全国国土空间划分为 6 个一级分区，分别为城镇化重点地区、不适宜建设的生态敏感脆弱地区、人口密度较高的平原地区、人口密度较低的平原地区、人口密度较高的山地丘陵地区和人口密度较低的山地丘陵地区，以及 22 个二级分区（表 3）。

全国城镇化分区列表　　表 3

一级分区		说明	二级分区	风险度	灾害类型说明
1	不适宜建设的生态敏感脆弱地区	多位于高原等生态敏感脆弱地区，人口密度低	1-a	中	多为雪灾灾害链中高风险，部分地区为雪灾、地震两类灾害链高风险
			1-b	中低	大部分为非灾害高风险区，部分为地震灾害链中高风险
			1-c	中低	大部分为非灾害高风险区，部分为雪灾灾害链中高风险
2	城镇化重点地区（重要城市群、都市圈、中心城市）	多位于重要城市群、都市圈和中心城市，人口密度高	2-a	高	多为三类灾害链高风险区，部分为台风、雪灾两类灾害链高风险区，水资源紧缺
			2-b	高	多为地震、台风两类灾害链高风险，部分为三类灾害链高风险，北方地区水资源紧缺
			2-c	中高	多为台风、雪灾两类高风险或台风灾害链中高风险，水资源紧缺
			2-d	中	多为雪灾灾害链中高风险，部分为地震、雪灾两类灾害链高风险区，水资源较为紧缺
			2-e	中低	非高风险，部分为地震灾害链中高风险，水资源紧缺（西宁、拉萨除外）
3	人口密度较高的平原地区	平原地区或平缓高原地区，人口密度较高	3-a	高	多为三类灾害链高风险，水资源紧缺
			3-b	中高	多为地震、台风两类灾害链高风险，水资源紧缺
			3-c	中高	多为台风、雪灾两类灾害链高风险或雪灾中高风险地区，水资源紧缺
			3-d	低	非高风险区，部分地区为地震中高风险，水资源相对紧张

续表

一级分区		说明	二级分区	风险度	灾害类型说明
4	人口密度较低的平原地区	平原地区或平缓高原地区，人口密度较低	4-a	中	多为雪灾中高风险
			4-b	低	非灾害高风险区
5	人口密度较高的山地丘陵地区	山地丘陵地区，人口密度较高	5-a	中高	多为地震、台风两类灾害链高风险，部分为三类灾害链高风险，生态较为敏感脆弱，水资源紧缺
			5-b	中高	台风、雪灾两类高风险，水资源紧缺
			5-c	中	台风中高风险或台风、雪灾两类高风险，生态敏感脆弱
			5-d	中	地震中高风险，水资源紧缺，生态敏感脆弱
6	人口密度较低的山地丘陵地区	山地丘陵地区，人口密度较低	6-a	中高	多为地震、台风两类灾害链高风险或台风中高风险，部分为三类灾害链高风险，生态较为敏感脆弱
			6-b	中高	多为地震、雪灾两类灾害链高风险，水资源紧缺
			6-c	中	雪灾中高风险，生态敏感脆弱
			6-d	中低	大部分为非高风险区、部分为地震中高风险，生态较为敏感脆弱，北方水资源相对紧缺

二、城镇化重点地区发展

城镇化重点地区主要包括城市群、都市圈和中心城市。这类地区承载着国家战略发展目标，是空间上落实国家目标的主要支点。

国际经验表明，人口向城市群都市圈和中心城市集聚是个普遍现象。以日本为例，自 2005 年后日本全国总人数呈现减少态势，但是东京都市圈的人口仍在继续增加。日本三大都市圈人口占比从 20 世纪 40 年代的 30% 已逐步上升到 52%。我国人口“七普”与“六普”数据相比，人口向特大城市地区的集聚也是很明显的。

（一）城镇化重点地区发展现状特征

城市群都市圈是我国经济社会发展的重要空间载体。2020 年，我国 19 个城市群 GDP 总量达到 89.3 万亿元，占据全国总量的 88.1%。人口总量达到 11.5 亿人，占全国总量的 81.4%。27 个都市圈 GDP 总量、人口规模分别达到 54.9 万亿元、4.77 亿人，占全国的比重分别达到 54.2% 和 33.8%①。21 个超特大城市为主体的中心城市构成了我国人口增长的核心引擎，2020 年我国超特大城市人口总量达到 2.9 亿人，较 2010 年增长了 5515 万人，贡献了全国人口增量的 76.5%。

我国城市群都市圈具有人口规模大、密度高、连绵范围广的空间特点。以城市群尺度为例，珠三角人口密度达到 9449 人 / 平方公里，雄冠全球。长三角和京津冀城市群②与日本东海道、欧洲西北部、美国波士华城市群③

---

① 19 个城市群名录和范围，依据《国家新型城镇化规划（2013—2020）》以及正式发布城市群规划确定。27 个都市圈的名录，根据《国家新型城镇化规划（2021—2035）》确定。南京、福州、合肥、西安、成都、重庆、长株潭等已经正式发布都市圈规划的，以正式公布的规划规划为准；尚未正式公布规划的都市圈，范围依据既往规划或者政府和学界共识度较高的研究成果。

② 京津冀城市群包括北京、天津和河北两市一省全部行政辖区，国土面积约 21.8 万平方公里，建设用地面积约 2.5 万平方公里（约占国土面积的 11.5%），总人口约 11026.3 万人；长三角城市群范围依据国家发展改革委《长江三角洲城市群发展规划》确定的范围，国土面积约 21.2 万平方公里，建设用地面积约 2.9 万平方公里（占总用地的 13.7%），总人口约 16508.6 万人。珠三角城市群包括广东省广州市、深圳市、珠海市、佛山市、江门市、东莞市、中山市、惠州市、肇庆市共 9 市，国土面积约 5.5 万平方公里，建设用地面积约 0.8 万平方公里（占总用地的 14.5%），总人口约 7801.4 万人。建设用地数据来自 2020 年全球 30 米地表覆盖精细分类产品（http://data.casearth.cn/sdo/detail/5fbc7904819aec1ea2dd7061）。

③ 日本东海道城市群包括东京市、神奈川县、埼玉县、千叶县、大阪市、兵库县、奈良县、爱知县、岐阜县、三重县、京都市、静冈县、滋贺县、歌山县，总面积约 8.1 万平方公里，建设用地面积约 1.4 万平方公里（占总用地的 17.3%），总人口约 7139.5 万人；美国波士华城市群又称为波士顿—纽约—华盛顿城市群，指的是美国东北部大西洋沿岸城市群，以纽约为核心城市，包括波士顿、纽约、费城、巴尔的摩、华盛顿等多个大都市和附近中小城市，总面积约 21.5 万平方公里，建设用地面积约 2.6 万平方公里（占总用地的 12.1%），总人口约 5479.8 万人；欧洲西北部城市群包括大巴黎城市群、莱恩—鲁尔城市群、荷兰—比利时城市群，总面积约 13.0 万平方公里、建设用地面积约 1.4 万平方公里（占总用地的 10.8%），总人口约 5128.2 万人。建设用地数据来自 2020 年全球 30 米地表覆盖精细分类产品（http://data.casearth.cn/sdo/detail/5fbc7904819aec1ea2dd7061）。

相比，虽然土地开发强度相差不算太大（10.8%～17.3%），但常住人口密度分别达到5731人/平方公里、4387人/平方公里，明显高于欧洲西北部（3608人/平方公里）、美国波士华（2146人/平方公里），与日本东海道（5175人/平方公里）基本相当。从都市圈尺度来看，我国都市圈高密度人口空间具有蔓延更广的特点。北京、上海、成都、武汉、广州等都市圈人口密度超过500人/平方公里的地域绵延范围超过100公里，明显高于纽约、芝加哥、东京等30～50公里的蔓延尺度。面对极端气候、安全事故和公共卫生事件引发的灾害损失，高密度、高强度的城市建成环境将具有进一步放大的效应（图7、图8）。

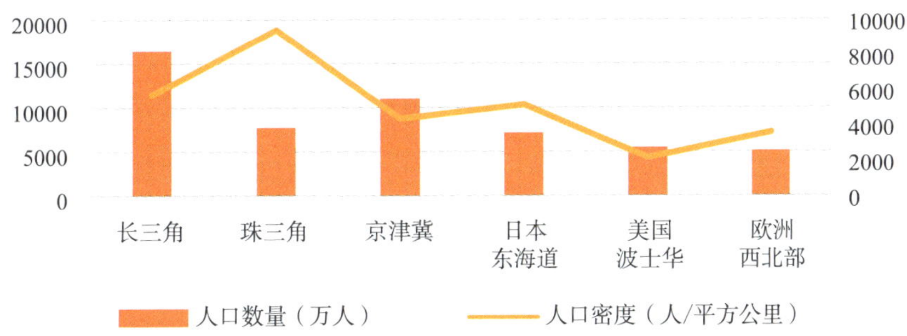

图7　我国三大城市群与世界主要城市群人口规模与人口密度对比

数据来源：国内人口数据来自“七普”统计，国外人口数据来自Landscan全球动态人口数据2020，landscan.ornl.gov/。

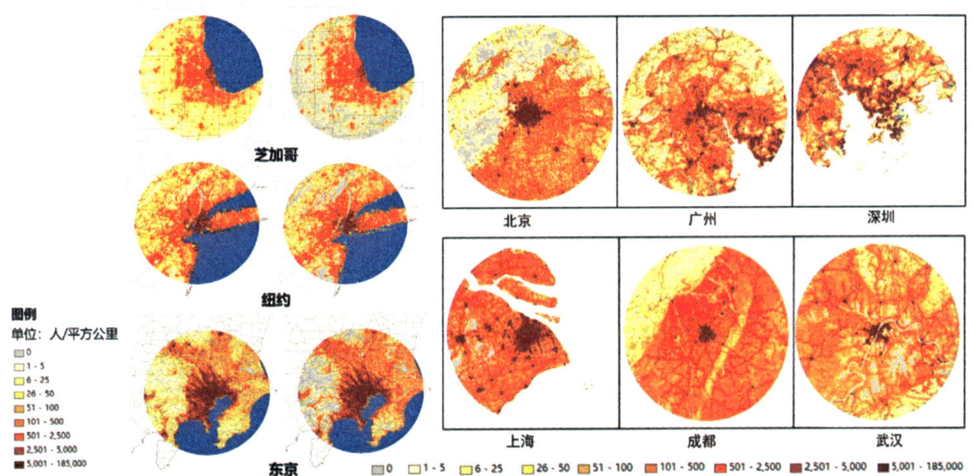

图8　国内外部分都市圈100公里半径范围人口空间分布（1公里×1公里）

资料来源：黄亚平，都市圈空间尺度识别及空间组织优化研究（2022年）

数据来源：美国橡树岭国家实验室，landscan数据集

（二）城镇化重点地区的发展方式

城市群要分类施策。受地理区位、资源环境禀赋、经济社会发展基础等客观条件影响，各城市群整体实力和一体化水平存在显著差距，应结合实际情况，分类提出战略任务和发展重点。如京津冀、长三角、珠三角应以打造世界一流城市群为目标，成渝、长江中游城市群应以提升在中西部重要增长极的实力为目标，山东半岛、粤闽浙沿海、中原、关中平原、北部湾城市群应增强承载和集聚能力。哈长、辽中南、山西中部、黔中、滇中、呼包鄂榆、兰州－西宁、宁夏沿黄、天山北坡城市群周边多是生态地区、农业地区或边境地区，需要积极引导人口适度集聚，提升整体安全水平。

都市圈应稳步推进。依托超大特大城市辐射带动周边市县共同发展、培育形成现代化都市圈，是加快转变超大特大城市发展方式、破解“大城市病”的有效途径，也是促进城市群一体化发展的重要支撑。从发达国家经验看，纽约、东京、伦敦、巴黎等都市圈面积大多在 2 万平方公里左右。因此，我国特大超大城市可以参考这个空间尺度，在做好市域城镇体系一体化发展的同时，推动与周边城市在基础设施互联互通、产业发展梯次分布、公共服务便利共享等方面扎扎实实地开展工作。

特大超大城市要防范风险。超大特大城市要统筹兼顾经济、生活、生态、安全等多元需要，科学确定城市规模和开发强度，合理控制人口密度，有序疏解非核心功能和过度集中的资源，实现组团式发展，加强城市治理中的风险防控，积极破解“大城市病”。2020 年，我国人口增长最快的 10 个城市（深圳、成都、广州、郑州、西安、杭州、重庆、长沙、武汉、佛山）人口总量达到 1.58 亿人，比 2010 年增长 4210 万人，占全国人口的比重由 2010 年的 8.7% 提高到 2020 年的 11.2%，占全国 GDP 的比重由 2010 年的 15.4% 提高到 2020 年的 16.9%。在人口和产业持续聚集的过程中，这些城市及周边生态绿地被大量侵占蚕食，市辖区水面率普遍下降 3%～5%，应对自然灾害、安全风险的韧性能力降低。2020 年长三角城市群因台风、洪涝造成的平均经济损失是 2010 年的 2 倍，直接经济损失占全国比重由 2010 年的 8.36% 上升至 2020 年的 34.35%①。

---

① 数据来自国家统计局，由 EPS DATA 整理。

第三节　政策重点扶持地区

城镇化是现代化的必由之路。推进新型城镇化，不仅是城市地区的高质量发展，也是解决“三农”问题的重要途径和推动区域协调发展的有力支撑。因此，在实现城市群都市圈、超大特大城市高效发展的同时，也应当关注县域县城、小城镇、乡村地区的均衡发展，加大政策扶持力度，加快推动实现全体人民共同富裕的中国式现代化。

一、推进以县城为重要载体的城镇化建设

县城是我国城镇体系的重要组成部分，是城乡融合发展的关键支撑，对促进新型城镇化建设、构建新型工农城乡关系具有重要意义[①]。县域是实现城乡融合的最佳空间单元，对于承上启下、连接城乡、稳定粮食生产、满足城乡就业与消费需求有着重要意义[②]。因此，推进以县城为重要载体的城镇化建设，以县域为基本单元推进城乡融合发展，促进县城基础设施和公共服务向乡村延伸覆盖，强化县城与邻近城市发展的衔接配合，能够充分发挥县城连接城市、服务乡村的作用，增强对乡村的辐射带动能力。

从人口流动的趋势看，劳动力需求的结构性变化带来人口“两头集中”的态势十分明显：一方面，大城市对创新与人才资源的吸引力日益彰显；另一方面，返乡人口、进城人口向县城流动的趋势也很突出，县域城镇人口和县城人口呈现“双增长”。县城成为吸引县域人口的主要空间，也是就地城镇化的重要载体。根据住房和城乡建设部《2021 年乡村建设评价报告：28 省、81 县调查报告》：返乡人口首选到县城安家定居。手机大数据分析，样本县返乡人口中 40.5% 选择到县城定居。县城成为农村居民购房首选地。县城购房者中 50.7% 为农村居民，中部地区此占比为 57.7%。县城返乡人

① 中共中央办公厅、国务院办公厅印发《关于推进以县城为重要载体的城镇化建设的意见》。

② 郑德高．中国特色的城乡融合发展——构建以县域为单元的城乡循环框架研究．“规划中国”公众号。

口中，年轻人占较大比例。返乡人口中年轻人更愿意到县城定居。样本县的县城返乡人口中，19～29 岁人群占 34.6%；西部县此指标高达 37.8%。在城镇化高水平情景下，我国未来还有 1.5 亿～2 亿人的新增城镇人口，县级单元仍将会成为城镇化的重要层级。①

以县城为重要载体的城镇化建设，重点不是速度而是质量，要着力补短板。优化县域生活质量，提高县城对返乡创业就业人员、农村居民的吸引力；优化县域产业体系，因地制宜发展当地优势产业、完善农产品产业链、培育发展新业态，增强县城就业吸纳力；优化县城空间格局，根据县城人口规模和增长趋势加强土地和住房供给、公共服务和基础设施配套，增强县城人口承载力；增强县城中心功能，提升县城对建制镇、乡村的辐射带动力，促进县域城乡融合发展。②

中国的大国特征决定了县域发展的多元化，这也意味着以县城为重要载体的就地城镇化的路径也应当是因地制宜的。对于都市圈内的县城，应当顺应发展为中小城市的趋向，融入都市圈内产业分工体系，实现城乡高度融合和一体化发展；对于农业地区的县城，应当以服务“三农”和公共服务为导向，实现老百姓幸福生活以及共同富裕的主体空间，成为链接城乡的重要节点，践行公平正义、体现幸福生活的重点空间；对于景观资源地区内的县城，应当成为重要的旅游目的地和服务基地，以历史文化特色和魅力景观资源促进城乡联动发展，重视文化保护传承与利用、魅力景观塑造，建设成为有品质、有文化、宜居住的生活场所。③

二、以小城镇建设带动新型城镇化与乡村振兴互促共融

小城镇是“上联城市、下接农村”的关键节点，对于我国城乡协调和可持续发展有着重要意义。但长期以来我国小城镇发展明显滞后，“小城镇·大战略”没有成为现实。面向新型城镇化、乡村振兴等时代要求，小城镇的地位愈加突出，也亟须找寻切实可行的发展路径。

① 王凯．县域·县城·就地城镇化——中国特色城镇化道路的初步思考．

② 苏红键．中国县域城镇化的基础、趋势与推进思路．

③ 王凯．县域·县城·就地城镇化——中国特色城镇化道路的初步思考．

当前，我国小城镇发展面临全新的背景与形势。一是国家战略中小城镇的作用发生变化：随着城镇化进入新阶段，镇是承上启下、连城接乡的重要节点；双循环新格局下，镇是城乡要素融合统一的关键，有利于建设统一大市场。二是小城镇管理的制度环境在发生变化，涉及镇的相关法律法规、标准规范乃至规划体系都和之前有了很大的不同，尤其是地方实践中，发展类型的规划、空间类型的规划、建设类型的规划呈现并行、融合的态势。三是小城镇的功能也逐步完善，在产业发展、环境风貌、公共服务、存量更新等方面，都面临着更高的发展建设要求。在迈向中国式现代化的新征程中，小城镇在保安全、促发展两方面都有着十分重要的意义。小城镇是保障粮食安全的重要载体、维系社会稳定的重要基石、维护国土安全的重要屏障，也是构建新发展格局的重要支撑、城乡融合发展的重要环节、引领乡村振兴的重要节点。

小城镇的发展建设尚面临支撑力度不够、要素集聚能力不强、设施配套滞后等诸多问题。为实现小城镇的高质量发展，充分发挥其衔接新型城镇化与乡村振兴战略的价值，应当进一步明确小城镇在国家战略中的角色定位，把小城镇作为破解我国城乡发展不平衡和农村发展不充分问题的关键，成为推动我国新型城镇化、乡村振兴战略、城乡融合和扩大内需战略高质量落地的重要抓手。因地制宜地选择小城镇功能定位和发展方向，尤其是探索特大镇和经济强镇的发展道路与模式，加强对一般小城镇发展问题的研究，有序启动补短板强弱项工作。①

针对我国小城镇整体差异化的发展格局，因地制宜、分类引导、挖掘特色、精准施策，统筹推进异地城镇化和就近城镇化，促进小城镇健康高质量发展。② 对县级人民政府驻地所在的城关镇，应当参照县城或小城市的标准进行建设，强化对县域单元的辐射带动能力；对位于城市周边的卫星镇，应当加强和城市通勤、功能的密切联系，承接城市功能外溢，与城市协同互补发展；对区位条件较好、承担县域副中心职能的中心镇，应当加强经济发展基础，完善公共服务设施和基础设施配套并向周边延伸，加强对周边乡镇和乡村地区的辐射带动能力；对具有历史文化、特色资源优势

① 荣西武．高度重视小城镇对国家战略的支撑作用．

② 陈明星，张华．我国小城镇的角色演化特征及高质量发展建议．

或具备突出的专业化功能的特色镇，应当着力培育文化、旅游、商贸、工业、农业、强边固防等方面的专业功能，使其能支撑自身发展并具有一定吸引力；对于广大农村和生态地区的一般镇，应当以服务“三农”、生态保育等功能为优先，并为镇域居民提供基本生产生活服务。

三、以宜居宜业和美乡村建设全面推进乡村振兴

建设宜居宜业和美乡村是全面建设社会主义现代化国家的重要内容。党的二十大报告提出，中国已经开启全面建设社会主义现代化国家新征程，要以中国式现代化全面推进中华民族伟大复兴。全面建设社会主义现代化国家，实现中华民族伟大复兴，最艰巨最繁重的任务依然在农村，最广泛最深厚的基础依然在农村。

当前，与快速推进的工业化、城镇化相比，农业农村发展相对滞后，城乡发展不平衡、乡村发展不充分仍是社会主要矛盾的集中体现，乡村发展建设还需要更大力度的政策支撑。新时代新征程，要以全面建成小康社会为新起点，做好全面推进乡村振兴这篇大文章，补上“三农”短板，夯实“三农”基础，促进农业全面升级、农村全面进步、农民全面发展，建设宜居宜业和美乡村。让农村逐步基本具备现代生活条件，创造更多农民就地就近就业机会，保持积极向上的文明风尚和安定祥和的社会环境，实现城市和乡村各美其美、协调发展[①]。

从乡村发展的国际经验来看，大致经历了一个从“生产主义”到“后生产主义”再到“多功能乡村”的演化路径[②]，对乡村作为农业生产空间的限制逐步弱化，越来越强调其环境保护、文化特色、生活质量和可持续发展等方面的价值。价值的多元化也导致了开发的日趋多元化，城市与乡村成为密切互补互利的均衡整体。中国的国情决定了保障粮食生产始终是乡村地区的重要功能，但在高质量发展背景下，乡村的价值也将趋于分化及多元。对于乡村地区而言，其经济价值、生活价值、生态价值和文化价值

---

① 胡春华．建设宜居宜业和美乡村［N］．人民日报，2022-11-15．

② 申明锐，沈建法，张京祥，赵晨．比较视野下中国乡村认知的再辨析：当代价值与乡村复兴．

等是有机统一的[①]，这也意味着未来中国的乡村将兼有多方面的发展功能。乡村是重要的安居家园、高质量诗意栖居地，也是国家粮食安全的保障地、传统文化的传承发展地、休闲旅游服务的目的地、创新功能的适宜承接地。

中国广阔的地域孕育着不同形态、不同资源条件和不同文化特征的村庄，自然地理分异以及各地区乡村空间格局的差异决定了乡村类型的复杂多样性。乡村的价值和功能日趋多元化也使得各地乡村发展建设不可能是单一路径。因此，有必要找准不同类型地区的乡村发展特色优势，针对性地进行资源投放和政策引导，实现差异化发展。对于大城市周边地区的乡村，应当充分发挥在产业、文化、生态等方面的多重价值，促进城乡深度融合，注重农业的多功能性，开辟都市农业保障区，打造休闲旅游目的地、创新功能的承接地；对于历史文化地区的乡村，应当注重保护传扬乡土文化，留住乡愁，利用好丰富的历史文化特色资源，发展乡村旅游和特色产业，促进文旅融合；对于生态环境良好地区的乡村，应当坚持农业绿色发展模式，统筹生产、生态功能，以农村人居环境改善为重点，提升乡村地区的生活品质；对于广大农业地区的乡村，应当以保障粮食安全和农业生产为主要任务，加快农业现代化发展，提高农业质量效益和专业化水平，促进第一二三产业融合，延长农业产业链条。

① 朱启臻，赵晨鸣，龚春明．留住美丽乡村：乡村存在的价值．

第三章　转变城市规划建设模式

第一节　推动城市更新行动

第二节　关注绿色宜居发展

第三节　保护传承历史文化

第四节　信息化赋能城市治理

第一节　推动城市更新行动

城市更新是城镇化进入中后期的必由之路，对推动城市功能结构优化和品质提升、转变城市开发建设方式、提升城市发展质量、满足人民日益增长的美好生活需要、促进经济社会持续健康发展具有重大意义。住房和城乡建设部推出了首批21个城市更新试点城市，要求针对突出问题和短板，严格落实城市更新底线要求，探索城市更新的工作机制、实施模式、支持政策、技术方法和管理制度。

一、当前城市更新行动面临的主要问题

城市更新面临一系列现实困难。第一，现有的项目建设审批程序和审查规范大多基于新建项目，难以适应城市更新项目的类型特点，导致更新中的“合理”手段面临法律风险和实施困境。第二，当前城市更新的产权、土地、规划、投融资、财税等政策不明朗或支持不充分，导致城市更新活动风险较高而收益较低，社会资本参与积极性不强，资金来源有限。第三，城市更新的利益相关方参与不足，需要进一步鼓励和加强居民、物业、基层管理者在城市更新全过程的参与，营造共建共治共享的治理格局。

城市更新面临的技术难题。我国的城市更新理论分析工具和设计技术方法主要借鉴西方发达国家，忽略了中国城市发展的特殊阶段、特殊国情与本土环境，难以满足中国多层次、多类型的城市更新实践需求。这导致具有中国特色的城市更新演进历程、发展规律和体系化理论长期缺乏深入探究，城市更新实践的体检评估、设计、实施等亦缺少本土化的技术开发和集成应用。

二、未来亟须突破的理论和技术方法

应立足当前中国城市的发展阶段、价值取向与现状需求，搭建具有科学指导价值的中国特色城市更新理论体系，提出以民生和品质等多重价值

为导向的全流程、精细化更新设计方法体系。一是研究中国特色城市更新趋势规律和理论，揭示我国城市更新的概念特征、发展历程、趋势规律和设计方法路径；二是研制基于城市体检评估的城市更新综合评价技术方法，制定城市体检指标体系与问题解析方法，提出覆盖全过程全链条的城市更新综合评价技术体系和决策支持模型；三是针对典型城市，形成差异化的更新类型和更新方法；四是形成“设计—实施—示范”全周期城市更新设计方法与面向建造的技术集成体系；五是构建中国特色城市更新规划设计体系、标准规范体系、实施运作体系，搭建服务实施的动态样本数据库和国家级综合信息平台。

第二节　关注绿色宜居发展

在中国式现代化的五大特征中，“人口规模巨大的现代化”决定了我国不能像体量较小的国家那样，将自身发展寄托于其他国家的资源支撑，更不可能像工业文明初期的西方国家那样，依靠对外军事扩张和殖民掠夺，而应坚持“人与自然和谐共生的现代化”和“走和平发展道路的现代化”，把粮食、水、能源、战略性矿产资源等牢牢掌控在自己手中。“全体人民共同富裕的现代化”决定了我国不能允许社会贫富分化、陷入中等收入陷阱，而应将全体人民对美好生活的向往作为我们的奋斗目标，并实现“物质文明和精神文明相协调的现代化”。上述特征可理解为中国式现代化的约束条件和终极目标，二者同时兼顾的巨大挑战在于：我国的水、土、能矿、生态等资源的人均保有量只有世界平均水平的1/10～1/3，资源短缺导致我国无法借鉴美国模式——将现代化进程寄托于人均资源能源消耗的同步增长上，而唯有着力推动高质量发展，通过科技创新逐步实现人民生活水平提升与资源能源消耗脱钩，方能兼顾约束和目标（图9），这也正是中国式现代化的真谛和艰巨所在。

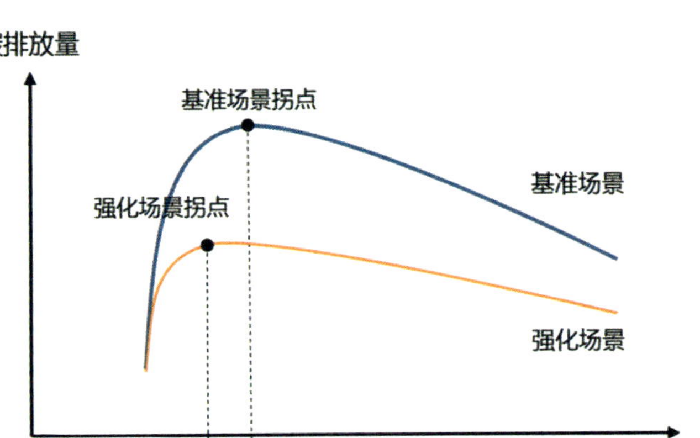

图 9　基准和强化场景下国民幸福指数与碳排放量之间的关系对比

“城乡建设领域”是人民美好生活的幸福家园，也是生态环境问题的焦点地区和碳排放的主要源头。要想在城乡建设领域回答如何实现中国式现代化，就必须妥善处理好“绿色”和“宜居”的关系，即一方面将生态资源环境安全底线作为城乡建设的约束条件，另一方面将人民安居乐业作为城乡建设的终极目标。“科技创新引领”是兼顾“绿色”和“宜居”的唯一解决方案，城乡建设领域是科技创新规模最大、覆盖最广的应用场景，同时体现了“面向世界科技前沿、面向经济主战场、面向国家重大需求和面向人民生命健康”使命担当。应当促进“学—研—产—用”的融通创新、利益共享，推动绿色宜居领域的关键共性技术、前沿引领技术、现代工程技术创新，助力城乡建设转型升级。

一、全周期推动城乡建设领域的绿色宜居科技创新

科技创新可以从全周期的 3 个阶段——规划 / 设计阶段、建设 / 更新阶段、管理 / 运营阶段入手。

（一）规划 / 设计阶段

强度适中、格局优化的城镇空间将对后期居民生活体验和管理运营效率产生决定性影响，是规划 / 设计阶段需要回答的两大科学问题。

以资源环境承载能力和国土空间开发适宜性评价为基础，确定适度的城镇开发规模和高度、密度、强度。应控制城镇空间在全域空间的适度比

例，避免城镇蔓延导致生态、农业空间不可遏制地退化；同时应根据各地情况控制每个组团平均人口密度，避免人口密度过高导致的环境质量下降、交通拥堵等城市病，或人口密度过低难以发挥集聚效应所导致的空城、鬼城现象。中规院对12个样本城市[①]研究表明，国内城市的核心建成片区[②]人口密度高于国际城市，国内城市总体位于2.0万～2.8万人/平方公里，平均数为2.5万人/平方公里；国际城市则处于1.2万～2.6万人/平方公里，平均数为1.8万人/平方公里。总体而言，中等偏高的建设强度和人口密度是符合中国国情的城镇空间解决方案，对强度、密度过高的片区，应采取有效措施予以疏解。新建住宅建筑密度应控制在30%以下，建筑高度要与消防救援能力匹配，严格控制新建超高层建筑。

通过城市空间格局与功能布局优化，在控制资源能源消耗的前提下提升运营效率。在城市群、都市圈内建构多中心、网络化、组团式的城镇发展格局和整体性、系统性、连通性的生态安全格局，在城市层面顺应自然地形，构建多中心、多组团、可生长的城镇空间结构，将有效降低城市运营能耗。单个组团面积一般不宜超过50平方公里，组团之间应建设连续贯通的生态廊道，与山、水、林、田、湖草等生态系统连通，最小净宽度一般不小于100米，在组团内部通过功能混合实现“职住平衡”，并布局绿地水面等开敞空间，这些措施能够缩短居民通勤时间，满足居民休闲游憩需求，提升生物多样性和碳汇能力，降低城市热岛效应，增加蓄滞和避灾空间，从而实现便捷、舒适、生态、降碳、安全等方面的多重效益。

（二）建设/更新阶段

延长建筑使用寿命、推进绿色建造能够大幅降低建造所产生的碳排放，是建设/更新阶段需要关注的两大科学问题。

延长建筑使用寿命、推进城市有机更新。中规院分析了建筑全生命周期的碳排放状况，发现建材与建造阶段+拆除与分解阶段的碳排放，在建

① 样本城市中包括了我国的全部7座超大城市（上海、北京、深圳、重庆、广州、成都、天津）、14座特大城市中的4座（郑州、西安、武汉、青岛）以及1座大城市（石家庄）。

② 核心建成片区是指处于城市中心区域、具有较高城市密度，容纳城市核心功能和设施的建成片区。为了保持各城市之间核心建成片区的空间尺度相对可比，确定的核心建成片区尺度在90～160平方公里。

筑全生命周期中的碳排放占比高达25%～30%。因此尽量延长建筑寿命、减少拆除、杜绝“大拆大建”，是降低“年度均摊”建设碳排放的最有效手段，也可以大大降低城市发展与居民生活成本，促进城市传统风貌和建筑遗产保护。在城市更新中，应对具备节能改造价值和条件的居住建筑实施应改尽改，改造部分节能水平应达到现行标准规定。

使用绿色建材推进绿色建造、智能建造也将降低建造阶段的直接和间接碳排放。主要技术手段包括：推广钢结构住宅，鼓励有条件的地区使用木竹建材，倡导使用本地建材和环保建材以降低建材生产和运输环节的隐形碳排放；大力发展装配式建筑，提高预制构件和部品部件的通用性和舒适性，推广标准化、少规格、多组合设计；加强施工现场噪声、粉尘和建筑垃圾管控，推进建筑垃圾资源化利用；推广数字设计、智能生产、智能施工，利用建筑信息模型（Building Information Modeling，BIM）、建筑机器人等技术推广智能建造。

（三）管理／运营阶段

实现智慧赋能、倡导绿色生活方式能够有效降低运营能耗、实现资源循环利用，是管理／运营阶段需要关注的两大科学问题。

通过智慧感知、智慧分析、智慧决策，实现对建筑、社区的实时调控，降低人为控制误差导致的不必要能耗，并创造丰富的应用场景，便利社区生活。在建筑中运用成套先进的智能集成控制系统，包括室内环境综合调控系统，软件、照明及空调节能监控系统，安全保障及办公设备控制系统的集成平台和应用软件等。可根据使用者的实际需求，自动调节建筑内部的温度、湿度、空气质量、灯光照度及相关设备的运行状态，并自动存储个人习惯参数曲线，实现自动调节、分区调节，通过楼宇自控系统改善建筑设备的性能，充分发挥每台设备的最高效率，延长设备的使用寿命。开发智能安防、智能停车、智能调控、智能维修、线上培训、线上就医、线上陪护、线上团购、线上决策等智慧应用场景，建设智慧社区。

倡导绿色生活方式是从消费侧减碳的最根本动力，也是人民从物质需求升华到精神需求的重要体现。一方面，需要城乡居民改变高消耗、高排放的生活方式；另一方面，需要城乡政府和社区为居民提供生活方式转变所需的绿色公共物品和相应的服务设施，从而不减少幸福感与获得感，不降低便利性与安全性。倡导绿色生活方式的技术有：使用节水设备，实现生活用水的分质、循环利用；选用节能电器，推广家用光伏发电设备；适度降低北方冬季供暖室温，提升夏季空调室温；完善生活垃圾分类投放、收集、运输、处理系统；推广“慢行＋公交”的绿色出行方式；减少一次性用品消耗，选择耐用消费品，倡导极简生活方式等。

二、全要素推动城乡建设领域的绿色宜居科技创新

城乡建设领域推动绿色宜居可分解为多元目标和全要素技术体系支撑。

从目标体系看：“绿色”维度以“生态低冲击、资源低消耗、环境低影响、安全低风险”为目标，降低人类活动对生态资源环境安全的负面作用；“宜居”维度以“住有所居、设施便捷、环境友好”为目标，满足不同层次的美好生活需要。

从技术体系看：“绿色”和“宜居”维度既存在“交集”，又有各自独立的领域。主要包括：能源（绿色维度）、水资源（绿色维度）、固体废弃物（绿色维度）、交通（绿色＋宜居维度）、建筑（绿色＋宜居维度）、自然生态与园林绿化（绿色＋宜居维度）、公共服务设施（宜居维度）等（图 10）。

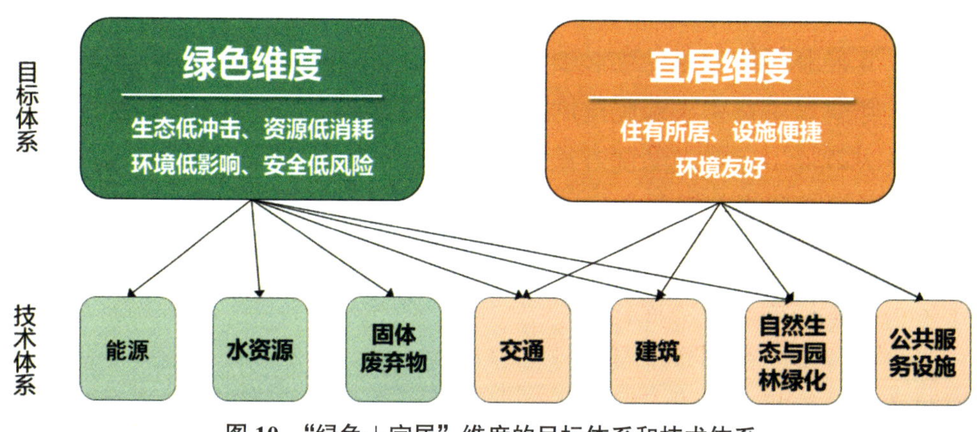

图 10 “绿色＋宜居”维度的目标体系和技术体系

（一）能源

绿色维度主要策略包括调整用能结构和提升用能效率。2000 年以来，我国较发达地区中心城市的人均生活能耗增长了 2～4 倍，如果比照发达国

家的经验，城市居民未来对照明、热水、烹饪、采暖、空调的能源需求还将大幅增长，与节能习惯较好的北欧、西欧、日本等地区、国家相比，我国城市居民生活能耗尚处在很低的水平，存在着3～5倍的差距。但紧约束条件要求我国杜渐防萌，通过技术投入抑制碳排放过快增长、避免“高碳锁定”。应大力提升光、风、地热、潮汐、生物质等新能源在能源供给结构中的比例，建立多能互补、柔性调节的综合能源系统；在区域层面预留特高压输电廊道和调峰供能设施；在城市层面推动“源荷网储”一体化、加强分布式新能源设施和智能电网建设；在社区层面推动“光储直柔”设施和微电网建设，按照“特征刻画预测—空间选址优化—柔性能力提升—供需动态匹配”的思路，开发“供—储—用”全局智能动态匹配优化模型及感知调控技术；提高建筑终端用能电气化水平；在建筑和市政公用设施中推广使用高能效终端电器；推广北方地区清洁供暖和工业余热供暖；在乡村地区推广加装光伏、风能、生物质能等供能设施。

（二）水资源

绿色维度主要策略包括水资源减量化、再利用、再循环。坚持水资源节约、循环利用，打造生态、安全、可持续的城市水循环系统，在城镇建设再生水厂，在社区安装中水回用设备；优化供水结构，推广分质供水；推进老旧供水管网改造，降低供水漏损率；推进河、湖、库、湿地一体化治理；统筹城市水资源利用和防灾减灾，系统化全域推进海绵城市建设，提升自然蓄水排水能力；采用雨水花园、下沉式绿地、生态湿地等低影响开发设计。

（三）固体废弃物

绿色维度主要策略包括固体废弃物减量化、再利用、再循环。提高城镇污水资源化利用率，推广乡村小型化、生态化、分散化的污水处理模式和处理工艺；倡导城乡生活垃圾源头减量，促进城镇生活垃圾减量化、无害化和资源化利用；建立生活垃圾分类投放、收集、运输、处理的全链条处置体系；结合社区农场建设，普及厨余垃圾堆肥处置方式；建设垃圾焚烧处理厂、建筑垃圾再生工厂、电子垃圾贵金属提炼工厂等；推广乡村易腐垃圾就地生态处理。

（四）交通

绿色维度主要策略包括推广新能源汽车、鼓励绿色出行方式、节约集约道路交通用地等。全面推广新能源汽车和配套供能设施；鼓励公共交通、慢行交通等绿色出行方式；在超大特大城市建立快慢分工、无缝接驳的多层级公交网络，推进公交枢纽周边地区一体化改造，提升公交服务水平；在城市中心区推广“窄马路、密路网、小街区”，主城区道路网密度应大于8公里／平方公里；合理引导共享交通工具的使用和停放；在历史文化保护区和城市中心区设定私人小汽车限行区域，在大量车流集散区域建设立体停车场。

宜居维度主要策略包括以人为本分配路权、推进职住平衡等。轨道、公交和慢行等绿色交通出行分担率应不低于60%，建设独立、连续、安全的非机动车道，结合非机动车道布局公园绿地、基本公共服务设施、便民商业服务设施，提升慢行交通的环境和服务水平；45分钟以内通勤人口比重达到80%；加快规划建设快速干线交通、生活性集散交通和绿色慢行交通体系，实现各体系间的畅顺衔接。

（五）建筑

绿色维度主要策略包括控制总量、绿色建造、建筑电气化、提升围护结构和终端设备性能等。合理控制新建建筑规模，严控高层住宅、超高层建筑，减少大型商业建筑；全面执行绿色建筑标准，逐步推广超低能耗、近零排放建筑；改造建筑围护结构、推广被动式节能建筑；优化建筑结构体系，发展钢结构和木结构建筑；在新建建筑中全面普及绿色建筑统一标识，提升城镇新建建筑节能标准，其中居住建筑应达到超低能耗标准，鼓励发达地区公共建筑达到超低能耗标准；结合城市更新推动既有建筑绿色化改造，推动乡村建筑节能改造；推广建筑用能电气化；开展建筑空调、照明、电梯等重点用能设备运行调适。

宜居维度主要策略包括提升居住品质、改善既有功能、实现智慧赋能等。在建设好住房方面，通过住宅功能空间优化技术、环境品质提升技术、耐久性提升技术、适老化适幼化设计技术，提升居住品质；在存量更新方面，重点研究既有住宅功能提升技术，通过不同场景低碳更新改造设计技术，构建新型低碳、绿色、环保的成套技术体系；在智慧生活方面，构建数字家庭智能化服务技术体系，深度融合数字家庭产品应用与工程设计，强化宜居住宅和新型城市基础设施建设，满足居民获得家居产品智能化服务、线上获得社会化服务和申办政务服务的生活需求。

（六）自然生态与园林绿化

绿色维度主要策略包括优化生态格局、提升生态质量等。保障全域生态空间比例，完善“斑块—廊道—基质”结构完整的全域生态系统，保障不同宽度的生物迁徙廊道；修复河湖水系和湿地等水体，增加海洋碳汇；构建“全域—城区—社区”空间连续、层次清晰的蓝绿网络；提升自然生态系统的生态物质产品、调节服务产品和文化服务产品供给功能；根据当地气候条件适度提高本地乔木种植比例，发展立体绿化。

（七）公共服务设施

宜居维度主要策略包括完整社区建设、全龄友好改造等。

完整社区建设。建设安全健康、设施完善、管理有序的完整居住社区，到 2030 年地级及以上城市完整居住社区覆盖率争取提高到 60% 以上。开展城市居住社区建设补短板行动，以步行 5～10 分钟到达为原则，配建基本公共服务设施、便民商业服务设施、市政配套基础设施和公共活动空间；完善 15 分钟生活圈服务配套，推动建立步行和骑行网络，串联若干个居住社区，构建 15 分钟生活圈，统筹中小学、养老院、社区医院、运动场馆和公园等设施配套，为居民提供便捷完善的公共服务。

全龄友好改造。针对老年人和儿童身体机能、行动特点、心理特征等，为儿童营建“一米视角”的社区空间、儿童友好学径；为老人提供老有所乐的空间场所，如适老化 / 无障碍改造；在保证底线安全的基础上，充分盘活社区闲置空间，开展针灸式的精细化治理，建设公共活动场地、公共绿地，形成儿童、老人、青年共享的全龄友好场所。

第三节　保护传承历史文化

近年来，国际遗产保护界关注保护与可持续发展的关系，重视保护管理体系的完善建构等领域。2022 年的联合国人居署《世界城市发展报告》中将文化、地方性、城市与全球网络的链接程度，作为共同塑造城市未来多样性的重点要素，强调要认识到现代文化、身份认同与文化遗产在帮助地方形成城市可持续与韧性发展中的珍贵作用。世界文化遗产组织将制度体系的完善作为重点工作，形成以世界遗产监测、监督与能力建设等为主体的保护管理体系。

我国也高度重视历史文化保护传承工作。2021 年 8 月，中共中央办公厅、国务院办公厅印发《关于在城乡建设中加强历史文化保护传承的意见》（以下简称《意见》），首次提出要建立分类科学、保护有力、管理有效的城乡历史文化保护传承体系；提出坚持创造性转化、创新性发展，对未来做好历史文化保护传承工作提出了更高的要求。同月住房和城乡建设部印发《关于在实施城市更新行动中防止大拆大建问题的通知》要求各地统筹做好城市更新和历史文化保护工作；另外，住房和城乡建设部近年来印发了一系列加强历史文化街区和历史建筑保护的政策文件，明确认定标准，推进了公布、挂牌和测绘建档工作，开展全国历史建筑保护利用试点示范。随着保护传承工作诸多新理念、新要求的提出，行业有关科技创新工作不断开拓深化，迎来新格局。

一、价值拓展引领保护传承体系构建

以价值为导向，持续拓展城乡历史文化保护传承工作。对历史文化价值的认知是做好历史文化保护传承工作的关键基础。2020 年住房和城乡建设部、国家文物局发布的《国家历史文化名城申报管理办法（试行）》创新性地提出了以时间线索为脉络的各类价值构成，首次将代表名城历史文化价值的时间跨度拉至近现代乃至当代，即将保护的范畴拓展，囊括了见证中华人民共和国成立与发展历程、见证改革开放和社会主义现代化伟大征程的代表性建设成就。近年来，在中规院承担的大连、莆田、包头等拟申报国家名城的保护规划编制中，重点进行了相关价值认知的实践探索，总结了“千年一脉、多元一体与载体例证”的价值分析方法。

构建多层级、多要素的城乡历史文化保护传承体系。为了推动《意见》提出的城乡历史文化保护传承体系构建，全国与省域层面创新开展编制保护传承体系规划。住房和城乡建设部组织编制的《全国城乡历史文化保护传承体系规划纲要》，是我国首次在国家层面系统梳理保护传承体系大格局。部分省份也在探索推进省级保护传承体系规划的编制，中规院参与了陕西、牵头了云南两个住房和城乡建设部确定的省级保护传承体系规划试点省份工作，也相继开展了福建、浙江、安徽等省级保护传承体系规划工作，创新探索了关于区域保护传承体系规划编制的技术方法和工作策略。

二、整体保护融合助力可持续发展

城市总体层面探索历史保护协同可持续发展的路径。中规院在广州、南京、杭州、洛阳、拉萨等新时期历史文化名城保护规划中，以“大历史观”的价值认知构建城市层面的保护传承体系，在多个空间层次上探索历史文化保护与城市发展战略的融合路径。广州名城保护规划提出构筑珠江世界级滨江文化景观带，实现从生产通道向多元活力廊道的转变；活化流溪河文化带、南粤古驿道沿线日益空心化的传统村落，带动文化旅游、休闲体育等产业发展，助力乡村振兴和精准扶贫。拉萨名城保护规划拓展拉萨历史地段、历史建筑保护范畴，系统保护传承社会主义新西藏的建设成就。

历史城区整体保护与有机更新技术体系持续完善。在历史城区整体保护策略、有机更新方法、更新实施路径和政策机制等方面，不断推动研究思路和技术方法的系统完善，形成了一批探索性的实践项目。绍兴古城战略高度重视历史城区与其所在城市发展的关系，在历史城区价值特色彰显和文化功能提升方面开展探索；永新、淮安、景德镇等历史城区的保护更新实践，探索形成推动历史文化融入城市建设与发展、改善人民生活水平，实现高质量发展的技术路径。泉州古城双修规划通过以文化为导向的城市更新策略实践，助力泉州成功申报世界文化遗产。

多地实践中探索因地制宜的保护政策工具。针对实践中历史文化名城空间核心载体碎片化、零散化的趋势，各地探索新的保护政策工具，协调保护与可持续发展的关系。住房和城乡建设部以传统村落集中连片保护示范县（市、区）等为抓手开展传统村落保护工作。中规院在江西吉水县的实践中，基于村落历史文化，生态格局与产业特色，探索构建传统村落集中连片空间格局，制定整体保护活化策略与试点机制。在洛阳、杭州等历史文化名城保护规划中创新划定“大遗址保护区”“历史文化片区”等历史文化特殊政策区，联动保护散布的历史文化资源。

三、以用促保推动多专业技术集成创新

构建历史地区的保护理论和更新技术体系。持续探索历史文化街区和历史地段等保护对象内涵的拓展，深化工业遗产、历史公园、历史校园等不同类型的保护方法。为推动历史地区保护传承和生活延续，构建适应性、低影响的保护更新技术体系。2022 年 9 月，住房和城乡建设部对《历史文化街区和历史建筑防火标准》公开征求意见，对于长期影响街区和建筑安全的消防问题有了重要的突破。重点研发专项也将聚焦智能识别、数据采集、动态监测、防灾减灾、绿色化改造、综合管廊、长效管控等关键技术手段开展研究工作。北京崇雍大街，河南周口、商丘，江西景德镇、乐安等一批街区保护更新实践项目形成了重要的应用示范支撑。

推动历史建筑保护利用多专业技术集成创新和示范应用。针对全国历史建筑保护思路不明确、底盘底数不清晰、技术支持不适应、管理制度不配套等普遍性问题，明晰历史建筑强调“价值优先，以用促保”的核心理念，构建历史建筑全周期保护利用流程体系，探索促进价值保护与功能提升的关键技术，突破难点障碍，覆盖城乡全域的创新政策工具和协同管理机制。2021 年 10 月，住房和城乡建设部发布了《历史建筑数字化技术标准》JGJ/T 489—2021，指导了全国历史建筑测绘建档工作的统一开展，为摸清底盘底数奠定了基础。中规院在历史建筑相关标准和政策制定等方面进行顶层设计，并推动了全国历史建筑保护利用试点工作的开展，促使一批示范项目落地。

第四节　信息化赋能城市治理

习近平总书记在杭州城市大脑运营指挥中心考察时指出，运用大数据、云计算、区块链、人工智能等前沿技术推动城市管理手段、管理模式、管理理念创新，从数字化到智能化再到智慧化，让城市更聪明一些、更智慧一些，是推动城市治理体系和治理能力现代化的必由之路。近年来我国充分运用新一代信息化技术，加快新型城市基础设施建设，同时推进智慧市政、智慧社区、智能建造、智慧城管，提升城市运行管理效能和服务水平。信息化发展进入全新阶段，对城市规划及空间治理智能化水平提出全新要求。“十三五”期间充分发挥信息化赋能作用，为履行管理职责、提升管理水平提供了有力支撑和保障，在城市信息模型（City Information Modeling，CIM）、城市体检评估信息化建设表现突出。

一、CIM 助力推进城市治理体系和能力现代化

2020 年以来，各级政府密集出台多部政策文件推进城市信息模型 CIM 平台[①]工作。“十三五”期间，在运用建筑信息模型（BIM）开展工程建设项目报建并与“多规合一”项目策划生成衔接试点工作基础上，着力将 BIM/CIM 研究应用与“放管服”改革、工程建设项目审批制度改革等工作紧密结合。广州、南京等试点地区率先开展了 CIM 平台建设，初步实现了用地规划管理、建设工程规划报批、施工图审查、竣工验收备案的 BIM 智能辅助审查、建库与应用，为后续深化 CIM 平台建设和推广奠定了基础。

（一）CIM 平台建设定位和目标更为聚焦

城市运营管理者、决策者重点探索建立数字孪生城市建设管理平台。

① 城市信息模型 CIM 是以建筑信息模型（BIM）、地理信息系统（Geographic Information System，GIS）、物联网（Internet of Things，IoT）等技术为基础，整合城市地上地下、室内室外、历史现状未来多维多尺度空间数据和物联感知数据，构建起三维数字空间的城市信息有机综合体。

运用数字孪生的城市建设方法，针对规划设计阶段的城市空间，构建事前辅助决策、事中协同管理、事后动态运行的协同平台，通过情景模拟、智慧评估、辅助设计等方式，加强规划科学决策；实现能源、交通、建筑、市政等多元体系的专业指标规则构建，形成全流程、跨领域的数字孪生CIM平台。基于精细化管理平台则可以形成总体规划、详细规划、方案设计、施工监管、竣工验收、运营监测六大管理阶段的数字化闭合流程，实现多源数据的有机融合，加强全程管控。因此，CIM平台建设的目标可以总结为实现全域规建管、全生命周期的空间共享，达到跨尺度实时精准化决策的空间治理，推动数据资源迈向数据资产的空间增值。

（二）新时期CIM平台应用技术

我国CIM技术应用总体呈现两大趋势：与BIM技术的融合打通不断完善，未来BIM导入CIM的技术与更新机制将不断完善，将会开拓工程建设项目智能审批新局面；结合物联网数据辅助决策，基于CIM平台集成、分析和综合应用各类城市基础设施物联网数据，对设施安全、稳定运行等方面的信息采集和综合应用并提供共享服务，为城市建设管理决策提供支撑。CIM平台建设支持了城市规划建设管理的精细化，保障了城市高品质建设、高质量发展，重塑城市规划、设计、建设、管理、运行方式。推进城市信息化、城市信息模型平台建设已经成为城市规划建设管理部门、信息化管理部门的重要任务。

（三）服务新城建试点城市的CIM建设

两年来住房和城乡建设部CIM建设试点城市包括：雄安新区、北京城市副中心、广州、南京、厦门5个城市地区，与两批21个新城建试点城市（含CIM）——重庆、太原、南京、苏州、杭州、嘉兴、福州、济南、青岛、济宁、郑州、广州、深圳、佛山、成都、贵阳、烟台、温州、长沙、常德、天津滨海新区，在CIM平台建设工作上开创了初步探索。重庆市级城市信息模型CIM基础平台基本建成，“CIM＋”应用体系初步构建，市级智慧校园建设示范学校达到600所，智慧医院达到100家，数字经济核心产业增加值占GDP比重超过10%。广州建立CIM试点工作联席会议制度，编制CIM平台技术标准、CIM数据标准等11项配套标准指南，以工程建设项目审批改革为切入点，构建了4个阶段的二三维辅助审查应用。广州CIM平台构建全市域7434平方公里三维地形地貌，完成1300平方公里城市重点区域现状精细三维模型建模工作，并大力推动新建项目BIM入库，目前共汇聚了超过900个BIM单体模型，不断完善全市一张“三维数字底图”，向部级平台提供了20大项35小项数据。

其他部门和重大建设也不断对接CIM/BIM建设，如我国首部国际铁路标准，第一次纳入地理信息系统（GIS）和建筑信息模型（BIM）等信息化手段。住房和城乡建设部与国家发展改革委联合的城市燃气管道老化更新改造要求与城市市政基础设施综合管理信息平台、城市信息模型（CIM）等基础平台深度融合。比如广州CIM平台在城市重点区域汇聚了地下管线、地下构筑物、经济、税收、企业等数据信息，地下管线数据更新，压实管线权属单位对信息管理的主体责任，及时在地下管线系统上传最新的竣工图，提高管线信息准确性。

（四）展望：CIM推进城市发展转型升级

今后，进一步开展CIM平台建设连接城市信息相关要素，促进城市规划建设管理模式变革，构建包含智能交互、智能连接、智能中枢、智能应用的智能系统，提高城市建设管理数字化、精细化、网络化、智能化水平，为“新城建”提供坚实底座和保障。CIM平台将成为新一代信息技术与城市发展深度融合的支撑基石，做好与城市体检评估管理信息平台、城市运管服信息化平台（“一网统管”）等的衔接，使智慧城市实现民生服务便捷、社会治理精准、社会经济绿色、城乡发展一体、网络安全可控的功能，推进城市发展转型升级。

二、面向体系化、智慧化的城市体检技术

（一）城市体检工作逐步走向制度化

城市体检是构筑美好人居环境的基础工作，有助于掌握城市发展体征、发现城市问题、对症下药开展品质提升工作。城市体检试点启动3年后，2021年10月，中共中央办公厅、国务院办公厅发布的《关于推动城乡建设

绿色发展的意见》明确：建立健全“一年一体检、五年一评估”的城市体检评估制度，体检城市范围从 2019 年的 11 个提高到 59 个。

为适应新的发展要求，需要推动规划建设管理相关政策理论和技术方法的创新。目前住房和城乡建设部推动的城市体检工作面向高品质人居环境建设，重点对城市人居环境现状和相关公共政策的实施绩效进行评估。2022 年，要求将“平台建设”作为工作流程中的重要组成部分，突出“平台建设”作用，鼓励开发与城市更新衔接的业务场景应用。

（二）城市体检要求结论应用系统化

更为明确的城市体检制度、逐渐扩展的试点城市范围、完善的技术方法，为城市体检结论的系统化应用提供了基础。在国家层面，城市体检为监测、评价全国城市发展质量提供数据基础，为推进全国城市高质量发展发挥导向作用。住房和城乡建设部 2022 年重点工作之一就是建立城市健康评价体系，综合评价城市发展质量和水平。在城市层面，为识别、查找城市发展的短板与不足，统筹开展城市更新提供重要依据。住房和城乡建设部提出 2022 年工作重点为加强城市更新的规划统筹，以城市体检评估为基础，确定目标重点，建立项目库。针对城市体检结论的不同应用方向和具体要求，需要在现有基础上进一步推动城市体检技术方法的体系化。在应用要求上，国家层面重在发挥全局性的监测、评价作用，因此更为期待城市发展质量的综合评价方法；城市层面则强化对城市更新工作的支撑、参考作用，需要在专项问题的精细化方法上探索信息赋能的方向（图 11）。

图 11　海口城市体检信息平台指标数据填报系统界面图

2022 年 7 月发布的《城市体检评估管理信息平台建设指南（试行）》指导全国系统化地开展城市体检平台的建设。截至 2022 年，59 个样本城市全部启动了城市体检信息管理平台的建设，其中 42 个城市已启动城市级体检评估管理信息平台建设工作，约 23 个城市已上线运行，17 个城市启动立项工作。

（三）智慧工具赋能城市体检

面向城市更新的城市体检需要更精细的专项评估。城市更新涉及城市旧区改造、老旧小区改造、（完整）居住社区建设、海绵城市等城市人居环境的专项系统和中微观单元，需要城市体检加强对相关专项问题的精细化评价。全国近年来结合城市体检平台建设，加强信息化技术应用探索，为城市体检智慧赋能。以中规院为例，在全国层面以及杭州、海口、宁波等城市开展城市体检平台建设。例如，结合城市更新指标体系设计，对指标体系、指标项进行提炼梳理，覆盖社会经济、生态环境、用地空间等 7 大主题，可分别按指标项、指标体系名称、评价主题检索。杭州体检平台实现住建业务的辅助决策，对城市建成区内的社区开展完整社区（社区公共服务设施）综合评价，查找社区短板，评价结果应用于老旧小区改造项目（图 12）。

图 12　杭州体检平台——完整社区（社区公共服务设施）综合评价

宁波体检平台服务宁波市绿道建设工作“规划编制—计划编制—项目实施—监测评估”全过程，为宁波市绿道建设规划成果管理及项目计划管理提供决策支持，并实现对宁波市绿道项目建设现状的常态跟踪和综合评价（图 13）。

图 13　宁波体检平台——服务宁波市绿道建设工作

（四）展望：加强探索城市体检评估应用

在城市发展更加强调以人为本和品质优先的新时代，城市规划建设管理的技术方法和政策机制需要加快创新城市体检，有利于准确掌握城市发展体征，精准发现城市发展短板和不足，可以作为开展城市人居环境品质提升工作的前置环节和切入点，同城市更新行动老旧小区改造等工作紧密结合，共同提高城市治理能力的精细化水平。城市体检作为新兴事物，未来仍需要结合城市发展需求不断完善。

城市是我国经济社会发展的主引擎，是扩大内需的主战场，是新一代信息技术最广阔的应用空间。“十四五”期间住房和城乡建设事业将以“城市更新”和“新城建”为重要抓手，以“城市更新”为新引擎全面推动城市高质量发展，以“新城建”为新支点加快构建城市新发展格局。衔接实施城市更新行动，依托城市信息模型（CIM）基础平台，以信息化的手段，全面支撑专项应用场景涵盖体检、规划、建设、管理、反馈评估的全过程。未来新一代信息技术深刻影响城市规划、设计建设、治理运营等模式和场景，需要进一步建设和提升覆盖全国多尺度多维度的多源基础数据库，进一步研究和发展数字化技术在村镇规划中的应用。

第四章　防控城市与区域安全风险

第一节　提高产业链安全韧性水平

第二节　保障城市基础设施安全

第三节　城市内涝系统化治理

第四节　保障饮用水安全

第一节　提高产业链安全韧性水平

全球化、信息化和市场化的深入推进，使长期以来立足比较优势、追求经济利益、持续扩大离岸生产和外包规模的产业布局，面临着产业链、供应链“中断”事件不断增加、各生产环节利益分配更加尖锐的冲击和影响，推动产业布局近域化，提高关键产业环节和零部件供给的安全水平，成为更加紧迫的现实需求。信息化对三次产业赋能持续推进，使得城市区域产业链、供应链和创新链的深度融合和灵活布局，具备愈加成熟的技术条件，当然也需要应对更加复杂的内部外部条件。

一、鼓励政府和企业为经济安全支付额外成本

受疫情和地缘政治因素影响，预计16%～26%的全球贸易中期会发生转移，转移形式包括国内生产、近岸外包和生产基地调整等。麦肯锡对13个行业325家企业的调查表明，公司经营运转平均每3.7年就会受到一次自然灾害的明显冲击，每10年要平均损失1年的利润，每5～7年发生的供应链中断100天的极端事件会使公司损失1年的收入。

因此，众多企业、主要经济体和国际组织，愿意为保障产业安全支付额外的成本。如《欧盟（2019—2024）政治指导议程》提出，产业政策要从提升产品竞争力转向提升整个供应链、产业链生态系统的领导地位和安全性。能源、健康、航空航天等优势产业，绿色循环技术会优先在欧盟实施，推动产业链关键环节首先在欧盟固化且集聚；日本提出建立强韧供应链的目标，核心是以经济安全为重，改变海外的生产布局，增加国内生产比重，鼓励企业将生产基地多元化、分散化及战略物资本土化，并通过补贴、支援、外汇、技术管理等政策具体化。我国也应针对产业链变化新趋势，针对产业链关键技术、零部件和中间品，加大研发力度，提高技术自主能力，优化空间布局，提高产能“备份”和能力冗余，提高抵御风险和冲击的应对能力。

二、强化国际合作降低产业链整体风险

加强对周边邻国基础设施的投资，可从整体上促进了区域一体化和全球连通，降低供应链的整体风险。强化对全球能源、原材料、粮食生产等大规模投资，实现了供给来源多样化，也可增加我国供应链安全。支持多点开通中欧铁路货运班列，为企业在海运、空运方式之外提供了另外的选择机会，既能通过运输网络的多节点、多通道、多方式，保障供应链的稳定性和安全性，也会激发新的业态和应用场景。

大力发展清洁和绿色能源，也为降低产业链、供应链风险提供了机遇。与石油、天然气等传统石化能源生产和储藏高度集中在几个地区不同，风能、光能、潮汐能等可再生能源分布更广，也更容易实现就近保障，可以提高全球产业链、供应链的安全水平。正如帕拉格·康纳所言，“尽管互联互通让世界变得更加复杂和难以预料，它也是增强世界韧性的必然选择”。当然，也需要加强国际合作，来应对人工智能、平台型企业、供应链巨头、网络攻击等方面的治理新课题。

三、引导区域发展格局优化调整

培育具备“科技和市场”双优势区域切入全球产业价值链的高端，成为产业链、供应链全球布局重构的主导力量。按照产业链发展的长期趋势，自身消费市场巨大、同时具备强大的科技研发能力和全球供应链整合能力的区域，例如，京津冀、长三角、珠三角和成渝地区等重点城市群，有机会成为国际产业链、供应链格局中的主导型区域，并对国内发展布局产生重大影响。

推动具备“科技制造”和“门户枢纽”优势的地区，加快融入全球产业链、供应链体系。临近四大城市群、在一定领域创新能力突出，以及具备短链和近域国际化优势的城市和区域，有能力在“双格局”中承担更重要的角色，如武汉、合肥、青岛、西安、郑州、沈阳等国家和区域中心城市，以及北部湾、福建、昆明、乌鲁木齐等沿边沿海地区。在近期安全风险加大带来的产业链和供应链区域化、本土化、分散化背景下，这些城市和区域应充分发挥自身优势，加强与主导型区域的网络联系，努力向产业

链中高端环节升级。当然，其他传统资源型和一般型工业地区，由于处于产业链低端环节，将面临激烈的内外部竞争，发展不确定性进一步增强。

四、充分发挥大城市对产业链的引领和塑造作用

大城市是消费者最集中的场所，也是规模化的消费市场，因为先锋、时尚及年轻人聚集，引领着消费的潮流。对大城市这些消费趋势、品位、特征进行精准分析和研判，并及时通过产业链进行反馈和响应。

发挥大城市提高生产效能的价值。“城市是高素质人群聚集的地方，是新公司发展繁荣和人们面对面交流的地方。这些特征都促进了生产力的提高”（The Netherlands of 2040）。应将城市看作更加复杂多变的工作场所，它创造新的知识和新的做事方式，它是一套巨大的、相互联系的工厂系统，而不只是游乐场和舒适公园（迈克尔·斯托珀尔，2020）。

发挥大城市传播隐性知识的独特作用。应对技术和市场挑战，城市和区域必须具备从既有经济活动转换到新的活动的能力。但这种转换不会自动发生，而是需要在行动者之间建立隐性的人际“网络”、共享“默会知识”、进行复杂的本地化沟通，这些都是与大城市天然联系在一起的。

发挥大城市捕捉发展机会的功能。大城市拥有大量高水平以及高专业技能的人。产生新的经济活动具有偶然性，而且也没有清晰的政策来对其施加影响。但是，城市可以通过将明星科学家、其他的内容创造者与当地的企业团体联系在一起，从而使实现新发展机会的概率最大化。

五、扶持中小城市抓住参与产业链的学习机会

中小城市的核心是如何获得知识的溢出和优质的工作岗位。要善于抓住身边的学习机会，掌握大型制造企业协调离岸生产与其国内研发、营销、售后、客服等协调控制的能力；学习产业价值链所遵循的产品标准、可靠性和质量管控体系；建立离岸生产与国内经济活动关联的方法，如管理人员培训、知识传播、鼓励相关的创业等。

第二节　保障城市基础设施安全

在城市建设发展中要兼顾生产、生活、生态等多元需要，精准防范安全风险，提升综合防灾和突发事件的应急水平，加强城市安全韧性建设。城市基础设施统筹城市发展与安全，是城市转型的重要支撑，是经济稳定增长的基础，也是人民美好生活的基本保障。

一、城市基础设施安全对国民经济和社会发展的重要意义

经过多年努力，我国城市基础设施安全保障能力水平不断提高。供水应急体系初步形成，国家供水应急救援 8 大基地已经建设完成，全面提升了突发性水源污染事故发生时应急供水和水质检测能力。各地海绵城市建设加快开展，“十三五”期间完成了 30 个国家海绵城市试点，“十四五”期间正推进 45 个国家级示范城市建设。深入开展排水防涝补短板，系统开展城市内涝治理，至 2020 年，全国 60 个排水防涝补短板重点城市排查出的 1116 个易涝积水区段已完成整治。城市综合防灾能力稳步提升，2013—2017 年，全国人防工程新增面积约 3.5 亿平方米。推动智能化城市运行管理服务平台建设和应用，全国已有 245 个地级以上城市平台与国家平台联网互通，部分城市实现了“一网通管”，极大提升了城市管理的科学化、精细化、智能化水平，助力城市高质量发展转型。

二、城市基础设施安全发展存在的主要问题

一是空间结构失衡，区域发展不均，抗风险能力弱。传统的大规模、集中化、单一化规划布局模式在遭遇重大风险和安全事故时容易受到连带影响，不利于风险分散和灾后快速恢复；重大突发公共安全事件具有跨域性和复杂性，城市基础设施的跨区域应急管理水平、互联互通能力面临严峻考验；老城区基础设施由于建成历史长、建设标准低、改造难度大、资金投入不足，改造和维护长期不到位，安全隐患较多。

二是承载能力不足，老旧破损严重，存在一定安全隐患。城市道路、供排水、供电、供气、通信等设施在规划建设时冗余量不足，缺乏备用系统，功能单一，难以实现系统间相互支撑、功能互补，抗风险能力较弱。大量设施长期高负荷甚至超负荷运行，老旧破损严重等风险隐患问题突出，燃气泄漏、管道爆裂、马路塌陷等事故时有发生，成为影响城市安全稳定运行的“灰犀牛”。

三是管理手段落后，部门衔接不够，风险应对能力不足。基础设施普查建档工作滞后，设施底数不清、情况不明。各城市普遍存在管线资料交接不全、改造信息未及时更新、图纸信息与实际情况不符等情况，出现一些“都不管”或“都不清楚”地区。政府职能部门之间协同不够，缺乏统一高效的城市安全治理和应急指挥体系。多数城市在机构设置中往往按照水、电、气、暖、通信、防洪排涝等市政基础设施行业，由不同部门分头进行管理，部门间权责边界不清，影响城市安全发展。

四是投资结构单一，影响可持续发展和运营。以 2019 年数据为例，城市基础设施建设资金中，地方财政拨款投入占 28.92%，企业自筹投入占 24.94%，国内贷款投入占 26.70%，债券、外资等其他方式占 17.25%，中央财政拨款投入占 2.19%，资金来源较为单一。城市基础设施的运行维护资金不足，发展不可持续。由于市政基础设施的公益性特征，部分经营性市政基础设施的收费标准难以覆盖运行成本。

三、构建规划—建设—管理—运营四个维度的安全保障体系

（一）规划维度：优化布局，提升不同尺度设施空间安全

一是充分预留区域防灾避险空间，提升城市外部空间安全韧性。优化空间格局，对城市周边区域要保留与控制合理的承灾空间与避难场所，梳理整治河流水系，提升城市和区域的防洪排涝安全防灾能力。比如，城市周边区域的泄洪区、低洼区应加以保留控制，可有效缓减城区遭遇暴雨和上游洪水侵袭的安全防灾压力；城市周边还应预留地势较高的避难场地，满足有效避难面积的需求。此外，从区域层面出发，建议联合制定都市圈、城市群等区域尺度的基础设施专项规划，构建更大范围的风险治理区域协

同体系。

二是合理规划城市内用地布局，保障城市建设空间安全可靠和有序发展。编制安全韧性城市发展专项规划，统筹城市基础设施安全韧性。城市空间布局可以充分考虑多中心、分布式、组团式布局模式，与之相应的基础设施布局也能有一定程度减少安全风险的连带效应。城市用地规划应考虑增绿留白，为城市发展预留空间，确保面对风险危机时能实现空间功能快速转化，塑造更加安全韧性的城市空间环境。加强城市生态修复，提高城市废弃地再利用水平，建设功能复合、包容连通的城市绿地系统，为城市居民提供更加多元化活动场地的同时，提供时效可达的防灾避险空间。

三是重视完整社区打造，提升社区安全韧性。通过城市空间重构，保障社区应急避难场所空间安全，在居民可步行的范围内具有完善的基础设施、公共空间及运行服务体系。推进相邻社区和周边地区统筹建设、联动改造，加强各类配套设施和公共活动空间共建共享，保障应急避难场所。结合老旧小区改造，强调社区基础设施稳定运行和基本服务安全供给。对破损严重、材质落后的供水管道和二次供水设施更新改造，对达到使用年限、存在跑冒滴漏等安全隐患的燃气、供热管网，实施维修改造，系统排查安全隐患。倡导社区管理由政府主导向社会多方参与转变，实现共建共治共享，提升社区应急和防灾能力。

四是集约配置设施空间，加强地上和地下空间安全管控。集约配置城市基础设施地上和地下空间，因地制宜建设地下综合管廊，保障城市地下基础设施高效安全运行和空间集约利用。比如，结合城市规划建设全天候、无障碍、永通畅的应急救灾疏散通道系统，保障城市应急交通的安全和便捷；合理规划综合管廊体系，结合城市更新、道路改扩建等，以城市道路为主要载体，以管线管廊类城市基础设施建设为抓手，研究管线廊道类基础设施集约布局模式，安排架空管线下地，统筹综合管廊与地下通道、地下公共停车场、人防工程、城市隧道、防洪通道等地下空间开发建设，解决“马路拉链”问题。

（二）建设维度：调整结构，统筹不同阶段设施安全发展

一是提高生命线工程设施配置冗余度，增强城市抗灾救灾能力。城市生命线工程是指维持城市居民生活和生产活动所必不可少的城市基础设施，

包括供排水、燃气电力、通信、道路等系统。应适度超前建设城市基础设施，一方面为城市发展留出余量，另一方面增加系统冗余度，通过在各项基础设施建设中保留一定的重复与备用设施，分担风险，提高安全保障。一旦灾害突发造成个别部分功能丧失，还能通过备用设施补充，避免局部功能失灵导致的整体系统瘫痪。比如，城市应加快构建多水源供水格局，增强城市应急供水救援能力建设，提高水源突发污染和其他灾害发生时城市供水系统的应对水平；缺水地区、水环境敏感区域，加快推动城市生活污水资源化利用，促进再生水成为缺水城市“第二水源”。

二是加快燃气等地下管线老化更新改造，排查城市安全隐患。通过消除老旧破损地下管线等设施的运行安全隐患、补齐系统建设短板、提升供给保障效率、统筹设施衔接关系，促进城市安全韧性显著提高。比如，对使用年限超过30年的老旧供热管网进行更新改造，对存在漏损和安全隐患、节能效果不佳的供热一级、二级管网和换热站等设施实施改造；推动供水管网漏损治理，开展供水管网分区计量管理，控制管网漏损；推进城市污水管网全覆盖，消除空白区，实施管网混错接改造、管网更新、破损修复改造，消除污水直排等环境安全风险。

三是完善城市排水防涝体系，增强城市洪涝灾害应对能力。要加强洪涝统筹，展开河湖水系与生态空间治理修复，实施管网与泵站建设改造、城市排涝通道及调蓄空间建设、雨水源头减排等设施建设，形成“源头减排、管网排放、蓄排并举、超标应急”的城市排水防涝工程体系，结合洪涝统筹体系和城市内涝应急处置体系建设，整体提升城市内涝治理水平。

（三）管理维度：提升功能，完善不同环节设施安全管理

一是加强部门协同，提升“预防—响应—处置—恢复”全周期安全风险管理水平，健全各个环节的风险防控机制。城市基础设施安全保障是一个复杂的系统工程，依赖多维度、多部门的协调运作。健全城市基础设施安全管理长效工作机制，明确政府各职能部门的安全管理责任，形成城市安全风险治理的整体合力。建立具有权威的城市综合安全防灾指挥中心，统筹协调指挥各系统安全防灾活动，对突发灾害进行抗灾救灾，提高应急救灾的效率。建立城市基础设施普查建档制度，加快普查现有城市供排水、供气、供热、道路桥梁、环卫等基础设施现状。建立重点领域风险隐患排

查治理机制，结合城市体检精准识别设施短板，及时消除安全隐患。梳理城市地质灾害、沿海风暴潮、极端气候等，绘制城市安全风险一张图。构建事前监测预防、事发迅速预警响应、事中高效应急处置、事后复盘学习的全周期安全管理机制，实现对城市安全风险的全过程应急处置和综合治理。

二是结合新型基础设施建设，以智慧化提升安全管理效率。实施智能化城市基础设施建设和改造，实现对城市和多系统的运行状态的实时监控，提高设施运行效率和安全性能。在城市生命线工程、自然灾害防治、公共安全等重要板块，加强城市安全风险综合监测预警平台建设。建立城市运行管理服务平台，实现平台互联互通、数据同步、业务协同，提高应急处置效率。

三是健全城市规划建设的安全防灾技术规定，完善城市基础设施安全保障与灾害应急管理等重点领域的法规和标准规范。充实我国城市规划建设的相关安全防灾标准、规范等技术规定，增加规范种类，更新技术内容，尤其协调各类标准、规范的关联性，避免相互冲突，全面指导和规范城市基础设施各个行业系统的安全防灾建设与实施。

（四）运营维度：创新模式，健全不同主体设施可持续发展模式

应建立以政府为主体，市场积极参与，社会共建共治的城市基础设施可持续的发展模式。一是国家层面探索设立城市基础设施建设特别国债，健全地方政府专项债券作为符合条件的城市基础设施建设项目资本金措施，加快完善市政公用事业行业价格机制改革，稳妥推进基础设施领域不动产投资信托基金（REITs）试点，盘活城市基础设施存量资产，化解地方债务危机。二是地方层面积极采取多种措施优化发展环境，深化市场改革，探索经营性和非经营性项目结合的项目开发模式，助力城市基础设施安全可持续发展；引导和支持社会企业开展安全防灾核心技术和装备研发，积极参与城市基础设施的建设、安全运营和灾害防治。三是社会层面广泛发动群众力量，增强群众安全防范意识，主动培育安全风险防范类、应急救援救助类社会组织，健全社会力量高效参与城市基础设施安全治理的渠道和机制。

第三节　城市内涝系统化治理

在全球气候变化与快速城镇化背景下，我国城市内涝灾害问题日益突出，2000 年以来，平均每年发生 200 多起不同程度的城市内涝灾害，已成为制约经济社会可持续发展和人民生命财产安全的重要因素。通过理论研究与科技创新，科学诊断和识别城市内涝的成因，研发城市典型内涝系统化治理技术方法，研究蓝绿空间与建设用地蓄排平衡协同防涝技术，建立流域联排联调洪涝共治的综合管控系统，对保障国家水安全、支撑经济社会可持续发展具有重要的科学价值和战略意义。

一、系统模拟精准识别城市内涝

对城市汇水单元尺度和排水片区尺度降水径流驱动机制研究，构建了单一因素与径流系数的响应函数，现阶段识别了城市水文过程的主要驱动要素，构建了适用于城市复杂地表的产汇流数值模型，揭示了城市复杂下垫面降雨产流规律。概化城市排水管渠系统数学模型，并模拟分析了不同暴雨公式、折减系数、暴雨重现期等多种情景或管渠设计条件下的城市排水管渠运行情况，初步明确影响排水管渠运行效能的关键因素主要为下游瓶颈管渠、覆土埋深、超标降雨等。

研发具有自主知识产权的城市内涝模拟评价模型，结合我国城市管网和基础设施的复杂性，从功能改进、算法优化、界面友好等多个方面，采用“元胞自动机下遗传优化算法”等多个算法，基于 GIS 构建具备自动识别区域功能的不同尺度城市内涝模拟软件。结合人口、经济、管理等指标，提出城市内涝风险快速识别和诊断方法，基于此开展城市内涝风险动态评估，以推动城市内涝综合管控。

二、典型城市内涝点的系统化治理

老旧城区多尺度空间耦合系统治涝。结合城市更新工作，在已建成区内探索源头海绵设施对雨水排水系统的提标作用。对源头海绵设施的提标能力进行定性和定量分析，提出了源头海绵调蓄对排水系统的提标换算方法。构建排水系统数学模型，对提供调蓄容积类的源头海绵设施提标作用实现定量分析，验证了海绵设施的提标有效性，提出《源头海绵调蓄对排水系统提标换算方法》，提出容积换算计算公式，明确系数取值方法。系统分析了平原城市、山地城市、平原河网城市、滨海城市等不同类型城市已建区积水内涝的成因和排水系统特点，并提出了不同类型致涝模式的控制对策。完成了不同类型城市道路排水系统调研、积水内涝成因分析，雨水源头 LID 滞蓄、路缘石开口、雨水口等城市道路雨水径流截留设施的设计计算方法研究；提出基于模型模拟的城市已建区调蓄设施空间布局优化方法，基于多目标控制的调蓄池运行优化方法等。

城市下凹桥区典型内涝点的系统化治理。通过构建下凹桥排水模型进行排水能力的核算与诊断，综合分析低水收集系统、高水收集系统、排水泵站、调蓄池、排涝泵站、河道等桥区排水可能涉及的各个环节，建立典型桥区地表产汇流及排水模型，对排水系统进行评价诊断。基于 ArcSWMM 开发耦合一维排水系统和二维地表数字高程数据的城市洪涝模型，实现内涝淹水工况的快速建模和评估，根据模拟结果开展城市下凹桥区内涝风险分析、内涝风险专题图绘制及模拟结果动画展示等工作。建立城市下凹桥区排水系统运行效能评估方法，以城市下凹桥排水系统为研究对象，提出高水区雨水排除、客水拦截、低区排水、下游排水等设施运行效能指标体系、技术路线、评估内容和评估方法。试制液位智能遥测终端装备，用于测定排水管网液位。完成《下凹桥区雨水调蓄排放设计标准》初稿和团体标准《城市下凹桥区排水设施智能调控技术导则》立项及初稿。

三、基于蓄排平衡的蓝绿灰协同治涝

城市蓝绿空间蓄排能力评价方法。通过梳理城市蓝绿空间对城市内涝防治的蓄排能力，基于系统全面、客观准确、可量化等原则，提出蓄排平衡的评价指标和评价方法，并选择典型城市开展了试评价。选择不同地域特征的典型城市，结合城市土地利用调查数据、历史严重内涝事件，围绕规模、质量、功能定位、服务范围、蓄排条件等要素，提出城市蓝绿空间降雨径流蓄排能力评价方法。

城市蓝绿空间与建设用地蓄排平衡的典型模式。通过调研我国城市蓝绿空间与建设用地蓄排平衡现状，系统总结了典型丰水城市和干旱城市、新建城区和老旧城区、沿海城市和内陆城市蓝绿空间与建设用地蓄排平衡现状，提出城市蓝绿空间与建设用地蓄排平衡的5种典型模式，并分别解析了其内涝和特点。提出城市蓝绿空间与建设用地蓄排平衡计算方法和相应的数值计算技术方法、技术选型，为开展城市蓝绿空间与建设用地蓄排平衡仿真系统的研发奠定基础（表4）。

基于蓄排平衡的蓝绿空间治涝模式　　表4

典型模式	模式内涵	适用条件	主要特点
排水主导型（灰色）	以排水系统为主导，利用发达的城市排水管网，其他设施起到辅助作用	蓝绿空间建设受限，排水系统较为完备的城市区域	1. 具有发达的城市灰色排水系统，包括较长的雨污分流管道，以及辅助作用的蓄水池和泵站设施。 2. 治涝效果和绿色化程度较差，过分依赖灰色基础设施，存在一定的内涝风险
蓄水主导型（蓝色）	以蓄水为主导，利用城市河湖系统、湿地等水域协同调蓄，发挥“大海绵”的优势，使积水有地可排	河湖水系覆盖面广、河网密集、植被覆盖率大的城市区域	1. 河网密集，良好的天然蓄水条件。 2. 受天然气候因素影响大，协调性较好
蓄排混合型（蓝灰）	城市排水体系和城市蓄水体系协调运行，蓝灰设施同时发挥作用	具有良好的城市管网排水体系，城市河湖较为发达的城市区域	1. 更大程度上缓解暴雨带来的冲击，充分利用城市管网以及辅助作用的蓄水池和泵站设施，与河湖相联系，进而有效对积水排放。 2. 一定条件下有利于缓解城市水污染
蓄滞混合型（蓝绿）	城市中的河湖体系的基础上结合滞水体系，蓝绿设施同时发挥作用，有效蓄水滞水	河网、湖泊、湿地等水体分布较为密集，绿色植被覆盖率较大的城市区域	1. 通过城市中的植草沟、雨水花园及下沉式绿地等这些“绿色”海绵，延缓短时间内形成的雨水径流量。自身也可作为一种小型生态滞留池，缓解一定程度上的积水排放压力。 2. 此模式下，在暴雨来临时能够在一定程度上控制积水的形成时间，结合“大海绵”的排放吸收，形成稳定的蓄水体系

续表

典型模式	模式内涵	适用条件	主要特点
蓄滞排混合型（蓝绿灰）	蓄滞排混合型典型模式中，蓝、绿、灰三种典型设施相结合，协同发挥排水和调蓄作用	城市各项排水设施、体系较为健全，蓝绿灰设施建设条件均具备，包含城市管网、河湖水系、丰富的公园湿地	1. 城市蓝绿灰设施较为健全，能够系统协调，更好发挥城市排水、蓄水功能。 2. 对多种设施协同作用、联合调蓄、科学调度的要求较高

第四节　保障饮用水安全

保障饮用水安全是重大民生工程，也是复杂的系统工程，需要体系化的科技支撑。因此，中规院与兄弟单位一起，多年来持续深耕饮用水水质监测、供水安全监管、典型地区供水安全保障、饮用水安全保障技术集成等研究领域。同时，结合住房和城乡建设部及各地有关城市供水工作部署，积极推动饮用水技术研究成果转化，有力推动了行业技术进步和各地供水安全保障水平的提升。

一、聚焦国家区域发展中的关键供水问题

一是开展南水北调受水区城市供水安全保障研究。南水北调工程通水后，受水区城市如何用好南水北调水成为党中央、国务院和社会各界普遍关心的问题。在对受水区开展全面、深入调研的基础上，对受水区城市的水源配置、管网输配、水厂工艺、供水系统安全调控开展了系统研究，提出南水北调受水区供水安全保障技术体系，保障受水城市南水北调水平稳切换。二是开展黄河下游城市供水水源安全保障研究。在对黄河下游引黄水库水源水库的水量、水质协同变化规律开展研究，提出通过人工湿地、自然强化湿地、原位修复等技术手段保障黄河下游水源水质安全。三是开展长江经济带水源风险评估及优化配置研究。长三角地区是我

国经济发展最活跃、开放程度最高、创新能力最强的区域之一，但区域的水资源承载能力较弱，水环境形势复杂。针对长三角水资源、水环境特点，在杭州、常州、舟山等城市开展以水源安全、非常规水源为利用为重点的系列研究，提出了水资源优化配置模式和水源安全评估的技术方法。

二、完善的水质监测技术和方法是评估饮用水水质达标情况的重要前提

为保障《生活饮用水卫生标准》GB 5749 的实施，研发了实验室、在线和应急监测关键技术，建立了从“源头到龙头”的供水系统全流程监测方法标准体系，编制了《城镇供水水质标准检验方法》CJ/T 141—2018 和《城镇供水水质在线监测技术标准》CJJ/T 271—2017 等标准，编制了《城市供水水质应急监测方法指南》和《城市供水特征污染物应急监测技术指南》等技术指南，全面提升了“从源头到龙头”的城镇供水全流程水质监测能力，提高了城镇供水行业水质监测的技术水平，为城市饮用水水质安全监管和预警技术体系提供了技术支撑。

三、强化供水安全监督管理是建立城市供水全流程保障体系和应急体系的重要手段

为提高城市供水监管能力，主要开展以下研究：一是，针对城市供水水质督察缺乏规范化技术和规范化程序的技术难题，研究并集成构建城市供水水质督察技术体系，促进了国家城市供水“两级网三级站”建设，支撑了全国城市和县镇的供水水质督察和安全管理规范化考核。二是，开展供水全过程风险预警与应急救援研究，建立基于污染物存在水平、健康影响与去除能力的水源突发污染风险识别与监测管理方法；开展供水应急救援装备集成化研究，构建了城镇供水应急救援技术体系，支撑了全国供水应急救援八大基地建设，填补了国家层面供水应急救援能力的空白，先后多次参与了供水应急救援工作，实现了多种突发事件下的快速响应。三是，研究构建供水全流程监管平台，建立供水全流程水质监控平台

及标准体系，并在山东、河北、江苏、内蒙古等省份进行业务化应用。四是，开展《城市供水条例》应急管理制度立法支撑专题研究，提出了落实政府应急职责、明确供水单位应急职责和处置措施、提升水源风险应对能力、防控风险关口前移等立法建议，为《城市供水条例》修订提供技术支撑。

四、技术集成是推进系统化解决饮用水安全问题的必由之路

在系统梳理水专项饮用水安全保障技术成果的基础上，以构建饮用水安全保障技术体系为核心，以我国主要饮用水源水质特征与问题为导向，以龙头饮用水稳定达标为目标，进一步发展和完善我国饮用水安全保障理论体系，通过技术评估、技术筛选、技术耦合等，形成从“源头到龙头”全流程饮用水安全保障技术体系，包括“水源保护、净化处理、安全输配”全流程的工程技术体系和集“水质监测、风险管理、应急处置”于一体的监管技术体系。上述技术体系经过大规模的技术验证和示范应用，解决了困扰我国重点流域和典型地区饮用水难以稳定达标的难题，大幅提升了示范区城乡供水水质，促进了供水行业发展和科技进步，增强了人民群众的获得感和幸福感。

五、小结与展望

科技创新是经济社会发展的不竭动力，是实现城市高质量发展、高水平建设和现代化治理的重要力量，也是夯实“中规智库”基础的根本保障。立足国家战略需求，解决城市与区域发展的实际问题，是城市规划行业科学研究的主战场，也是城市规划这个行业和学科的特点所决定的。城市规划的意义在于它对城市社会发展和演进过程的指导和控制，因此，只有在城市发展的实践活动中发挥作用，城市规划才能找到生存和发展的依据。城市规划涉及的规划编制、理论探索、技术方法和科学研究，以及城市规划能够发挥的战略性、引领性和约束性等政策作用，只有扎根在中国波澜壮阔的城镇化和城市发展过程中，才会焕发出勃勃生机。

城镇化既是个重大的政策问题，也是个重大的科学问题。我国城市的

规划、建设和治理研究，无法脱离中国特色的城镇化道路、模式和进程。如我国的城镇化是资源紧约束下的城镇化，也是一个历史悠久的人口和国土大国推进的城镇化。城镇化的进程高度压缩，政府发挥着重要的引导和调控作用，是我国城镇化的突出特点。我国城市由快速扩张迅速转入更新时代，城市面临的动力、问题、风险和挑战自然会有相当大的变化，这些都与中国城镇化的时代背景和特殊进程息息相关。从近 20 年城镇化和城市的研究看，先期研究的重点是城镇化趋势的判断和人—地关系的优化与调控，近期关注的重点是建成环境完善和风险应对。不管研究的具体目标是什么，探寻城镇化发展的规律是一个永恒的主题。

规划学科的立足有赖于科学理论和方法的建立。多个领域、多个学科近年来的科学突进给我们提供了可资借鉴的思路和经验。就规划学科而言，实现自然科学、工程技术和社会科学、人文艺术的集成创新，是新时期学科建设需要系统思考、系统推进的重要工作，也是“中规智库”“中规作品”和“中规智绘”矢志不渝、互促共进的努力方向。

（执笔人：第一章第一～第三节、第二章第一节，陈明、张丹妮；第二章第二节，王凯、陈明、张丹妮、周亚杰、付凯等；第二章第三节，陈宇；第三章第一节，王亚洁、范嗣斌；第三章第二节，董珂、胡晶、陈振羽、魏维；第三章第三节，汤芳菲、陈双辰、陶诗琦；第三章第四节，张永波、胡文娜、耿艳妍、李昊；第四章第一节，陈明；第四章第二节，黄悦；第四章第三节，刘广奇；第四章第四节，张志果；小结与展望，陈明）

（统稿人：院士工作室，陈明、张丹妮）

参考文献

[1] 联合国人居署. 2022 年世界城市报告：展望城市未来［EB/OL］. https://unhabitat.org/wcr/.

[2] 王凯. 城市更新：新时期城市发展的战略选择［J］. 中国勘察设计，2022（11）：17-20.

[3] 王凯. 中国城镇化的绿色转型与发展［J］. 城市规划，2021，45（12）：9-16 +

66.

[4] 李昊，徐辉，翟健，等. 面向高品质城市人居环境建设的城市体检探索——以海口城市体检为例［J］. 城市发展研究，2021，28（5）：70-76 + 101.

[5] 宋凯. 以人为本推进智慧城市建设［J］. 城乡建设，2022（18）：5.

[6] 马晔风，蔡跃洲. 国内外城市数字化治理比较及其启示［J］. 科学发展，2022（12）：14-22 + 104.

[7] 徐辉，贾鹏飞. 面向城市规划的大数据技术应用探讨［J］. 北京规划建设，2017（6）：67-71.

[8] 徐勤政，何永，甘霖，等. 从城市体检到街区诊断 大栅栏城市更新调研［J］. 北京规划建设，2018（2）：142-148.

[9] 龙瀛，张昭希，李派，等. 北京西城区城市区域体检关键技术研究与实践［J］. 北京规划建设，2019（S2）：180-188.

[10] 杨滔，单峰. 复杂系统视角下的城市信息模型（CIM）建构［J］. 未来城市设计与运营，2022（10）：8-13.

[11] 杨滔，杨保军，鲍巧玲，等. 数字孪生城市与城市信息模型（CIM）思辨——以雄安新区规划建设 BIM 管理平台项目为例［J］. 城乡建设，2021（2）：34-37.

[12] 周静，沈迟. 荷兰空间规划体系的改革及启示［J］. 国际城市规划. 2017，32（3）：113-121.

[13] 商静，陈明. 产业链供应链发展趋势及区域空间重组治理——基于信息化和安全韧性的视角［J］. 城市发展研究，2023，30（1）：103-111.

[14] 迈克尔•斯托珀尔. 城市发展的逻辑［M］. 李丹莉，马春媛，译. 北京：中信出版集团，2020.

[15] 人民网. 浙江深入推进社会治理体系和治理能力现代化纪事［EB/OL］. http：//zj.people.com.cn/n2/2021/0320/c186806-34631785.html，2021.

[16] 人民资讯. 建设 CIM 基础平台，助力智慧城市建设［EB/OL］. https：//baijiahao.baidu.com/s?id=1707774298509048607&wfr=spider&for=pc.

[17] 杨俊宴，刘志远，等. 城市设计数字化平台关键技术研究与应用［J］. 建设科技，2021（13）：4.

[18] 胡文娜等. 安徽优秀传统村落遗产研究报告［M］. 北京：中国建筑工业出版社. 2020.

[19] 胡文娜，刘志翔. 基于三维设计实例的 BIM 应用推广［J］. 城市建筑，2021，18

（24）：147-149. DOI：10. 19892/j. cnki. csjz. 2021. 24. 42.

[20] 李佳俊，张淑杰，石亚男，等. 数字技术在特色村镇规划编制中的应用探索［J］. 小城镇建设，2022，40（12）：94-100 + 119.

专项报告：
以实践探索支撑『中规智库』建设

第一章　高端对话

第一节　特色新型智库建设

第二节　区域协调发展

第三节　历史文化保护传承

第四节　就近就地城镇化

第五节　安全宜居家园

第一节　特色新型智库建设

张辉：国务院发展研究中心办公厅主任、人事局局长

国务院发展研究中心以建设国际一流决策咨询机构为目标，形成了下述主要经验和做法：一是提高政治站位，坚持“智库姓党”；二是把牢政治方向，切实把习近平新时代中国特色社会主义思想贯彻落实到国际一流决策咨询机构建设的全过程；三是扛起政治责任，坚持守正创新，紧紧围绕党和国家工作发展大局推出高质量咨询成果；四是保持政治定力，坚持用人导向，努力打造高素质、专业化、复合型的干部人才队伍。

在新时代和新征程中，建设国家高端智库还要针对智库的组织形式、学术与政策研究间的关系、咨询专家的培养等重大课题进行深入探索。此外，各家智库应广泛交流、加强合作、携手共进，合力推进智库事业的高质量发展。

王振海：中国工程院二局局长

中国工程院确定重大课题所遵循的基本原则：一是把握世界科技发展趋势、顺势而为，二是聚焦国家战略需求，三是要结合中国工程院实际开展工作。选题研究过程中广泛征集各方面意见，进行归纳、汇总和比选，最终确定大方向，并经咨询委员会筛选之后报中国工程院党组审定发布。

倪鹏飞：中国社会科学院城市与竞争力研究中心主任

智库建设具有重要价值，但也面临着巨大挑战。学术型智库是以学术研究为支撑的知识型、思想型生产单位，其成就取决于思想成果转化为实际行动的程度。智库主要是基于政策诉求而生产知识和思想，同时又基于深厚的理论和坚实的基础，提供科学精准的对策和建议。智库的挑战在于分散用力容易导致理论、实证与对策的平庸，学术研究和对策研究互不相干或者相互损害等问题。

衡量智库成效的四个方面：一是社会影响力，即持续进行重大报告的发布；二是国际影响力，即持续在国际推进重要成果的发表；三是学术影响力，即扎实的理论与实证的研究；四是决策影响力，即推出资政与要报成果。

智库建设的三个主要探索方向：一是聚焦一条良性循环的研究链，使基础研究、实证研究、对策研究、交流传播之间正向反馈，相互促进；二是做强相互吸引的四大智库要件，包括打造硬核产品、搭建高端平台、构建广泛网络、汇聚顶级资源；三是构建四化的互化机制，即长期化、品牌化、平台化、互利化。

兰宗敏：国务院发展研究中心办公厅综合与法规处处长

智库做好体制机制改革创新的主要经验：一是，考核评价体系的改革和激励机制的建设，建立决策咨询研究成果的量化考核机制，同时建立完整的激励制度；二是，加强干部队伍建设，努力建设一支高素质、专业化、复合型的干部人才队伍，主要措施包括着力培养领军人才、加大引进高端人才力度、培育后备人才队伍等。

吴唯佳：清华大学教授，清华大学首都区域空间规划研究北京市重点实验室主任

建设国家智库，首先应拥有 5 大战略视野：一是综合性和战略性；二是前沿性；三是群众性；四是科学性；五是国际视野和历史视野。中规院建设智库，可以抓两头：一是城市治理，如何实现治理的合理性、现代化和实效性；二是针对重大科学和技术问题，开展深层次的研究，包括绿色低碳、城市更新和循环再利用，以及重大民生问题等。此外，智库建设的体制机制也应该向国外智库多学习借鉴，加强资金支持，充分利用“外脑”。

唐凯：中国城市规划协会会长

智库建设的重点和难点：一是加强信息和数据的收集能力，用数据证明观点，支持中央决策；二是建立向国家和社会“发声”的渠道，让科研成果“走出去”；三是完善人才培养和选拔机制，建立优秀的人才队伍，以更好地支撑智库的建设。

孙安军：中国城市规划学会原理事长，住房和城乡建设部规划司原司长

规划不仅是技术工作，更是与国家治理体系相关联的社会实践活动，需要深刻认识、准确把握经济社会发展、生态环境保护、空间治理等相关因素。作为规划领域的智库建设，有三个关键问题需要取得突破：第一，如何组织好跨学科的人才队伍，提出高质量的研究成果。第二，如何兼顾长远与应急，既要能跑马拉松，也要能百米冲刺；既要保持定力，对一些重大问题持续跟踪，对未来趋势进行研判，同时还要具有高度敏感性，解决应对出现的新情况、新问题。第三，如何提升影响力、拓宽政策建议的渠道，通过多种方式影响社会、影响决策者，这也是未来智库建设的关键问题。

石楠：中国城市规划学会常务副理事长兼秘书长

做好行业智库应做到以下几点：第一，站位要高，中规智库建设要基于实践基础之上进行前瞻性研究、预警性研究，体现科研机构的价值；第二，要在知识整合上下功夫，将众多实践成果积累、梳理、凝练、上升为知识，而不只是经验，要有独立的见解，发挥客观第三方的独特作用；第三，要讲政策的话，将技术语言翻译成政策语言，才有可能把研究成果纳入真正的决策。

曲建：中国（深圳）综合开发研究院副院长

国家高端智库的三个主要职能：一是围绕党中央决策，服务党和国家工作大局，进行建言策论；二是围绕国家部委的工作部署，提供精准化的服务；三是开展国际学术交流与合作，服务国家公共外交。

通过选题审题务虚会汇集众智，在实践调研中发现问题形成策论，深耕专业领域并努力思考全局性、战略性问题，对接中央决策需求把握方向，支持课题研究的复合型团队与专业积累，建立科研激励机制，强化以研究带咨询、以咨询保研究，发挥首席专家作用保质量共八方面国家高端智库的建设经验。

熊湘怡：瞭望智库执行院长

从媒体角度看，如何把实践调查转化为高质量的成果报告，把专业问题翻译转换成政策语言，可以总结以下经验：走到田间地头、生产一线抓取最鲜活的现象；在进行学术研究和理论研究的基础上，进行总结和挖掘；

在整体选题和谋篇布局、语言选择上，进行兼顾；在基础研究和实际决策之间的语言、观点和体系方面，不断调整。

杨溟：新华网融媒体未来研究院院长

“预测”和“预警”是新华网融媒体未来研究院和“中规智库”合作的关键词。“预测”，知道未来趋势是什么、机会在哪里，“预警”告知风险在哪里。要用新思维、新观念解构数据背后的真相，从真实的、实时的、动态的数据中，从发展和演进中找规律，从而知晓未来趋势在哪里、预测机会在哪里。

——中规院国家智库建设交流暨“中规智库”2022年度学术发布会

——“中规智库”建设座谈会

第二节　区域协调发展

叶嘉安：香港大学教授、中国科学院院士

针对2022粤港澳大湾区指数提出3点建议：第一，未来可以增加与长三角的对比内容，以便更好地解析大湾区的发展。第二，在街道之上增加“城区”的研究单元，以便人们选择投资或生活。第三，文化服务维度可以进一步拆分为文化、社区服务、城市活力。创新产业也可被划分为高科技产业和生产性服务，这是大湾区长期发展目标的两个重要部门，瞄准成为“曼哈顿＋芝加哥＋世界硅谷”的目标。

Salvatore Fundaro：联合国人居署全球解决方案部

粤港澳大湾区是独一无二的一个区域，是集合大都市系统、“一带一路”倡议主要依托之一、中国大陆和世界其他地区联通功能、“一国两制”下的双特别经济区等特殊禀赋的湾区区域。因此，粤港澳大湾区的分析和研究能够为世界大都市区发展提供宝贵的知识和经验。

湾区内的人员要素流动、文化活动增长等方面呈现出了新的动态和特征。未来湾区城市群的发展中要考虑到一些关键因素，并通过可持续的国土空间规划的编制，关注文化发展、社会服务等具体措施，减少“差异”和“隔离”，达到更高级别的社会平等状态，并向净零排放过渡，成为一个更具包容性、更具弹性的湾区。

王缉宪：大湾区香港中心研究总监

从全球供应链组织角度看，粤港澳大湾区拥有世界最大的 B2B 供应链，具有潜在而巨大的 B2C 市场，呈现出原材料与制成品差异化的运输方式。从全球供应链视角看，粤港澳大湾区内部存在着以下 3 个主要差异：一是，城市的差异，主要指产业特征、发展程度、对外交流内容等方面的差异；二是，比较环境的差异，主要包括制度、法律、政府作用等方面的差异。三是，企业的差异，主要指大型（跨国）供应链企业和中小企业的差异。

促进粤港澳大湾区更好地应对世界发展新趋势的 6 条建议：第一，尽量缩短和简化供应链，避免供应链的过度复杂化；第二，增加对供应链的纵向控制的同时，形成开放型规模组合；第三，提高智能化水平，并将这一点与贸易和跨境程序密切结合；第四，与海外的当地供应链企业深度合作，争取在东盟等 RCEP 国家完成关键市场覆盖，助力中国电商出海；第五，与“中国＋ 1”类似，增加“大湾区＋ 1”“珠三角＋ 1”的机会；第六，提高多式联运能力。

周日昌：香港规划师学会前任会长

大湾区要继续发展，应做到以下几点：首先，要注重社会发展中新宜居人口以及文化认同的问题，“多元文化”的概念很重要，未来粤港澳大湾区应努力确立文化认同，实现“来了就是湾区人”。其次，大湾区经济、就业的集聚才能带来人口进一步进入，产业经济的错位发展才能够实现共同的成功繁荣。最后，大湾区的发展还需要规划的配合，通过互联、互通、铁路及工作签证等，完善整体融合环境。

凌嘉勤：香港理工大学社会创新设计院总监

“2030 +”确立了香港未来双都会空间架构，其中维港都会区将通过扩容进一步面向全球，北部都会区则将以“双城三圈”为基础与深圳融合成为新发展地区，两大都会区都将成为香港进一步融入粤港澳大湾区和国家发展格局的重要抓手。

深港进一步的融合发展势必将推动单一口岸通道模式成为未来城市中心，同时助力两城合作形成完整的科创生态系统。与此同时，融合的过程中也会给两地在环境保育、行政管理、合作模式等方面带来诸多挑战。北部都会区在回应这些挑战中将扮演重要角色。

郑德高：中国城市规划设计研究院副院长

早期对长三角的观察集中在等级化、网络化和地域化的研究，近年来的研究则更多聚焦网络化，关注生产性服务业网络、新经济网络（创新网络）、制造业网络的研究。其中，新经济网络正在不断发展变化。研究创新链、产业链、供应链特征可以发现，创新链在 5 公里内特征明显，产业链集中在 50 公里左右尺度，供应链主要集中在 100～120 公里范畴内。在一体化示范区建设中，应坚持标准一致、设施共享、要素流动、收益共享，也唯有如此才能有力推进一体化建设。

罗勇：广东省城乡规划设计研究院总规划师

大湾区东西两岸协调发展问题一直备受关注。改革开放上半程，东岸地区凭借更靠近香港、更连通市场、更便捷出入等优势迅速集聚起更多发展要素，东西两岸发展差距日益增大。粤港澳大湾区规划提出加快推进西岸地区协同发展。西岸地区应该面向成熟化时代日益增加的高质量、特色化、精准性需求，走以提供更多高质量供给为内核的高品质发展之路。从土地、人力、技术、资金、数据等要素提升出发，遵循发展阶段规律，在“恒星级”节点培育、高端产业集群、智慧创新驱动、服务品质提升、一体开放发展等方面协同发力。

陈敏扬：奥雅纳工程顾问副董事和规划总监

澳门作为粤港澳大湾区四大中心城市之一，与香港共同承担了大湾区国际窗口的重要角色。然而澳门与珠海的发展总量与人口规模难以与深圳、香港和广州、佛山相比，在接轨区域发展的路径和定位也有所差异。2021年9月，《粤澳深度合作区建设总体方案》颁布，通过崭新的粤澳共商共建共管共享新制度，推进了“琴澳一体”的发展方向，为未来提供了发展空间与机会，并进一步强化珠澳发展能级，更好地突显了其在大湾区发展中的特色与应承担的角色。

方煜：中国城市规划设计研究院深圳分院院长

在新的发展背景下，世界级城市群成为推动产业链重塑、提升科技创新能力、对接国际规则、实现高质量发展的重要载体。而粤港澳大湾区有其独特的“一国两制”制度优势，通过对内产业链重塑、对外衔接国际规则，其在双循环发展战略中的支点价值进一步凸显。北部都会区与横琴、前海、南沙三大方案的出台，将加快粤港澳三地融合发展的落地实施。大湾区由于空间范围较小，且呈现要素高强度集聚、高频度流动的特点，以香港、广州、深圳为核心的三大都市圈范围高度叠加，再加上湾区自然地理格局以及多元制度差异的影响，使得其融合发展在空间表现上类型极为丰富。

——多元融通·深度合作——迈向区域融合发展的大湾区香港
——中国城市规划学会区域规划与城市经济学术委员会2022年年会

第三节　历史文化保护传承

单霁翔：中国文物学会会长

在我国城市规划取得举世瞩目辉煌成就的同时，文化遗产保护也在不断进步，两个系统相互协同、相辅相成，才取得了目前的成绩。在文化遗产保护领域有几个典型案例佐证了上述观点。一是，大运河的申遗工作让文物保护走向了文化遗产保护。二是，良渚遗址保护工作改变了我们对遗址的态度，使遗产进入人们的社会生活，开启了保护工作走进社会的重要篇章。三是，“三坊七巷”的保护历程证实了遗产保护非常重要的作用是为当地居民服务，通过改变街区业态、举办各种博物馆展示，为当地的民众提供了良好的生活条件。四是，安吉生态博物馆的建设把整个区域的农民动员了起来，让当地人保护自己的家园，建设自己的家园，展示自己的家园，是一个带动人与自然环境共同保护的优秀案例。五是，在首钢工业遗产的保护工作中，通过整体的保护，延续了历史的链条，使人们可以近距离体验首钢过去的辉煌。此外，在20世纪遗产保护的相关工作中也要注重保护当代城市规划师、建筑师的作品。

杭侃：云冈研究院院长、北京大学考古文博学院教授

我国历史文化名城中，很多都属于古今重叠型的城市，这类城市的考古要经过若干年的积累才能逐渐完成。考古方法的核心内容是改变考古工作者一般田野考古层位学的观念，把探沟、探方中按层位发掘的方法，转移到整个古今重叠的古城遗址上去。进而在现代的城市实测图上，发掘埋在下面的城市遗痕。城乡建设工作中经常“遭遇”文物遗迹。在城市规划中，应做好基础研究、厘清城市发展脉络，使城市发展建立在有序更新的基础上。应在有条件的情况下尽可能进行有目的、有计划的勘探和发掘，务必要为城市多保留一些可供人们考察寻访古代城市历史的痕迹。在实践中，关于地下文物埋藏区概念等方面还存在不少问题，仍需从立法和行政等多方面加以促进。

未来需要关注的两个方面：一是要关注名城保护与居民的关系，需要关注老街区中的老住户、老弱病残群体，尤其在延续街巷生活舒适度方面，要增加对于居民的年龄构成、人居环境和具体诉求的调查。二是要关注地下文物的展示，因为地下文物的位置不是偶然的，如能在地面上结合公共空间设置展示标志，明确地下埋藏点位的位置和出现原因，可以让文脉延续，也让老城增加公共空间，让原有的历史在街道上活化。

王凯：全国工程勘察设计大师，中国城市规划设计研究院院长

过去40年来，我国在快速城镇化过程中保护了大量珍贵的历史文化遗产，延续了历史文脉、保护了文化基因、塑造了特色的城市风貌，但是，也存在保护工作管理系统性不强、保护对象整体性不足、保护利用传承不到位等问题。《关于在城乡建设中加强历史文化保护传承的意见》中明确提出要建立分类科学、保护有力、管理有效的城乡历史文化保护传承体系。体系的构建必须把握内涵和层次、识别价值和载体、明确方法和路径等内容，并要从以下四个方面重点落实：一是要转变原有思路，立足全国一盘棋，实现空间全覆盖、要素全囊括；二是要坚守保护底线，坚持保护优先，正确处理保护与发展的关系；三是要创新活化利用，融入城乡建设，不断满足人民群众对美好生活的新期待；四是要讲好中国故事，让人民群众在日常生活中感受文化的魅力。

伍江：同济大学原常务副校长

对历史文化保护与传承工作的三点建议：第一，保护的前提是守住底线、应保尽保，用最少干预的措施来保护有价值的遗产，在此前提下再结合各地的历史文化特点、管理模式等探索不同的保护路径；第二，保护的根本基础是价值，价值决定了我们为什么要保护、保护什么，对于历史文化名城、历史文化街区而言，整体空间结构、肌理和总体风貌印象等，都是重要的价值载体；第三，保护的出路在活化，一个完整的城市和街区，如果没有当代生活的活力，保护很难持续下去，活化不仅要开发旅游文创等项目，还要多元化发展城市功能，让居民成为文化传承者。

冯新刚：中国建筑设计研究院有限公司城镇规划院副院长

针对历史文化保护与传承工作的三点感受：一是，保护工作完善了城市功能，改造和提升了基础设施和公共服务设施水平，让生活在其中的居民有了更多获得感，让游客和市民感受到历史街区的文化魅力。二是，很多案例如崇雍大街的改造过程中有多种参与方式，让社会治理效果显著提升，也增强了本地居民的归属感、认同感和文化自豪感。三是，文化传承和宣传教育的影响力显著提升，疫情期间街区成为开放的活力空间和学习传统文化的露天课堂。

马瑞·努尔·陶拉克斯：亚太地区世界遗产培训与研究中心（WHTRIAP）项目主管

世界遗产的突出普遍价值（OUV）的概念有一个演变的过程，评估过程要考察人类与环境的相互作用、当地社群发展等。丝绸之路系列跨境申遗项目实现了单点到线路的视角转变，对突出普遍价值进行了再定义。ICOMOS的相关研究中也将丝绸之路看作是由一个概念来连接的遗产集合，而非单一属性的遗产，这提供了一种从更广阔的视角去认知、申报和评估世界遗产的方法。乌兹别克斯坦的沙赫里萨布兹历史中心曾作为撒马尔罕王国的第二个首都、帖木儿大帝的家乡，在丝绸之路的贸易和交流上有重大影响。由于城市开发活动，某遗产地的突出普遍价值遭到破坏，险些被《世界遗产名录》除名。随后通过历史性城镇景观方法（HUL）的应用，该遗产地的保护发展战略被纳入了更大的整体框架中，尤其注重其在现代城市和社会中的角色，包含文化、社区、产业可持续等方方面面，有效协调了保护与开发的关系。

——城乡历史文化保护传承高峰论坛（暨国家历史文化名城保护制度建立40周年学术会议）

——《历史文化保护与传承示范案例（第一辑）》新书发布暨学术研讨会

——2022世界文化遗产城市规划与发展研讨会

第四节　就近就地城镇化

魏后凯：中国社科院农业发展研究所所长

中国已经进入城镇化全面减速的新时期。减速期中国城镇化转型方向有三：一是从高速城镇化转向高质量城镇化，其关键在于以人为核心的新型城镇化，即市民化。二是从注重异地城镇化转向重视就地就近城镇化，解决产业与岗位不匹配问题。三是从注重地级以上城市发展转向以县城为主要载体——根据“中国乡村振兴综合调查”，外出农民工越来越趋向于就地就近就业，以省内流动为主，县（市）成为吸纳农民工并吸引其落户的重要载体；并且县城作为县域政治、文化、经济和交通中心，是驱动县域经济发展的增长极，也是县域综合服务中心和治理控制中心，在县域城乡发展中发挥着枢纽作用和统领作用。

侯永志：国务院发展研究中心发展战略和区域经济部部长

就地城镇化的重要性主要体现在 3 个方面：第一，就地城镇化是更好地满足人们多元化的、更高层次需求的良好路径；第二，就地城镇化是优化大尺度上人口空间分布合理化的一条有效的途径；第三，就地城镇化是实现区域均衡发展的需要。就地城镇化需要在规划引导下推进，要研究哪些城市和地区是可以就地城市化的，哪些地区是不能的。此外，大城市对就地城市化的影响是把“双刃剑”，既有对资本、技术、人才、市场需求的“辐射效应”，也有造成资本、人才、市场流失的“虹吸效应”，就地城镇化应在享受大城市辐射带动作用的同时，尽量避开大城市的虹吸效应。

高国力：国家发展和改革委员会城市和小城镇改革发展中心主任

建制镇在新型城镇化中承担着不可替代但又非常独特的功能，是我国推进就地城镇化的关键载体。依托建制镇来开展就地城镇化，是减轻缓解大城市病的非常重要的分流渠道；建制镇的就地城镇化应该是实施乡村振兴战略的有力支撑；建制镇也是推动城乡融合和一体化发展的重要支点。

城关镇在新型城镇化进程中面临着“引力不大、功能不强、能级不高”的现实问题，需要提高其积聚、辐射能级：一是着力强化提升城关镇的生产功能，进一步挖掘特色化、集约化、产业适应化；二是着力提升城关镇生活功能，提升其公共服务节点作用；三是发挥城关镇作为县域核心地位的优势，着力提升挖掘城关镇的综合职能潜力和引力。

倪鹏飞：中国社会科学院城市与竞争力研究中心主任

一是中国城市化已经进入了“聚中有散”的新的发展阶段，目前都市圈、城市群实际上既有接受大尺度聚集的因素，也有中心城区、中心城市向周边扩散的现象，未来还有可能出现巨型城市化地区。二是县城正面临着一个新的因为扩散而带来的重要机会，各个县城将来都有可能发展成为城市，人口稠密能够形成非常好的都市圈，经济、产业发展比较好的沿海县城也会成为重要的发展地区。三是现在的城镇，特别是一些县城也面临着衰退的挑战。县域城镇化实际上存在着极度分化，一部分迎来了扩大发展的、繁荣的机遇；另外一些城镇面临衰退的挑战。四是推进城市化过程中，一定要实施差异化的县域城镇化战略，如果属于人口向其聚集的城镇，我们要采取措施给予积极的引入或推动，对这些地区采取补短板措施，加强这些地区的公共服务和基础设施建设；对于明显存在着人口流失、产业衰退、客观上要衰落的乡镇，应该顺应规律，无论是在行政区划还是资源配置上都要做适度的调整，要降低它的公共服务政策力度。五是中心村和小城镇发展是乡村振兴的主体形态，是乡村“聚中有散”的落脚点。

李兵弟：住房和城乡建设部村镇建设司原司长

城乡发展差距在于城乡地产收入、房地产用地土地价格、城乡家庭财产、城市建设用地等方面。针对县城县域的发展，第一，应当提高县城高质量发展的承载能力，尤其是服务农业和农村的能力；第二，应构建以农民就业为导向，以县城和重点建制镇，包括农业产业特色小镇为主体的现代乡村产业体系；第三，严格控制撤县设区，适度放宽县级市的设置（要求），扩大镇级市的改革试点，探索县辖市的基层行政管理模式；第四，要继续积极稳妥地推动特色小镇的发展。

关于城乡一体化发展制度创新，一要研究城乡建设混合用地制度改革；二要构建农村住房制度，完善国家住房制度；三是把当前城市建设维护税改革为城乡维护使用税；四要研究建立国家农村集体资产管理制度，形成农惠农富农城乡一体化管理。

温铁军：中国人民大学二级岗位教授

在中国特色新型城镇化发展语境中，城镇化与城市化有着不同的内涵：城镇化是实现城市化的重要路径，在一定阶段内，是城市化发展的重要路径。过去城镇化是以大城市群为主的发展路径，现在要转向县域经济、县域城镇，特别是就地城镇化，这将成为转型的重要方向。就地城镇化要允许形成多种不同的管理模式的创新，形成各种主体多元互动治理方式的创新。

“县域经济”应该是以县域范围内空间生态资源的系统规划、整体开发，实现习近平总书记强调的全地域、全方位、全过程的生态化建设，才能成为不破坏社会的、有利于“双碳”目标的新产业类别。县域经济的“生态产业化”与“产业生态化”，一定是多元化的、综合的、系统的。

何宇鹏：清华大学中国农村研究院副院长

城市化的外溢效应使城市和县城的一体化发展产生了都市圈化的效应。工业化和信息化的叠加使城市化由核心向外围扩散，农产品、农业、农村生态由以前提供产品的功能向提供服务的功能转变，极大地增加了农民的非农就业的机会和农村副产品的增加值，使得乡村振兴面临新的市场发展的机遇。

城镇化、工业化和信息化三个作用的共同叠加，使得中西部地区就地就近城镇化具备了机会。劳动力要素市场的空间变化是对未来中国城镇化形态的启示，也告诉我们未来城市化发展的市场动力及市场着力点在哪里。

陈明星：中国科学院地理科学与资源研究所研究员

中国的城乡融合和乡村振兴发展问题任重道远，我国高度重视乡村振兴战略，也高度重视将新型城镇化和乡村振兴联动。解决这一问题的关键是进一步促进农村外出人口市民化：一是乡村振兴要坚持城镇化的大方向，与新型城镇化紧密结合，推动城乡融合发展；二是县域在我国的城镇体系中是非常重要的环节，是城市和乡村联系的天然纽带，是广大农村地区实现城镇化的重要载体。县域新型城镇化在城镇化过程中有着不可替代的作用，一方面有助于提升我国新型城镇化建设的质量，另一方面可以进一步加强对乡村振兴的辐射带动作用。加强以县城为主要载体的县域新型城镇化建设，应开展新时代县域高质量新型城镇化专项试点工作；全面提升县城城区的教育、医疗等基本公共设施水平；推动符合条件的县域撤县设市等建议。

王凯：全国工程勘察设计大师，中国城市规划设计研究院院长

过去 40 年，我国顺利实现了全球最大规模的城镇化。中国城镇化的发展已经走过了初期积累、基础性发展的阶段，进入成熟、完善、提高的新阶段。在这个大背景下，今后的城镇化发展与前40年的城镇化发展相比，将出现结构性变化。农业现代化、新型工业化、信息化等“四化同步”的城镇化成为必然选择，县域、县城在新型城镇化中的作用将不可替代：都市圈内的县城，融入都市圈内产业分工体系，实现城乡高度融合和一体化发展，有发展成为中小城市的趋向；农业地区的县城，以服务“三农”和公共服务为导向，是实现老百姓幸福生活及共同富裕的主体空间，是连接城乡的重要节点；景观资源地区内的县城，是重要的目的地和服务基地，以历史文化特色和魅力景观资源促进城乡联动发展。

郑德高：中国城市规划设计研究院副院长

中国城乡融合发展的主要问题体现在生产领域、流通领域、消费领域、要素配置四个方面。城乡流动还存在着二元制约，体现在人口、土地制度和乡村的固定资产投资比例等方面。城乡之间未能形成良性循环，是我国城乡差距大，城乡问题突出的根源之一。县域和县城未能充分发挥连接作用是城乡不畅的重要因素，尤其在生产、流通、消费和要素配置领域里需要重点突破。

通过对日韩经验的借鉴，县域是实现城乡融合最重要的、最佳的基本单元。在推动城乡流通、城乡循环、城乡融合过程中，针对县域的作用和功能，他提出6点构建：一是，推动县域城乡融合的产业体系构建，以县为单元探讨新型农业服务模式；二是，畅通县域城乡流通网络体系；三是，以县域为单元培育乡村消费市场，促进县域内要素有序流动，促进县域城乡人口对流；四是，土地方面，可以通过村庄分类和村庄整治，用好每个村庄闲置用地，优先用于一二三次产业融合；五是，探索农村金融改革，促进资本向乡村流动；六是，建立县域城乡循环的三级空间支撑体系，探索建立县级农村综合合作组织。

朱子瑜：中国城市规划设计研究院原总规划师

县城是城镇化进程的重要载体，在历史文化传承中具有重要角色。提升县城建设水平的主要建议：一是，学习“山水营城，规矩营城，文化营城”的历史传统；二是，借鉴国际经验，注重文脉延续，贯彻绿色低碳理念；三是，探索本土创新。构建中国特色人居环境，推进县城高水平建设发展，需要在空间形态上呼应山水格局，在景观环境上展示诗情画意，在县城风貌上体现文脉乡愁，在交往场所上彰显小城活力，在未来发展上保持永续健康。

——中国城市百人论坛2022春季论坛“县域·县城·就地城镇化”
——2022国际城市规划比较论坛——人口收缩背景下村镇的可持续发展之路

第五节　安全宜居家园

吴志强：中国工程院院士，同济大学原副校长，同济大学建筑与城市规划学院教授

近年来，我国灾害事件频发，城市韧性与安全博弈成为重要议题，应着力在以下领域加速探索：一是智慧韧性建设，通过AI技术赋能更安全城市的探索，共同攻克人类希望攻克但仍未攻克的难题。按照应对自然灾害、事故灾难、公共卫生事件、社会安全事件四类重大突发事件的能力，将城市划分为四类：第一类城市无法应对重大突发事件，无法抵抗外部灾害的冲击而走向消亡（Fragile City）；第二类城市在重大突发事件冲击中可生存，但灾后却不具备学习能力的城市（Survival City）；第三类城市在突发事件后具有学习和反思能力，但应对长周期大冲击，隔代后被遗忘（Learning City）；第四类城市更能够把学习和反思转化为城市治理制度和治理能力，具有韧性和进入高度文明的城市（Intelligent City）。二是建立数字底板，构建城市智慧安全系统，需要依托城市数据库底板，实现城市安全的精准感知、规律挖掘、问题诊断、推演预警，建立了世界城市大数据，并持续升级、追踪和超越原最大数据库，CIMA2.0在数据维度、广度、跨度、精度、频度、速度等方面实现了突破。三是攻防博弈，通过城市安全攻防博弈提升城市韧性，识别城市脆弱点，促进城市防未灾、急应对、韧修复、长治理。

陈湘生：中国工程院院士，深圳大学土木与交通工程学院院长

“城”“市”“管”构成城市域三维韧性，是城市安全之基石。城市是由“城”与“市”组成的。城的韧性，是“城”的安全之基础和前提。市的韧性，是“市”的安全条件。管的韧性，是将各类风险或损失降到最低的“城市”安全的控制器。城市（群）面临着地震、台风、洪涝、突发事件、突发疫情等主要风险，应加强韧性城市、韧性医疗系统和韧性医院的建设。基于物联网、大数据、人工智能、数字孪生、地理信息、城市规划、土木工程等的综合交叉研究，建立智慧—韧性基础设施（Smart-Resilient Infrastructure）技术体系，实现基础设施全寿命周期中各类灾害的预测、预警和快速处置，即“应急前移”。建造超大韧性城市（群）的主要建议包括：进行城市风险普查，建立城市风险分级分类账本；应用“韧性工程”提升城市韧性；关注城市隐蔽工程和生命线系统的可靠性；运用物联网和大数据等管理提升风险监控、指挥和处置水平；提高物流和供应链的保障能力。

李国强：同济大学土木工程学院教授

城市火灾频发，造成建筑钢结构严重破坏。钢结构抗火设计具有 3 方面重大意义：一是保障结构构件具有足够的耐火时间，以满足人员疏散及消防救援需求；二是避免结构在火灾中倒塌造成人员伤亡；三是增强结构抗火韧性，缩短灾后结构功能恢复周期，减少间接经济损失。目前主要面临的关键科学问题包括有限空间火灾升温、火灾下钢结构升温、钢结构防火保护隔热性能、高温下钢材力学性能、高温钢构件极限承载力及结构整体约束效应。

石楠：中国城市规划学会副理事长兼秘书长

新城、园区、社区，都是城市有机生命体生长的过程。一方面，我们强调“有机的整体”；另一方面，我们也最擅长各种“分”，比如分级、分类、分区，但更重要的是“分”完之后的整合和融合。无论是新城、新区还是老社区，都面临着新挑战、新需求，需要新的破局思路。第一，重视“治理”的理念，以往的规划更多是为了总量规模的增长，而现在更需要强调“规划为了治理”。第二，要有“文化”的意识，文化不只是历史文化，而是有延续性的连续统一体。

唐子来：同济大学建筑与城市规划学院教授

城市更新，依然是中国很多城市或者中国所有的城市在城市化的下半场都要补的课，即使是新区也不例外。旧区更新是绝大多数城市正在面临的共同命题，规划师应反思如何处理好旧城更新中风貌保护和活化利用的关系，从滔滔不绝的真理讲述者到虚心的利益协调者的过程。

赛德·麦克斯摩韦克：英国帝国理工大学教授

当前世界城市人口已经达到空前数量，给城市带来了巨大的压力，引发了全球性的身心健康危机，造成巨大的财政负担。气候变化引起了很多问题，其中一项就是水的问题，包括城市内涝和水资源短缺的问题，传统的水管理方法需要被重新审视，以适应这些变化。从水的角度来说，城市中的雨洪问题有其历史发展过程和成因，自然洪流的截水区由于人类活动和发展被破坏，自然河道被强行修直、填埋，或者变成为运河，城市不断发展以适应持续增长的城市人口，导致城市和周边地区的水流变得更迅疾，尤其是城市地表不透水面积的增加造成降雨没地方可去。城市处在河流的流域中，流域在影响着城市，城市也在影响着流域和自然气候。以前的发展模式是不可持续的，需要以不同方式进行新的发展。基于气候变化减缓与适应的创新城市规划解决方案——Blue Green（BG）Solution（蓝绿系统综合性解决方案），为未来城市能够可持续、韧性并且经济高效发展提供了一个有利的方案。合理有效地管理水环境，对实现联合国的可持续发展目标是非常关键的，联合国已经把水描述为可持续发展目标实现的共同货币，也就是说可以以水来衡量其他的可持续发展目标。采取蓝、绿基础设施增强城市水韧性。

欧·拉森：哥本哈根气候变化适应实验室总监

世界各国对气候变化问题的应对已经拖延了50年，而它的影响从未停止过，必须要立即行动起来，才能保证城市仍然具有竞争力。在过去的二三十年中，丹麦实现了GDP增长与能耗增加的脱钩，到后工业时代，经济发展建立在能源节约基础上。面临人口增长和全球气候挑战，提高城市基础设施的效率和气候适应能力是唯一的解决方式，而这便是哥本哈根气候变化适应实验室的创办宗旨。其作用在于找寻问题解决过程中最后10%

的难点或知识鸿沟，并通过跨专业的应对协同努力来快速地填补特定的知识空白。真正的创新不在于技术和信息的获取，比如GIS和雷达系统，而在于如何找到一个商业模式来使用信息，最终解决棘手的城市问题。

杰拉德·德·弗里斯：荷兰基础设施和水管理部研究专员

荷兰与水的渊源来自防洪管理，在长期与水的抗争中，成为独一无二的水治理与生态领域的强国。近些年，由于河水水位升高、海洋风暴潮增多、海平面上升及农业用地挤占水道等原因，荷兰面临的水患威胁进一步加剧，荷兰已经认识到单一建设防洪工程的传统治水理念的局限性，荷兰水管理的总体思路是改变堤防加固的传统单一手段，通过防洪安全、空间拓展和生态保护等综合治理手段改善境内主要河流的流域空间质量，未来会更加注重整体生态系统的保护，荷兰人与水的关系正在实现从对抗到共处的转变。水是人类赖以生存的基础资源，荷兰希望利用自己的知识和经验，帮助其他国家共同应对水资源短缺、水污染和水质健康等问题。

克里斯·泽文伯格：联合国教科文组织国际水利与环境工程学院专员

与海绵城市建设相关中欧协作和知识交流的六个关键领域：一是，决策支持工具，重点是蓝绿色基础设施的解决方案与传统灰色基础设施的选择工具。二是，蓝绿基础设施的评估方法，重点是衡量长期的、隐性的成本及收益。三是，蓝绿基础设施和海绵城市的融资。四是，蓝绿基础设施和海绵城市评估指标体系，难点是反映蓝绿色基础设施和海绵城市解决方案总体价值的指标。五是，共同缔造和社区参与，关键问题是如何更好地让公民及其他利益相关者参与海绵城市建设的过程。六是，政府治理，特别关注跨部门协作，以及将蓝绿基础设施和海绵城市建设纳入各类规划与政策的途径。

李美群：新加坡公用事业局集水区与水道署总工程师

城市水系统是城市有机生命体的重要组成部分，也是促进城市、人民健康发展的重要基础。通过新加坡城市水管理经验，我们充分认识到城市水系统循环再生的发展规律，需要以系统化思维开展我国涉水工作管理。统筹城市水资源、水环境、水安全各要素，实施综合规划；统筹各类管理政策，强化“闭环管理”；统筹各部门，实现横向互动，打通“条块分割”格局；统筹规划、建设、管理，实现全流程监管；统筹政府、企业、市民各参与主体，实现共建共治共享。多措并举，推动我国城市水系统的可持续健康发展。

林文富：新加坡公用事业局首席水质专家

一是建立水质安全、稳定的污水及再生水系统。安全稳定的城市污水收集和处理系统是再生水系统的前提。根据污水处理厂处理规模，合理确定再生水厂规模，并建立完善的再生水水质监测系统，确保满足用户水质需求。二是建立“共赢”的再生水产业链。应注重加强水厂与用户之间的联系，建立完善的再生水供应系统，在保证水质稳定的前提下，再生水厂根据用户对水质的需求不同，可以在生产工艺中采取分级处理，既能满足用户需求，又能节省水厂运营成本。三是合理确定再生水市场价格。政府应参考城市水资源短缺情况，利用水价经济杠杆合理限制超额度使用常规自来水，让更多用户选择使用再生水。四是出台再生水强制使用政策及奖励机制。加大对再生水行业用水的监督，对于通过自主研发升级换代以降低自来水使用率的企业，应予以奖励，或者通过税收进行调节，从而增强企业节水、使用再生水的意愿。五是可以通过再生水使用示范、优惠政策宣传、中小学生教育等手段，逐步提高个人及企业对再生水的信任度。

派·博斯戈德：丹麦王国驻华大使馆可持续发展行业参赞

宜居城市究竟是什么？多年前，哥本哈本有了第一条自行车道，后来汽车拥有量增加，交通拥挤的问题日渐明显，哥本哈根政府就提出了打造骑行基础设施战略。现在骑行成为哥本哈根市民日常出行的主要交通方式，安全环保、节约成本、锻炼身体，对气候也很友好。需要不同行业、不同领域之间建立良好的合作机制。“这个计划是我们的奋斗目标或者说是一个工具，让所有人都有所了解，大家一起努力。”在哥本哈根做规划，并非关注单一功能。城市看起来不能千篇一律，应该有不同的特征和亮点，比如一座现代城市就要有地铁、有现代主义的建筑、有一些游乐场，等等，也要充分考虑当地居民的需求和愿望。

布鲁诺·德尔康：联合国人居署亚太区域高级人类住区办公室负责人

规划和发展模式以及城市可持续发展方面存在巨大的创新需求。在解决许多全球性问题时，地方层面将需要城市更新工具。城市领袖和城市社区在处理和应对全球性问题的同时，为联合国人居署工作提供了经验。

城市更新作为实现包容、可持续恢复的工具，在实施城市更新以及对城市进行重新设计以提高生活质量时，必须要考虑到健康问题。在《2022年世界城市报告》中，联合国人居署提供了城市变革积极前景的关键信息，所有国家和城市都可以通过作出正确的选择和使用城市更新工具实现这一前景。在新生产力、创新和就业方面，城市更新可以重新配置城市服务。城市所需的一揽子气候行动要求应用多种不同的城市更新方式来实现。同时，城市更新议程要求改变规划方式和治理方式，增加参与性和包容性，并考虑更复杂的治理模式、利益攸关方之间横向和纵向的合作模式，还需要新的融资方法。可以将以下议题放在城市更新讨论的核心位置：促进参与、加强平等，反对士绅化，反对非需要的价值捕获，反对向后代征税，支持在城市更新规划的新方案中加入适当的社会和环境保障措施。

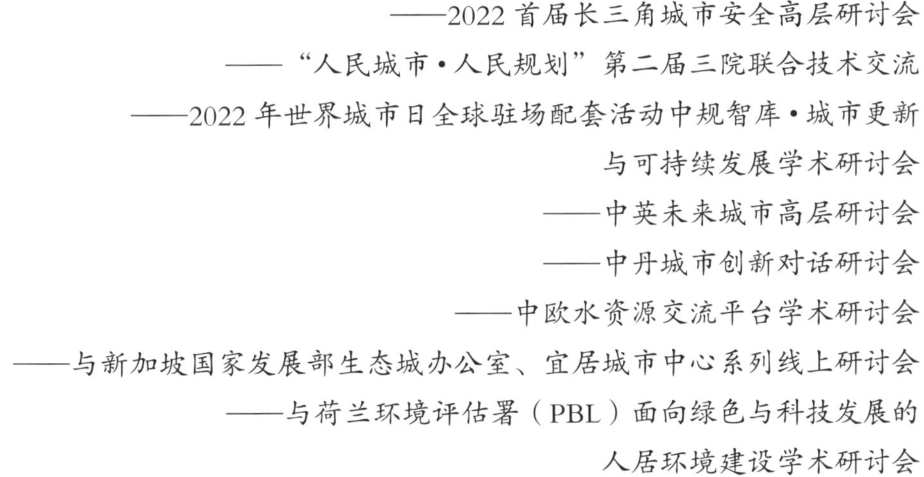
——2022 首届长三角城市安全高层研讨会
——“人民城市·人民规划”第二届三院联合技术交流
——2022 年世界城市日全球驻场配套活动中规智库·城市更新与可持续发展学术研讨会
——中英未来城市高层研讨会
——中丹城市创新对话研讨会
——中欧水资源交流平台学术研讨会
——与新加坡国家发展部生态城办公室、宜居城市中心系列线上研讨会
——与荷兰环境评估署（PBL）面向绿色与科技发展的人居环境建设学术研讨会

第二章　重大发布

第一节　高水平对外开放

第二节　区域协调发展

第三节　高品质生活

第一节 高水平对外开放

“一带一路”倡议下的全球城市报告 2022

报告基于包容共享的发展视角，构建了全球活力城市指数及“一带一路”潜力城市指数，并在过去 3 年进行了持续的发布，形成了广泛社会影响。2022 年，报告与时俱进，结合产业方向变革、科技竞争加剧趋势，对全球城市复苏的特征作出新观察。

一、全球活力城市：全球城市复苏态势冷暖有别

2022 年，新冠疫情持续肆虐，俄乌冲突波及全球，能源危机愈演愈烈，全球化危机一波未平、一波又起，全球城市陷入动荡之中。全球活力城市指数排名总体呈现北美及南美提升、欧洲下降、东亚持平的差异化特征，全球城市复苏态势冷暖有别。

（一）全球创新网络：创新极化与泛在并存

东京、旧金山等极少数城市构筑全球创新“塔尖”，新德里、吉隆坡等部分新兴市场和发展中国家城市凭借产业化和市场化优势，成为全球创新网络中的新力量（图 1、表 1）。

科学创新前沿部分，伦敦、剑桥、巴黎、牛津等欧美城市引领全球理论创新，以北京、东京为代表的东亚城市快速崛起。

技术创新前沿部分，以东京领衔的东亚城市创新活跃，大型科技跨国集团全球布局科研机构，以集团内专利合作编织洲际技术创新网络。

产业创新前沿部分，旧金山湾区城市引领全球产业创新，雅加达等新兴经济体城市凭借广阔消费市场和活跃创业生态崭露头角（图 2）。

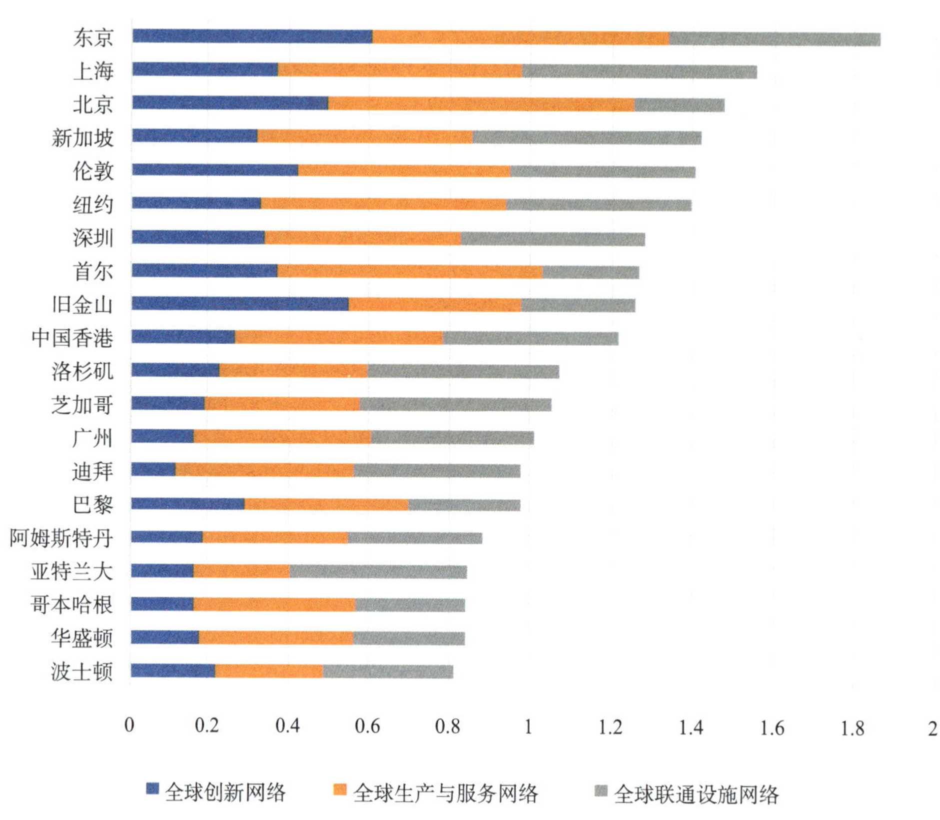

图 1　全球活力城市指数排名及得分（前 20 位）

科学创新前沿、技术创新前沿、产业创新前沿的领先城市　　表 1

	1	2	3	4	5	6	7	8	9	10	11	12	13	14	15	16	17	18	19	20
科学创新前沿	北京	伦敦	剑桥	巴黎	首尔	上海	纽约	牛津	东京	波士顿	罗马	中国香港	苏黎世	马德里	西雅图	米兰	芝加哥	莫斯科	华盛顿	斯德哥尔摩
技术创新前沿	东京	大阪	圣迭戈	剑桥	首尔	北京	埃因霍温	深圳	纽约	旧金山	伦敦	筑波	横滨	千叶	圣何塞	巴黎	上海	牛津	柏林	新加坡
产业创新前沿	旧金山	西雅图	伦敦	圣何塞	纽约	首尔	东京	上海	北京	杭州	深圳	菲尼克斯	班加罗尔	新加坡	洛杉矶	波士顿	柏林	巴黎	圣保罗	奥斯汀

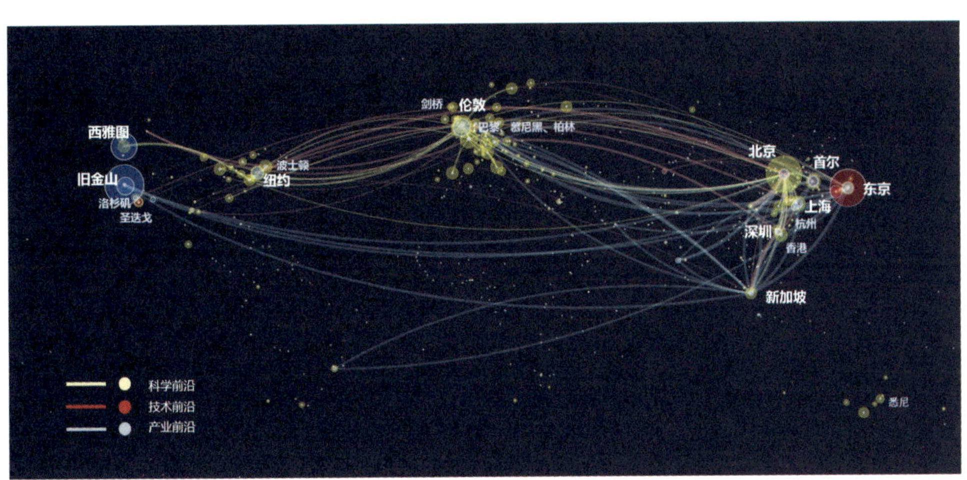

图 2　全球创新城市网络

（二）全球生产与服务网络：生产更分散、服务更集聚

全球生产与服务网络呈现生产更分散、服务更集聚的空间特征，北美、西欧及北欧、东亚三大区域上榜全球生产网络前百强城市减少，相应，三大区域上榜全球服务网络前百强城市增多（表 2）。

全球生产网络、全球服务网络的领先城市　　表 2

	1	2	3	4	5	6	7	8	9	10	11	12	13	14	15	16	17	18	19	20
全球生产网络	北京	东京	首尔	上海	中国台北	新加坡	中国香港	深圳	广州	迪拜	伦敦	哥本哈根	里加	巴塞罗那	孟买	旧金山	波哥大	武汉	鹿特丹	圣地亚哥（智利）
全球服务网络	纽约	北京	东京	伦敦	上海	巴黎	多伦多	中国香港	首尔	华盛顿	法兰克福	阿姆斯特丹	新加坡	深圳	旧金山	马德里	慕尼黑	芝加哥	斯德哥尔摩	都柏林

产业数字化绿色化转型带动生产与服务优势城市阵型的变化。以汽车制造业为例，随着新能源汽车需求爆发，全球汽车制造中心从底特律、科隆、柏林、东京，走向旧金山、上海、深圳。都柏林、伊斯坦布尔等边缘门户城市也在创新驱动下成为全球服务网络新势力。

（三）全球联通设施网络：全球动荡持续，门户枢纽城市保持领先地位

亚太、北美在全球联通设施网络中表现出较好的活力与“韧性”，上海、新加坡、东京、芝加哥等世界级门户枢纽城市表现突出，欧洲伦敦、鹿特丹等则普遍下滑。

航空维度，国际航空枢纽格局总体呈现北美枢纽国际中转“韧性”显著、西欧缓慢回升的特征，芝加哥、亚特兰大在国际航空服务水平维度表现突出，而中国城市均有较明显下滑。

海运维度，以海运为主要载体的全球大宗物资运输总量相对稳定、局域波动显著，新加坡、上海等国际航运中心保持了较强“韧性”（表 3 、表 4 ）。

航空服务水平、海运服务水平的领先城市　　表 3

	1	2	3	4	5	6	7	8	9	10	11	12	13	14	15	16	17	18	19	20
航空服务水平	芝加哥	亚特兰大	东京	达拉斯	新德里	伊斯坦布尔	洛杉矶	迈阿密	阿姆斯特丹	丹佛	西雅图	法兰克福	纽约	波士顿	迪拜	广州	马德里	雅加达	伦敦	巴黎
海运服务水平	新加坡	上海	宁波	深圳	中国香港	釜山	鹿特丹	青岛	汉堡	伦敦	厦门	东京	天津	迪拜	雅典	纽约	大连	名古屋	广州	墨尔本

各维度上的领先城市　　表 4

排名	全球创新网络	全球生产与服务网络	全球联通设施网络
1	东京	北京	上海
2	旧金山	东京	新加坡
3	北京	首尔	东京
4	伦敦	纽约	芝加哥
5	上海	上海	洛杉矶
6	首尔	新加坡	宁波
7	深圳	伦敦	深圳
8	纽约	中国香港	伦敦
9	新加坡	中国台北	纽约
10	西雅图	深圳	亚特兰大

续表

排名	全球创新网络	全球生产与服务网络	全球联通设施网络
11	巴黎	迪拜	中国香港
12	中国香港	广州	迪拜
13	慕尼黑	旧金山	釜山
14	洛杉矶	孟买	广州
15	圣迭戈	巴黎	达拉斯
16	波士顿	哥本哈根	迈阿密
17	柏林	斯德哥尔摩	青岛
18	杭州	华盛顿	鹿特丹
19	剑桥	芝加哥	丹佛
20	悉尼	维也纳	西雅图

二、“一带一路”潜力城市：欧亚大陆城市成为推动包容性发展的中坚力量

欧洲、大洋洲上榜“一带一路”潜力城市数量较2021年显著增多，亚洲上榜城市在前二十强中占比近半、头部带动作用突出（图3）。

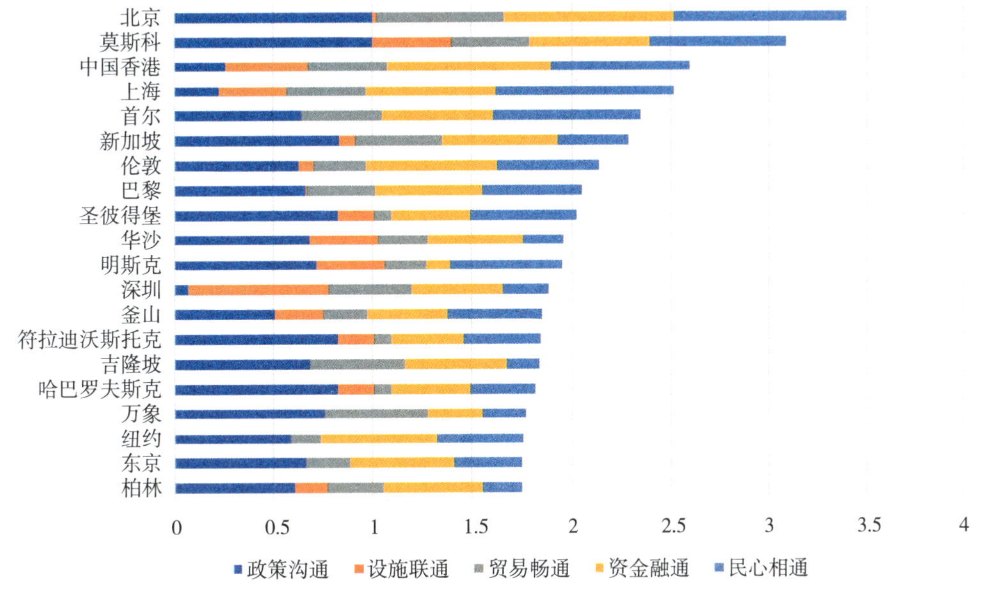

图3 “一带一路”潜力城市指数排名及得分（前20位）

（一）政策沟通：朋友圈广泛拓展，友好城市数量稳中有进

政策沟通维度在拉美、非洲等地区取得新进展。传统友好城市保持稳定，中蒙俄、中国－中南半岛和中巴经济走廊沿线是政策沟通领域最为紧密的区域。

（二）设施联通：铁路与港口设施短期扰动，总体格局稳定

重大国际事件影响下，中欧班列部分线路被迫改道，但也看到跨境铁路服务具备更丰富的可能性。深圳、青岛、香港稳步发展，持续占据设施联通维度的前 3 位。

（三）贸易畅通：中国对外贸易快速复苏，东亚和南美城市联系紧密

中国内地对外贸易的快速复苏，北京、上海保持在前 10 位，对共建“一带一路”国家进出口快速增长；深圳、广州提升明显，作为粤港澳大湾区核心城市，表现出了强劲活力。

随着区域全面经济伙伴关系协定（RCEP）的签署和正式生效，万象、吉隆坡、新加坡、首尔、雅加达进入榜单前 20 位。此外，中国也积极拓展在南美地区的贸易市场，巴西多个城市进入前百强。

（四）资金融通：欧洲城市整体上升，亚洲头部城市表现突出

由于跨境人民币业务在欧洲市场的拓展，2022 年欧洲成为上榜资金融通百强城市数量增加最多的区域。东亚地区虽然上榜百强的城市数量有所减少，但北京、香港和上海依然是资金融通的头部城市。

（五）民心相通：文化交流成为民心联系纽带，东亚东欧热度持续升高

东亚、东欧文化圈的城市在文化交流中扮演了沟通桥梁和传播枢纽的作用，在前 20 位中的数量有所提升。国内历史文化名城的文化交流水平迈上新台阶，北京排在第 2 位，上海、西安、天津、杭州等排名上升。

三、城市观察：高度压力中积极探寻前行之道

（一）东京：“三网共振”巩固全球城市交椅地位

面对国际汇市震荡、供应链重组、城市人口产业风险等多方巨大压力，东京蝉联全球活力城市指数榜首。东京以制造业为主要“阵营”，加码“三网五通”的多元化布局，“三网”协同造就了其核心竞争力以及在多重危机下的强大韧性（图4）。

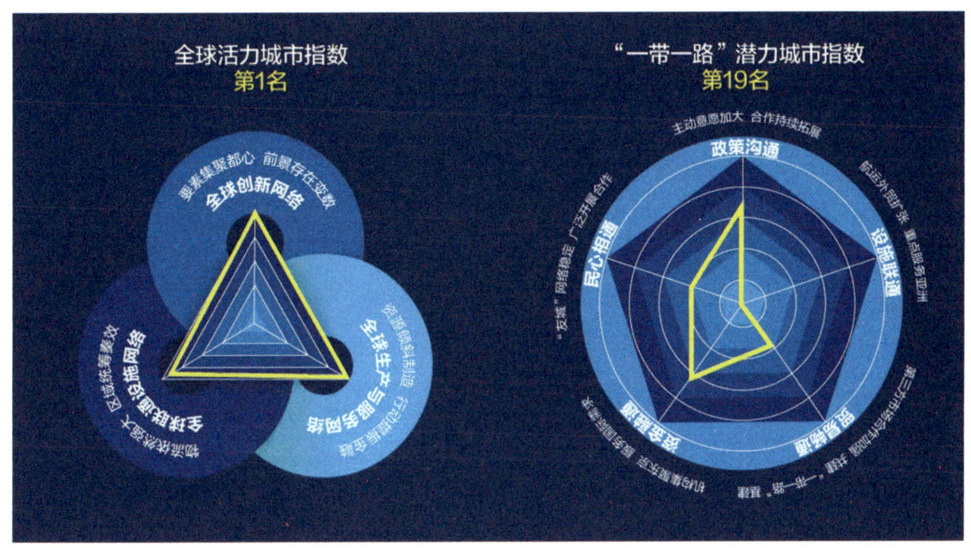

图4　东京在全球活力城市指数及“一带一路”潜力城市指数中的表现

（二）深圳：创新支撑嵌入全球城市网络

深圳作为依靠全球化成长起来的创新型城市，在“技术脱钩”加速背景下面临严峻挑战。深圳创新的市场研发、转化、产业化动力充沛，驱动制造业高质量发展，成为支撑深圳压力中前行的重要力量。此外，深圳紧密结合自身技术优势，在海外贸易、对外投资、对外基建等领域开展了大量实践，在“一带一路”倡议中发挥了独特作用（图5）。

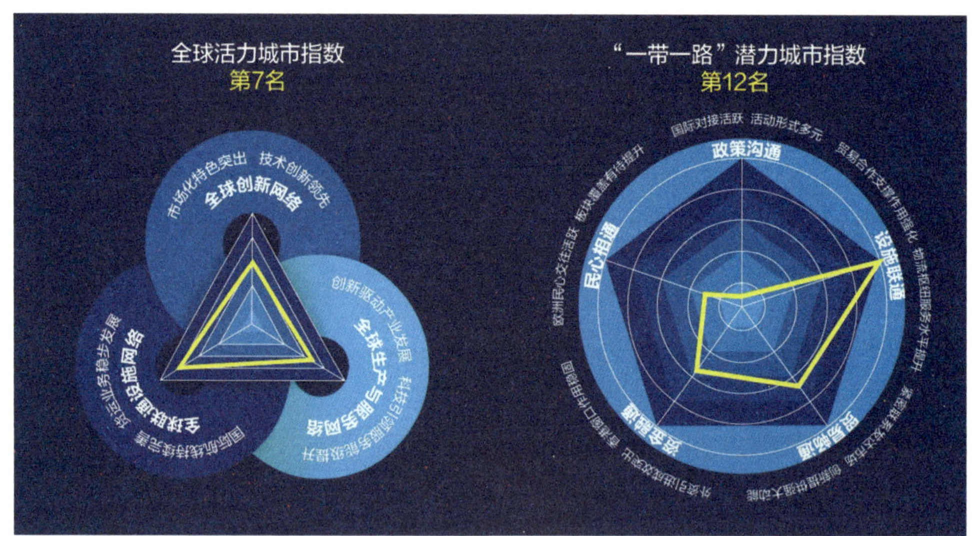

图 5　深圳在全球活力城市指数及“一带一路”潜力城市指数中的表现

（三）伦敦：多重危机下的城市服务转型

2022 年，英国首都伦敦深陷全球动荡漩涡。伦敦在“三网五通”维度中均深度嵌入全球网络，高度开放是伦敦危机的成因、也是支撑伦敦转型复苏的重要城市特质。危机中伦敦持续以开放、强大的市场再次建立良好的财富管理信誉，凭借全球领先的金融和专业服务能力维持了城市韧性（图 6）。

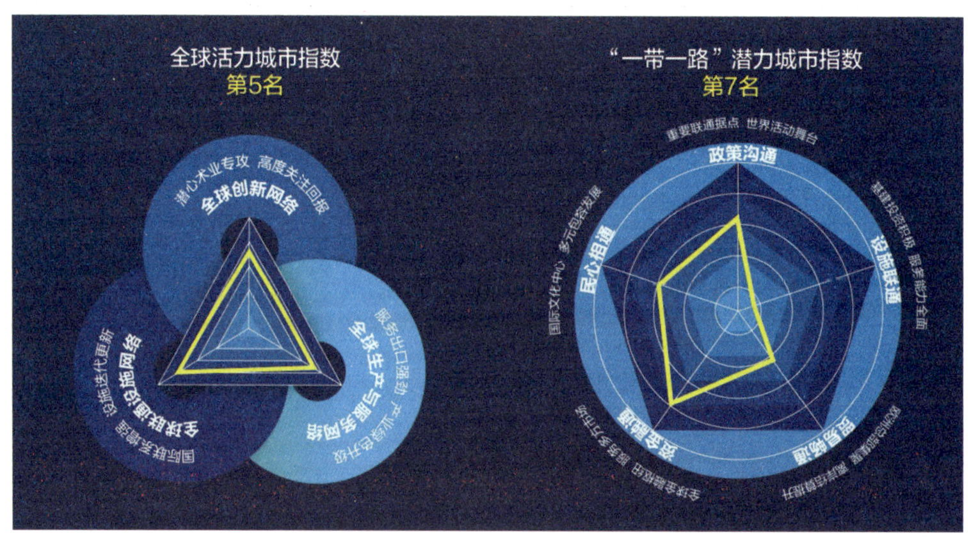

图 6　伦敦在全球活力城市指数及“一带一路”潜力城市指数中的表现

（四）西安：丝路经济带上的西向开放门户枢纽

西安是丝绸之路的东方起点和中华文明重要的发源地，“硬科技”发展基础坚实。立足区位、科技、产业、人文等综合比较优势，西安着力增强关键核心领域源头创新和自主创新能力，积极参与全球经贸、人文交流和国际合作，为我国西部地区城市扩大开放与转型发展探索了新模式、新路径（图 7）。

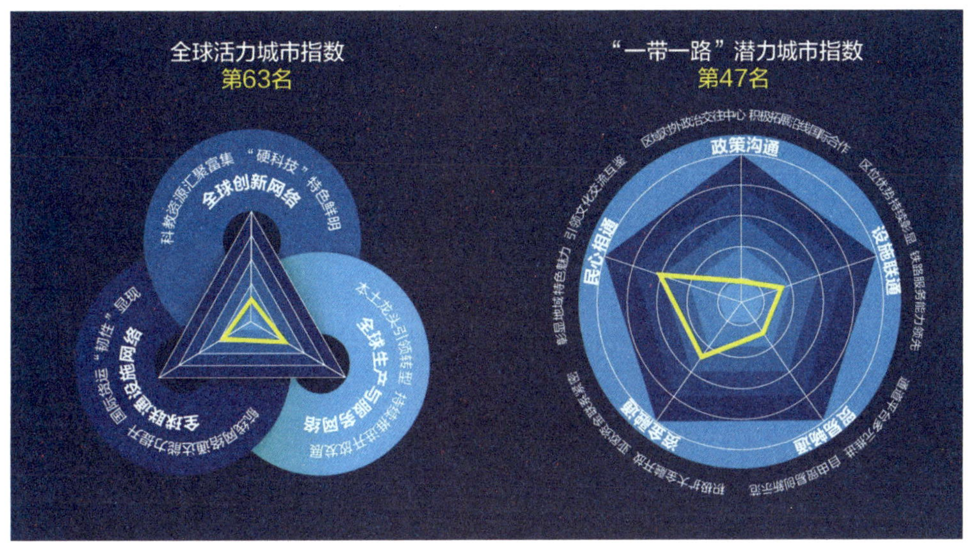

图 7　西安在全球活力城市指数及“一带一路”潜力城市指数中的表现

（五）河内：复杂贸易体系下的“中间人”

在国际供应链进一步切割和重构的进程中，河内依托国家全球贸易“中间人”策略，成为在全球制造变局中成长最快的世界城市之一。近年来，河内积极利用区位优势承接全球生产外溢需求，借助产业发展乘势推动城市“三网”能级提升和区域转型升级。随着全球贸易壁垒不断增多，河内首都圈未来国际“中转”生产服务或将更具潜力（图 8）。

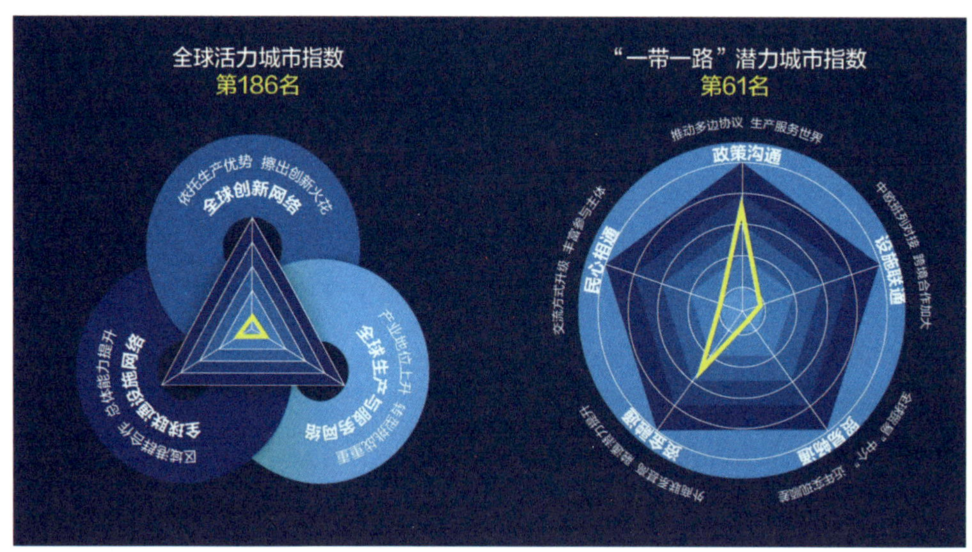

图 8　河内在全球活力城市指数及“一带一路”潜力城市指数中的表现

（深圳分院，执笔人：方煜、何斌、刘菁等）

第二节　区域协调发展

2022 年粤港澳大湾区指数发布

2022 年粤港澳大湾区指数发布内容为“1 + 3”模式，其中大湾区高质量发展指数作为核心报告重点是在 2021 年发布提出的巨型都市网络基础上，对其空间特征与形成机制进行论证，存量治理报告、通勤监测报告、创新活力地图则从不同维度提供重要支撑。限于篇幅，下面仅介绍高质量发展指数内容。

一、两种趋势：都市圈与网络化

（一）都市圈：三大都市圈高度叠加

大湾区不仅香港、广州、深圳三大中心城市经济体量相当，共享湾区核心腹地，且三大中心城市在各自专业服务领域、经济联系腹地均覆盖整个大湾区核心区，各自紧密圈层形成了高度交叠的空间格局。三大中心城市职能、制度差异显著，形成高度密切、协同的合作关系，且空间距离高度邻近，广深中心区距离约 120 公里，深港中心区距离约 50 公里，均未超过一般都市圈 1 小时交通圈的影响尺度。

（二）网络化：“小尺度”、高密度下的强流动格局

与世界其他重要城市群相比，大湾区呈现出相对的“小尺度”区域空间与要素高密度特征，并由此带来城市之间人口、经济等要素的强流动，其中广佛之间、深莞之间通勤来往密切，跨界通勤分别达到 51 万人和 34 万人，在全国三大城市群日均跨界通勤人次前 10 位中占据第一和第二位（表 1）。

大湾区与其他重要城市群指标比较 **表 1**

名称	面积（万平方公里）	地均 GDP（万美元 / 平方公里）	人口密度（人 / 平方公里）
中国粤港澳大湾区	5.6	3184	1250
美国东北部大西洋城市群	13.8	2920	471
日本太平洋沿岸城市群	3.5	9662	2000
北美五大湖城市群	24.5	1370	204
欧洲西北部城市群	14.5	1448	1022
英国中南部城市群	4.5	4485	811
中国长三角城市群	21.2	974	709
中国京津冀城市群	21.8	564	582

二、三体引擎：增长的制度逻辑

（一）香港、广州、深圳的“制度”逻辑

大湾区之所以形成三个规模、职能并驾齐驱的中心城市，关键在于独特的制度架构。其中，广州是广东乃至华南地区传统的政治、经济、文化中心，作为省会，具有统筹和组织省域资源要素的重要能力，交通网络枢纽地位、外贸与制造业发展具有天然优势；香港在“一国两制”的制度安排下，是内陆对接海外市场的关键支点，金融、贸易、现代服务具有特别优势；深圳是经济特区与国家改革开放探索的先锋，制度政策获得大量示范和探索机会，产业创新也取得不俗成绩。

（二）制度势差下的“流”与墙

针对大湾区多元复杂的边界与制度环境，将引力模型与网络联系模型结合，建立边界效应分析模型，探索量化城市间制度、文化等因素的无形阻碍，分析发现跨境给深港之间的人员流动带来了约 500 公里的阻隔[①]，但制度势差同时也促进了两地间资本、信息的更高质量流动与交互。

三、六维协同：网络的形成机制

（一）环境风景：香港等城市密集区街镇排名略有下降

面向大湾区低碳绿色发展愿景，从碳源和碳汇角度，新增碳中和一级指标，包含地均碳排放量和地均碳汇量两个二级指标。结果显示，环境风景维度排名总体维持 2021 年格局，但生态碳汇丰富地区的排名有所上升，香港等城市密集区街镇排名略有下降（图 1）。

① 基于 2019 年多源人口流动大数据和边界效应测度模型（专利：一种基于要素流动大数据的边界效应测度方法，ZL202111593414.6）测算，发现深圳与香港之间的人员要素流动水平，在制度差异和跨境通关的影响下，远弱于地理空间上的邻近关系，相当于内地城市间在“500 公里空间距离”下的流动水平。

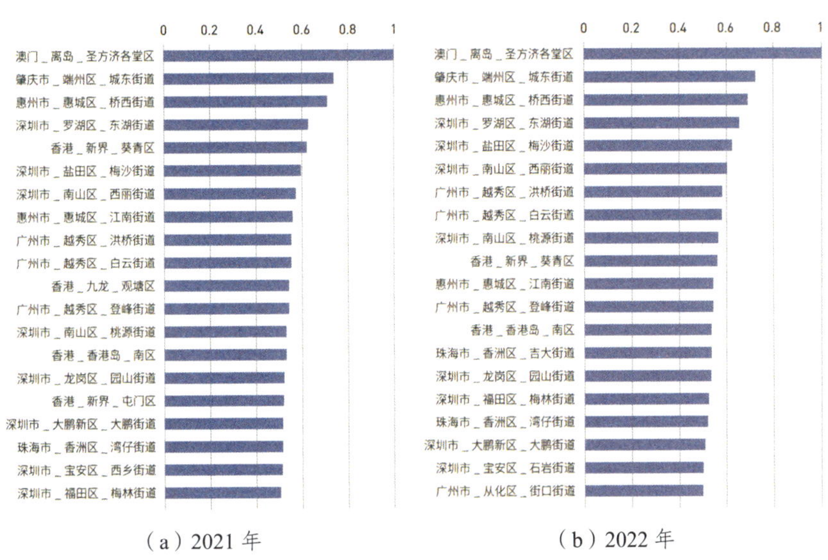

（a）2021 年　　　　（b）2022 年

图 1　2021 年与 2022 年环境风景前 20 名街镇比较

（二）人文服务：核心城市中心城区对青年人才最具吸引力

延续“优质生活保障”和“特色文化体验”两大板块，重点分析青年人的服务需求与匹配情况。结果显示，最能吸引青年人才创业与定居的地方主要是湾区核心城市中心城区，与 2021 年相比，高分街镇不再高度集中于港澳地区，广州大东、深圳沙河、东莞南城、广州天河南等街道有更多新兴文化活动与设施（图 2）。

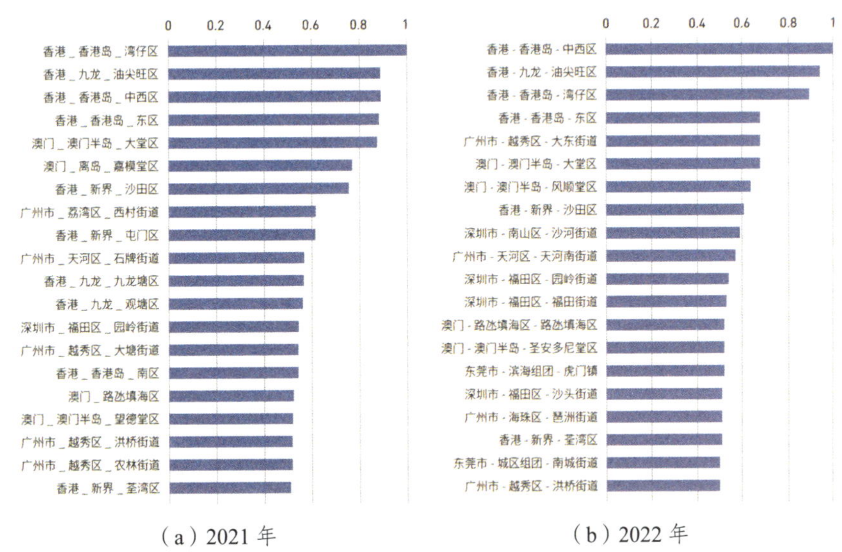

（a）2021 年　　　　（b）2022 年

图 2　2021 年与 2022 年人文服务前 20 名街镇比较

（三）交通互联：广州综合交通枢纽“一极独大”进一步强化

构建国际性、区域性和城际性三方面指标因子，揭示“强流动”下节点功能差异和组织秩序。结果显示，广州依托综合交通优势，占据前 20 名中 13 席，高于 2021 年 10 席，深圳占据 7 席，略低于 2021 年 8 席。佛山桂城街道、陈村街道跌出前 20 名（图 3）。

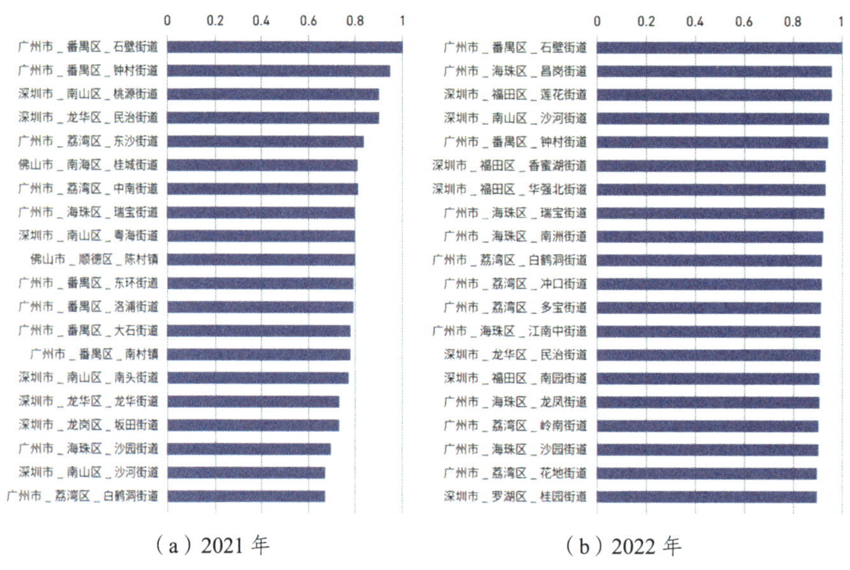

（a）2021 年　　（b）2022 年

图 3　2021 年与 2022 年交通互联前 20 名街镇比较

（四）开放包容：港—澳—深—广—珠作为对外开放和政策协同的核心地区

构建“对外开放”“区域协同”“活力包容”三大板块，从社会、经济、政策制度等视角综合测度大湾区开放、协同、包容水平。结果显示，排名前 20 的第一梯队仍以港澳地区为绝对核心，包括澳门所有地区、香港港岛所有地区和九龙、新界部分地区，内地城市仅有深圳南山区招商街道。香港、澳门以高度开放的市场、对接国际的政策制度系统和自由流通的人才环境，仍是湾区乃至全国对外开放的超级联系人。横琴、大前海和南沙三大自贸区，成为湾区开放协同的次级网络中心。深圳、广州两大都市圈内的街镇，成为湾区开放协同中心的主要辐射范围（图 4）。

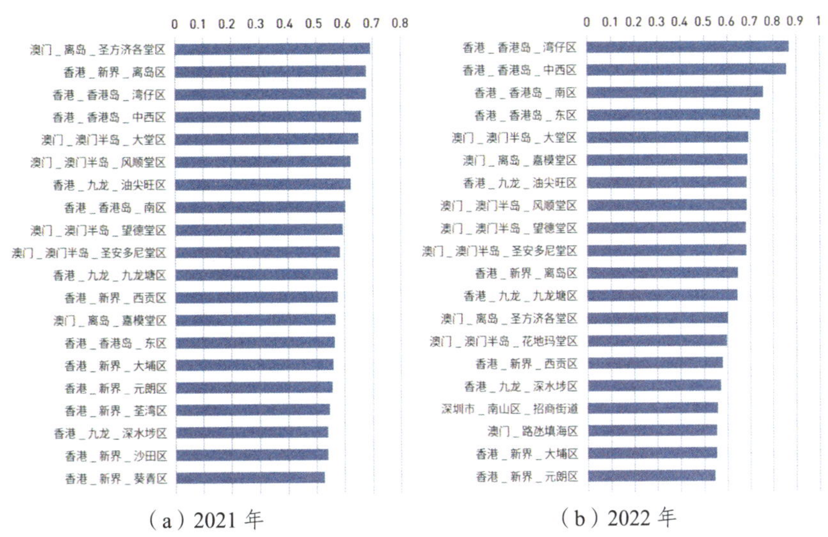

（a）2021 年　　（b）2022 年

图 4　2021 年与 2022 年开放包容前 20 名街镇比较

（五）创新活力：新的创新高地逐步涌现，与传统创新高地共同推动创新链的完善

构建知识创新、产业创新、创新潜力三大指标，衡量街镇创新专业化程度和未来发展的潜力。结果显示，与 2021 年相比，传统产业创新或知识创新强劲的深圳粤海街道和桃源街道、广州小谷围街道和联合街道、香港油旺和沙田等仍排名靠前；新识别出东莞大朗、深圳新湖、广州南沙等潜力街镇，将成为新的创新高地（图 5）。

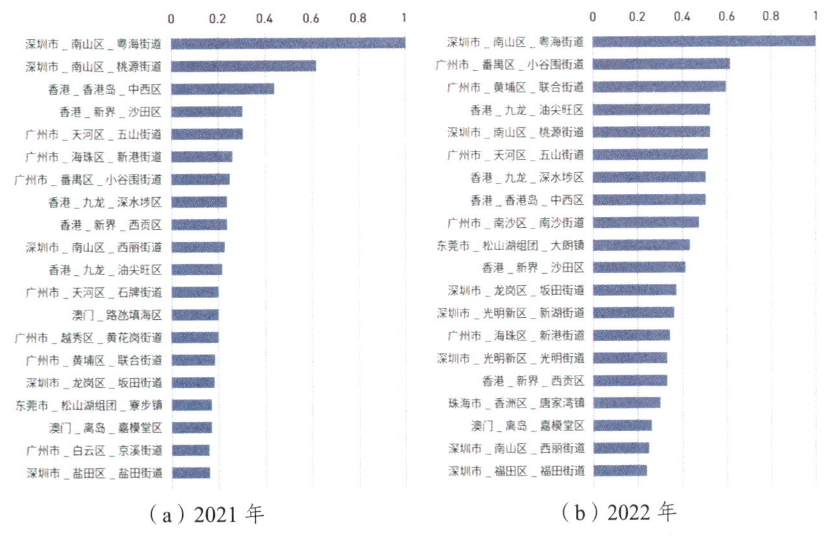

（a）2021 年　　（b）2022 年

图 5　2021 年与 2022 年创新活力前 20 名街镇比较

（六）产业发展：珠江东岸先锋引领作用进一步强化

构建“本土制造业实力”“生产区域化韧性”“服务高端化能力”三大因子，选取 6 大制造业和 4 大服务业的分布及产值等核心指标。结果显示，前 20 名街镇均位于深莞广佛珠，对比 2021 年，深圳市从 10 个增加至 12 个，东莞市增加至 3 个，显示内湾圈层尤其是珠江东岸在湾区生产和服务网络具有强大竞争力和协作能力（图 6）。

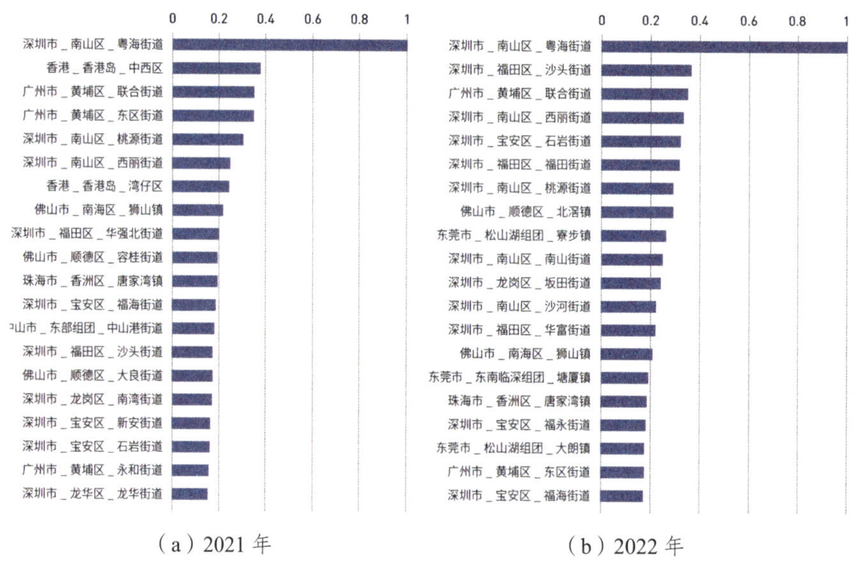

（a）2021 年　　（b）2022 年

图 6　2021 年与 2022 年产业发展前 20 名街镇比较

大湾区的独特性关键在于 3 个体量相当的中心城市所在的都市圈的演化与网络化的叠加，三大中心城市的“三体”特征，正是源于大湾区所独有的三大制度逻辑，六大形成机制主要从网络化视角即网络化本底条件与网路化价值节点揭示大湾区空间结构演化趋势，从而进一步完善了 2021 年发布的“三体六维”算法模型的内在系统逻辑。

（深圳分院，执笔人：方煜、赵迎雪、石爱华、孙文勇）

数字经济重塑深圳都市圈

——深圳都市圈 2022 年度报告

当前，深圳已进入全球创新城市网络第一阵营，在通信、人工智能、新能源汽车、新能源等领域实现了突破，专利引用量位列全球前 20。但深圳在科学前沿的引领能力短板明显，知识创新能力薄弱。信息时代的基础性行业发展滞后，半导体综合实力偏弱，以半导体成品二次创新为主，芯片制造缺位。在“科技脱钩”的国际背景下，深圳的创新体系难以为继，可持续创新发展面临挑战。

深圳都市圈是大湾区创新基础要素最为集中的地区，拥有全球最完整的 3C（计算机、通信和消费电子产品的简称）产业链，PCT（Patent Cooperation Treaty，专利合作条约）申请量占全国 32%，手机年产量占全国半壁江山。可以说，深圳都市圈具备建设创新型都市圈的基础条件，是深圳建设国际科技创新中心的重要载体。

一、三链契合，形成“星链”模型

构建安全自主可控的创新体系是中国式现代化的一大重要命题，可持续创新是深圳都市高质量一体化的时代内涵与内在动力。聚焦“可持续创新”，以“产业链、供应链、创新链”三链解析深圳都市圈的“星链”创新网络（图 1）。

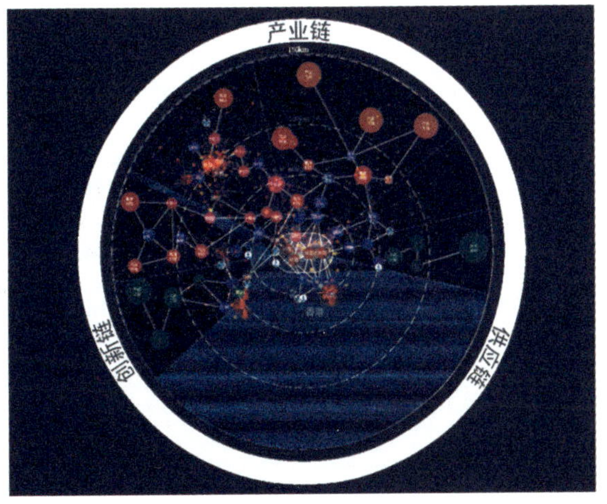

图 1　三链契合的“星链”空间创新网络模型

二、穿透式产业链，引发空间迭代

（一）产业圈层化梯度布局

以福田街道为中心，15 公里范围内主要以金融服务以及科技创新服务（金融业、新一代信息技术）为主；15～30 公里范围则主要分布先进制造（终端产品配套制造）企业；30～50 公里范围以规模制造企业为主，是龙头企业重要供应商集中地区，同时此类型企业也进行工艺装配、精密加工等流程，与 15～30 公里范围内企业联系紧密；50～70 公里范围同样分布大量规模制造业，但此类制造业对环境有一定影响，如造纸、石化等企业。

（二）15 公里圈层形成三个数字经济中心

在粤海街道—南山街道、华强北街道—香蜜湖街道（车公庙）、坂田街道—民治街道—龙华街道三个形成半径 5 公里的数字经济中心，其中粤海—南山街道以互联网产业为特色，华强北—香蜜湖街道以金融及金融科技为特色，坂田—民治—龙华以 ICT（information and communication technology，信息与通信技术）产业为特色。三个中心成为都市圈的就业集聚地，比传统就业集聚区 1～2 公里半径的 CBD 大（图 2）。

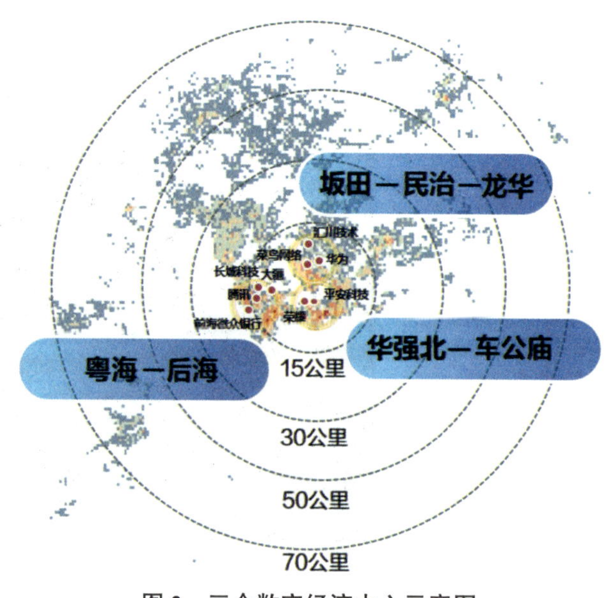

图 2　三个数字经济中心示意图

（三）30公里圈层形成三个硬件产业圈

硬件产业在福田—南山—宝安南形成连绵发展带，在宝安北—滨海湾新区、坂田—平湖—塘厦—凤岗形成两个15公里的簇群，以中试企业、技术成果转化平台和为终端产品配套的先进制造为主（图3）。

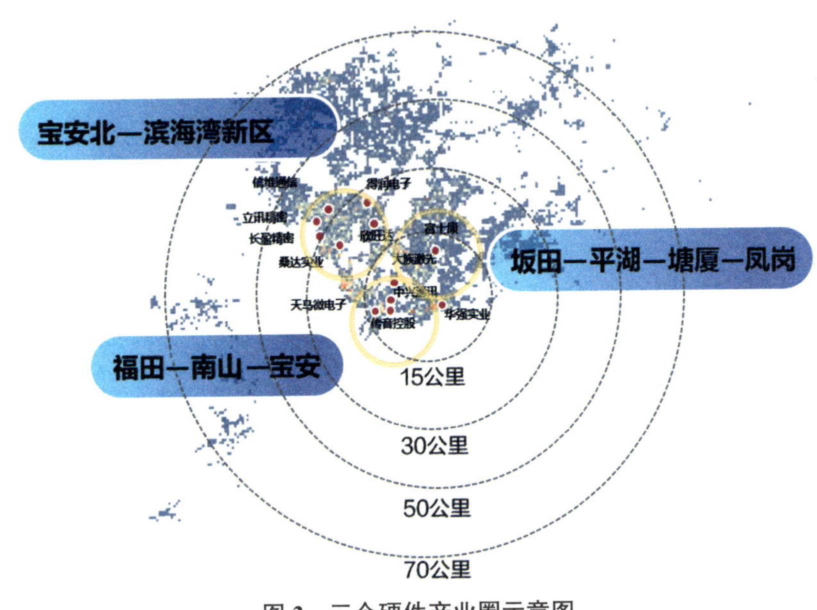

图3　三个硬件产业圈示意图

形成三条穿透传统圈层布局的发展链条。从都市圈都市核心区到60公里圈层，西部粤海—前海—滨海湾—水乡新城形成以腾讯、VIVO、OPPO为代表的互联网、手机产业链条，中部坂田—塘厦—松山湖—生态园形成以华为为典型代表的ICT产业发展链条，东部福田—罗湖—盐田—大亚湾形成以平安金融、比亚迪、华大基因为代表的科技金融、新能源、新能源汽车、生物医药等新兴产业发展链条。

此外，从企业的成长搬迁路径上看，也呈现穿透圈层布局的态势。如大疆，在香港科技大学孵化，初创时期在深圳中心区莲花北、车公庙，快速成长阶段总部搬至南山科技园，进入成熟阶段后于今年搬至南山西丽。同时，其生产基地布局在15～30公里的光明、松岗，30～60公里的东莞生态园等地，形成穿透圈层的企业布局格局（图4、图5）。

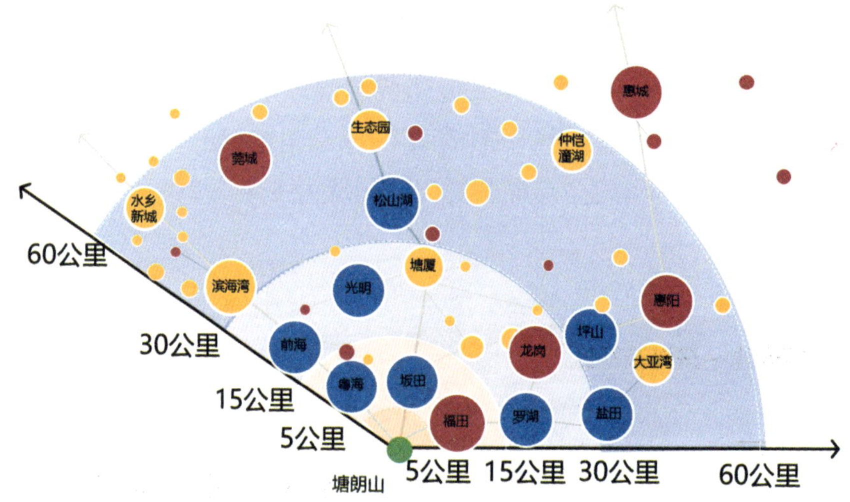

图 4　穿透圈层发展示意图 1

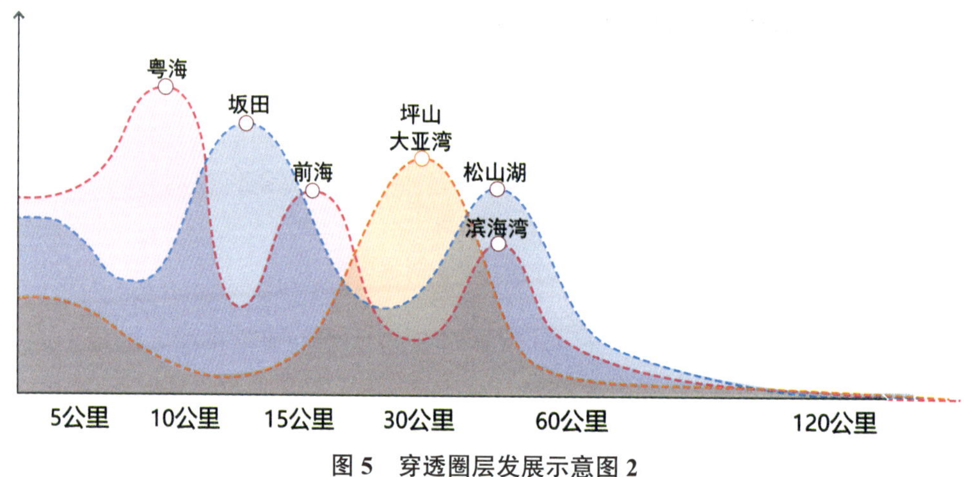

图 5　穿透圈层发展示意图 2

（四）“空间迭代”是加速实现“国产替代”的关键

软件服务与硬件制造相互嵌套，科技配套企业梯度布局，在深圳都市圈西部、中部、东部三大方向上，突破都市圈传统圈层，也引发了“空间迭代”需求。产业升级的前提是产业空间的载体要升级，一方面，深圳的工业用地碎片化、产权复杂，无法满足大型企业对规模化生产用地、生产线升级和设立总部研发机构等需求；另一方面，深圳原特区外工业园区大部分建设品质不高，存在产城融合程度较低、市政配套设施不完善等问题，对创新企业、创新人才的吸引力不强，部分优质企业外流。在深圳已进入

“存量”发展背景下，“空间”成为深圳产业升级、建设国际科技创新中心的重要制约因素，“空间迭代”将是加速实现“国产替代”的关键。

三、供应链本地化、圈层化

（一）供应链本地化，引领多元融合的数字经济生态

过去深圳都市圈工业原材料和市场“两头在外”，生产组织以满足工业制品、原材料“大进大出”为主，高度依赖“港口—公路”。随着先进制造业的发展，当前珠三角典型 ICT 企业原材料（电子元器件、金属件、集成电路等）供应本地化已超过 60%。随着供应链本地化，供应链韧性增强，都市圈从过去“工业集中式”布局向龙头企业为中心的“大集中”、上下游企业为“小分散”的分布式的生产模式转变。

（二）以企业为中心，形成 60 公里供应圈

根据企业公开招标投标数据，对企业的供应链分析发现，仅有 5% 的供应商在 30 公里范围内，但有近一半的供应商集中在 60 公里范围内，也就是说 30～60 公里圈层是供应商的集聚高地。如华为 Mate50 的核心供应商有 24 个在大湾区，其中 21 个在距华为 60 公里范围内（图 6）。

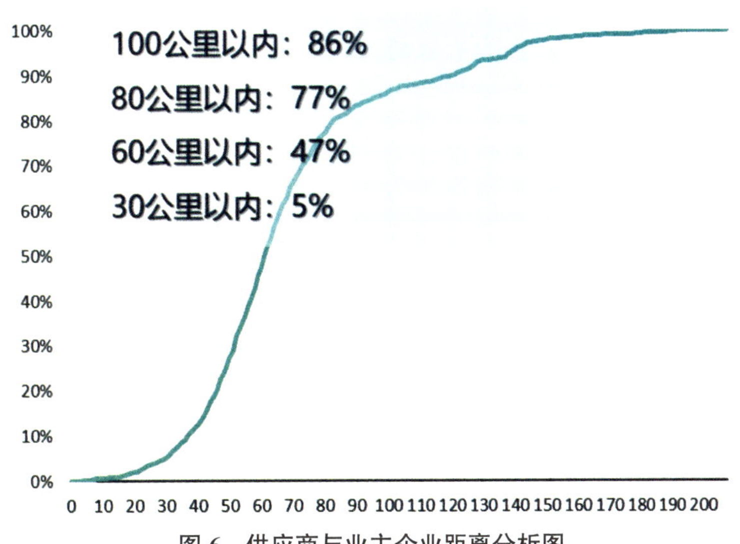

图 6　供应商与业主企业距离分析图

四、“有为政府＋有效市场”推动产业链与创新链融合

（一）围绕产业链部署创新基础设施

21 世纪以来，科学历史性突破、近 50% 诺贝尔奖依托大科学装置。知识创新是深圳都市圈的短板，目前深圳都市圈正在加速推进创新基础设施建设。光明科学城、松山湖科学城位于深圳、东莞边界地区，距离深圳都市圈核心区 30～50 公里。根据规划，两大科学城将建设 12 个与电子信息、生物医药、智能制造、新材料等产业密切相关的通用科技基础设施、前沿交叉平台、大学和科研机构，围绕巍峨山形成科学装置集群，有力补齐深圳都市圈源头创新短板。

（二）“创新三角”与“产业三角”有机融合

深圳都市圈“有为政府”与“有效市场”有机结合，成为都市圈创新体系的有力后盾。以光明科学城—松山湖科学城、西丽科教城、深港科技创新合作区为顶点的“创新三角”与以粤海—南山、华强北—香蜜湖、坂田—民治—龙华为顶点的“产业三角”有机融合，推动都市圈从基础科学研究到产业关键技术攻关、后端产业培育、终端产品应用创新的全过程产业链、创新链的融合。

五、分布式生产＋硅谷化通勤，挑战拼接型交通网

（一）业务交往日益“去中心化”

先进制造与高端生产性服务业深度融合，科技人员的商务流动成为创新活动的主要载体，科技企业与周边 50～100 公里范围配套企业、口岸及机场地区形成紧密的商务往来需求。临深地区商务 / 业务出行增长快速，占比超过 20%。

（二）通勤往来趋于“硅谷化”（本地化＋中心化）

科技人员职住选择具有显著的“阶段性”，初级技术人员通勤本地化

（5～8 公里），成长为中高技术人员后，居住和生活地的选择“趋中心化”，形成了更广泛的职住空间需求。

（三）快线（城际）、跨市轨道建设严重滞后

分布式生产组织模式下，50～100 公里的快速轨道诉求大。但目前，临深地区未来科创地区轨道快线服务明显不足，轨道层次结构构成有待优化。人均线路长度与国外先进地区差距较大（表 1）。

深圳都市圈与广州、东京、旧金山－奥克兰都市圈的对比　　表 1

	都市圈面积（平方公里）	城市人口（万人）	运营线路长度（公里）	线网密度（公里 / 平方公里）	人均线路长度（公里 / 万人）
广州都市圈	7.12	3636	2400	0.26～0.32	0.8～1
深圳都市圈	7192	3118	889	0.12	0.28
东京都市圈	13370	3700	3839	0.29	1.04
旧金山－奥克兰都市圈	17900	765	511	0.03	0.67

（四）跨行政区布局协调不足，网络“扁平化”特征显著

深圳、东莞城市轨道网络布局协调不足，城际和城市轨道通道错配，30～60 公里圈层先进制造业集群与空港、口岸、会展等高端生产性服务地区缺乏联系。外围地区高等级枢纽布局不合理，按规划目前都市圈以 3 条轨道线以下的换乘枢纽为主（占 76%），临深地位及外围制造业板块枢纽布局和等级难以满足头部科技企业的集群化发展。

六、繁华与山野交织，支撑可持续创新发展

（一）都市核心区稀缺的多元生态系统

深圳湾为水鸟多样性热点区、两栖动物适宜分布区，惠州北部山地为哺乳类动物适宜分布区。国家级红树林湿地、大树杜鹃、黑脸琵鹭、豹猫等珍稀生物在都市核心区与市民和谐共生，全球罕见。但城镇扩张也给深圳都市圈生态系统安全带来隐患，生态空间因快速扩张的城镇建设用地挤

占，生态空间呈现孤岛化，生态廊道断裂隐患点相对集中于深莞。

（二）生态廊道的连通性应成为区域协作关注点

生态廊道的连通性对深圳都市圈生态源地内物种迁移及保护有更重要的作用，有助于提高总体生态安全。目前深圳在推进生态游憩廊桥的建设，通过区域性生态廊道修复，进一步提高深圳都市圈生态系统安全性，为创新发展提供稳固的基底。

七、空间热点观察：跨界创新“链群”

（一）西部：黄金内湾·要素汇流

西部环湾地区拥有“黄金内湾”“大前海”等无与伦比的区位与政策优势，产业扩散与内聚并存。大量原先位于深圳的制造业正加速在区域布局，而大量的区域商务活动、创新科技、总部经济正通过新的通道向深圳集聚，形成湾区新的“对流”关系。

如何将“流量”转化为“留量”，形成要素汇流，是西部链群发展的关键。巨大的流量优势仅靠深圳难以全面转化，更需要区域共建共享，打造面向世界级企业和创新资源的“超级岛链”，集聚湾区最优质的科创企业和人才。同时需注重制造业引进，避免传统低端产能外迁的梯度转移模式，实现高质量的再均衡（图 7）。

（二）中部：创新中轴·集合城市

中部“链群”地处创新要素集聚的“湾区赤道”之中，具有城市服务中心中轴延伸、产业北拓南联的独特价值。制造业基础好，在以华为、富士康为代表的链主企业牵引下，集聚了珠江东岸大部分 ICT 上下游企业。

未来将突出以龙头企业为引领的“企业城市”特征，形成以“龙头企业＋政府＋中小企业＋科研机构”为特征的可持续创新链条；构建以枢纽体系下链接重要创新资源的“集合中心”，45 分钟到达湾区内主要科创平台、口岸，60 分钟到达广州天河、中山翠亨、珠海唐家湾等珠江西岸地区；

打造特色化、专业化的服务中心与城市综合中心，衔接港深莞创新中轴，融入区域的创新网络。

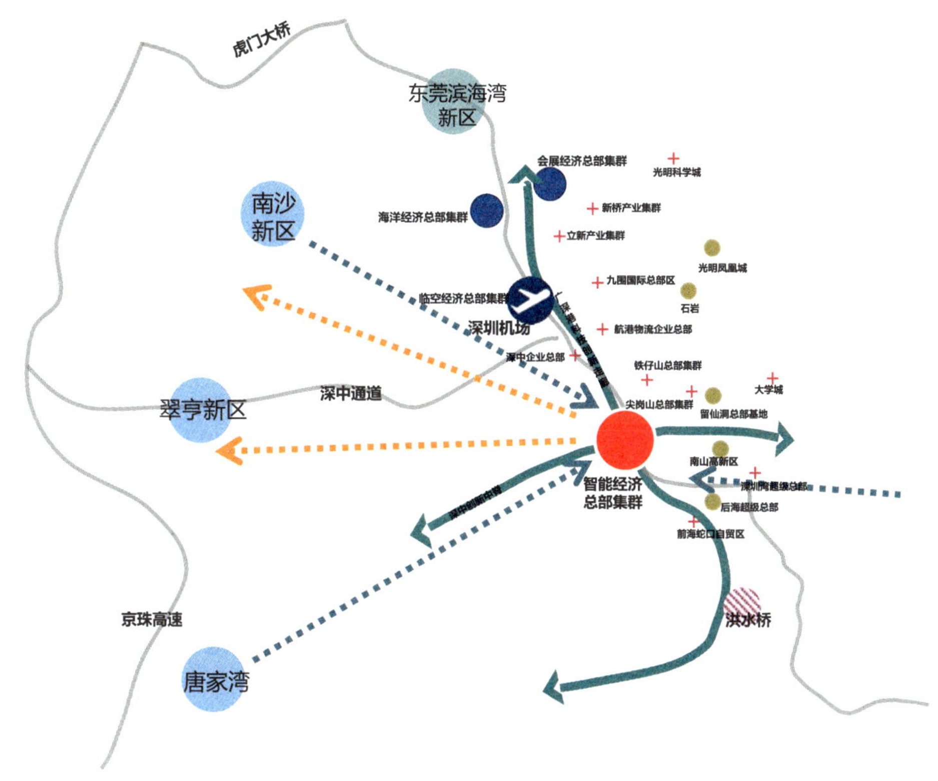

图 7　西部链群格局示意图

（三）东部：融合创新·定制聚落

东部链群分布在深圳都市圈第一屏障和第二屏障之间山野与都市交织的发展地带，具有突出的山水生态优势，初步形成电子信息、生物医药和新能源三大产业集群。在北依银屏山、碧龙岭，南靠马峦山、田头山，内部龙岗河、坪山河和淡水河穿过的连绵建设地带，形成了宝龙—西区、坑梓—秋长—西区、坪地—新圩等几个投资联系强度较高的跨界地区。

东部地区作为都市圈新兴产业发展的新高地，应以“定制、个性、特色”为发展方向，以多个小而专的“定制”城市聚落，吸引各种“个性化”的产业科技人才，带动多个“特色”产业。

（深圳分院，执笔人：方煜、徐雨璇、周璇等）

新华·中规院长三角一体化发展指数 2022

一、研究背景

长三角一体化发展上升为国家战略，是党中央着眼于完善我国改革开放空间布局、推进我国社会主义现代化全局、增强我国国际竞争力大局而作出的重大决策，对我国未来发展和国际地位提升具有历史性意义。4 年来，立足于“一极三区一高地”的战略定位，长三角一体化发展接连取得了丰硕成果。

乘势共进，勇立潮头，在全球百年变局之下，作为国家战略的核心承载地、一体化发展的探索先行区，长三角地区如何以更开放的勇气、更国际化的眼光、更科学务实的态度，探索高质量新发展理念和模式，贡献区域一体化发展的“长三角方案”，成为当前所需要面对的全新课题。

2021 年，中国城市规划设计研究院（以下简称“中规院”）联合中国经济信息社，共同发布首版“新华·中规院长三角一体化发展指数”，创新探索长三角区域一体化高质量发展的综合评价体系，打造测度长三角一体化发展的“风向标”“晴雨表”和“数字标尺”。

2022 年，“新华·中规院长三角一体化发展城市指数”继续从一体化指数解读、一体化特征观察以及城市榜单等角度出发，忠实记录长三角每座城市的前进步伐，详尽诠释区域发展的多维向度，围绕“高质量”和“一体化”，强化韧性、凝聚合力，为长三角共建全球一流品质的世界级城市群典范提供方向指引。

二、技术路线

在延续 2021 年首版指数确立的人的流动、产业创新、设施连通、民生服务、生态共保五大评价维度的基础上，本年度长三角一体化城市指数重点关注疫情下的新变化、构建产业关联的新方法、优化完善指标体系三方面，进一步提升指数的内涵与准确性，主要包括18个分项指数、59个基础指标（图1）。

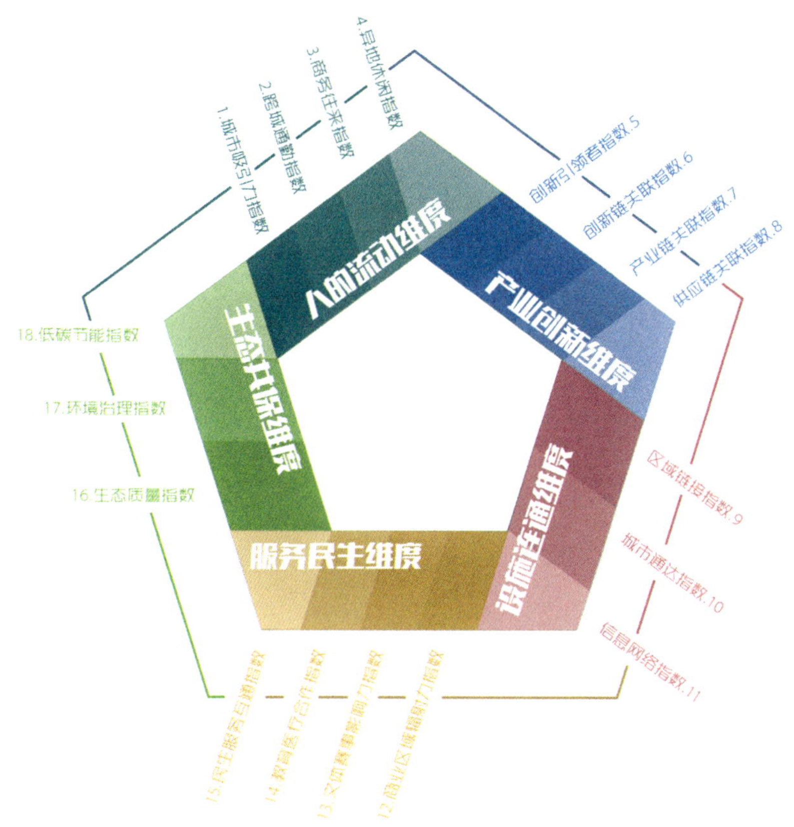

图1　五大维度的评价体系

三、主要内容

（一）区域层面

报告显示，2021年，长三角一体化发展指数为192.56点，同比增长6.49%，实现近三年最大增幅。报告主要从产业融合、设施联通、生态共保、民生服务和协同开放五大维度对长三角一市三省一体化水平进行研究。结果显示，沪苏浙皖一市三省各扬所长、协同发力，2021年6.49%的指数增幅较20年的2.80%显著扩大，当前指数水平已达到2012年的1.69倍，10年来的年均复合增长率达到6.03%。综合来看，无论是区域生产总值、工业增加值、高铁营业里程等总量指标，还是人均 GDP、人均可支配收入、预期寿命等平均指标，长三角均属于全国“第一梯队”。

（二）城市层面

1. 人的流动维度

报告重点以城市对人口和人才的吸引力，以及跨城通勤、商务往来、异地休闲三类人群的流动规律，来反映城市对区域人群的集聚能力。尤其自新冠疫情暴发以来，人的流动频率与出行距离都出现了较大变化，并体现在各项指数得分上。

在城市吸引力方面，杭州、上海、南京位列前三位，其中杭州的领先优势不断强化，成为长三角最具吸引力的城市；南京人口增量超越苏州，成功晋级前三甲。浙江城市在城市吸引力方面普遍表现出较强的优势，宁波、嘉兴、温州、金华等城市均进入城市吸引力指数前 10 名（图 2）。

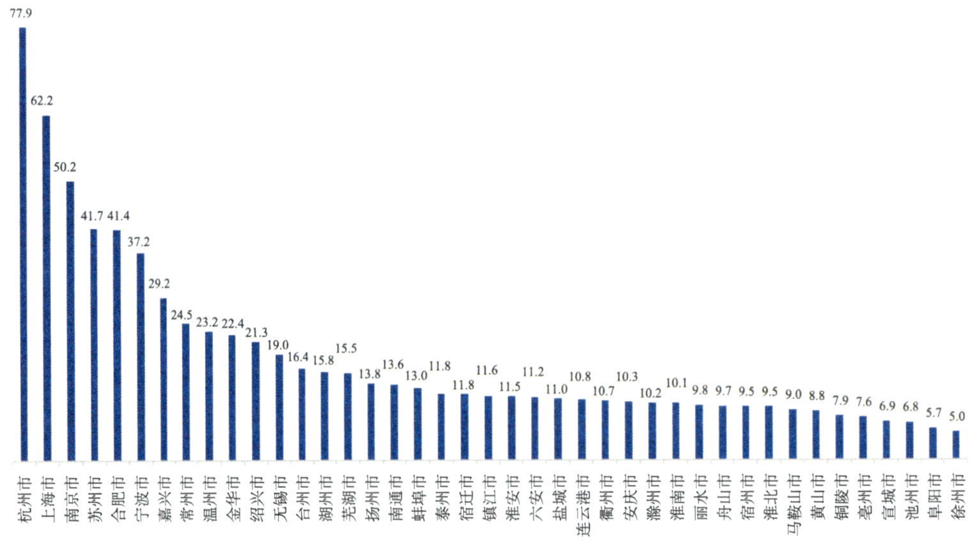

图 2　长三角各城市吸引力指数得分

在人群流动方面，跨城通勤、商务往来、异地休闲规模均受疫情影响而出现不同程度的下降。与此同时，都市圈继续成为人群流动表现在空间上的主体形态，受益于杭州、上海、苏州、南京等都市圈核心城市的辐射带动作用，绍兴、温州、嘉兴、六安、湖州等次级城市的人口增量显著高于自身能级，并通过活跃的人群流动加速融入一体化进程（图 3）。

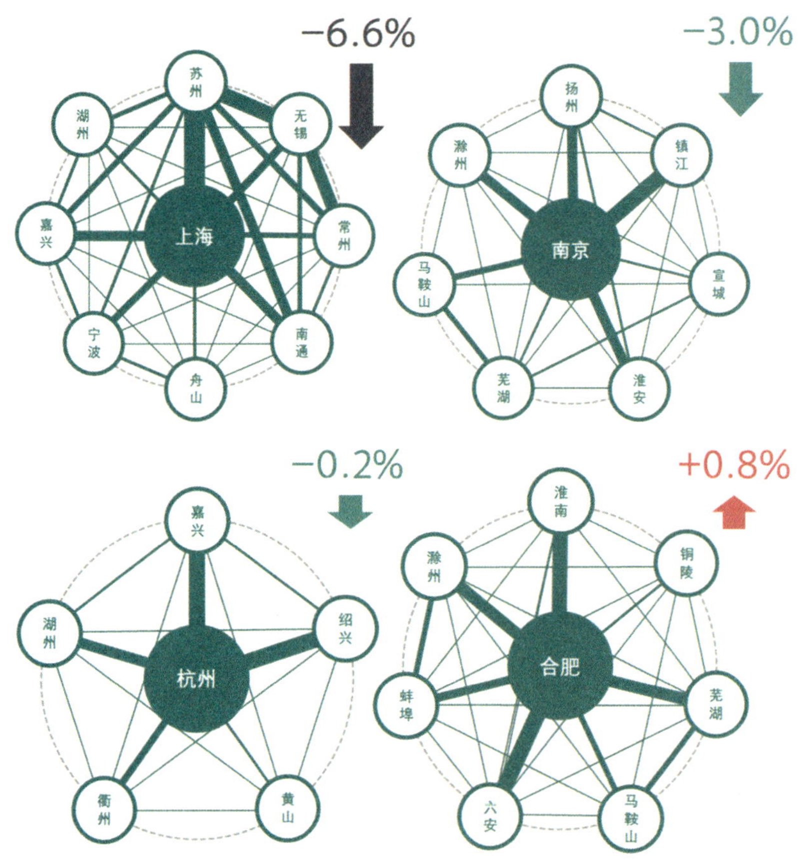

图 3　上海、南京、杭州、合肥四大都市圈的关联强度对比

2. 产业创新维度

报告重点围绕产业创新和分工体系的主要环节，构建创新引领者指数、创新链关联指数、产业链关联指数及供应链关联指数，从创新和转化环节的耦合程度以及“三链”的融合成效方面反映长三角在创新引领和产业协作方面的协同发展进程。

在创新引领方面，头部城市的优势依然显著，沪、宁、合、杭、甬、苏、锡 7 座长三角核心城市依然排名前七位。上海凭借强大的创新策源、转化能力及完备的产业发展体系依然独占鳌头，持续建设具有全球影响力的科技创新中心，南京、合肥则在国家重点实验室、大科学装置等方面继续大手笔投入，竞争激烈。江苏城市表现强势，数量在前 10 位城市中占据 50%，其中无锡、南通、常州等进入第二梯队。安徽城市发展仍有待提升，仅合肥、芜湖进入前 20 名（图 4、图 5）。

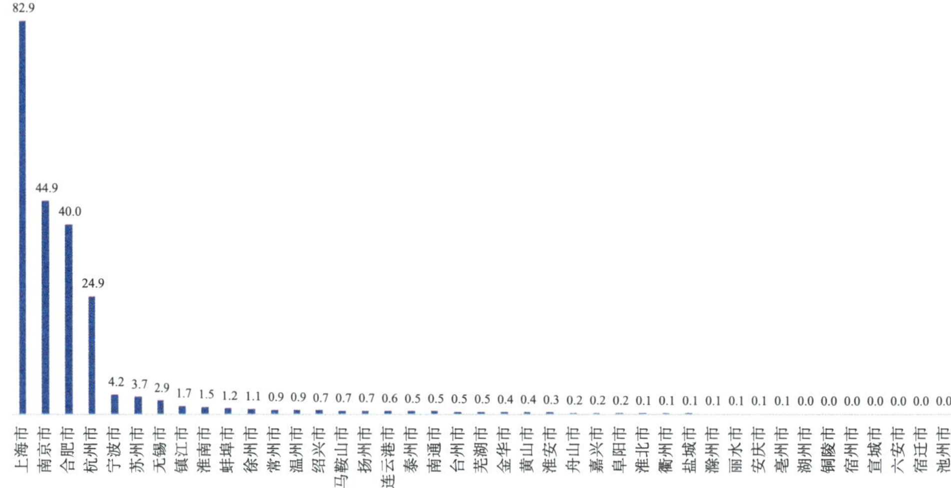

图 4　长三角各城市创新引领者指数得分

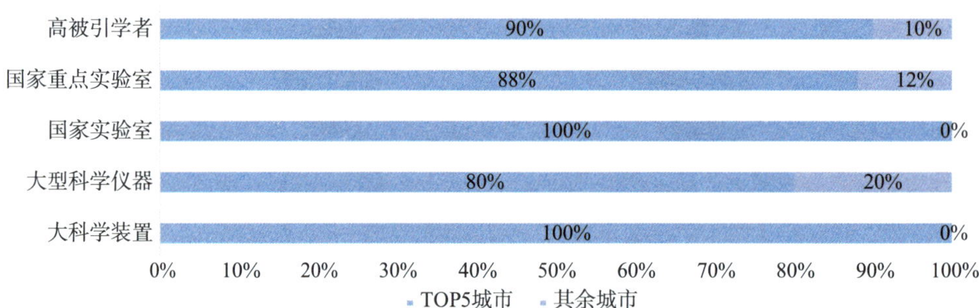

图 5　TOP5 城市（沪宁合杭甬）创新引领数据占比

在创新链方面，区域创新联系进一步强化，核心城市知识创新联系不断增强；上海保持强势增长，安徽表现突出，芜湖、滁州、马鞍山、宣城等城市较 2020 年均有较大提升。在产业链方面，制造业网络不断“织密”，生产性服务业网络趋于稳定；上海依然领先，宁杭紧随其后，温州、南通、台州等沿海城市均进入前 10；江浙产业发展平分秋色，前 20 名中江苏城市占 50%，浙江城市占 40%（图 6）。在供应链方面，长三角供应链不断强化，居全国之首；核心城市集聚长三角近一半的供应链总量，沪宁齐头并进，南通崭露头角进入前 5，常州、扬州、镇江、湖州、泰州等城市均进入前 20 名，中部区域区位优势明显。

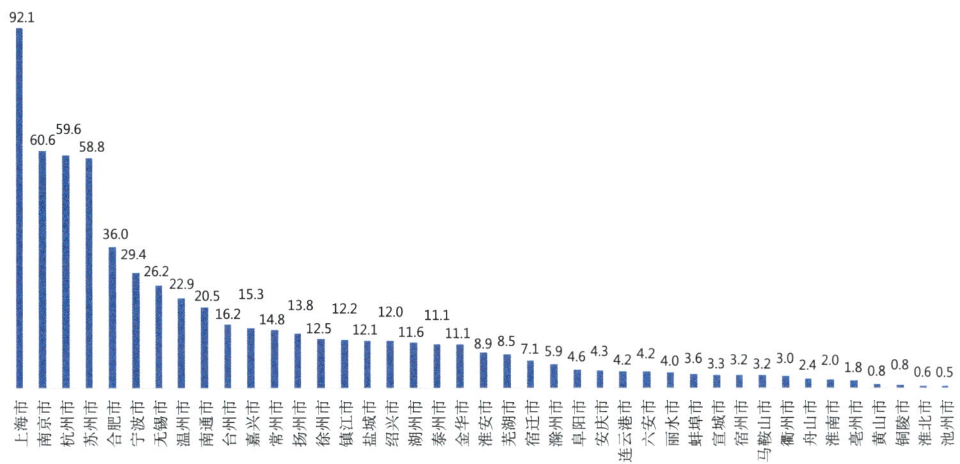

图 6　长三角各城市产业链关联指数得分

3. 设施联通维度

报告重点通过区域链接、城市通达、信息网络三项指数，反映城市基础设施的建设水平与通达能力。在疫情影响下，各城市对外客运联系都有一定程度的下降。通过评估疫情前后区域链接能力的变化，能够较为直观地反映城市应对疫情的韧性。

在区域链接能力上，长三角各城市客运方面受疫情影响明显，但大部分城市在货运方面仍然保持增长，“货进客退”特征明显。上海、杭州、苏州、南京在各项指数榜单中始终高居前四位，发挥稳定。其中，杭州在头部城市中表现出较强的韧性，各项指标得分均保持增长（图 7）。

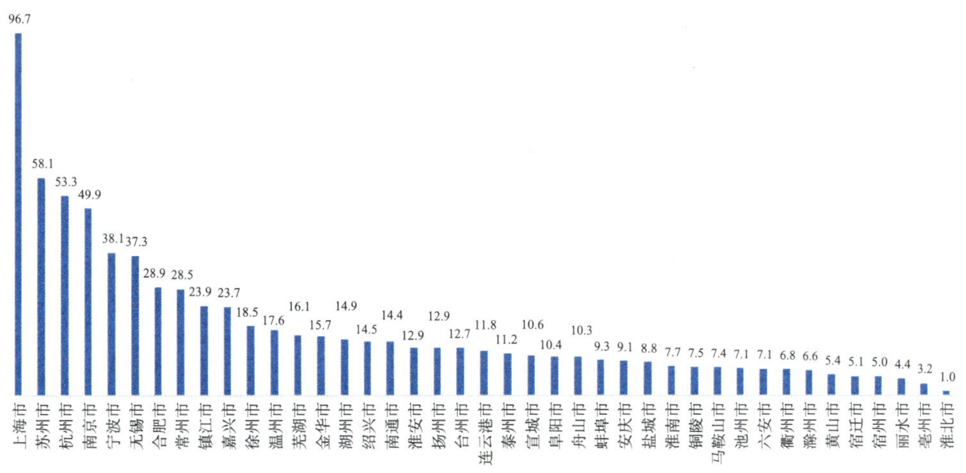

图 7　长三角各城市区域链接指数得分

在城市通达能力方面，长三角各城市的通达能力进一步提升，在传统“Z”字形走廊外，以徐州—南京—杭州为代表的南北向联系不断强化，湖杭绍台、盐通走廊以及皖北城市受益最为显著。其中，浙江新增高速公路较多，常—湖—杭—绍—台纵向轴线地区可达性提升明显；多条高铁连接线建成，南通、盐城、台州等沿海城市的可达性明显提升（图 8、图 9）。

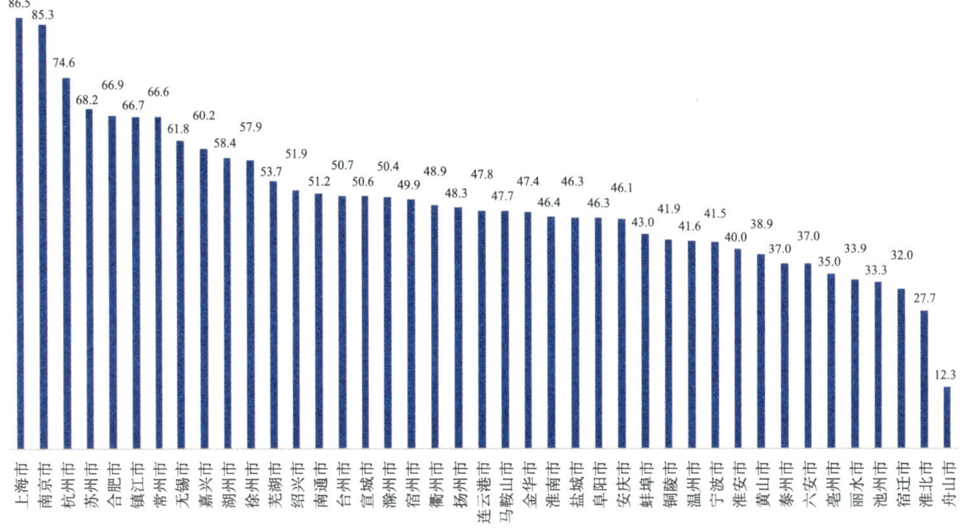

图 8　长三角各城市通达能力指数得分

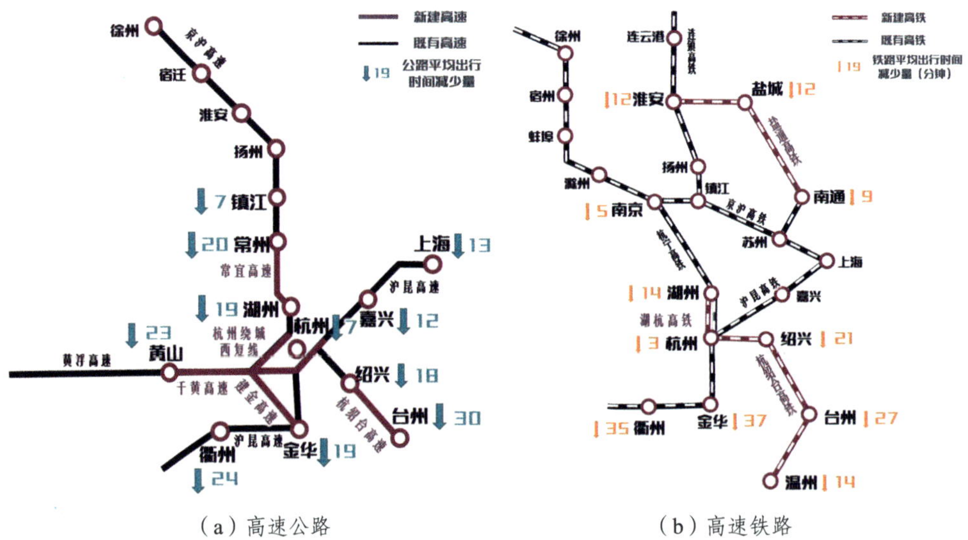

图 9　新增交通设施带来城市平均出行时间变化示意图

在信息网络指数方面，上海大都市圈整体信息网络化水平较高，各都市圈首位城市在信息网络发展方面引领优势明显（图 10）。其中，杭州在数字及信息化基础设施建设和城市数字化公共服务水平两方面表现尤为突出，均仅次于上海，排在长三角第 2 位。合肥、南通在电信用户规模及数字化公共服务方面表现较好，而数据信息基础设施建设排名偏后；连云港、泰州在数据信息基础设施建设上的排名较为突出。

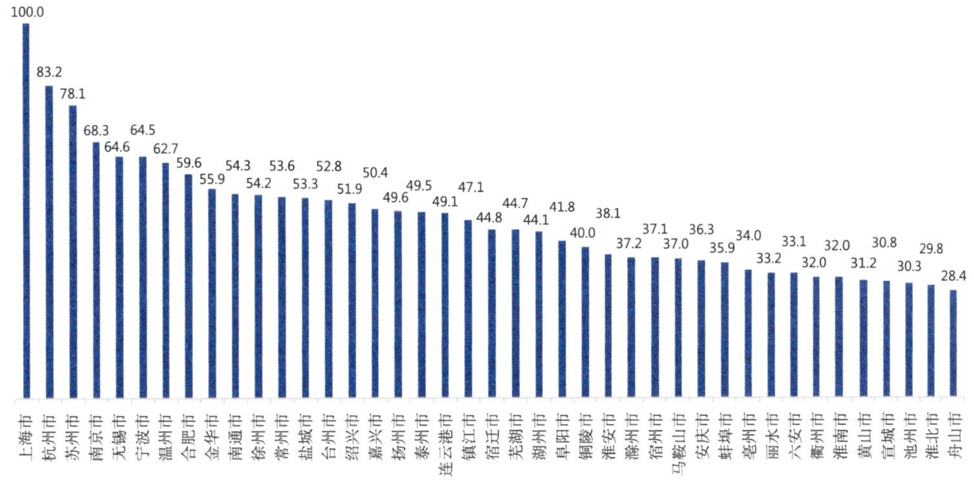

图 10　长三角各城市信息网络指数得分

4. 民生服务维度

报告重点通过商业区域辐射力、文体赛事影响力、教育医疗合作、民生服务互通四项指数，评价各城市在与百姓息息相关的服务中所作出的不懈努力。2022 年，疫情形势的波动更使得民生服务保障能力广受关注。城市之间能否在防疫的特殊要求下，依然保持一定的活跃度与包容性，是评判以人为本的落实程度和精细化治理能力的根本体现。

在商业区域辐射力方面，综合考虑消费踊跃程度，商业区域辐射力与城市能级依然呈现较高的匹配度：上海、杭州、南京、苏州、宁波、无锡等城市均属于商业设施与消费能力强强匹配的均衡型；安徽省相对偏弱，除合肥排名第 7 外，其余地级市均在 20 名之后，大部分处在硬件弱、消费弱的培育阶段。相比之下，丽水、舟山两市呈现出硬件弱但消费强的状态，商圈建设水平有提升需求；徐州、淮安等皖北城市则呈现出设施强、消费活力偏弱的特征，消费的动能有待进一步释放（图 11）。

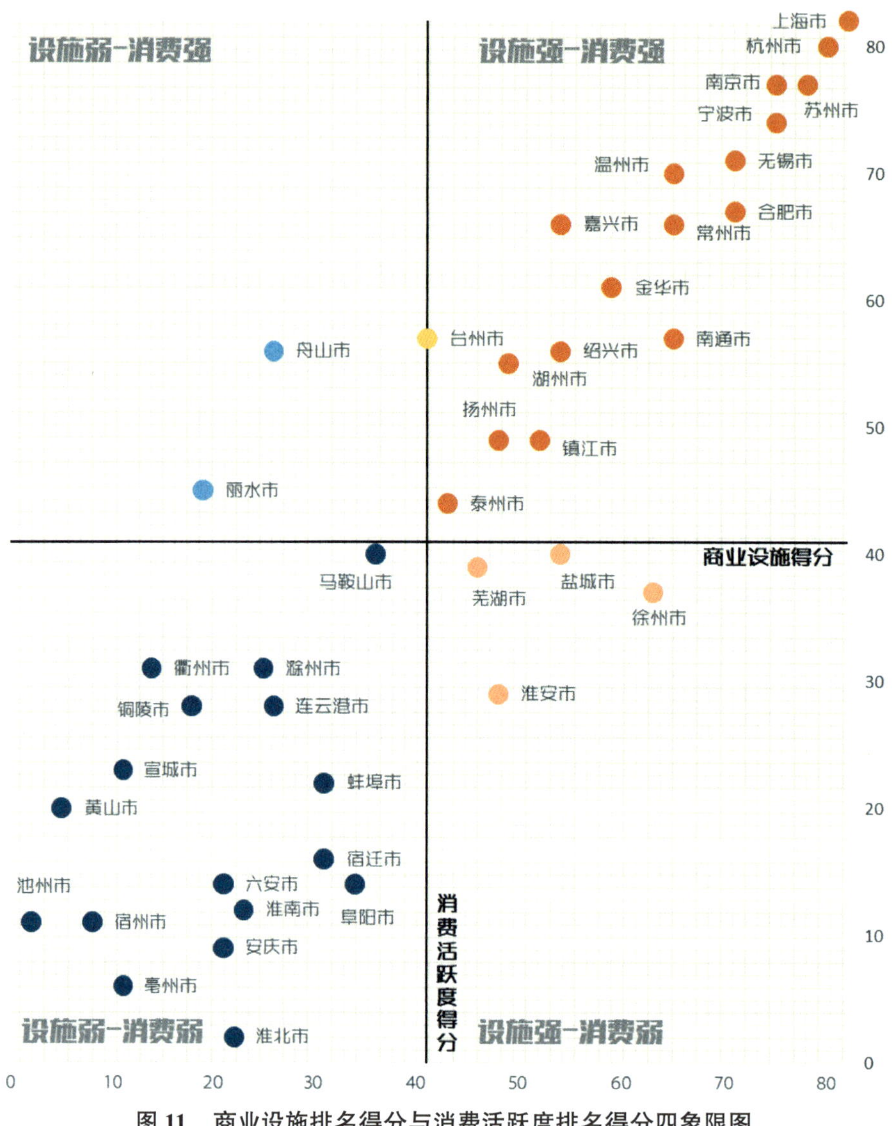

图 11　商业设施排名得分与消费活跃度排名得分四象限图

在文体赛事影响力方面，受疫情影响，文体赛事的举办呈现出从一线城市向周边城市转移、大规模赛事减少的趋势。文艺演出数量下半年略有上涨，但从上海、杭州集聚转变为周边城市共同承担。体育赛事全年举办数量锐减，大规模赛事最受冲击，平均赛事规模从 427 人 / 场降低为 145 人 / 场，淮安、连云港、宿迁、湖州等城市依靠小规模赛事的举办，排名得到显著上升。南京、绍兴等厚积薄发的文化名城借助博物馆升级表现亮眼，成为最具游客吸引力和平均最高参观人次的城市（图 12）。

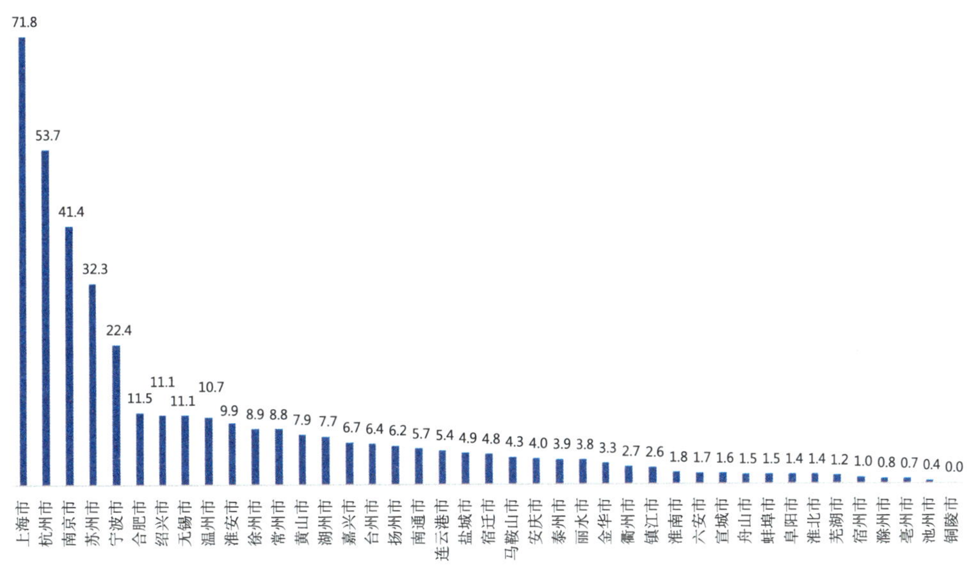

图 12　长三角各城市文体赛事影响力指数得分

在教育医疗合作方面，以头部城市为驱动，优质均等的服务体系加速构建。高校招生规模持续推进，合肥高校招生人数稳居榜首；合作办学多地开花，南京在教育合作方面充分发挥优势，截至 2022 年，共与 7 所双一流大学开展了合作办学。长三角医疗水平显著提升，本年度新增 13 所三甲医院，更加优质、均等的医疗卫生服务体系正在加速构建。

在民生服务互通方面，不仅异地社保、异地就医结算、交通联合已经全面落地，新的民生服务一体化政策也在积极探索。南京成为继宁波、无锡之后支持长三角社保互认的第三城；2022 年支持异地结算的医疗机构数量从 8000 家提高到 9900 余家；交通一卡通互联互通在长三角 41 个城市实现了全覆盖；《推进长三角区域社会保障卡居民服务一卡通规定》的正式实施则为促进长三角基本公共服务便利共享提供了有力的法治保障。

5. 生态共保维度

生态文明建设是当前长三角一体化发展的重点。报告重点从城市生态环境质量本底条件、环境协同治理水平及低碳发展成效三方面，评价各城市在区域生态安全格局与协同治理等方面取得的成效。

在生态质量方面，长三角区域生态共保维度整体呈现出西南强、东北弱的空间分布格局。浙皖生态环境本底优越，生态环境质量明显优于皖北、江苏等平原地区。丽水、黄山、衢州依托优越的生态环境本底、较高的环境治理水平，仍然是长三角区域生态环境评分最高的城市（图 13）。

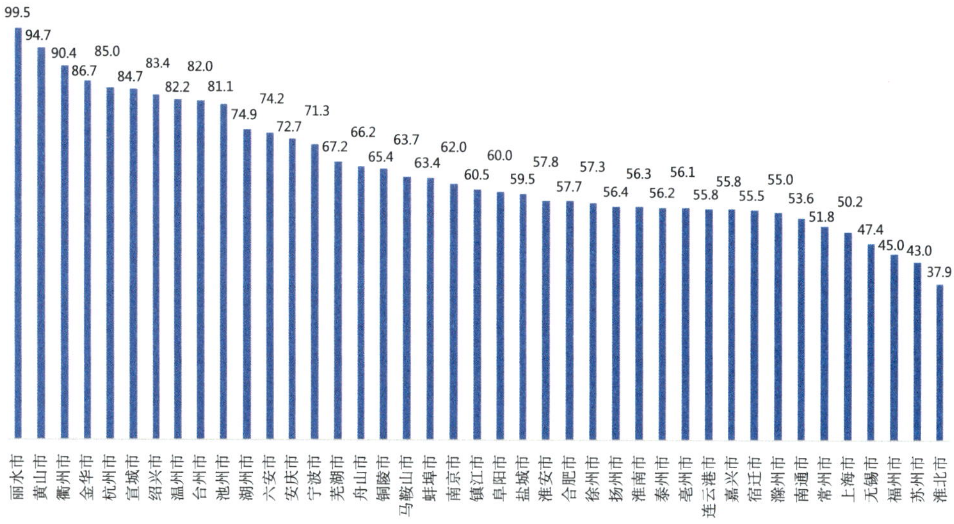

图 13　长三角各城市生态质量指数得分

在环境治理方面，长江沿线及西部水系源头城市的环境治理水平更高，黄山、池州、马鞍山是长三角最“环保”城市。长江沿线、环洪泽湖地区城市大力推进环境治理，上海在节能环保支出、企业节能环保建设及蔚蓝水质监测指标三方面均显著提升，安庆市连续多年开展重点企业环保能力提升行动、拆除长江沿线码头泊位并退出岸线、探索浅水型湖泊生态修复试点，水环境质量显著改善（图 14）。

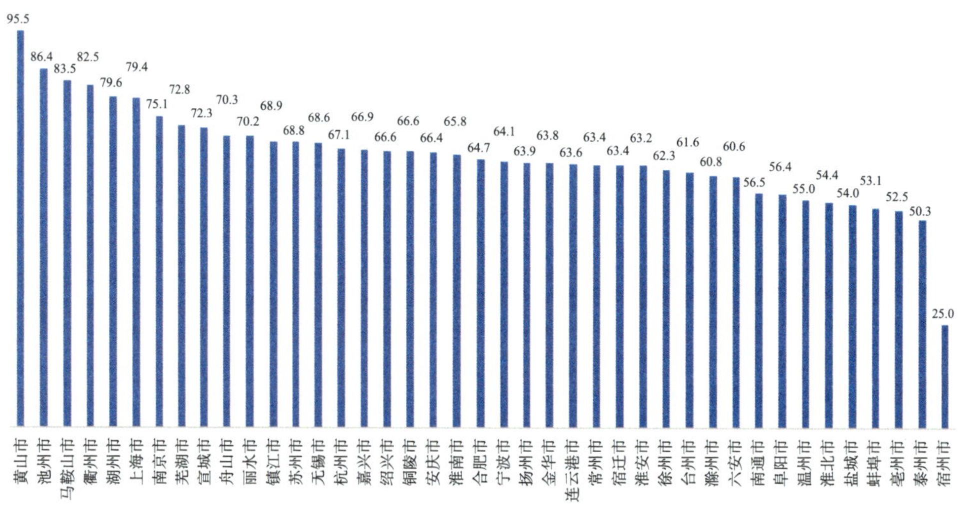

图 14　长三角各城市环境治理指数得分

在低碳节能方面，低碳节能与城市经济发展水平息息相关。头部城市领先，资源型、工业型城市面临转型压力，上海、杭州、绍兴是长三角最“节能”城市。上海、绍兴、杭州、丽水、金华是碳排放降低的主要贡献城市，淮南等城市则仍然处于低水平的碳排放增长阶段，对区域的碳排放达峰起到了一定的消极作用（图 15）。

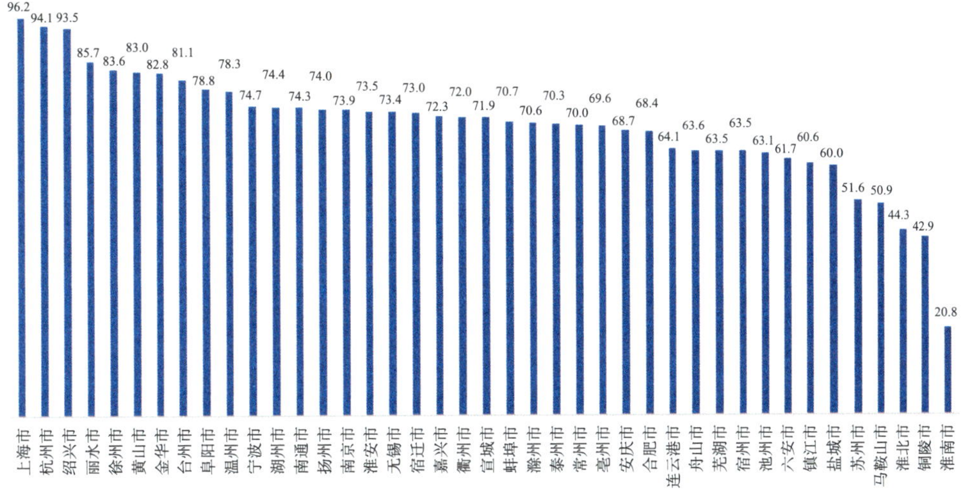

图 15　长三角各城市低碳节能指数得分

总体来看，长三角 41 城勠力同心、各扬所长，不断迈进一体化进程。

上海、杭州等“七大金刚”历经千磨万击仍然坚劲，凭借强大底蕴迅速摆脱疫情阴影，继续引领区域发展。其中上海在三个维度、12 个指数继续领跑，杭州补短扬长成为全面赶超的“进步之星”，宁波潜心修炼不忘沉淀，凭借生态优势实现超越。

中游城市陆续发力，常州、绍兴、温州等乘一体化之势表现亮眼，成为都市圈内的入圈“积极分子”。另有部分城市特色显现，湖州凭借新建高铁等设施联动周边城市，荣膺“社交达人”；南通和扬州紧抓产业合作，芜湖重投科技创新，稳扎稳打当选“新晋标兵”；淮安主动承接各大赛事活动，成为区域新的“文体担当”。

2022 年在国际形势严峻复杂、发展风险与挑战并存的背景下，长三角 41 城表现出了强劲的发展韧性：尽管人的流动有所受限但产业关联、创新联系日益紧密。紧扣“高质量”和“一体化”，各地发挥优势，实现合理分工，凝聚强大合力，以共保、共建，实现共融、共赢，将长三角建设成为全球一流品质的世界级城市群典范，成为中国式现代化的重要引领区。

（上海分院，执笔人：孙娟、马璇、李鹏飞、李诗卉）

第三节　高品质生活

中国城市繁荣活力评估报告 2022

城市活力是一座城市能够永续生存的能力。新冠疫情以来，发达国家均加强了对城市活力的监测，帮助提升政策制定的针对性，带领城市在后疫情时代走向复兴（图 1）。

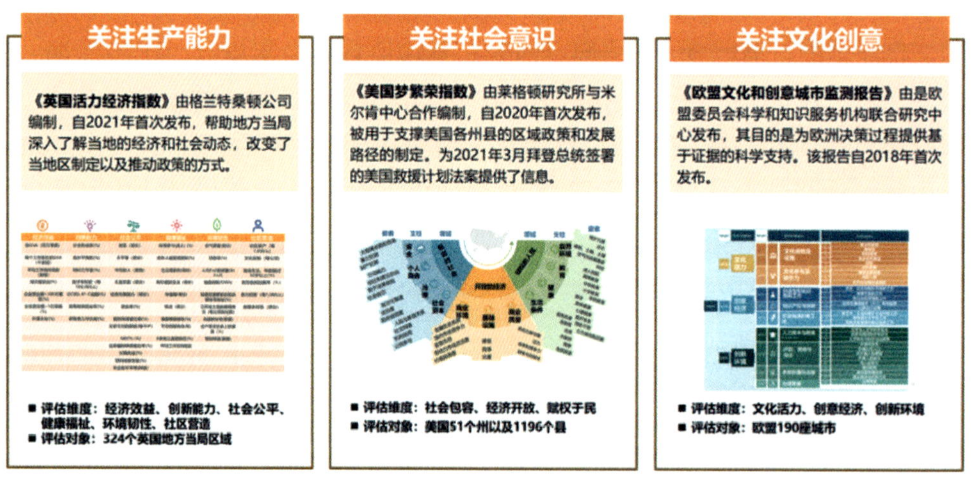

图 1　国外城市活力监测典型案例

中国城市规划设计研究院自 2019 年以来，持续对我国重点城市展开“城市繁荣活力”追踪观察并发布了系列年度报告。从我国国情出发，城市活力的研究应当对“大城市活力”“人的活力”“活力与空间的关系”予以充分的关注。2022年报告延续往年对“人的活力”的关注，以全国36座主要城市为研究对象，通过建立“活力指标体系”“活力基因图谱”“活力观察矩阵”3个工具，探索“城市活力”的“空间基因”，为“后疫情”时代推动城市活力的恢复与提升提供研究支撑（图2）。

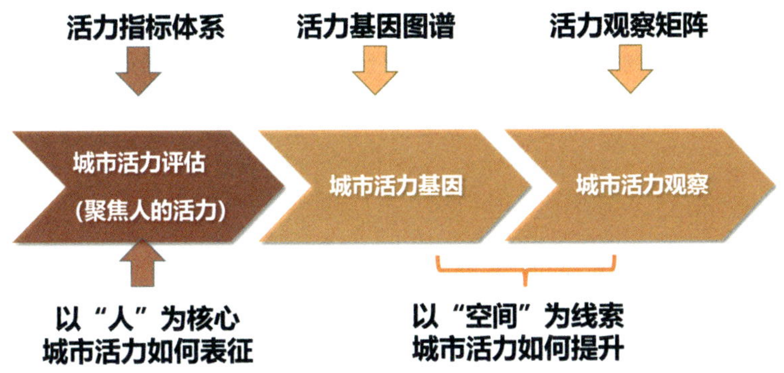

图2 《中国城市繁荣活力评估报告2022》研究框架和关注重点

一、活力评估方法

（一）活力指标体系

“吸引力是对城市活力的测度，一个城市只有成为吸引一切人群的地点，才能变成活力城市。”[①]选取常住人口吸引力、外来商务人口吸引力、外来休闲人口吸引力作为活力测度的核心指标。其中，常住人口是城市人口的基本构成，其吸引力表征的是城市人口的基本活力，反映了城市自身的规模成长性；外来商务人口和外来休闲人口是城市人口的附加构成，其吸引力表征的是城市的功能活力，反映了城市在外部环境中的区域中心性。因此，城市人口活力的评估指数又可以分为综合活力指数、基本活力指数和功能活力指数三类（图3）。

① 李三虎．从老城市新城市辨识看广州建设“活力城市”［J］．探求，2019（3）：66-70．

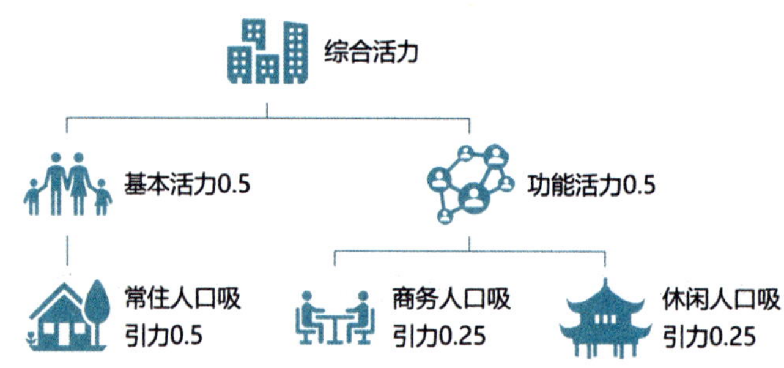

图 3　城市人口活力评估指标体系

在指标选择上，选用近三年常住人口增量作为常住人口吸引力的表征，选用外来商务人口到访频次作为外来商务人口吸引力的表征，选用外来休闲人口到访频次作为休闲人口吸引力的表征，具体算法和数据来源如表 1 所示。通过对指标最小值、最大值归一化后进行加权平均，得到城市的人口活力指数。

数据来源　　表 1

指标	计算方法	数据来源
常住人口吸引力	近三年常住人口年均增量＝∑（年度常住人口－上年度年常住人口）/3	2018 年、2019 年常住人口：各省市统计年鉴 2020 年常住人口：《第七次全国人口普查主要数据》 2021 年常住人口：各市国民经济和社会发展统计公报
商务人口吸引力	外来商务人口到访频次＝工作日期间目的地为本城市的日均外地人口数	2021 年 3 月 15～19 日目的地为本市的外来人口到访频次
休闲人口吸引力	外来休闲人口到访频次＝节假日期间目的地为本城市的日均外地人口数	2021 年 10 月 2～6 日目的地为本市的外来人口到访频次

（二）活力基因图谱

重点聚焦城市功能和城市人口活力之间的关系，梳理形成了由 81 项指标构成的城市活力基因图谱的备选因子（图 4）。

对不同类型的城市人口活力和城市活力基因备选因子分别进行相关性分析，识别出 20 项和城市人口活力具有显著相关性的关联因子。考虑到城市规模对指标的影响，采用以城市规模为控制变量的偏相关对相关分析的结果进行校核，再通过归纳和总结梳理形成城市活力的基因图谱（图 5）。

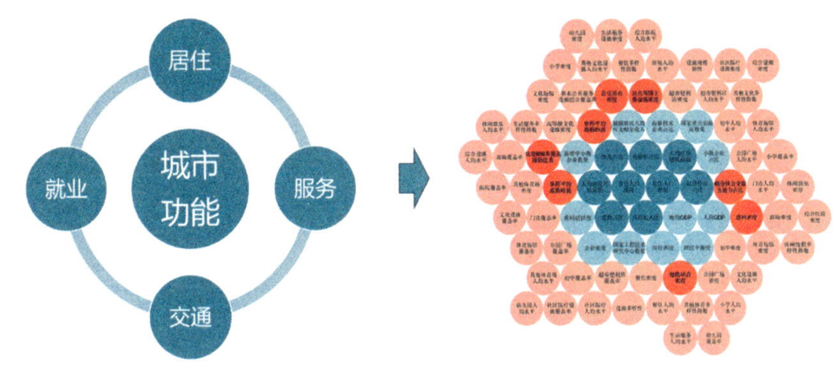

图 4　城市活力备选因子

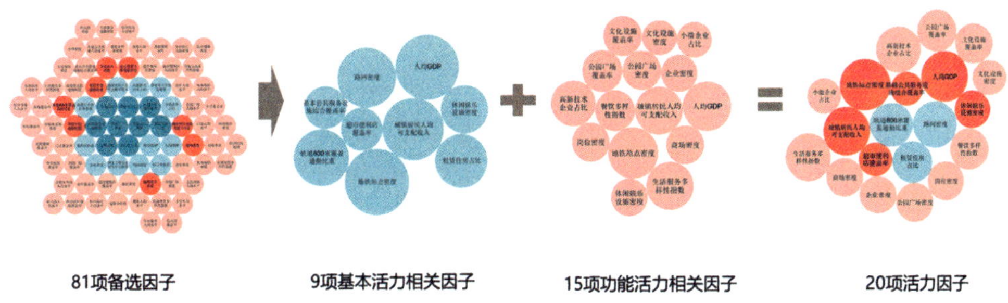

图 5　城市活力关联因子

（三）活力观察矩阵

根据活力基因图谱建立的活力因子与城市功能和空间测度之间的关系，构建活力观察矩阵，作为城市观察的工具，帮助寻找提升城市活力的路径。其中，城市功能包括居住、就业、服务、交通四大基本功能，空间测度重点关注功能密度、功能混合、功能耦合三大维度。通过分别计算样本城市的活力因子得分和活力观察矩阵得分，来识别提升城市人口活力的基因密码。考虑到城市规模对城市活力的影响，将各个城市的计算结果和同规模城市的中位数进行差值后比较（图 6）。

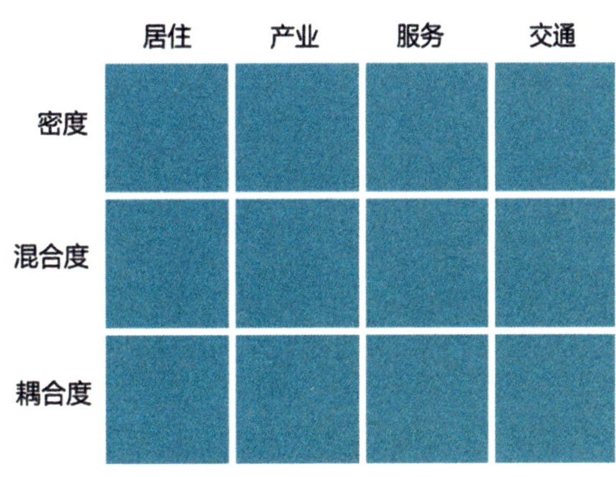

图 6　活力观察矩阵

二、城市活力评估

（一）城市活力与城市规模相关性强，千万人口左右城市的人口综合活力最强。

武汉、成都两座城市人口规模最接近1000万人的城市是人口活力最高的城市，高于人口规模更大的北京、上海、广州和深圳。1000万人以下人口规模城市，人口活力与城市规模关系显著；1000万人以上人口规模城市，人口活力与城市规模关系不显著（表2、图7）。

全国主要城市活力排名　　表2

城市	城市分类	城区人口规模（万人）	综合活力指数	基本活力指数	功能活力指数
武汉市	特大城市	995	1	1	8
成都市	超大城市	1334	2	2	4
广州市	超大城市	1488	3	11	3
北京市	超大城市	1775	4	25	1
杭州市	特大城市	874	5	9	5
上海市	超大城市	1987	6	31	2
深圳市	超大城市	1744	7	6	7
西安市	特大城市	928	8	4	9
宁波市	Ⅰ型大城市	361	9	3	14
长沙市	特大城市	555	10	8	11
重庆市	超大城市	1634	11	22	6
南京市	特大城市	791	12	7	13
郑州市	特大城市	534	13	12	10
青岛市	特大城市	601	14	10	15
合肥市	Ⅰ型大城市	372	15	19	16
济南市	特大城市	588	16	21	17
天津市	超大城市	1093	17	35	12
厦门市	Ⅰ型大城市	436	18	5	31
南宁市	Ⅰ型大城市	457	19	20	19
昆明市	特大城市	534	20	23	20

续表

城市	城市分类	城区人口规模（万人）	综合活力指数	基本活力指数	功能活力指数
南昌市	Ⅰ型大城市	334	21	24	21
长春市	Ⅰ型大城市	343	22	17	22
沈阳市	特大城市	707	23	27	18
福州市	Ⅰ型大城市	354	24	13	27
大连市	特大城市	521	25	18	25
兰州市	Ⅱ型大城市	289	26	15	29
石家庄市	Ⅰ型大城市	441	27	29	23
贵阳市	Ⅰ型大城市	383	28	28	24
银川市	Ⅱ型大城市	151	29	14	32
太原市	Ⅰ型大城市	405	30	26	26
乌鲁木齐市	Ⅰ型大城市	373	31	16	34
呼和浩特市	Ⅱ型大城市	223	32	32	30
海口市	Ⅱ型大城市	209	33	30	33
西宁市	Ⅱ型大城市	160	34	33	35
拉萨市	中小城市	55	35	34	36
哈尔滨市	特大城市	550	36	36	28

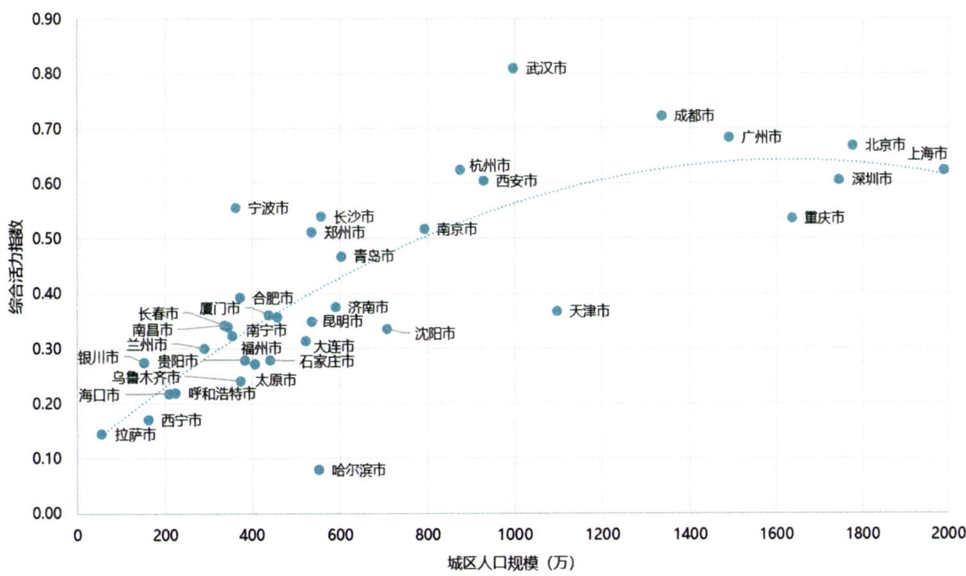

图 7　城区人口规模与城市综合活力指数拟合结果

（二）城市人口功能活力与城市规模的线性关系更强，城市人口基本活力随城市规模增长先增高后下降。

从城市基本活力（常住人口吸引力水平）来看，城市基本活力指数随城市人口规模先增高后降低，呈倒U形曲线关系，人口规模超过1000万人的城市对常住人口吸引力趋缓。城市的功能活力（商务、休闲人口吸引力水平）与城市规模有着较强的线性关系，北京、上海、广州、杭州、重庆等超大城市的功能活力显著高于其他城市（图8）。

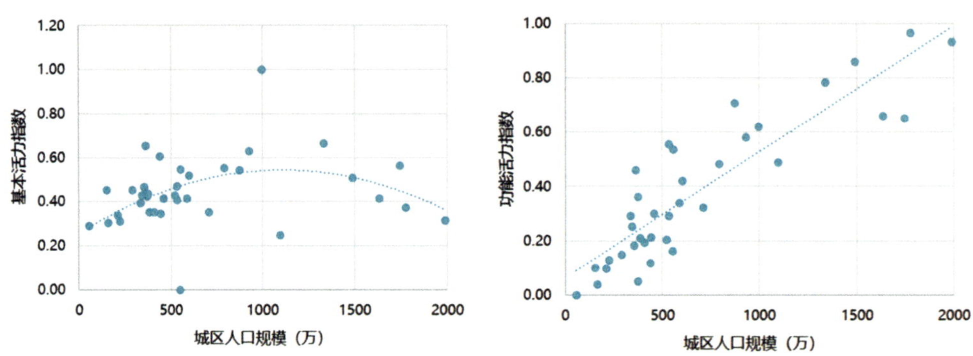

图8　城区人口规模与城市基本活力指数、功能活力指数拟合结果

（三）中部城市人口活力强，南方城市活力高于北方城市。

将全国36座重点城市划分为稳定型、活力型、改善型、提升型四种活力类型，可以发现，综合活力、基本活力与功能活力均高的活力型城市主要分布在长江流域，特别是长江中上游的武汉、长沙、合肥、成都等城市活力水平显著较高。这与我国区域经济发展向内陆转移，以及疫情背景下中部地区人口流动由跨区域转向省内流动密切相关。

城市活力类型分类　　表3

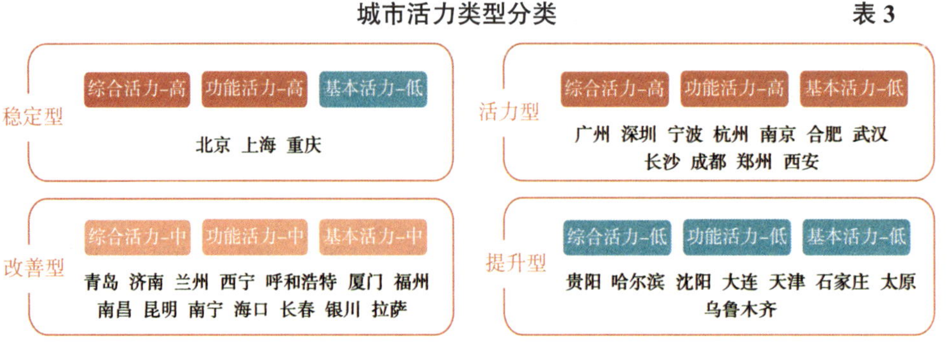

类型	特征	城市
稳定型	综合活力-高　功能活力-高　基本活力-低	北京　上海　重庆
活力型	综合活力-高　功能活力-高　基本活力-低	广州　深圳　宁波　杭州　南京　合肥　武汉　长沙　成都　郑州　西安
改善型	综合活力-中　功能活力-中　基本活力-中	青岛　济南　兰州　西宁　呼和浩特　厦门　福州　南昌　昆明　南宁　海口　长春　银川　拉萨
提升型	综合活力-低　功能活力-低　基本活力-低	贵阳　哈尔滨　沈阳　大连　天津　石家庄　太原　乌鲁木齐

根据中国地理区划对活力指数进行统计，中部城市人口活力强，南方城市活力均值明显高于北方城市（图 9）。

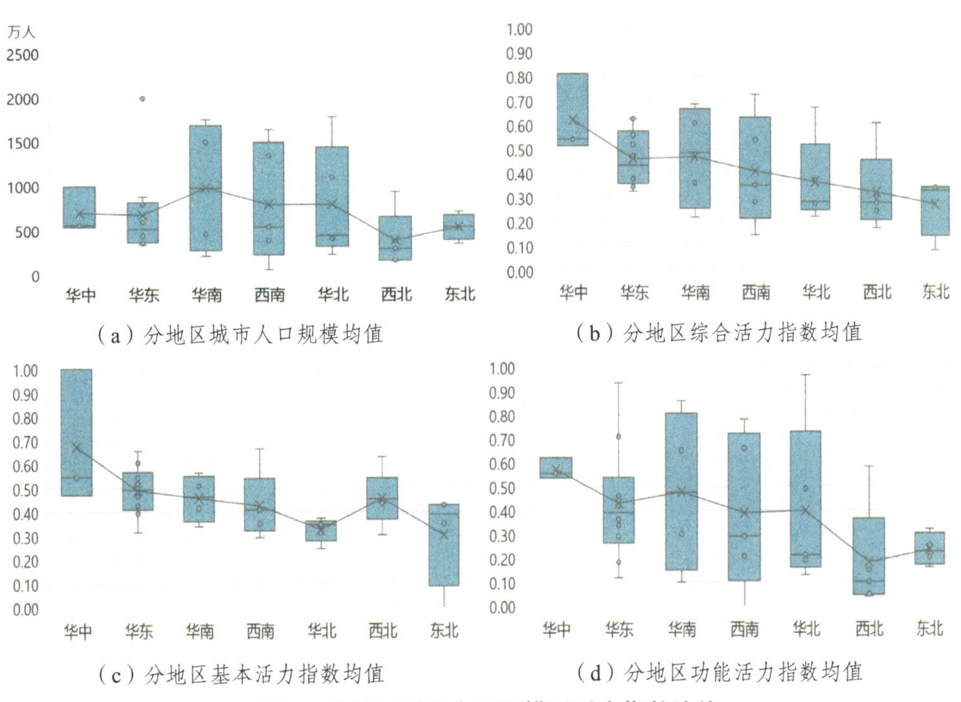

（a）分地区城市人口规模均值
（b）分地区综合活力指数均值
（c）分地区基本活力指数均值
（d）分地区功能活力指数均值

图 9　分地区城市人口规模及活力指数均值

对比城市的规模等级和活力指数，南方城市基本活力普遍较高，综合活力相对更易向上跃迁；北方城市基本活力相对较低，综合活力相对更易向下跃迁。例如，武汉城区人口规模排名第 8，基本活力和综合活力均排在第 1 位；宁波人口规模排第 27 位，基本活力排名第 3，综合活力随之上升至第 9 位；而北方城市中人口规模全国第 7 位的天津，综合活力仅排在第 17 位；人口规模第 16 的哈尔滨，综合活力排在第 36 位（图 10、图 11）。

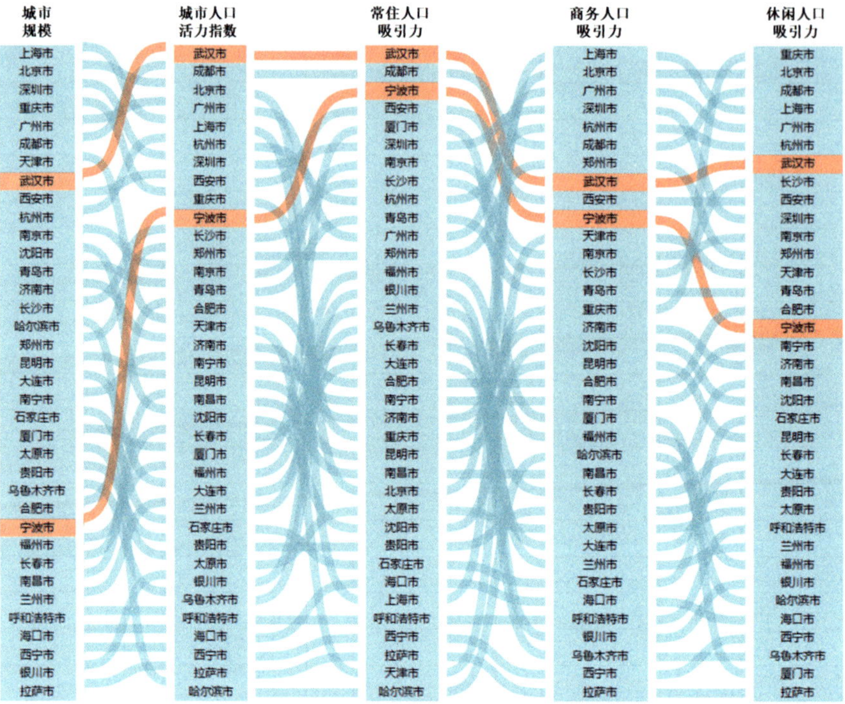

图 10　南方典型城市活力表征

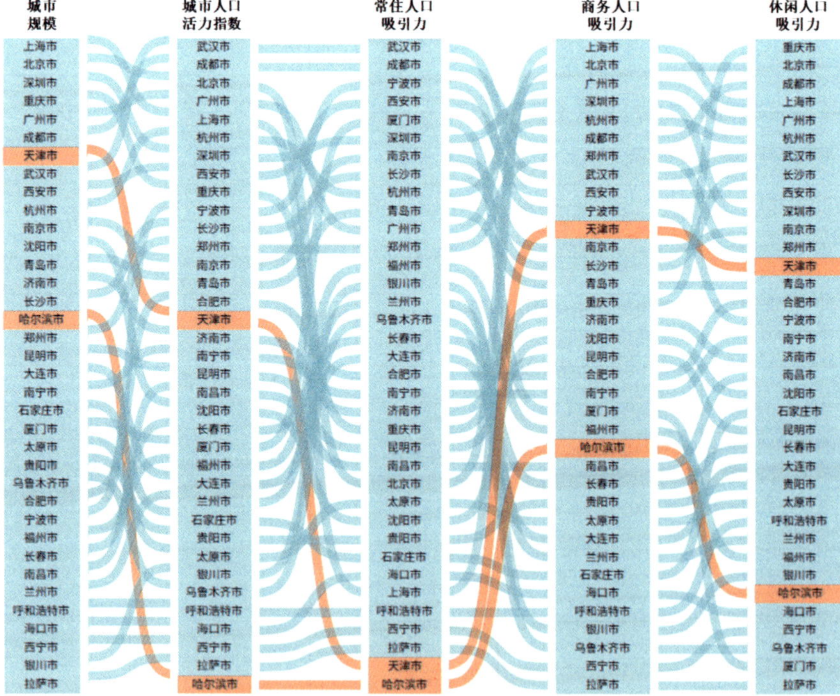

图 11　北方典型城市活力表征

三、城市活力基因

将活力备选因子与城市人口活力进行相关性分析，识别出 20 项与人口活力具有显著相关性的活力因子，其中 9 项与人口基本活力显著相关、15 项与人口功能活力显著相关。

结果表明，一方面，城市人口的基本活力主要与城市的居住生活、交通出行领域的因子关联性强，而城市人口的功能活力更多地与城市经济产业、城市“颜值”和文化休闲领域的因子关联密切。另一方面，功能设施的密度是促进城市活力的重要维度，同时，功能的混合度和耦合度也扮演着越来越重要的作用，它们共同构成了城市人口活力的基因图谱（图 12）。

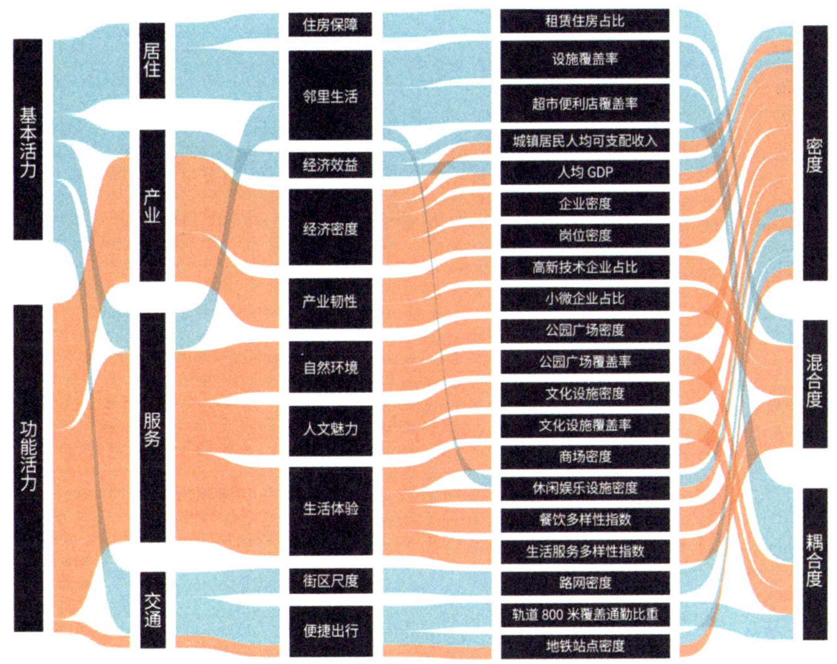

图 12　城市活力基因图谱

四、城市活力观察

（一）稳定型：重点优化居住环境和交通结构

稳定型城市的活力特征是综合活力高，基本活力中，功能活力高。

稳定型城市包括上海、北京、重庆三座超大城市，和其他超大城市相比，稳定型城市的特点是居住环境和交通结构需要重点优化（图 13）。

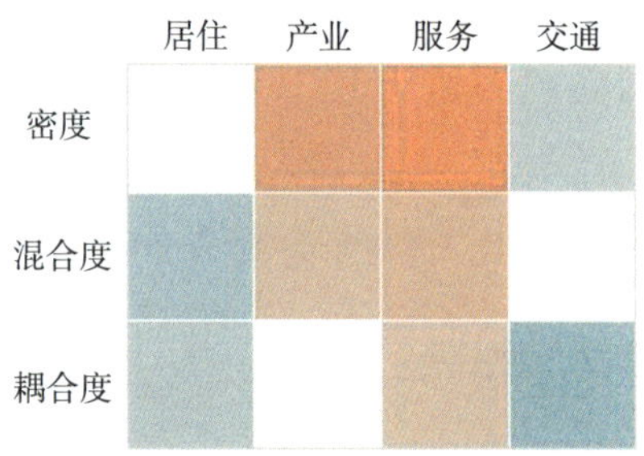

图 13　稳定型城市特点

（二）活力型：重点突破城市点状短板问题

活力型城市的活力特征是综合活力高，基本活力高，功能活力高。

活力型城市包括深圳、成都、广州 3 座超大城市，武汉、西安、杭州、南京、长沙、郑州 6 座特大城市以及合肥、宁波 2 座 I 型大城市。总体上，活力型城市各类因子发展平均水平都要好于同规模其他类型的城市，仅部分城市存在点状问题（图 14）。

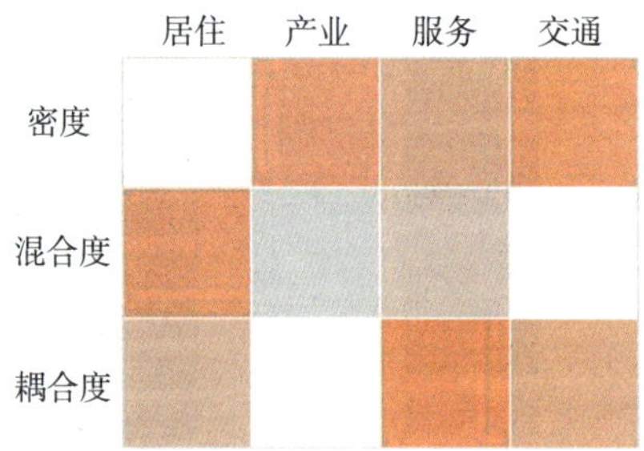

图 14　活力型城市特点

（三）改善型：重点改善产业结构和服务品质

改善型城市的活力特征是综合活力中，基本活力中，功能活力中。

改善型城市主要包括济南、昆明、青岛 3 座特大城市，福州、南昌、南宁、厦门、长春 5 座 I 型大城市，海口、呼和浩特、兰州、西宁、银川、拉萨 6 座其他大城市和中小城市。和同规模城市对比，改善型城市的关注重点是优化产业结构和提升服务品质（图 15）。

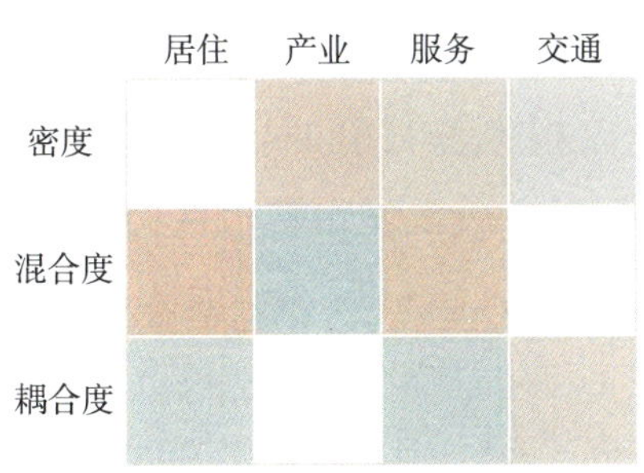

图 15　改善型城市特点

（四）提升型：从城市功能密度着手全面提升

提升型城市的活力特征是综合活力低，基本活力低，功能活力低。

提升型城市包括天津市 1 座超大城市，沈阳、大连、哈尔滨 3 座特大城市以及石家庄、贵阳、乌鲁木齐、太原 4 座Ⅰ型大城市。提升型城市的特征表现为各类因子的得分普遍低于同规模的其他城市。提升型城市的空间绩效产出、功能设施密度普遍偏低，进而导致城市的功能混合度和功能耦合度也存在问题（图 16）。

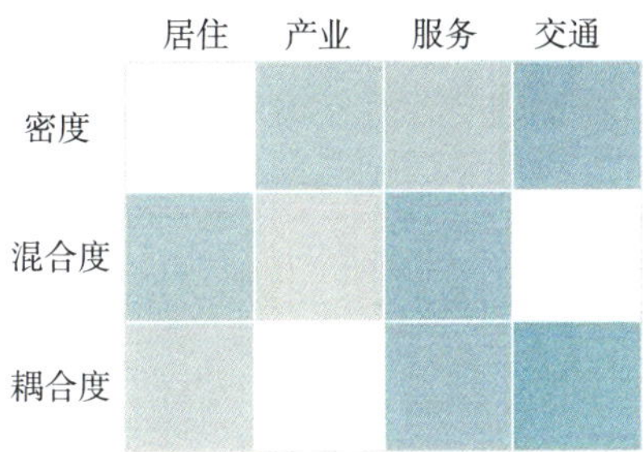

图 16　提升型城市特点

（城市规划学术信息中心，执笔人：李长风、高宇佳、冀美多、秦奕等）

2022 年度中国主要城市建成环境密度发布

随着我国城市建设步入存量发展时期，对城市建成环境密度现状的准确认识和评价成为实施城市更新行动、推进超大特大城市瘦身健体和提升城市规划科学性的重要基础。中国城市规划设计研究院连续两年发布《中国主要城市建成环境密度报告》，2022 年报告选取国内 18 座超大、特大城市[①]，汇聚总面积 1.65 万平方公里城市建成区范围和 1.90 亿人口的大数据样本，通过对建设强度、居住人口密度、就业人口密度 3 项主要指标在建成区、核心建成片区两个尺度的比较，结合对轨道站点周边 800 米范围内的建成环境密度分析，呈现当前中国主要城市的建成环境密度特征。

一、总体上，超大城市的城市建成环境密度高于特大城市，其核心区对就业有明显的吸引力

通过比较超大城市和特大城市的建设强度、居住人口密度、就业人口密度 3 项指标的平均值，可以发现超大城市在建成区和核心建成片区的密度均大于特大城市，其中，核心建成片区的就业人口密度差异最为明显，而建设强度差异较小。

在建设强度方面，超大城市在建成区尺度平均值为 0.68 万平方米 / 公顷，特大城市为 0.63 万平方米 / 公顷，超大城市比特大城市高约 9%；在核心建成片区尺度，超大城市平均值为 1.48 万平方米 / 公顷，特大城市为 1.37 万平方米 / 公顷，超大城市比特大城市高约 8%（图 1）。

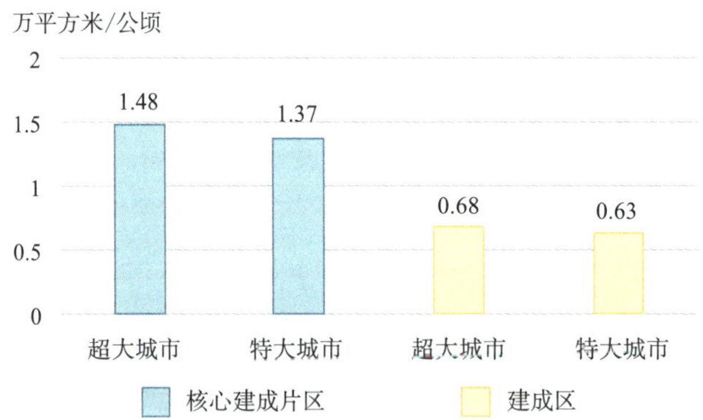

图 1　超大城市与特大城市建设强度平均值

① 包括全部 7 座超大城市：上海、北京、深圳、广州、成都、天津、重庆；以及 11 座特大城市：西安、杭州、武汉、南京、沈阳、郑州、济南、青岛、哈尔滨、昆明、大连。

在居住人口密度方面，超大城市在建成区尺度平均值为 1.28 万人 / 平方公里，特大城市为 1.06 万人 / 平方公里，超大城市比特大城市高约 20%；在核心建成片区尺度，超大城市平均值为 2.73 万人 / 平方公里，特大城市为 2.14 万人 / 平方公里，超大城市比特大城市高约 28%（图 2）。

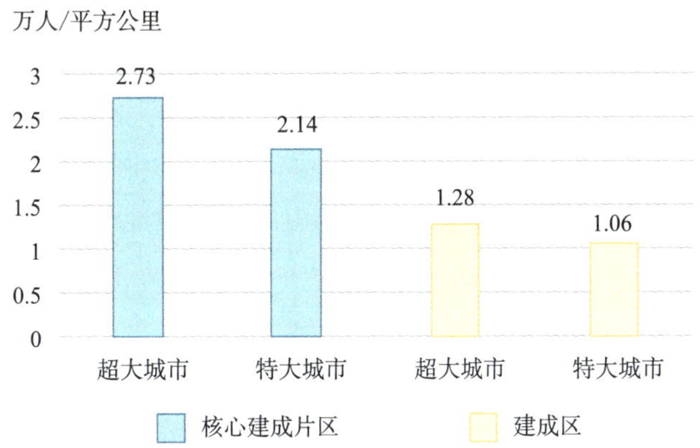

图 2　超大城市与特大城市居住人口密度平均值

在就业人口方面，超大城市在建成区尺度平均值为 0.71 万人 / 平方公里，特大城市为 0.57 万人 / 平方公里，超大城市比特大城市高约 23%；在核心建成片区尺度，超大城市的平均值为 1.83 万人 / 平方公里，特大城市的平均值为 1.24 万人 / 平方公里，超大城市比特大城市高约 48%（图 3）。

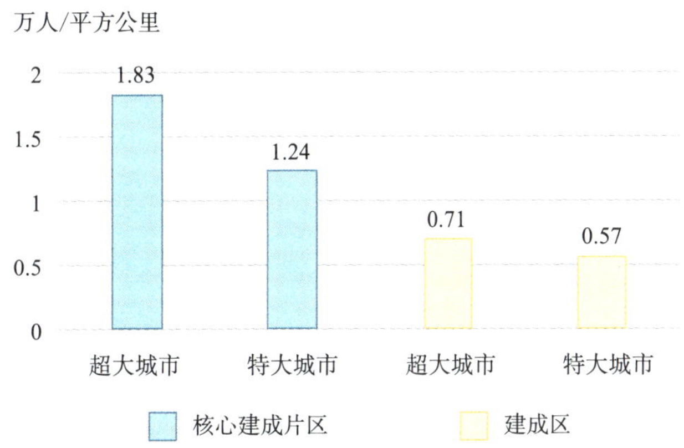

图 3　超大城市与特大城市就业人口密度平均值

二、在建成区尺度，深圳、西安、北京、武汉的城市建成环境密度较高，青岛、济南、天津、大连的城市建成环境密度较低

在建成区尺度，深圳、西安的建设强度、居住人口密度和就业人口密度均在 18 座城市中位列前三位；北京的三项指标均位列前五；武汉的建设强度在 18 座城市中排名第二，居住和就业人口密度排名第六。此外，尽管广州的建设强度在 18 座城市中仅排在第十二位，但居住人口密度和就业人口密度均为第三位。体现出建设强度接近平均值而人口密度高的特征。

青岛、济南、天津、大连的三项指标在 18 座城市中均位列后五位，和其他超大特大城市相比，总体建成环境密度较低（图 4～图 6）。

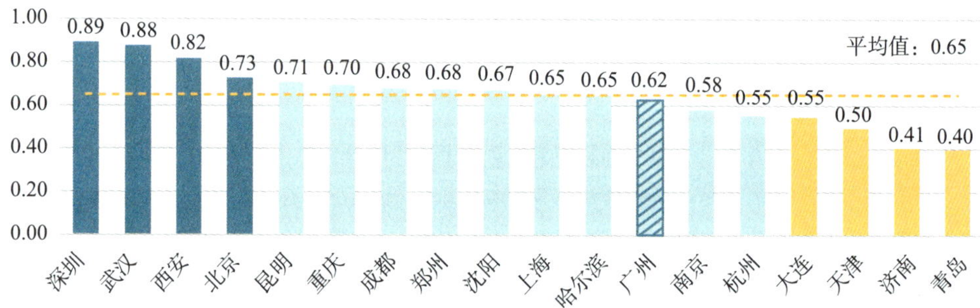

图 4 建成区建设强度分布情况

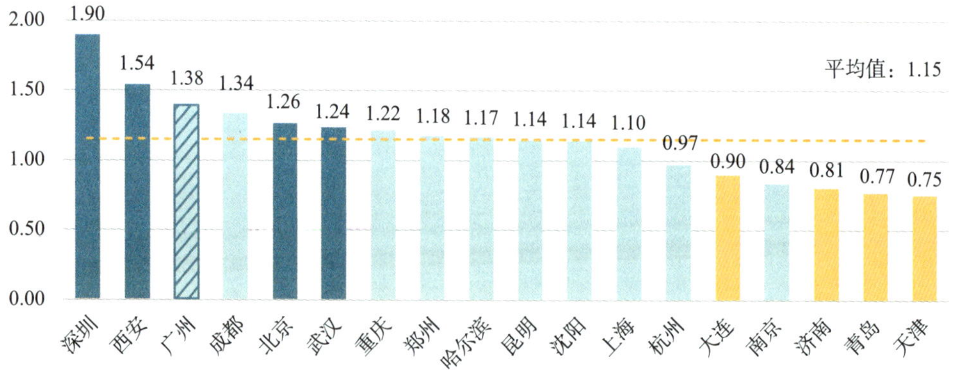

图 5 建成区居住人口密度分布情况

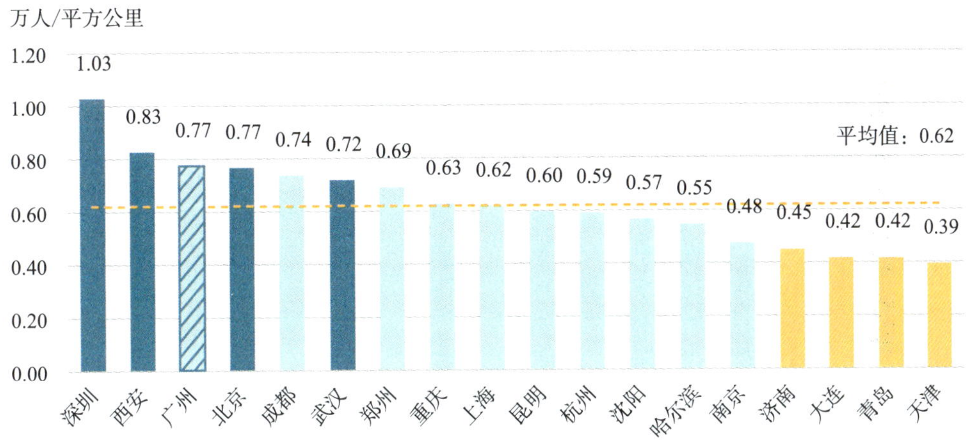

图 6　建成区就业人口密度分布情况

三、在核心建成片区尺度，广州、深圳的城市建成环境密度较高，青岛、大连、天津、济南的城市建成环境密度较低

在核心建成片区尺度，广州的建设强度仅次于西安，其居住和就业人口密度均为 18 座城市中最高；深圳的三项指标均位列前四；西安、重庆的建设强度较高，而就业人口密度接近 18 城平均值。

青岛、济南、天津、大连四座城市总体建成环境密度较低，与建成区的情况基本一致（图 7～图 9）。

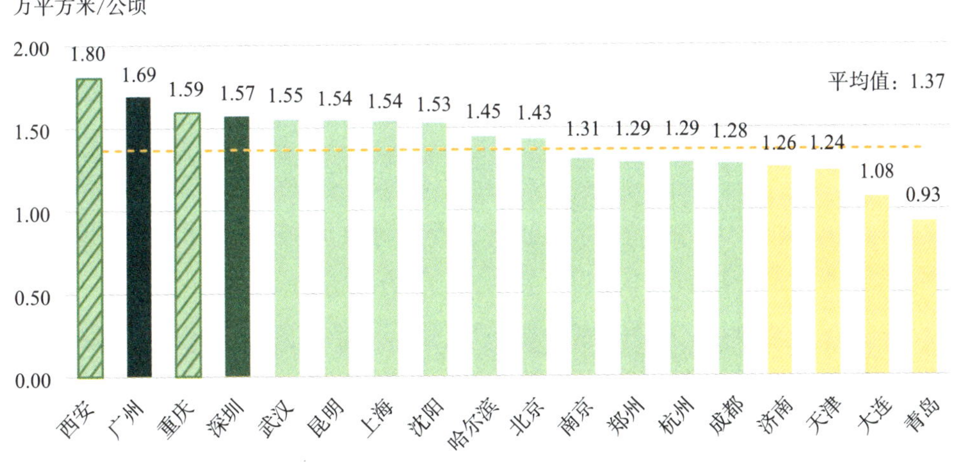

图 7　核心建成片区建设强度分布情况

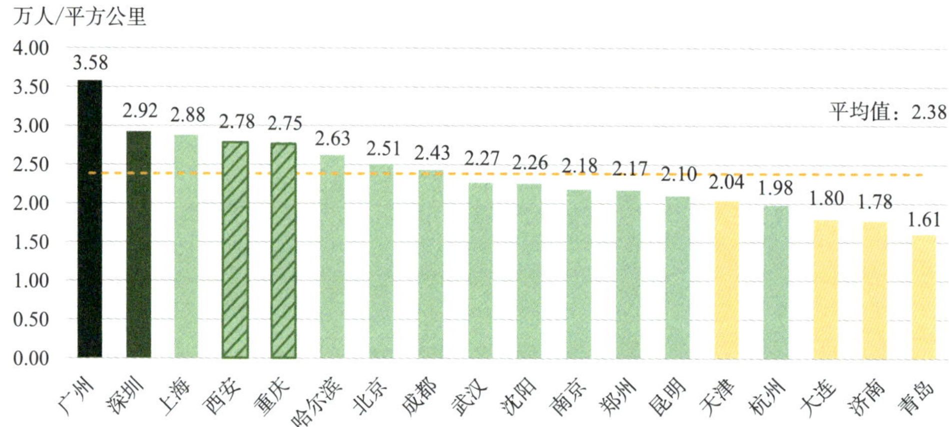

图 8　核心建成片区居住人口密度分布情况

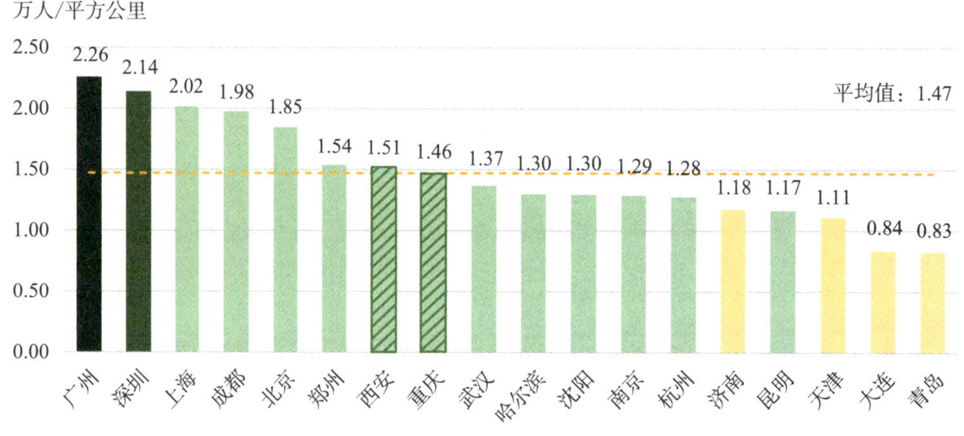

图 9　核心建成片区就业人口密度分布情况

四、TOD 地区的城市建成环境密度指标高于一般地区，对就业具有明显促进作用

通过识别样本城市的轨道站点及其周边 800 米范围，对其中的建成环境和活动人口情况进行分析，并与相应尺度的城市地区进行比较。

在建成区范围内，TOD 地区与建成区平均密度相比具有明显提升，增加幅度约为 70%。在核心建成片区范围内，TOD 地区与核心建成片区平均密度相比的提升相对有限，增加幅度只有 10% 左右。可见，在外围新建设地区，TOD 模式对于城市密度的提升效果更为显著（表 1）。

TOD 地区与建成区和核心建成片区的建成环境密度指标对照表　　表 1

样本城市		TOD 地区与建成区密度指标的比值			TOD 地区（核心建成片区内）与核心建成片区密度指标的比值		
		建设强度的比值	居住人口密度的比值	就业人口密度的比值	建设强度的比值	居住人口密度的比值	就业人口密度的比值
超大城市	北京	1.4	1.51	1.6	1.01	1.03	1.09
	上海	1.69	1.84	2.03	1.04	1.05	1.1
	深圳	1.64	1.7	1.9	1.14	1.12	1.3
	重庆	1.67	1.69	1.71	1.05	1.21	1.22
	广州	1.84	1.91	2.27	1.09	1.12	1.4
	成都	1.53	1.58	1.72	1.08	1.14	1.21
	天津	1.89	2.06	2.05	1.05	1.06	1.13
平均值		1.67	1.76	1.90	1.07	1.10	1.21
特大城市	武汉	1.37	1.62	1.49	1.12	1.27	1.22
	西安	1.8	1.64	1.7	1.1	1.1	1.3
	青岛	2.25	1.93	2.28	1.22	1.26	1. 48
	郑州	1.61	1.78	2.03	1.02	1.04	1.29
	大连	1.69	1.61	2.19	1.1	1.03	1. 49
	哈尔滨	1.77	1.8	2.39	1.01	1.04	1.38
	杭州	1.77	1.53	1.92	1.1	1.14	1.19
	济南	1.35	0.87	1.27	0.5	0.34	0.75
	昆明	1.57	1.42	1.85	1.34	1.28	1.85
	南京	1.45	1.44	1.86	1.11	1.09	1.54
	沈阳	1.83	1.62	2.01	1.11	1.07	1.2
	长沙	1.25	1.31	1.55	1.02	1.04	1.22
平均值		1.64	1.55	1.88	1.06	1.06	1.33

在相关指标中，TOD 地区的就业人口密度增加最为显著。在建成区范围内，TOD 地区的就业人口密度提升了 90%，在核心建成片区则提升了 30%。这说明 TOD 模式对于发挥土地价值、促进城市就业具有积极作用。

五、超大城市 TOD 地区密度指标总体高于特大城市

超大城市 TOD 地区建设强度平均为 1.12 万平方米 / 公顷，居住人口密度为 2.21 万人 / 平方公里，就业人口密度为 1.34 万人 / 平方公里。在核心建成片区范围内，TOD 地区建设强度平均为 1.58 万平方米 / 公顷，居住人口密度为 3.03 万人 / 平方公里，就业人口密度为 2.23 万人 / 平方公里。其中，深圳、广州、重庆的建设强度较高，天津、成都、北京的建设强度较低；深圳、广州的居住人口和就业人口密度均较高，天津、北京的居住人口密度较低，天津、重庆的就业人口密度较低。

特大城市 TOD 地区建设强度平均为 1.00 万平方米 / 公顷，居住人口密度为 1.71 万人 / 平方公里，就业人口密度为 1.10 万人 / 平方公里。在核心建成片区范围内，TOD 地区建设强度平均为 1.39 万平方米 / 公顷，居住人口密度为 2.32 万人 / 平方公里，就业人口密度为 1.65 万人 / 平方公里。其中，西安、武汉、沈阳、昆明的建设强度较高，长沙、济南、青岛、大连的建设强度较低；西安、哈尔滨的居住人口密度较高，济南、大连的居住人口密度较低；西安、郑州的就业人口密度较高，青岛、大连的就业人口密度较低。

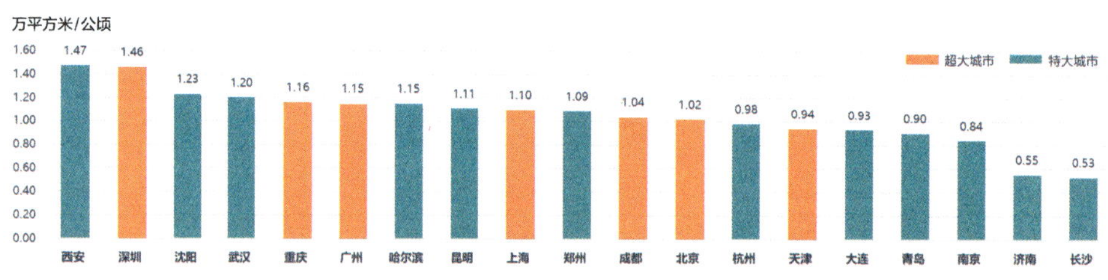

（a）建成区内的 TOD 地区建设强度分布表

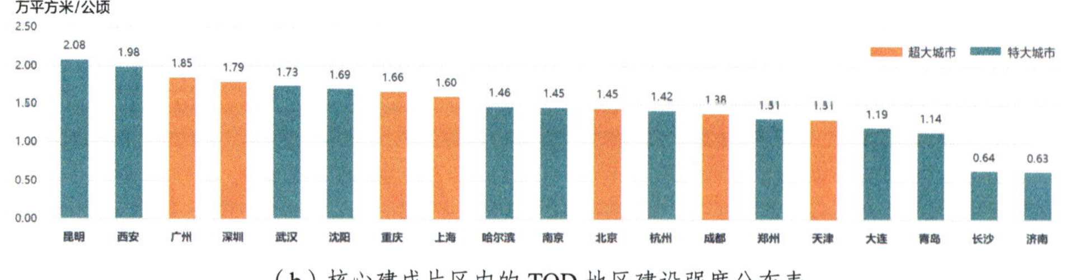

（b）核心建成片区内的 TOD 地区建设强度分布表

图 10　建成区与核心建成片区建成环境密度指标情况（一）

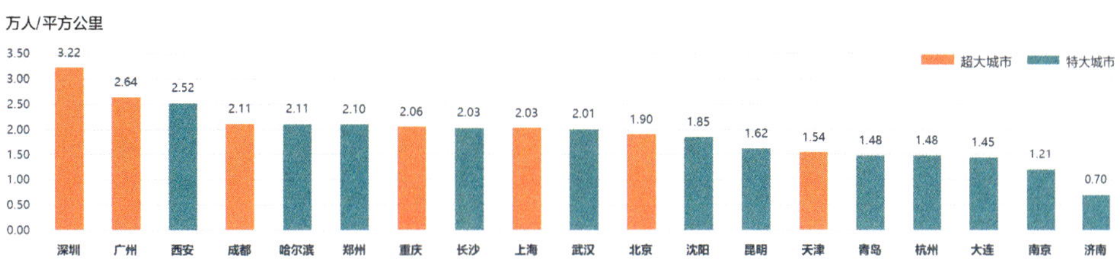

（c）建成区内的 TOD 地区居住人口密度分布表

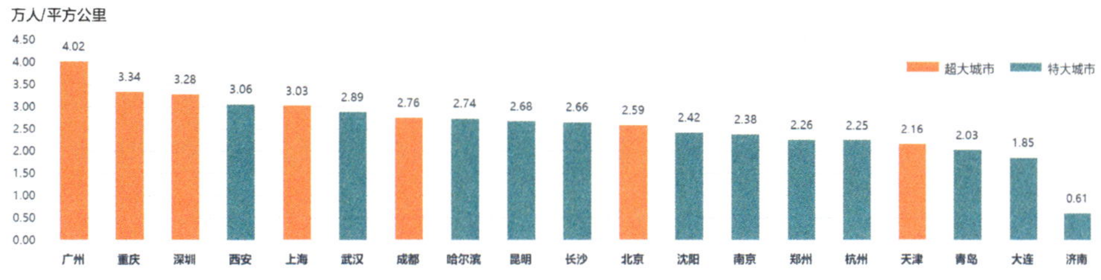

（d）核心建成片区内的 TOD 地区居住人口密度分布表

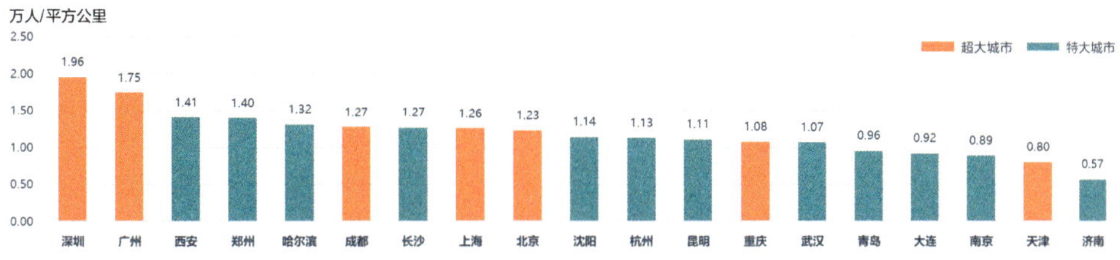

（e）建成区内的 TOD 地区就业人口密度分布表

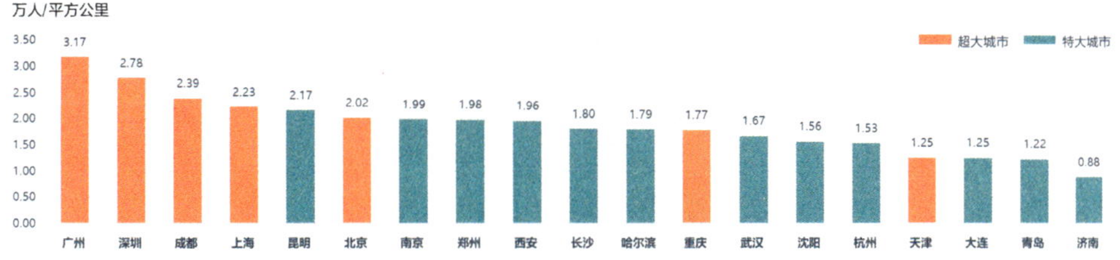

（f）核心建成片区内的 TOD 地区就业人口密度分布表

图 10　建成区与核心建成片区建成环境密度指标情况（二）

（城市设计研究分院，执笔人：顾宗培、韩靖北、郝丽珍、于传孟等）

成渝地区高质量发展与高品质生活年度观察报告（2022）

西部分院长期扎根成渝服务西部，2021 年首次发布成渝年度观察报告。2022 年，国家相关部委正式印发或批复了成渝地区的生态环境保护规划、世界机场群建设意见等重大规划，重庆都市圈发展规划、成都都市圈发展规划相继发布，毗邻地区规划统筹加快推进，多个专项领域重大规划和重大事项有序推进。为“加强持续监测，突出年度特色”，本年度持续面向“高质量发展”“高品质生活”两大目标，延续“区域总体观察”“城市品质指数”，结合两大都市圈规划，新增“双圈发展观察”，围绕常态化疫情防控、经济新常态、乡村振兴、高温天气等年度热点，以专项视角深化观察内容（图 1）。

图 1　成渝地区高质量发展与高品质生活年度观察报告

一、区域观察

2022 年度区域观察进一步聚焦，选取当前成渝关注度较高、影响力大的四个领域开展专项监测。通过剖析产业、低碳、文化、乡村等领域在要素集聚、时空演变等方面的特征趋势，持续深化对成渝地区的观察研究。

（一）产业观察

面向建设成为具有全国影响力的重要经济中心，在后疫情时代高度竞争的市场环境下，成渝地区更加注重产业高质量、高端化发展和产业链拓展延伸，区域经济布局纵深推进，跨界产业合作有序推进。近年来，成渝地区加速产业链提档升级，尤其在汽车、电子信息、装备等行业，“单项冠军示范企业”、“单项冠军产品”、专精特新“小巨人”企业培育取得显著成效，新能源智能汽车引领汽车产业向中高端迈进，电子信息产业链“芯”基不断夯实，以高端化发展提升企业生存力、产业竞争力的趋势明显。随着产业升级带来的产业外溢，宜宾、资阳、永川、涪陵等区域中心城市、节点城市的新兴产业不断培育，促进了区域协调发展。但乡镇工业化发展仍然不足，乡村振兴产业支撑有待加强。同时，川渝两地跨界产业合作不断加强，通过成立产业联盟、创建产业合作示范园区等方式，在优化产业发展环境、延伸产业链配套、共享资金资源人才等方面做出了显著成效（图 2）。

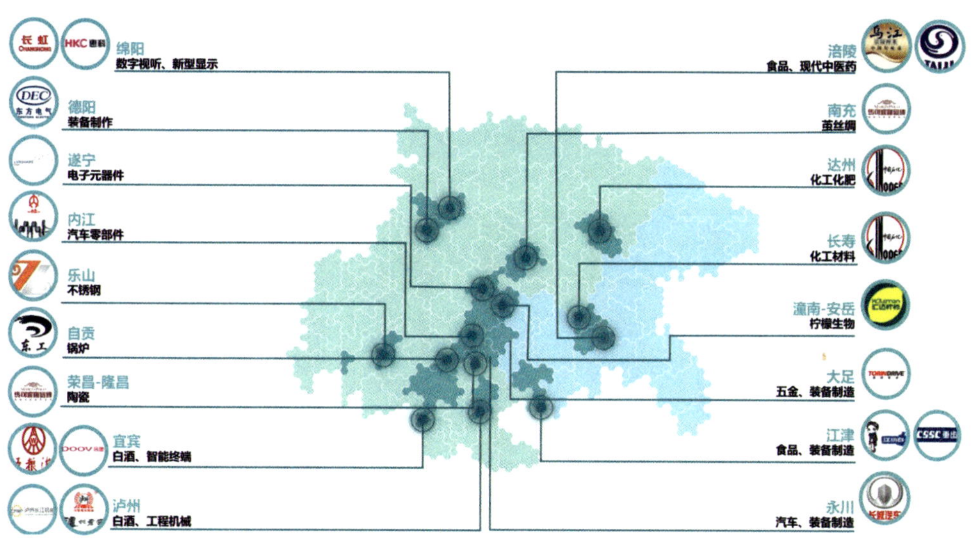

图 2　具有全国影响力的重点产业布局图

（二）低碳观察

成渝作为国家战略地区，不仅是社会经济发展的重要载体，也是实施绿色发展战略、实现双碳目标的关键区域。目前成渝绿色发展水平较高，与珠三角、长三角、京津冀相比，成渝碳排放总量、人均碳排放量、单位

GDP 碳排放均较低，受疫情影响近年碳排放有所下降，但碳排放尚未达峰，未来面临反弹的趋势。工业、生活、交通仍是碳排放集中领域，成都、重庆两个超大城市碳排放比重高，应加强交通、生活低碳管控，中小城市主要以高耗能、高排放产业为主，未来需通过产业结构调整，降低能源消耗和碳排放。能源结构转型成效显著，清洁能源和非化石能源生产占比增长明显（图 3），煤炭消费有所下降。但 2022 年夏季极端天气与“高温限电”引发能源安全保障热议，未来仍需重点关注能源转型和能源安全问题，加快新能源开发，推进各领域能源集约利用，加强区域能源一体化建设，形成韧性、多元、互补的能源保障体系，以应对不确定因素影响下的能源危机。

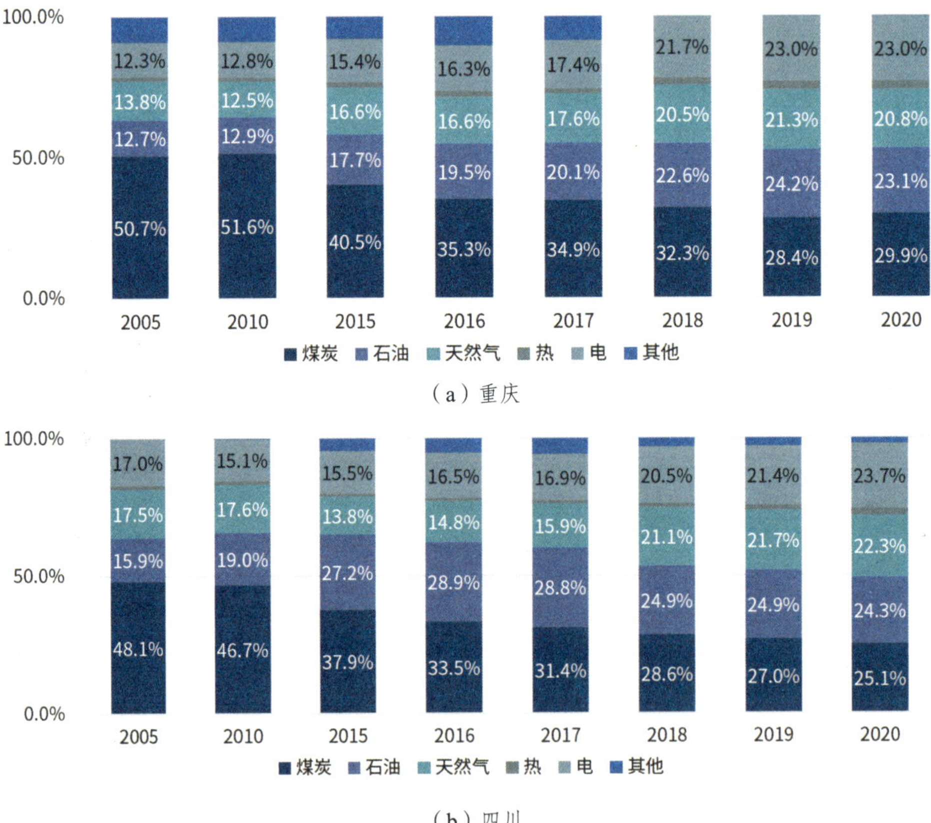

图 3　2005—2020 年川渝清洁能源和非化石能源生产占比变化情况

（三）文化研究

成渝地区地处长江上游，地域一体，文化一脉。独特的地理格局与千年的历史积淀，孕育出独具魅力的巴蜀文化。研究通过对巴蜀文化脉络的溯源与空间更迭特征的分析，以多处代表性历史遗存为载体，构筑大山大水之邦、“红色基因”宝库、内陆开放高地、烟火宜居之城四大文化价值主题，以及三峡文化、革命文化、三国文化等为代表的多个文化故事为线索，建构凝聚两地共识的巴蜀文化价值谱系。盘点整合区域历史文化资源，构建以区域性文化走廊串联文化魅力单元的巴蜀魅力空间体系，促进区域协同展示利用巴山蜀水自然景观和巴蜀文化资源，培育以重庆、成都两大国家中心城市为引领的三级巴蜀魅力城市，提升文化体验、旅游休闲、对外交往等服务水平，有效推动全域旅游发展和“两山”价值转化。创新管理体制，探索形成省、市两级、联动各职能部门的管理架构，拟定具有代表意义的合作共建项目，成为共建“巴蜀文化旅游走廊”的行动抓手。

（四）乡村观察

成渝地区是农业生产重地、农村人口庞大，全面推进乡村振兴，既是政治责任，也是发展的巨大潜力。从近年发展来看，成渝地区农村人均收入增长较快，城乡收入差距不断缩小，农村生活水平稳步增长，但青壮年劳动力流出仍然较多，老年人留守照顾小孩读书现象依然普遍。农业生产方面，成渝地区耕地资源丰富，农业基础较好，但受山地地形影响，农业企业分布、产出质量与效益空间差异较大，农业机械化水平仍存在提升空间。生态环境方面，近年来成渝林地面积增加，提高了乡村地区整体生态效益，环境质量有所改善，但随着人造地表不断增加，部分地区土地出现抛荒退化，碳固存能力有所下降。

二、双圈发展

2021 年、2022 年，成都、重庆都市圈规划相继获批，宣告了成渝都市圈时代的到来。对标纽约、东京、上海、深圳等国内外先发都市圈，重庆、成都都市圈在人口规模方面基本持平，但在经济强度、创新实力方面差距较大。

成都都市圈，以协作圈、通勤圈、休闲圈、公园圈、开放圈推进成德眉资四市同城化建设。成德眉创新协同走廊进一步强化，德眉资产业协作不断增强，跨市通勤联系不断提升，占比超过 30%。两大空港经济区、

“1 + 3”的国际铁路港；“2 + 4”的自贸区布局构建都市圈一体的国际开放格局；天府粮仓耕地共保，龙泉山、岷沱江等生态体系构建，合力打造绿色低碳公园都市圈。

重庆都市圈，作为西部首个跨省共建的都市圈，以统筹功能圈、推进合作圈、保护山地圈、构建通勤圈推进区域协调发展。以直辖市优势，统筹圈内要素配置与分工协作，推进重大功能、开放平台、旅游休闲向外围圈层布局，但创新要素仍主要聚集在中心圈层。注重山地区域生态共保与互联互通，协同修复长江干支流水域环境，强化都市圈高速路网与轨道交通建设。

三、品质指数

延续 2021 年的宜居、宜业、宜游、宜赏四大维度，针对 2022 年极端高温、疫情防控、经济压力、乡村振兴等区域大事件，设计近 30 项指标，构建指标监测体系，测算各区县（市）避暑潜力、露营引力、就业活力、乡村魅力，进一步精准助力建设成渝地区高品质生活宜居地。

面对极端高温天气，寻找区域避暑第二居所。加权温度、湿度、气压、空气质量、空气富氧量等因子，测算“避暑清逸指数”。赤水河沿线及大巴山沿线区域最为清逸，渝东南区域、渝南区域、渝东北区域、雅安较为清逸。

面对疫情压力，近郊露营成为热潮。加权营地数量、自然风光、休闲功能、设施配套等因子，测算“露营野趣指数”。重庆中心城区、成都中心城区露营野趣最高，成都周边都江堰、彭州、崇州、大邑、德阳及渝东南、渝东北、綦江、乐山等区域露营野趣较高。

面对经济压力，实施“就业优先战略”。加权失业保险率、新增就业机会、平均薪酬等因子，测算“就业欣荣指数”。成都中心城区及重庆中心城区就业活力最高，重庆都市圈、成都都市圈、成渝主轴部分城市以及万州、绵阳、涪陵、宜宾等区域中心城市平均薪酬较高。

面对乡村振兴，挖掘川渝乡野魅力。加权历史文化名镇名村、传统村落、美丽乡村、乡村非物质文化遗产等因子，测算“乡野风情指数”。重庆中心城区、成都中心城区及渝东南区域乡野魅力最强，大巴山沿线区域、

宜宾 - 自贡及相邻区域等区域乡野魅力较强。

总体来看，重庆、成都中心城区就业欣荣活力突出；重庆都市圈、成都都市圈近郊区域乡野风情、露营野趣魅力凸显；秦巴山、渝东南、渝东北、大娄山、龙门山避暑清逸第二居潜力最大。

（西部分院，执笔人：张圣海、肖礼军、金刚、王文静、贾敦新、丁洁芳、贾莹）

2022 年度中国县域人居环境气象评估发布

2022 年 5 月，中共中央办公厅、国务院办公厅印发《关于推进以县城为重要载体的城镇化建设的意见》（以下简称《意见》），《意见》提出以习近平新时代中国特色社会主义思想为指导，坚持以人为核心推进县城城镇化建设，通过补齐补全县城短板弱项，完善市政基础设施、改善人居环境、增强综合承载能力等，明显改善县城居民生活品质，促使农民到县城就业安家，带动乡村振兴，促进城镇体系完善，支撑城乡融合发展。

为进一步贯彻落实国家、住房和城乡建设部有关县域人居环境改善的政策要求与工作部署，2022 年 8 月 15 日，中规院联合华风气象传媒集团有限责任公司专业气象台，向社会公开发布了《中国县域人居环境气象评估报告》（以下简称《报告》）。《报告》旨在助力政府科学评估县域人居环境的改善效果，提高县域人居环境改善和治理的现代化管理水平。《报告》选取了 60 个县域，建立了包含人体舒适度、暴雨、高温和空气质量的县域人居环境评估指标体系，揭示了中国县域的人居环境演变特征。

一、总体特征

（一）人体舒适度

中国城镇化高速发展期间，县域年均人体舒适度水平基本呈上升趋势，舒适程度不断提升。县域年均人体舒适度指数由1978年的58.53提升至2021年的60.00，近5年的平均人体舒适度指数基本达到最舒适区间（图1）。

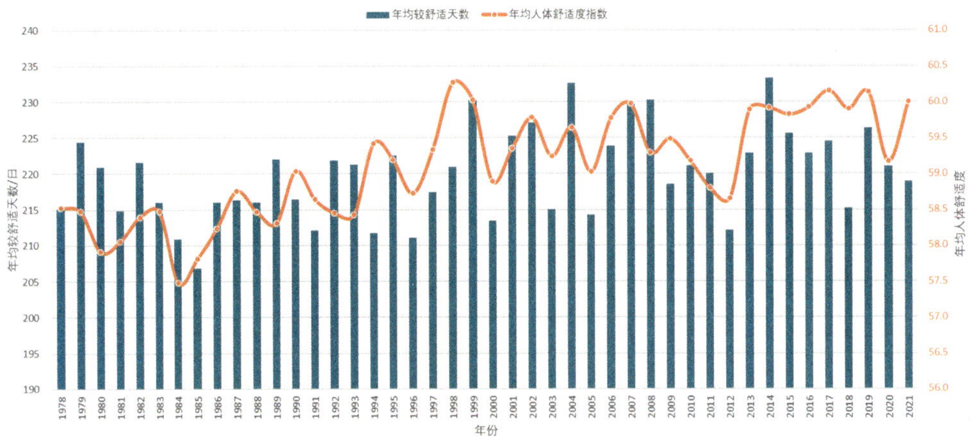

图1　县域年均人体舒适度变化情况

1978年以来，城市建成区与县域的人体舒适度水平呈“剪刀差”态势，2000年后，城市建成区人体舒适水平整体优于县域。2000年以来，主要城市建成区整体的年均人体舒适度指数平均值为60.84，高于县域的60.49，且两者差距逐渐变大（图2、表1）。

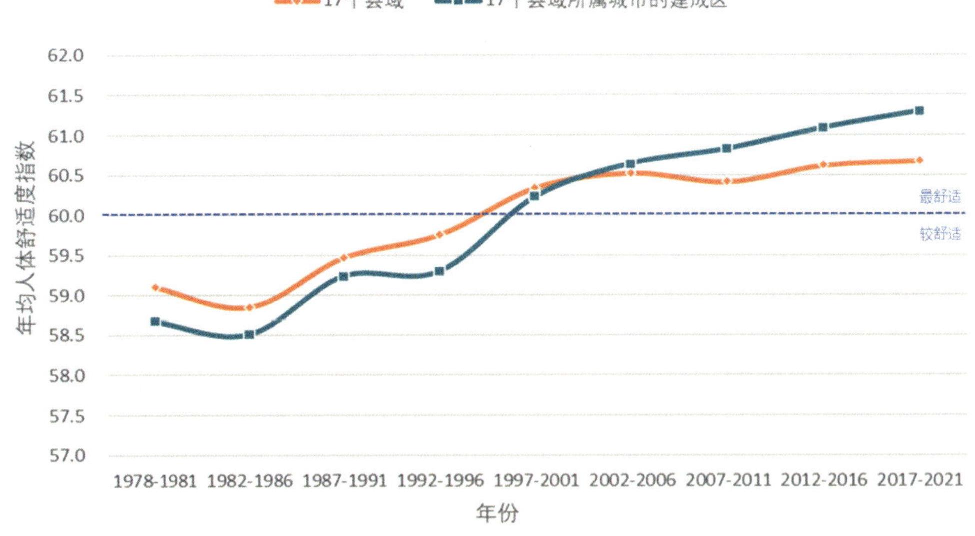

图2　17个县域与城市建成区年均人体舒适度对比情况

中国县域人体舒适度汇总　　表 1

人体舒适度分级

寒冷　冷　凉　凉爽　最舒适　温暖　暖　热　炎热（较舒适：凉爽、最舒适、温暖）

县域	年均人体舒适度指数	人体舒适度分级	1	2	3	4	5	6	7	8	9	10	11	12
			月均人体舒适度指数											
博罗县	69.96	最舒适	59.05	60.22	64.05	69.65	74.55	77.00	78.06	78.49	77.01	72.77	67.25	61.38
新兴县	69.86		57.63	59.04	63.53	70.12	75.40	78.09	78.75	79.01	77.13	72.56	66.63	60.37
安溪县	68.89		57.97	58.31	61.19	67.09	72.25	76.59	79.12	78.71	76.23	71.60	66.63	60.98
永春县	67.82		56.96	57.32	60.53	66.47	71.53	75.43	77.88	77.56	75.10	70.34	65.13	59.59
佛冈县	67.64		54.45	55.85	60.17	67.40	73.42	76.64	78.05	78.25	75.65	70.25	64.02	57.55
横县	67.13		52.83	54.83	59.62	67.73	73.45	76.47	77.34	77.64	75.12	69.98	63.65	56.94
米易县	65.67		57.34	59.36	62.81	66.54	69.47	71.59	72.66	72.50	69.46	66.21	61.99	58.10
晋江市	65.30		54.07	53.96	57.15	63.19	68.97	73.27	76.11	76.16	73.50	67.66	62.79	56.83
福清市	64.28		51.94	51.88	55.46	62.02	68.23	73.32	76.79	76.37	72.83	66.46	61.11	54.94
浏阳市	63.41		45.26	48.27	54.01	63.22	70.03	75.12	78.50	78.25	73.36	66.13	58.33	50.42
忠县	63.02		46.19	50.00	56.14	63.43	69.04	73.72	78.03	77.74	72.15	64.39	56.89	48.48
平江县	62.69		44.50	47.86	53.55	62.60	69.53	74.61	77.76	77.50	72.58	65.01	57.23	49.51
西昌市	62.62		53.70	55.95	60.04	63.79	66.51	68.66	70.28	70.19	66.53	62.70	58.70	54.38
攸县	62.57		43.84	47.03	52.90	62.60	69.89	75.08	78.05	77.66	72.44	65.17	57.12	49.08
丰城市	62.33		43.46	46.30	52.17	62.06	69.56	74.65	78.56	78.46	72.65	64.98	56.74	48.43
宜都市	62.16		44.49	47.56	53.60	62.23	68.94	74.22	78.04	77.44	71.25	63.81	56.01	48.29
义乌市	62.02		44.41	46.89	52.48	61.51	68.22	73.05	78.01	77.35	71.36	64.60	57.27	49.11
金堂县	62.01		46.66	49.90	55.79	62.86	68.14	72.17	75.38	75.22	69.41	63.11	56.43	49.01
桐庐县	61.95		44.44	46.62	52.46	61.26	68.29	72.90	78.02	77.44	71.54	64.71	56.97	48.71
远安县	61.75		44.87	47.74	53.50	61.70	68.15	73.50	77.19	76.46	70.58	63.38	55.56	48.32
长沙县	61.60		42.23	45.58	51.85	61.54	68.89	74.48	78.15	77.59	71.80	63.92	55.75	47.44
京山市	61.23		43.91	46.74	52.40	61.07	67.75	73.25	76.86	76.43	70.45	63.04	55.17	47.74
宁海县	60.99		44.53	45.99	50.74	58.83	65.77	71.73	76.95	76.43	70.94	64.14	56.93	48.87
修水县	60.68		41.66	44.59	50.81	60.42	67.87	73.07	77.89	76.99	70.66	63.03	54.70	46.43
楚雄市	60.63		52.55	54.71	57.96	61.39	64.26	66.66	66.73	66.94	64.70	61.39	57.19	53.05
慈溪市	60.40		42.52	44.68	50.08	58.88	66.02	71.56	77.78	76.63	70.68	63.47	55.58	46.88
西峡县	60.17		43.28	46.13	51.99	60.49	67.07	72.33	75.96	75.06	68.52	61.47	53.41	46.35
澄迈县	72.84	较舒适（温暖）	63.13	65.46	70.34	75.18	78.35	79.52	79.48	78.90	76.90	73.32	69.26	64.20
肥西县	59.86	较舒适（凉爽）	40.82	43.85	50.93	59.61	67.17	72.19	77.00	76.68	69.94	62.25	53.19	44.65
江阴市	59.80		41.76	43.99	49.87	58.44	65.80	71.19	76.81	76.18	70.14	62.87	54.56	46.03
安宁市	59.85		51.57	53.82	57.22	60.90	63.81	65.83	66.12	66.32	63.92	60.32	56.24	52.17
昆山市	59.62		41.62	43.87	49.34	57.87	65.23	70.81	76.83	76.05	70.13	62.94	54.71	46.04
庐江县	59.59		40.52	43.61	49.95	59.03	66.81	72.04	76.40	76.30	69.97	62.27	53.41	44.79
大理市	59.62		51.05	52.63	55.77	59.26	62.78	66.20	66.51	66.29	64.73	61.11	56.45	52.65
张家港市	59.22		41.14	43.34	49.06	57.67	65.21	70.56	76.28	75.62	69.65	62.50	54.15	45.52
沛县	59.09		40.14	43.69	50.47	59.01	66.44	72.31	76.33	75.62	69.13	61.50	51.41	42.97
仁怀市	58.93		42.48	45.81	52.50	59.96	65.22	69.28	73.05	72.84	67.32	59.95	53.36	45.36
新郑市	58.88		40.64	44.07	50.23	59.11	66.45	72.42	75.83	74.68	68.15	60.65	50.99	43.35
滕州市	58.78		40.25	43.75	50.28	58.52	65.90	71.83	75.83	75.34	68.86	61.07	51.08	42.68
新安县	58.41		40.57	43.84	50.43	59.15	66.12	71.91	75.08	73.81	67.23	59.58	50.04	43.13
魏县	58.25		38.48	42.91	49.98	58.70	66.25	72.59	76.16	75.05	68.49	60.40	49.23	40.70
广饶县	57.55		38.32	42.24	49.12	57.37	64.88	71.09	75.30	74.37	67.98	59.77	49.45	40.65
富平县	57.35		39.62	43.52	50.01	58.49	65.12	70.68	73.89	72.72	66.06	57.96	48.59	41.49
寿光市	57.14		37.84	41.59	48.49	56.83	64.34	70.70	74.94	74.09	67.71	59.57	49.11	40.48
阳城县	56.05		38.94	42.01	48.43	56.83	63.36	68.82	72.25	71.05	64.73	57.14	48.01	40.99
迁安市	55.96		36.83	40.72	47.53	55.74	63.39	69.61	74.29	73.48	66.78	57.66	46.62	38.89
沁源县	54.72		38.22	41.40	47.59	55.70	61.99	67.31	70.25	69.21	62.92	55.66	46.76	39.67
龙口市	53.76		33.43	36.21	43.44	52.51	60.79	67.69	72.68	72.31	65.78	56.92	46.46	36.90
库尔勒市	53.33		28.65	38.55	48.96	57.33	63.16	67.82	70.14	69.51	64.58	55.95	43.76	31.51
平罗县	53.09		33.97	39.61	46.91	54.89	61.06	66.66	69.96	68.40	62.59	54.92	43.02	35.11
府谷县	51.75		31.99	37.71	45.26	53.24	59.86	65.59	69.22	67.52	61.14	52.80	42.65	34.07
准格尔旗	51.02		30.75	36.41	44.14	52.50	59.57	65.34	69.02	67.09	60.68	52.24	41.59	32.88
榆中县	50.48		34.39	38.47	44.43	51.65	57.04	62.16	64.79	63.67	57.93	50.77	43.59	36.93
桓仁满族自治县	50.27		26.89	33.08	41.49	50.96	59.14	65.83	70.73	70.57	63.00	52.74	39.47	29.34
尼勒克县	48.97	不舒适（凉）	27.20	30.74	40.26	51.68	58.20	63.47	66.73	66.03	60.79	51.19	39.86	31.45
大通回族土族自治县	48.09		34.09	37.59	42.69	48.96	53.73	58.02	60.95	60.24	54.59	48.23	41.64	36.32
丁青县	47.01		36.77	38.54	41.37	45.62	50.59	54.91	57.02	56.82	54.09	47.74	42.10	38.60
神池县	45.62		25.20	30.38	38.45	47.34	54.72	60.23	63.67	61.69	55.39	46.86	36.14	27.40
抚松县	44.48		20.64	25.80	34.41	45.02	53.91	61.34	66.33	65.53	57.58	46.74	33.22	23.23
五常市	44.41		13.39	21.98	34.87	47.57	56.80	64.97	69.66	68.06	59.65	47.56	31.12	17.32

（二）空气质量

县域年均空气质量优良天数呈上升趋势，空气质量在不断提高。2015—2021 年县域年均空气质量优良天数平均值为 306 天，空气质量优良天数逐年增加，2021 年年均空气质量优良天数达到 330 天（图 3）。

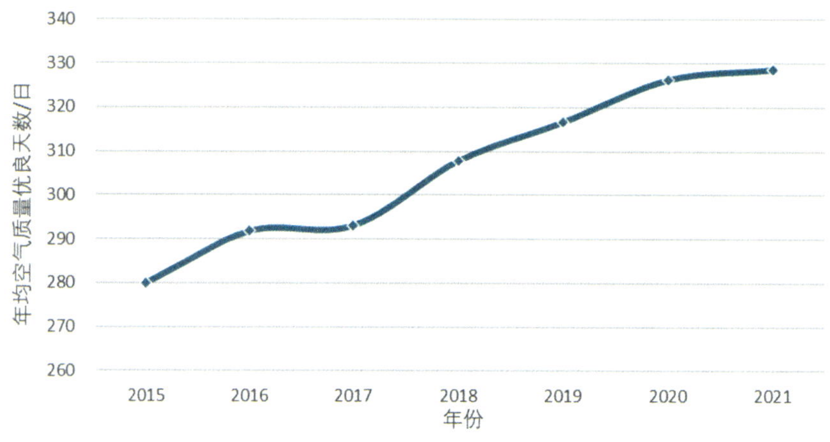

图 3　县域年均空气质量优良天数变化情况

空气质量较差县域空气质量优良天数年均增速较快，向好改善趋势明显。2015—2021 年 60 个县域空气质量优良天数增长率平均值为 4%，空气质量优良天数最低的新郑市增长率为 15%，增长率超过 10% 的县域还有魏县、迁安市、西峡县、滕州市（图 4、表 2）。

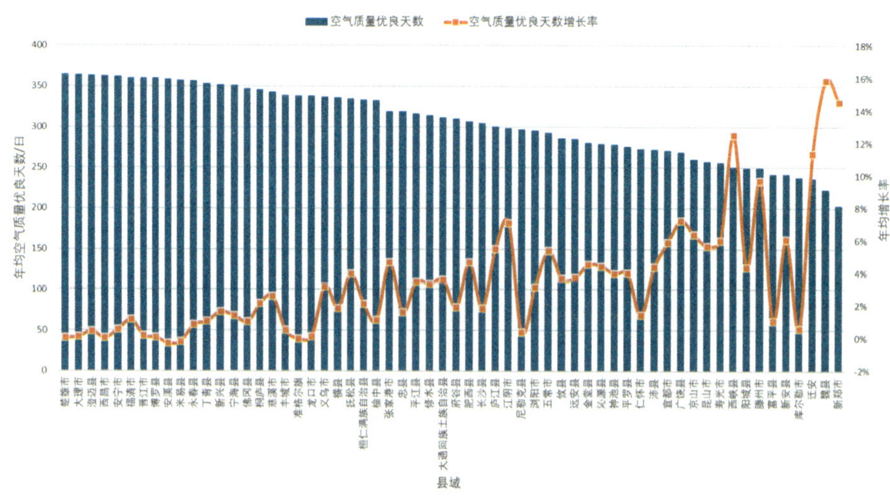

图 4　县域年均空气质量优良天数及增长率

中国县域空气质量优良天数汇总　　表 2

月均空气质量优良天数（单位：日）

0~10　10~15　15~20　20~25　25~30　30~31

排名	县域	年均空气质量优良天数	空气质量优良天数 1	2	3	4	5	6	7	8	9	10	11	12
1	楚雄市	364	31	28	30	30	31	30	31	31	30	31	30	31
2	大理市	363	31	28	30	29	31	30	31	31	30	31	30	31
3	澄迈县	363	31	28	31	30	31	30	31	31	30	30	30	31
4	西昌市	362	30	28	31	30	31	30	31	31	30	31	30	30
5	安宁市	362	31	28	30	30	31	30	31	31	29	30	30	31
6	福清市	360	31	27	31	29	31	29	31	31	30	30	30	31
7	博罗县	359	30	28	31	30	31	30	31	31	30	31	28	30
8	晋江市	359	30	27	30	29	31	29	31	31	30	30	30	31
9	安溪县	358	30	27	30	30	31	30	31	31	30	31	28	31
10	米易县	357	28	27	31	29	31	30	31	31	30	31	29	29
11	永春县	356	31	28	30	30	30	30	31	30	27	29	30	31
12	丁青县	353	30	27	30	30	30	27	29	31	29	30	30	29
13	新兴县	351	27	26	30	29	31	30	31	30	30	30	29	28
14	宁海县	351	27	26	30	29	31	30	31	31	30	31	29	27
15	佛冈县	346	26	26	27	28	30	29	31	31	30	31	29	29
16	桐庐县	345	24	25	29	30	30	30	31	31	30	30	28	27
17	慈溪市	343	25	24	29	29	31	30	31	31	30	30	28	25
18	丰城市	339	23	25	28	28	30	30	30	31	28	30	28	25
19	准格尔旗	338	27	25	26	26	27	28	30	30	30	30	28	29
20	龙口市	337	25	25	27	29	29	29	31	31	30	29	27	26
21	义乌市	336	24	24	28	29	30	29	31	31	29	29	28	22
22	横县	336	23	24	30	29	31	30	31	31	29	28	26	25
23	抚松县	334	23	23	26	29	30	30	31	31	30	30	27	24
24	桓仁满族自治县	333	22	24	27	29	30	30	30	31	30	30	25	25
25	榆中县	332	28	25	23	26	26	29	31	31	30	30	26	27
26	张家港市	319	20	22	26	25	30	29	30	30	30	29	25	21
27	忠县	319	18	19	28	28	30	30	31	31	29	29	26	21
28	平江县	316	18	21	28	28	28	29	31	30	29	28	26	19
29	修水县	314	18	21	27	28	28	30	31	30	29	28	26	18
30	大通回族土族自治县	311	21	22	24	27	29	30	31	30	28	26	23	20
31	府谷县	310	20	21	22	26	24	28	31	30	30	30	24	24
32	肥西县	306	16	19	25	27	26	28	31	31	30	29	25	18
33	长沙县	305	16	20	27	28	29	30	31	31	29	26	24	15
34	庐江县	300	16	18	25	26	29	29	30	30	30	28	24	17
35	江阴市	298	18	21	24	24	27	27	29	30	29	28	23	18
36	尼勒克县	296	11	19	29	28	31	30	31	27	29	28	21	14
37	浏阳市	295	14	18	26	28	29	30	31	30	28	25	22	14
38	五常市	292	11	17	25	21	30	29	31	31	30	27	22	19
39	攸县	285	14	19	26	28	29	25	26	28	27	26	24	15
40	远安县	285	6	13	23	29	30	30	31	31	29	28	25	11
41	金堂县	280	13	16	22	24	25	28	30	29	29	27	21	15
42	沁源县	279	10	16	19	25	27	26	29	30	29	28	20	19
43	神池县	278	13	17	19	26	27	29	28	30	27	27	18	17
44	平罗县	275	14	18	21	24	23	27	30	30	28	25	17	17
45	仁怀市	272	13	17	18	24	23	27	28	31	28	27	18	18
46	沛县	272	11	14	21	25	28	28	31	31	29	25	18	12
47	宜都市	271	6	12	20	26	28	29	31	31	29	27	23	10
48	广饶县	268	17	19	19	21	25	26	28	29	27	22	19	17
49	京山市	260	6	11	21	26	26	29	31	29	27	27	18	9
50	昆山市	257	11	14	18	21	25	26	31	31	28	24	18	12
51	寿光市	256	12	16	18	20	24	27	30	30	28	23	17	12
52	西峡县	250	6	10	19	23	26	27	30	30	28	25	16	9
53	阳城县	249	11	15	17	19	24	23	27	28	26	25	17	19
54	滕州市	249	9	13	18	20	25	25	29	30	27	23	16	13
55	富平县	241	9	11	14	21	25	28	29	29	26	25	13	9
56	新安县	241	7	11	15	19	26	26	29	29	28	24	13	14
57	库尔勒市	237	19	12	9	17	20	27	27	28	25	18	16	21
58	迁安市	236	16	14	15	18	20	21	25	29	23	21	17	18
59	魏县	222	8	14	18	16	23	22	26	27	25	20	14	11
60	新郑市	203	8	11	13	14	15	18	24	27	25	20	14	13

（三）暴雨

县域近 10 年的暴雨天数显著高于其他时期，近 5 年暴雨强度处于历史高位。县域 44 年的年均暴雨天数平均值为 2.9 日，而近 10 年的年均暴雨天数平均值为 3.2 日。县域 44 年年均暴雨强度的平均值为 73.8 毫米 / 日，近 5 年平均值达到 75.3 毫米 / 日。

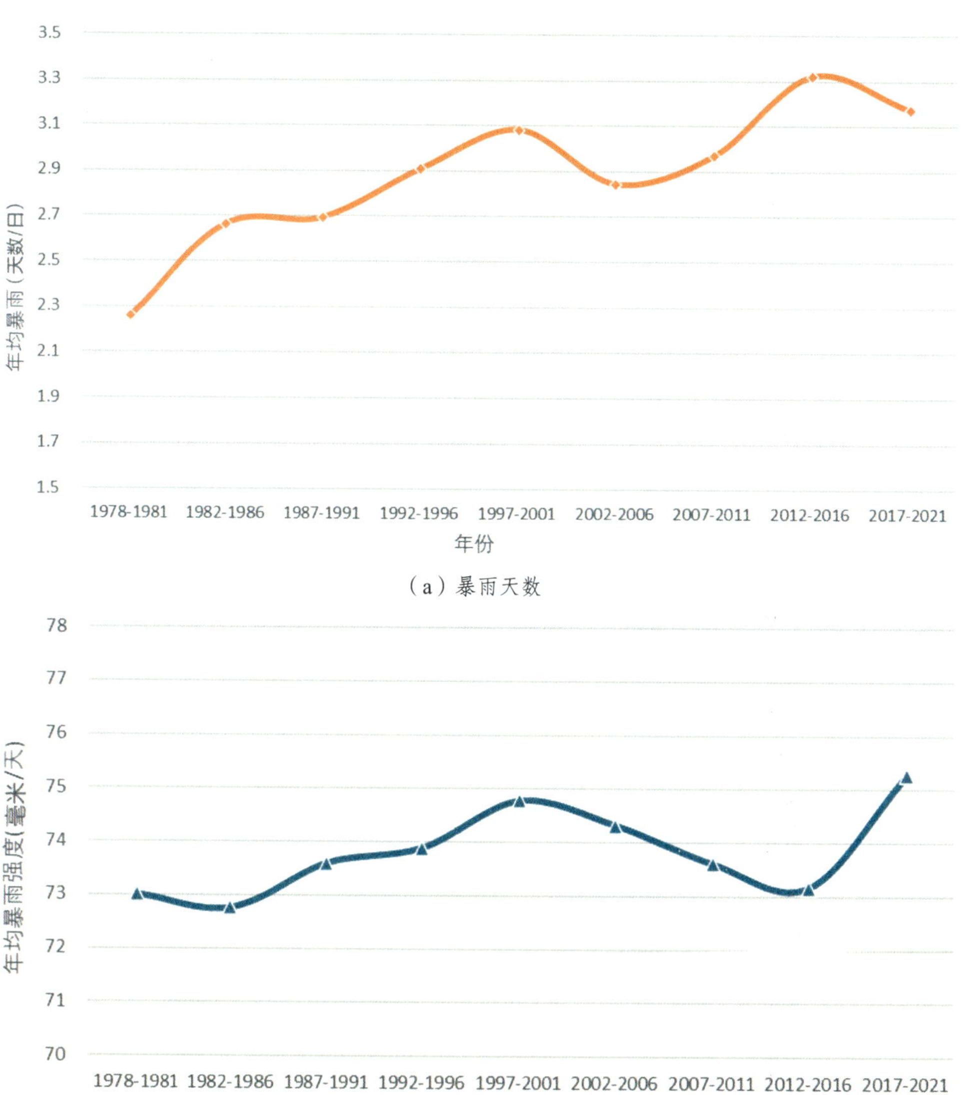

（a）暴雨天数

（b）暴雨强度

图 5　县域年均暴雨天数和暴雨强度变化情况

95% 的研究县域年均暴雨天数小于 8 日，88% 的研究县域年均暴雨强度小于 80 毫米 / 日。60 个县域中，佛冈县、博罗县、澄迈县的年均暴雨天数大于 8 日，远高于其他县域（图 6、图 7、表 3）。

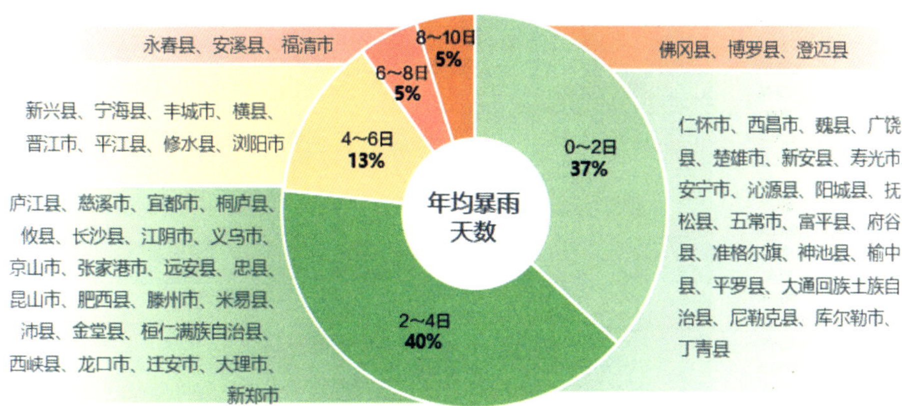

图 6　县域年均暴雨天数分布情况

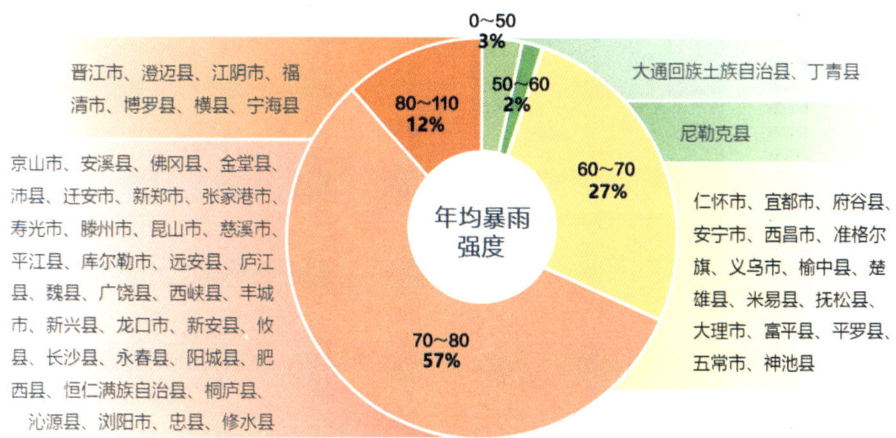

图 7　县域年均暴雨强度分布情况（单位：毫米 / 日）

中国县域暴雨强度汇总 表 3

月均暴雨强度分级（单位：毫米/日）

0～50　50～60　60～70　70～80　80～90　90～100　100～160

排名	县域	年均暴雨强度	月均暴雨强度 1	2	3	4	5	6	7	8	9	10	11	12
1	晋江市	86.0	68.1	59.3	58.3	72.9	76.8	95.3	81.6	92.6	87.5	151.2	70.2	82.8
2	澄迈县	83.6	0.0	84.0	100.7	61.8	70.8	81.5	91.6	83.1	84.5	98.5	75.1	63.3
3	江阴市	82.8	0.0	0.0	62.0	57.6	71.5	86.2	78.6	78.0	85.3	103.9	52.9	0.0
4	福清市	82.1	50.8	59.5	56.3	61.8	65.5	81.1	93.4	95.3	87.4	97.3	66.4	71.9
5	博罗县	82.0	92.4	106.4	77.6	75.2	72.0	86.3	86.7	86.2	84.5	82.9	65.4	57.8
6	横县	81.2	59.1	65.8	91.6	65.6	70.9	74.3	90.0	89.0	90.9	96.0	77.7	59.3
7	宁海县	80.4	57.5	0.0	53.3	57.8	60.7	67.9	88.1	93.9	96.0	102.1	71.6	60.0
8	京山市	79.4	0.0	0.0	72.3	66.2	75.4	81.8	84.2	81.3	77.1	62.8	62.4	0.0
9	安溪县	78.4	85.6	58.6	60.1	87.1	80.5	74.5	78.0	83.4	76.7	96.3	66.2	74.2
10	佛冈县	78.3	62.8	68.3	69.7	76.7	87.0	79.3	87.3	73.4	75.2	81.4	62.5	74.1
11	金堂县	77.3	0.0	0.0	0.0	92.1	65.0	76.6	73.3	83.5	78.2	0.0	0.0	0.0
12	沛县	77.0	0.0	0.0	0.0	62.2	66.0	71.4	82.8	83.7	79.0	61.8	63.6	0.0
13	迁安	76.9	0.0	0.0	0.0	0.0	0.0	69.7	80.5	80.3	77.4	62.8	65.7	0.0
14	新郑市	76.3	0.0	0.0	0.0	55.3	80.4	75.8	90.3	73.2	64.1	67.4	0.0	0.0
15	张家港市	76.3	51.9	0.0	0.0	59.6	78.5	82.3	79.8	71.4	72.0	92.9	55.1	0.0
16	寿光市	76.0	0.0	0.0	50.9	0.0	52.1	66.1	68.1	90.7	58.1	58.5	0.0	0.0
17	滕州市	75.9	0.0	0.0	0.0	0.0	68.1	76.3	77.6	78.7	73.5	53.7	67.7	0.0
18	昆山市	75.9	0.0	0.0	56.4	51.6	74.3	73.5	69.6	77.0	76.4	85.8	57.6	0.0
19	慈溪市	75.6	51.7	54.2	62.4	61.8	64.4	72.9	64.4	75.5	84.8	85.6	55.3	67.5
20	平江县	75.5	0.0	51.4	59.9	64.5	71.4	83.8	77.7	77.8	68.0	92.9	85.0	50.7
21	库尔勒市	74.9	0.0	0.0	0.0	0.0	0.0	74.9	0.0	0.0	0.0	0.0	0.0	0.0
22	远安县	74.7	0.0	0.0	0.0	84.9	60.6	73.9	73.3	89.9	89.2	61.1	0.0	0.0
23	庐江县	74.5	0.0	0.0	59.4	84.8	73.9	78.4	78.2	70.9	61.7	73.2	67.6	55.8
24	魏县	74.3	0.0	0.0	0.0	74.7	69.1	74.7	67.6	83.1	73.9	82.8	0.0	0.0
25	广饶县	74.2	0.0	0.0	0.0	83.0	69.6	75.0	70.9	82.5	72.7	70.9	0.0	0.0
26	西峡县	74.1	0.0	0.0	0.0	67.7	73.6	71.1	80.4	71.1	67.9	59.6	0.0	0.0
27	丰城市	74.1	70.5	80.0	58.1	63.7	74.3	79.6	72.6	92.3	70.9	75.4	67.4	66.8
28	新兴县	74.0	69.3	56.2	70.4	64.2	75.8	70.1	74.9	78.0	85.3	73.8	68.6	62.1
29	龙口市	73.7	0.0	0.0	61.8	0.0	74.7	66.3	75.2	76.6	66.7	91.1	0.0	0.0
30	新安县	73.5	0.0	0.0	0.0	0.0	58.4	64.2	75.4	81.4	74.7	53.9	0.0	0.0
31	攸县	72.7	63.2	68.9	59.0	64.0	83.0	71.8	69.1	73.2	95.6	58.7	64.5	0.0
32	长沙县	72.6	0.0	0.0	58.1	70.1	72.1	78.0	80.4	77.4	70.3	58.9	57.5	0.0
33	永春县	72.3	71.9	54.1	56.9	66.4	72.8	72.5	73.1	82.1	75.8	78.6	74.4	78.6
34	阳城县	71.9	0.0	0.0	0.0	0.0	64.6	65.7	79.9	69.1	70.9	0.0	0.0	0.0
35	肥西县	71.7	0.0	0.0	0.0	74.5	62.8	73.1	77.2	67.4	67.1	56.4	0.0	0.0
36	桓仁满族自治县	71.2	0.0	0.0	52.1	55.1	55.3	65.4	70.4	70.7	69.0	122.4	85.3	0.0
37	桐庐县	70.7	0.0	50.2	63.7	60.7	69.5	75.6	67.0	66.9	68.9	84.2	61.3	0.0
38	沁源县	70.6	0.0	0.0	0.0	0.0	57.5	68.3	73.7	73.0	60.9	59.9	0.0	0.0
39	浏阳市	70.6	0.0	54.9	53.1	68.2	67.2	82.5	72.9	72.8	64.4	62.4	60.4	53.0
40	忠县	70.4	0.0	0.0	0.0	57.3	71.0	69.6	68.6	74.0	72.2	61.8	55.8	0.0
41	修水县	70.2	51.6	0.0	56.1	68.8	67.9	70.7	74.0	86.3	81.5	67.1	56.8	69.8
42	仁怀市	69.9	0.0	0.0	0.0	65.9	67.8	70.5	70.6	68.3	81.5	65.1	52.9	0.0
43	宜都市	69.6	54.0	0.0	51.3	79.0	67.0	74.4	69.4	72.2	76.4	59.5	0.0	0.0
44	府谷县	68.6	0.0	0.0	0.0	0.0	0.0	61.7	74.6	59.8	68.2	0.0	0.0	0.0
45	安宁市	68.1	0.0	0.0	0.0	0.0	63.5	69.0	65.4	71.9	62.1	68.7	0.0	0.0
46	西昌市	66.7	0.0	0.0	0.0	0.0	56.9	67.1	66.1	68.6	63.3	52.9	70.4	0.0
47	准格尔旗	66.3	0.0	0.0	0.0	0.0	0.0	51.6	63.5	67.6	0.0	0.0	0.0	0.0
48	义乌市	66.2	0.0	0.0	54.2	62.5	64.0	69.6	66.0	70.9	62.3	71.1	60.4	53.3
49	榆中县	66.1	0.0	0.0	0.0	0.0	0.0	68.7	60.8	66.5	0.0	0.0	0.0	0.0
50	楚雄市	65.6	54.8	0.0	0.0	0.0	65.0	68.8	62.2	62.2	72.5	66.8	88.6	0.0
51	米易县	65.4	0.0	0.0	0.0	0.0	65.8	69.4	67.7	63.7	67.8	57.3	0.0	0.0
52	抚松县	64.7	0.0	0.0	0.0	0.0	63.2	67.7	64.8	65.0	64.4	0.0	0.0	0.0
53	大理市	64.1	57.5	0.0	52.8	0.0	61.3	65.0	64.5	63.8	69.7	63.8	0.0	54.9
54	富平县	64.0	0.0	0.0	0.0	0.0	63.3	57.3	70.0	64.4	56.4	0.0	0.0	0.0
55	平罗县	63.6	0.0	0.0	0.0	0.0	0.0	68.6	61.1	62.1	0.0	0.0	0.0	0.0
56	五常市	62.9	0.0	0.0	0.0	0.0	0.0	62.5	62.7	62.7	60.5	0.0	0.0	0.0
57	神池县	60.3	0.0	0.0	0.0	0.0	0.0	63.2	62.1	56.8	0.0	0.0	0.0	0.0
58	尼勒克县	56.2	0.0	0.0	0.0	0.0	0.0	56.2	0.0	0.0	0.0	0.0	0.0	0.0
59	大通回族土族自治县	0.0	0.0	0.0	0.0	0.0	0.0	0.0	0.0	0.0	0.0	0.0	0.0	0.0
60	丁青县	0.0	0.0	0.0	0.0	0.0	0.0	0.0	0.0	0.0	0.0	0.0	0.0	0.0

（四）高温

1978—2021 年，县域年均高温天数呈上升趋势。年均高温天数由 1978 年的 17 天提升至 2021 年的 21 天，近 5 年高温天数平均值达到历史高位（图 8）。

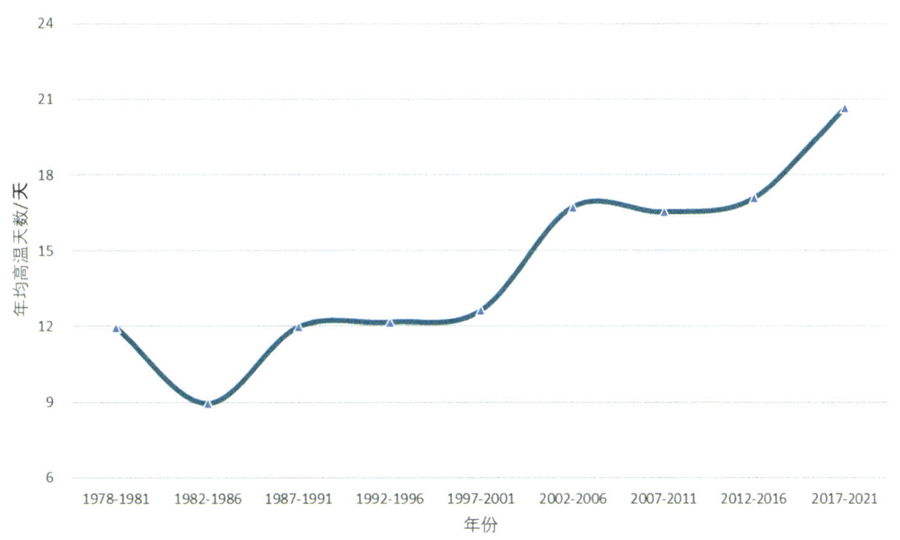

图 8　县域年均高温天数变化情况

近 70% 研究县域年均高温天数低于 20 天，4% 研究县域高温天数大于 40 天。60 个县域中高温天数大于 40 天有澄迈县和攸县，抚松县、安宁县、楚雄市、大理市、丁青县年均高温天数为 0 天（图 9、表 4）。

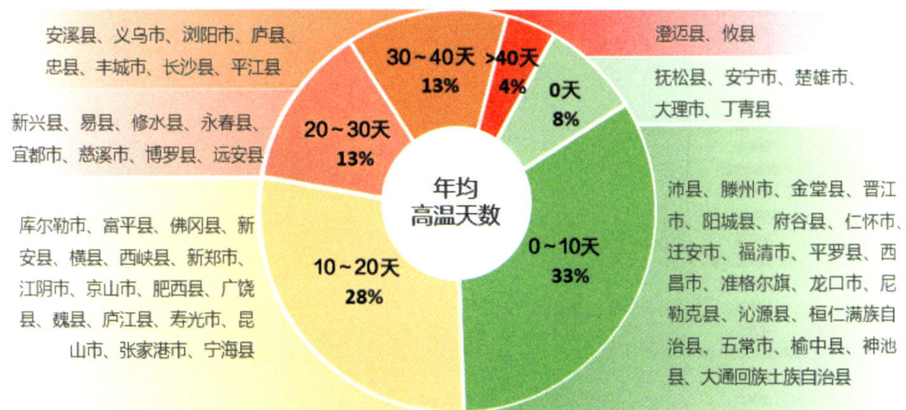

图 9　县域年均高温天数分布情况

中国县域高温天数汇总

表 4

月均高温天数分级（单位：日）：0　0~2　2~4　4~6　6~8　8~10　10~20

排名	县域	年均高温天数	月均高温天数 1	2	3	4	5	6	7	8	9	10	11	12
1	澄迈县	50	0	1	3	6	10	12	11	6	1	0	0	0
2	攸县	41	0	0	0	0	1	4	18	13	4	0	0	0
3	安溪县	37	0	0	0	0	1	5	15	12	3	0	0	0
4	义乌市	36	0	0	0	0	1	3	17	12	2	0	0	0
5	浏阳市	34	0	0	0	0	1	3	15	12	3	0	0	0
6	桐庐县	34	0	0	0	0	1	3	16	12	2	0	0	0
7	忠县	33	0	0	0	0	1	2	12	14	3	0	0	0
8	丰城市	33	0	0	0	0	1	3	15	11	3	0	0	0
9	长沙县	32	0	0	0	0	1	3	15	11	3	0	0	0
10	平江县	30	0	0	0	0	0	2	13	11	3	0	0	0
11	新兴县	26	0	0	0	0	1	4	10	8	3	0	0	0
12	米易县	26	0	0	0	3	11	8	2	1	0	0	0	0
13	修水县	25	0	0	0	0	0	2	13	9	1	0	0	0
14	永春县	24	0	0	0	0	1	3	11	8	2	0	0	0
15	宜都市	23	0	0	0	0	1	3	10	8	1	0	0	0
16	慈溪市	21	0	0	0	0	0	2	12	7	1	0	0	0
17	博罗县	21	0	0	0	0	1	3	8	7	2	0	0	0
18	远安县	21	0	0	0	0	1	3	8	7	1	0	0	0
19	库尔勒市	19	0	0	0	0	1	4	9	6	0	0	0	0
20	富平县	18	0	0	0	0	1	7	8	3	0	0	0	0
21	佛冈县	17	0	0	0	0	0	2	7	6	2	0	0	0
22	新安县	16	0	0	0	0	1	6	6	2	0	0	0	0
23	横县	16	0	0	0	0	1	3	6	5	2	0	0	0
24	西峡县	16	0	0	0	0	1	5	5	3	0	0	0	0
25	新郑市	15	0	0	0	0	1	7	5	2	0	0	0	0
26	江阴市	15	0	0	0	0	0	1	9	5	0	0	0	0
27	京山市	15	0	0	0	0	0	1	6	6	1	0	0	0
28	肥西县	15	0	0	0	0	0	1	7	6	1	0	0	0
29	广饶县	13	0	0	0	0	1	5	6	2	0	0	0	0
30	魏县	13	0	0	0	0	1	6	5	1	0	0	0	0
31	庐江县	13	0	0	0	0	0	1	7	5	0	0	0	0
32	寿光市	12	0	0	0	0	1	4	5	2	0	0	0	0
33	昆山市	12	0	0	0	0	0	1	7	4	0	0	0	0
34	张家港市	11	0	0	0	0	0	1	6	4	0	0	0	0
35	宁海县	11	0	0	0	0	0	1	6	3	0	0	0	0
36	沛县	9	0	0	0	0	0	3	4	1	0	0	0	0
37	滕州市	8	0	0	0	0	0	3	4	1	0	0	0	0
38	金堂县	7	0	0	0	0	1	1	2	3	0	0	0	0
39	晋江市	6	0	0	0	0	0	0	3	2	1	0	0	0
40	阳城县	5	0	0	0	0	1	2	2	1	0	0	0	0
41	府谷县	4	0	0	0	0	0	1	3	0	0	0	0	0
42	仁怀市	4	0	0	0	0	0	0	1	2	0	0	0	0
43	迁安市	4	0	0	0	0	0	1	2	1	0	0	0	0
44	福清市	4	0	0	0	0	0	0	2	2	0	0	0	0
45	平罗县	3	0	0	0	0	0	0	2	0	0	0	0	0
46	西昌市	2	0	0	0	0	1	1	0	0	0	0	0	0
47	准格尔旗	2	0	0	0	0	0	0	1	0	0	0	0	0
48	龙口市	2	0	0	0	0	0	1	1	0	0	0	0	0
49	尼勒克县	1	0	0	0	0	0	0	1	1	0	0	0	0
50	沁源县	1	0	0	0	0	0	0	0	0	0	0	0	0
51	桓仁满族自治县	1	0	0	0	0	0	0	0	0	0	0	0	0
52	五常市	0	0	0	0	0	0	0	0	0	0	0	0	0
53	榆中县	0	0	0	0	0	0	0	0	0	0	0	0	0
54	神池县	0	0	0	0	0	0	0	0	0	0	0	0	0
55	大通回族土族自治县	0	0	0	0	0	0	0	0	0	0	0	0	0
56	安宁市	0	0	0	0	0	0	0	0	0	0	0	0	0
57	楚雄市	0	0	0	0	0	0	0	0	0	0	0	0	0
58	大理市	0	0	0	0	0	0	0	0	0	0	0	0	0
59	丁青县	0	0	0	0	0	0	0	0	0	0	0	0	0
60	抚松县	0	0	0	0	0	0	0	0	0	0	0	0	0

二、地理差异

（一）长江流域县域的人居环境整体优于黄河流域

长江流域县域的人体舒适度整体处于最舒适水平，黄河流域县域整体处于较舒适水平。1978—2021 年长江流域县域年均人体舒适度指数平均值为 61.31，常年处于最舒适水平；黄河流域县域年均人体舒适度指数平均值为 54.62，常年处于较舒适水平（图 10）。

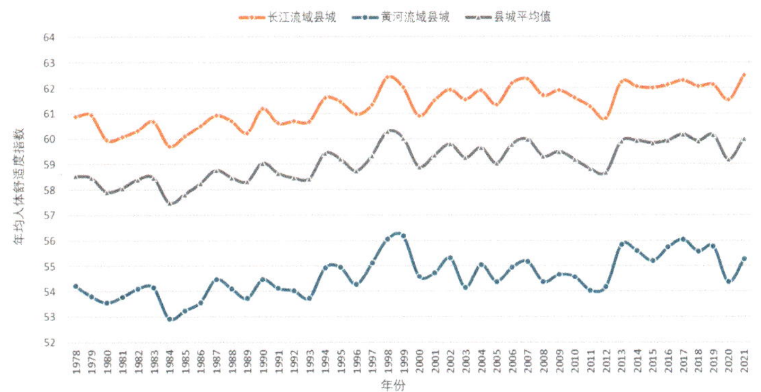

图 10　长江流域与黄河流域县域年均人体舒适度变化情况

长江流域县域的年均空气质量优良天数整体优于黄河流域县域，但差距逐年减小。2015—2021 年，长江流域县域年均空气质量优良天数平均值为 314 天，黄河流域县域年均空气质量优良天数平均值 276 天，近 5 年黄河流域县域的空气质量优良天数增长趋势加快（图 11）。

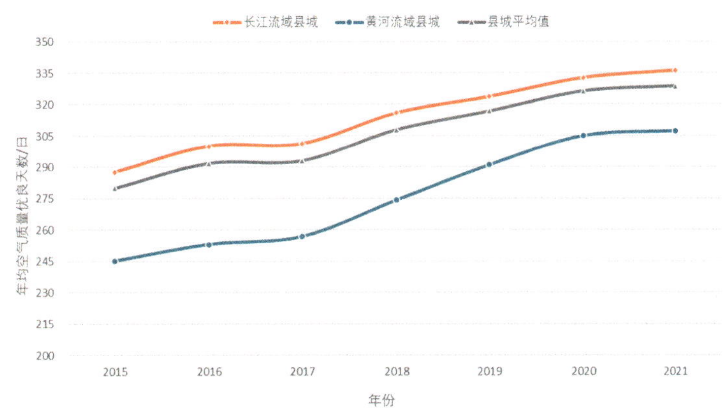

图 11　长江流域与黄河流域县域年均空气质量优良天数变化情况

（二）胡焕庸线以东县域的人居环境整体优于以西县域

胡焕庸线以东县域的年均人体舒适度基本处于最舒适水平，夏季以西县域舒适度优于以东县域。1978—2021 年，胡焕庸线以东县域年均人体舒适度平均值为 60.86，达到最舒适水平，以西县域为 51.76，刚达到较舒适水平（图 12）。

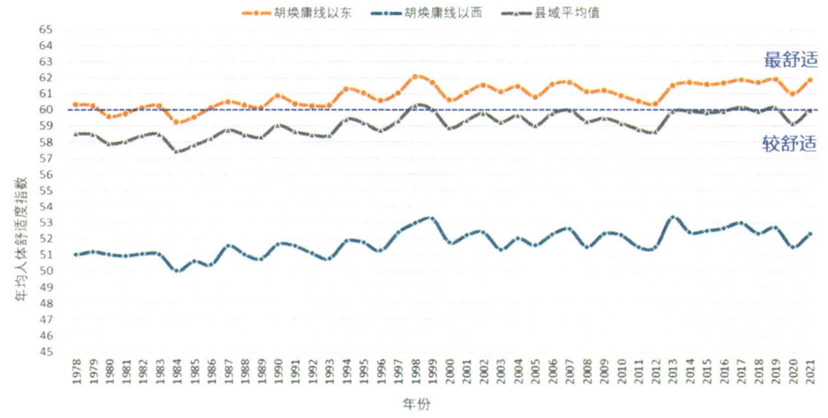

图 12　胡焕庸线以东与以西县域年均人体舒适度变化情况

胡焕庸线以东县域的年均空气质量整体优于以西县域，春季以东县域的空气质量显著优于以西县域。2015—2021 年，胡焕庸线以东县域的年均空气质量优良天数平均值为 309 天，胡焕庸线以西县域平均值为 296 天，胡焕庸线以东县域空气质量逐年提升显著（图 13）。

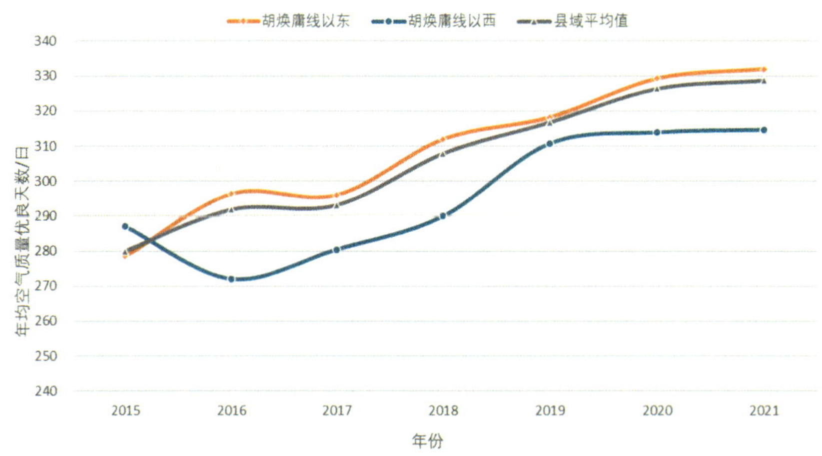

图 13　胡焕庸线以东与以西县域空气质量优良天数变化情况

（三）南方县域的人体舒适度整体优于北方县域

北方县域月均人体舒适度平均值为 53.25，舒适水平为较舒适，南方县域月均人体舒适度为 62.57，舒适水平为最舒适。但在夏季，南方县域由于温度较高导致舒适度略低于北方县域（图 14）。

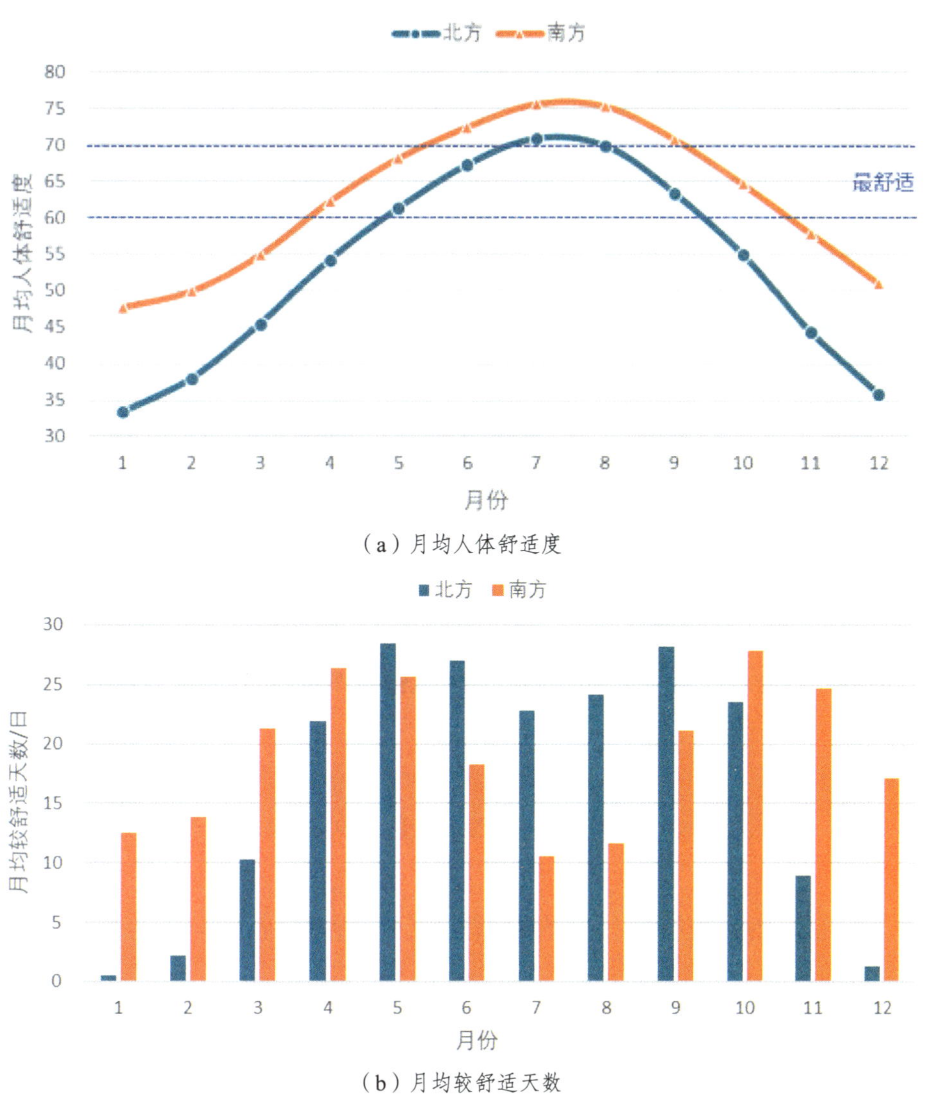

（a）月均人体舒适度

（b）月均较舒适天数

图 14　北方与南方县域人体舒适度情况

南方县域空气质量优于北方县域，北方县域比南方县域受季节影响显著。南方县域空气质量优良天数增长速度较为缓慢（图 15）。

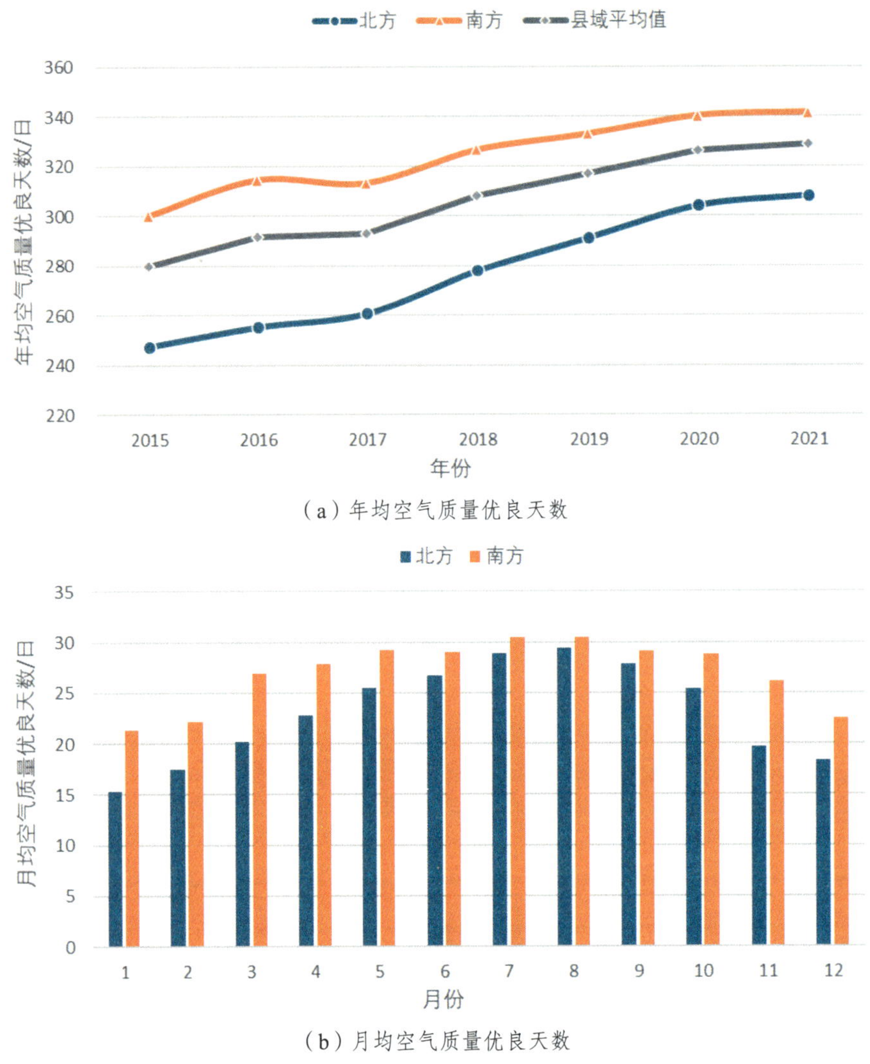

（a）年均空气质量优良天数

（b）月均空气质量优良天数

图 15　北方与南方县域空气质量优良天数变化情况

（四）天然氧吧特色县域的人居环境水平整体优于其他县域

报告研究的天然氧吧县域人体舒适度水平整体高于县域平均水平，2000 年以来达到最舒适水平。天然氧吧县域年均人体舒适度指数平均值为 59.80，2000 年以来人体舒适度指数均值达到 60.23（图 16）。

天然氧吧县域的空气质量不断提升，整体优于其他县域。2015—2021 年，天然氧吧县域年均空气质量优良天数为 319 天，非天然氧吧县域为 303 天（图 17）。

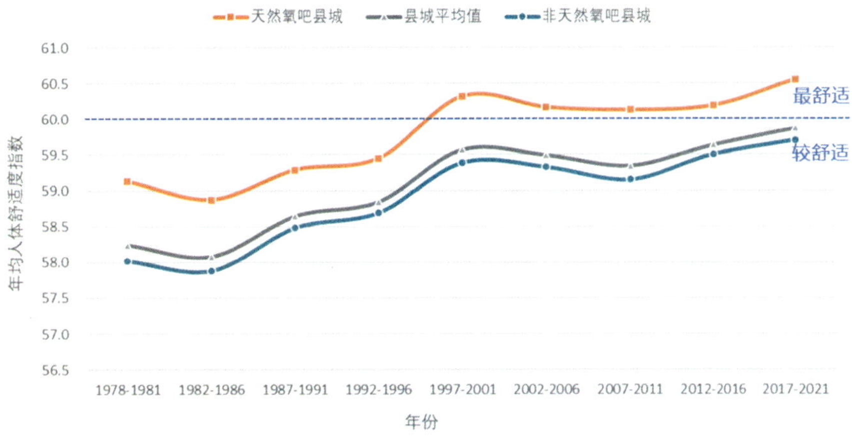

图 16　天然氧吧县域年均人体舒适度变化情况

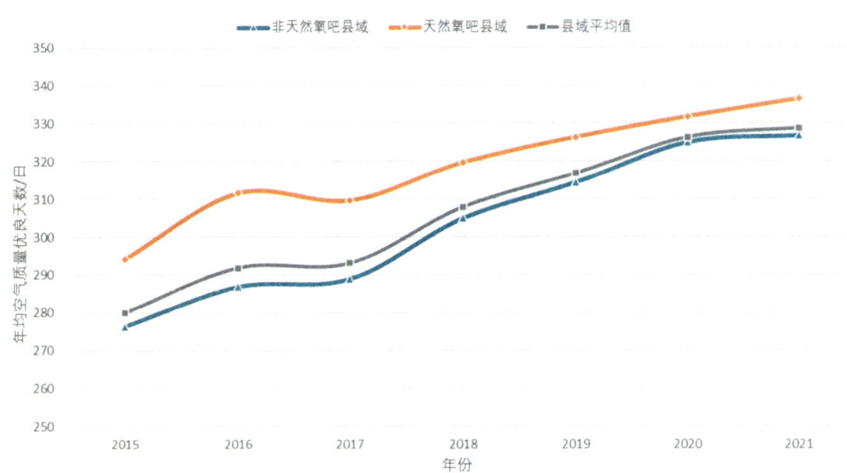

图 17　天然氧吧县域年均空气质量优良天数变化情况

三、对策建议

通过评估 1978—2021 年县域人居环境的演变特征，建议推动开展县域生态环境修复和建设，修补县域空间环境、景观风貌，牢固生态安全屏障；建设县域人居环境监测与评估平台，实现全国各县域人居环境评估指标的实时、动态监测，进行常态化定期评估；推动韧性县域规划与建设，强化韧性交通建设，完善县域基础设施的防灾、抗灾能力等。

（城市交通研究分院，执笔人：赵一新、伍速锋、王庆刚、田欣妹）

中国主要城市公园评估报告（2022年）

城市公园是城市重要的基础设施，是城市生态系统的重要组成部分，系统推进公园绿地建设、有效优化公园绿地布局是践行习近平总书记绿色发展理念、提升城市宜居品质的有效途径。中国城市规划设计研究院发布《中国主要城市公园评估报告（2022年）》，获得社会广泛关注，多家主流媒体相继进行专题报道，推动了各级政府对城市公园问题的重视。

2022年报告选取35个中国主要城市，汇聚4万余个公园绿地、9万余个居住区、200余万个人口空间分布的大数据样本，通过公园分布均好度和人均公园保障度2项指标，呈现2021年度中国主要城市的公园空间分布和供给保障特征；在2021年工作的基础上，基于海量POI（Point of Interest）数据，针对超大城市公园周边活力情况、城园融合情况进行了深入的探索。

一、主要城市公园分布均好度分析

（一）超大城市公园分布均好度明显好于其他规模城市，Ⅱ型大城市提升最为显著

35个主要城市公园分布均好度平均值为1.56，比2021年度提升0.01。其中数值超过1.5的城市共17个，占比48%；数值超过1.8的城市共8个，占比23%；数值超过2.0的城市共2个，占比6%，排名前十的城市均好度数值均超过了1.7；数值最高的城市为海口市，指数为2.09（图1）。

超大城市公园分布均好度指数平均值为1.71，特大城市平均值为1.52，Ⅰ型大城市平均值为1.46，Ⅱ型大城市平均值为1.64；相比于2021年度，Ⅱ型大城市提升最为显著，均好度平均值提升了0.08；总体来看，城市公园分布均好度依然呈现——城市规模越大，城市公园分布均好度指数越高的趋势。

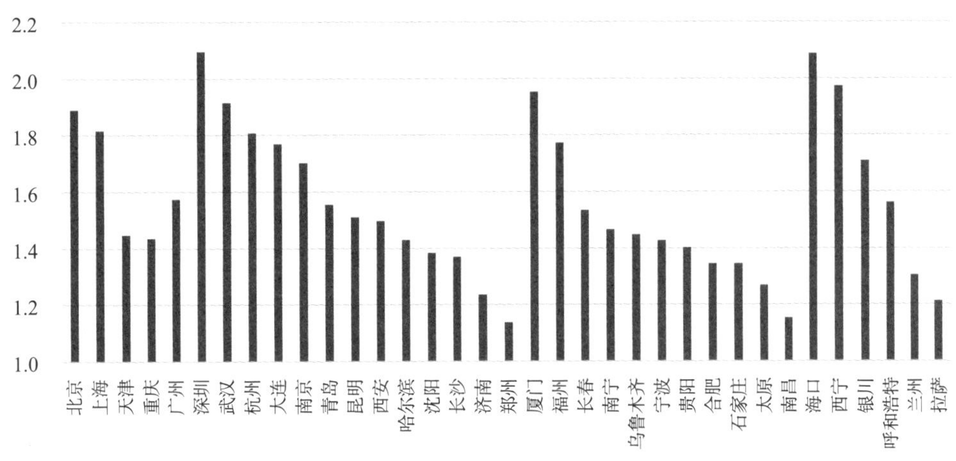

图 1　中国主要城市公园分布均好度

（二）计划单列市公园分布均好度均值最高，南方总体好于北方

从城市类型来看，平均均好度数值最高的仍为计划单列市，数值为 1.76，相比 2021 年度提高了 0.02；其次为直辖市，数值为 1.65，比 2021 年提升了 0.03；省会城市的平均均好度数值为 1.50，与 2021 年度基本持平。直辖市中，均好度数值最高的是北京市，数值为 1.89，省会城市中均好度数值最高的是海口市，数值为 2.09，计划单列市中均好度最高的是深圳市，数值为 2.09。从自然条件上看，计划单列市均为沿海城市，依托自然山水建设各类公园的基础条件优越，在公园分布均好度数值上高于直辖市和省会城市。

按照“秦岭—淮河”地理分界线区分南北方，南方城市公园分布均好度平均为 1.61，北方城市公园分布均好度平均为 1.50，南方总体依旧好于北方，但差距被进一步缩小（表 1、表 2）。

主要城市公园分布均好度与城市类型关系一览表　　表 1

城市类型	城市	均好度	均值
直辖市	北京	1.89	1.65
	上海	1.82	
	天津	1.45	
	重庆	1.43	

续表

城市类型	城市	均好度	均值
计划单列市	深圳	2.09	1.76
	厦门	1.95	
	大连	1.77	
	青岛	1.55	
	宁波	1.43	
省会城市	海口	2.09	1.50
	西宁	1.97	
	武汉	1.91	
	杭州	1.81	
	福州	1.77	
	银川	1.71	
	南京	1.70	
	广州	1.57	
	呼和浩特	1.56	
	长春	1.53	
	昆明	1.51	
	西安	1.50	
	南宁	1.47	
	乌鲁木齐	1.45	
	哈尔滨	1.43	
	贵阳	1.40	
	沈阳	1.38	
	长沙	1.37	
	合肥	1.34	
	石家庄	1.34	
	兰州	1.30	
	太原	1.27	
	济南	1.23	
	拉萨	1.21	
	南昌	1.15	
	郑州	1.14	

主要城市公园分布均好度与南北方关系一览表 **表 2**

南北方	城市	均好度	均值
北方	西宁	1.97	1.50
	北京	1.89	
	大连	1.77	
	银川	1.71	
	呼和浩特	1.56	
	青岛	1.55	
	长春	1.53	
	西安	1.49	
	乌鲁木齐	1.45	
	天津	1.45	
	哈尔滨	1.43	
	沈阳	1.38	
	石家庄	1.34	
	兰州	1.30	
	太原	1.27	
	济南	1.23	
	郑州	1.14	
南方	深圳	2.09	1.61
	海口	2.09	
	厦门	1.95	
	武汉	1.91	
	上海	1.82	
	杭州	1.80	
	福州	1.77	
	南京	1.70	
	广州	1.57	
	昆明	1.51	
	南宁	1.47	
	重庆	1.43	
	宁波	1.43	
	贵阳	1.40	
	长沙	1.37	
	合肥	1.34	
	拉萨	1.21	
	南昌	1.15	

（三）一线城市公园分布均好度明显高于总体平均值

经统计分析，4 个一线城市公园分布均好度平均值为 1.84，明显高于 35 个城市总平均值 1.56。其中，深圳市三类公园服务覆盖整体较好，综合公园服务覆盖超过 90%；上海市社区公园、游园服务覆盖情况较好，综合公园服务尚需完善；北京市综合公园服务覆盖情况优秀，游园服务覆盖尚有不足；广州市综合公园服务覆盖良好，社区公园及游园服务均有一定差距（图 2）。

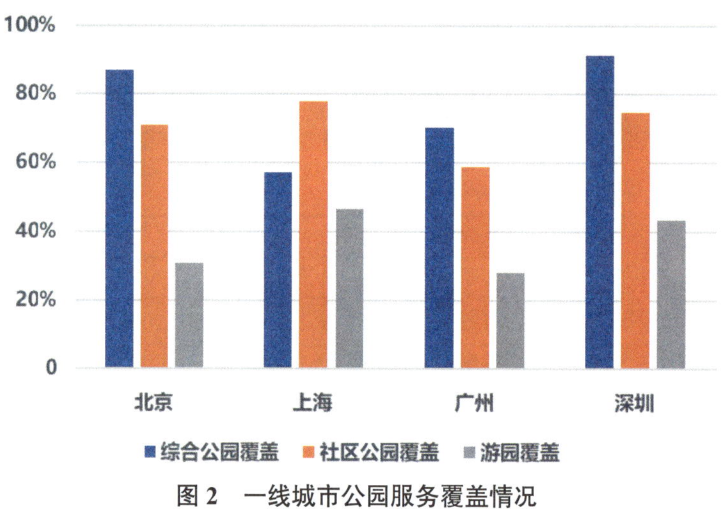

图 2　一线城市公园服务覆盖情况

（四）从公园类型来看，综合公园是基础，社区公园是关键，游园是突破口

综合公园由于自身规模与服务半径较大，公园服务覆盖情况相对较好，35 个城市的综合公园服务覆盖平均值为 73.59%。相比 2021 年度，35 个城市中有 19 个数据提升。综合公园服务覆盖是各城市公园分布均好度的基础。

社区公园服务覆盖平均值为 57.13%，城市间差异进一步拉大，社区公园覆盖率最高和最低的城市之间的差距扩大为 43.61%，35 个城市总体呈现出社区公园服务覆盖率越高，公园分布均好度越好。因此，社区公园建设是提升城市公园均好度的重点。

游园由于其整体规模和服务半径较小，服务覆盖平均值仅为 24.95%，其中超过 40% 的城市有 4 个。近年来各城市游园服务覆盖不断提升，但仍存在不同程度的短板。因此，游园建设仍是各城市未来提高公园分布均好度的突破口（图 3）。

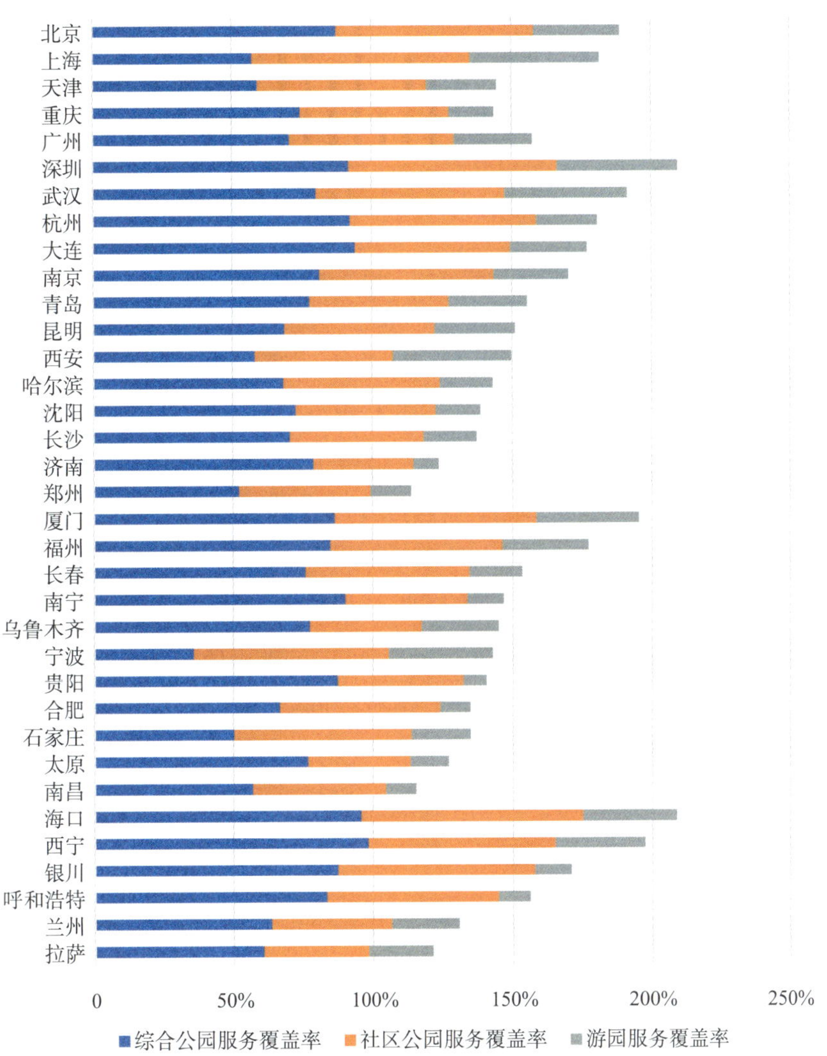

图 3　三类公园服务覆盖率与公园分布均好度关系

二、主要城市人均公园保障度分析

（一）城市间差异大

35 个主要城市人均公园保障度受公园绿地总量和人口规模双变量影响，

整体数值差距较大，最高值为 76.88%，最低值为 30.42%（图 4）。

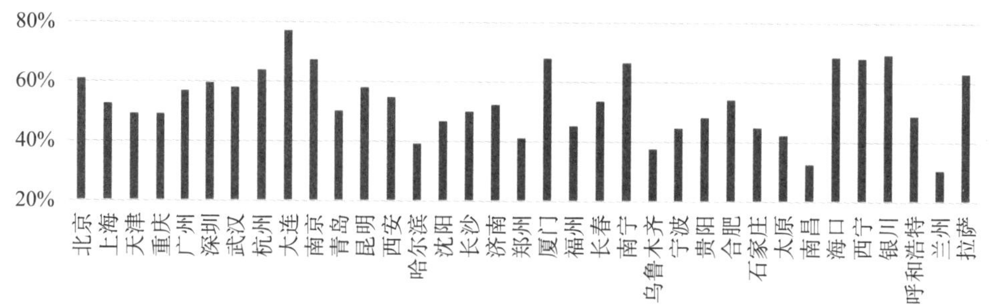

图 4　主要城市人均公园保障度

城市人均公园保障度（人均公园面积大于 5 平方米区域占比）平均值为 53.30%。其中，人均公园保障度超过 40% 的城市共 31 个，保障度超过 50% 的城市共 20 个；保障度超过 60% 的城市共 10 个，保障度超过 70% 的城市共 1 个。35 个主要城市整体来看，总体呈现提升趋势。

超大城市人均公园供给指数平均值为 54.49%，特大城市平均值为 54.67%，Ⅰ型大城市平均值为 48.68%，Ⅱ型大城市平均值为 57.83%；Ⅱ型大城市人均公园供给水平最高，超大城市、特大城市人均公园供给水平相近，Ⅰ型大城市人均公园供给水平相对较低。

与 2021 年度相比，不同规模的城市人均公园供给水平均有不同程度的提升，其中，Ⅱ型大城市由于人口总量相对较低，相较于 2021 年度人均公园供给水平提升较为显著，超过了 4%。

（二）南方好于北方且差距被进一步拉大，计划单列市好于直辖市和省会城市

按照“秦岭—淮河”地理分界线区分南北方，南方城市人均公园保障度平均为 55.69%，北方城市人均公园保障度平均为 50.77%，南北方相较于 2021 年均有提升，南方人均供给情况总体好于北方，且差距被进一步拉大。

从城市类型来看，计划单列市平均人均公园保障度最高，达到 59.70%；直辖市和省会城市的人均公园保障度相近，均超过了 50%。值得注意的是省会城市保障度均值相较于 2021 年度略有下降。计划单列市均为沿海城市，经济发展水平较高，公园绿地总量充沛，城市人口总量适中，因此人均公园保障度得分较高；26 个省会城市中多为内陆城市，经济发展水平差

异较大，公园绿地总量一般，城市人口总量较多，除个别城市外，总体人均公园保障度得分不高（表 3、表 4）。

主要城市人均公园供给与南北方关系一览表 **表 3**

南北方	城市	人均公园保障度	均值
北方	大连	76.88%	50.77%
	银川	69.19%	
	西宁	67.78%	
	北京	60.68%	
	西安	54.52%	
	长春	53.35%	
	济南	52.03%	
	青岛	50.01%	
	天津	48.99%	
	呼和浩特	48.59%	
	沈阳	46.49%	
	石家庄	44.67%	
	太原	42.11%	
	郑州	40.90%	
	哈尔滨	38.98%	
	乌鲁木齐	37.44%	
	兰州	30.42%	
南方	海口	68.22%	55.69%
	厦门	67.85%	
	南京	67.21%	
	南宁	66.19%	
	杭州	63.64%	
	拉萨	62.76%	
	深圳	59.35%	
	武汉	57.80%	
	昆明	57.78%	
	广州	56.67%	
	合肥	54.00%	
	上海	52.41%	

续表

南北方	城市	人均公园保障度	均值
南方	长沙	49.79%	55.69%
	重庆	48.86%	
	贵阳	47.97%	
	福州	45.10%	
	宁波	44.42%	
	南昌	32.41%	

主要城市人均公园保障度与城市类型关系一览表　　表 4

城市类型	城市	人均公园保障度	均值
直辖市	北京	60.68%	52.73%
	上海	52.41%	
	天津	48.99%	
	重庆	48.86%	
计划单列市	深圳	59.35%	59.70%
	大连	76.88%	
	青岛	50.01%	
	厦门	67.85%	
	宁波	44.42%	
省会城市	广州	56.67%	52.15%
	武汉	57.80%	
	杭州	63.64%	
	南京	67.21%	
	昆明	57.78%	
	西安	54.52%	
	哈尔滨	38.98%	
	沈阳	46.49%	
	济南	52.03%	
	郑州	40.90%	
	福州	45.10%	
	长春	53.35%	
	乌鲁木齐	37.44%	
	长沙	49.79%	

续表

城市类型	城市	人均公园保障度	均值
省会城市	合肥	54.00%	52.15%
	石家庄	44.67%	
	太原	42.11%	
	海口	68.22%	
	西宁	67.78%	
	银川	69.19%	
	呼和浩特	48.59%	
	南宁	66.19%	
	贵阳	47.97%	
	兰州	30.42%	
	拉萨	62.76%	
	南昌	32.41%	

（三）良好的城市空间布局是解决人口高密度城市人均公园保障度的有效途径之一

经统计分析发现，高密度人口城市不易实现高水平的人均公园保障，特别是自然本底条件一般的内陆平原城市；而良好的城市空间布局是解决人口高密度城市人均公园保障的有效途径之一。

厦门作为沿海城市，自然山水本底较好，且整体城市形态呈组团式分布，各个类型公园绿地镶嵌于各个组团之中，属于高密度人口城市中少有的人均公园保障度高的城市之一。

（四）组团型城市人均公园保障度明显高于其他城市

经统计分析发现，组团型城市人均公园保障度平均值为66.02%，明显高于总平均值53.30%。35个主要城市中，5个典型组团型城市的人均公园保障度均位于前列，其中大连排名第1，海口排名第3，厦门排名第4，深圳排名第11，武汉排名第12。

5个典型组团型城市均具有以下特征：高密度人口区域相对分散、公园绿地服务更加均衡有效、组团间隔离绿带就近构成大型绿色游憩空间。以上特点共同为实现城市高水平的人均公园保障提供了坚实的基础。

三、超大城市公园周边活力分析

建成区内以城市公园为中心，评估其周边区域的活力及公共设施完善情况。以此作为判断公园周边区域“城绿融合程度”的重要依据。

通过对 POI 数据的筛选及量化研究，多维度分析公园周边区域的公共服务情况，以区域内 POI 密度代表其活力及繁荣度，得到各城市公园周边活力的空间分布特征及差异性。通过对不同类型 POI 密度的比较分析，得出公园与各类公共服务空间分布的关联度，以此作为城园统筹布局发展的基础和依据。

（一）超大城市公园周边活力值差异较大

经统计分析，6 个超大城市公园周边区域活力平均值为 3.98 个 / 公顷。其中重庆市公园周边活力值最高为 6.22 个 / 公顷；6 个超大城市中，公园周边活力最高值和最低值差距超过 4（图 5）。

6 个超大城市公园周边区域相对活力平均值为 1.13。其中重庆市相对活力值最高 1.53，最低值仅为 0.98（图 6）。

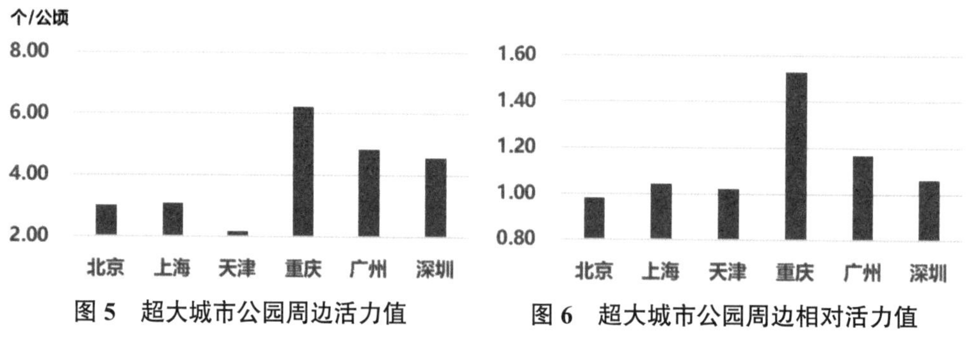

图 5　超大城市公园周边活力值

图 6　超大城市公园周边相对活力值

（二）商业零售活力和餐饮住宿活力是超大城市公园周边主要活力类型

从 POI 类型看，6 个超大城市的九类活力值中商业零售和餐饮住宿的均值最高，且远高于其他 7 类。其中商业零售活力值为 1.8 个 / 公顷，餐饮住宿类活力值为 1.05 个 / 公顷（表 5）。

公园周边活力类型（单位：个 / 公顷）　　表 5

活力类型	商业零售	餐饮住宿	生活服务	交通运输	科教文化
活力值	1.28	1.05	0.58	0.31	0.24
活力类型	运动休闲	医疗卫生	公共设施	金融	
活力值	0.17	0.13	0.13	0.09	

（三）南方超大城市公园周边活力值高于北方且差距较大

经统计分析，南方超大城市公园周边活力均值为 4.68，相对活力均值为 1.20；北方超大城市公园周边活力均值为 2.58，相对活力均值为 1.00；无论是公园周边活力还是相对活力，南方都好于北方，且南北方差距较大。

四、综合分析

（一）人均公园保障度与公园分布均好度呈现总体正相关的趋势

经统计分析，35 个主要城市的人均公园保障度与公园分布均好度呈现总体正相关的趋势，即人均公园保障度高的城市其公园分布均好度普遍较好（图 7）。

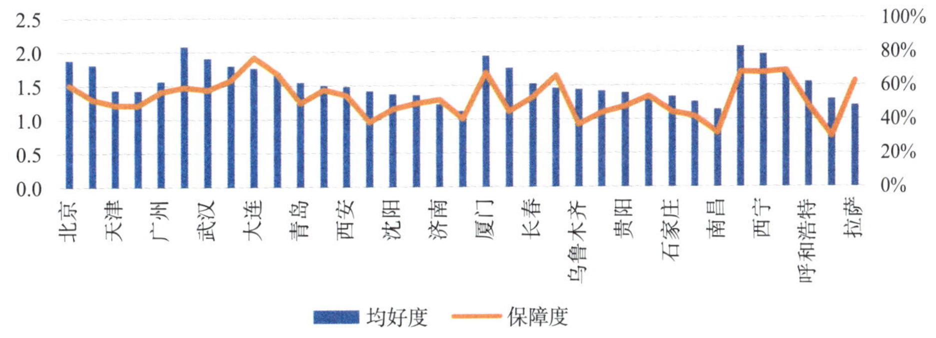

图 7　公园分布均好度与人均公园保障度相关性分析

（二）规模密度是基础，人口密度影响大

公园分布均好度是人均公园保障度的基础，一个城市想要实现高水平的人均公园保障度必须首先解决公园分布均好度的问题。

城市发展空间格局和人口密度空间分布对人均公园保障度影响明显，过于集中的城市发展空间格局和过高密度的人口空间分布都不利于高水平人均公园保障度的实现，优化城市空间格局、疏解高密度区域人口是提高城市人均公园保障度水平的有效途径之一。

（三）超大城市公园周边活力值与公园周边相对活力值呈现整体正相关趋势

经统计分析，公园周边活力值与公园周边相对活力值呈整体正相关趋势，即公园周边活力值越高相对活力值也越高；且二者相关系数 R_2 为 0.972，说明二者相关性较强（图 8）。

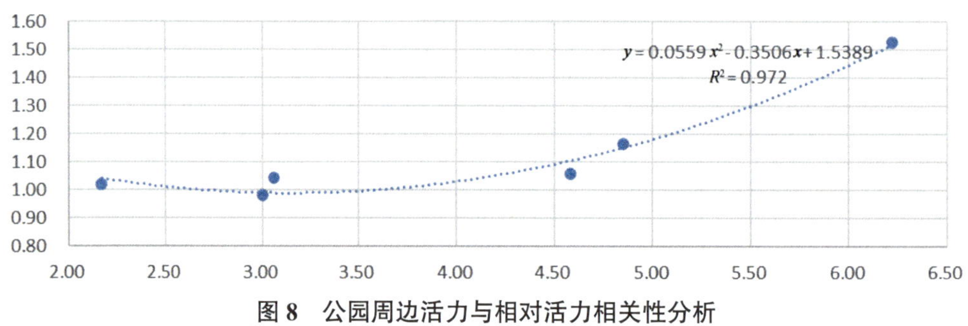

图 8　公园周边活力与相对活力相关性分析

（风景园林和景观研究分院，执笔人：王忠杰、刘宁京、王彦博、孙培博）

2022 年度中国主要城市通勤监测报告

提升通勤幸福体验是人民城市建设的重要内涵。2022 年报告选取 44 个中国主要城市，汇聚 9000 万人的职住通勤数据，用通勤时间、通勤空间、通勤交通 3 个方面的 9 项指标，呈现中国城市职住空间与通勤特征的变化。特别增加通勤青年章节，挖掘青年人群的通勤特征、职住选择及其对于住房保障的需求，为青年发展型城市建设提供素材与思考。

一、幸福通勤比重全线下降，交通减碳压力增加

（一）幸福通勤比重全线下降，徐州、乌鲁木齐需要关注

44 个中国主要城市 5 公里以内幸福通勤人口比重总体平均水平 51%，同比降低 2 个百分点。在 42 个年度可对比城市中，41 个城市幸福通勤比重下降。徐州和乌鲁木齐同等规模城市幸福通勤比重偏低，年度同比降低超过 4 个百分点，需要关注。5 公里以内适宜步行、骑行通勤减少，将带来交通减碳压力的增加。徐州职住分离加剧、幸福通勤下降需要关注（图 1）。

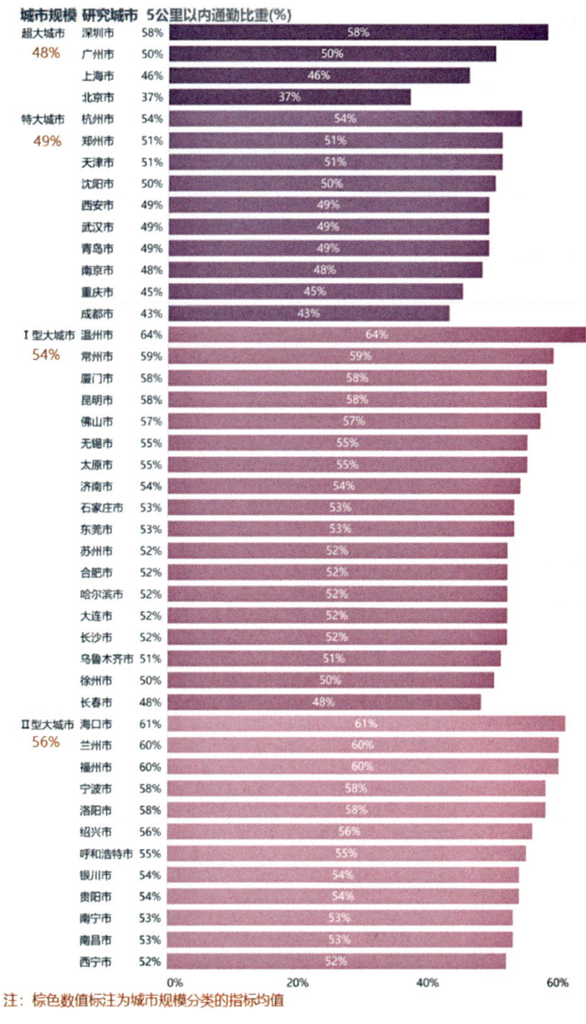

图 1　2021 年中国主要城市 5 公里以内通勤比重

（二）特大城市通勤距离增加，郑州年度增幅最大

主要城市通勤距离普遍增长，特大城市增幅显著。超大城市平均通勤距离 9.4 公里，特大城市 8.7 公里，Ⅰ型大城市 7.8 公里、Ⅱ型大城市 7.6 公里，同比均有增加。10 个特大城市中沈阳、青岛、西安、南京、郑州、成都、重庆 7 个城市同比增加超过 0.5 公里。郑州是通勤空间半径、职住分离度和平均通勤距离年度增幅最大的城市（图 2）。

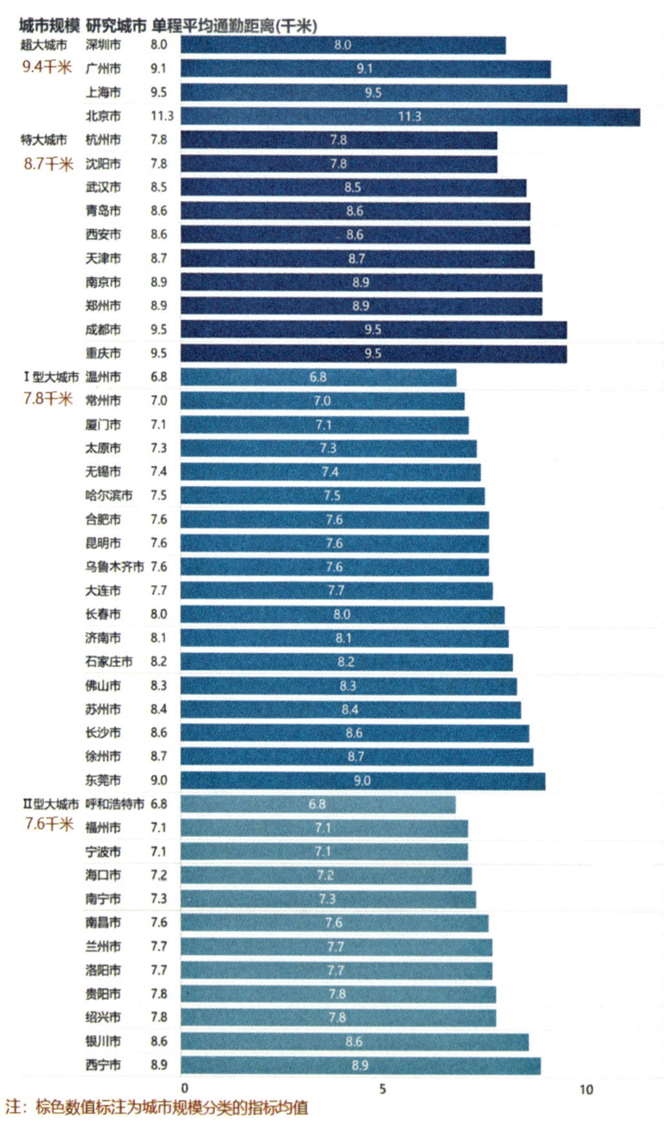

图 2　2021 年中国主要城市单程平均通勤距离

二、半数城市 45 分钟通勤比重降低，极端通勤仍需高度关注

（一）半数城市 45 分钟以内通勤比重降低，广州持续下降

提高 45 分钟以内通勤比重是改善城市人居环境的重要目标，是城市规划和交通服务水平的综合体现。2021 年，中国主要城市中 76% 的通勤者 45 分钟以内可达，22 个城市同比下降。广州是 45 分钟通勤比重下降最多的城市，3 年降低 6 个百分点，从 2019 年 75% 降低到 69%。广州是 45 分钟通勤比重下降最多的城市（图 3）。

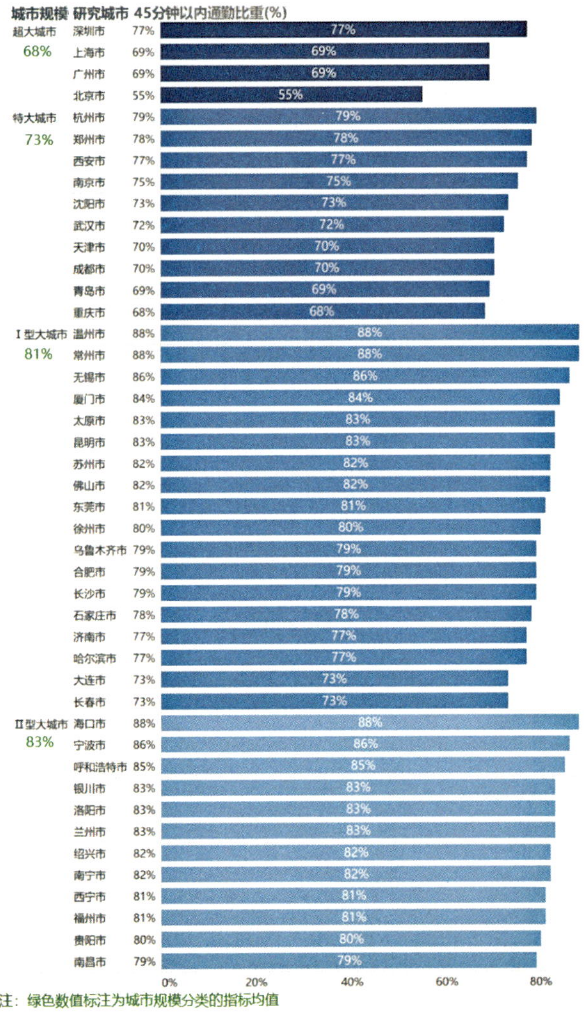

图 3　2021 年中国主要城市 45 分钟以内通勤比重

（二）超七成城市极端通勤加重，北京同比增加 3 个百分点

在 44 个中国主要城市中，超过 1400 万人承受极端通勤，60 分钟以上通勤比重 13%，同比增加 1 个百分点，32 个城市的极端通勤比重增加。其中，超大城市平均水平 19%，同比增加 2 个百分点，特大城市 14%，同比增加 1 个百分点。

北京 60 分钟以上通勤比重 30%，是全国极端通勤人口最多的城市，同比增加 3 个百分点。北京是全国极端通勤人口最多的城市（表 1）。

中国主要城市 60 分钟以上通勤比重年度变化（单位：%）　　表 1

研究城市	2019年	2020年	2021年	研究城市	2019年	2020年	2021年
深圳市	13	12	12	石家庄市	9	8	9
广州市	14	13	15 ↓	苏州市	--	8	9
上海市	19	17 ↑	18	徐州市	9	8	9
北京市	26	27 ↓	30 ↓	长沙市	9	9	10
西安市	10	8 ↑	10 ↓	东莞市	--	8	10 ↓
郑州市	11	10	10	佛山市	--	8	10 ↓
杭州市	12	11	11	合肥市	10	9	10
南京市	15	13 ↑	13	济南市	10	8 ↑	10 ↓
成都市	15	13 ↑	14	哈尔滨市	10	10	11
沈阳市	10	12 ↓	14 ↓	大连市	12	13 ↓	13
武汉市	14	14	14	长春市	9	11 ↓	14 ↓
青岛市	15	14	16 ↓	海口市	5	3 ↑	4
天津市	15	15	17 ↓	呼和浩特市	6	5	6
重庆市	16	17 ↓	17	南宁市	6	5	6
常州市	--	5	6	宁波市	8	6 ↑	7
温州市	--	6	6	福州市	8	7	8
太原市	6	5	7 ↓	贵阳市	9	7 ↑	8
无锡市	--	7	7	兰州市	9	7 ↑	8
厦门市	10	7 ↑	7	西宁市	10	7 ↑	8
昆明市	8	7	8	银川市	8	7	8
乌鲁木齐市	8	7	8	南昌市	8	8	10 ↓

说明：↓红色标识显著下降，↑绿色标识显著提升。　城市规模　超大城市　特大城市　Ⅰ型大城市　Ⅱ型大城市

三、轨道覆盖需要精准提升，交通接驳是公交通勤关键环节

（一）轨道覆盖通勤提高 2 个百分点，成都跃升全国第一

2021 年，40 个地铁运营城市中 32 个城市有新开地铁、轻轨线路，800 米

轨道覆盖通勤比重总体平均达到 17%，同比增加 2 个百分点。其中，超大城市达到 28%，同比增加 2 个百分点，特大城市集中了近一半新增轨道里程，轨道覆盖通勤比重同比提升 4 个百分点，达到 21%。成都轨道覆盖通勤比重达到 34%，超越广州跃升成为全国最高水平。成都轨道覆盖通勤比重达到 34%，超越广州跃升成为全国最高水平（图 4）。

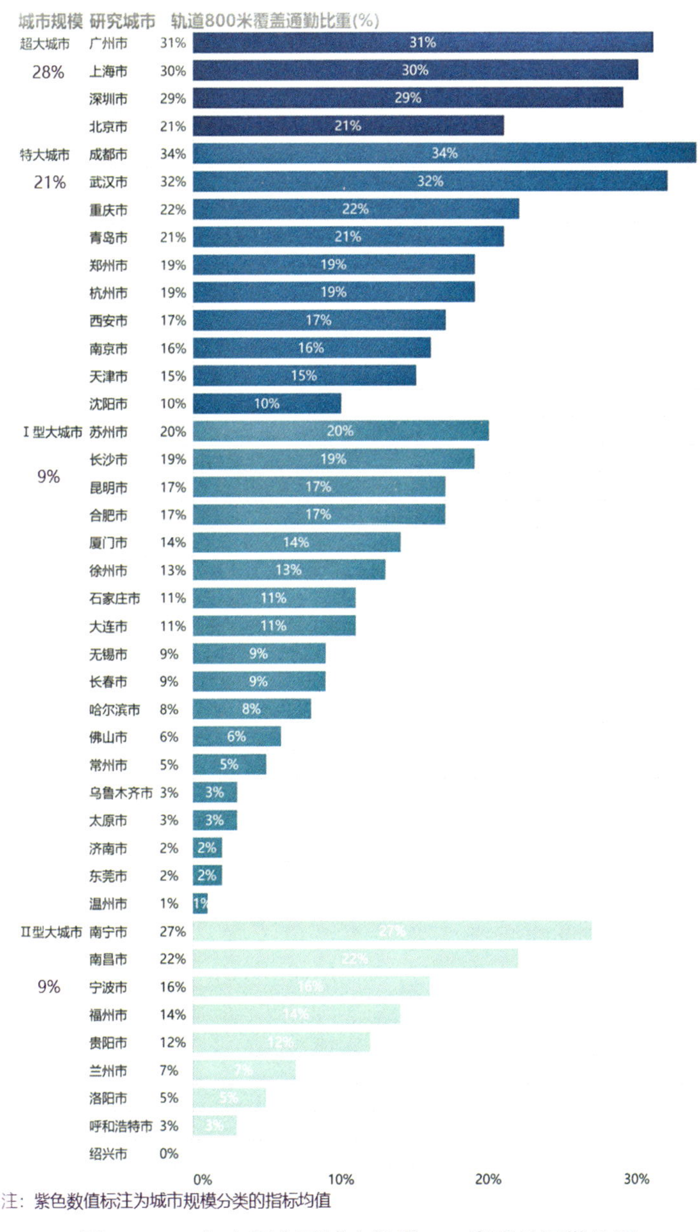

图 4　2021 年中国主要城市轨道 800 米覆盖通勤比重

（二）200 公里轨道规模通勤提升快，苏州、南宁效果显著

200 公里轨道规模城市，正处于骨干线网成形阶段，覆盖通勤效益最显著，平均每新增 10 公里轨道，覆盖通勤人口提高 2.2 万～2.4 万人。轨道苏州和南宁年度增幅显著，分别将Ⅰ、Ⅱ型大城市轨道覆盖通勤的最高水平提高到 20% 以上，同比增加 5 个百分点。300～500 公里以上轨道规模的城市仅提高 1.4 万～1.6 万人。随着线网规模的增长，新增轨道带来的通勤提升效果边际递减。苏州和南宁轨道建设带来通勤提升最显著（图 5）。

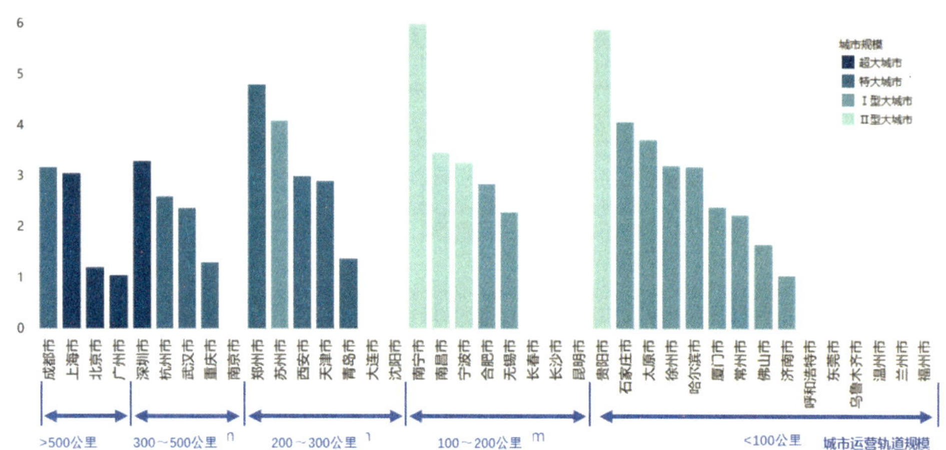

图 5　2020—2021 年主要城市每 10 公里轨道建设带来通勤覆盖人口增量（单位：万人）

四、关注时耗、依赖轨道，青年乐居保障需要切合通勤需求

（一）更关注时耗、更依赖轨道，近 80% 青年 45 分钟通勤可达

青年注重优化通勤时间。北、上、广、深、成、杭 6 个城市中，近 80% 青年 45 分钟以内通勤可达，比城市平均水平高出约 5 个百分点。杭州青年 45 分钟以内通勤比重最高，达到 86%，高于城市平均水平 7 个百分点（图 6）。

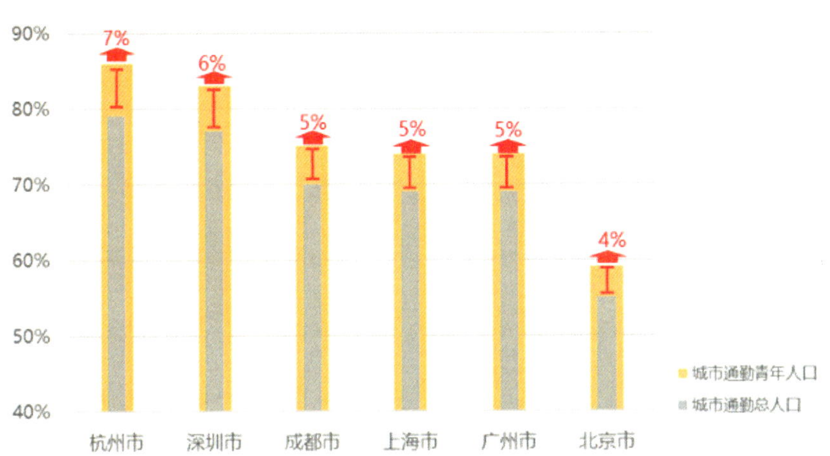

图 6　2021 年典型城市 45 分钟以内通勤青年人口比重

青年更依赖于轨道交通。6 个典型城市中 800 米轨道覆盖青年通勤比重为 30%，高于城市平均水平 3 个百分点（图 7）。

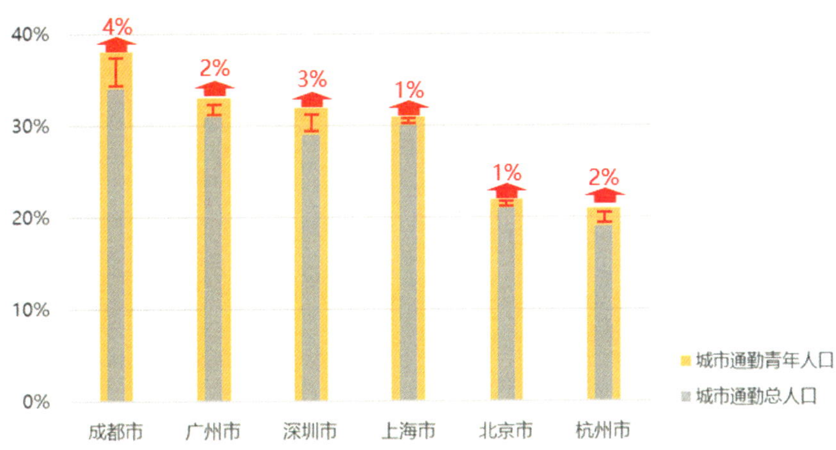

图 7　2021 年典型城市 800 米轨道覆盖青年通勤人口比重

（二）居住在外围，就业在中心，“15 公里圈层”成为平衡选择

6 个典型城市中的青年通勤人群，近 80% 就业在中心，65% 居住在外围。北京和上海超过 70% 的通勤青年居住在中心 15 公里圈层以外，而北京 80%、上海 67% 的青年就业在 15 公里以内的就业中心（图 8）。

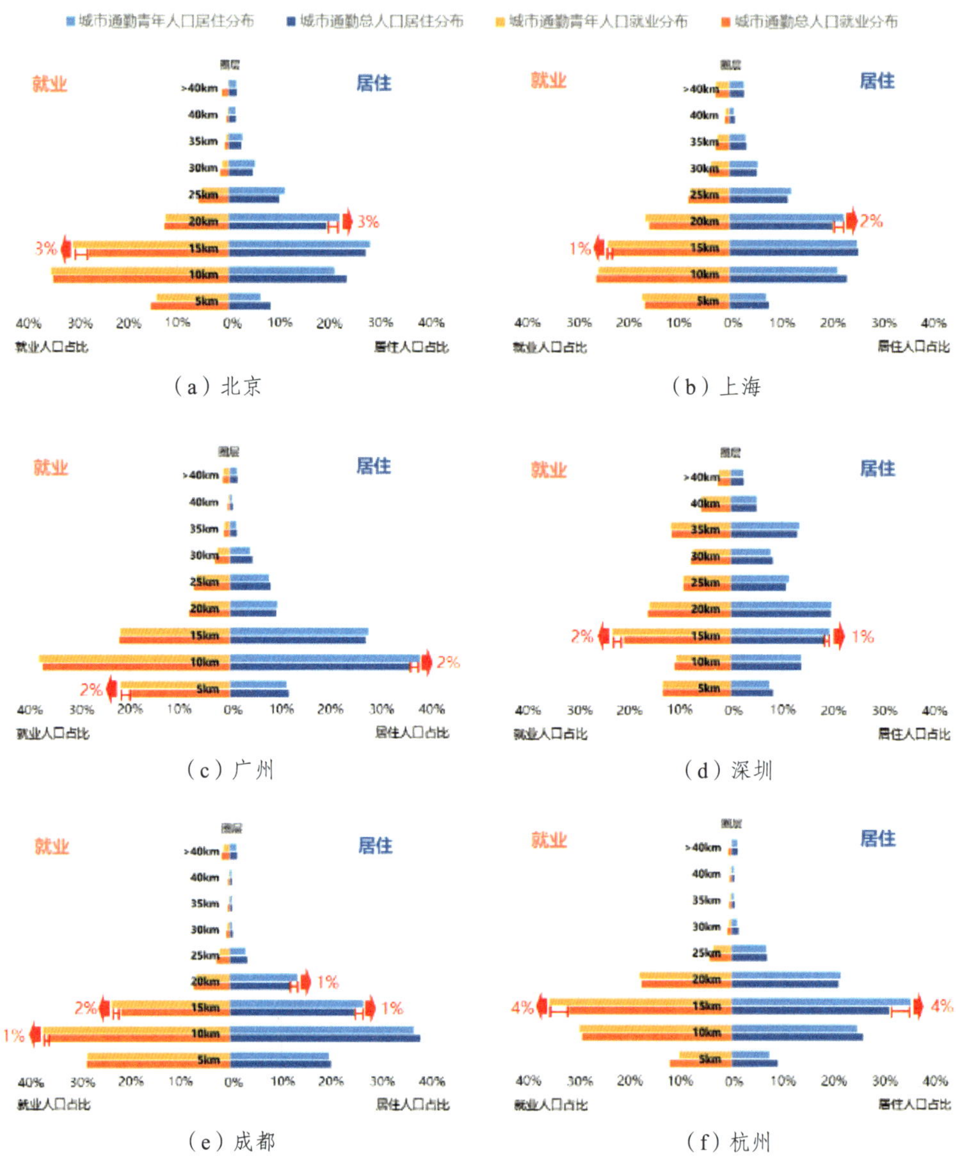

（a）北京

（b）上海

（c）广州

（d）深圳

（e）成都

（f）杭州

红色箭头标注：表示该圈层处城市通勤青年人口占总通勤青年人口比重高出该圈层处城市通勤总人口占总通勤人口比重，说明该圈层处青年人口职住比重高。

图 8　2021 年典型城市 5 公里圈层通勤青年居住与就业分布占比

近 30% 青年选择居住在城市中心 15～20 公里圈层处，接近北京五环、上海外环、深圳绕城高速。“15 公里圈层”成为更多青年人群平衡居住成本与通勤时间的选择（图 9）。

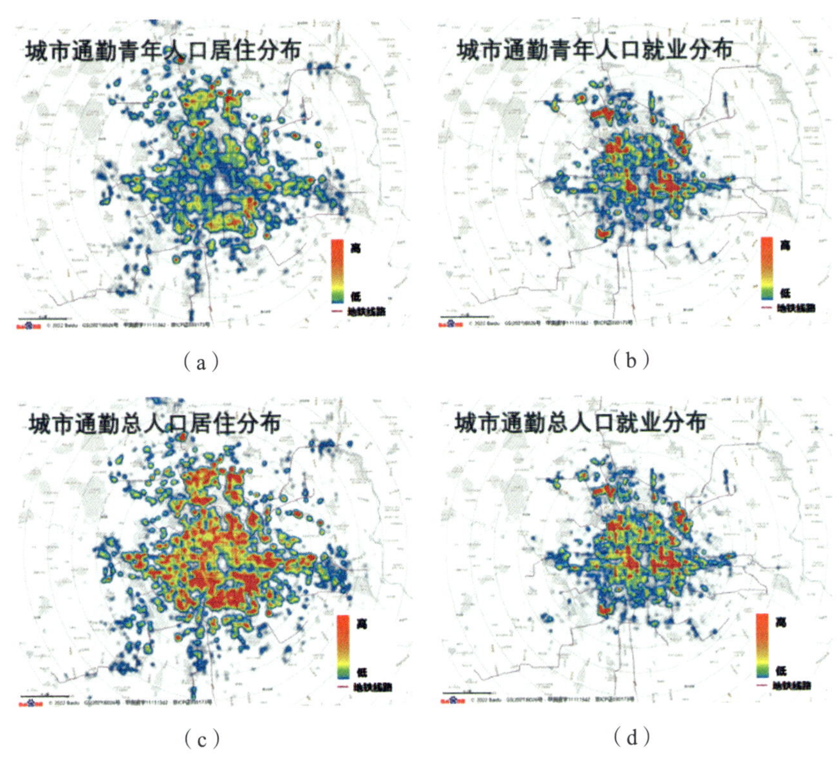

（a）　（b）　（c）　（d）

图 9　2021 年北京通勤青年居住与就业分布对比

（三）选址不出圈、轨道 2 公里，青年住房保障需要契合通勤特征

青年乐居，为青年人群提供住房保障需要契合通勤需求。北京上一阶段以集中供地形式提供的公租房和共有产权住房，超过 70% 分布在 15 公里圈层以外，且超过 50% 住房小区位于轨道车站 2 公里服务范围以外。反观依赖存量住房供给的长租公寓，20% 位于 10 公里核心圈层内，近 40% 集中在 10～15 公里（四环、五环之间）与城市人口分布特别是青年人群居住空间分布高度契合，且近 90% 可以满足轨道 2 公里范围“骑乘骑”慢行接驳的要求（表 2、表 3）。

各类住房与邻近地铁车站空间距离分布　　**表 2**

住房类型	小于 800 米	800～2000 米	2000～3000 米	大于 3000 米	合计
长租公寓	49%	38%	8%	6%	100%
公租房	29%	34%	12%	25%	100%
共有产权房	18%	33%	11%	38%	100%

各类住房距离城市中心的空间区位　　表 3

区位	同心圆	长租公寓	公租房	共有产权房
三环（近似）	小于 5 公里	6%	—	—
四环（近似）	5～10 公里	14%	5%	0%
五环（近似）	10～15 公里	36%	25%	14%
六环（近似）	15～25 公里	27%	42%	47%
通勤边界	25～40 公里	17%	21%	28%
通勤空间外	大于 40 公里	—	8%	10%
合计		100%	100%	100%

（城市交通研究分院，执笔人：王凯、赵一新、伍速锋、付凌峰、田欣妹、王楠、廖璟瑒）

2022 年度中国主要城市道路网密度与运行状态监测报告

2022 年 4 月 26 日，习近平总书记主持召开中央财经委员会第十一次会议，会议强调“要加强城市基础设施建设，打造高品质生活空间，推动建设城市综合道路交通体系。”为有序推动城市交通基础设施建设，加快补齐交通基础设施建设短板，促进“窄马路、密路网”的城市道路布局理念的落实，准确识别和诊断城市道路运行状态，提高城市道路网通行效率和承载能力，中国城市规划设计研究院继续开展 2022 年度全国主要城市道路网密度和道路运行状态监测研究工作，并编制完成了本年度《中国主要城市道路网密度与运行状态监测报告》。

一、道路网密度监测

报告基于 2018—2022 年连续 5 个年度，对全国 36 个主要城市（含 4 个直辖市、27 个省会城市、5 个计划单列市）的城市道路网密度指标进行了持续监测与研究。研究显示：

（一）30座城市实现不同程度增长，福州、南宁等城市路网密度指标持续高速增长

与2021年度对比，2022年度全国36个主要城市中，30座城市道路网密度指标实现不同程度增长，较2021年度的24座城市增长有所提升，其余6座城市道路网密度指标变化不大。2022年度多数主要城市排名未发生明显变化，西安、西宁2座城市排名继2021年度上升后持续上升，宁波、石家庄2座城市实现2022年度排名上升，昆明、太原、长春、青岛4座城市2022年度排名下降1位。

2022年度，深圳、厦门、成都3座城市道路网密度指标依然维持前3名，其中深圳、厦门指标进一步增长，路网总体密度低于5.0公里/平方公里的城市为呼和浩特、兰州、拉萨、乌鲁木齐。2021—2022年度，福州、南宁、西安、呼和浩特、重庆、海口增长明显，其中，福州、南宁继续保持高速增长，突破7.5公里/平方公里以上；西安、呼和浩特路网密度指标提高了0.3公里/平方公里；重庆、海口增长明显，分别突破了7.0公里/平方公里与6.0公里/平方公里。

从全国主要城市道路网密度的年度增长率来看，36个主要城市年增长率的平均值约1.8%，高于2021年度的1.5%、2020年度的1.7%和2019年度的1.6%。2022年度有3个城市道路网密度增长率高于3%，道路网密度年增长率最高城市为呼和浩特市6.5%，其次为西安市5.2%、海口市3.4%、重庆市2.9%。

（二）城市外围新城区仍维持较高增长，部分城市老城核心城区在城市更新行动的推动下实现高位增长

2022年度所有涉及行政区的道路网密度平均值达6.6公里/平方公里，相比于2021年的平均值6.5公里/平方公里，增长约1.5%。所有行政区中，道路网密度达标的行政区数量达到43个，较2021年度增加4个，分别为福州晋安区、宁波鄞州区、福州马尾区、重庆江北区，占比达到20%。其中道路网密度超过10公里/平方公里的行政区共8个，较2021年度增加1个，为重庆渝中区；道路网密度超过12公里/平方公里的行政区仍仅有上海黄浦区（14.4公里/平方公里）。与2021年度相对比，10～11公里/平

方公里区间、9～10 公里 / 平方公里区间、6～7 公里 / 平方公里区间的行政区数量占比有所提升。

部分城市老城中心区行政区实现高位增长。增长较快的前 20 名行政区中，福州晋安区、福州台江区、南宁邕宁区等路网密度相对较高，已超过或接近 8.0 公里 / 平方公里水平，在 2021—2022 年度继续实现路网密度高位增长，增长幅度分别达到 6.3%、5.8%、4.8%。其中，福州台江区为福州市老城区的主要行政区，近年来在城市更新、道路新建改造的背景下，连续两年保持 5% 以上的高位增长幅度，路网密度水平改善明显，提升至 9 公里 / 平方公里左右（图 1）。

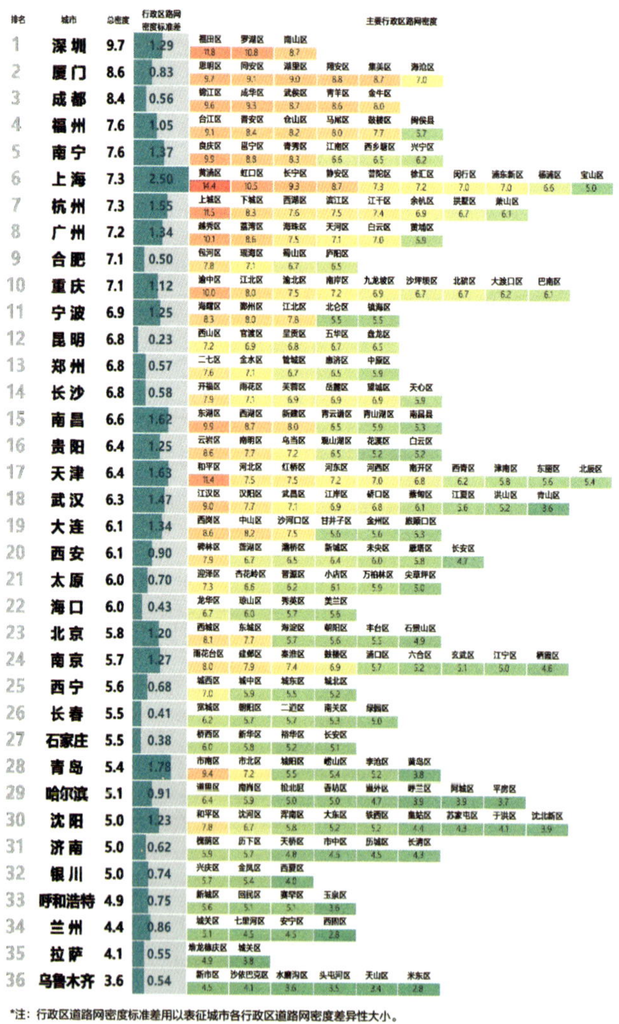

排名	城市	总密度	行政区路网密度标准差	主要行政区路网密度									
1	深圳	9.7	1.29	福田区 11.8	罗湖区 10.8	南山区 8.7							
2	厦门	8.6	0.83	思明区 9.7	同安区 9.1	湖里区 9.0	翔安区 8.8	集美区 8.7	海沧区 7.0				
3	成都	8.4	0.56	锦江区 9.6	成华区 9.3	武侯区 8.7	青羊区 8.6	金牛区 8.0					
4	福州	7.6	1.05	台江区 9.1	晋安区 8.4	仓山区 8.2	马尾区 8.0	鼓楼区 7.7	闽侯县 5.7				
5	南宁	7.6	1.37	良庆区 9.9	邕宁区 8.8	青秀区 8.3	江南区 6.6	西乡塘区 6.5	兴宁区 6.2				
6	上海	7.3	2.50	黄浦区 14.4	虹口区 10.5	长宁区 9.3	静安区 8.7	普陀区 7.3	徐汇区 7.2	闵行区 7.0	浦东新区 7.0	杨浦区 6.6	宝山区 5.0
7	杭州	7.3	1.55	上城区 11.5	下城区 8.3	西湖区 7.6	滨江区 7.5	江干区 7.4	余杭区 6.9	拱墅区 6.7	萧山区 6.1		
8	广州	7.2	1.34	越秀区 10.1	荔湾区 8.6	海珠区 7.5	天河区 7.1	白云区 7.0	黄埔区 5.9				
9	合肥	7.1	0.50	包河区 7.8	瑶海区 7.1	蜀山区 6.7	庐阳区 6.5						
10	重庆	7.1	1.12	渝中区 10.0	江北区 8.0	渝北区 7.5	南岸区 7.2	九龙坡区 6.9	沙坪坝区 6.7	北碚区 6.7	大渡口区 6.2	巴南区 6.1	
11	宁波	6.9	1.25	海曙区 8.3	鄞州区 8.0	江北区 7.8	北仑区 5.5	镇海区 5.5					
12	昆明	6.8	0.23	西山区 7.2	官渡区 6.9	呈贡区 6.8	五华区 6.7	盘龙区 6.5					
13	郑州	6.8	0.57	二七区 7.6	金水区 7.1	管城区 6.7	惠济区 6.5	中原区 5.9					
14	长沙	6.8	0.58	开福区 7.9	雨花区 7.1	芙蓉区 6.9	岳麓区 6.9	望城区 6.9	天心区 5.9				
15	南昌	6.6	1.62	东湖区 9.9	西湖区 8.7	新建区 8.0	青云谱区 6.5	青山湖区 5.9	南昌县 5.3				
16	贵阳	6.4	1.25	云岩区 8.6	南明区 7.7	乌当区 7.2	观山湖区 6.5	花溪区 5.2	白云区 5.2				
17	天津	6.4	1.63	和平区 11.4	河北区 7.5	红桥区 7.5	河东区 7.2	河西区 7.0	南开区 6.8	西青区 6.2	津南区 5.8	东丽区 5.6	北辰区 5.4
18	武汉	6.3	1.47	江汉区 9.0	汉阳区 7.7	武昌区 7.1	江岸区 6.9	硚口区 6.8	蔡甸区 6.1	江夏区 5.6	洪山区 5.2	青山区 3.6	
19	大连	6.1	1.34	西岗区 8.6	中山区 8.2	沙河口区 7.5	甘井子区 5.6	金州区 5.6	旅顺口区 5.3				
20	西安	6.1	0.90	碑林区 7.9	莲湖区 6.7	灞桥区 6.5	新城区 6.4	未央区 6.0	雁塔区 5.8	长安区 4.7			
21	太原	6.0	0.70	迎泽区 7.3	杏花岭区 6.6	晋源区 6.2	小店区 6.1	万柏林区 5.9	尖草坪区 5.0				
22	海口	6.0	0.43	龙华区 6.7	琼山区 6.0	秀英区 5.7	美兰区 5.6						
23	北京	5.8	1.20	西城区 8.1	东城区 7.7	海淀区 5.7	朝阳区 5.6	丰台区 5.5	石景山区 4.9				
24	南京	5.7	1.27	雨花台区 8.0	建邺区 7.9	秦淮区 7.4	鼓楼区 6.9	浦口区 5.7	六合区 5.2	玄武区 5.1	江宁区 5.0	栖霞区 4.6	
25	西宁	5.6	0.68	城西区 7.0	城中区 5.9	城东区 5.5	城北区 5.2						
26	长春	5.5	0.41	宽城区 6.2	朝阳区 5.7	二道区 5.7	南关区 5.3	绿园区 5.0					
27	石家庄	5.5	0.38	桥西区 6.0	新华区 5.8	裕华区 5.2	长安区 5.1						
28	青岛	5.4	1.78	市南区 9.4	市北区 7.2	城阳区 5.5	崂山区 5.4	李沧区 5.2	黄岛区 3.8				
29	哈尔滨	5.1	0.91	道里区 6.4	南岗区 5.9	松北区 5.0	香坊区 5.0	道外区 4.7	呼兰区 3.9	阿城区 3.9	平房区 3.7		
30	沈阳	5.0	1.23	和平区 7.8	沈河区 6.7	浑南区 5.8	大东区 5.2	铁西区 5.2	皇姑区 4.4	苏家屯区 4.3	于洪区 4.1	沈北新区 3.9	
31	济南	5.0	0.62	槐荫区 5.9	历下区 5.7	天桥区 4.8	市中区 4.5	历城区 4.5	长清区 4.3				
32	银川	5.0	0.74	兴庆区 5.7	金凤区 5.4	西夏区 4.0							
33	呼和浩特	4.9	0.75	新城区 5.6	回民区 5.1	赛罕区 5.1	玉泉区 3.6						
34	兰州	4.4	0.86	城关区 5.1	七里河区 4.5	安宁区 4.5	西固区 2.8						
35	拉萨	4.1	0.55	堆龙德庆区 4.9	城关区 3.8								
36	乌鲁木齐	3.6	0.54	新市区 4.5	沙依巴克区 4.1	水磨沟区 3.6	头屯河区 3.5	天山区 3.4	米东区 2.8				

*注：行政区道路网密度标准差用以表征城市各行政区道路网密度差异性大小。

图 1　全国主要行政区道路网密度汇总

（三）近 5 年来部分城市道路网密度提升工作取得了较好的进展

根据本项研究 2018～2022 年连续 5 个年度的城市道路网密度持续监测，随着各城市道路设施建设工作的推进，全国主要城市道路网密度指标保持稳定的增长态势，体现了近 5 年来部分城市的道路网密度提升工作取得了较好的进展。

呼和浩特、太原、南宁 3 座城市持续较快速增长，西宁、福州、海口、西安 4 座城市累计增长超过 10%。从全国主要城市连续 5 年的道路网密度指标增长情况来看，累计增长幅度最大城市为呼和浩特，累计增长约 15.8%，道路网密度指标从 4.2 公里 / 平方公里提升至 4.9 公里 / 平方公里。其次为太原市和南宁市，太原市累计增长约 14.7%，道路网密度指标由 5.2 公里 / 平方公里提升至 6.0 公里 / 平方公里；南宁市累计增长约 14.4%，道路网密度指标由 6.6 公里 / 平方公里提升至 7.6 公里 / 平方公里，增长了 1.0 公里 / 平方公里。西宁、福州、海口、西安等城市也实现了道路网密度的持续提升（表 1）。

主要城市道路网密度指标历年增长情况（top15） **表 1**

序号	城市名称	道路网密度指标增长情况				
		2018—2019 年	2019—2020 年	2020—2021 年	2021—2022 年	累计增长
1	呼和浩特市	4.8%	2.3%	2.2%	6.5%	15.8%
2	太原市	3.8%	7.4%	1.7%	1.7%	14.7%
3	南宁市	4.5%	4.3%	2.8%	2.7%	14.4%
4	西宁市	2.0%	5.9%	1.9%	1.8%	11.6%
5	福州市	2.9%	2.9%	2.8%	2.7%	11.3%
6	海口市	1.9%	1.8%	3.6%	3.4%	10.7%
7	西安市	1.8%	1.8%	1.8%	5.2%	10.5%
8	兰州市	2.5%	2.4%	2.4%	2.3%	9.6%
9	郑州市	3.2%	3.1%	1.5%	1.5%	9.4%
10	重庆市	1.5%	1.5%	3.0%	2.9%	8.9%
11	武汉市	0.0%	3.4%	3.3%	1.6%	8.4%
12	南昌市	0.0%	1.6%	4.8%	1.5%	8.0%
13	拉萨市	5.3%	0.0%	0.0%	2.5%	7.8%
14	长沙市	1.6%	1.6%	3.1%	1.5%	7.7%
15	石家庄市	3.9%	0.0%	1.9%	1.9%	7.7%
年增长率平均值		1.6%	1.7%	1.5%	1.8%	6.6%

推动开展道路建设提升行动，形成可持续的道路设施建设体制，是实现道路网密度提升的重要保证。在城市老城区结合城市更新重要行动，积极开展干路改造提升、打通断头路及支路巷道整治等工作；在城市新区应严格遵循交通道路间距的规划控制条件，充分落实“窄马路、密路网”的建设理念。以西宁市为代表的部分城市，通过“畅通工程”等一系列道路交通重点项目，较好地完善城市道路体系，提升了城市道路密度；以福州市为代表的部分城市，通过开展城市道路“缓堵行动”，打通新建重要节点通道，改造老城区次支道路通行条件，实现了城市道路网密度持续提升。

面向城市高质量发展的新阶段，我国将不断推进和完善城市道路交通体系的现代化发展，加快建设形成城市快速干线交通、生活集散型交通、绿色慢行交通三大系统，随着城市更新行动和城市新区建设完善，城市道路网密度将健康持续地向国家目标要求发展迈进。

二、道路运行状态监测

（一）单日交通状态呈明显双波峰态势，大部分城市晚高峰比早高峰更拥堵

工作日，绝大部分城市单日交通运行状况呈现出明显早晚双波峰态势。其中94%的城市早高峰为8～9时，仅有拉萨、乌鲁木齐2个城市例外。75%的城市晚高峰为18～19时，除此之外，东北4市、山东半岛的济南和青岛、天津及宁波晚高峰为17～18时，乌鲁木齐晚高峰为20～21时。36个城市均呈现出晚高峰比早高峰更拥堵的现象。

周末，所有城市的早高峰都出现推迟，平均推迟2个小时，其中70%的城市周末早高峰为10～11时。但晚高峰时间与工作日相差不大，20个城市周末晚高峰为18～19时，占56%，15个城市晚高峰为17～18时，占42%。仅有乌鲁木齐为20～21时。36个城市均呈现出周末晚高峰比早高峰更拥堵的现象。

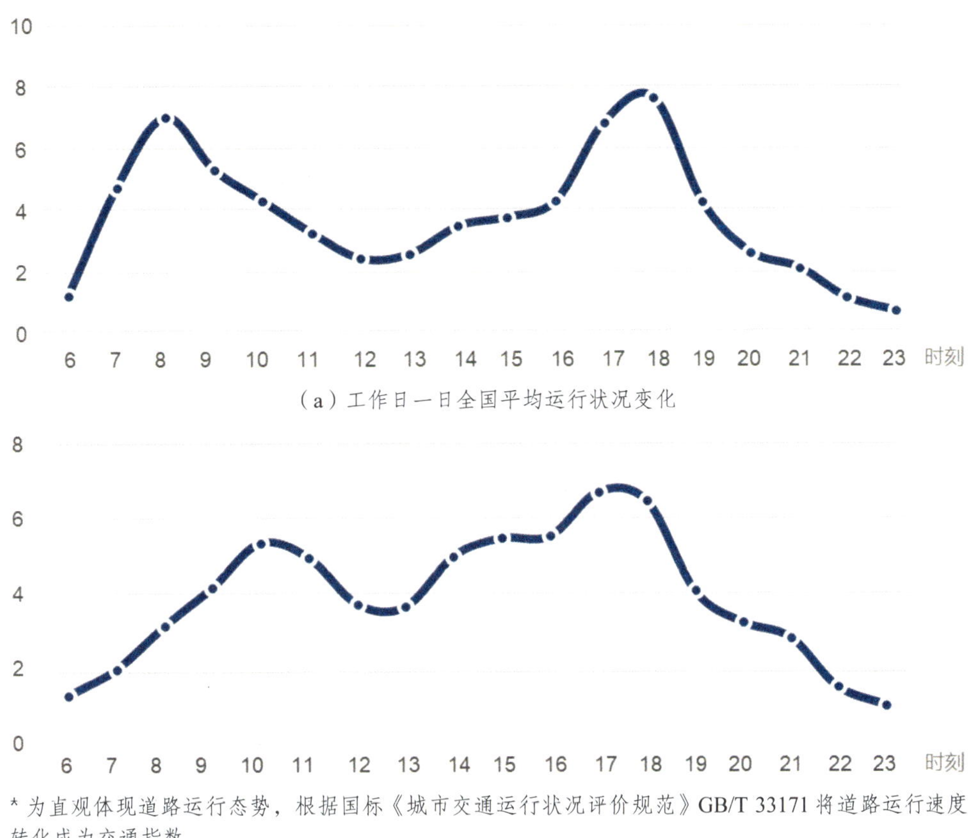

（a）工作日一日全国平均运行状况变化

* 为直观体现道路运行态势，根据国标《城市交通运行状况评价规范》GB/T 33171 将道路运行速度转化成为交通指数

（b）周末一日全国平均交通指数变化

图 2　道路交通运行状态时变图

（二）高峰平均运行速度与人均道路里程具有相关性

将本报告所涉及的 214 个行政区按人均道路里程分为 3 组，其中人均道路里程小于 5 公里 / 万人的行政区高峰平均速度 18.6 公里 / 小时；5～10 公里 / 万人之间的行政区高峰平均速度 21.3 公里 / 小时；大于 10 公里 / 万人的行政区高峰平均速度 22.7 公里 / 小时。可见，随着城市人均道路里程的增加，高峰平均速度呈明显增加趋势，两者之间呈正相关关系（图 3）。

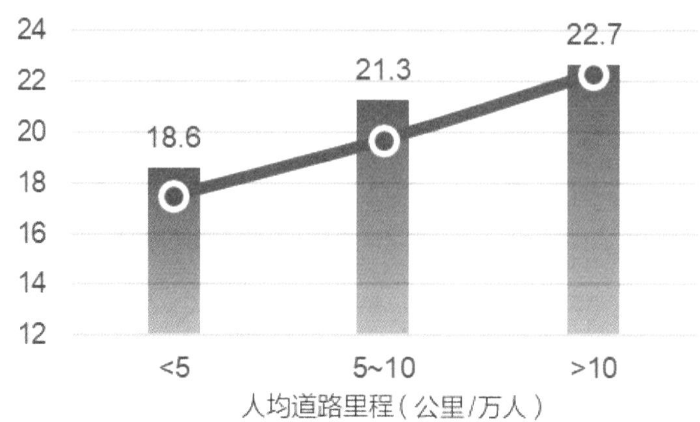

图 3　人均道路里程与高峰平均速度关系

三、相关建议

（一）加强城市现代化道路交通体系建设管理政策保障

开展道路建设提升行动，形成可持续的道路设施建设体制，是实现道路网密度提升的重要保证。建议积极推动城市道路交通建设规划体系革新，探索城市道路交通体系建设规划编制、审批、实施评估管理体系机制，完善政策法规与标准规范，强化监测与研究的技术能力保障。

以综合交通体系为引领，以“城市更新行动”“城市体检”等工作为重要抓手，组织开展道路网密度提升与体系优化专项行动计划。在城市老城区结合城市更新重要行动，积极开展干路改造提升、打通断头路及支路巷道整治等工作；在城市新区严格遵循交通道路间距的规划控制条件，充分落实“窄马路、密路网”的规划建设理念。

（二）建议开展道路网密度提升与体系优化示范工作

遴选部分试点城市，对近年来道路网密度发展较好的典型城市，开展道路网密度专项研究和提升行动。打造一批高质量城市道路交通体系建设示范城市，客观评估各类畅通工程的建设成效，总结城市道路基础设施工作规划、建设、管理、政策的先进经验，形成政策制度、规划建设、实施评估等方面的示范性模板经验，总结和推广试点城市工作成效，以指导各地城市的道路交通体系建设。

（城市交通研究分院，执笔人：赵一新，伍速锋，王芮，曹雄赳，吴克寒、廖璟瑒）

2022 年度中国主要城市充电基础设施监测

2022 年 4 月，中央财经委在第十一次会议中强调，要全面加强基础设施建设构建现代化基础设施体系，加强交通、能源等网络型基础设施建设。充电桩作为新型交通能源基础设施的重要组成部分，近几年保持强劲的发展势头。中国城市充电基础设施保有量从 2020 年的 167.2 万台增加到 2021 年的 261.7 万台，同比增幅超过 56%，新能源汽车保有量从 2020 年的 492 万辆增长到 2021 年的 784 万辆，同比增幅超过充电桩近 3 个百分点。在“车桩齐飞”的发展节奏中，城市充电设施建设紧跟电动汽车规模化发展的步伐。

为有效监测国内主要城市充电基础设施在空间发展与运营效能等方面的特征和变化趋势，受住房和城乡建设部委托，中国城市规划设计研究院作为技术领衔，联合新能源汽车国家大数据联盟、北京满电出行科技有限公司等单位开展 2022 年度中国主要城市充电基础设施的研究工作，编制完成了 2022 年度《中国主要城市充电基础设施监测报告》。

一、中心城区解析

（一）中心城区公用桩密度大幅提高，南方城市配置规模整体优于北方城市

32 座城市公用桩的平均密度超过 21 台 / 平方公里，其中深圳、上海、广州、长沙、南京和海口等城市的公用桩密度超过 30 台 / 平方公里。南方

城市的平均公用桩密度为 24.3 台 / 平方公里，高于北方城市的 15.2 台 / 平方公里。同时，南方城市私人乘用车辆的平均车公桩比为 4.1，低于北方城市的 4.9。公用桩密度排名前 6 位、车公桩比排名前 5 位的均是南方城市（图 1）。

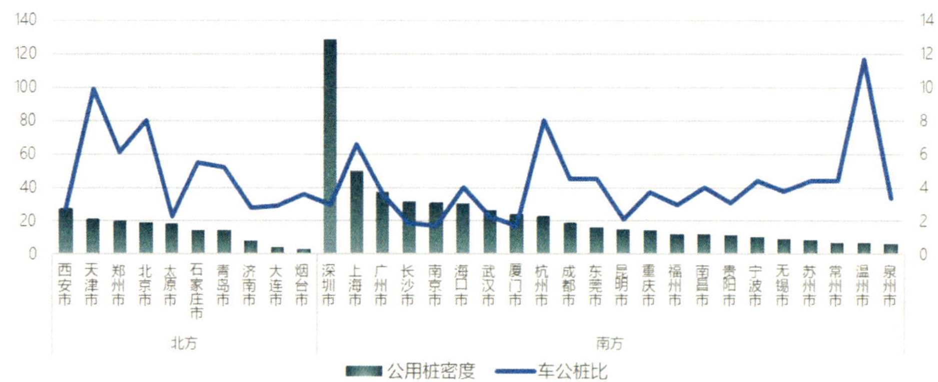

图 1　南北方城市公用桩密度、车公桩比对比图

与 2020 年相比，24 座城市公用桩密度平均增加 7.7 台 / 平方公里，相对增长率高达 44%。深圳、海口、西安的公用桩密度增幅超过 10 台 / 平方公里，海口、昆明、郑州等 6 座城市的公用桩密度相对增长率超过 50%。其中，深圳市公用桩密度增幅最高，海口市公用桩密度相对增长率超过 100%（表 1）。

24 座城市公用桩密度年度变化（单位：台 / 平方公里）　　表 1

城市名称	排名	2021 年度	2020 年度	变化量	排名变化	城市名称	排名	2021 年度	2020 年度	变化量	排名变化
深圳市	1	118.6	73.2	45.4	→	北京市	13	19.4	14.7	4.7	↓
上海市	2	49.9	41.3	8.6	→	成都市	14	19.0	13.6	5.4	↓
广州市	3	34. 4	25.8	8.6	→	太原市	15	18.7	13.7	5.0	↓
长沙市	4	32.0	22.8	9.2	↑	石家庄市	16	14.6	11.1	3.5	→
南京市	5	31.3	24.5	6.8	↓	重庆市	17	14.3	9.9	4.4	→
海口市	6	29.6	12.1	17.5	↑	青岛市	18	14.3	9.8	4.5	→
西安市	7	27.6	17.5	10.1	↑	昆明市	19	12.7	7.4	5.3	↑
武汉市	8	26.4	19.2	7.2	↓	福州市	20	12.3	8.7	3.6	↓
厦门市	9	24.5	21.2	3.3	↓	南昌市	21	12.0	8.4	3.6	↓
杭州市	10	23.2	14.7	8.5	↓	宁波市	22	10.7	7.9	2.8	↓
天津市	11	21.4.	14.5	6.9	→	济南市	23	8.1	6.2	1.9	→
郑州市	12	20.5	12.2	8.3	↑	大连市	24	4.4	4.2	0.2	→

（二）公用桩覆盖率稳步提高，直流公用桩覆盖率增幅较大

32 座城市中心城区公用桩的平均覆盖率为 73.3%。上海、深圳、西安、天津、广州和长沙 6 座城市中心城区公用桩覆盖率超过 90%，烟台、大连、常州、泉州等 7 座城市的公用桩覆盖率偏低，小于 60%。与 2020 年相比，24 座城市 2021 年的公用桩覆盖率比 2020 年提高 4.7%，相对变化率远小于公用桩密度，体现出稳步增加的特点（表 2）。

24 座城市公用桩覆盖率年度变化 **表 2**

城市名称	排名	2021 年度	2020 年度	变化量	排名变化	城市名称	排名	2021 年度	2020 年度	变化量	排名变化
上海市	1	93.3%	91.9%	1.4%	→	郑州市	13	83.8%	75.5%	8.3%	↓
西安市	2	92.0%	89.4%	2.6%	→	海口市	14	78.2%	72.3%	5.9%	↑
深圳市	3	91.9%	88.8%	3.1%	→	厦门市	15	76.3%	72.4%	3.9%	↓
天津市	4	91.9%	88.0%	3.9%	→	昆明市	16	72.4%	63.6%	8.8%	↑
长沙市	5	90.7%	86.4%	4.3%	↑	青岛市	17	71.1%	63.6%	7.5%	↑
广州市	6	90.6%	86.8%	3.8%	↓	南昌市	18	69.6%	65.2%	4.4%	↓
杭州市	7	88.7%	85.4%	3.3%	→	济南市	19	66.2%	62.6%	3.6%	→
成都市	8	88.3%	84.4%	3.9%	→	重庆市	20	62.0%	53.8%	8.2%	↑
武汉市	9	87.4%	84.1%	3.3%	→	福州市	21	62.0%	57.6%	4.4%	→
石家庄市	10	86.4%	73.3%	13.1%	↑	宁波市	22	61.8%	58.0%	3.8%	↓
北京市	11	86.1%	83.2%	2.9%	↓	太原市	23	56.9%	48.1%	8.8%	↑
南京市	12	84.6%	82.3%	2.3%	↓	大连市	24	51.2%	52.9%	-1.7%	↓

在 32 座城市的所有公桩中，直流公用桩占比均值约为 57.3%，其中，23 座城市的直流公用桩占比超过 50%，直流快充服务在多数城市中心城区的公用桩中已经占到主体。与所有公桩相比，24 座城市的直流公用桩覆盖率平均增长约 7.1%，其中 23 座城市的直流公用桩覆盖率增幅高于公用桩整体覆盖率增幅，郑州、太原、昆明、重庆、成都、长沙等城市直流公用桩覆盖率较 2020 年度增加超过 10%（表 3）。

24 座城市直流公用桩占比及覆盖率年度变化 **表 3**

城市名称	直流公用桩占比					直流公用桩覆盖率				
	占比排名	2021 年度	2020 年度	变化量	排名变化	覆盖排名	2021 年度	2020 年度	变化量	排名变化
厦门市	1	84.0%	85.2%	−1.2%	→	15	71.5%	65.6%	5.9%	↓
西安市	2	74.7%	64.5%	10.2%	↑	1	87.1%	78.3%	8.8%	↑
昆明市	3	71.9%	59.3%	12.6%	↑	17	67.0%	56.3%	10.7%	→
广州市	4	68.2%	59.1%	9.1%	↑	2	86.3%	81.4%	4. 9%	↓
成都市	5	68.1%	65.7%	2.4%	↓	9	78.4%	68.3%	10.1%	↑
郑州市	6	67.4%	54.3%	13.1%	↑	12	75.6%	60.7%	14.9%	↑
福州市	7	66.3%	58.0%	8.3%	→	21	55.0%	47.4%	7.6%	↓
济南市	8	65.6%	56.4%	9.2%	↑	23	47.2%	41.2%	6.0%	→
杭州市	9	64.8%	64.3%	0.5%	↓	3	83.3%	76.7%	6.6%	↑
重庆市	10	63.3%	51.2%	12.1%	↑	19	57.5%	47.1%	10.4%	↑
石家庄市	11	59.2%	56.5%	2.7%	↓	13	72. 6%	66.5%	6.1%	↓
大连市	12	55.4%	50.3%	5.1%	↑	24	43.8%	42.9%	0.9%	↓
青岛市	13	55.0%	49.9%	5.1%	↑	16	67.3%	59.4%	7.9%	→
南昌市	14	54.7%	45.0%	9.7%	↑	18	61.4%	54.5%	6.9%	→
天津市	15	52.3%	54.4%	−2.1%	↓	5	81.5%	76.0%	5.5%	↑
长沙市	16	51.1%	34.3%	16.8%	↑	4	82.7%	72.7%	10.0%	↑
宁波市	17	51.1%	44.7%	6.4%	↑	20	56.4%	50.7%	5.7%	↓
北京市	18	49.8%	51.1%	−1.3%	↓	6	81.5%	75.8%	5.7%	↑
武汉市	19	48.8%	49.8%	−1.0%	↓	11	75.7%	68.6%	7.1%	↓
太原市	20	46.1%	32.9%	13.2%	↑	22	50.3%	39.3%	11.0%	↑
南京市	21	44.4%	37.9%	6.5%	↓	8	79.5%	76.2%	3.3%	↓
海口市	22	43.5%	52.8%	−9.3%	↓	14	72.2%	64.4%	7.8%	→
上海市	23	27.3%	23.2%	4.1%	→	7	80.7%	78.9%	1.8%	↓
深圳市	24	15.5%	12.8%	2.7%	→	10	77.3%	72.5%	4.8%	↓

（三）充电服务效能指标总体大幅提升，各类业态建筑周边公桩效能均显著增长

24 座城市公用桩的平均桩数利用率、平均时间利用率、平均周转率在绝对值上分别提高 16.9%、5.2% 和 1.6%，相对增长率分别高达 47.5%、75% 和

84%。厦门、广州、福州、长沙、济南等城市的公用桩效能提升幅度较大，海口、石家庄、南昌、深圳等城市的公用桩效能提升幅度较小（表 4）。

24 座城市公用桩服务效能指标年度变化　　表 4

城市名称	平均桩数利用率				平均时间利用率				平均周转率			
	排名	2021年度	2020年度	变化量	排名	2021年度	2020年度	变化量	排名	2021年度	2020年度	变化量
太原市	1	80.1%	64.0%	16.1%	1	23.9%	19.6%	4.3%	1	6.0	5.1	0.9
郑州市	2	69.0%	52.5%	16.5%	3	18.6%	8.5%	10.1%	3	5.8	2.5	3.3
厦门市	3	65.7%	33.9%	31.8%	10	13.7%	5.7%	8.0%	6	4.8	2.0	2.8
广州市	4	63.6%	26.7%	36.9%	4	18.0%	5.6%	12.4%	4	5.5	1.4	4.1
西安市	5	62.9%	45.9%	17.0%	7	14.5%	11.4%	3.1%	8	4.3	3.2	1.1
成都市	6	61.0%	52.1%	8.9%	2	18.9%	12.9%	6.0%	2	5.8	4.0	1.8
天津市	7	60.9%	35.1%	25.8%	11	13.7%	6.8%	6.9%	12	3.7	1.5	2.2
青岛市	8	60.7%	48.6%	12.1%	12	13.0%	7.6%	5.4%	13	3.7	2.1	1.6
昆明市	9	59.7%	42.6%	17.1%	17	9.3%	9.5%	−0.2%	15	2.9	2.6	0.3
重庆市	10	59.0%	40.9%	18.1%	5	16.2%	9.4%	6.8%	7	4.7	2.8	1.9
杭州市	11	57.9%	46.8%	11.1%	8	14.5%	9.6%	4.9%	10	4.1	2.6	1.5
福州市	12	56.5%	35.8%	20.7%	6	14.7%	5.8%	8.9%	5	4.9	1.8	3.1
长沙市	13	55.3%	29.5%	25.8%	9	13.8%	5.6%	8.2%	9	4.2	1.4	2.2
宁波市	14	55.1%	34.8%	20.3%	13	12.4%	5.3%	7.1%	11	3.8	1.6	2.8
大连市	15	53.2%	40.3%	12.9%	14	10.9%	5.4%	5.5%	17	2.5	1.5	1.0
济南市	16	48.8%	16.2%	32.6%	15	10.6%	2.3%	8.3%	14	3.2	0.5	2.7
武汉市	17	44.2%	33.4%	10.8%	18	8.7%	5.9%	2.8%	16	2.9	2.5	0.4
北京市	18	43.5%	24.9%	18.6%	19	8.0%	4.3%	3.7%	20	2.0	0.6	1.4
海口市	19	38.7%	33.3%	5.4%	16	10.0%	6.5%	3.5%	18	2.3	1.3	1.0
南京市	20	38.1%	26.1%	12.0%	20	6.8%	4.9%	1.9%	19	2.1	1.5	0.6
石家庄市	21	35.2%	32.5%	2.7%	22	4.8%	3.9%	0.9%	22	1.3	1.3	0.1
上海市	22	33.5%	19.0%	14.5%	21	5.8%	2.8%	3.0%	21	1.4	0.6	0.8
南昌市	23	32.9%	23.5%	9.4%	24	3.7%	3.1%	0.6%	23	1.0	0.7	0.3
深圳市	24	21.8%	14.2%	7.6%	23	4.5%	2.5%	2.0%	24	0.8	0.3	0.5

与2020年相比，居住类、单位类和公建类建筑周边的公用桩效能指标均改善明显，桩数利用率、时间利用率的增幅分别在13%和4%以上。其中，公建类建筑周边公用桩的各项服务效能指标变化量绝对值最大，桩数利用率、时间利用率和周转率分别增加了16.8%、5.6%和1.8%。而从相对变化率看，居住类建筑周边公用桩的各项服务效能指标变化最大，桩数利用率、时间利用率分别提高了53%和84%（表5）。

24座城市不同业态建筑周边公用桩服务效能指标年度变化　　表5

服务效能指标	居住类			单位类			公建类		
	2021年	2020年	变化量	2021年	2020年	变化量	2021年	2020年	变化量
平均桩数利用率	40.2%	26.3%	13.9%	46.4%	31.0%	15.4%	56.5%	39.7%	16.8%
平均时间利用率	9.0%	4.9%	4.1%	9.8%	5.7%	4.1%	13.0%	7.4%	5.6
平均周转率	2.4	1.2	1.2	2.9	1.6	1.3	3.8	2.1	1.8
平均充电时长（分钟）	60.1	73.6	−13.5	53.4	62.2	−8.8	50.2	54.9	−4.7

二、城际解析

（一）典型区域城际高速沿线公桩配置水平总体较高，配置密度存在差异

广深莞区域强化了直流桩在高速公路沿线充电服务主体地位，直流公用桩整体占比达到96%，与长三角沪苏锡常区域95%基本持平。配置规模方面，广深莞、沪苏锡常区域的高速公路沿线单位里程配置的公用桩数分别达到0.23台/公里、0.15台/公里，广深莞区域超过沪苏锡常区域50%。同时，采用30公里和50公里间距计算高速公路沿线公用桩点位的覆盖长度比例，沪苏锡常区域的覆盖比例分别达到80%和98%，广深莞区域的覆盖比例增长至79%和94%，珠三角典型区域高速公路沿线覆盖率基本追平长三角典型区域。

（二）城际高速沿线节假日高峰充电需求旺盛，乘用车占比增幅明显

以长三角沪苏锡常地区城际高速沿线66个充电站为例，其单桩日周转率均值为6.5辆/（桩·天）。其中国庆假期的周转率均值为9.2辆/（桩·天），高于平常日的5.7辆/（桩·天）。沿线样例场站的时间利用率指标同样显示出节假日特征，但不同高速公路、不同场站间的充电效能差异较大，网络充电潜力有待挖掘（图2）。

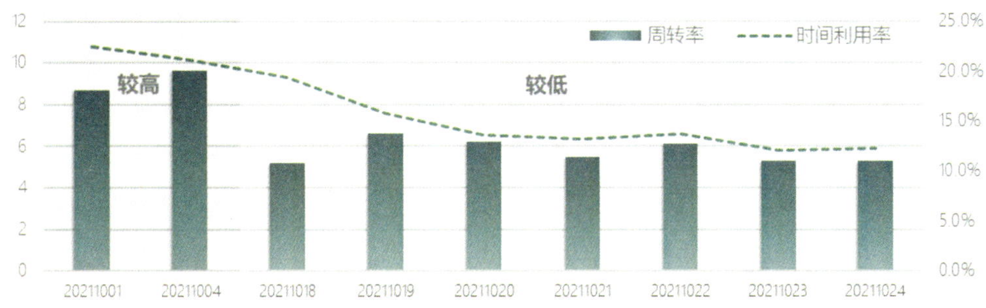

图2　长三角城际高速沿线充电站特征日周转率和时间利用率对比

2021年10月国庆长假期间跨市长途出行需求中，乘用车充电车辆增长明显，增幅达到69%，而物流车的充电数量大幅减少47%。各类乘用车中，私人乘用车仍是充电车辆的主力车型，占比达到43%，但与平常日相比，国庆节假日期间增幅最高为租赁车，达到153%，其次为出租车，增幅也达到111%，私家车增幅为66%（图3）。

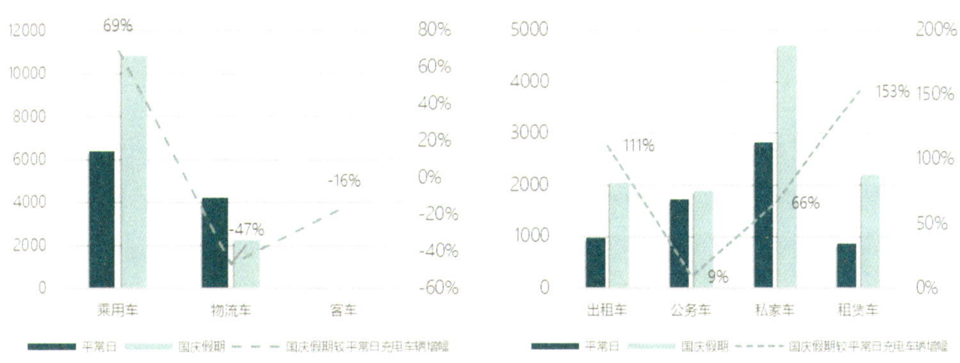

图3　高速充电站2021年国庆假期和平常日充电车辆类型对比

三、相关建议

（一）加快推进充电基础设施专项规划的编制

在“车桩齐飞”的发展态势下，建议加快推进充电基础设施专项规划编制工作，明确城市空间约束下充电基础设施的规模管控、空间覆盖、设施结构、服务效能等目标要求，结合地区发展实际明确分区分类的差异化目标要求，指导充电基础设施进行空间落位。同时，出台相应的规划编制技术导则和管理办法，明确充电设施专项规划的编制主体、审批主体和审批流程，明确该专项规划与停车设施、电力设施等其他专项规划、详细规划等的相互关系和反馈机制，科学指导规划编制工作的开展。

（二）建立充电基础设施监测平台，因地制宜开展充电基础设施服务品质提升专项行动

建议国家相关部委推动全国城市充电基础设施一体化监测平台的建设，提高充电基础设施的信息化、智能化管理水平，指导城市充电基础设施建设计划的调整，避免僵化发展目标。在推进城市更新、老旧小区改造、分布式智能电网建设等项目的过程中，可基于平台信息适时启动充电基础设施服务品质提升专项行动，深入局部分析各类业态建筑周边公用桩服务效能偏低的原因，因地制宜制定对策，实现各类用地空间、交直流充电基础设施空间配置和服务效能的均衡提高。

（三）开展充电基础设施投资评估，引导新基建投资良性发展

为避免大规模投资带动下城市充电基础设施的盲目增长，降低“僵尸桩”的存在比例，须基于规模、布局、结构、效能等基础信息，对不同区域、不同业态建筑周边等各类设施的投资效益进行定期评估，立足全生命周期，提高充电基础设施的投资精准度，以“量质并重”引导“新基建”投资的良性循环。

（城市交通研究分院，执笔人：赵一新、冉江宇、王森、廖璟瑒、张凌波）

2022年中国主要城市共享单车/电单车骑行报告

鼓励绿色出行、持续提升慢行出行环境，建设步行、自行车友好城市，是新发展阶段城镇建设工作的重点内容，也是促进达成“双碳”目标的路径选择。共享骑行作为城市慢行系统组成部分，在满足基本出行、服务公交接驳、便捷市民通勤、提升交通韧性等方面发挥了重要作用，逐渐成为民生“刚需”。为落实国家有关慢行交通政策要求与工作部署，以人为本地推动高品质共享骑行、绿色出行，住房和城乡建设部城市交通基础设施监测与治理实验室、中国城市规划设计研究院联合美团，连续第二年开展了中国主要城市共享骑行研究。

2022年9月22日，作为“中规智库”的系列研究成果，研究团队向全社会正式发布了《2022年中国主要城市共享单车／电单车骑行报告》（以下简称《报告》）。《报告》立足新发展阶段，聚焦共享骑行服务提升与行业健康有序发展，通过与2021年报告指标数据追踪对比，揭示出36座中国主要城市骑行特征与规律及年度变化。研究成果能够为城市治理、政策制定、行业发展、学术研究提供丰富的实证参考。

一、活力骑行

（一）活跃用户单次骑行距离

1. 共享单车骑行距离全面增长，电单车骑行距离增减不一

共享单车骑行平均距离1.5公里，比2020年增加140米。Ⅱ型大城市增幅更为明显。Ⅱ型大城市骑行距离平均增加160米，约是超大、特大、Ⅰ型大城市平均增长1.3倍（图1）。

共享电单车单次骑行平均距离2.4公里，与2020年一致，不同城市增减变化不一。青岛、重庆、南宁、南昌4个城市同比上升，贵阳、昆明、长沙、兰州4个城市同比下降。相较2020年，电单车与单车骑行距离差异

从 1.8 倍小幅缩短至约 1.6 倍（图 2）。

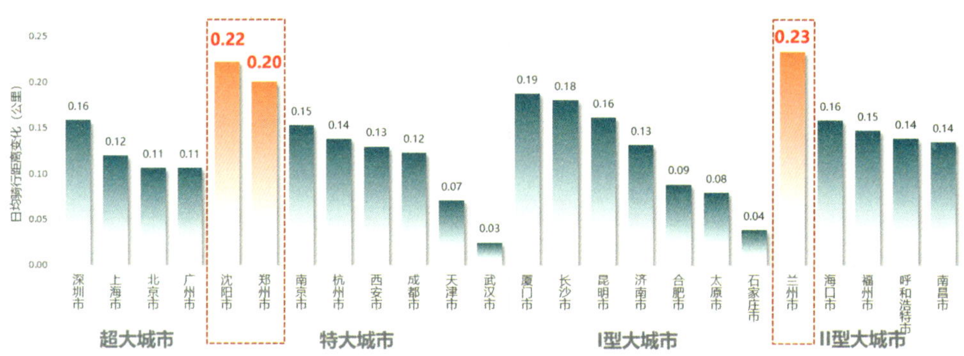

图 1　共享单车活跃用户单次骑行距离变化

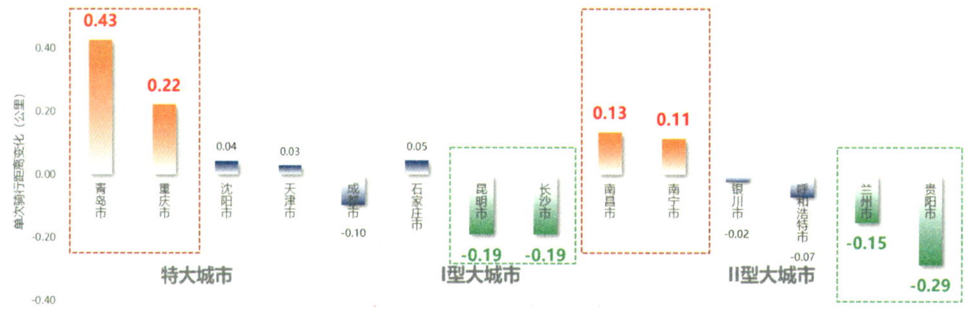

图 2　共享电单车活跃用户单次骑行距离变化

2. 共享单车短途骑行需求大幅降低，2 公里以上中长距离显著增长

大于 2 公里的出行占比由 18% 增长至 22%，1 公里内出行占比由 50% 下降至 43%。大于 2 公里上升幅度最大的为沈阳（+7%）、昆明（+6%）、兰州（+6%）。小于 1 公里下降幅度最大的为兰州（−12%）、沈阳（−12%）、厦门（−11%）（图 3）。

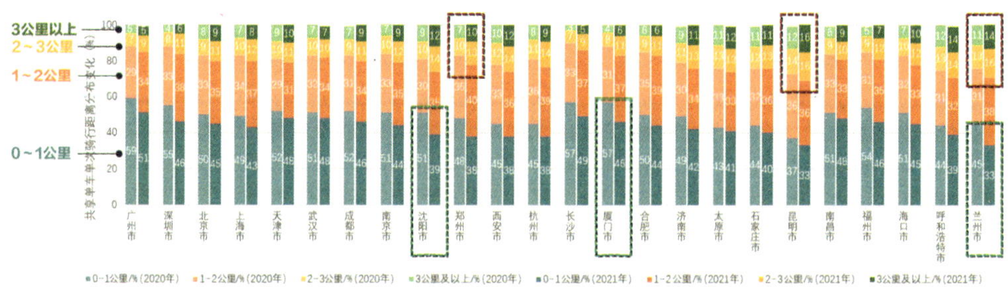

图 3　共享单车活跃用户单次骑行距离分布变化

（二）活跃用户单次骑行时长

骑行时长变化特征与距离保持同步，骑行效率相对稳定。单车单次骑行时长 10.7 分钟，平均时长增长 1.5 分钟。单车在超大城市平均骑行时长同比增长 1.4 分钟，达到 9.9 分钟，仍低于特大城市 10.7 分钟和大城市 11.0 分钟。郑州、厦门、沈阳、兰州和深圳增长超过 2.0 分钟（图 4）。电单车单次骑行时长 13.4 分钟，相比 2020 年保持相对稳定，仅个别城市呈现小幅变化。青岛增长了 1.0 分钟；昆明、呼和浩特、石家庄、银川分别下降 1.4、1.3、1.0、1.0 分钟（图 5）。

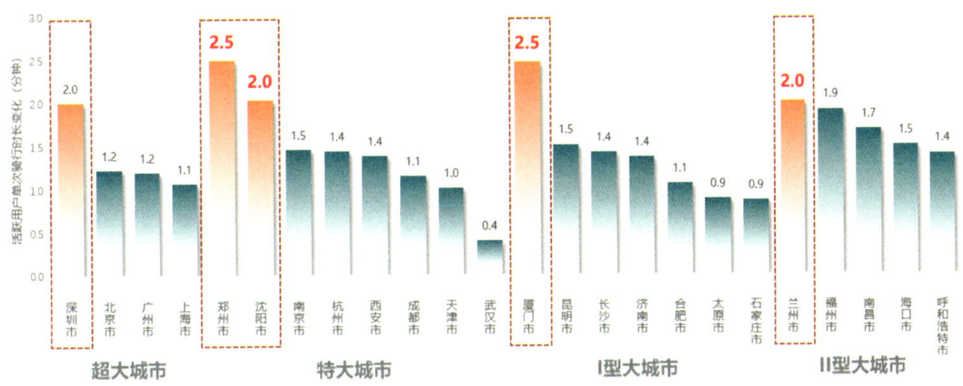

图 4　共享单车活跃用户单次骑行时长变化

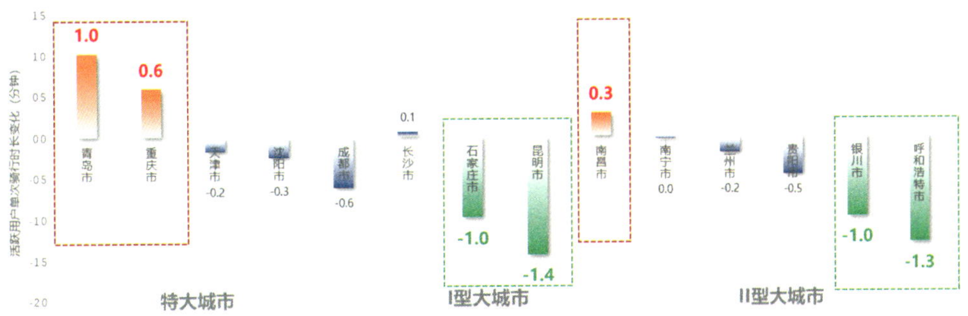

图 5　共享电单车活跃用户单次骑行时长变化

（三）活跃用户夜间骑行占比

夜间骑行比例上涨，南方城市更为突出。共享单车夜间骑行比例普涨，南方城市表现亮眼，对夜经济繁荣有积极推动作用。共享单车夜间骑行占比 7.7%，对比 2020 年上涨 1.6 个百分点。增加 2 个百分点以上的城市共有 6 座，5 座为南方城市（图 6）。共享电单车普涨趋势与单车一致，南方城市表现亮眼。共享电单车夜间骑行占比 10.4%，对比 2020 年上涨 2 个百分点。南方城市涨幅（+3.0 百分点）高于北方城市（+1.7 百分点）。上涨 2 个百分点以上仅有兰州 1 座北方城市（图 7）。

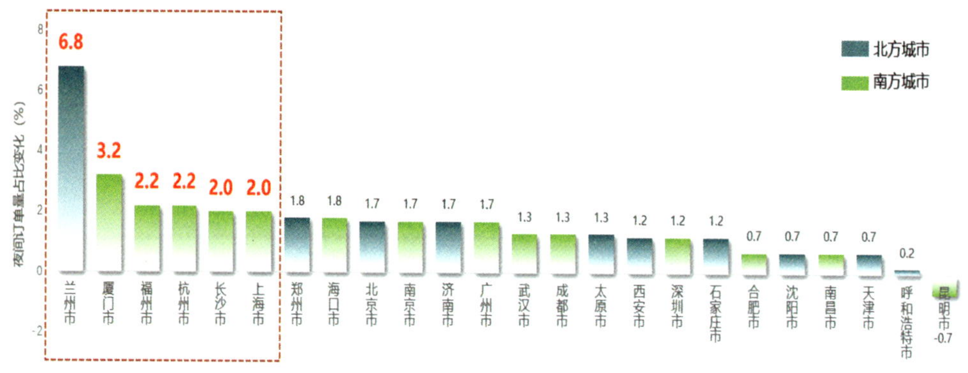

图 6　共享单车活跃用户夜间骑行占比变化

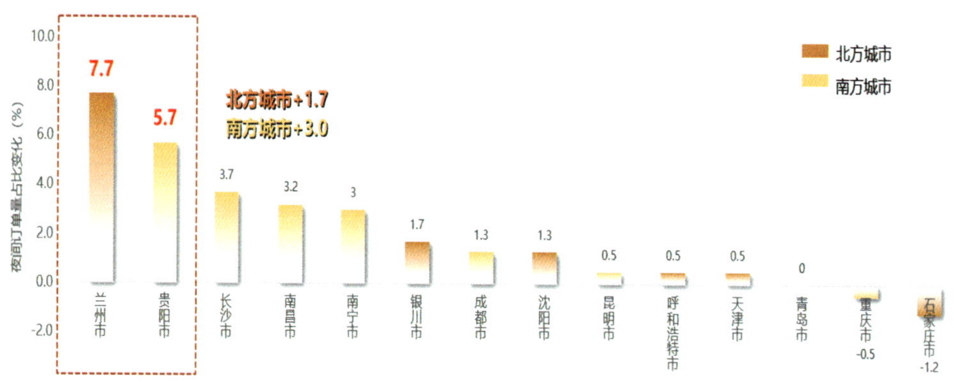

图 7　共享电单车活跃用户夜间骑行占比变化

二、轨道骑行

（一）轨道周边相对骑行强度

300 公里以上轨道运营城市，相对骑行强度明显高于其他轨道规模城市。共享单车轨道里程 300 公里以上城市轨道周边相对骑行强度达到 4.1，500 公里以上轨道里程城市达到 6.0。成都（6.8）、广州（6.4）、北京（5.9）

排名前三。按照轨网里程分类统计，共享电单车轨道周边相对骑行强度的分布规律与单车基本一致（图8、图9）。

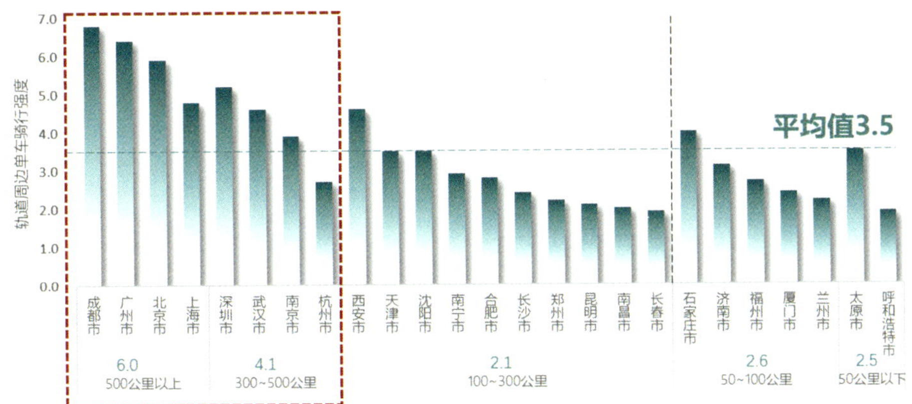

图8　共享单车轨道周边相对骑行强度

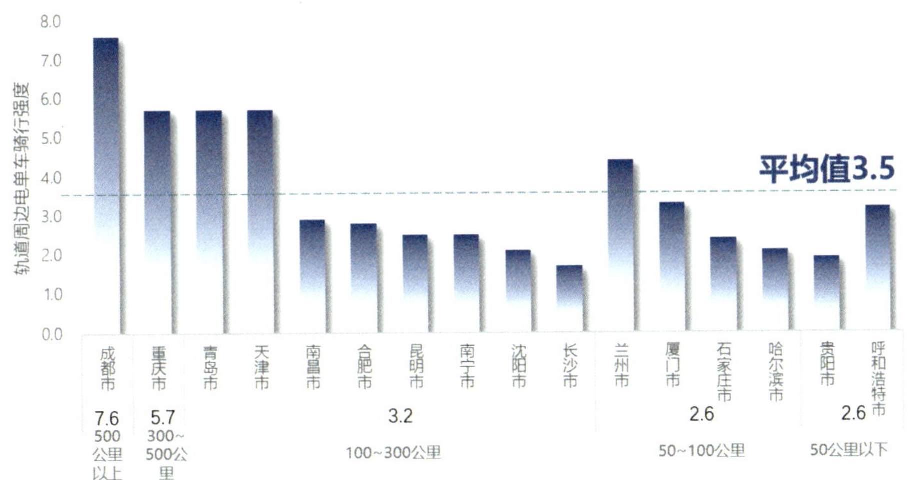

图9　共享电单车轨道周边相对骑行强度

（二）轨道周边平均骑行距离

共享单车轨道周边骑行距离增长明显，进一步拓展了轨道服务覆盖。单车轨道周边骑行距离1.4公里，对比2020年增加200米。100～300公里轨道里程城市增幅明显，平均增加12.6%。骑行距离增加200米以上的城市包括郑州、厦门、沈阳、兰州（图10）。

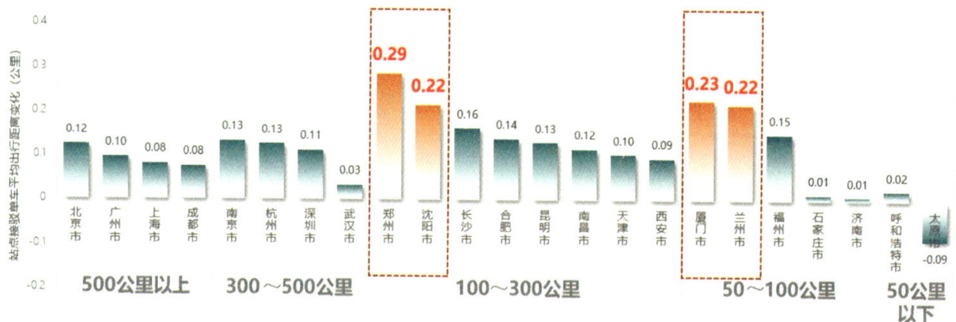

图 10　共享单车轨道周边平均骑行距离变化

（三）轨道站点骑行服务占比

77% 的轨道站点已有共享单车服务，共享电单车的接驳功能日益完善。轨道站点共享单车骑行服务占比与城市轨道里程、人口规模有一定正相关性。超大城市仅广州为 58%，北京、上海、深圳均超过 85%，成都、沈阳、太原等 6 城超 90%（图 11）。共享电单车轨道接驳仍处于培育期，部分城市指标表现突出。电单车轨道站点骑行服务占比（55%）远低于单车（77%）。部分城市已经形成服务规模，沈阳、昆明、呼和浩特、南昌等 6 座城市占比超过 70%（图 12）。

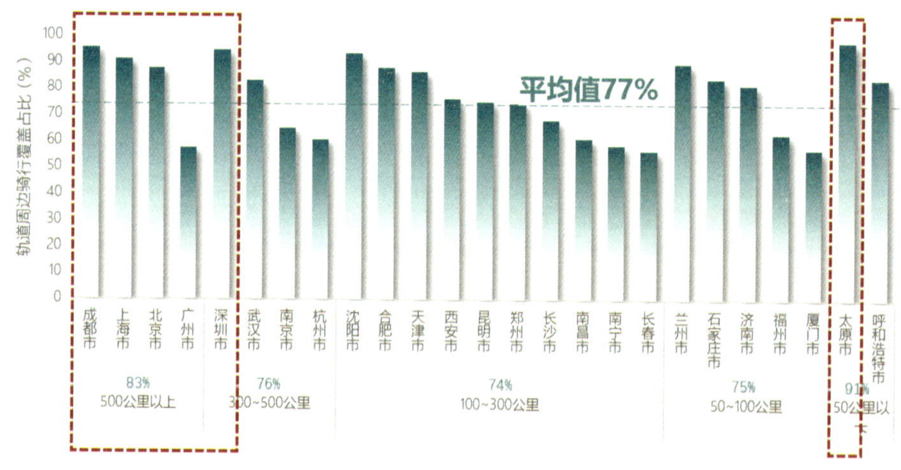

图 11　共享单车轨道站点骑行服务占比

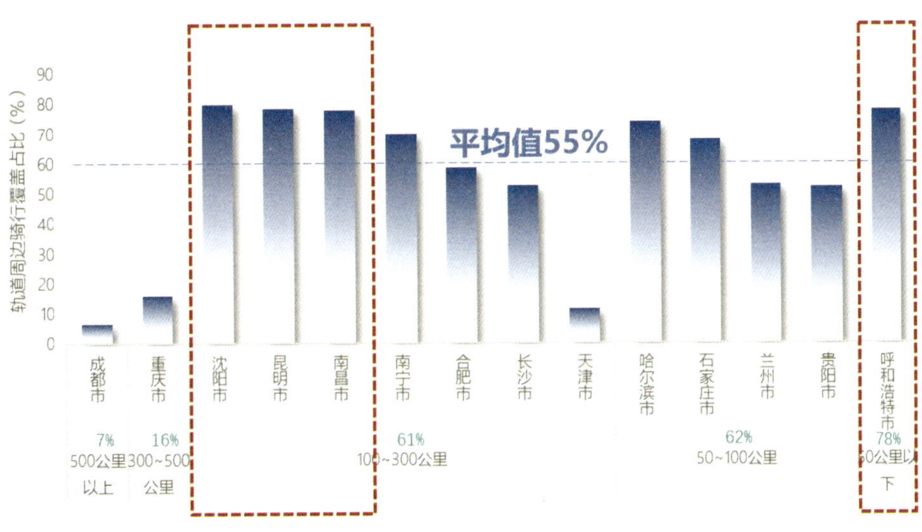

图 12　共享电单车轨道站点骑行服务占比

三、减碳骑行

（一）活跃用户人均年减碳量

共享单车人均年减碳量增幅明显，电单车城市间变化差异大。单车用户人均减碳 43.3 千克，相较 2020 年增加 8.2 千克。Ⅰ型大城市活跃用户人均年减碳量平均增幅最小（7.3 千克；Ⅱ型大城市涨幅最明显，平均增加 9.7 千克（图 13）。电单车用户人均减碳 52.1 千克，对比 2020 年各城市同比变化差异大。呼和浩特市人均年减碳量增幅最大，高达 11.6 千克；长沙市、兰州市和贵阳市人均年减碳量分别降低 6.2 千克、8.2 千克和 7.8 千克（图 14）。

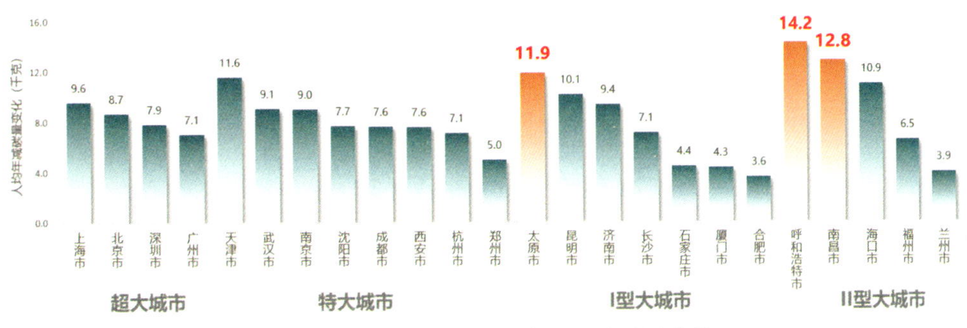

图 13　共享单车活跃用户人均减碳量变化

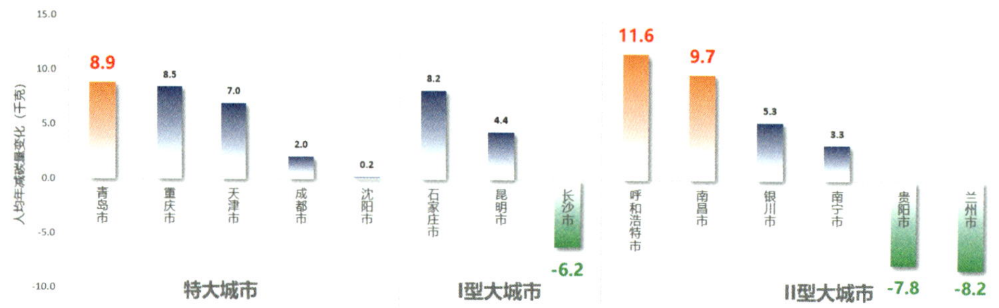

图 14 共享电单车活跃用户人均减碳量变化

（二）活跃车辆车均年减碳量

共享单车车均年减碳量普遍增长，3 座城市上涨超 20 千克。对比 2020 年，共享单车车均年减碳量同比增加 13.1 千克。Ⅱ型大城市涨幅最为明显，车均年减碳量平均增加 17.3 千克。呼和浩特、太原、南昌增长超过 20.0 千克，分别达到 33.8 千克、23.2 千克、20.8 千克（图 15）。

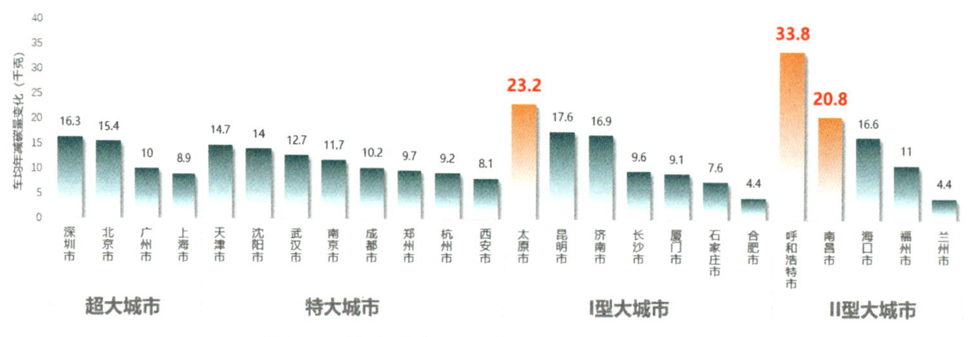

图 15 共享单车活跃车辆车均减碳量变化

四、效率骑行

（一）高峰时段平均骑行车速

共享电单车早高峰速度是共享单车的 1.3 倍，超特大城市骑行更便捷。共享电单车速度为 12.8 公里 / 小时，特大城市速度（13.1 公里 / 小时）高于大城市（12.6 公里 / 小时）。成都市和合肥市的速度最快（13.8 公里 / 小时），兰州、长沙、厦门速度低于 12. 公里 / 小时（图 16）。共享单车速度为9.7公里/小时，超特大城市速度略高于大城市（Ⅰ、Ⅱ型）速度。北京、南京、成都、昆明、太原速度高于10.0公里/小时，昆明速度最快（10.5公里/小时），长春市速度较低（8.3公里/小时）（图17）。

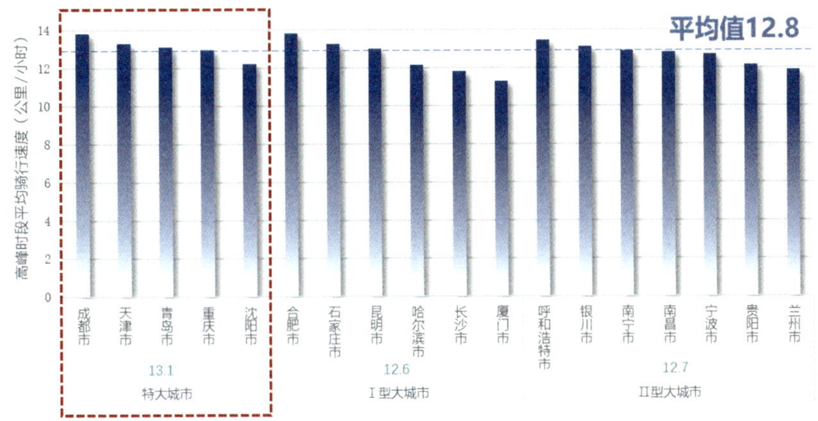

图16　共享电单车高峰时段平均骑行车速

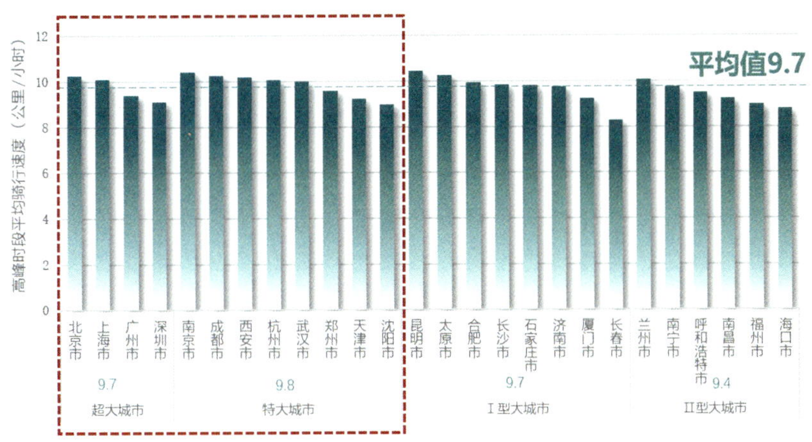

图17　共享单车高峰时段平均骑行车速

（二）骑行服务通勤人口占比

共享单车各城市平均服务通勤人口占比接近80%，部分城市电单车形成规模化服务。共享单车服务通勤人口占比与城市人口规模正相关。超（特）大城市占比（均为82%）高于Ⅰ型大城市（75%）和Ⅱ型大城市（73%）。西安、成都、深圳占比超过90%，厦门、南昌不足50%（图18）。共享电单车服务通勤人口占比（50%）远低于共享单车（78%），但部分城市表现突出，南宁、银川、昆明、呼和浩特、哈尔滨、石家庄、合肥已经形成较大服务规模（超过 70%）（图 19）。

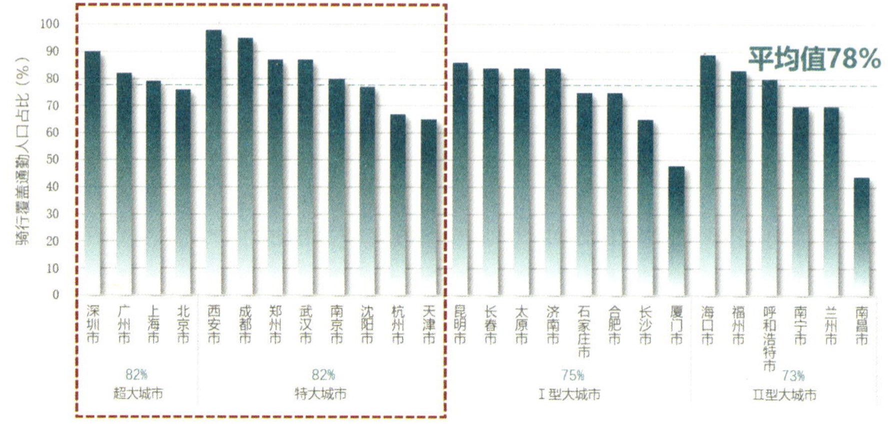

图 18　共享单车骑行覆盖通勤人口占比

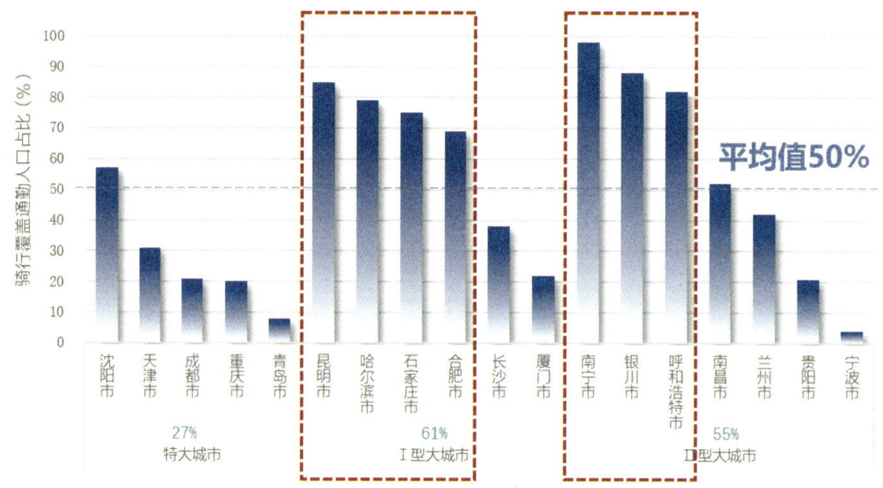

图 19　共享电单车骑行覆盖通勤人口占比

五、相关建议

（一）建议持续开展步行、自行车道提升专项行动，提升城市慢行交通出行体验与设施水平

适应新时期城市工作从“有没有”转向“好不好”的要求，结合城市

更新行动大力补齐慢行基础设施短板，提升空间环境品质，切实便利老百姓骑行出行。

（二）建议组织开展共享骑行治理提升专项行动，以需求为导向持续完善治理体系、提升服务水平

以民生需求为导向，在促进完整社区建设、服务15分钟生活圈、提升轨道接驳等高频使用场景精准发力，开展共享骑行规范管理、布局优化、运营提升、政策制定等工作，形成“共建共享共治”新格局。

（三）建议组织开展共享电单车运营试点城市工作，有序引导共享电单车健康发展

共享电单车快速普及已成客观事实，纳入政府管理成为迫切需要。选取重点城市，从市场准入、投放容量测算、运营管理规范、智慧基础设施支撑、大数据监管平台建设等方面提出实施方案，形成可复制、可推广的全过程治理体系。

（城市交通研究分院，执笔人：赵一新、殷广涛、伍速锋、康浩、王森、张凌波、白颖）

2022年度共享电单车助力县域高质量发展研究报告

县域作为城乡联系的纽带，是新型城镇化建设和城乡融合发展的重要载体。增强县城综合承载能力，提升县城发展质量，可为实施扩大内需战略、协同推进新型城镇化和乡村振兴提供有力支撑。共享电单车作为一种新型智能化、数字化、轻量化交通工具，契合县域居民的生活需求。面向县域城镇化加速发展的过程中，可能面临的公共服务和基础设施建设不足、绿色低碳转型压力增大、产业支撑薄弱等问题，通过真实数据采集和具体案例分析，探索共享电单车在助力县域城镇化发展中的积极作用。

一、改善居民出行

（一）15分钟门到门，满足中短距离出行需求

1. 平均骑行距离2.5公里，适应多元县域的出行需求

县域共享电单车平均骑行距离2.5公里，能够为县域50%以上通勤出行提供15分钟内门到门服务，共享电单车可以适应多元化的县域出行需求（图1、图2）。

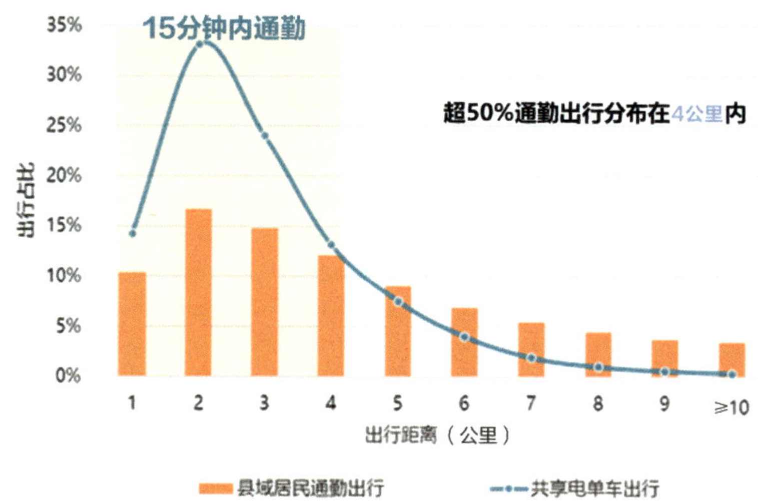

图1　县域居民通勤出行与共享电单车出行距离关系

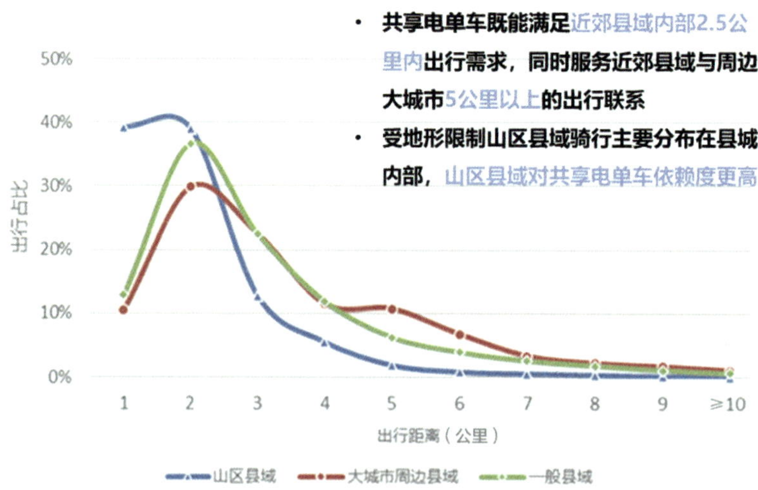

图2　不同类型县域共享电单车骑行距离

2. 平均速度 12.9 公里 / 小时，县域高效出行选择

报告研究的 24 个县域共享电单车平均骑行速度为 12.9 公里 / 小时，县域 8 公里以内的中短距离通勤出行，共享电单车“门到门”出行更为方便灵活，可以提供更高效的公共出行服务（图 3）。

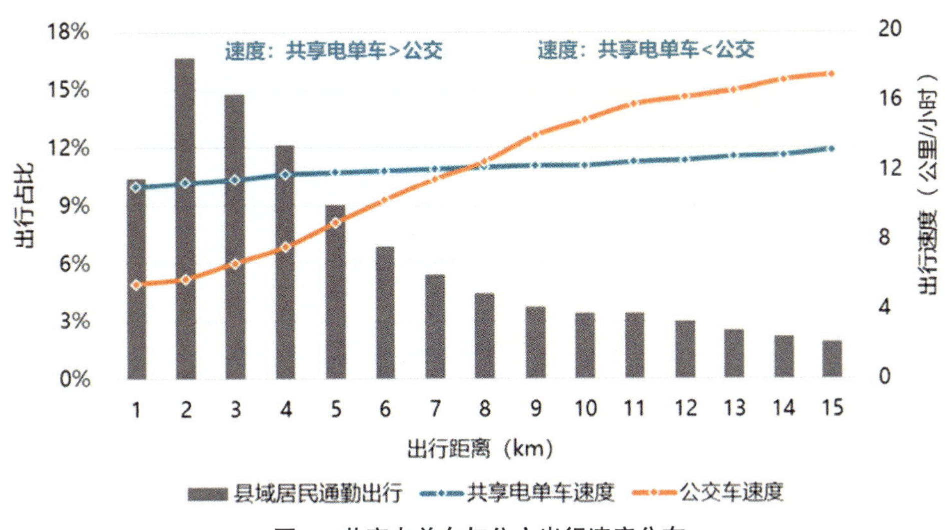

图 3　共享电单车与公交出行速度分布

（二）深入街巷全天服务，填补县域公交短板

24 个研究县域，平均 40% 共享电单车订单分布在非公交运营时段，全天候服务有效弥补县域夜间出行服务盲区（图 4）。

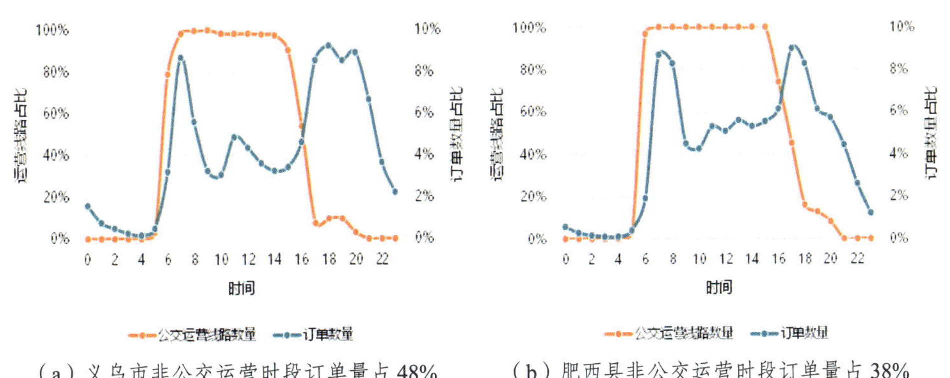

（a）义乌市非公交运营时段订单量占 48%　　（b）肥西县非公交运营时段订单量占 38%

图 4　县域共享电单车骑行时间分布（一）

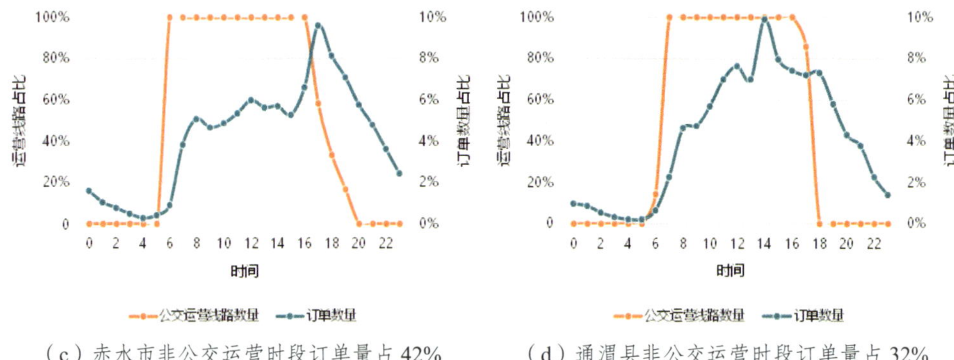

（c）赤水市非公交运营时段订单量占 42%　　（d）通渭县非公交运营时段订单量占 32%

图 4　县域共享电单车骑行时间分布（二）

（三）促进城乡紧密联系，提升城乡连接效率

1. 中等距离出行服务拓展，支撑城乡紧密联系

统计城乡通勤出行距离分布，近 50% 城乡通勤出行距离分布在共享电单车骑行优势服务范围 8 公里之内，即在共享电单车优势服务范围之内可解决一半城乡通勤出行需求，投放共享电单车为解决县域城乡通勤出行提供新思路（图 5）。

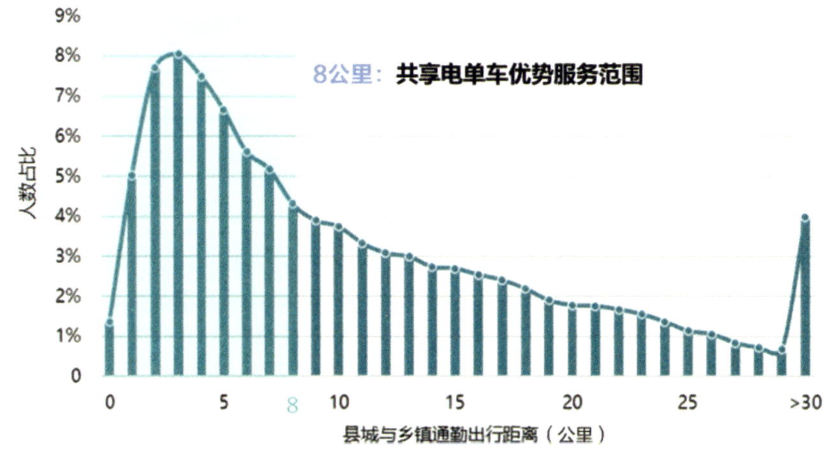

图 5　县域城镇与乡村之间通勤出行距离分布

2. 提升城乡出行效率，增强城镇对乡镇的辐射带动能力

如果引入共享电单车支撑城乡服务，30 分钟县城中心辐射范围可以达到服务半径 7 公里，共享电单车将城乡服务范围扩大 10 倍以上，共享电单车可以有效地提高城乡连接效率，提升城乡公共交通服务水平。

二、促进商业消费

（一）丰富购物出行选择，扩展商圈服务范围

1. 商场周边是骑行热点，共享电单车提供良好购物体验

共享电单车的引入可较多服务于县域居民的商业购物，晋江市 5 个典型商场周边平均每日订单占该市总订单量的 29%，且法定节假日和双休日有不同程度上涨，其便携的出行方式与高质量的出行体验能够带动人群消费（图 6）。

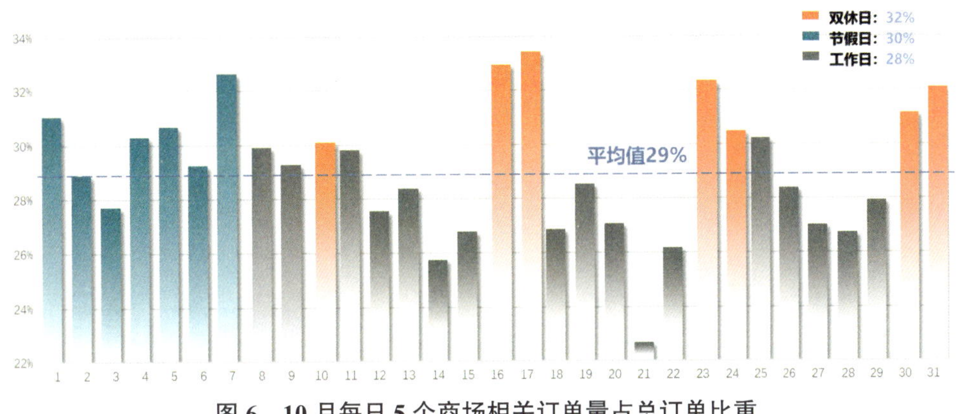

图 6　10 月每日 5 个商场相关订单量占总订单比重

2. 促进商圈腹地扩展，带动更多居民消费

共享电单车可以扩大商场原有的服务半径，促进更多的居民消费。在引入共享电单车后，晋江市 SM 国际广场周边共享电单车服务面积达到 13 平方公里，服务范围扩大了近 1.5 倍，给腹地内更多消费居民带来便利。

（二）骑行串联景区与商业，提升文旅消费体验

1. 节假日骑行人数增多，丰富全域文旅休闲体验

典型文旅县域节假日共享电单车订单量分别约为工作日的 1.5 倍。林州市节假日订单的 60%、新密市节假日订单的 56% 均来自新增用户，更多游客依赖共享电单车来提升出行体验，助力县域全域旅游高质量发展（图 7、图 8）。

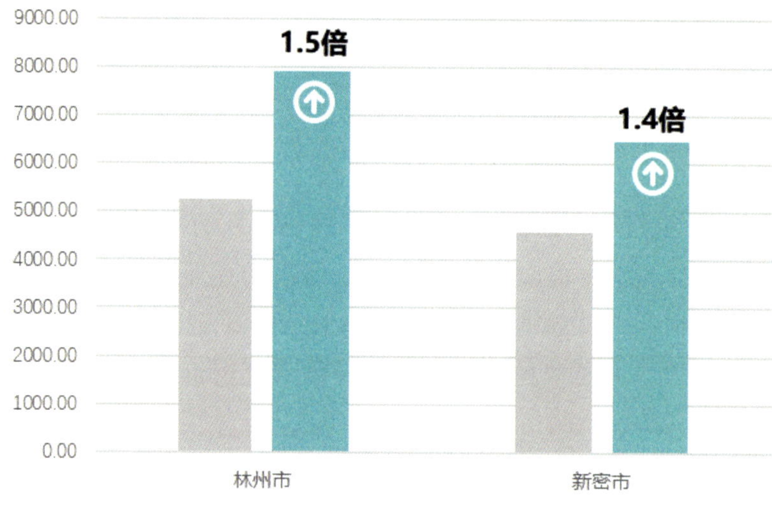

图 7　工作日和节假日日均订单量分布

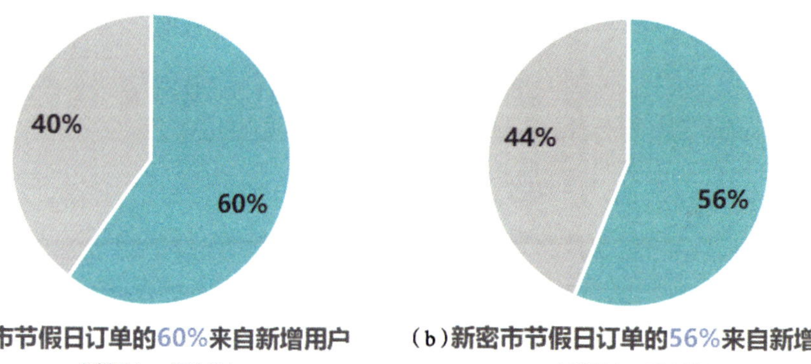

图 8　节假日新增用户和固定用户订单量占比

2. 游客骑行串联景区与餐饮，促进文旅消费

文旅用户共享电单车骑行展现了较强的活跃性，典型文旅县域近 50% 的新增用户单日骑行次数在 2 次及以上，近 50% 新增用户共享电单车骑行目的地位于景区和购物餐饮周边（图 9、图 10）。

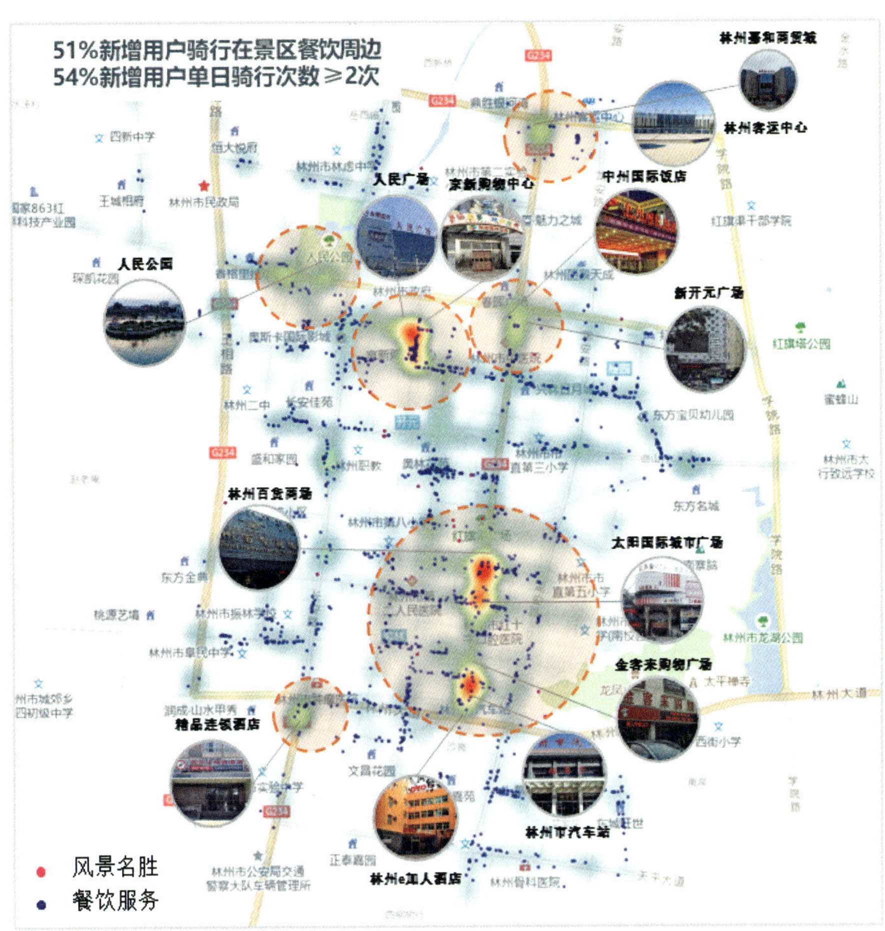

图 9　林州市节假日共享电单车新增用户订单分布热力图

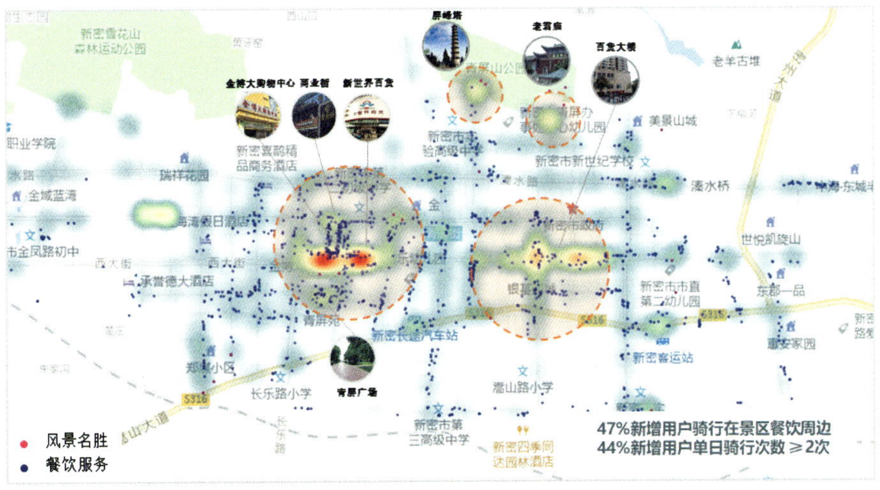

图 10　新密市节假日共享电单车新增用户订单分布热力图

三、完善园区配套

（一）服务园区通勤生活，助推产业集聚发展

1. 解决产业园区中短距离出行难题，满足通勤需求

产业园区的企业周边订单强度高，如某大型制造业企业周边平均每日产生的订单强度是整个县域订单强度近 4 倍，早晚高峰时段订单占全天总量约 47%，共享电单车为大量产业园区从业人员提供了通勤服务保障（图 11、图 12）。

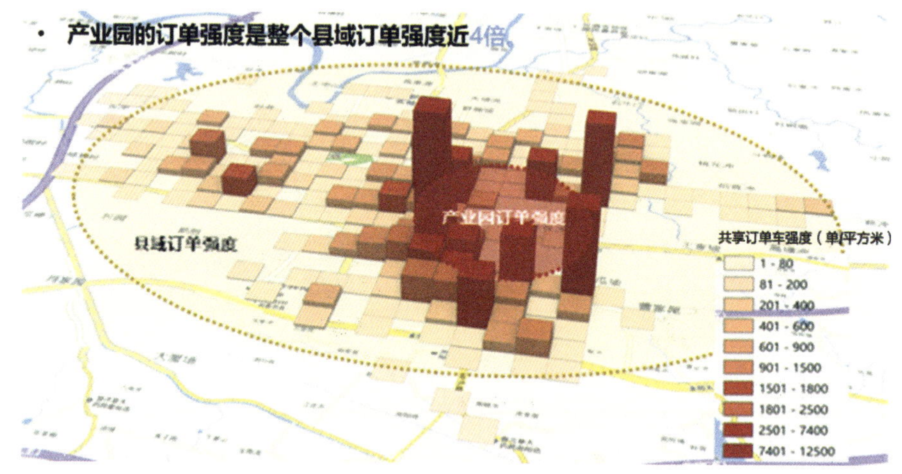

图 11　产业园区共享电单车订单强度

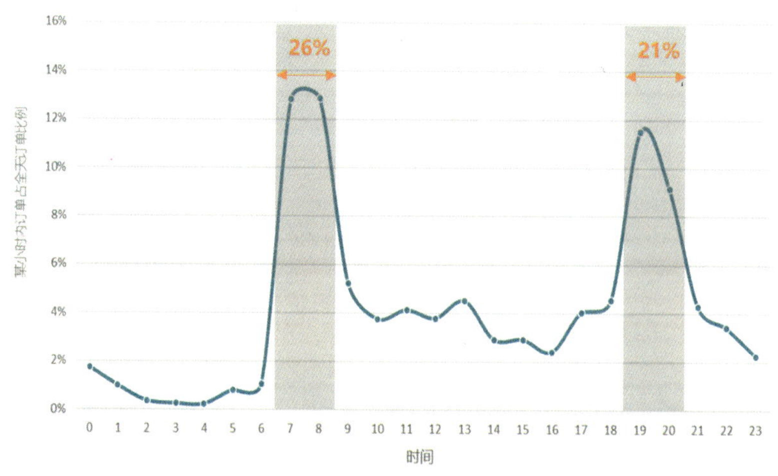

图 12　浏阳经济技术开发区某大型制造业企业附近全天订单分布

2. 服务园区高效出行，优化出行服务质量

共享电单车有效扩大园区内人群出行范围，增加了辐射腹地面积，保障园区整体服务质量。某大型制造业企业 30 分钟内共享电单车可达范围服务半径为 6.9 公里，共享电单车的服务半径可超其他两种方式服务半径 3 倍（图 13）。

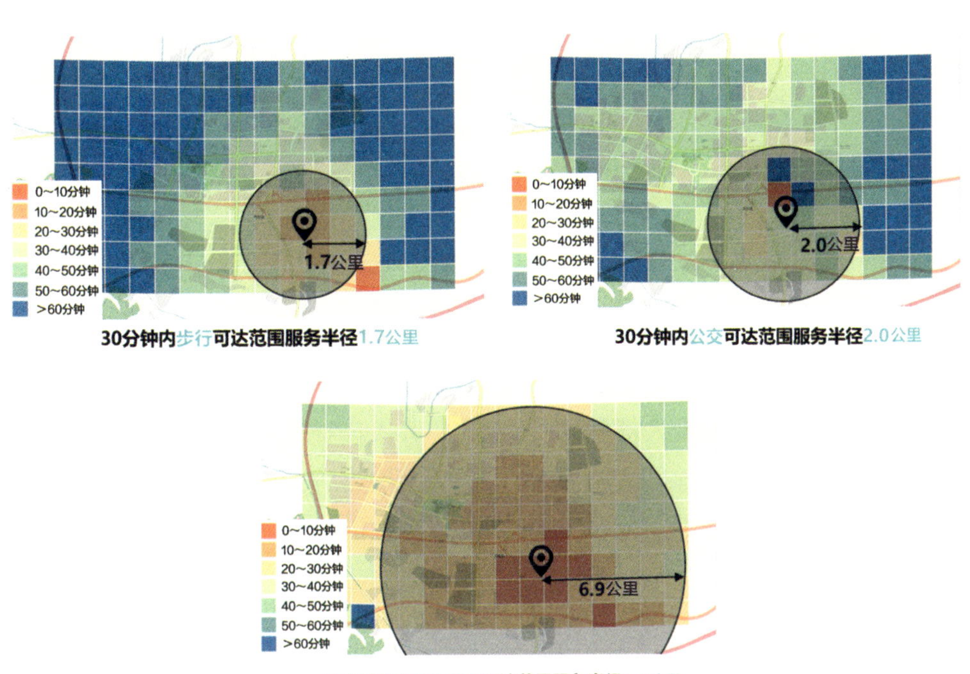

图 13　3 种交通方式可达范围

（二）受到青年出行青睐，提升科创园区配套

1. 70% 骑行来自青年，青年更依赖共享电单车

23 个县域年龄位于 16～35 岁区间的青年群体用户数量与订单量均占总体的 70%。青年群体展现了对共享电单车更高的依赖度，增强青年在县域生活中的体验感（图 14）。

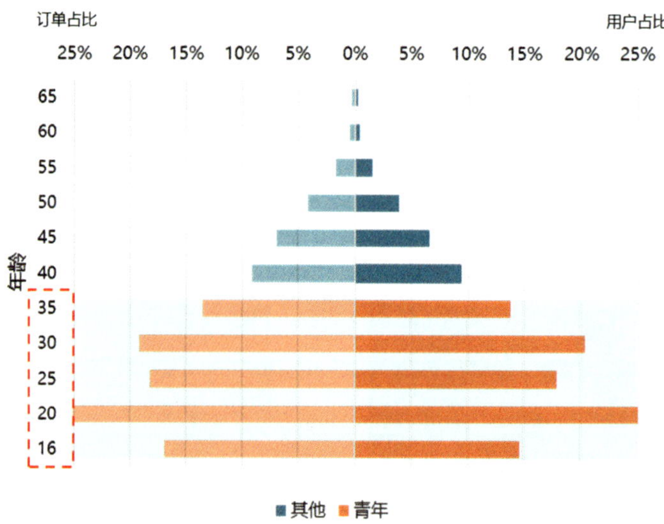

图 14　用户数及订单量按年龄分布特征

2. 丰富园区出行体验，塑造青年生活方式

共享电单车为青年人群提供了便捷的出行选择，更好地留住青年促进县域发展。郑州南大学城周边共享电单车订单目的地主要集中于双湖大道地铁站、宝相寺步行街与河南省第二人民医院附近，出行目的地类型中生活服务类占比近 40%，地铁站占比 23%（图 15）。

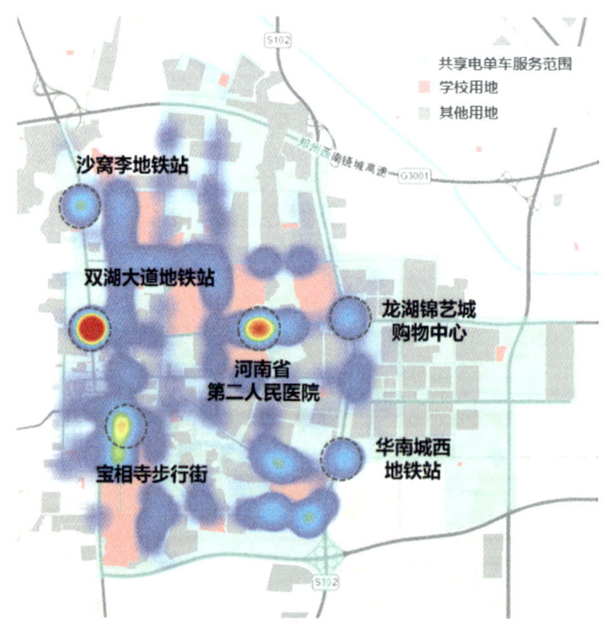

图 15　郑州南大学城共享电单车骑行目的地热点

四、保护生态环境

（一）提供低碳出行方式，促进城乡绿色出行

统计 24 个县域，共享电单车车均年减碳量 200～400 千克。单位运营面积所产生的订单量越多，车均减碳量越大（图 16、图 17）。

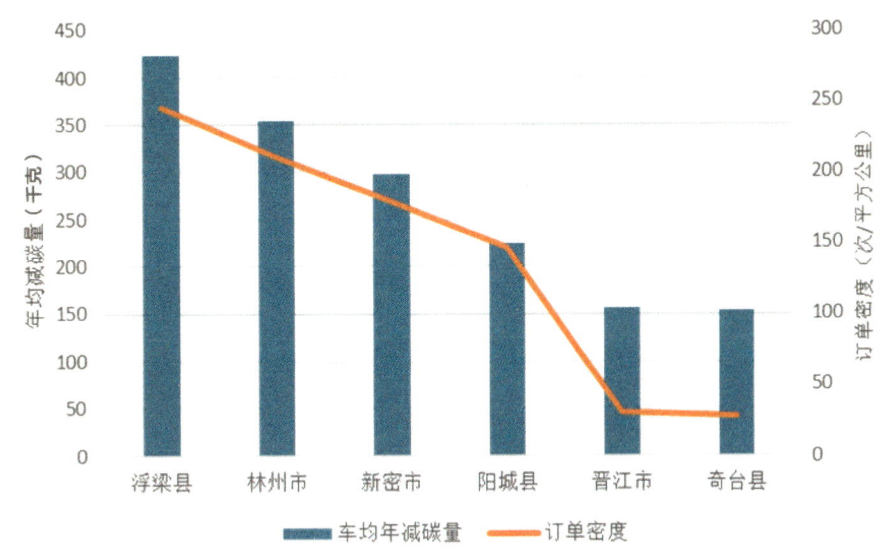

图 16　车均减碳量与订单密度关系

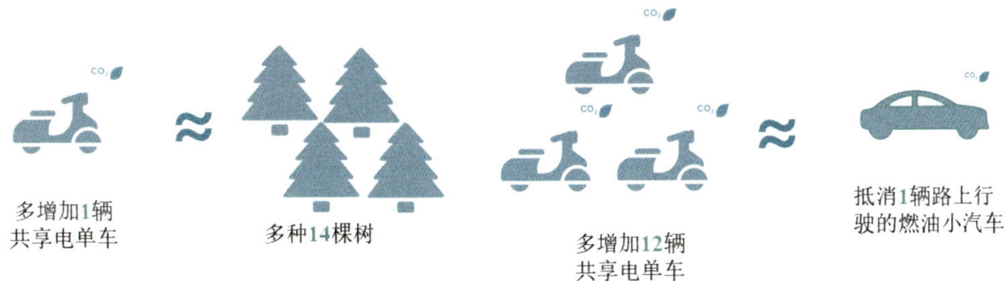

图 17　减碳骑行场景类比

（二）构建绿色生态链条，推动交通低碳转型

共享电单车严格把控从车辆设计、生产、运输、运维到报废循环的每一个环节，积极推动并实现“全链可持续”的管理实践，践行交通运输行业可持续发展（图 18）。

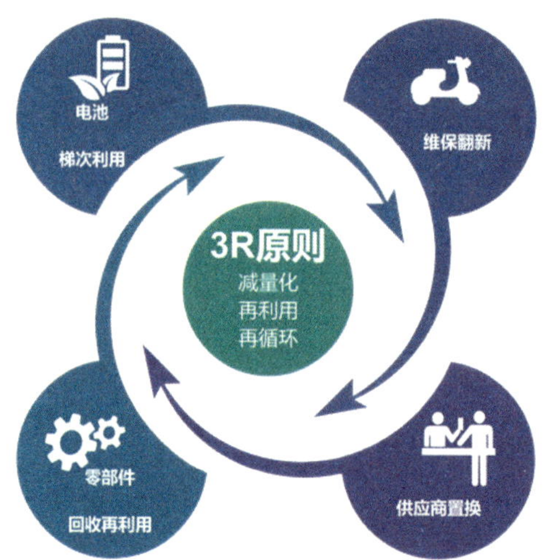

图 18　3R 原则"全链可持续"管理

五、对策建议

为促进共享电单车行业健康可持续发展，需要制定行业标准、服务标准，指导地方政府科学管理，推动共享电单车新业态发展；因时因地制宜，公共交通薄弱的新区投放共享电单车；推进县城慢行交通基础设施的规划和建设，形成有机配套。

（城市交通研究分院，执笔人：赵一新、康浩、田欣妹、付凌峰）

重庆共享单车骑行分析报告

重庆作为世界上最大的山地城市，在地化的交通设施和出行体验是极为重要的城市标签。随着城市空间扩展与生活水平提高，市民的出行需求日趋多元，以共享电单车为代表的非机动化出行，正逐渐成为山城人民的出行选择。共享电单车自 2019 年投放以来，迅速成为城市共享交通和非机动化出行的最重要载体，在满足重庆市民中短途出行需求、改善换乘接驳、助力城市交通减排和缓解交通拥堵等方面发挥了积极作用。

2021 年 12 月，研究团队向社会发布《重庆共享电单车骑行分析报告》（以下简称《报告》），《报告》结合山地城市特点、把握重庆共享电单车发展特征，得出骑行需求时空分布特征、轨道与共享电单车接驳关系、典型出行场景、社会效益等方面研究成果，以期为市民出行、部门管理、行业发展、学术研究提供实证素材与决策参考。

一、在重庆共享电单车具有全民友好和全时服务的基本特征

重庆市共享电单车主要投放在大学城、蔡家、水土、大渡口、巴南、环照母山等区域。在骑行出行需求上，高频次出行用户主要分布于大竹林、人和、水土、大学城、九宫庙等居住小区、高校、工业企业集中区；在大渡口、大学城、水土等区域，共享电单车利用率较高，已成为居民出行的常见方式（图 1）。

共享电单车主要服务于中短距离出行。用户的平均骑行距离为 2.2 公里，中位数骑行距离为 1.9 公里，相较于其他城市重庆共享电单车“中短距离”出行特征更加明显；其中距离超过 6 公里的骑行较多出现在大学城、水土等城市外围地区，这些区域现状公交服务相对薄弱，部分用户选择共享电单车替代公交出行。用户平均骑行时间为 10.7 分钟，中位数骑行时间为 7.3 分钟，在“15 分钟生活圈”内共享电单车的服务优势明显。

从出行时刻分布上看，以通勤为目的的骑行比例较高。超过 50% 的共享电单车骑行发生在早晚高峰时段，骑行在早高峰时段（7～9 点）更加集中，高峰时段与机动车交通早高峰相一致；而晚高峰则持续了更长的时间（17～21 点）。早、晚高峰骑行强度分布的一致性较高，高强度骑行需求集中于金山公园、重庆北站、金海湾、重庆大学、熙街、大渡口公园等地点周边（图 2、图 3）。

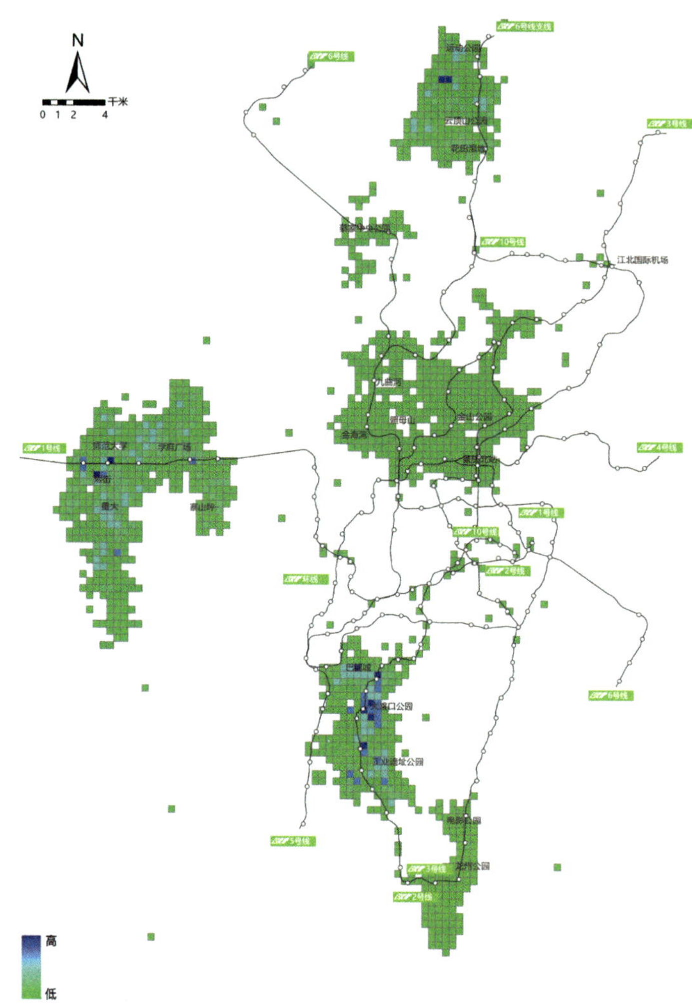

图 1　高利用率共享电单车空间分布特征

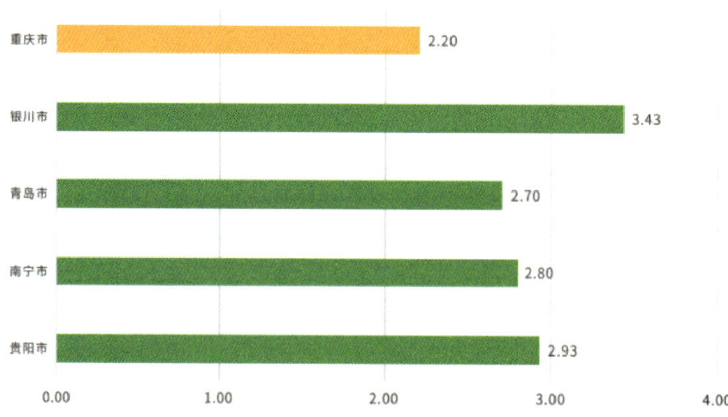

图 2　共享单车平均骑行时间对比

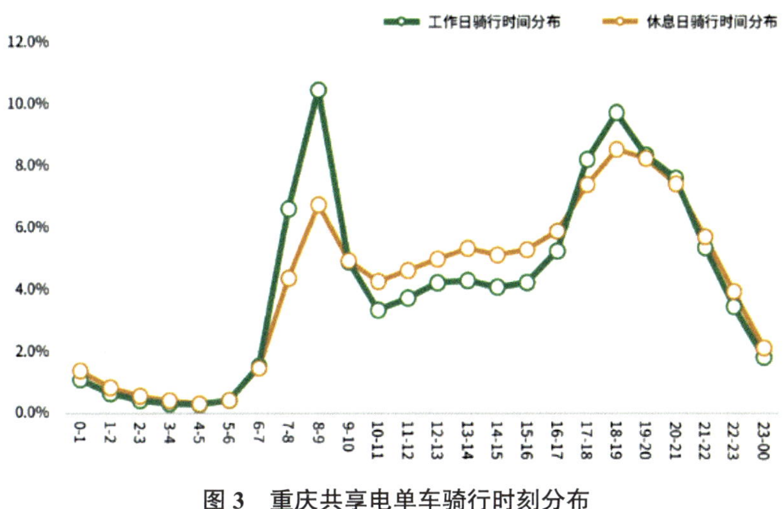

图 3　重庆共享电单车骑行时刻分布

二、共享电单车对完善城市交通服务、绿色低碳发展等方面具有重要意义

（一）提升中短距离出行效率

根据近 5 年《重庆市中心城区交通发展年度报告》，重庆内环以内干路网高峰时段平均车速约为 20 公里 / 小时，公交车平均车速 14.1 公里 / 小时。而共享电单车用户平均行程速度为 13.4 公里 / 小时，骑行效率相对较高；在早晚高峰时段，行程速度接近地面公交。

（二）夜间公共交通的重要补充

目前重庆轨道交通和大部分公交线路的运营时间约为 6：00—23：00，此时段外共享电单车成为夜间出行的重要方式。《报告》显示，用户夜间骑行占全日骑行比例约为 8.8%，其中大渡口和巴南区域夜间骑行比例分别达到 10.4% 和 9.0%。用户夜间骑行需求主要集中在环照母山区域、大学城，其中环照母山区域夜间骑行订单占中心城区（主城九区）夜间骑行订单比例为 39.4%（图 4、图 5）。

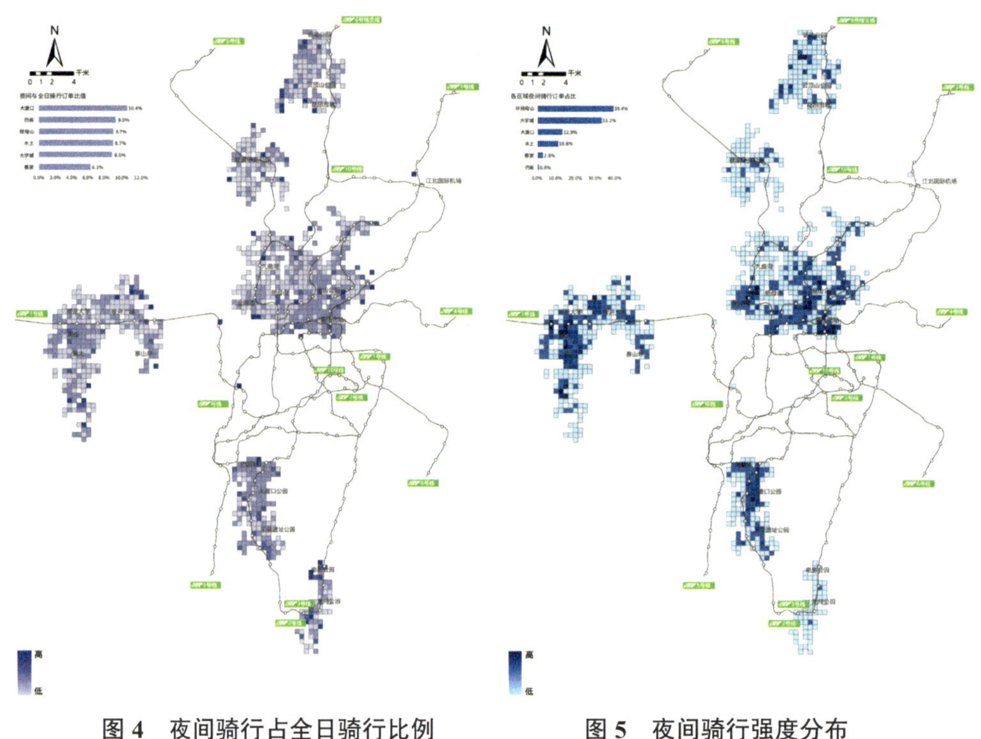

图 4　夜间骑行占全日骑行比例　　图 5　夜间骑行强度分布

（三）低碳减排与经济灵活属性突出

相较私人小汽车，重庆共享电单车活跃用户每年在通勤上可平均减排 47.64 千克，减排效果明显。同时共享电单车是培育客流、促进社区微循环出行的重要方式，是支线公交的有益补充。共享电单车前期投入低，投放区域、数量灵活，当客流量较小时，共享电单车的经济性较好，可以起到社区微公交功能（图 6）。

（四）激活街区与街道活力

邻近高校、商业、居住区和轨道站等地点骑行人气最高。骑行行为主要集中于贯通性较好、断面较宽的街道；特别是带有非机动车专用路权的道路（表 1）。

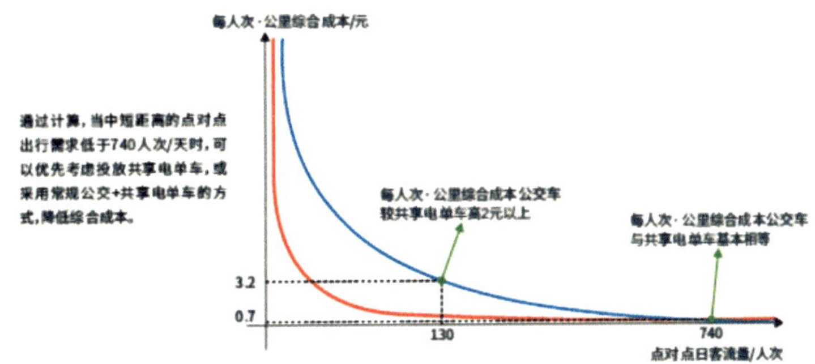

图 6　共享电单车与公交车综合成本比较

重庆中心城区全日热门骑行地点、热门骑行走廊　　表 1

排序	热门骑行地点	排序	热门骑行走廊
1	轨道大学城站	1	大学城中路
2	大学城熙街	2	大学城南路
3	万寿公租房 C 区	3	大学城南二路
4	广达电脑制造城	4	丰和路
5	大地企业公园	5	金通大道
6	轨道大竹林站	6	龙寿路
7	轨道陈家桥站	7	黄山大道
8	万寿公租房 A 区 2 组团	8	金童路
9	轨道微电园站	9	万年路
10	轨道尖顶坡站	10	云福路

三、延伸轨道交通服务，形成轨道骑行出行圈

（一）轨道站点辐射范围大幅提升

共享电单车已成为轨道交通的重要接驳方式，极大改善了山地城市轨道站点辐射范围小的问题，大多数轨道站点的辐射范围提升至 1.5 公里以上。以环照母山区域为例，轨道＋电单车基本可以覆盖环照母山区域的全部范围。

（二）衔接模式呈现多样化特点

由于各个轨道站点周边用地功能差异，形成了不同的出行衔接关系。大竹林、光电园等区域是早高峰骑行的出发地、晚高峰骑行的目的地。大学城、和睦路等区域是早高峰骑行的目的地、晚高峰骑行的出发地。园博园、刘家院子等区域主要是骑行的起点（图 7、图 8）。

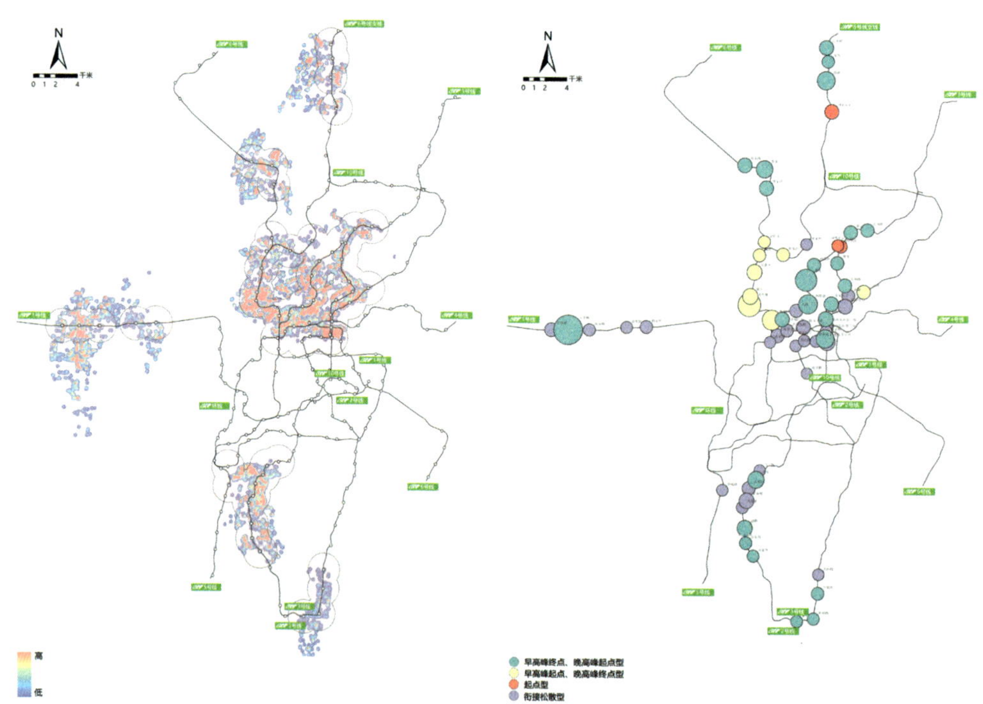

图 7　电单车接驳轨道站点辐射范围　　图 8　轨道站与共享电单车衔接模式分类

（三）以轨道站点为中心形成骑行圈

目前已形成13个较大规模的轨道骑行圈，主要包括大学城区域的熙街、轨道大学城站，环照母山片区的大竹林、光电园、重光、民心佳园、狮子坪，蔡家片区的轨道蔡家站，水土片区的万寿公租房，大渡口片区的平安等。根据现场踏勘和问卷调查，在这些社区交通秩序更佳、市民对共享交通的满意度较高（图9）。

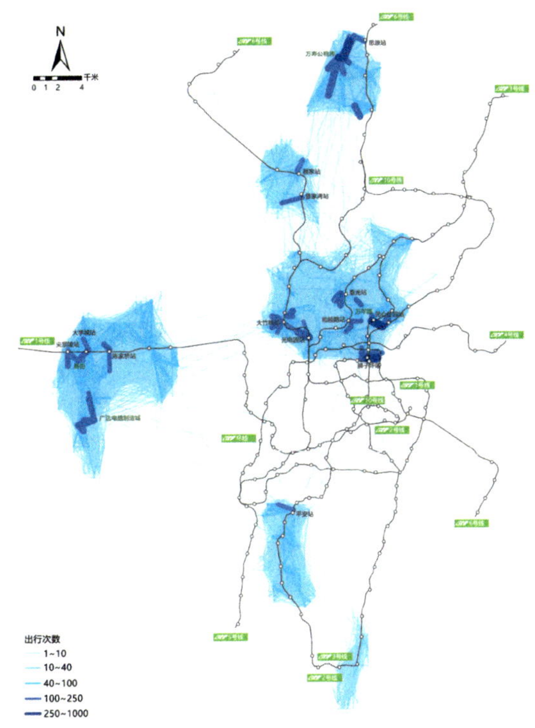

图9　轨道骑行圈分布

四、发展展望

（一）政策建议

车辆准入：建议对于轨道站点周边、商业街、城市新区等慢行出行量大、起终点分散的区域，宜适当放开共享电单车限制。

停车点布局：建议对于轨道站点、商业街等吸引力强的骑行组织中心，应采取大集中、小分散的停车布局方式，规范停车空间，疏解出行需求，减少电单车与行人冲突。对于使用量较大的区域，应进行泊车点的详细设计。其他区域根据实际需要分散布局。

路权保障：建议对于重要的非机动车出行通道，结合道路坡度与竖向情况，逐步施划非机动车道、并进行适应性改造。

（二）行业支撑

车辆管理：监测车辆的状态，评估并进行优化调整。

安全措施：包括禁止载人，禁止16岁以下未成年人使用共享电单车，增加骑行护具等。

安全培训：通过线上APP或小程序、线下活动等方式，向用户推送安全骑行的相关知识。

（西部分院，执笔人：金刚、张洋、刘博通、王亮）

第三章　建言献策

第一节　高质量发展

中国式现代化对城市建设的新要求
——党的二十大报告学习体会

习近平总书记在党的二十大报告中指出：“坚持人民城市人民建、人民城市为人民，提高城市规划、建设、治理水平，加快转变超大特大城市发展方式，实施城市更新行动，加强城市基础设施建设，打造宜居、韧性、智慧城市。”这是党中央对新时代新阶段城市工作作出的重大战略部署，也是中国式现代化对城市建设的新要求。

一、内涵认识

（一）人民城市人民建、人民城市为人民

坚持人民至上是我党百年奋斗的不变情怀和制胜法宝，也是城市建设的根本宗旨。

坚持“人民城市人民建”，就是紧紧依靠人民，坚持广大人民群众在城市建设和发展中的主体地位，构建“自治、法治、德治相结合”“共谋、共建、共管、共评、共享”的基层治理体系，实现美好生活共同缔造。

坚持“人民城市为人民”，就是不断造福人民，将人民群众满意度作为衡量城市规划建设做得好不好的标准，充分了解和回应每一个“具体的人”而非“抽象的人”的差异化诉求，因地制宜、因时制宜地回应不同市民的基本型需求、改善型需求和提升型需求，让人民群众在城市生活得更方便、更舒心、更美好。

我们要紧紧跟踪人口总量和结构的新变化、新趋势，了解不同群体的差异化、多元化需求，推进城市建设的“供给侧”改革。近年来，我国城

镇人口增速明显放缓，且向超特大城市集聚趋势显著增强。根据全国人口普查数据统计，2010—2020 年我国城镇人口年均增速约 3.1%，较 2000—2010 年下降了 0.7 个百分点。同时，超特大城市人口快速增长，2020 年我国 21 个超特大城市人口总量达到 2.9 亿人，较 2010 年增长了 5515 万人，贡献了全国人口增量的 76.5%。在推进中国式现代化进程中，立足“人”的视角，应重点关注四个“2 亿人”，一是“2 亿”新市民、青年人，现在大城市有 70% 的新市民和青年人租房住，面临买不起、租不好房的现实问题，政府需给予更多保障；二是“2 亿”居住生活在设施不健全的城镇老旧小区中的人，他们的住房质量亟待改善；三是“2 亿”老年人，目前我国基础设施适老化力度不足，需加快推进城市建设的适老化转型；四是“2 亿”儿童，应立足 1 米高度的视角，推动儿童友好型的城市空间建设。

（二）提高城市规划、建设、治理水平

提高城市规划、建设、治理水平是实现城市治理体系和治理能力现代化的必然要求。

要树立全周期管理理念。把全周期管理理念贯穿城市规划、建设、治理全过程各环节，增强城市的整体性、系统性、生长性，促进城市全生命周期的可持续发展。为此，要建立“规划—建设—治理—评估—规划调整”的动态反馈机制，实时应对外部不确定性变化，调整工作的目标和任务。

要推进多元化治理。推动从“七分建设、三分治理”转向“三分建设、七分治理”，从窄领域的、政府一元化管理转向宽领域的、政府—社会—市民多元化治理；要推动城市管理体制机制的完善，发挥城市党委、政府的横向统筹作用，推动各政府部门协同合作，实现“条块结合、以块为主”，重点解决因事权不清导致的“落地难”问题；要强化“街道”作为国家治理体系中的“底层支撑”作用，赋予其面向上级各政府部门、各类行政事权的属地化统筹管理权力，发挥其衔接政府与社区的纽带作用。

要推进精细化治理。要适应城镇化较快发展的中后期由大规模增量建设转为存量提质改造和增量结构调整并重的趋势，加强城市高度、密度、强度等方面的精细化管理；要推动拆改许可、土地置换、物权转移、不动产投资信托、经营性物业持有等适应存量时代的体制机制创新；要运用新

一代信息技术建设城市综合运行管理服务平台，加强对城市管理工作的统筹协调、指挥监督、综合评价，建立和完善城市安全运行管理机制，实现对风险的源头管控、过程监测、预报预警、应急处置和系统治理。

（三）打造宜居、韧性、智慧城市

城市是贯彻新发展理念的重要载体，是构建新发展格局的重要支点。打造宜居、韧性、智慧城市，努力把城市建设成为人与人、人与自然和谐共处的美丽家园，走出一条中国特色新型城镇化和城市发展道路，对以中国式现代化全面推进中华民族伟大复兴，具有重要而深远的意义。

近年来，在城市人居环境显著改善的同时，“资源环境约束趋紧、公共安全事故频发”等问题也日益突出，“绿色发展、保障安全”既是我国现阶段最迫切需要破解的课题，也是国际社会共同关注、关系人类长远发展的话题。联合国可持续发展目标（Sustainable Development Goals，SDGs）表明，“建设包容、安全、有抵御灾害能力和可持续的城市和人类住区”已成为世界各国的共识。打造宜居、韧性、智慧城市，有利于增强城市的整体性、系统性、宜居性、包容性和生长性，有利于统筹城市发展的经济需要、生活需要、生态需要、安全需要，建立高质量的城市生态系统和安全系统，推动城市从粗放型外延式发展向集约型内涵式发展转变①。

宜居、韧性、智慧城市建设是一项系统性的工程，需重点加强以下四方面的工作：一是持续关注中国城镇化的特征、问题和发展趋势，科学研判我国国土空间布局优化调整的方向，健全我国城镇体系布局；二是加强对城市群、都市圈等重点区域的针对性研究，其中超大特大城市是规划、建设、治理的重中之重，科学管控城市密度、高度、强度，实施基础设施补短板和更新改造专项行动；三是把生态和安全放在更加突出位置，提高城市全生命周期的风险防控能力，其中的风险挑战既包括产业链供应链“断链”带来的经济安全风险、信息化引发的颠覆式变革挑战，也包括全球气候变化导致的极端天气气候增加风险等；四是推进新型城市基础设施建设和更新改造，加快建设城市信息模型（CIM）平台，助力城市管理者科学决策、精细管理、快速响应，从而提升城市竞争力。

① 王蒙徽．打造宜居韧性智慧城市［N］．人民日报，2022-12-19.

二、相关建议

城市建设工作要坚持“大处着眼、小处着手”，从老百姓身边小事做起，从好的住宅、到好的小区、到好的社区、再到好的城市，建设人民安居乐业的幸福家园。

（一）好的社区：建设全龄友好的完整社区

社区是城市居民生活和城市治理的基本单元，是党和政府联系、服务人民群众的“最后一公里”，是惠民生、暖民心的关键环节。进入新时代，人民群众对更舒适的居住条件、更优美的生活环境、更优质的公共服务、更完善的社会保障等充满期待。建设好的社区，需要通过转变城市开发建设方式，以建设全龄友好的完整社区为近期建设抓手，从三个方面开展工作：

基本服务——补齐标配。在完善社区服务设施方面，推动 15 分钟生活圈的全面落实实施，建设宜人公共环境、完善近距离社区服务，形成基本公共服务完善的社区生活环境。重点完善社区综合服务设施、幼儿园、托儿所、老年服务站、社区卫生服务站等公共服务设施的配置；适应人民群众日常生活需求，配套建设便利店、菜店、社区食堂、家政服务网点等便民商业服务设施；充分结合城市更新行动和老旧小区改造，更新老旧的市政基础设施，包括供水、排水、供电、道路、供气、供热、安防、停车及充电、慢行系统、无障碍和环境卫生等基础设施，优先保证人居安全底线。对既有社区，可结合实际确定设施建设标准和形式，通过补建、购置、置换、租赁、改造等方式补齐短板；对新建社区，要依托社区综合服务设施，集中布局、综合配建社区服务设施，为居民提供一站式服务。

全龄友好——精准选配。在打造宜居生活环境方面，关注儿童友好、青年发展和老年友好，从群体到个体，形成个性化的设施配置。充分利用既有社区资源，推进社区适老化、适儿化改造，建设公共活动场地和公共绿地，开辟健身休闲运动场所。保障“幼有所托”，为儿童营建“一米视角”的社区空间，如建设嵌入式幼儿园、儿童友好学径、全天候托幼、四点半课堂等；关注青年发展，为青年人提供阶梯式住房、灵活的运动场地、便利的消费设施和绿色的通勤；关注老龄友好，满足“老有所养”，为老人提供老有所乐的空间场所，如养老服务众合提、社区长者驿家、适老化／无障碍改造。

未来场景——鼓励增配。在推进智能化服务方面，推进智慧物业管理服务平台与城市运行管理服务平台、智能家庭终端互联互通和融合应用。整合家政保洁、养老托育等社区到家服务，链接社区周边生活性服务业资源，建设便民惠民智慧生活服务圈。构建未来场景，建设智慧物业管理服务平台，通过技术手段实现社区物业管理服务平台的智慧化，并将其作为衔接城市、家庭的纽带，提供一体化管理和服务。利用智慧物业管理服务平台，整合“为老、为小、为她”的社区到家服务，链接社区周边的服务设施资源，建设“智慧生活服务圈”。运用创新科学技术，提高数字化水平，助力基层自治。通过数字赋能社区服务，便利公众参与和共同决策，助力于了解民情、集中民智，推动落实基层治理和社区自治。

（二）好的城市：营造人民满意的公共空间

聚焦市民需求，重点关注高品质公共空间、家门口绿地和存量空间资产三类空间，构筑多层次的活力空间场景，并提高对城市安全韧性的关注，筑牢应急防范底线。

做优高品质公共空间。对于城市内消极封闭的滨水空间，要打通断点，因地制宜采取多样化的滨水空间贯通方式，植入多处文化场景，营造公共开放的滨水界面，强化生活街巷、沿路绿带、内部巷弄等垂江连通，并强化天际线、地区色彩等滨水风貌要素的管控。对文化场所、特色街区等特色空间，要进一步挖掘城市潜力街区资源，保留原有历史建筑、街区肌理和生活形态，提升街道景观、街角小品等设计，形成可阅读的城市历史街巷，并植入独立书店、文创工作室、特色餐饮及创意业态和首店、概念店等先锋引领门店，激活社区场景。

做好家门口绿地。目前全国主要城市的综合公园覆盖率已达到73.54%，但房前屋后的社区公园和游园的覆盖率不足，社区公园覆盖率仅57.3%，游园的供给短板明显，覆盖率仅24.0%。同时绿地、广场、避灾等公共空间人均指标不足，人均公园绿地面积14.87平方米。未来应鼓励对现有城市公园的围墙拆围透绿，强化与周边城市环境的融合衔接；借助边角空间、闲置地块改造见缝插绿，形成口袋公园体系，增加市民就近休闲游憩和社会交往的需求；对现有城市防护绿地等功能性线性绿带进行复合增绿，内部增设生态公园、自行车道、复合设施等，提升生态绿地的活力价值。

作活存量空间资产。对于公共空间缺乏的存量地区，积极盘活和挖潜闲置低效空间，结合市场化手段增加活动场所。如通过桥下、屋顶等多种空间供给形式，根据场地特点设置标准化或不规则的运动场地；依托商业内部设置面向公众开放的运动场地；结合老旧工厂的更新改造形成运动综合体或文创综合体；结合城市内公共卫生间、江边驿站等设施的灵活布局，植入日常休闲、医疗义诊、文艺活动等复合功能，强化市民身边的便民服务。

筑牢城市安全韧性。近 10 年来，前 30 年的规划建设中累积的安全问题频发，房屋倒塌、燃气泄漏、疫情、暴雨等灾害造成重大损失。建议在城市和街区两个层次提升安全韧性：在城市尺度要优化避难空间布局，结合避难需求预测，基于模型和数据驱动，提出应急避难设施点、避难场所选址、疏散路径的科学方案；在街区尺度要构建 15 分钟防灾减灾生活圈，重点在“小区—社区—街区”完善避险空间类、医疗救助类、生命支撑类和应急指挥类四类应急设施。

（三）好的治理：建立规划建设治理体系

建构高质量发展的规划建设与治理体系，推动城市建设的全过程动态监管、管控，提高城市的精细化治理水平，确保一张蓝图实施不走样、不变形。

健全体系。本着推动宜居、韧性和智慧城市建设的要求，创新城市规划方法，特别是加强城镇开发边界内要建立起适应面向更新的规划制定与实施机制，转变过去单纯靠土地要素投入的建设模式。

创新机制。顺应城市更新时代的弹性、多样化需求的新要求，建立以建筑功能管理为主体的设计引导机制。统筹地上地下空间综合利用，统筹各类基础设施建设与运维管理，统筹重大工程项目的日常与应急态管理要求。

搭建平台。以城市更新为导向建立以“人—地—房—业”为基础数据底盘，CIM 信息管理平台为基本架构，集成多维信息、全过程留痕的城市规划建设治理信息平台。积极推进 AI 计算、物联网感知为一体的智慧规划决策信息系统，支撑城市不断优化空间结构，实现城市宜居、韧性、绿色、创新和人文等关键指标的动态监测与预警。

建章立制。围绕着城市从“有没有”到“好不好”的人居环境品质提升管理要求，推进面向“全周期”的法律法规体系建设；系统梳理面向“高质量”的标准规范体系，支撑城市的规划建设治理一体化。

（执笔人：绿色所，董珂；院士工作室，徐辉；上海分院：闫岩，城市设计分院，陈振羽）

规划如何提高人民的生活品质

“我国社会主要矛盾已经转化为人民日益增长的美好生活需要和不平衡不充分的发展之间的矛盾”，“人”的话题真正成为我们国家当下最核心的话题。矛盾的一方是“人民美好生活的需要”，什么人会提出美好生活需要？就是经过40年的奇迹发展，从一个绝对贫困社会变成中高收入社会的人群。2021年我国人均GDP超过12500美元，达到联合国世界银行的高收入社会标准，但根据国际经验，要成功跨过中等收入陷阱仍面临巨大挑战。所以，扩大中等收入群体，持续扩大，让中国社会跨过中等收入陷阱，这是我们当下的核心问题。为更好理解人民对美好生活的需求，应加强对以下8个关于“人”的思考维度的关注和研究。

一、人的结构

关于人的结构，我们过去比较关注的是经济视角的高中低收入结构，但人的结构与人群画像应该是多维度的。除收入水平、经济视角以外，还有社会视角的身份与角色，如男女老幼、农村居民／城市居民、户籍居民／流动人口……近年来全社会对性别问题的关注、对农村地区人口结构的关注度明显提高了。同时，随着社会发展的多元化，价值观视角的人群差异也值得关注，如：兴趣、偏好、立场的选择……不同价值观、不同生活态度的选择导致人的差异。

二、人的发展

中国城镇化核心问题不仅是人的迁徙，也不仅是经济发展，而应该是农业和乡村地区的现代化。县级单元治理的责任是要把民生、公共服务和城乡融合放在第一位，把乡村地区的人力资本水平、社会资本水平的提升放在第一位。中国县级单元承担了中国小学教育的73%、中学教育的68%。这也就意味着，县级单元的师资力量、教育能力和教育水平，决定了中国未来长久的人力资本水平。相比之下，韩国、日本等国家在工业化初期就普及了高中教育，但是中国还有很多县级单元高中教育的学生入学占比不到40%，很难想象这样一个低水平的教育群体如何实现现代化，因此，“人的发展”是我国城乡规划和城镇化研究亟须应对的重大问题。

三、人的迁移

在城镇化与城市发展过程中，我国人口迁移的逻辑已经发生了颠覆性变化，从经济发展、收入提高带动人口的迁徙，转向了美好生活吸引人的迁徙，人的聚集带动企业发展的过程。纽约前市长布隆博格说过一句话：“人们选择生活的城市，在城市中选择职业”，并由此发现了纽约发展高科技的机会。我国的迁徙主体从过去每年1000万农民工已经变成了每年1000万大学生，迁徙的目的从提高收入赡养家庭，转向对美好生活的追求。农村人口的迁徙选择能力也在提高，对美好生活的追求同样强烈，对家庭安放、子女教育更加重视。新型城镇化的重要理念是“以人为核心的城镇化”，城镇化人口迁徙应该是多元、多向、多次的，而最终好的城镇化应该是一个可以安放家庭的城镇化。

四、人的消费

中国是一个经济结构中消费占比特别低的国家，中国人均GDP大约是美国的1/6，但中国人均消费却仅有美国的1/14，中国80%的消费都集中在衣食住行等基本消费品上，而美国这部分的比例仅有50%。中国巨大的消费潜力似乎很难释放出来，其背后的根源是缺乏类似土地财政／房地产的全链条的体制机制的保障，现行的发展评价与考核指标、税收制度、财政制度和金融政策、货币政策仍以 GDP 为导向，对土地财政和房地产高度依赖。在规划研究中，应合理预测未来消费需求增长趋势及变化特征，比如国合会项目在预测未来碳排放趋势时，如果仅从数据分析，生活领域、社区层面的碳排放未来增长量只有 50%～60%，但如果考虑我国与发达国家生活消耗方面存在的巨大差距（中国生活能耗每年人均 700 摄氏度，发达国家最低的 2100 摄氏度，高的超过 5000 摄氏度；中国生活领域每年人均碳排放 1～2.5 吨，发达国家均在 3～5 吨），并且以满足人的美好生活需要为目标，则碳排放趋势预测结果将发生重大变化，“双碳”目标和路径也将随之调整。

五、人的移动

移动是人们实现工作、生活的基本前提，并受到时间成本和费用成本的双重约束。研究发现，随着人均 GDP 从 200 美元到 1 万美元，时间成本敏感的人群在快速增加，社会越富裕，时间越值钱。而在区域一体化发展中，则出现了大量中短距离、高频次、高时间价值的人群，这些人希望车站、机场就是目的地，这成为推动站城融合、港城融合的内在需求和内生动力。在中国，站城融合不是 TOD。从功能聚集看，TOD 聚集的是日常生活功能和就业功能，站城融合聚集的是区域性功能；从发展目标看，TOD 是为了提高站区开发强度，鼓励人们使用公共交通，站城融合是为城市创造承担区域性功能的机会，使地理上的中间性城市更多地承担区域中心性功能。就城市交通而言，随着城市阶层分化和需求多元化，交通的供给应该更加重视选择性和公平性。应当实现全龄友好、性别平等，为不同出行目的、不同偏好和不同成本承受能力的群体提供差异化的设施与服务，并且更加关注通学、休闲、户外等满足美好生活的新需求。

六、人的安全

随着社会资产的不断积累，城市因而也变得更加脆弱，而非更加韧性。地震、洪水、海平面上升……都给我们的城市和区域带来了越来越频繁的现实威胁，也引发了更多关于人的安全的思考。首先，安全韧性应更加关注非正规与社会公平的问题。城乡接合部是中国城市非常重要的有机组成部分，北京 800 万人、上海 500 万人、深圳 1000 万人住在城中村和城乡接合部地区。但这类地区的市政基础设施和防灾安全并未得到充分重视，面临严重隐患，包括近年来常见的倒楼、火灾、疫情传染、停水断电等，严重影响了低收入群体正常的工作和生活。其次，老旧社区、高层住宅的安全韧性问题也亟待研究。上海防疫封闭期间，共用厨房、厕所的合租用户生活非常窘迫；郑州“7·20”特大暴雨时，高层住宅居民的用水用电等问题暴露无遗，尤其是高层建筑逃生用的第三通道应该尽快建立国家标准甚至立法，否则也将成为巨大的安全隐患。另外，很多城市目前在推动的地下空间大规模、连通式开发，也存在巨大风险。地下空间有较高的易灾性，并且发生灾害后很难救援，因此地下空间的利用对象不应该是人。郑州“7·20”特大暴雨导致地下空间被灌进 3000 万立方米水，造成了巨大的财产损失。

七、人的空间

多年来，在基建导向的发展模式下，物质资本得到快速积累，基础设施、房屋建设得到极大改善。然而，也形成了一些对现代化的误解，似乎只有高楼林立、宽马路大广场、光鲜亮丽的市中心才是现代化，甚至形成了以大、高、怪为美的审美价值观。国家现代化的进程实际上就是一个不断提高物质资本、人力资本、社会资本、自然资本水平的过程。因此，空间规划不仅需要关注物质资本的完善，也要关注抚幼、养老、教育、医疗等提升人力资本水平的空间与资源配置；要关注低收入人群、弱势群体的空间需求和可承受性；要关注非正规空间；要关注城市和社区的绿色更新，关注“双碳”目标下面的生活品质的提升。在方法上，要为多元化、多类型的需求配置相应的服务，要倡导针对不同人群、不同需求的织补式规划。

八、人的场所

近年来，建筑和城市空间艺术与文化活动越来越成为中产阶层的文化、体验需求。“用设计作规划”，用人的视角、人的尺度、人的场景需求和人的心理与视觉的需求去作规划设计。满足不同价值观、不同偏好的多元体验、消费、交流交往的场所需求。因此要研究它的场景化特征，实现场所的文化性、时尚性、选择性，重视场所个性化、定制化、差异化；要让场所的区位可达便利，价格可承受……这些都是规划师去认识、谋划、设计空间与场所的重要内容。

总而言之，人的结构、人的发展、人的迁移、人的消费、人的移动、人的安全、人的空间、人的场所，是新时期我们解析人群，了解不同群体差异化需求特征的重要维度，科学供给多元化服务是时代赋予规划从业人员的重要使命。

（全国工程勘察设计大师，中国城市规划设计研究院原院长，李晓江）

城乡建设行业要前瞻性地应对中国人口减少的趋势

一、全面认识中国进入人口负增长时代

2022 年 7 月 11 日，联合国发布的《世界人口展望 2022》预测，中国人口在 2022 年将达到峰值，从 2023 年开始中国将进入人口负增长时代[1]。中国人民大学陈卫教授 7 月 13 日发表的《中国人口负增长与老龄化趋势预测》[2] 得出相似结论，“2022 年起，中国人口进入历史性负增长阶段”。国内各界对于中国人口达峰的讨论已持续数年，随着第七次人口普查数据系列研究的发表，中国人口达峰时间从以前认为的 2030 年左右提前到 2022 年左右。根据最新的研究成果，中国在进入人口负增长时代后具有以下特点：

在时间维度上，“十四五”期间的全国人口负增长具有“温和性”，每年人口减少规模在 100 万人以下；2025—2035 年间每年人口减少规模达到 200 万人以上，总体来看，在 2035 年前全国人口负增长速度较为缓慢。从 2035 年到 21 世纪中叶，全国人口负增长速度不断加快，每年人口减少规模

达到500万人以上。2050—2010年期间，全国人口负增长速度再次翻倍，每年人口减少规模达到1000万人。中国在2035年前仍将保持在14亿人以上，2050年前将维持13亿人以上，2100年，将下降到8亿人左右，人口大国特征依然突出[3]。中国在历史时期出现过的总人口下降是由自然灾害造成的外生型人口下降，当前则是由人口自然增长率造成的内生型人口下降，趋势不可逆转，并具有快速负增长特征。

在年龄结构上，中国遵循着大多数人口负增长国家（地区）“少儿人口负增长—劳动年龄人口负增长—总人口负增长”的发展轨迹。1997年0～14岁的少儿人口开始减少，2014年15～64岁的劳动年龄人口开始减少，总人口开始减少后老年人口将持续增长至21世纪中叶。陈卫教授预测中方案下中国65岁以上老年人口比重2025年达到15.5%（2.19亿人），2035年达到23.7%（3.29亿人），2050年达到30.7%（4.03亿人），2100年达到41.2%（3.33亿人）。从2025年开始，中国的老年抚养比将超过少儿抚养比，总抚养比在2034年回升到50以上，2050年达到74，21世纪末将达到103[2]。未来中国将长期处于老年型人口结构形态，在我国即将开启的全面建设社会主义现代化国家新征程中，人口老龄化不断加剧将是基本国情。

在空间维度上，区域和城乡人口增长受到人口自然增长率和人口机械增长率变化的双重影响。人口大规模流动已经成为中国人口发展的主要特征，沿海发达省市和内陆省会城市是主要的人口流入地，多个省市已出现常住人口减少的情况。未来以东北三省为代表的人口流出地区的负增长形势将进一步加剧，广东等人口流入地区进入负增长的时间则会明显延缓，新疆、西藏等民族地区由于具有较高的生育水平在未来30年将一直维持人口正增长趋势[4]。根据王凯对2020年后中国城镇化趋势的判断[5]，结合联合国人口预测，中国城镇总人口减少将在2040年以后发生，届时除人口流入动力充足的高等级中心城市外，全国城镇人口减少的地区将逐渐扩大，城市收缩现象也将日益普遍。

二、人口减少对全国城乡建设行业的影响

人口负增长带来的挑战可以从需求侧和供给侧来分析[6]：

从需求侧看，中国人口总量的减少意味着消费需求的直接下降，人口年龄结构老化也将带来消费支出水平的下降。因此，在不考虑其他变量的情况下，人口负增长将带来消费的负增长，进而给经济增长带来挑战，与城乡建筑行业相关的住房需求、市政设施需求及相关产业、服务需求也将随之下降。

从供给侧看，劳动年龄人口的减少，人口红利的下降，将带来劳动力供给不足和成本的提高，进而影响到中国劳动密集型产业的发展，建筑行业是典型的劳动密集型产业，会受到劳动年龄人口减少的直接影响。中国人口负增长时代与老龄社会相伴相随，面对“未富先老”的挑战，亟须加大社会保障领域、老年健康医养领域的投入；城乡建设领域则面临适老化改造的巨大投入，以应对快速老龄化的需求。

国际经验表明，不同负增长模式的国家均呈现人口负增长与经济增长共同存在的事实，中国人口负增长时代仍然面临着发展机遇。首先，中国的劳动力供给规模依然丰富，2035 年前将保持在 8 亿人以上，人口抚养比在 2034 年前将保持在 50 以下，这是中国人口的机会窗口期。其次，人口质量正在不断提升和改善，体现为我国国民的健康水平和教育水平在持续提高，我国的平均预期寿命已经超过 78 岁，15 岁以上人口的平均受教育年限提高到 9.91 年。厉克奥博等人的研究表明，中国人力资源总量在 2040 年前将持续上升，在 2040—2050 年则将基本保持稳定。假如中国的人力资源能够得到充分利用，未来 30 年中国经济的平均潜在增速将达到 5.9%（2021—2030 年）、4.9%（2031—2040 年）、4.1%（2041—2050 年）[7]。城乡建筑行业作为国民经济的支柱产业，将随着全国经济的持续增长而保持增长态势。

中国区域协调发展、新型城镇化建设和乡村振兴战略，将为中国应对人口负增长的挑战带来更多的腾挪空间。在西部大开发、中部崛起等区域战略实施下，湖北、安徽、四川、重庆等中西部省外出人口陆续回流，在 2010—2020 年实现了常住人口的增加。区域协调发展战略的实施，中西部和东北地区通过改善就业创业环境，加强城市宜居环境和公共服务设施建设，实现基本公共服务的区域均等化，有助于提高对人才和劳动力的吸引力。依托新型城镇化建设和乡村振兴战略，改善农村人口居住环境和医养水平，进一步促进农业劳动力向城镇转移，加大农业转移人口的市民化转换，让2.6亿农民工成为新市民，将从供给侧和需求侧两端提高人力资源素质，拉动经济增长[8]。

三、城乡建设行业应对人口减少的几点建议

随着中国人口进入负增长时代，城乡建设行业既面临着挑战，也蕴含着机遇。应把握人口减少由近期到长远的阶段性，区分人口不同年龄人口变化的差异性，识别区域、城市、城乡之间人口变化的复杂性，精准地满足高质量发展时代城乡居民的新需求。

（1）应对全国人口的迅速老龄化和高龄化趋势，应全面加强养老服务保障和设施供给。以创建全国无障碍建设城市为抓手，在城市规划建设管理工作中指导各地落实无障碍环境建设的法规标准和规范；根据人口变化最新趋势编制各级养老服务设施布局专项规划；推进城镇老旧小区改造和适老化改造相结合，加强无障碍设施、文化休闲设施、体育健身设施等服务设施建设；加强老龄化社会治理，针对老龄人口特点建设健康管理服务平台，统筹医疗信息、养老信息、医保信息、老年人口实时活动信息等多领域信息，加快建设居家社区机构相协调、医养康养相结合的健康养老服务体系。

（2）面向2.6亿人农业转移人口市民化需求，应有重点地加强保障性住房和公共服务设施建设，让新市民更好地安居。以人口流入多、房价高的城市为重点，加强保障性租赁住房供给和长租房市场建设。建立吸纳农业转移人口落户数量和提供保障性住房规模挂钩机制。做好、做实农民工随迁子女教育，加大教育刚性支出，有序扩大城镇义务教育容量，增强公办中小学接纳能力，推进随迁子女教育全纳入。不同规模等级和发展阶段的城市，应该根据农业转移人口特征，探索符合自身特点的住房保障政策和基本公共服务提供机制，改善农业转移人口在各级城市的社会融入状况。

（3）针对区域、城市和城乡人口变化的复杂性，应分区分类差异化推进住房和人居环境建设。一方面，应落实国家重大战略、区域协调发展、新型城镇化和乡村振兴战略要求，保障重点领域和重点项目建设需要。另一方面，应加强省域和城市层面的体检评估工作，完善优化人口指标的考

量；通过实施城市更新行动解决城市建设领域人民群众的急难愁盼问题；根据居民年龄结构特点和需求推进城市老旧小区和完整社区建设[9]。人口流入比例高、增长潜力大的地区和城市，应在适度增加商品房供应的同时加强保障性租赁住房建设；人口规模趋于减少的地区和城市，应控制商品房建设规模，把推进住房适老化改造、补齐市政设施和人居环境短板作为城乡建设领域的重点任务。

（中规院（北京）规划设计有限公司，执笔人：张莉、谭璐）

参考文献

［1］World Population Prospects 2022［EB/OL］. https://population.un.org/wpp/Publications/.

［2］陈卫. 中国人口负增长与老龄化趋势预测［J］. 社会科学辑刊，2022，7.

［3］原新、金牛. 积极应对人口负增长与深度老龄化［J］. 中国财经报，2022，8.

［4］李建平、刘瑞平. 我国省际人口负增长趋势的差异性分析［J］. 人口科学，2020，11.

［5］王凯. 2020年后中国城镇化的趋势和特征，“规划中国”公众号，2020-02-27.

［6］蔡昉. 即将进入人口负增长时代，中国经济将回归不一样的常态［EB/OL］. https://baijiahao.baidu.com/s?id=1752148750698113687&wfr=spider&for=pc.

［7］厉克奥博、李稻葵、吴舒钰. 人口数量下降会导致经济增长放缓吗？——中国人力资源总量和经济长期增长潜力研究［J］. 人口研究，2022，11.

［8］蔡昉. 改变半截子城镇化让农民工成为新市民［J］. 中国乡村发现，2022，4.

［9］真抓实干，努力让人民群众住上更好的房子——新华社访住房和城乡建设部部长倪虹［N］. 中国建设报，2023-01-06.

关于加快小城镇高质量发展建设，推进城乡融合发展的相关建议

党的二十大提出，要以中国式现代化全面推进中华民族伟大复兴。小城镇是实现中国式现代化的关键环节，一方面，其居住着1.59亿人，占我

国城镇人口比重的17.62%，是实现共同富裕的重要支撑力量；另一方面，小城镇是推进城乡融合发展的“黏合剂”，对我国现阶段缓解大城市病、带动乡村振兴、拉动有效投资、实现共同富裕具有重大战略意义。浙江的小城镇建设走在全国前列，已经持续开展了20多年的工作，也取得了比较好的效果。2022年，我们带队去浙江部分县市进行了小城镇的专题调研，他们的做法经验和存在问题对全国具有很大借鉴意义。

一、新时期我国小城镇发展建设面临的主要问题

一是对小城镇地位与作用的认识“模糊”。小城镇的发展源于乡村服务需求与产业经济发展。但一方面，随着信息化、机动化的发展，以及“行政上移”后小城镇管理能力的下降，小城镇的商贸服务、农业服务功能逐步被城市取代，其作为农村地区服务中心与商品集散中心的地位大幅削弱；另一方面，乡镇企业萎缩后，小城镇承载产业经济的作用也大大降低。与此同时，在坚持总体国家安全观、实现中国式现代化、构建新发展格局等新要求引领下，小城镇的地位作用也将随之转变，但目前对其新地位与新作用的认识仍显不足。

二是政策制定有“盲区”，导致发展动力不足。长期以来，我国资源要素在大城市等高层级过度集聚、在中小城市和小城镇等低层级出现短缺，城乡体系格局呈现“顶端阻塞、末梢萎缩”的问题。近年来，随着县域城镇化、乡村振兴等战略的实施，县城和村庄在国家层面已经得到充分的政策支持；相比而言，量多面广的小城镇处于政策“真空区”。在实际的发展建设过程中，小城镇缺乏人－地－财等要素支撑，发展动力不足，往往成为县域发展的短板，很多地方出现了“镇不如县、也不如村”的现象，建制镇镇区的平均规模甚至出现小幅下降。

三是建设理念有偏差，造成“千镇一面”、品质不佳、效率低下。由于缺乏有效的规划建设引导，小城镇往往盲目照搬城市建设模式，高楼、大广场、宽马路比比皆是，传统民居、街巷受到破坏，传统城镇风貌历史文脉无法延续，造成“千镇一面”。同时，小城镇必要的公共服务设施、基础设施配置却明显不足，人居环境不佳，与城市差距极大，严重限制了小城镇的人口吸引和承载能力。此外，近年来小城镇发展呈现明显的多元化

发展趋势，但由于缺少差异性的建设引导，小城镇建设往往采用单一标准，导致各类设施供给不足与闲置低效并存，建设资金投入效率不高。

二、发达国家小城镇发展建设的经验启示

德国、法国、日本等发达国家，把支持小城镇发展作为促进区域均衡和社会公平的重要手段，值得我国借鉴学习。一是通过法律保障城市之间、城乡之间的公共服务和基础设施均等化，如德国《联邦建设法》、法国《小城市政策》、日本《山村振兴法》等。二是通过保障中小城镇的发展活力与配套服务，给青年人提供多样化的就业和生活服务，避免其向大城市过度集聚。三是以独特的“小镇＋企业”模式，使小城镇保持了恒久的发展活力。如德国排名前 100 位的大企业，只有 3 个将总部放在首都柏林，诸如贝塔斯曼集团、大众、奥迪、欧宝的总部则分别设在居特斯洛、沃尔斯堡、因戈尔施塔特和吕瑟尔斯海姆小镇上；宝马公司生产基地所在的丁格芬小镇，为周边 100 公里的乡村地区提供了 2.5 万多个就业机会。四是发挥地域特色文化的价值，推动传统村镇地区的更新活化。法国的普罗万小镇为发挥小镇的遗产旅游价值，积极推动了多项基于当地历史背景的文化项目，每年举办的大型文化节吸引游客约 23 万人次，成功推动了小镇的旅游和服务业发展。

三、浙江小城镇发展建设的经验与困难

浙江在促进小城镇发展建设方面，走在全国前列，在城乡统筹和共同富裕方面探索了很多经验：

一是发挥小城镇在城乡一体化中的支撑作用，实现“造血—生肌—健体”的良性循环。如 20 世纪 90 年代开展的强镇扩权，局部形成小城镇建设、财政、管理、户籍、投融资等体制改革的经验；2016 年开展的环境综合整治，持续消灭小城镇“脏乱差”等问题；2019 年开展的美丽城镇建设，全方位推进“功能便民环境美、共享乐民生活美、兴业富民产业美、魅力亲民人文美、善治为民治理美”协同发展；2022 年则以发挥美丽城镇样板镇“以点串链带面”的作用为重点，打造一批美丽城镇集群，促进城乡循

环联动和深度融合。宁海县越溪乡通过综合整治，集镇区规模从原来的0.4平方公里扩大到1.6平方公里，人口集聚从原有不足1200人增加至目前5000多人，城镇集聚效应开始显现。龙泉市宝溪乡经过环境整治，旅游人数呈井喷式增长，上半年接待游客16万人次，同比增长200%。

二是注重顶层设计、协同联动，推进分类指引、精准施策，激发小城镇活力。从2016年开始创新工作机制，推行实体化专班运作，确保工作一抓到底。建立首席设计师、驻镇工程师制度，推进设计下乡，实现美丽城镇技术辅导全覆盖。加强资金、用地政策保障，省财政每年保障5亿元专项资金用于以奖代补，协调省自然资源部门在美丽城镇建设用地指标上予以倾斜；市县级层面，专项保障政策实现全覆盖；乡镇层面，样板创建乡镇全部实行“一镇一策”。如衢州龙游县设立“美丽城镇”建设专项补助奖励资金，县级给予50%的配套。把全省小城镇分为四大型七小类，包括都市节点型、县域副中心型、特色型（含文旅、工业、农业、商贸类）、一般型，引导各地城镇科学定位、各美其美。丽水市将全市158个小镇分为“旅游小乡镇”“农耕小集镇”“工贸小城镇”3类，因类制宜进行综合整治。

三是加强规划引领，制定量化标准，树立典型样板，强化示范作用。印发《浙江省县域美丽城镇建设行动方案暨“一县一计划”“一镇一方案”编制技术要点》《浙江省美丽城镇建设重点任务指标体系（2020—2022年）》《浙江省美丽城镇建设指南》《浙江省美丽城镇建设评价办法操作手册》《浙江省美丽城镇建设工作考核办法》等量化标准，结合每个城镇的资源禀赋，分类制定“一镇一方案”，引导小城镇特色化、品质化、高质量发展建设，有力破解“千镇一面”难题，全面融入城乡风貌整治提升行动。顺应小城镇发展趋于分化的规律，集中资源推动样板镇建设，计划到2022年底，300个左右小城镇达到美丽城镇要求，以“百镇样板”引领“千镇美丽”。

浙江小城镇发展建设过程中还存在土地和财税方面的困难和瓶颈，需要国家层面重点突破解决：一是耕地保护要求在强化中不断僵化，原有的“坡地村镇”建设模式难以为继，宅基地改革步伐偏慢，制约了闲置农房的盘活利用。土地指标稀缺影响到具备优质资源小城镇的资源配置方向，如低收益或公益性的建设项目难以落地或只能低标准建设。二是相对滞后的财政税收制度难以适应小城镇发展分化新趋势和新需求，县级政府缺乏相应财力支持强镇建设；镇级政府得到的返回财税只能保证社会公共事务运转，难以有效促进产业升级和特色化发展。

四、推动小城镇发展建设的相关建议

一是重新认识小城镇在中国式现代化中的战略地位和作用。首先，促进农产品规模经营、提高农业生产水平、保障粮食安全需要建立完善的农业社会化服务体系，这些都离不开小城镇的支撑。小城镇也是农民就地就近低成本城镇化的空间载体，可以减缓我国大城市过快膨胀、降低跨区域人口流动规模，进而减少由此引发的一系列社会矛盾，维护社会稳定。其次，小城镇是实现中国式现代化的关键环节。全面建设社会主义现代化国家，最艰巨最繁重的任务仍然在农村。小城镇是农村公共产品供给和配置的组织中心，也是农村经济、文化等活动的组织中心，在带动农业农村实现现代化方面具有不可替代的作用。再次，小城镇也是构建新发展格局的重要依托。小城镇是拉动有效投资和启动内需的重要战场，小城镇的魅力品质提升、公共服务完善、环境品质改善将成为保增长、促消费、拉动有效投资、增加就业的重要手段，对于推动国内循环与城乡循环可起到关键作用。

二是建议国家层面加强支持小城镇发展建设的顶层设计，增强小城镇发展动力，激发小城镇发展活力。创新工作机制，特别是把推进驻镇规划师、工程师、建筑师、农技服务师、乡镇信息化专员等制度建设，与鼓励机关事业单位的青年人才到基层服务结合起来，与扶持大学生群体就业结合起来，逐步建立常态化的技术管理队伍。创新土地制度，授权各地开展试点，积极探索并逐步建立适应小城镇用地特征、相对灵活的、有别于城市和乡村的土地制度，解决小城镇发展的用地制约。推动财税制度改革，逐步建立事权与财权相统一的小城镇独立财政管理体制。全面评估当前全国重点镇建设情况，建立“有进有出”的动态调整机制，引导地方开展强镇扩权、镇改市等试点。加强“四化”联动，利用信息技术为小城镇发展赋能，搭建城乡治理智慧化管理系统，并通过远程医疗、远程教育使小城镇共享大城市的更高品质服务。

三是加强小城镇规划建设的引导与示范。研究出台和修订指引小城镇规划建设的相关政策文件，如研究出台《小城镇分类建设指引》、适时修订《建制镇建设管理办法》，引导各地开展小城镇建设示范工程，总结推广经验做法。

（执笔人：国务院原参事，中国城市规划设计研究院原院长，王静霞；
全国工程勘察设计大师，中国城市规划设计研究院院长，王凯；
院士工作室，陈明、张丹妮；村镇规划研究所，陈鹏、蒋鸣）

乡村系统与乡村振兴

中国的乡村振兴问题涉及两个根本问题，一是怎么认识我们现在乡村振兴的对象，二是中国几千年的乡村体系、乡村系统的变化。中国的整个乡村社会是一个由人、地、业、村形成的有机系统。考察中国乡村系统的现状和乡村振兴面临的问题就要从整体的层面，从人、地、业、村四者之间形成的有机系统出发。乡村整体功能失衡，不是某一个要素出了问题，而是出现了人、地、业、村的失调。重构中国的乡村系统，就是要认识中国城乡融合的形态，推进城乡融合的路径，重构城乡转型的方式。

一、认识中国的乡村系统

首先，认识中国乡村系统要立足中国的基本国情。中国著名的历史学家章有义讲：人口和耕地是构成国情和国力的基本要素。人口增长方面，中国的乡村社会在技术进步不明显、资源不断地紧缩的情况下，始终面临的最大挑战是人口的不断增长（和人均耕地的不断降低）。中国乡土社会土地关系中最重要的特征之一是农民跟土地的黏性极强，它不是一个单纯的经济关系，而是一种文化，（中国）农民是不轻易放弃土地的。

其次，要认识中国乡村的土地关系，而认识土地关系的关键是地权。

中国是最早建立土地私权制度的国家，允许土地的自由买卖，并通过民间契约保护私有地权。但中国的“地权制度”具有高度的复杂性，最重要的一个特征就是（土地）所有制是家本位的，家庭的每个成员对土地的所有权都是以家庭为单位的“成员所有制”。地权的第二个特征是产权结构不是以土地所有权为大的产权结构，而是以田面所有权为大的产权结构。地权的第三个特征是小农经济，一家一户的小农支撑了整个中国的农地耕作，因此农业被不断地细化。

再者，要认识乡村的业。中国乡村的业主要呈现三个特征：一是由于中国长期以来结构转变受阻，现代意义的工业化、城市化没有得到推进与发展，因此从整体来看中国始终保持着一个农业社会形态；二是中国农业社会在没有外力介入的时候是非常稳定的，是一个不饥不寒的小康社会，他们靠农业来维持生计，靠工业和副业来保持生活；三是这种互补的产业结构形态使得中国传统农业形成了一个土地单产非常高、但是农业劳动生产率非常低的状态。由于农业劳动力没有非农化，导致土地与劳动的使用边际效益不断降低。

最后，要认识村庄。它具有非常重要的维持秩序的作用，乡村社会的治理准则是“礼治秩序”。中国几千年国家治理“皇权不下县”的重要原因，是中国的乡村秩序作为一种关系和一套制度，维持了中国社会的基本稳定。同时，乡村是熟人的社会，实际上是一个“差序格局”，是以自我为中心，按照自我人际关系的亲疏，由近及远形成的社会关系。

二、认识结构变革下的乡村困局

中国乡村正在经历一场千年之变。中国现在乡村衰败的原因不再是历史上的“贫困问题”，当前乡村的困局，是在我国持续的重大历史性结构转型下，整个乡村系统的人、地、业、村没有找到重构和匹配的方式，出现了功能失衡和失去活力。

功能失衡的第一个问题是“人”。当前整个乡村的人分成三类，第一类是农二代，他们面临的最大问题是未来落在哪。农二代落在哪直接决定了农三代未来落在哪，也决定着农一代未来的生活方式，这实际上是整个中国乡村的轴。第二类是农三代，他们现在面临的问题就是在哪里构筑未来。

农三代出生就是在城市，整个生活方式和城市孩子是一样的，但是农三代的身份还是农村身份，面临的最核心的问题就是物质和心灵的割裂。第三类是农一代，他们现在面临的问题是如何老去。留守老人的精神和心理的变化非常需要关注。

功能失衡的第二个问题是“业”。传统乡村的业是非常丰富的，但是现在的最大问题就是越来越单一，且回报极低。乡村产业多样化并非一蹴而就，并且不是所有乡村的产业都能够多元化发展。乡村一二三产的融合一定是以农业为核心，农业不强，则二产和三产也难以发展壮大。

功能失衡的第三个问题是住宅与农民财富积累。当前村庄最大的面貌改善是住房改善，但背后实际上反映了我们城乡关系里的农民和城市收入差距的根源问题，也就是财富积累的方式。如今农二代基本上在县城买房子了，未来他们到底是在城市落下来还是继续在农村盖房，核心是农民财富积累的地点在哪里。如果农民不能跟城市人一样将积累的财富变成资产，城乡收入差距还会进一步拉大。所以未来只有两种路径：一是让农民跟城里人一样拥有积累财富的权利；二是让农村积累的财富变成住房后也能变成财产。

功能失衡的第四个问题是“地”。土地的核心问题是土地破碎、利用效率极其低下、不经济。我们试图通过扩大规模解决问题，但发现规模化并不盈利，其原因就是全世界的农业只有家庭农业是最合适的。农民种自己的地最精心、最爱护，这是全世界的铁律。同时，老百姓大量盖房占地，在自己地上盖完又去路两边盖房占地，还有坟墓占地。坟墓占地是乡土文化，家族把坟墓建设得越来越奢华，希望家族兴旺、实力强大。但土地的使用无序导致乡村发展无地可用。

因此，乡村整体功能失衡，不是某一个要素出了问题，而是出现了人、地、业、村的失调。要解决乡村系统失衡的问题要反思两个方面：一是城乡的形态；二是在中国工业化和城市化的结构转变下，乡村的系统如何重构。

三、城乡融合形态下乡村系统重构的国际经验

我们看到世界各地的情况是，在城市化经过快速扩张以后，将出现一

种城乡融合形态，以美国、东亚（日本、韩国）等地区为例。

美国在快速的城市化以后，明显出现了都市区和非都市区。同时，在都市区内部形成了三个空间形态，分别为中心城市、外围郊区、非都市区的乡村和小城镇。这是一个城乡融合的形态，既不是只有城市没有乡村，也不是重建乡村，整个城乡形态转型过程中郊区化是一个必然，中间的郊区形态开始成为人口聚集和增长最快的地方。同时，美国城市化率70%以后也没有出现农村地区和小城镇的衰落，这是因为乡村经济不是走向单一化，而是走向多样化。城乡差距缩小背后是出现了城乡融合的形态，城乡融合形态非常重要的特征就是城市和乡村之间是一个连续的等级空间，城乡不是两极化的形态，从城市到乡村有等级、功能的划分，但空间是连续的。

东亚地区和我国情况十分相似，具有重要借鉴意义。在整个城市化以后，东亚地区的乡村并没有消灭，也没有走向土地规模化、农民专业化、乡村产业单一化，主要原因可归纳为以下几个方面：首先，农户人口的减少是基本规律，但即使在农户减少的情况下，东亚地区的农民收入来源依然保持多元化，这主要得益于农民职业的多角色化，他们长期保持着兼业状态，在城市有工，在乡村也有事。其次，农业的好坏主要取决于农业要素重新组合的情况，农业的工业化过程就是土地、资本、劳动、机械、服务等要素在寻找新的组合匹配方式、重构方式和升级方式的过程。在此过程中，乡村的经济活动开始复杂化，农业的生产率提高了，成本降低了，农业报酬随之增加了。再者，尽管东亚地区一直保持着小规模的农业，但仍可以通过农业的协同组合实现小规模农业的服务规模化。此外，政府需要根据人口数量、结构和需求变化，积极推动村庄聚落的变化与功能的转型，并提供能够满足农民体面生活的乡村公共品和公共服务，这也是东亚地区城乡差距没有扩大的重要原因。

综上，在城乡融合形态下，农村地区开始出现重大变化。一是业态的变化，乡村出现工业服务业。二是人口的变化，大量的非农人口出现在乡村。三是公共服务的变化，一些社会设施、自然设施出现在乡村。四是社会特征开始重叠，城乡的边界开始模糊。

四、乡村振兴的路径

当前中国的城市和乡村之间边界非常分明，城市就是城市、乡村就是乡村，城市高度发达，许多乡村则处于衰败，农村人和城里人差别也很大。要推动乡村振兴，就要改变原来两分法的模式，要从城乡分割的二元分立模式转向城乡融合模式，通过人、地、业、村四大要素共同推动乡村系统的重构和乡村地区的振兴。

一是，推动农业工业化。与西方国家相比，中国农业报酬非常低。中国农业占 GDP 的 5%，是由 30% 的人创造的，而西方农业占 GDP 的 2%，仅由 2% 的人创造的。因此，中国首先面临的问题是要把 30% 从事农业生产活动的人降到 5%，最后降到 2%。一个传统地区的农业产业如何工业化，核心是实现要素的组合。首先要打破原来产业的细碎化和土地碎片化。产业规模化的关键在于一个县只能形成一到两个主导产业，农业产业只有不断聚集以后，生产率才会提高，这是铁律。其次，提高中国农业竞争力最重要的秘诀是提高单位土地回报。最后是乡村经济的活化，现在乡村经济的最大问题是单一，关键是要恢复乡村经济的多样化，同时要提高农产品的复杂度。

二是，推进人的城市化与乡村人的现代化。人的城市化关键是让那几亿人在城市落下，而不是回村里。人在城市落下来以后，乡村也要换人，包括让乡贤回流、农业企业家下乡、一部分喜欢乡村生活方式和对乡村有想法的人进入乡村。有了业就有人，其他相关的产业就聚集过来了。乡村的人在变、业在变、观念在变，留在农村的人就可以发生改变，乡村的人一定要实现一场重构。

三是，推动“地”的改变。第一是人地关系的重构，未来必须实现 2% 的农业由 2% 的人来干。第二是乡村土地的重划，中国需要一个国家战略来解决乡村土地的破碎状态，乡村需要按照土地的功能进行用地重划。第三是集体所有权下的承包权和经营权的分置，充分保障农业经营者的权利。第四是宅基地的改革，需要在保证农民宅基地财产权利的同时，让新的主体也能在村里落下来。第五是乡村产业发展，需要集体建设用地与国有建设用地权利平等。

四是，推动村落的重构。第一，农业发展方式变化以后，村落的半径可以适当的扩大。第二，村庄聚落应跟随功能进行调整，要推动村庄应有的聚落功能、记忆功能、历史功能和寄托乡愁功能等的实现。第三，未来的乡村要解决基本公共服务的到位与体面。第四，村落要解决老人的精神和文化寄托。第五，村庄要成为乡愁寄托的地方。第六，乡村要开放，成为一个驿站，使各种对乡村有想法、愿意到乡村享受生活方式的人可以到乡村。

（中国人民大学经济学院党委书记、院长，教授、博士生导师，
教育部“长江学者奖励计划”特聘教授，刘守英）

人口变迁下的西南地区乡村振兴再思考

在工业化城镇化的推动下，我国乡村地区人口长期流出，人口老龄化日趋加深，这一现象在西南地区尤为明显。与此同时，我国西南地区以山地地形为主，村庄规模小、分布散、经济基础弱，村庄布局随人口变迁呈现动态收缩的趋势，乡村振兴不仅任务繁重，也面临着更多的复杂性。如何充分把握人口变动的趋势，以及西南山地的人居特点，是高质量推动乡村振兴战略的重要基础。本文以乡村人口变迁及其影响为切入点，对西南地区乡村振兴的长期路径进行展望，并就如何实施“精准乡村振兴”提出了相应的对策建议。

一、西南地区乡村人口变迁及其对乡村振兴的影响

第一，大批高龄农民逐渐退出劳动，乡村“无人振兴”的问题越发明显。实地调查发现，在川渝贵农村地区，60 岁以上的老人约占总人口 55%，占农村劳动力比例超过 70%，老龄化水平远超过区域总体水平、按照正常趋势推算，2035 年山区农民将大面积“养老退休”。由于目前农村“80 后”“90 后”一代已普遍流出且缺乏农业技能，未来农业“接班人”问题将越发明显。“人才振兴”是乡村发展的主要矛盾，西南乡村将来很难依

靠固有的老人去推动“产业振兴”“文化振兴”“组织振兴”等任务。

第二，农民老化直接加剧了耕地非粮化，农业安全面临潜在隐患。西南山地耕地破碎、地形起伏大，没有条件发展大型机械化、大农场的模式。农业人口老化和减少，都带来耕地用途的转变，包括用于经济作物生产、林业用地等。根据第三次全国国土调查数据，西南地形条件最好的四川省，耕地总量从1亿亩下降至8000万亩，远低于9448万亩的耕地保有量目标。我国作为农业大国，山区耕地占全国比例约37%，农民老化下的农业转型已经十分紧迫。

第三，山地村庄处在动态集中的过程中，政策投放的效率面临挑战。受地形影响，山地村庄规模小、分布散，许多自然村还不到50人。而随着农村人口减少，大量山地村庄已经或正处在撤并集中的道路上（图1）。2000年以来，川渝黔三地的行政村数量从103101个减少到66850个。与之相对的是，许多地方乡村振兴实践被简化为“刷墙建房修路”的建设活动，而且遍地开花、主次不分，在即将拆除的村庄投入大量资源造成浪费。四川广元交通部门就反映存在“花2亿元修路服务1户人家，路修好人已搬走”的情形。

（a）贵州遵义

（b）河南平顶山

（c）四川省南充

图1　同等比例尺下西南山地乡村与平原地区乡村规模尺度对比

二、基于人口变迁思考乡村振兴的长期路径

我国西南地区广大乡村正处在人口快速变迁的阶段。其乡村振兴不仅是民生问题，更事关农业安全问题。在乡村老龄化的背景下，应把握人口变迁这一核心线索，积极采取针对性的措施，实现更加精准有效的乡村

振兴。

一是要积极推动“新农民培养”，解决未来乡村“谁来振兴”的问题。未来乡村可能包括三类人群，首先是传统高龄农民，目前是农村人口的主体，未来将逐渐退出劳动、数量上逐渐减少；其次是新培养的懂农业、懂技术的“新农民”（职业农民），是未来农业主要从业人员，数量上逐渐增长。另外，还包括返回农村的“乡贤”及返乡退休人群，这些人群为乡村发展带来了新活力，但因为年龄原因很难支撑乡村的长久发展。

二是围绕乡村“主体人口变迁”，推动村庄实体空间优化建设。乡村主体人口变化，主要表现为传统农民减少和新农民不断增长，在农业生产领域“工作交接”。新老人群的农业生产方式、生活习性需求都有显著的差异性。因此未来乡村建设将形成两类村庄：面向传统农民的传统村庄，体量和布局上逐渐收缩，职能逐渐转向养老服务；面向新农民的新型乡村，空间上从局部向广大农业区逐渐生长，职能上支撑农业现代化升级，面貌上更加契合年轻人的生活需求。

三是以“农业现代化”为核心，做强未来乡村地区“产业振兴”。山地农业相比平原地区成本更高、特色更多、人力需求更大，而且受制于地形，不易在乡村发展加工业。未来山地乡村的“产业振兴”，需要走高附加值、小型化、精品化的现代农业道路，需要提供对城镇劳动力有吸引力的经济回报。未来的农业从业人员，需要的是懂农业、懂技术、懂市场的新型职业农民。相应的人才培养体系、科技服务体系，是实现农业现代化发展的重要支撑。

三、对西南地区“精准乡村振兴”的政策建议

一是国家层面扶持，通过“一揽子”行动来推进农业专业人才的培养。首先要明确“人才振兴”过程中的部门权责，明确教育部门、乡村振兴部门、人力资源部门、农委在其中的角色。目前各地农业培训主体依然是高龄农民，人才引进更多是商业性人才，面向农业生产的新农民培养路线仍未形成。而由于农业生产具有高度专业性、地域性特点，重点要加快培育一批研发机构、专业院校、职业学校作为农业现代化的支撑。参考同为山地地形的日本经验，山地农业的人力资源投入大约是人均30亩地，由此估

算到2035年四川、重庆、贵州需要300万人以上的新型职业农民，每年要培养专业人才20万人以上。

二是在西南地区加快乡村体制改革探索，为人才、资本下乡创造条件。目前老龄化倒逼山地农业向现代化转型，但农业农村相应的发展环境、经济体制还不十分完善。未来要构建市民下乡后的社会保障体制、新农民有足够经济回报的经济体制，要完善企业下乡生产相关的产权和金融制度，要完善设施农业建设与基本农田保护相协调的土地管理制度，要围绕人口结构变迁来推动村庄动态调整的规划建设制度。在复杂的改革问题面前，建议西南地区争取国家“山地乡村振兴综合配套改革试验区”政策，加快先行先试探索山地乡村发展的新道路。

三是加快西南地区“数字乡村”建设，以此为基础推动乡村精准规划建设。由于乡村人口持续变化、乡村信息过于分散，地方乡村建设往往缺乏足够的信息支持，难以把握人口变迁的趋势、乡村建设发展的实际规律，容易造成规划与现实脱节的情形。建议在西南地区全面开展“数字乡村”建设，把乡村各类人口信息、农业从业人员信息、居民生活需求等纳入统一平台。在乡村大数据集成的基础上，探索适应人口收缩的乡村动态规划管理模式，提升乡村各类设施的投放效率，提高乡村建设发展的科学性和准确性。

（西部分院，执笔人：肖磊、肖礼军、王钰、黄缘罡）

关于提高流动人口子女素质的政策建议

扎实推进共同富裕，是党的二十大报告提出的明确要求。习近平总书记指出扩大中等收入人群规模是实现共同富裕的重要方面。发展是解决我国一切问题的基础和关键。劳动力素质直接关联初次分配的收入水平。我国已进入老龄化社会，面向2035年，新生劳动力出现在0～17岁年龄段人群，其素质直接关系到整体经济社会发展水平，关系到中等收入人群规模。依照中国老科协安排，课题组分析了第七次人口普查数据，我国流动人口结构发生重大变化，流动人口总量增加，占全国人口的 1/4。流出地既有农村的富余劳动力，又有已经市民化人员的反流回城镇和城市间的流动，形成流动人口混合性流动群体。流入地区，据统计流动人口子女（0～17 岁）组成结构发生了重要变化，不仅是农民工子女，还有快速增长的已经市民化的流动人口子女。分析 1986 年至今国家层面关于流动人口子女教育的 26 项政策，发现这些政策主要针对农民工子女教育问题。因此，有必要将农民工和市民城镇间流动人员归为流动人口整体来研究。在此分析的基础上，开展了当前流动人口子女受教育情况和心理状态等专题调查研究。选择当前具有代表性的川渝地区，对流动人口的基本特征、就业情况、市民化水平等总体分析（调查样本量约 20000 份，有效问卷回收率 95%），同时选取重庆市中心城区、四川省遂宁市等典型城市区域开展现场调研，采用问卷调查、部门座谈、园区学校走访、流动人口家庭深度访谈相结合的方式，对川渝地区流动人口及其随迁子女的教育和身心健康情况进行深入调研。我们的研究结果，从现在至 2035 年前是我国产业结构调整的关键时期，也是我国老龄化程度加深、劳动力总量持续下降的叠加时期，流动人口子女素质包括接受教育水平和心理健康，特别是心理健康问题，是未来一段时期我国面临的重大挑战，涉及完善促进共同富裕的制度安排。建议：国家层面要研究并制定相应的综合改革方案，切实改善流动人口子女同等接受教育机会和享有同等生活权利，力求让他们以公平的心态下成长。

一、我国流动人口[①]的新情况和新趋势

第一，我国流动人口增加，结构发生重大变化。2020 年我国流动人口 3.76 亿人，占全国人口比例超过 1/4，较 2010 年增长了 1.54 亿人，10 年间增长约 70%。农村到城镇流动人口规模最大（增长 1.06 亿人），但增速显著放缓（年均增速 5.7%）。城镇间流动人口从 0.44 亿人增长到 0.82 亿人，增长速度最快，年均增速 6.42%，乡村间流动人口和城市回流乡村人口从

① 流动人口是指人户分离人口中不包括市辖区内人户分离的人口，从人口流动的空间地域可划分为农村到城镇流动人口、城镇间流动人口、乡村间流动人口和城市回流乡村人口。

0.34 亿人增长到 0.45 亿人，年均增速 2.84%[①]。

第二，从流动人口子女现状看，流动儿童（0～17 岁）规模 0.71 亿人，占全国儿童总数的 25%，相当于平均每 4 个儿童中就有 1 个流动儿童；留守儿童数量 0.59 亿人[②]。当前流动儿童主体为农村户籍人口的随迁子女。到 2035 年左右，我国城镇化率将达到 72%～75%，城镇间人口流动成为主体，这个阶段内的城镇间流动人口子女数量将快速增加。

二、人口流出地与人口流入地均存在需要解决流动人口子女的教育与心理健康问题

第一，我国流动人口子女受教育基本状况，呈现出“流动人口随迁子女（即流动儿童）与城镇留守儿童数量快速上升，农村留守儿童数量大幅下降”态势。义务教育阶段在校生中进城务工人员随迁子女从 2010 年的 1167.17 万人增长到 2020 年的 1429.74 万人，农村留守儿童则从 2010 年的 2271.51 万人下降到 2020 年的 1289.67 万人[③]。

第二，人口大规模流入地区的流动人口随迁子女就读初中及后续教育门槛依然偏高。受流入地的户籍管理制度、公办学位资源、财政条件制约，外地户籍儿童入公办初中、高中学校依然困难；与此同时，人口大规模流入地的民办学校发展滞后、办学质量不高，且在办学许可证、招生指标、学生学籍管理等方面依然受到严格限制。我国主要中心城市城区的基础教育、中等教育学位数量不足，导致随迁子女无法升学进而返乡现象逐步显现，2020 年约 15.6 万名随迁子女在小升初阶段“返乡”（离家）[④]。

第三，人口大规模流出地区的留守儿童教育质量仍然偏低，就业渠道受限。农村地区的学校大量撤并加剧了农村地区教育资源匮乏、教师缺岗

① 课题组根据第六次、第七次全国人口普查主要数据资料整理，并经过国家统计局相关部门核定。

② 课题组根据第六次、第七次全国人口普查主要数据资料，以及 2010 年、2020 年《教育统计数据》整理，并经过国家统计局相关部门核定。

③ 数据来自于国家统计局、联合国人口基金等发布的《中国的流动人口（2018）：发展趋势、面临问题及对策建议》，并经过国家统计局相关部门核定。

④ 数据来源：《中国流动人口子女发展报告 2021》。

严重的问题，县城和重点镇“大班额”现象依然突出，同时留守儿童也面临就业出路窄的突出问题，大量初中毕业学生依然面临着“被动”流入城市却难以就业的尴尬局面。

第四，城镇间流动人口子女随迁比例更高，子女的教育质量须得到更多关注。课题组在重庆市九龙坡区的抽样调查中发现，约 1/3 的农民工子女留在老家县城或镇上，城镇间流动人口的随迁比例超过 90%。但流入地缺乏更多元化的教育资源，长期来看不利于城镇间流动人口子女的素质提升。

第五，长期分离家庭子女身心健康问题突出，对长期的社会稳定造成风险，这是各类流动人口具有共性的突出问题。选取重庆市中心城区、四川省遂宁市（中心城区、蓬溪县、天福镇）等典型城市区域开展现场调研，采用问卷调查、访谈形式（有效问卷 600 余份，有效问卷回收率 95%）。包括关注随迁子女的身心健康、本地入学、教学质量、受教育机会等方面。主要分为流入地和流出地的随迁子女和留守儿童两类：对于流入地，57% 的受访人员希望流入地政府关注随迁子女的身体健康问题，62% 的受访人员希望流入地政府关注随迁子女的心理健康问题；对于流出地，71% 的受访人员希望当地政府关注留守子女的身体健康问题，而高达 80% 的受访人员希望留守子女的心理健康问题。可见，流动人口子女的身心健康问题日益引起重视。2020 年，我国青少年抑郁检出率为 24.6%，其中重度抑郁为 7.4%[①]，而根据《乡村儿童心理健康调查》[②]，乡村儿童抑郁、焦虑情况堪忧，留守儿童这两项指标均高于非留守儿童。留守儿童更容易焦虑和抑郁，而流动儿童更容易产生孤独感。

三、加快出台国家层面的提升流动人口子女教育和素质的综合改革意见

解决好流动人口子女教育问题是稳步推进国家实现共同富裕的重要工作，需要进一步完善促进共同富裕的制度安排。当前我国流动人口子女受

① 来源《中国国民心理健康发展报告（2019—2020）》。

② 据 2021 年 11 月“全国乡村教育痛点及公益帮扶模式探索”论坛发布。

教育短板十分明显，严重制约了我国人类发展指数（Human Development Index，HDI）水平提升。从现在到2035年前是我国产业结构调整的关键时期，也是我国老龄化程度加深、劳动力总量持续下降的叠加时期，0～17岁年龄段人群是我国未来人才市场和劳动力市场的新生力量，加强其中占比高达25%的流动人口子女教育，是未来一段时期我国面临的迫切需求与重大挑战，对提高我国在国际社会的发展教育水平地位具有重要战略意义。

第一，切实完善流动人口子女素质教育体系与全社会帮扶机制，建立共同富裕评价体系，适应新型城镇化高质量发展的需要。一是逐步实现流动人口随迁子女入学待遇同城化，并加快实现相关制度向城市常住人口覆盖。二是适应未来城镇间人口流动随迁子女快速增长需求，逐步构建多元化教育体系，支持人口大规模流入地探索政府、社会公益组织和其他社会渠道多方参与优质的民办义务教育发展。三是鼓励建立由基层政府、社会公益性机构、社会志愿服务者共同组建的陪护教育机制，加强对流动人口子女的心理健康关爱和困难家庭的社会保障支撑。特别是针对青少年的忧郁症、自闭症和其他心理健康的具体问题，应发挥社会力量建立心理健康帮扶机制，鼓励建立社会公益基金。四是建立共同富裕评价指标体系，找准短板，为提升我国人类发展指数提供支撑和依据。新发展阶段下从人民美好生活的需要出发，共同富裕具有更加丰富多维的理论内涵，包括收入与财产、发展能力及能够享受到的福祉水平等多维度的内容。指标表征的内容包括劳动年龄人口平均受教育年限、城乡居民收入比、劳动报酬占初次分配比重、职业教育普及率、每千人口拥有心理医生和中医数量等。

第二，统筹协调大中小城市教育资源配置，健全多样化技能培训机制，要让流动人口子女学得好、留得下，并有能力适应未来产业结构调整的需求。一是我国人口流动主要是向长三角、珠三角、京津冀、成渝城市群等地区，以及其他城市群核心城市和周边地区。为更有效地提升这部分人群的素质，应构建与城市群/都市圈层面配置资源相契合的教育行政与管理体系。二是进一步深化教育领域交流合作、加强区域教育协作，并积极探索优化大城市的高等教育和综合职业教育、中小城市的特色职业教育布局，避免教育资源向超特大城市过度集中；各级政府应高度重视15～17岁流动人口的素质提升和岗位技能培训，加大财力支持力度。

第三，适时将修改《义务教育法》中有关户籍地在地学校就近入学的条款。现行《义务教育法》第十二条“适龄儿童、少年免试入学。地方各级人民政府应当保障适龄儿童、少年在户籍所在地学校就近入学”，建议修改为“适龄儿童、少年免试入学。地方各级人民政府应当保障适龄儿童、少年在居住所在地学校就近入学”。

（执笔人：住房和城乡建设部原部长，第十一届全国人大环境与资源保护委员会主任委员，汪光焘；院士工作室，徐辉、张丹妮、骆芊伊；深圳市建筑科学研究院股份有限公司中心总工，李芬）

化解金融风险，推动房地产市场平稳健康发展

一、房地产市场与宏观经济同频共振，恢复不及预期

2022 年下半年以来，国际环境更趋复杂严峻，国内疫情大面积反弹，在需求收缩、供给冲击、预期转弱的三重压力影响下，我国宏观经济持续面临较大的下行压力。房地产业受到自身的周期性、结构性调整及宏观经济下行的影响，总体呈走弱态势。

一是商品住宅销售面积下滑明显。统计局数据显示 2022 年 1—11 月全国商品住宅销售面积下降 26.2%①，下半年总体呈降幅缩窄趋势，但收窄速度十分缓慢，仅比 6 月底收窄 0.4 个百分点。二是房地产开发投资降幅持续扩大。2022 年 1—11 月，全国房地产开发投资 12.4 万亿元，从 2022 年 1—2 月的同比增长 3.6% 变为同比下降 9.8%，明显拖累全国固定资产投资增速（增长 5.3%）。三是房价总体稳中趋降。据统计局数据，2022 年 11 月，各线城市房价环比延续下降趋势，70 个大中城市中，新建商品住宅销售价格同比和环比下降城市均有 51 个。中指研究院数据也显示，2022 年中国百城新房价格累计下跌 0.02%。四是库存稳步上行，城市分化加剧。克

① 相比疫情前正常年份 2019 年同期（102727/130805）也下降了 21.5%。

尔瑞监测的100个典型城市，全年新房总库存量持续走高，2022年11月末平均去化周期已达23个月。从不同城市看，一线城市中上海不足6个月，而洛阳、宝鸡等三线城市去化周期同比翻番，且已高达35个月以上。总体上，市场低迷态势尚未根本性扭转，各项指标仍在筑底徘徊，恢复不及预期。

二、房地产市场出现下行压力的主要原因

（一）疫情反复冲击，影响房地产市场正常秩序

今年全国疫情散点暴发，对住房供应和交易都造成明显影响。在供给端影响材料和人员入场，导致施工进度受阻，甚至引发项目停工和逾期交付；在销售端，新房和二手房交易都高度依赖于线下流程，疫情和相关防控措施又阻碍了购房人实地看房的积极性和可行性，从而影响了住房交易进程。

（二）经济下行深度超预期，居民就业和收入预期不稳定制约购房意愿

受宏观经济影响，居民失业率上升，2022年11月青年人调查失业率17.1%，连续9个月超过15%。居民对就业、收入增长和稳定的预期趋于谨慎，为应对经济风险的预防性储蓄明显增加，同时也影响购房等大额消费支出意愿。此外，受买涨不买跌的心理影响，居民持币观望心理也更加浓厚。根据中国人民银行2022年第四季度城镇储户问卷调查，居民的投资和消费意愿都呈现2016年以来的最低值。

（三）部分房地产企业风险显现，冲击市场各方主体信心

部分房地产企业长期依赖高负债、高杠杆、高周转的发展模式，在市场下行情况下，出现资金链断裂风险，继恒大风险暴露以来，其他房地产企业也陆续出现债务违约、项目停工和逾期交房等问题，行业整体性风险持续扩大。房地产企业普遍新增融资受阻、销售回款不畅，进而缺少新增投资的意愿和能力，市场机构统计全年百强房企销售业绩同比下降超过四

成，拿地总额下滑近 50%[①]；而购房者也担心买期房难以按时交付，不愿冒险购房。

（四）人口城镇化增速放缓，中长期住房需求面临天花板

我国人均住房建筑面积接近 40 平方米，户均超过 1 套房，住房短缺问题已基本解决。伴随我国人口增速放缓，城镇化快速发展进入中后期，未来新增住房需求规模将稳中趋降，很难维持年均 15 亿平方米的商品房销售规模。

（五）棚改退潮，拆迁带来的被动住房需求明显缩减

我国住区更新方式由拆除为主的棚户区改造向保留整治为主的老旧小区改造转变。2021 年全国各类棚户区改造开工 165 万套，基本建成 205 万套，规模仅为 2015—2018 年年均套数的 1/3 左右。改造规模的大幅下降也带来购房刚性需求的减少。

三、国家积极出台措施，支持房地产市场平稳健康发展

房地产链条长、涉及面广，是国民经济支柱产业：房地产业增加值占 GDP 的比重在 7% 左右，加上建筑业则占到 14%；土地出让收入和房地产相关税收占地方综合财力接近一半；住房资产占城镇居民家庭资产的六成；房地产贷款加上以房地产作押品的贷款，占全部贷款余额的 39%，对于金融稳定具有重要影响。国家高度关注房地产市场出现的新形势新问题，2022 年 4 月、7 月召开的政治局会议和 8 月的国务院常务会议，都反复强调支持各地因城施策、一城一策，支持刚性和改善性住房需求。2022 年 12 月中央经济工作会议再次强调坚持“房子是用来住的，不是用来炒的”定位，推动房地产业向新发展模式平稳过渡。在国家统一部署要求下，住建、金融和财税部门从供需两端联合发力，支持房地产市场平稳健康发展。

① 中指研究院、克尔瑞研究中心数据。

（一）供应端，积极化解房企流动性风险

住房和城乡建设部会同金融监管部门出台规范商品房预售资金监管的意见，制定商业银行出具保函置换预售监管资金办法，同时聚焦“保交楼”，联合有关部门出台措施，通过政策性银行专项借款方式支持已售逾期难交付住宅项目建设交付；金融部门打出一套政策组合拳，从“第一支箭”银行信贷支持、“第二支箭”债券融资帮扶到“第三支箭”股权融资松绑层层突破。中国人民银行、银保监会联合发布“金融16条”，并指导6家银行年内至少各提供1000亿元房地产融资支持。一系列政策出台，成为缓解房企融资压力的“及时雨”，碧桂园、龙湖、新城控股在中债增信支持下均成功发债，市场预期出现改善。

（二）需求端，因城施策降低居民购房门槛与成本

在住房和城乡建设部指导下，全国超过180个城市因城施策，完善了房地产调控政策，重点包括调整限购措施、加大人才购房和住房公积金支持力度等。其中，除一线城市以外的22个房地产长效机制试点城市均优化了调控措施。在降低购房成本方面，中国人民银行年内3次降息，5年期以上LPR共下调35个基点[①]，带动首套房贷款利率最低降至4.1%。在这一基础上，2022年9月底，央行和银保监会出台政策，支持符合条件的城市阶段性放宽首套住房贷款利率下限，政策惠及70个大中城市的23个，并下调首套个人住房公积金贷款利率0.15个百分点。财政部、税务总局也出台政策，对个人换购住房缴纳个人所得税也予以阶段性减免，支持居民改善性换房需求。

四、相关建议

伴随我国新型城镇化进程，居民住房消费潜力仍然巨大，房地产行业也仍然会承担宏观经济稳增长的压舱石作用。长远看，为促进市场健康发展和模式转型，仍然需要保持定力，坚持“房住不炒”的定位，继续稳妥

① 2022年以来，5年期以上LPR在1月、5月、8月三度下调，分别下调5、15、15个基点。

实施房地产长效机制。同时加强政策协同联动，防范化解风险，切实恢复和稳定市场预期，促进房地产市场平稳运行。

（一）继续多措并举，缓解供给侧资金链压力

一是继续引导纠正金融机构过度避险行为，给房地产企业和上下游受影响的建筑业企业提供足够的流动性支持，满足行业合理融资需求，促进风险缓释。二是推动行业并购重组，通过金融、税费优惠政策鼓励资产管理公司参与风险企业和项目的收并购和债务重组，并探索建立房地产纾困基金，定向用于出险企业和项目的股权投资。三是鼓励政府、国企收购出险企业项目用于保障性住房、人才住房，尤其是作为保障性租赁住房。四是鼓励对风险房企给予阶段性的税费缓缴政策。同时，也要加强对房地产行业风险的源头防治，完善和改革制度，遏制购地加杠杆和过度金融化等风险隐患，通过透明清晰的金融监管制度，控制资本在房地产领域的无序扩张。

（二）精准靶向发力，大力支持刚性与改善性住房需求

进一步鼓励各地结合实际，继续优化完善房地产调控措施。加快研究和取消不合理的购房限制性条件。继续引导城市研究和优化对首套住房认定的“认房又认贷”政策，降低购房成本，促进首套和合理改善性住房消费需求释放。一定条件下，热点城市也可适度放开限购区域和群体，精准聚焦合理居住需求，向市场释放更加明确鼓励性信号。长远看，还需要研究更加精确的判断方式，代替简单以住房套数来衡量投资性“炒房”行为。

（三）创新金融支持，继续做好“保交楼、稳民生”工作

坚持法治化、市场化原则，压实企业自救主体责任，切实督促企业追回挪用的预售资金，并通过资产处置等方式，全力实现“保交楼”。同时，继续用好政策性银行专项借款，缓解项目短期流动性缺口，实质性推进项目复工，切实维护购房人合法权益，并通过政府工作介入产生信用背书效果，稳定各方信心。

（四）推动行业转型，探索房地产发展新模式

推动房地产业向新发展模式平稳过渡，逐步改变多年来“高负债、高杠杆、高周转”模式。一是支持房企开发产品类型，由出售商品房为主向租购并举转型，大力促进长租房建设和持有运营；二是支持房企运营盈利机制，由开发建设为主向开发、运营、服务的全链条一体化转型；三是支持房企融资模式，从债权为主向债务与权益并重转型，降低融资成本；四是支持房地产开发建设重点，从追求规模速度，向提升品质、创造品牌转型。同时，建立人房地钱的联动配置机制，促进住房总量、结构和空间布局的供需平衡。

（住房与住区研究所，执笔人：张璐、卢华翔）

首都地区功能体系与空间布局优化建议

一、对于新时代社会主义大国强国首都内涵的认识

新中国成立以来，党的领导人都高度重视首都规划建设工作，为首都的发展擘画蓝图。随着北京城市总体规划、城市副中心控规、首都功能核心区控规先后获得党中央、国务院批复，首都规划体系的“四梁八柱”初步形成。进入新时代，首都北京与党和国家的使命更加紧密相连，首都功能作用愈发凸显，对加强城市规划建设管理、提升文化软实力和对外影响力、服务保障国家参与全球治理等提出了更高要求。

建设新时代大国强国首都既要借鉴国际经验，更要体现社会主义制度先进性。纵观新中国成立以来首都北京的发展历程，始终是与国家战略紧密相关，按照中央对首都城市性质与功能定位的要求，北京市始终将服务国家战略作为发展的重心。首都建设、首都经济、首都发展相互联系、螺旋式发展的过程，反映了不同阶段的中心任务，体现了对首都工作规律认识的不断深化。

建设新时代大国强国首都，需要紧紧围绕“都”的功能谋划“城”的发展，以“城”的更高质量发展服务保障“都”的功能。落实到 2035 年初步建成社会主义现代化强国首都的总体目标，建设成为引领世界的包容、文化、创新之都和惠及人民群众的宜居、韧性、风景优美之城。同时，全面建成社会主义现代化强国首都需要吸收世界范围重要首都城市的先进理念，并充分展现社会主义文化自信和制度优越性（图 1）。

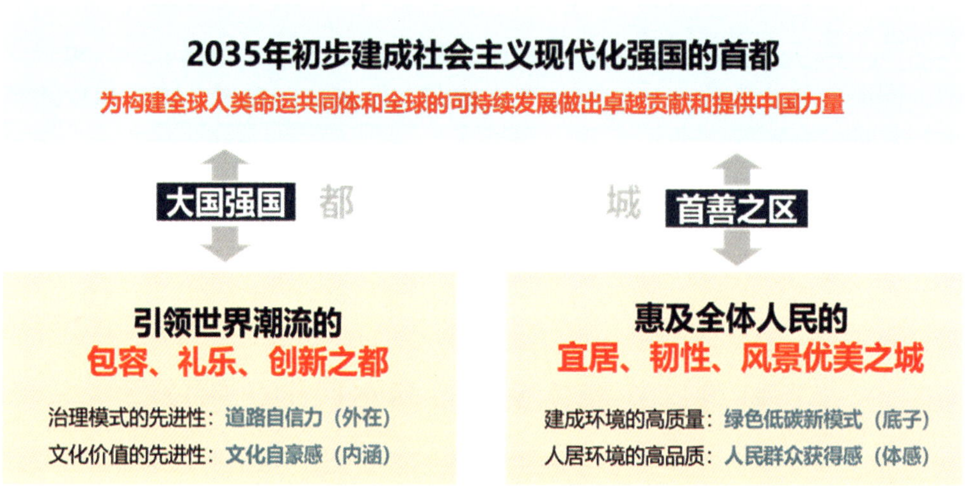

2035年初步建成社会主义现代化强国的首都

为构建全球人类命运共同体和全球的可持续发展做出卓越贡献和提供中国力量

都

城

引领世界潮流的
包容、礼乐、创新之都

治理模式的先进性：道路自信力（外在）
文化价值的先进性：文化自豪感（内涵）

惠及全体人民的
宜居、韧性、风景优美之城

建成环境的高质量：绿色低碳新模式（底子）
人居环境的高品质：人民群众获得感（体感）

图 1　新时代下社会主义大国强国首都内涵

二、首都功能现状分析

（一）“都”与“城”的现状关系

提升首都城市形象和服务保障首都功能是北京发展的长期使命，紧紧围绕“都”的功能谋划“城”的发展，以“城”的更高质量发展服务保障“都”的功能，是北京市长期坚持的发展主线。当前“都”“城”关系还有进一步优化提升的空间。

一是首都功能核心区内政务环境和功能关系相对复杂，中央政务与重大国际交往事务相互交织，金融管理、央企及其衍生的相关经济职能在核心区及周边大量集聚。例如，中南海到三里河路之间的中央部委集中区域的就业密度普遍为 2 万～5 万 / 平方公里，金融街地区就业密度达到 6 万人/平方公里。与此同时，随着近年来中心城区土地资源供给日益紧张，新建职工住宅多位于四环以外。以国家发展改革委、公安部周边两个片区为例，通勤距离超过10公里，通勤时间长，影响行政人员工作效率及生活品质。此外，首都功能核心区内体现时代特色和社会主义大国形象的纪念性空间及大型文化主题功能区相对不足。

二是中心城区和新城的宜居水平与巴黎、东京等世界城市相比较还存在短板，主要体现在软实力和人才吸引力等方面。根据《2021中国城市人才吸引力排名》报告，京津冀地区人才净流入占比为-0.7%，长三角、珠三角、成渝城市群分别为6.4%、3.8%、0.1%。北京目前是全球房价收入比最高的城市之一，房价收入比是巴黎的1.9倍、东京的2.8倍；在宜居水平方面，基本便民生活服务保障、城市品质服务空间供给等方面较巴黎差距较为明显。

三是首都及首都圈是唇齿相依的共同体，在全球气候变化和公共安全事件频发的背景下，首都面临的公共安全风险日趋复杂，需要进一步强化生态、农业和安全应急保障功能。在区域层面上，首都圈未来需应对全球气候变化不确定性问题，生态保障空间、本地农产品供应空间仍然不足。在城市尺度上，根据2021年住房和城乡建设部开展的第三方城市体检，北京建成区可透水层比重不足31%，远低于北方地区35%的标准。为了应对极端气候下的城市内涝、热岛风险和突发事件疏散要求，需要提升建成区及周边地区的韧性基础设施建设和应急避难功能。

（二）应充分认识到北京作为超大城市复杂的社会经济组织关系，城市功能优化与疏解是一个长期治理过程

一是首都经济系统内部关联性复杂，牵一发而动全身。基于北京市投入产出流量数据分析，当前北京在金融、租赁和商务服务、综合技术服务、信息服务、批发零售、住宿餐饮之间形成稳定链接关系。通过对历次经济普查数据分析发现，近20年来这类网络从二环逐步向外扩展，具有空间上的紧密联动性，反映出首都经济系统内部结构复杂、相互关联性强等特征。因此，首都地区功能优化与疏解，需要充分考虑经济功能网络的复杂性，基于产业上下游间的关联、产业与产业间的关联、产业与城市基本服务间的关联，进行系统性优化。

二是面向中长期首都功能发展面临的挑战。2021 年，我国 GDP 占全球 GDP 总量的 18%，比 2001 年提高了 14 个百分点，首都北京在世界舞台上的政治地位得到显著提升。预计到 2035 年前后，我国 GDP 将稳定在占据全球 GDP 总量的 1/5 左右，综合国力的全面提升将进一步凸显首都北京在外交、粮食安全、能源环保、消除贫困、公共健康等全球性事务中发挥的关键作用。对比预期，首都在智库、教育、行业咨询、法律顾问、公共医疗等领域的发展仍不充分。未来“都”的核心功能需要在“四个中心”战略定位下，立足全球事务、国家现代化治理要求进行全面拓展。“城”的高质量发展和高水平保障，尤其是首都圈层面的空间保障、生态保障、安全保障、基础服务保障是“都”的健康持续发展的重要支撑。

三、新理念下首都功能发展展望

近年来，非首都功能疏解已取得较大成效，但依靠行政决策推动产业外迁在具体操作中存在问题，部分外迁企业出现“水土不服”现象，需要进一步厘清疏解关系。首先，要在首都规划体系“四梁八柱”的框架内，剖析新时期“都”的功能内涵，更好服务保障党和国家工作大局。在此基础上，研判“都”所需要的“城”的支撑，通过功能体系联动发展推动“都”与“城”的和谐发展。

（一）新时代首都功能体系

厘清首都功能、非首都功能、城市基本服务功能，结合城市战略定位对上述功能进行细致梳理。其中，首都功能包括与“四个中心”战略定位密切相关的首都核心职能，以及由核心功能衍生出并发挥支撑“四个中心”战略定位作用的首都衍生功能（如国家经济管理功能，支撑国际交往、文化科技的相关经济功能等）；非首都功能包括区域城市生产组织及城市管理服务等相关功能；城市基本服务功能包括保障城市基本生活与都市消费休闲功能，以及对公共卫生、福利和公共安全等绝对必要的关键基本服务功能，考虑到城市基本服务功能对首都功能的保障作用，在本次研究中需要将其单列并着重分析（图 2）。

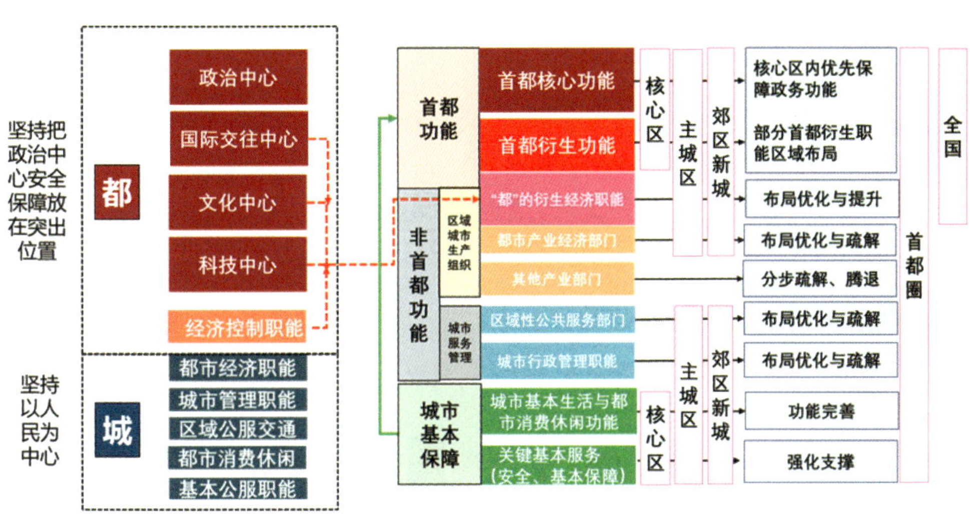

图 2　首都地区功能体系

（二）非首都功能疏解和首都功能优化的空间层次

按照细分功能类型的内在空间组织关联性，分类优化提升或区域疏解。政务办公按照相对集中的原则，形成以中央政务办公区为主体的圈层多点聚集模式。

对于首都核心功能及衍生功能，按照其对于政务核心职能的保障紧密程度，分圈层推动政治中心、国际交往中心、文化中心、科技创新中心功能提升与布局优化；对于“都”衍生的经济职能，如国际交往、文化与科技（高新技术）领域的产业功能，国家经济管理衍生企业，在核心区、主城区、平原新城、首都圈多个尺度上进一步按照“就业规模＋正面清单＋税收管理”方式进行空间优化。考虑到北京城市总体规划对于加快南城地区发展的相关举措，未来 5 年可以重点将部分首都核心功能（政治、文化、科技）及相关衍生功能向南中轴地区扩展或转移，推动南城地区崛起。

对于区域服务功能与产业部门，按照服务的范围，与区域性交通枢纽功能外迁相协调，严控原址的新增与扩建；对于制造业、一般类产业等负面清单产业，在核心区、市域、首都圈三个尺度按照“用地规模＋负面清单＋税收管理”方式进行疏解。

对于城市管理功能，按照与市属行政管理紧密联系度、与城市基本服务职能的关系进行细分。对于保障城市日常运转、居民生活服务和非常时期的关键保障功能等城市管理功能，应按照城市发展建设需求优化配置。其他城市管理功能适时向外疏解或转移，且不在中心城区新增（图 3）。

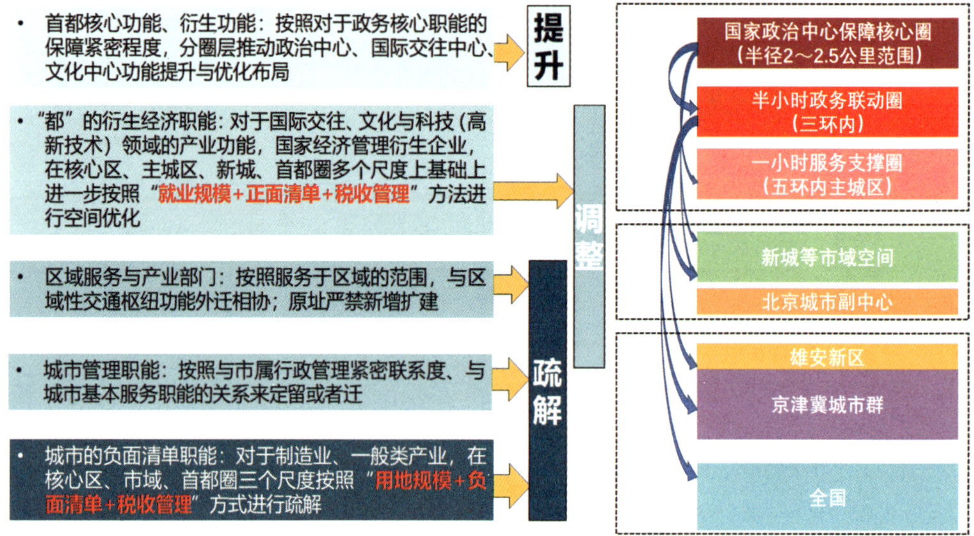

图 3　非首都功能疏解和首都功能优化空间指引

通过功能提升、调整和疏解，在主城区内引导中央和国家机关办公空间向长安街沿线等地区相对集中，构建国家政治中心核心保障圈（2～2.5 公里半径）、半小时政务联动圈（三环内）、一小时服务支撑圈（五环内主城区）。首都衍生功能和非首都功能重点在都市圈范围内进行疏解，形成 30 公里通勤圈、60 公里核心腹地，150 公里联动腹地 3 个圈层。

（三）推动支撑首都功能的“城”的高质量发展

“都”与“城”相协调的关键支点在于对人的保障。世界范围的宜居城市发展经验表明，宜居品质是吸引高素质人才的关键，城市的文化多样性、舒适的居住环境、便捷服务配套与工作交流空间是宜居宜业的核心所在。特别是促进城市活力与交流交往的“第三空间”密度、城市生态服务空间（绿道、休闲空间等）需要大力提升，使“城”的保障能够满足各类人群需求，使高宜居水平的“城”能够更好支撑“都”的稳定发展。

四、新格局下首都地区功能一体化展望

一是持续优化政务布局，以首善标准服务保障中央政务功能。推动中央政务功能相对集中布局，构建更加紧密的政务保障空间体系；在主城区、首都圈两个层面优化国家行政服务功能。

二是构建国家文化与国家交往功能拓展新空间。塑造多功能北京中轴线，展示新时代的国家形象空间；推动古城全域博物馆建设，承载更加多元的国际交往和文化展示场景；推动首都都市圈“城、郊、野”范围内“文道”体系建设。

三是优化国家创新科技中心空间格局，全面服务国家创新驱动战略发展需求。完善创新功能复合的创新型城区；在京津冀构建“创新三角”，稳步推动创新策源与成果转化。

四是以更高水平保障和改善民生为导向，综合提升城市宜居品质。加快补齐居住短板，建设高品质住房与高品质公共服务配套设施；鼓励创业及共享办公空间建设；着力打造更多服务多元文化、服务更细分领域和人群的公共文化设施与消费场景。

五是加强首都地区生态服务一体化保障，实现生态效能整体提升。加强首都圈生态服务一体化保障的意义；建设首都圈的生态安全屏障；推进跨界地区生态修复，共建生态价值转化示范区。

六是完善重大公共卫生事件下物流保供和应急保障体系。优化首都地区物流保供体系；建设本地农产品保障体系。

首都工作关乎“国之大者”，要以高度的政治责任感和使命担当做好首都的规划建设管理工作，努力在全面建设社会主义现代化国家新征程上走在前列。

（执笔人：全国工程勘察设计大师，中国城市规划设计研究院院长，王凯；
院士工作室，徐辉、王颖、骆芊伊；文旅所，张娟、刘航）

聚焦新动力源建设，加快发展大兴临空区的建议

伴随着全球化竞争的不断深入，临空区对经济发展的“增长极”作用不断增强。2017年，习近平总书记在视察北京大兴国际机场时提出“北京新机场是‘国家发展一个新的动力源’”，从发挥北京大兴国际机场国际枢纽价值出发，衔接北京建设“四个中心”和打造“双枢纽”国际消费桥头堡的内在要求，受市规划自然资源委会同大兴区政府邀请，开展了北京大兴国际机场和临空经济区功能定位提升研究工作，并提出相关建议。

一、应对深度全球化竞争，北京亟需优化提升“一市两场”协同分工，将北京大兴国际机场打造成为亚太洲际航空枢纽

经济全球化背景下，航空运输作用更加凸显，北京亟须建设具有全球竞争力的洲际航空枢纽。依托国际航空大通道，具备全球链接功能的洲际航空枢纽，逐渐成为航空网络的关键节点和各类资源流动、汇聚、配置的开放门户。以美国纽约约翰肯尼迪机场、加拿大多伦多皮尔逊机场等为代表的大国枢纽，以及以阿联酋迪拜机场、韩国仁川机场等为代表的小国枢纽均瞄准洲际门户枢纽发力，助力提升本国的全球竞争力。在此背景下，北京亟须建设具有全球竞争力的洲际航空枢纽。

亚太地区洲际航空枢纽的竞争愈加激烈，北京两场应发挥各自优势，形成差异化分工协作。北京两场在国际链接水平、国际航权资源等方面与新加坡樟宜、韩国仁川、日本成田等周边枢纽有明显差距，亟须通过两场组合优化，采取竞争性发展策略，打造洲际航空枢纽。北京两场禀赋特征不同，北京大兴国际机场在中转条件、机场运行效率方面更有优势，北京首都国际机场将在未来一段时间内保持洲际航线优势；在对外交通条件、客群覆盖、空域条件等方面，两场各有侧重。从典型全球城市“一市两场、一市多场”发展模式来看，通常呈现“城市目的地型机

场”和“门户枢纽型机场”两种主要形态，并通过合理分工形成强大的洲际枢纽和国际国内换乘功能。同时，北京“四个中心”和国际消费中心城市建设，会带来差异化的航空客群需求。如游客、探亲人群等属于费用高敏感客群，出行时间较为宽松，期望控制旅行成本，更易于接受远距离机场。

因此，建议基于国际航空发展规律，落实国家战略要求、首都建设需求，优化北京两场分工：北京大兴国际机场应打造成为辐射全球的亚太洲际枢纽，重点拓展洲际航点和航线网络，强化国际中转的国际竞争力；北京首都国际机场应打造成为亚太地区重要复合枢纽，重点发展精品商务航线，侧重服务国际国内的高频商务、高端消费旅客。

针对航线资源、国际旅客规模、国际旅客中转率等方面的差距，北京大兴国际机场需积极创造条件，通过 3 个阶段逐步实现打造亚太洲际枢纽的总体目标。第一阶段，至 2028 年，重点提升国内航空服务覆盖，加密国内航点，加大航班量。第二阶段，2028—2035 年，重点引导国际航线向北京大兴国际机场转移集聚。第三阶段，至 2050 年，强化国际航点航线链接，继续拓展洲际航空航线，重点利用第六航权开拓亚太至欧洲、亚太至北美等洲际中转客运航线。

二、基于洲际枢纽临空区发展规律，优化大兴临空区功能布局

纵观典型洲际枢纽及临空区的发展，有以下三方面特征。一是洲际枢纽临空区已成为国家参与国际分工与竞争的战略地区，各国纷纷利用洲际门户枢纽集聚国际资源，深度参与全球竞争。二是洲际枢纽临空区享有最开放、最自由的政策体系，尤其是利用各类自由贸易政策推动临空经济发展。三是洲际枢纽临空区围绕“为人、为货、为业”三大维度，“为人”主要为服务机场客流需求的功能，“为货”指航空物流、保税加工等货物相关功能，“为业”主要是培育产生的产业新增长点，各类功能中又以新兴消费、科技创新、国际交往及休闲娱乐等功能为重点。此外，“为人、为货、为业”功能按照与人流和货运跑道岸线联系的密切程度，呈现明显的圈层分布规律。

借鉴洲际枢纽临空区发展经验，落实大兴临空区“国际交往中心功能

承载区、国家航空科技创新引领区、京津冀协同发展示范区”的总体定位，大兴临空区有条件也有必要建设成为与中心城区相对独立、港产城人高度融合的世界级航空都市，需要在“为人、为业、为货”三个维度集聚相关功能，其中“为人”服务重点聚焦文化交往功能，培育国际会议会展、文化体验、媒体创意及国际组织办公等业态；“为业”服务重点培育科技创新功能，围绕生物医药、信息科技、航空航天等领域开展跨境科创、科技服务、研发办公等业态，培育自由消费功能，打造免税购物、主题消费等新消费场景，培育特殊品交易、保税展销、医美健康等新业态；“为货”服务重点发展航空物流功能。

遵循临空区功能圈层布局规律，优化大兴临空区布局，建设世界级航空都市。围绕“4C”功能体系，大兴临空区在功能布局上应进行五个方面优化：一是增加自由消费功能，二是细化丰富现有文化交往功能，三是细化科技创新业态，四是发挥中央公园渗透、融合作用，五是优化战略留白布局，加快国际会展消费功能区建设。

优化开发时序，落地重点项目。针对大兴临空区远离城市、缺少依托的短板，结合北京大兴国际机场客货流恢复进展，近期，至 2028 年，强调重点项目引领，提升片区活力与吸引力；中期，2028—2035 年，深化国际交往，加强医疗机构、文化媒体等服务业领域的开放政策支持；远期，至 2050 年，为国家级及市级重大项目、未来重大技术变革等预留充足空间，保留 3 片战略留白区。

三、深化国际交往，尽快启动国际会展消费功能区建设

北京是具有重要影响力的全球中心城市，也应成为以人为本、开放多元、古今同辉的魅力新首都，但目前在以人为本的城市形象、消费驱动和会展服务等方面有待提升，大兴临空区可发挥自身优势，助力提升北京国门形象。

围绕“兴天下：世界一流临空会展消费枢纽”的总目标，将国际会展消费功能区打造成为服务国际交往、自由消费的重要窗口。国际会展消费功能区总开发量 450 万平方米左右，突出会展、消费、公园等不同组团间的联动协同；贯通开敞空间，实现交通立体衔接，提升片区通达性；塑造

文化包容的新门户形象，凸显南中轴文化的空间落位，主张全球顶尖风尚与本地文化特色并重。同时，应在绿色低碳、科技智慧等领域实现示范建设，推动能源利用更清洁高效、建筑全生命周期更绿色节能、线上线下体验更加融合、城市运营管理系统更智慧互联。

四、相关建议

一是进一步理顺京冀两省市、多部门的协同机制。推动民航系统、两地临空区管委会等多部门加强沟通，实现港城一体化发展。完善京冀两省市高位协调机制，建立健全两省市合作开发、利益分享机制，建立项目联合选址、共同审查等规建管合作。

二是协调多领域专家和部门开展政策创新的支撑研究。加快免税、保税政策先行先试，围绕特殊品交易、会展策展经营、科创跨境合作、卫生医疗、文化娱乐、国际人才引入等特定领域开展自由贸易政策研究，形成相应责任部门的政策清单。

三是结合北京大兴国际机场总规修编，高位推动定位有关意见的落实。围绕北京大兴国际机场打造亚太洲际枢纽，优化相关规划指标与发展指引。

四是尽快确定市场主体，与政府或平台公司合资开发运营。尽快引入拥有国际一流会展中心和旗舰消费项目开发经验的先进投资运营商，共同商定开发运营模式，明确资产运作和退出机制。

五是强化对国际会展中心的交通支撑。加快城际铁路联络线建设；前置 R4 线建设时序，与国际会展中心首发项目建设同步。

（执笔人：中国城市规划设计研究院原院长　李晓江；
上海分院，林辰辉、吴乘月、祁玥）

第二节 高水平建设

面向我国超大特大城市中长期韧性发展的对策建议

2022年我国城区范围常住人口规模500万人以上的超特大城市有21座，数量占全球的22%①②；我国超特大城市人口规模占世界500万人以上城市的约19%，居世界各国首位。根据国家统计局2021年发布的《经济社会发展统计图表：第七次全国人口普查超大、特大城市人口基本情况》，我国超大、特大城市数量已达到21座。超大、特大城市是国家级和区域级的中心城市，未来，我国超特大城市的人口和经济比重仍将持续提升。

近年来我国超特大城市相继出现的城市建设安全、应对极端天气灾害响应不力等问题，与此同时，从中长期人口结构变化来看，超特大城市面临的住房、教育、关键基本服务等方面都面临新一轮的挑战，结合疫情后期经济社会恢复的压力，超特大城市的韧性、可持续发展，迫切需要从长远与近期、宏观与微观双管齐下，提前应对。

一、当前重在安全韧性的设施与保障体系不完善

人口规模大、密度高、流动性与集聚性强的超特大城市，面临的不确定性和未知风险空前复杂，公共安全风险具有密集性、流动性和叠加性，突发的极端天气、传染疾病等公共事件的破坏性将更大；同时伴随深度全球化，超特大城市发展的区域性与全球性也使得系统性风险首先在超特大城市传导。主要表现为以下两方面：

① 根据《世界城市区域人口统计》（Demographia World Urban Areas2020）2020年度报告，全球范围建成区人口规模超过500万人的城市或者都市地区有88座。

② 根据Oxford Economics数据及研究预测。

（一）城市安全韧性设施建设及保障机制仍有短板

近年来，住房和城乡建设部城市体检社会满意度调查结果显示，我国超大特大城市应对重大安全及卫生事件的应急保障空间短板明显。一是城市人均避难场地建设不足，在数量和布局上与规划建设要求存在差距；依据《防灾避难场所设计规范》GB 51143—2015 提出的要求，短期应急需求下的人均避难场所面积应达到 2 平方米 / 人以上，参与体检的超特大城市中此项数据显示达标的仅有 2 座城市。二是城市硬化面积占比过大，是导致汛期城市发生的大面积积水、内涝的原因之一，城市需要有更多空间在集中降水期间吸水、蓄水、渗水。三是尚未形成成熟的应急避难场所推进机制，建设、管理、使用等职责和权利划分不够明确，难以形成合力来充分利用资源。四是市民对于应急避难场所熟悉程度低。对标日本等发达国家，市民对紧急避难场所的了解不足，应急预案及应急演习市民参与率低。

（二）对于特定弱势群体的保障不足

无障碍设施建设是保障城市弱势群体平等参与社会生活的必要条件，也是社会文明程度的重要标志之一。通过 2022 年城市体检发现，超大特大城市中，深圳、广州、南京、大连等城市已实现了道路无障碍设施建设率达到 100%，提前实现了“十四五”时期目标。但仍有部分样城市无障碍设施发展尚停留在提升指标数据阶段，设施质量及服务质量层面仍有较大提升空间。

2021 年 11 月，中国残联、住房和城乡建设部等 13 部门联合印发《无障碍环境建设“十四五”实施方案》明确，到 2025 年，无障碍环境建设法律保障机制更加健全，无障碍基本公共服务体系更加完备，尤其对残疾人、老年人要提供更为安全便捷、健康舒适、多元包容的无障碍环境。

二、为未来准备就绪的人口能级后劲不足

（一）应对快速老龄化的准备不足

国家统计局数据显示，大连、上海、沈阳、哈尔滨的 60 岁及以上人

口占比在21个超特大城市中最高；广州、佛山、东莞和深圳的60岁及以上人口占比相对较低。对比近似人口生育率的东京、新加坡、河内等亚洲超特大城市，我国将在2022—2035年期间内面临前所未有的老龄人口的总量增幅，随之而来的城市韧性挑战也是空前的（图1、图2）。与此同时，国际上发达国家的主要城市的老龄化程度通常都低于全国平均水平。例如日本全国老龄人口占比约27%～28%，东京约23%；美国全国老龄人口占比约16%，而纽约却只有12%。人口老龄化程度过高需要超特大城市为未来准备就绪，提供更多、更高质量的社会公共服务设施与配套政策。

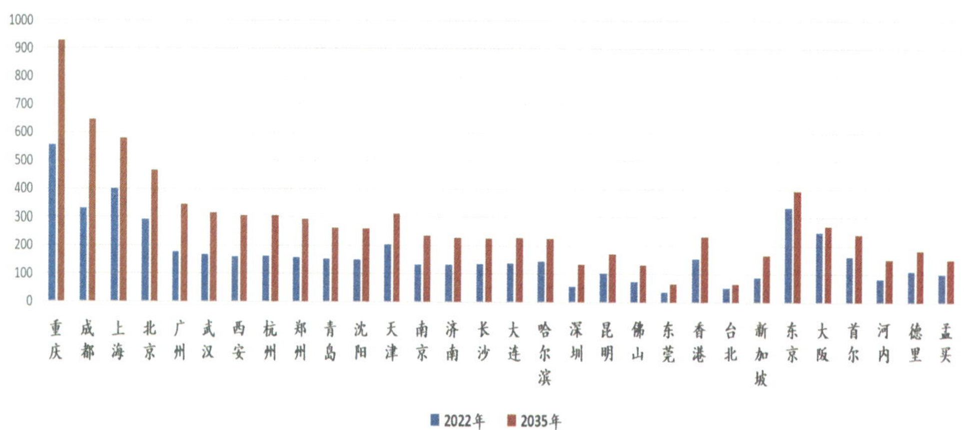

图1 超特大城市65岁及以上老龄人口总量变化示意图（单位：万人）

（数据来源：Oxford Economics）

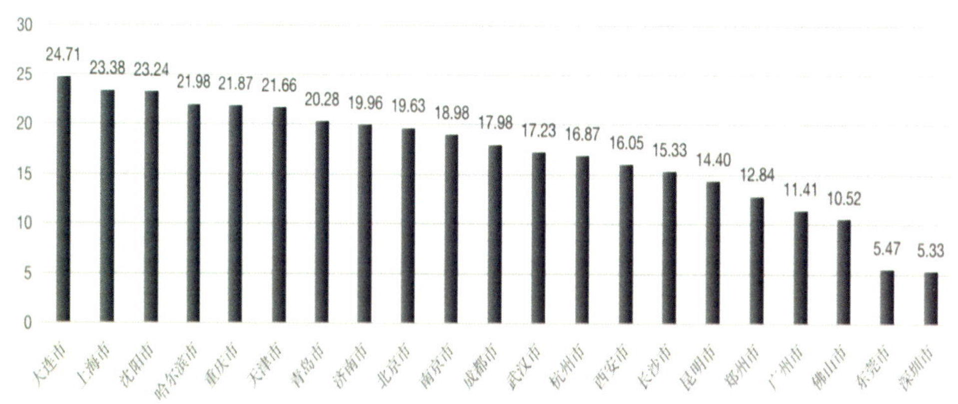

图2 超特大城市60岁及以上人口占比（单位：%）

（数据来源：国家统计局）

（二）针对高素质人才的安居乐业保障体系不健全

人口结构的快速变化要求超特大城市在人才政策吸引、培养层面作出超前准备，为应对全球范围内的竞争与合作，是我国超特大城市在人才能级方面亟须关注的问题。根据2020年《全球城市人才竞争力指数》，全球人才竞争力综合排名前5位的城市为纽约、伦敦、新加坡、旧金山、波士顿。纽约的领先地位归因于其在人才“赋能”“吸引力”“培养”及“全球知识技能”等领域的强劲表现。我国超特大城市中流动人口占比较高（图3）。

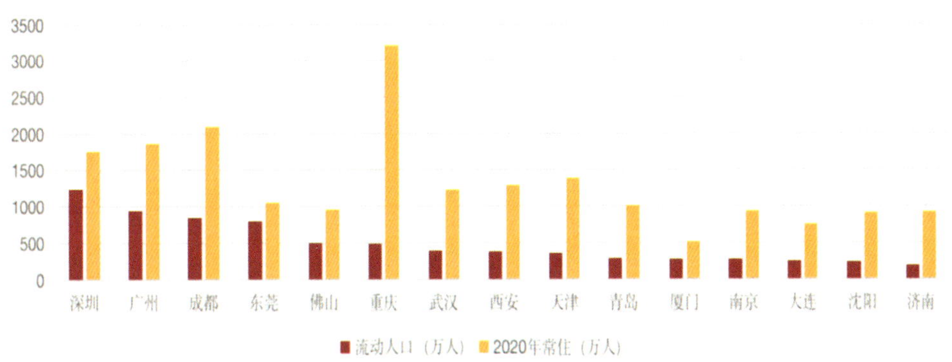

图3　部分超特大城市流动人口

（数据来源：国家统计局）

目前城市在住房保障，教育、医疗等公共服务，以及市政设施应对等方面的保障依然不足。根据住房和城乡建设部城市体检发现，我国超大特大城市对于新青年、新市民的保障住房覆盖情况均不理想；保障住房在空间布局上也存在不匹配、交通支撑差等突出问题。因此，长期来看，提高居民的满意度、幸福感，要求我国超特大城市提供更加优质的服务与保障来保持长期活力，尤其需要高度关注超大特大城市流动人口子女的教育问题。当前随迁儿童本地升学难、费用高、师资条件不好等问题在东部地区和流动人口规模大的超特大城市依然突出。

三、主要对策建议

（一）大力推动保障性租赁住房建设与老旧社区适老化改造

加大保障性租赁住房建设，提高服务覆盖面是未来一段时间超大特大城市的重要任务。需要发挥好政府引导、市场主导作用，盘活存量空间资源，加大多元化的租赁住房供给能力。如深圳市借助于市场力量，通过盘活改造城中村为新青年提供相对低成本的公寓，为刚“落脚”深圳的新青年提供安居场所和交流空间。又如昆明市尝试探索通过“以购代建”方式筹集的保障性租赁住房项目，通过改造商业办公楼宇以适应年轻人的住房，一方面消化过量商业库存，另一方面也增强了城市新区的活力。在实际操作中通过成立国资主导的公租房和保障房公司，实现了投、建、管、营工作分离。

对于老旧居住社区，积极开展建筑、小区和街区层面的适老化改造。从室内居住环境改造、建筑室外通行无障碍改造、公共空间适老化改造3个层面加大适老化设施配套，因地制宜地加装住宅电梯。完善适老化公共服务设施，建设社区老年人活动室、健身场所；建立完善的养老服务中心与居家养老相结合的老年服务体系，增加居家养老服务有效供给。

（二）完善关键基本服务，提升城市整体韧性

随着城市人口的快速集聚，经济社会发展水平不断提升，超特大城市正在向类似生态系统的“自适应复杂系统”方向演进，尤其是对于关键基本服务的保障是超大特大城市提升的重点。一是对公共卫生、公共福利、公共安全等绝对必要的政府和私营部门服务，以及保障城市基本运转的水电气、通信和物流等市政基础部门，要健全突发事件下的应急响应机制，提高相关设施的通达性。二是通过提供新鲜、卫生、无污染的本地化农产品，加强本地农产品供应是保持城市长期韧性的重要基础。如法国巴黎大区能够生产1000余种农产品和70余种水果和蔬菜；新加坡已经提出到2030年，达成食物自给率30%的目标。

（三）探索疫情后经济与社会韧性恢复新模式

2022年5月，联合国秘书长发布了一份关于经社理事会和可持续发展高级别政治论坛2022年年度主题报告，即“在全面落实2030年可持续发展议程的同时，更好地从冠状病毒（COVID-19）中恢复重建”。我国超特大城市应充分发掘城市低效空间利用价值，激活城市核心区综合利用效率，营造独特的生活场景，以空间形态促业态提升、以业态促空间形态优化。特别是后疫情时代发达国家针对专业技术人才，打造开放包容、多元文化、细分服务领域和人群的第三空间、共享空间对于保持业态活力起到了积极带动作用。积极推进社区居住生活圈。如广州市六运小区积极通过市场资源配置，实现了居民日常生活服务的“1分钟生活圈”，高效的混合利用率使得区内居民基本在下楼遛弯时即可得到就餐、快递、理发、茶饮、读书等大部分日常生活服务，提高了突发事件下的生活应对能力。

（四）推进城乡公共服务均好化

超大特大城市应率先推进城乡公共服务均好化，促使优质公共服务向农村地区延伸，切实配合疏散中心城区过密的人口，同时为外来人口尽快融入城市提供更优质的公共服务。如成都为缩小城乡差距推动优质教育等公共服务资源向乡村地区衍生。近年来，成都的周边村庄新建了数百所学校，招募城市中较为优质学校的校长到农村任职，建立最好的城市学校与农村学校之间的伙伴关系。

（五）提高城市基层治理的韧性响应能力

超特大城市处在经济与社会转型的前沿，社会结构、利益不断碎片化，不同群体对公共服务要求存在巨大差异，面临着复杂的治理挑战，传统的政府大部门治理模式已难以充分、全面地解决社会治理难题。鼓励培育公益性专业化社会组织、非营利性机构及居民自发性志愿者组织已成为必要。适应多元化、扁平化、流动性的城市社会结构特点，鼓励社会资本参与公共服务供给以及疏通市政建设和城市管理渠道；建立健全政府购买服务机制；引导并培育社区内各类机构、市场主体参与社区治理和各类基本公共服务工作。

（院士工作室，执笔人：徐辉、周亚杰、骆芊伊）

参考资料

［1］新时代超特大城市的区域化空间治理的思考［EB/OL］. http://www.planning.org.cn/report/view?id=548.
［2］中国城市规划设计研究院. 中国城市繁荣活力 2020 报告，2020.
［3］中国城市规划设计研究院. 中国主要城市通勤监测报告［EB/OL］. 2020. https://mp.weixin.qq.com/s/uTBPBvmrNzpUcqeVd2DXhQ.
［4］2020 年中国城市体检城市自体检综合报告，2020.
［5］2020 年中国城市体检社会满意度评价报告，2020.
［6］林坚，陈霄，魏筱. 我国空间规划协调问题探讨——空间规划的国际经验借鉴与启示［J］. 现代城市研究，2011，12：15-21.
［7］《全球城市人才竞争力指数报告》，2020.
［8］陶希东. 全球超大城市社会治理模式与经验［M］. 上海：上海社会科学院出版社，2021.
［9］Tuan Y-F. Topophilia: A Study of Environmental Perception, Attitudes, and Values［M］. New York: Columbia University Press, 1974.

全面推动城乡建设绿色、低碳发展

实现碳达峰、碳中和是我国应对全球气候变化挑战的重要目标和承诺。当前，各行各业正扎实推进落实“双碳”目标要求。作为我国碳排放的主要领域之一，城乡建设绿色低碳发展对于全社会减污降碳协同效应的实现至关重要。

一、城乡建设发展的现状

目前，城乡建设领域的“大量建设、大量消耗、大量排放”的粗放式建设方式亟待转型。随着我国城乡建设领域规模化发展，我国建筑运行能耗呈现逐年上升的态势，从2000年2.88亿吨标准煤，增长到2020年10.6亿吨标准煤，年均增长6.7%。我国每年房屋新开工面积约20亿平方米，消耗的水泥、玻璃、钢材分别占全球总消耗量的45%、42%和35%。北方地区集中采暖单位建筑面积实际能耗约14.4公斤标准煤，是德国的2倍以上。专家研究显示，我国建筑每年拆除量接近建筑存量的1%，约拆除6亿~7亿平方米。每年产生的建筑垃圾约20亿吨，约占城市固体废弃物总量的40%，资源化利用率仅为9%。城市机动车排放污染日趋严重，已成为我国空气污染的重要来源。与此同时，城市快速扩张与经济社会发展不协调，生态环境承载能力大幅下降。2000—2020年我国城市建成区面积增长171%，是城市人口增速的1.76倍。不合理的开发建设活动，对生态环境造成破坏，20世纪50年代以来，我国滨海湿地面积消失60%、红树林面积减少56%。

城乡建设领域的碳排放包括建筑运行和施工过程以及基础设施建设、运行过程中的碳排放，约占全社会碳排放的1/4（按“范围2”①统计），其中又以建筑运行的碳排放为主体。由于城乡建设领域的碳排放和居民日常的衣食住行密切相关，所以在转型发展的过程中应强化整体性、系统性、包容性，在满足人们日益增长美好生活需要的同时，实现最大限度的减碳。

二、推动城乡建设绿色低碳发展的重点任务

城乡建设领域实现减碳和转型发展目标面临六方面重点任务：

① 2009年由世界可持续发展工商理事会（WBCSD）与世界资源研究所（WRI）共同发布的《温室气体核算体系》（Green House Gases Protocol，GHG Protocol）将碳排放根据来源分为三个范围，分别为范围1（直接排放）、范围2（间接排放）、范围3（价值链上下游各项活动的间接排放）。其中，范围2是指企业外购能源产生的排放，包括电力、蒸汽、热力及制冷等方面。

一是加强城市系统性建设。从优化城市布局、提高生态环境质量、加强基础设施建设和完善居住社区建设等入手，减少交通出行、降低热岛效应、提高设施整体效率、强化碳汇能力，充分发挥城市系统性建设的减碳作用。其中，优化城市布局重点是推动城市组团式发展，加强建筑密度和高度控制，严格控制新建超高层建筑，合理布局城市快速干线交通、常规公交和绿色慢行交通设施等。提高生态环境质量，重点是依托自然山水格局，构建连续完整的城市生态基础设施体系，加强生态修复。构建与自然相连通的生态廊道网络，隔离城市组团。推进海绵城市建设，综合考虑水资源、水生态、水安全，最大限度减小开发建设对生态环境的影响。推进园林城市建设，构建连通区域、城市、社区的城乡绿道体系，因地制宜建设各类公园绿地，加强建筑立体绿化，留白增绿、拆违建绿、见缝插绿。合理选用绿化植物种类，探索低成本养护技术。加强基础设施建设，重点是转变城市基础设施建设方式，结合城市紧凑型、组团化发展布局，加强分布式基础设施建设。加大城市老旧供水管网改造力度，推进智慧化管网分区计量管理。加快推进城镇污水收集处理设施改造，加强再生水利用，提高城镇污水资源化利用率。促进垃圾处理减量化、无害化和资源化。推进城市绿色照明，避免过度亮化。提升城市防灾安全韧性水平，逐步提高应急避难场所覆盖率。加强居住社区建设，重点是开展完整社区建设工作，新建居住社区严格执行《完整居住社区建设标准（试行）》，既有居住社区因地制宜配建相关设施。构建 15 分钟生活圈，统筹中小学、养老院、社区医院、运动场馆和公园等配套设施，为居民提供便捷完善的公共服务。全面推进城镇老旧小区改造，推进绿色社区创建行动，加快推进数字家庭建设。实行生活垃圾源头减量，推广分类投放，提高废旧物资回收利用，大力倡导绿色出行。

二是统筹县城和乡村建设。通过加强县城绿色低碳建设，加快农房和村庄现代化建设，整体提升绿色建设发展水平，促进县城、小城镇、村庄融合发展，充分发挥县域亲近自然、融入自然的生态优势。加强县城绿色低碳建设，重点是强化县城建设密度与强度管控，实现疏密有度、错落有致、合理布局。控制建筑高度，确保建筑高度要与消防救援能力相匹配。顺应原有地形地貌，鼓励采用乡土植物绿化美化，实现县城与自然环境融合协调。协同推进县城、中心镇、行政村基础设施和公共服务设施建设，倡导大分散与小区域集中相结合的布局方式。推行“窄马路、密路网、小街区”，建设连续通畅的步行道网络。加快农房和村庄现代化建设，重点是农房和村庄建设选址要安全可靠，鼓励新建农房向基础设施完善、自然条件优越、公共服务设施齐全、景观环境优美的村庄聚集。因地制宜推进农村生活污水处理，推广小型化、生态化、分散化的污水处理模式和处理工艺。进一步完善农村生活垃圾收运处置体系，以生活垃圾分类为抓手，推动农村生活垃圾源头减量，变废为宝。

三是推动住房建设低碳转型。通过系统谋划、全装修、绿色装修、物业管理等，健全住房保障体系，提高住宅品质，充分发挥房地产开发绿色转型对减碳的作用。健全住房保障体系包括优化住房供应结构、完善住房保障制度、促进房地产企业低碳转型、建设智慧物业管理服务平台等。提高住宅品质包括大力推广绿色装修、建立使用者监督机制、加大绿色建材采购力度、提高住宅规划设计水平、研究建立住宅品质评价体系等。

四是强化建筑节能。通过提高新建建筑节能水平、加强既有建筑节能改造、加强建筑运行管理等，充分发挥建筑节能对减碳的主力军作用。提高新建建筑节能水平，包括大力发展绿色建筑，倡导建筑绿色低碳设计理念，充分利用自然通风、天然采光，创造“少用能、不用能”的建筑空间。提升城镇新建建筑节能标准，推动农房和农村公共建筑执行有关标准。鼓励京津冀、长三角、粤港澳等有条件的地区以及政府投资公益性建筑和大型公共建筑建成零碳建筑、近零能耗建筑和产能建筑。加强既有建筑节能改造，包括摸清城镇既有建筑底数，加强节能改造鉴定评估，编制既有建筑改造专项规划。合理确定既有建筑节能改造技术路径，提升围护结构保温隔热性能，因地制宜增设遮阳设施，提高关键用能设备能效等级。结合老旧小区改造，对具备节能改造价值和条件的既有居住建筑应改尽改，持续推进公共建筑能效提升重点城市建设。加强建筑运行管理，包括推动制定公共建筑能耗限额指标，推动省市公共建筑节能监管平台建设，加强建筑能源和资源消耗实时监测与统计分析，建立建筑用户评价和反馈机制等。

五是优化能源消费结构。通过大力推进太阳能等可再生能源应用，优化建筑供暖方式，调整集中供热结构，推动建筑用能电气化和低碳化，充分发挥能源消费结构对减碳的作用。大力推进太阳能应用，包括推进城镇建筑太阳能光伏一体化建设，推动城镇既有公共建筑、工业厂房和居住建筑加装太阳能光伏系统，大力推动农房屋顶、院落空地、农业设施加装太阳能光伏系统。推动智能微电网、“光储直柔”新型建筑电力系统建设，实现就地生产、就地消纳、余电上网。在太阳能资源较为丰富及有稳定热水需求的建筑中，积极推广太阳能光热建筑应用。优化建筑供暖方式，包括统筹调配热电联产余热、工业余热、核电余热等，推动城市或区域余热综合利用。积极推进中深层、浅层地热能应用，推广空气源等各类电动热泵技术。夏热冬冷地区和农村地区新建建筑优先采用分散供暖，寒冷地区新建超低能耗建筑鼓励采用电气化分散供暖。推动建筑用能电气化，包括引导建筑供暖、生活热水、炊事等向电气化发展，推动开展新建公共建筑全电气化，完善建筑电气标准，探索建筑用电设备智能群控技术，逐步丰富直流设备产业链等。

六是全面推进绿色建造。通过提高绿色建材使用率，减少建材浪费、降低建造能耗、提高建筑寿命，充分发挥生产生活方式转型对减碳的作用。在推进绿色建造中，重点发展装配式混凝土建筑和钢结构建筑，因地制宜发展木结构建筑，推广装配化装修，积极采用工业化、智能化、精益化建造方式，大力发展工程总承包、建筑师负责制及全过程工程咨询。在推广绿色建材中，加快绿色建材认证，鼓励优先选用获得绿色建材认证标识的建材产品，加大高性能混凝土、高强钢筋、高性能门窗、结构保温一体化墙板、减隔震和预应力等产品技术的集成应用，大力发展性能优良的预制构件和部品部件，提高建筑垃圾资源化利用比例。

绿色低碳发展是一项系统性工程，实现“双碳”目标任重道远，需要政府、社会、企业要相互协作、形成合力。

（绿色城市研究所，执笔人：董珂、谭静）

以城市体检推进城市更新的若干建议
——基于重庆城市更新专项体检试点

按照住房和城乡建设部“把城市体检作为推进实施城市更新行动的重要抓手”的部署要求，2021年重庆市城市体检探索开展城市更新专项体检，探索建立“以城市体检推动城市更新”的工作机制，强化体检成果的转化应用。

一、建立多层级的城市体检推动城市更新的工作机制

构建多层级的城市体检推动城市更新的工作机制。针对直辖市市级、区级、片区（街道／社区）等不同层级城市更新事权范围、工作内容等方面的差异，城市体检需制定相应的工作内容与方法。

市级层面围绕更新工作“总体统筹与政策制定”的主要事权内容，城市体检需构建总体了解全市城市更新发展阶段、资源特征、存在问题、项目实施总体情况的工作内容与方法体系，为城市更新总体谋划、相关政策与行动提供支撑。区级层面围绕更新工作“空间统筹谋划与更新项目计划拟订”的主要事权内容，城市体检需构建了解全区城市空间及资产运行总体情况、识别需要更新的对象与问题病灶、统筹更新资源资产，为区级更新规划、片区策划与项目实施计划提供支撑。片区（街道／社区）层面围绕更新工作“片区统筹与项目生成”的内容，城市体检需通过基础数据调查、公众意见征集，详细了解片区建筑资产运行、城市交通市政基础设施运行、城市公共空间运行、居民更新意愿等内容，为片区资源统筹、项目生成、项目实施提供支撑。

二、结合更新事权开展城市更新专项体检

基于重庆市“市级统筹＋区级实施”的组织开展模式，考虑区级单元

作为更新工作推动实施的主体单元，选择区级单元作为试点，以江北区为对象探索专项体检工作内容与方法，建立“摸家底、纳民意、找问题、促更新”的专项体检工作内容与流程。

江北区位于重庆市主城区，辖区面积220.8平方公里，建成区面积109.5平方公里，城市建设跨越多个时期，经历了从棚改旧改、综合整治到有机更新的更新历程。区内更新资源类型丰富，涵盖老旧厂区、老旧小区、历史文化区、老旧商业区、公共空间等多种类型。结合江北区城市更新试点经验，主要形成开展城市更新专项体检工作的四点建议。

（一）摸家底：结合更新重点对象设计体检指标，搭建基础数据库

结合城市更新对象设计体检指标，摸清存量资源。聚焦城市更新对象，包括老旧小区、老旧商业区、老旧街区、老旧厂区等，设计相关资源普查与更新对象识别的体检指标，摸清城市更新资源底盘（图1）。基于城市体检评估多源信息的空间特征，建立更新数据库。以城市体检指标数据为基础，汇总土地、建筑、文化资源、绿地景观、道路交通、市政与公共服务设施等十二大类数据，建立体检更新互通共享的基础数据底座，以城市建筑物数据为基础，逐步构建“城市更新基础信息平台”，为城市更新工作方案编制、分析决策、动态监测、规划设计、项目实施等提供数据支撑。

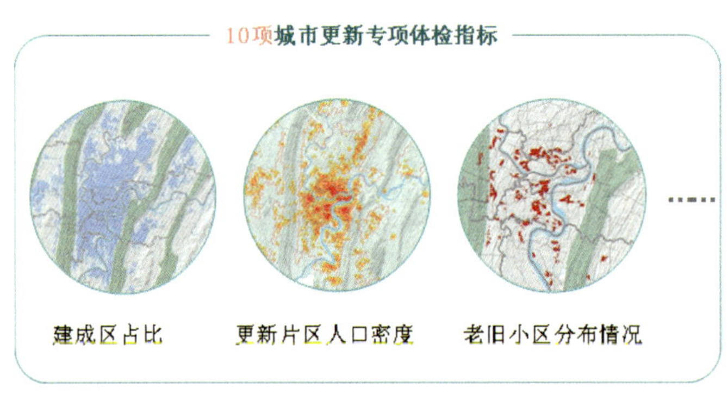

图1　城市更新专项体检指标

（二）纳民意：整合满意度调查数据，探索建立“边检边改”工作机制

汇集居民意见纳入数据底座。将城市体检收集到的居民满意度问卷、

社区问卷、居民提案进行分类汇总，纳入城市更新数据底座，为城市更新切实解决老百姓关于城市规划建设管理中急难愁盼的问题提供数据支撑（图2）。建立“边检边改”工作机制。针对居民满意度调查中的开放性提案，通过语意识别工具分类整理，反馈相关部门，建立提案意见“收集—反馈—整改—跟踪”的动态整改机制，限时整改城市体检满意度调查发现的居民关心的问题（图3）。

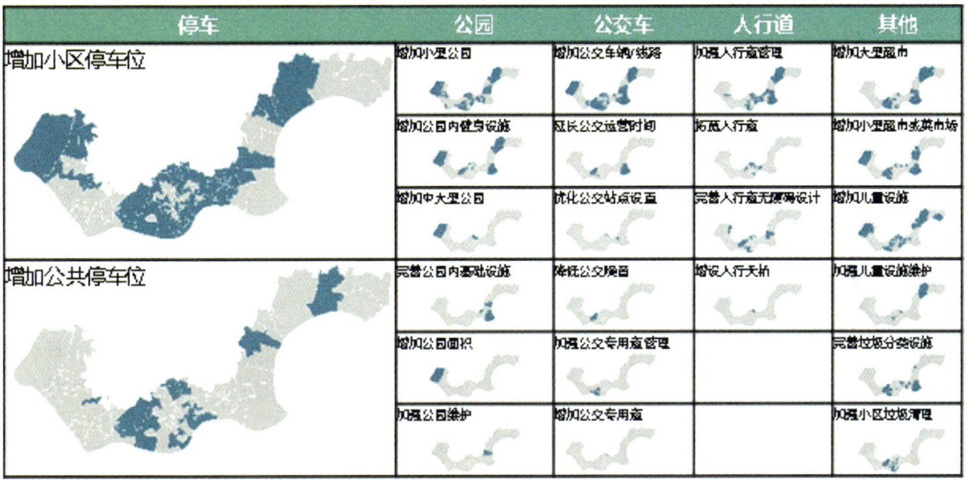

停车	公园	公交车	人行道	其他
增加小区停车位	增加小型公园	增加公交车辆/线路	加强人行道管理	增加大型超市
	增加公园内健身设施	延长公交运营时间	拓宽人行道	增加小型超市或菜市场
	增加中大型公园	优化公交站点设置	完善人行道无障碍设计	增加儿童设施
增加公共停车位	完善公园内基础设施	降低公交噪音	增设人行天桥	加强儿童设施维护
	增加公园面积	加强公交专用道管理		完善垃圾分类设施
	加强公园维护	增加公交专用道		加强小区垃圾清理

图2　江北区居民意见库：居民各类提案意见分布图

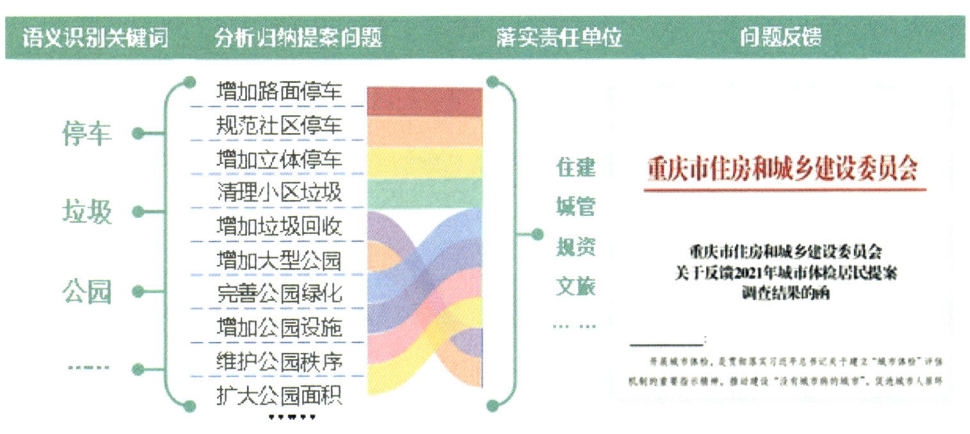

图3　“边检边改”工作机制

（三）找问题：统筹多元数据与专项分析，探索城市智能诊断算法

通过多源数据叠加分析精准查找空间病灶。结合城市体检多源数据特

征，包括客观层面的城市体征数据与主观层面的居民满意度数据，通过空间分析，将体检指标结果反映到城市空间表征上，进一步细化体检颗粒度，明确亟待更新的城市病灶具体位置。通过分类纵深诊断系统研判专项问题。基于城市更新推动“城市结构优化、功能完善和品质提升”的要求，聚焦人口—产业—空间，研究城市人口流动集聚与高密高强空间诊断技术、城市开敞空间生态服务能力诊断技术、完整社区诊断技术、城市产业空间绩效诊断等，研判空间结构、公共服务设施布局、生态空间格局、历史文脉传承等方面的系统性问题。结合城市体检信息平台探索智能诊断方法。结合诊断技术研发，探索研究城市体检信息平台相关分析模块，辅助城市诊断决策（图4）。

图4　江北区更新数据平台

（四）促更新：确定更新方向与重点，辅助更新片区策划与更新项目生成

结合系统性问题识别指引更新方向。通过体检发现城市优势、短板、城市病，指引城市更新重点方向，辅助制定专项更新规划、片区策划与行动计划。结合空间病灶识别生成更新项目。通过信息平台将居民意见库和指标诊断发现的问题进行空间叠加，按照“轻重缓急、量力而行”的原则制定城市更新项目计划。结合年度体检评估更新成效。将城市更新年度工作与“一年一体检、五年一评估”的体检工作机制相结合，形成涵盖城市

更新前期数据调查、更新规划与片区策划、项目生成与年度计划、更新绩效评估的城市更新全生命周期监测的长效机制（图5）。

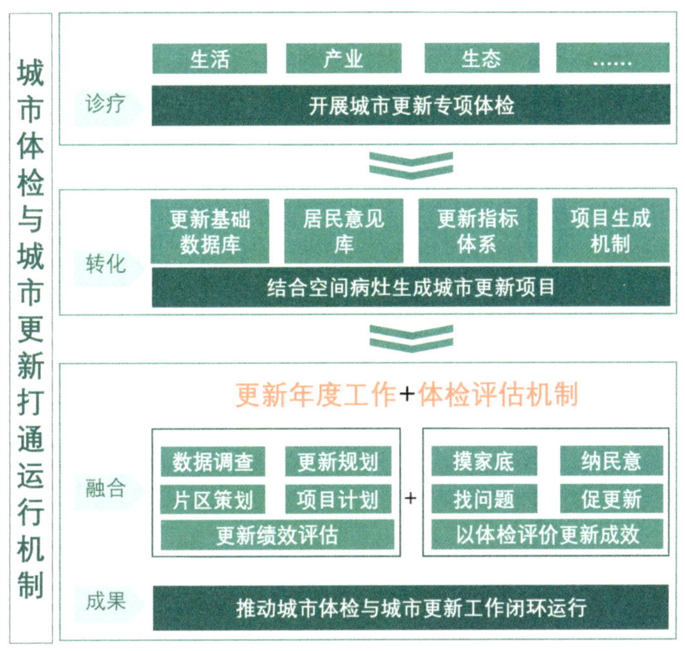

图5　城市体检推动城市更新路径示意

三、结语

城市体检是推进实施城市更新行动的重要抓手，是合理确定更新重点、更新计划的重要手段。我们通过总结重庆市城市更新专项体检试点经验，提出建立多个层级以城市体检推动城市更新的工作机制，根据不同层级更新事权，优化城市体检指标设计与分析诊断技术。根据“一年一体检、五年一评估”，将城市体检工作内容与更新基础数据调查、更新规划、片区策划、项目计划、绩效评估等工作充分结合，围绕“摸家底、纳民意、找问题、促更新”工作流程，聚焦存量空间，查找城市问题，识别更新资源，提出更新行动策略，推动建立全生命周期的城市体检与城市更新工作闭环运行机制。

（西部分院，执笔人：张圣海、王文静、刘冬旭）

城市体检工作对人居环境品质提升的积极作用及相关建议

自住房和城乡建设部2019年开展试点城市体检，2020—2022连续3年开展样本城市体检工作以来，对于系统性、针对性、时效性解决“城市病”问题积累了宝贵经验。当前，住房和城乡建设部与各地政府从实践工作中逐步摸索出一条发现问题、科学诊断、整改落实、动态反馈的工作方法，在体检应用方面取得一定成效，为实施城市更新行动、推动规建治统筹提供了宝贵经验。

一、城市体检在推动人居环境改善方面发挥的积极作用

（一）“城市病”问题得到一定程度缓解，老百姓幸福感得以增强

一是城市结构得到优化，中心城区过密问题有所缓解。通过城市体检发现的城市高层、高密度开发模式得到遏制，绿色开敞空间不足等“城市病”有所缓解。除了近年来建设施工中的80米以上超高层住宅外，绝大部分城市不再新增80米以上超高层住宅。城市的绿色空间体系逐步完善，为城镇基本生态安全格局提供了保障。根据2022年59座样本城市组团率测算，70%以上城市的组团率在80%以上；有近70%城市的生态走廊、生态间隔带内生态用地占比达到80%的“十四五”末要求；有近90%的样本城市的城市生态、生活岸线占总岸线比例达到90%。此外，通过城市体检社会满意度调查发现，2022年样本城市居民对于城市亲水空间和开敞空间评价最高，评分超过85分。

二是城市安全韧性难题有所缓解。城市常年的内涝积水持续减少，城市重大安全事故数量持续下降。近年来，各地结合内涝防治、海绵城市等工作，加大对于城市中严重影响生产生活秩序的易涝积水点的治理，取得积极成效。有超过一半城市已经实现全部消除目标。2022年，59座样本城

市中 95% 的城市未发生死亡人数超过 10 人的重大安全责任事故；60% 以上城市的城市年自然灾害和安全事故死亡率控制在 0.2 人 / 万人以下，且近年来持续下降。此外，通过城市体检社会满意度调查发现，样本城市居民对于安全韧性维度总体评价比较满意，其中，疫情防控能力、自然灾害预警得分最高。

（二）城市宜居水平显著提升，老百姓满意度持续增强

一是城市环境质量明显提升。空气质量持续提升，2022 年，59 座样本城市的空气质量优良天数比率均值达到 91.4%，较 2021 年提升 6.3%，76% 的样本城市比 2021 年有所提升。在近年来国家园林城市建设的推动下，我国城镇的公园绿地建设品质明显提升，59 座样本城市的公园绿化活动场地服务半径覆盖率均值超过 85%，有 75% 的城市达到国家园林城市 80% 的覆盖水平。有近 90% 城市的新建、改建绿地中乡土适生植物应用占比达到 80% 的目标值。通过社会满意度调查发现，城市宜居环境是老百姓评价得分最高的维度。

二是完整社区建设，城市居住社区短板得到明显改善。2020 年住房和城乡建设部等部门联合下发《住房和城乡建设部等部门关于开展城市居住社区建设补短板行动的意见》，后续又相继下发有关社区足球场地、一刻钟便民生活圈、口袋公园等的指导意见。3 年来，我国城镇完整居住社区的比例提高了 6～8 个百分点；社区便民商业服务设施覆盖率提高了 3 个百分点，有 65% 以上样本城市的覆盖率已超过 70%。如重庆 2022 年完成 82 个市级完整社区建设，433 个社区达到完整社区建设标准，社区养老、托育、体育场地等设施建设成效显著。各地加大了对小区物业服务的监管，整合无物业管理小区，近 3 年有专业化物业管理的小区比重提高了 5 个百分点。

三是城镇无障碍设施基本实现全覆盖。近年来，在老旧小区改造过程中住房和城乡建设部积极推动道路、建筑无障碍设施的改造。2022 年样本城市中，超过 85% 城市的道路无障碍设施新建或者改造率超过 80%，其中 70% 城市达到 100% 的国家标准。2022 年，住房和城乡建设部、中国残疾人联合会联合出台了强制性标准《建筑与市政工程无障碍通用规范》GB 55019，为进一步规范相关工作提供指导依据。

（三）城市发展方式得以转变，城市减碳成效明显

一是城乡建设领域减碳积极推进，并促进了资源循环利用。59 座样本城市中，70% 城市的城市生活污水集中收集率达到 70% 的目标；再生水利用方面，黄河中下游的城市中达到 30% 目标值的占到 70%，其他地级市中达到 25% 目标值的城市占比超过 60%；有超过 50% 的城市生活垃圾资源化利用率达到 80% 的目标，超过 85% 的城市达到 55% 的基本要求，此外，社区垃圾分类得到有效落实，大城市基本实现垃圾分类小区全覆盖。2021—2022 年，59 座样本城市的社区低碳充电桩的平均覆盖率提高了 3～5 个百分点，大连、哈尔滨、兰州、呼和浩特等北方大城市提高了 20% 以上，促使城市从消费端有效促进了碳减排。

二是城市绿道网覆盖水平显著提升，并带动了就业多元发展。有一半城市的绿道服务半径覆盖率超过 70%，59 座样本城市的覆盖率在近 3 年平均提高了 9 个百分点。成都市绿道累计建成 4081 公里，城市绿道服务半径覆盖率超过 93%，总长度居全国第一；通过绿道体系串联了生态区 55 个、公园 239 个、小游园 323 个，并植入书店、花店、商店、咖啡馆（茶馆）“三店一馆”，形成新业态空间载体。

三是城乡建设领域积极推进“新城建”工作，促使城市管理更为智能化。自从 2020 年启动了重庆等 16 座城市首批试点以来，“新城建”为维护城市的安全、高效运营提供了有力支撑，也为老百姓生活提供了便利。数字管网监测覆盖率进一步提高。2022 年，59 座样本城市的重要管网监测监控覆盖率均值 70.2%。其中有 14 座城市的覆盖率达到 100%，占比 40%。如合肥城市生命线工程安全运行监测中心，燃气、供水、桥梁等设施的监测数据在屏幕上实时更新，借助“红、橙、黄、蓝”四色等级安全风险空间分布图，全市重要基础设施的隐患点清晰可辨。

（四）政府与市民间形成有效沟通机制，切实回应了老百姓身边诉求

城市体检评估工作弥补原有城市规划建设中缺少基层民意反馈不足的工作“短板”，通过开展社会满意度调查来切实感受老百姓的诉求。如 2022 年的社会满意度调查一共收集收集 97.06 万份问卷，涉及 59 座样本城市的 53261 个社区，真正体现了“问政于民”。各地也在实际工作中，积极

探索民意调查的有效方法。如重庆市2021年城市体检工作中广开言路，不仅征询市委政研室、重庆市社科院、重庆市生产力促进中心的意见，并且将意见征集推广到街头巷尾，使市民、企业和社会各界都参与进来。同时重庆市建立了“边检边改”的工作机制，动态通过居民提案反馈微观层面的诉求，推动各部门或区、街道政府予以落实整改。广州市2020年建立了城市体检观察员制度，2021年建立了体检整改后的满意度调查反馈机制，有效监督政府去推动整改举措。

（五）建立了规划建设治理整体统筹的城市体检评估机制

各地的城市体检评估工作走上常态化道路，逐步形成了制度化、规范化的工作流程。

一是加强了与城市更新行动的紧密衔接，建立发现问题、整改问题、巩固提升的联动工作机制，精准查找城市建设和发展中的短板与不足，打通了规划建设治理工作中的“最后一公里”。如长沙市通过协调办公室，围绕体检发现的重大问题和整治行动，将推进重大项目的“大手术”工作交由市发改、规划、住房和城乡建设等部门联合解决；一般项目（针对“小病”）则由市城市人居环境局组织牵头实施“微改造”，通过“微创手术”解决。

二是建立“体检—更新—实施—考核”的闭环机制，使城市体检成为政府统筹人居环境项目落地工作的抓手。如重庆市提出的“一表三单”工作框架，“一表”为综合诊断表，“三单”分别为城市发展优势清单、城市发展短板清单和城市病清单，方便政府为制定城市更新行动和年度项目提供科学依据。江西省建立了将体检结果、体检发现问题整改方案推送相关部门，并持续跟踪落实的动态机制。

三是通过人居环境专项领域整治，取得积极成效。2020年住房和城乡建设部开展了“防疫情、补短板”专项调查，对城市应对突发卫生公共事件的应急保障能力加强体检，如通过人均大型公共设施的应急改造面积来衡量应急保障能力。武汉市十分重视该项指标反映问题的整改解决，通过专项调查制订了《武汉市大型公共建筑应对公共卫生事件平战两用改造实施规划》，并选定了武汉体育中心平战两用改造等5个大型公建应急改造项目。经过半年多的改造，已形成4000张应急床位保障能力，能有效保障体育中心周边4～5公里范围内居民的应急转移。

二、当前城市发展建设中依然存在的主要问题

我国城市的高密度、高强度开发模式下，人居环境方面的短板较为明显。如通过LBS数据测算，超大、特大城市居住人口密度超过1.5万人/平方公里的建成区面积比重平均为25.3%，大城市为24.7%，而巴黎、伦敦的该项比重分别为15%、5%。由此，高密度、高强度开发模式下我国城市建设中的长期性问题需要得到高度关注，并需要制定综合解决方案来系统治理。存在的问题有如下三方面：

（一）当前城市开发建设中对安全韧性底线管控统筹不足

一是随着近年来的全球气候变化影响，城市的内涝问题频发。近年来通过体检发现，城市可渗透地面面积比例低于35%的城市占到样本城市的16%，尚有10%的城市低于20%警戒线水平。城市原有蓝绿生态空间被侵占、既有城市不透水硬化地面比例高是导致可渗透地面面积占比不高的主要原因，加大了城市内涝风险。二是城市基本安全设施保障欠账问题突出。应急避难场所建设方面，有近一半比例的超特大城市人均避难场所指标没达到1.5平方米/人的基本要求①，尤其是主城区的避难场所和应急通道明显不足。消防设施短板问题明显，2021年的城市体检数据显示，有45%的样本城市覆盖率不足50%。通过体检也发现，对于化工、高层、地铁、隧道、水域、大跨度空间、山地等特殊空间的消防设施保障不足，隐患较大。

（二）民生保障、交通通勤、住房保障、社会包容与老百姓满意度、幸福感之间差距大

通过2020—2022年的社会满意度调查分析来看，大部分城市对于健康舒适、交通便捷、多元包容等方面的满意度不高，尤其是多元包容的社

① 人居奖评价标准规定建成区人均已建成的固定和中心避难场所有效避难面积≥2平方米；《城市抗震防灾规划标准》GB 50413—2007规定人均有效避难场所面积不小于1平方米。

会满意度得分低于平均分8.4个百分点。一是老龄化是大部分城市面临的共性问题，但目前“适老化”应对不足，尤其是老旧小区改造中对养老服务设施空间难以保障。样本城市中社区老年服务站覆盖率不足60%的城市仍有1/3左右。二是居住在棚户区、城中村等居住环境质量欠佳的人群数量依然庞大，通过2021年的体检发现59座样本城市约有2500万人的居住环境质量不佳。三是大城市的交通问题突出，我国大城市中心城区平均单程通勤时间超过60分钟的极限通勤比重仍高达12%；45分钟以内通勤比重总体平均水平为76%，距离80%以上的目标尚有差距。四是超特大城市的保障性租赁住房的覆盖率严重偏低，2021年，北京、上海、广州和深圳新市民、青年人保障性租赁住房覆盖率分别为3.9%、3%、10.3%、1.2%。

（三）对标绿色高质量发展的差距依然明显

在响应“碳达峰、碳中和”绿色发展目标下，对城市的长期健康可持续发展提出了更高要求。绿色交通出行方面，根据《交通运输部关于全面深入推进绿色交通发展的意见》，到2020年大中城市中心城区的绿色交通分担率要超过70%的目标来看，我国超特大城市中仍有1/3不达标，大城市中仍有40%不达标。慢行系统建设方面，自行车专用道密度普遍偏低，对比国际上自行车专用道密度3公里/平方公里的标准，我国59座样本城市的达标比重不到20%；城市绿道网不健全，2021年有1/3的样本城市绿道服务半径覆盖率低于60%。社区低碳能源设施普及率偏低，2021年通过社会满意度问卷显示，有40%样本城市的社区能源设施覆盖率不到50%。

三、建议

一是因地制宜构建差异化体检指标体系，能灵活应对多样化的城市更新目标任务。我国不同城市各异的地理和气候条件、不同的人口结构和城镇化发展阶段，因此，应建立差异化体检指标体系，并将其作为推动城市体检精准化、精细化支撑城市更新工作的重要举措。尤其是针对城市更新领域中优化布局、完善功能、提升品质、底线管控、提高效能、转变方式六大目标，各城市可根据各自的实际情况和近期政府工作重心，围绕其中部分目标任务增加特色指标，分期分批进行诊断与整治，形成提升城市人居环境品质的系统化工作方法。

二是逐步建立健全体检问题整治的动态跟踪机制。建立实时监测、综合判断、反馈落实、治理提升的城市体检问题治理常态化工作机制，推进城市体检问题全周期协同式系统化的治理模式。鼓励城市在地方体检评估指标体系中加入反映规划实施、更新绩效、城市运行状况的动态指标和微观指标，与原有的宏观经济社会监测指标互为补充，深入挖掘多元城市数据，实时监测城市问题整治提升情况；建立城市、区、街道、社区层级体检评估机制，与城市更新单元的划定和项目的确定紧密结合，拓展基层单元参与城市治理的途径和方法；发挥公众的监督作用，定期结合城市体检发现的问题组织公众参与活动，多措并举推动城市治理措施落地见效。

三是建设面向城市高质量发展的人居环境基础数据库。通过城市体检信息平台动态跟踪反馈城市更新工作的进展和成效，加强与所在城市的智慧城市、大数据治理工作的紧密衔接，加快建立各城市的人居环境基础数据库，并纳入城市 CIM 平台。推动建立市区联动的数据信息采集机制，数据收集应下沉至区和镇街，并将主客观数据进行比对，逐步形成问题诊断与整治清单“一张图”。

（院士工作室，执笔人：徐辉、王颖、骆芊伊、周亚杰）

北京以崇雍大街为样本系统性开展老城街区保护更新

近年来，习近平总书记在多个场合对北京历史文化遗产保护作出指示。新版北京总规（《北京城市总体规划（2016 年—2035 年）》）提出，擦亮首都历史文化的“金名片”“做好历史文化名城保护和城市特色风貌塑造”。如何落实总书记要求，在老城整体保护与复兴中形成新的探索、新的路径、新的机制，成为北京市委市政府的工作重点。

为贯彻落实习近平总书记在北京考察时的重要指示精神，落实新版北京总规“老城不能再拆”的要求。北京市老城保护更新工作逐步从“街巷整治”转向“街区更新”。2018 年 8 月以来，北京市在崇雍大街地区采用系统施治、内外兼修、共同缔造、文化引领的方法，探索出一条老城街区更新、文化保护、人居改善、活力复兴的共赢之路。

一、系统施策，建立街区更新工作体系

一是从“顶层设计、规划编制、示范工程”三个层次系统搭建东城区老城街区更新工作体系。顶层设计层面首先明确了街区更新的概念定义。针对东城区情况，依据行政管理、重大项目、重点片区、自然界限等因素确定的更新单元划定成果，构建了“一级更新单元、二级更新单元”街区更新传导体系，打通了从研究到规划、从规划到实施的“最后一公里”，支撑了北京市《东城区 2020 年街区更新工作方案》《东城区街区更新实施导则》等政策文件和技术标准的出台。配套形成了“规划技术导则、风貌管控导则、街区示范导则”的一整套技术标准体系，统一规范全区街区更新规划的技术内容与工作流程，指导各层次单元更新。通过崇雍大街“更新示范工程”反向校核了政策与导则的可操作性。同时在实践中系统施治解决街区复杂问题。牵头单位中国城市规划设计研究院摒弃以往街巷整治“一层皮”“堵漏洞”的做法，以城市设计作为“一个漏斗”，在“多杆合一、多箱并集”的市政设施集约集成、建筑景观一体化设计、社区营造与公众参与等工作中，协调十余个行政主管部门，统筹八大专业院所技术力量，形成集团军共同推进工作。

二、内外兼修，统筹街面到街区的整体更新

一是坚持民生优先，街区更新从“面子”走向“里子”。从简单的立面整治到沿街建筑、两侧院落与功能的全面提升，进一步深入大街两侧居民院落改善生活品质，修缮危房，拆除违法建设、修整铺地及上下水系统，并积极对接“申请式退租”政策及公共便民服务设施特许经营等政策，对东四南北大街七处院落及雍和宫大街的四处院落进行改造设计。功能上增

加菜站、商超、社区中心、微型消防站、公厕、演乐票友会等公共服务和社区文化设施，利用改造建筑设置了“同日升粮行”“四联美发”“崇雍客厅”等公共服务和社区文化设施。二是街道空间从“以车优先”转变为“以人优先”。例如通过路幅断面、建筑前区台阶与设施的形式优化，打通了人行道“断点”，通过胡同口转弯半径和放坡设计优化，彰显了行人的路权，无障碍设施精细到每一处井盖、台阶，体现了街道的温度。三是街区市政设施更加集约高效。例如通过北京首次“多杆合一”和全国首例搭载有线公交电网线路的智能多功能杆项目示范，统筹集成交警、电力、市政、电信、公交等多部门事权，各类杆件从 893 根减少至 345 根，通过“箱体三化”，将沿街各类箱体由 707 台消隐至 24 台。成果支撑了《北京市城市道路多杆合一工作导则》的出台，并在平安大街等改造工程中得到推广运用。胡同口杆件林立、街道箱体占道的场景从此成为历史，实现街道市政设施的集约化、智能化，让出了宝贵的公共空间，亮出了首都文化底色。

三、文化引领，历史保护与城市更新深度融合

一是在更新中突出历史文脉的传承。从时空双视角对崇雍大街的文化脉络进行了全面梳理，提出“文风京韵、大市银街”的保护定位。充分尊重历史风貌的真实性，从北段雍和宫大街、东四地区以传统四合院风貌为主的“慢街素院”“国风静巷”，到南段从传统商业向现代都市风貌过渡的“礼乐文坊”“时代风范”，强化了“首都风范、古都风韵、时代风貌”的城市特色。二是坚持应留尽留，全力保留城市记忆。发现并提出了 17 处建议历史建筑，支持北京市作为第一批历史建筑保护利用试点城市工作。采用“墩接、替换、添配”等传统手法，通过“卸妆”而非“整容”的“绣花”功夫，严格采用传统营造工艺，针对传统建筑中的危房问题，采用了掏换柱、落架、挑顶等多种方式进行保护修缮。砌筑“风貌保护样板墙”，将“干摆”“丝缝”等传统工艺予以直观展现和运用。精细打磨修缮和恢复了以“合芳楼”为代表的 56 处老建筑和四处传统院落，复兴了 15 处承载着胡同记忆和情感的老字号、老国营店铺。创新老城更新中的旧材利用方法，对 141 万块旧砖、31.2 万块旧瓦及大量木构件等进行了回收再利用。三是

在公共空间提升中讲好崇雍故事。通过地面铺装、景观小品、城市家具的精细化设计，选取主要的历史文化要素，通过一系列景观节点表达文化内涵，逐步塑造“雍和八景”“东四八景”，形成了“儒道禅韵”“宝泉匠心”等一批文化节点。充分挖掘胡同口的标识作用，植入探访标志，串起文化网络，通过胡同地图、文化雕刻等个性设计引导胡同文化探访。空间更新促进了高品质业态升级，“亮点雪莲”文创园、“联合设”展厅、“图吉纳”咖啡美术馆、“来呀东四”家居生活馆等业态逐渐入驻，沿街商铺的租金水平整体提高 10% 左右，老城街区功能品质得到活化与复兴。

四、共同缔造，推动多元主体共建共治共享

通过“崇雍议事厅”“崇雍公众号”“崇雍工作坊”“崇雍小程序”“崇雍展示厅”的“公共参与五大计划”，体现“以人民为中心”的规划理念。一是持续开展全过程公众参与工作。实施前，通过“社会共治”吸引全社会参与，众筹智慧。举办“认领街道”工作营和公共空间设计竞赛，吸引百余家团队参与。研发公众参与小程序，开展老照片回顾展、北京国际设计周、新年逛东四等活动。二是实施中通过“居民共建”践行美好环境与幸福生活共同缔造理念，同步推动城市更新与社区治理。创立门窗细部样式“菜单式选择”、整治方案统一规划自行建设的“统规自建”工作方法，鼓励房屋所有者、使用人、产权单位参与城市更新与微改造，实现从“我给你设计”到“一起来设计”。创造了“4 ＋ 2 ＋ N”全过程陪伴工作法，即“违建、方式、面积、方案的四个确认＋主体、构件二轮选择＋ N 次改造回访”，通过标准化的操作流程提高基层工作效率。三是实施后通过“邻里共享”持续扎根社区服务，建设“崇雍客厅”实体空间延展在地服务，长期提供社区营造、居民议事、沙龙活动空间。将“规划项目库”转化为“街道吹哨台账”，实现规管结合，推动基层长效治理方式转型。

2021 年底，历时 3 年的崇雍大街街区更新实施示范工程全面竣工。大街的实施成效得到了居民、商户和访客的一致认可。人居环境得到显著提升，人民群众获得感得到了显著提高。访谈中居民表示：“老北京的味道回来了”“这条街我看着真喜庆，地道!”。同时，街道和社区的治理能力得到

了显著提升，东城区网格信息平台数据显示，崇雍大街地区网格案件发生率大幅降低。

（历史文化名城保护与发展研究分院，执笔人：钱川、张涵昱）

关于国土空间规划中绿地规划中土地增转问题的建议

一、探讨国土空间规划中绿地系统中土地征转问题的意义

绿地系统专项规划是以保护城乡生态系统、促进城绿协调发展、提高绿地游憩服务供给水平、凸显城市地域特色为核心内容，包括市域与城区两个层次。国土空间规划中的绿地系统专项规划在市域层次应重点厘定市域生态空间网络，统筹建立风景游憩体系，强化生态空间管控，因而与耕地、园地、林地、草地、湿地等土地类型的规模、布局有密切关系；在城区层次应重点确定城市绿地与开敞空间用地布局，优化城市空间格局，分级合理配置公园绿地，划定公园绿地、防护绿地的绿线等，与各类建设用地的占比关系紧密相关。

绿地系统规划的实施，必须有绿化用地的保障。长期以来我国城市绿化用地存在总量不足和布局结构不合理等问题，因而在规划上需要通过新增绿地和改造其他用地来优化提质，不可避免地涉及土地征转。只有合法合规地进行土地征转、做好土地调控与管理，才能保障国土空间规划“一张蓝图”的准确性和落地性，才能更好地保护好生态建设的既有成果，才能有效地推动生态空间稳步拓展与有序实施，才能更好地供给绿地游憩服务，实现生态文明建设的总体目标。

二、城市绿地建设中土地征转的情况

土地的征转主要指土地的所有权的征收和土地使用性质的转变。其中，“土地征收”是指国家为了公共利益的需要，在依法进行补偿的条件下，将

集体所有土地及其上权利移转为国家所有的行为。“土地转用”即土地的使用性质依法依规发生转变的行为，主要指农用地转变为建设用地。由于国家严格耕地用途管制，禁止永久基本农田转为林地、草地、园地等其他农用地及农业设施建设用地，一般耕地转为其他农用地也需要符合相关规定，履行相关程序，所以一般耕地转为林地、草地、园地也应视为“土地转用”。

目前城市绿地建设中有关土地征转问题主要有以下几种情况：全部征收，动态转化土地性质；局部征收，局部转化土地性质；以租代征和合作经营，不转化土地性质。

三、绿地建设中土地征转分离的利弊

2010 年前后，原国土资源部提出要对土地“征转分离”进行试点研究，主要原因是在现行“转—征—供”三位一体的新增建设用地管理制度基本框架下，征地审批程序复杂、时间长，而国家和省级重点工程项目需要较快落地，此外也有降低征地成本、缓解用地指标紧张等考量。城市绿地建设土地征转分离也是在这样的大背景下开始的。大规模国土绿化和大型公园建设往往需要大面积土地，涉及的征地资金过大，而且土地权属复杂、土地性质多样、利益矛盾突出，为了能够使项目顺利实施，采用土地征转分离的办法，客观上起到了积极的推动作用，有利于快速提升城乡生态质量，满足居民休闲游憩需求。但是这种措施尽管可以做到符合土地利用规划，还是存在较大的风险和不确定性，如：

导致一定时期内土地用途管理复杂、不清晰。征转分离政策不可避免地将会导致“一地两性”问题突出，各部门交叉管理矛盾显现，难以形成“一张蓝图”。

导致出现违法建设情况，影响公园公共属性。征转分离政策不可避免地将会在一定时期内遗留和导致林木占用耕地、建筑占用耕地等违法建设情况。同时，受到产权限制，若管理不当将会出现收费等现象，影响公园的公共属性。

导致既有生态建设成果受到破坏，涉及政府投资浪费。征转分离政策所导致的部分违法建设问题，在调整、转化难以实现的情况下，将涉及已建林地、公园的拆除，导致既有生态建设成果受到破坏，也会导致政府投资的浪费。

四、绿地系统构成及土地类型分析

（一）城市绿地系统的空间层次与分类

市域绿地系统是市域内各类绿地通过绿带、绿廊、绿网整合串联构成的具有生态保育、风景游憩和安全防护等功能的有机网络体系。包括市域范围以内、城市集中建设区之外的各类绿地，分为风景游憩绿地、生态保育绿地、区域设施防护绿地、生产绿地和其他区域绿地 5 个主要类型。

中心城区绿地系统由城区各类绿地构成，并与区域绿地相联系，具有优化城市空间格局，发挥绿地生态、游憩、景观、防护等多重功能的绿地网络系统。包括城市集中建设区内的各类绿地，分为公园绿地、防护绿地、广场用地、附属绿地 4 个主要类型。

（二）城市绿地分类与国土空间用地的关系

在集中建设区内的城市绿地分类与国土空间用地分类基本一致，视为建设用地的一种类型，可反映城市用地结构及其生态、功能和风貌的特征，土地供给、建设方式也基本一致。但在集中建设区外城市绿地分类是以绿地的游憩、防护、生态和生产功能来划分，而国土空间用地分类则是以土地管理类型来划分，如游憩绿地，实际上可能就是林地，由此产生的差异需要有效衔接，提出可行的土地供给、建设方式，才能有效推动城乡统筹的绿地建设（表 1）。

城市绿地分类和国土空间用地分类对应表　　表 1

位置	绿地系统规划分类		国土空间规划分类
集中建设区内	公园绿地	综合公园	绿地与开敞空间用地
		社区公园	绿地与开敞空间用地
		游园	绿地与开敞空间用地
		专类公园	绿地与开敞空间用地

续表

<table>
<tr><th>位置</th><th colspan="2">绿地系统规划分类</th><th>国土空间规划分类</th></tr>
<tr><td rowspan="3">集中建设区内</td><td colspan="2">防护绿地</td><td>绿地与开敞空间用地或林地</td></tr>
<tr><td colspan="2">广场用地</td><td>绿地与开敞空间用地</td></tr>
<tr><td colspan="2">附属绿地</td><td>其他建设用地</td></tr>
<tr><td rowspan="7">集中建设区外</td><td rowspan="2">风景游憩绿地</td><td>风景名胜区</td><td>包括国土空间用地用海分类中的各类用地</td></tr>
<tr><td>森林公园、湿地公园、郊野公园、其他风景游憩绿地（统称为集中建成区外公园）</td><td>园地、林地、草地、湿地、留白用地、陆地水域、其他土地</td></tr>
<tr><td colspan="2">生态保育绿地</td><td>园地、林地、草地、湿地、陆地水域</td></tr>
<tr><td colspan="2">区域设施防护绿地</td><td>林地</td></tr>
<tr><td colspan="2">生产绿地</td><td>园地、林地</td></tr>
<tr><td colspan="2">其他区域绿地</td><td>保持与主体功能用地一致</td></tr>
</table>

五、对城市绿化用地土地征转的建议

（一）分区分类实施土地征转

集中建设区内应保证城市建设用地中公园绿地指标。满足百姓日常休闲游憩活动基本需求的综合公园、社区公园、游园及专类公园，应严格办理征转手续，保证城市建设用地内人均公园绿地面积不低于 8 平方米。对于防护绿地可视具体情况而定，在集中建设区内满足必要卫生、隔离、安全功能且需要大量植树的防护绿地，应按照相关标准进行土地征转，以保证防护绿地的有效实施；对于城市组团隔离绿带、高压线走廊等类型的防护绿地，主要是控制人工建设行为，一般可以保留原土地用途，不需征转。

集中建设区外应探索不同用地类型模式下绿地建设。对于风景游憩绿地，特别是郊野公园，可以采用点状供地，按照规划，建多少，征多少，转多少。而公园中的其他区域视为生态保留用地，妥善处理与原土地所有者的租赁关系，结合原土地使用性质进行规划设计，对于确需占用、改变土地性质的农用地，应按相关规定办理转用手续。其中位于集中建设区外，开发边界内的郊野公园，建议“全部征收，酌情转用”，以永久保留公园绿化成果。对于区域设施防护绿地应在国家政策许可范围内，办理用地征转手续。对于生态保育绿地，结合国土空间规划、退耕还林规划等政策要求，可维持原土地利用性质，只转不征或不转不征。

（二）集中建设区外公园的设施建设土地供给

针对集中建设区外公园建设，应根据区位、城市功能、土地性质、公园规模等综合分析，分级分类合理分配绿化用地、建筑占地、园路及铺装场地比例，在符合法律法规的要求下科学合理进行建设，并结合政策供给、点状供地的多种方式，保障公园设施配建需求，推进集中建成区外公园高质量发展。

其中，针对集中建设区外公园中服务类、管理类、文化类等公益性建筑（表2），满足市民休闲游憩、文化体验等需求，建筑占地面积不超过500平方米（不可开发利用地下空间），檐口高度不超过8米，服务半径不低于250米，可不改变土地权属和性质，不占用建设用地指标，不办理规划、预审、农转用等用地手续，用地仍按原地类进行管理。对此类公益性建筑占地面积大于500平方米，应按照国家有关规定，依法办理土地征收、农用地转用、使用集体建设用地等相关手续。对于较大型公益类文化体育项目，需单独选址论证并按程序办理相关规划、土地审批手续。

集中建成区外公园中公益性建筑类型内容一览表　　表2

类型	内容
服务类	游客中心
	售卖点
	公共厕所
	观景建筑
管理类	垃圾处理用房
	水电设施用房
	管理用房
文化类	展馆
	体育馆

针对集中建设区外公园中的道路，应根据游人规模、人流方向进行道路分级，道路宽度不超过6米，以慢行、应急养护车行功能为主。对于宽

度超过 6 米、承担车行功能的道路，可纳入农业设施建设用地中村道用地进行管理。

（三）总结

城乡绿地建设中，第一，应科学规划，保护优先，严格生态保护红线管理，提升既有生态空间质量；第二，应增强底线思维，加强建设用地中的绿地管控，保证人民群众的基本公共服务；第三，应加强生态修复，推动土地综合整治，落实“一地一用”，形成耕地保护与生态绿化建设协同发展的一张蓝图；第四，应严格耕地保护，依法依规扩大生态空间总量，推动生态价值转化，满足人民日益增长的美好生态环境需要。

（风景园林和景观研究分院，执笔人：束晨阳、王忠杰、刘宁京、刘华、王剑）

第三节　现代化治理

我国超大特大城市治理面对的挑战和应对思考

中央高度关注超大特大城市的治理问题。2020 年 10 月，习近平总书记在深圳经济特区建立 40 周年庆祝大会上提出要“加快推动城市治理体系和治理能力现代化，努力走出一条符合超大型城市特点和规律的治理新路子”。党的二十大报告进一步提出：“加快转变超大特大城市发展方式，实施城市更新行动，打造宜居、韧性、智慧城市。”为此，中规院开展相关研究工作，对国外超大特大城市的治理经验，我国超特大城市的发展规律、面临的问题挑战等进行梳理和分析，并提出对策建议。

一、国外典型超大特大城市的发展规律和治理经验

（一）国外典型超大特大城市的发展规律和治理对策

人口向超大特大城市集聚是全球普遍规律，1980—2020年，全球超大城市的人口增长远高于其所在国家的人口增长和其他规模等级城市的人口增长[①]。以东京为代表的国外典型超大特大城市呈现出阶段性的发展规律：

快速增长和集聚阶段：快速工业化时期，人口和经济快速集聚、城市用地迅速扩张，开始出现住房紧缺、交通拥堵、公共设施不足等“城市病”问题，这一时期日本政府试图采取通过建设绿带控制城市增长和扩张的治理策略，但以失败告终。

新城建设和功能疏解阶段：随着“城市病”的日益严重及城市发展进入工业化中后期，采取建设新城并配套相关财税政策以推动人口和功能向外疏解的治理模式，工业、居住、办公等功能依次向外围新城疏散，城区人口规模增速减缓甚至下降，初步在区域层面形成多中心的都市圈格局。

再集聚阶段：城市发展进入后工业化时期，服务业发展对城市集聚的需求、内城衰退下中心区的地价回落及相关政策的引导，推动服务业企业、以年轻人为主的人群向城区再集聚，城区人口规模再次增长并达到新高，政府通过采取TOD模式、提高容积率、加强地下空间开发、增加公共设施供给等治理策略和相关政策机制，使得城市治理水平不断提升（图1、图2）。

总体而言，城市的发展呈现出较为明显的阶段性规律特征，不同阶段面临着不同的问题，城市治理策略也在相应的阶段性动态调整（图3）。

---

① 丁成日，何晓，朱永明．超大城市的增长及其对城市发展战略的影响［J］．城市与环境研究，2021（4）．

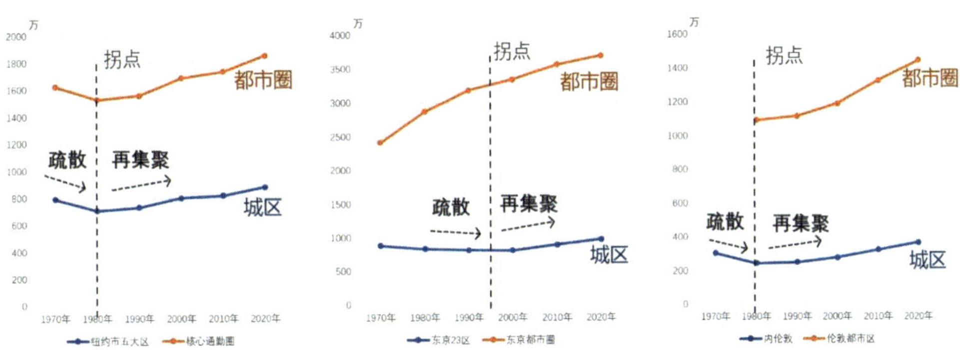

（a）纽约城区和都市圈人口变化（b）东京城区和都市圈人口变化（c）伦敦城区和都市圈人口变化

图 1　20 世纪八九十年代东京、纽约、伦敦的人口向城区再集聚

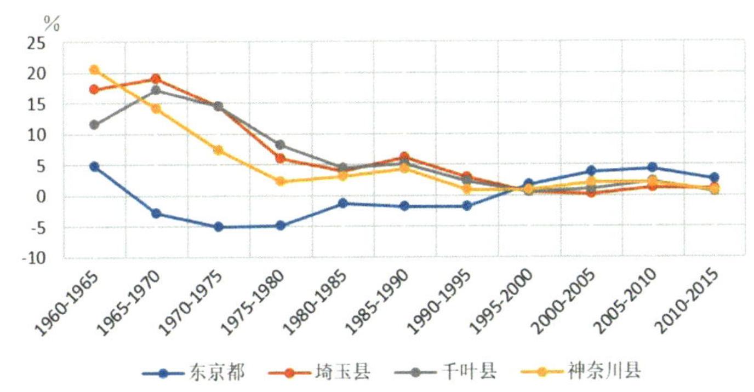

图 2　1960—2015 年东京都和外围三县的人口社会增长率变化

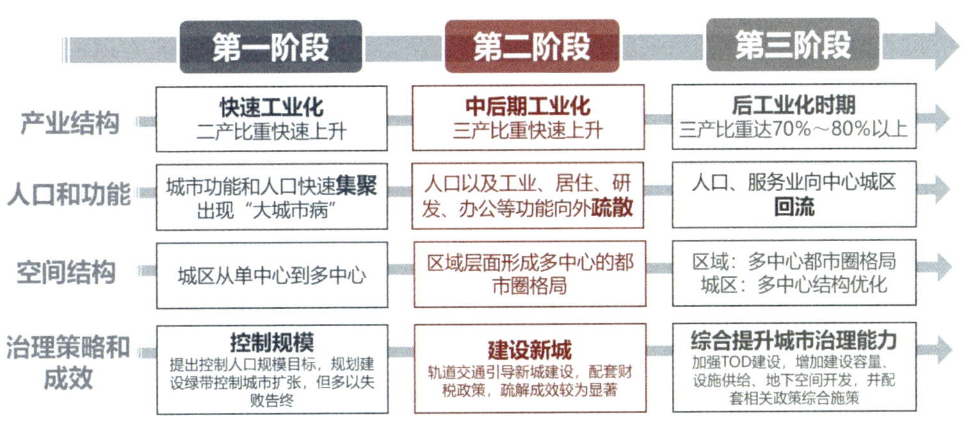

图 3　国外典型超大特大城市的阶段性发展规律

（二）国外典型超大特大城市的治理经验和启示

首先，“城市病”问题与城市规模和密度的大小没有必然联系，而是与城市的治理能力高度相关。东京在“二战”后快速发展阶段、人口规模达到1000万人左右时，出现了严重的“城市病”；如今东京都、东京都市圈的人口分别已达1400万人和3700万人，人口规模、密度及建筑容积率更高，但“城市病”问题已经得到有效缓解。住房、公共设施、轨道交通等资源供给水平的提升，以TOD模式为代表的空间组织的优化调整，以及不断完善的精细化的管理政策，使得东京的城市治理水平不断提升，再加上科技的进步、市民素质的提高，共同促进了东京的有序发展。

其次，对于城市的发展，政府的治理和行政干预不能完全决定城市发展的结果，应尊重市场机制作用下的城市客观发展规律。快速工业化时期的人口集聚和用地扩张，工业化中后期的郊区化发展，以及后工业化时期服务业的发展促进城市再集聚等，都是城市在不同发展阶段呈现出的客观规律。纵观东京在不同阶段的治理策略和实施成效发现，凡是顺应了客观规律的治理策略均取得了成功；反之则遭遇了失败，如快速工业化时期试图通过绿带限制城市扩张就未能取得预期成效。因此，政府应在尊重市场机制和客观规律的基础上，根据城市所处的不同发展阶段适时调整治理策略，对城市发展进行科学、动态的管控和引导。

二、我国超大特大城市的发展规律和问题挑战

（一）我国超大特大城市的发展规律和特征

第一，人口总体向超大特大城市集聚，但不同城市人口增长有多有少。2010—2020年，我国21个超大特大城市人口占全国人口的比重从17.54%提升至20.77%。其中深圳、成都、广州、西安、郑州、杭州、重庆、长沙、武汉、济南这些东南沿海和中西部省会城市是人口增长前十的城市；天津、大连、沈阳等城市人口增长较少，哈尔滨是唯一一个人口减少的城市。与2000—2010年相比较，上海、北京、天津、哈尔滨、南京、大连等城市近10年的人口增量有所降低，城市吸引力正在减弱（图4）。

第二，产业结构总体向服务型经济演化，但不同城市发展阶段有先有后。2020年21个城市平均三产比重为59.28%，高于全国平均值5个百分点。其中北京、上海、广州等城市第三产业超过70%，达到服务业主导

的发展阶段；哈尔滨、杭州、成都、昆明、天津、西安、南京、沈阳、济南、深圳、青岛等城市第三产业比重在60%～70%的区间，正在向服务型经济过渡；郑州、重庆第三产业占比位于50%～60%的区间，东莞、佛山第三产业占比低于50%，第二产业仍然在城市经济中占据重要地位（图5）。

图4　我国超大特大城市2000—2010年、2010—2020年人口变化情况

（数据来源：“五普”“六普”“七普”数据）

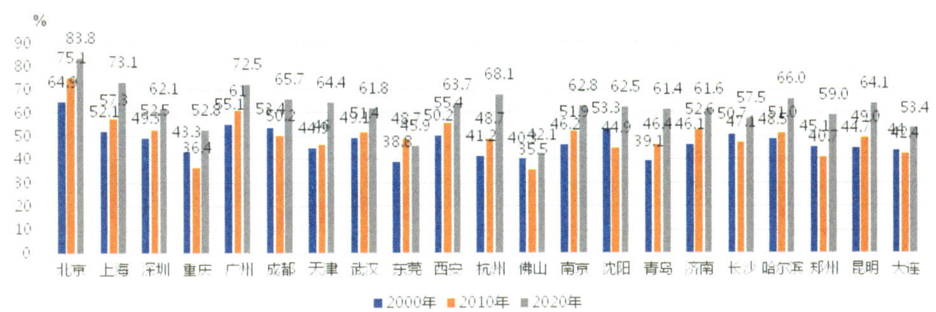

图5　我国超大特大城市第三产业增加值占GDP比重的变化

（数据来源：各城市统计年鉴）

第三，空间结构大部分处于向区域扩散阶段，但不同城市空间演变步伐有快有慢。北京、上海、天津、重庆、广州、南京、武汉、沈阳、大连、青岛等城市已经进入核心区人口净减少的绝对离心阶段；深圳、成都、西安、杭州、哈尔滨、长沙、佛山等城市核心区人口增长速度放缓，处在相对离心阶段；郑州、济南等城市仍然在核心区引领快速增长的向心集聚阶段。我国超大特大城市还没有发展到人口再次向核心区回流的再城市化阶段，但是北京等城市已接近国外典型超大特大城市发展所经历的由第二阶段演变到第三阶段的拐点（图 6）。

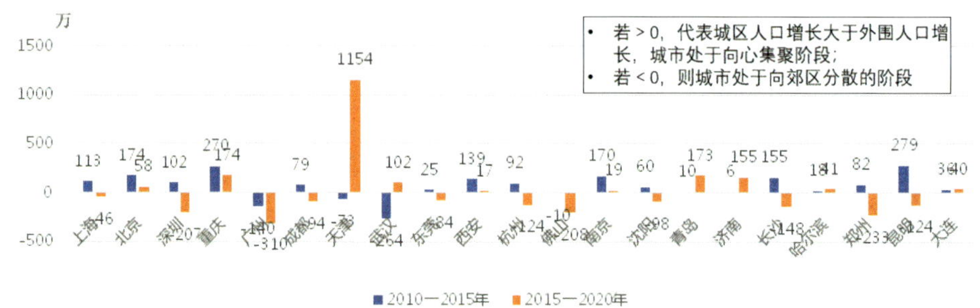

图 6　我国超大特大城市 2010—2015 年、2015—2020 年城区人口与外围人口增长的差值①

（数据来源："六普"、"七普"、各城市统计年鉴）

（二）我国超大特大城市治理面临的主要问题和挑战

目前为止，我国超大特大城市的发展基本符合国外城市的第一、第二阶段的发展规律，面临的问题和挑战也呈现出相似的阶段性特征。

首先，在人口和功能快速集聚的过程中，出现了环境污染、交通拥堵、住房困难、公共服务不足等"城市病"问题。产生问题的根源是城市的住房、公共服务、交通等的资源供给、空间组织和治理能力尚未匹配快速增长的人口，如上海、北京的租赁住房占比分别为 38.74% 和 35.44%，远低于东京的 49.1%（2018 年）和纽约的 61.1%（2017 年），且保障性租赁住房多位于城市边缘地区，而公共设施则高度集中于城市中心地区，空间组织不合理问题突出。

其次，为了解决"城市病"问题，我国多个超大特大城市提出控制人口规模甚至减量发展的治理策略，并采取建设新城以疏解人口和功能的城市治理模式。但该策略并非适用于所有城市、所有发展阶段，忽视了不同

① 图表中城区人口数据来源于《中国城市建设统计年鉴》，但不同城市由于行政区划调整、城区范围认定标准不统一等因素，导致年鉴中不同城市的城区范围和相应人口规模数据的界定标准差异较大。但我国目前仍缺乏规范可信、与城市实体地域相对应的城区人口、用地的统计资料。因此该分析只反映 21 个城市的总体趋势，具体每个城市还应结合城区实体地域范围数据开展进一步分析。

城市所处的不同发展阶段及城市发展的动态演变，从而可能导致新的问题的产生。如北京前一阶段的功能疏解取得了一定成效，但对标国外城市，北京目前已接近再集聚的拐点，应对其未来发展阶段进行科学合理的预判，从而防范过度疏解造成的内城衰退、活力下降等问题。

三、我国超大特大城市的治理策略思考

第一，应避免一刀切地控制城市规模和人口密度，关键是提供与城市规模和密度相匹配的公共资源和治理能力。国际经验表明，“城市病”与城市规模和密度无必然联系。此外，根据中国城市规划设计研究院发布的《中国城市繁荣活力评估报告2022》，多样化的租赁住房水平、公共设施的多样性和覆盖率、轨道站点密度和覆盖率、路网密度及功能混合度等与城市活力高度相关。因此，不应单纯将人口规模和密度的大小作为评判城市的标准，而是通过增加公共资源的供给，使得人口规模和密度与城市的建设规模、密度以及住房、公共服务、交通、市政、公园绿地等设施的供给和密度相匹配，满足不同人群差异化的住房、设施需求，并通过空间的合理组织和精细化的管理，促进城市治理水平的提升。

第二，应根据目前不同城市所处的不同发展阶段，因地制宜地采取差异化的治理策略，并随着城市发展阶段的演变进行动态调整。我国不同的超大特大城市处于不同的发展阶段，应采取差异化的治理策略：对于仍处于快速集聚阶段的城市，应注重增加与人口增长相匹配的公共资源供给，并预判郊区化发展的拐点，从而科学引导部分功能向区域疏散；对于即将迎来回流拐点的城市，应开始着手制定合理的政策、增加公共资源的供给、提高城市治理能力，科学引导产业和人口的回流；而对于面临收缩风险的城市，不应再投入大量资源在城区外建设新城，而是引导人口和公共资源向城区集中，建设紧凑型城市。

第三，城市治理应尊重市场机制作用下的城市发展客观规律，把握好政府治理和行政干预的“度”。一方面，城市治理的目的不是违背客观发展规律，而是在顺应规律的基础上，给予科学合理的引导，以将负面效应降到最低。另一方面，完全政府主导下的城市也会面临丧失可持续发展的活力的问题，如功能疏解后东京城区的衰退，以及部分新城的后续发展活力

不足。因此，要把握好城市治理和行政干预的“度”，尊重市场在资源配置中的决定性作用，采取引导与管控相结合的方式，建立科学长效的治理机制。尤其是在城市集聚和增长阶段（包括快工业化时期的集聚和后工业化时期的再集聚），治理的目的不是限制城市增长，而是给予城市与其增长需求相匹配的资源，提升城市治理能力，将城市增长过程存在的负面效应降到最低。

（院士工作室，执笔人：周亚杰）

从财税可持续视角看城市更新战略

2020年中国的城市化水平历史性地突破了60%①，考虑到土地财政下城市建成区面积增长快于城市人口增长这一现实②，中国城市的存量治理已取代增量建设成为城市规划面对的主要问题。政府主导是中国式城市更新的一大特征，这就需要建立一个基于政府视角的财务分析工具。如果一个城市更新项目在财务上不能实现平衡，无论这个项目在短期看起来多么成功，其发展也必定是不可持续的。为简化分析，本文第一部分先考虑财务的局部均衡——仅针对单一项目，其基本假设就是改造前后资产价值（地价和房价）不变；第二部分则将讨论拓展至一般均衡——包括多个项目，考虑改造前后土地和房屋供给规模变化对资产价格造成的冲击。城市更新规划就是根据项目的具体情况，通过选择不同的模式，最大化改造前后资产的价值差，为实现更新项目的财务平衡创造条件。方案选择不同，改造后最终的效果也完全不同。

① 2020年末中国常住人口城镇化率超过60%。数据来源：国家统计局，《2020年国民经济和社会发展统计公报》。

② 刘守英．中国城乡二元土地制度的特征、问题与改革［J］．国际经济评论，2014（3）：9-25.

一、单一项目静态平衡的财务模式分析

在局部均衡条件下，城市更新的价值俘获主要有四种途径，包括提高强度、改变用途、提升品质和改“大产权”[①]。通过将不同的途径加以组合，可以得出城市更新的三种模式。

模式一：增容＋改“大产权”（“住改住”）。目前多数城中村或老旧小区更新时采用的融资模式就是增容，其路径就是“拆除—增容—返迁—出售增容部分”；对城中村而言，还须把原低流动性的集体产权和违章搭建建筑，转变为高流动性的国有产权建筑。由于征拆成本巨大，为了实现当期融资和投资的平衡，这一模式需要压缩可带来现金流的工商用地比重，提高能带来一次性融资的居住用地的比重，而正是这一做法会进一步加大未来的运营成本压力。按照不可替代规则，公共服务运营支出只能来自税收（财政），而不能来自卖地（金融），这就意味着城市更新得越多，需要支出的运营成本也就越多，留给下一届政府的财政缺口也就越大，真正的财务平衡一定要将未来隐藏的现金流缺口计入当期成本。

模式二：增容＋改“大产权”＋提升品质。城市更新活动涉及的主体众多，除了财富效应还会产生分配效应。通过增容获得一次性融资的做法在本质上就是在土地市场上融资。借由更新之名，原住民和开发商得以进入一级土地市场，将套取公共服务获利的行为隐藏在征地补偿中，从而在一级土地市场攫取巨大的利益。而政府则必须承担新增的公共服务成本，把本属于全体纳税人的利益，隐蔽地转移给原住民。由于改造后土地和房屋的租金会不可避免地上升，并进而传导到制造业用工成本中，最终可能导致政府税收的减少。以广州越秀区杨箕村的城市更新为例，若从原住民角度看，由于以前的房子是小产权和违章建筑，房屋的租金每月大约是20元／平方米，而改造后则变成每月40～50元／平方米[②]，改造后看起来虽然租户的数量减少了，但租金上升却使得总的收益增加了，村集体的收

① 由于历史原因，在中国物业分为可以自由交易的“大产权”，和只能使用但不能自由交易的“小产权”两种，如果通过产权调整，将后者变更为前者，即使这些物业没有发生任何物理上的变化，也会带来额外的产权溢价。

② 莫依蓉．最高涨9倍！广州市区四大城中村改造前后租金对比！［EB/OL］．2017-10-09. https://m.leju.com/news-gz-6322918044029206541.html.

入也翻了一倍。但由于低成本居住环境的消失，城市劳动力的成本也会因此随之上升，城市更新不仅没有达到创造新增现金流的目的，反而适得其反，导致纳税企业外迁，政府税收减少，财政状况进一步恶化。

模式三：增容＋改“大产权”（“工改工”）。如果城市更新针对的是能够带来税收的工商业用地，就可以采用与外国类似的模式。以佛山市顺德万洋众创城为例，这是国内首个采用“集体转国有＋挂账收储公开出让”模式实施更新的村级工业园改造项目。该地块原本的用途是村集体招商的厂房，政府实施城市更新，改造后该地块的性质变成国有土地，但用途仍然是工业用地。改造后村集体获得 8029 万元土地出让金分成和 3 万平方米商品厂房，这些商品厂房租金收入约 540 万元 / 年，是改造前 274 万元 / 年的两倍。改造后的万洋众创城预计可引入 50 家企业，助推 2500 人就业，年均产值 100 亿元，税收 5000 万元，为改造前的 33 倍①。如果通过提高容积率，工业物业价值提高，企业所带来的税收也同步增加，那么这种增容对地方财政来说，总收益是正的。由于工业用地比住宅用地的价格要低很多，要实现第一个阶段的财务平衡就困难得多。

二、多项目动态平衡的财务模式分析

基于单一项目自身的财务平衡相当于是在理想条件下展开分析的，但现实中，城市更新往往会导致资产价格变化，这就要在时间和空间上对多项目进行一般均衡分析。动态平衡下的城市更新主要有三种模式。

模式一：政府主导，成片改造。受需求限定，城市资本市场的深度是有限的，由此导致住房供给规模（房价 × 土地面积 × 容积率）存在一个从供不应求到供大于求的转折点。城市更新会通过改变资产市场的供给进而影响目标资产价格，一旦大规模的土地（住房）供给导致资产市场崩盘，城市更新都会因此而“烂尾”②。2008 年，昆明开始进行大规模的城中村改造，改造的方法就是通过给每个村庄“足够”的容积率，实现征地拆迁建设成本的平衡。相关报道显示，由改造增加的市场供应总建筑面积高

① 陈飞龙．佛山（顺德）万洋众创城动工建设［N］．南方都市报，2019-04-24.

② 地价跌还是房价跌，二者差别不过是“烂”在政府手里，还是“烂”在开发商和炒房客手里。

达7477万平方米，相当于昆明主城区近10年的商品房建筑面积[①]。当这些项目同时进入市场时，按照原来采用静态局部均衡方法计算可以实现财务平衡的项目，待全部改造完成时，由于房价下跌，项目的财务就会无法平衡[②]。

模式二：居民自主，有机更新。这一模式的特点就是不改变原来的产权属性，通过微增容、微改造和微调整实现城市的渐进式改造。这一过程基本不依赖土地融资（增容出让），而是居民自主负担改造成本，政府需要做的主要是提供各种相应的公共政策，满足居民生活改善的需求（如加装电梯、煤气等），而这些措施又不会导致因户数增加进而带来新增公共服务的压力（例如学位不足）。以厦门湖滨一里为例，厦门市规划局和厦门市国土资源与房产管理局经研究后提出了一个鼓励居民自主改造的政策——允许单栋楼房的居民申请自主改造，允许每户可增加不超过10%的建筑面积[③]。同政府主导的成片旧改相比，每户居民似乎多花近30万元，但政府给每户增容10%的建筑面积，这部分面积带来的价值按每户7平方米计算，则原住房至少增值了35万元[④]，这一政策极大地激发了居民的改造热情。从政府财政的角度，由于这一方案不会带来户数的增加，更新后政府公共服务（教育、医疗、水电、交通等）的支出不会增加。同时，政府通过增容、电梯补贴、基础设施接入、赠送设计等激励手段鼓励居民自主更新，可以带动居民的建安、装修、家具和电器等消费需求，这些消费又可以给政府带来新增税收和就业，扩大本地消费市场[⑤]。

模式三：以新换旧，异地平衡。中国处于城市化高速发展阶段，地方政府可以从更大的空间尺度，将新城开发的“低成本”和旧城更新的“高税收”优势结合起来，实现两个阶段的异地平衡。成都的宽窄巷子就是一个在项目层次实现城市更新财务异地平衡的经典案例。由于项目建设涉及的

① 昆明城中村7年改造史 拆除加改造两项措施并重［N］. 春城晚报，2015-07-15.

② 如果城市更新后，因土地（住房）供给增加导致房价下降，此时，城市更新要实现财务平衡就需要更高的容积率，而这又会导致房价的进一步下降，从而形成负反馈。

③ 厦门市规划局，厦门市国土资源与房产管理局. 关于印发《厦门市预制板房屋自主集资改造指导意见（试行）》的通知（厦规〔2014〕94号）［Z］. 2014-07-21.

④ 厦门市合立道工程设计集团有限公司. 湖滨一里60号楼改造项目［Z］. 2014.

⑤ 从目前来看，这一方案正好符合国家扩大内需和打造经济内循环的政策导向。

拆迁成本巨大，如果就地实现财务平衡，则意味着征地拆迁后需要很高的容积率，显然这与旧城保护的诉求相冲突。面对这一难题，当地政府并没有要求项目自身实现两个阶段的财务平衡，而是在拆迁成本较低的区位给了文旅集团一块平衡用地，用于房地产开发，为项目融资。没有了融资平衡压力的文旅集团，则依托宽窄巷子的历史文化积累和良好的区位，将其改造为高品质的文旅项目，利用巨大的人流，收获了远比平衡用地（用于房地产开发）多的现金流性收入，成功地实现了项目开发财务的异地平衡。

此外，在城市更新中，一些特有的非财务成本往往会在财务平衡测算时被忽略，主要包括时间成本、社会关系、协调成本、组织成本，这些非财务成本也对城市更新效能的提升起到重要影响。中国经济从高速度增长转向高质量发展，城市化也从以增量建设为主转向以存量运营为主，这会导致城市发展的再一次“大分流”，面对新一轮竞争，城市对更新模式的选择，有可能最终改变其在国家城市序列里的位次。如果一个城市还是继续沿袭高速度增长阶段的做法，在城市更新中不经意地挥霍掉原有的宝贵资本，就有可能被竞争对手淘汰。反之，一个好的财务平衡方案，可能会让一个城市像当年在高速度增长阶段抓住土地金融机遇的那些城市一样，实现对其他城市的超越。为此，笔者提出一个一般化的城市更新财务平衡思考框架，将项目的全寿命周期纳入其中，从整个城市尺度寻找财务平衡的最优方案，供政府决策参考。

（厦门大学建筑与土木工程学院，教授、博士研究生导师，中国城市规划学会副理事长，赵燕菁；厦门大学经济学院，副教授、硕士研究生导师，宋涛）

我国超大城市城中村更新治理六大对策

建筑学之父柯布西耶说：为普通人建设普通住宅是恢复人道主义的基础。我国超大城市有超过1亿人的非户籍常住人口缺乏“普通住宅”而处于严重的居住贫困，由于过度拥挤带来的一系列社会问题成为超大城市治理的重大难题。这些住房贫困的非户籍常住人口主要居住在城中村区域。

城中村是指我国城市“建成区”范围内建设强度高于40%、非户籍常住人口高于30%的村庄。我国超大城市城中村规模庞大，其面积大约相当于各城市中心城区的60%以上，居住着数百万以上的本地农村居民和非户籍常住人口，这里居住拥挤、人居环境差、基本服务匮乏，存在着“三低两高”的共性特征，即土地利用效率低、产业技术水平低、居民收入低，无证建设比例高、犯罪率高，是大城市成片连片低质量发展的区域，导致城市现代化在空间上不完整、空间正义缺失、社会矛盾冲突严重，严重制约着我国新时期超大城市的现代化进程。传统的排斥性城中村更新模式加剧了城中村矛盾，深化了城中村问题，导致我国超大城市普遍存在新二元结构刚性[①]。

进入新征程，以人民为中心，推进包容性的城中村更新治理，实现城中村更新与人的发展、空间品质提升、社会治理、经济持续增长的联动推进，是我国超大城市高质量发展的必由之路。本文提出我国超大城市城中村更新治理的六大建议。

一、重新定位超大城市城中村更新的历史使命

城中村区域是我国超大城市新时期建设成为现代化强市的短板区域。我国供给侧结构性改革的基本思路就是补短板、优结构。城中村更新肩负着补齐短板、推进整体现代化的历史使命。因此，城中村更新需要高瞻远瞩，不能仅盯着房地产，盯着短期经济发展，盯着土地财政，而是要通过城中村全面系统更新实现城中村区域跨越式发展，建构人力资本积累、产业结构升级、空间品质提升联动优化机制，彻底解决现代化发展的短板，谋求城中村区域发展水平、人居环境和治理水平赶上或者超过中心城区，实现一体化发展，彻底解决我国超大城市新二元结构，真正在全国率先基本实现社会主义现代化。

① 叶裕民，等. 破解城中村更新和新市民住房“孪生难题”的联动机制研究［J］. 中国人民大学学报，2020（2）.

二、以人民为中心，探索城中村更新和新市民可支付健康住房供给的联动解决方案

秉持习近平总书记以人民为中心的城市治理理念，贯彻《关于在实施城市更新行动中防止大拆大建问题的通知》（建科〔2021〕63号文）所规定的以解决新市民和中低收入阶层可支付住房为基本目标，创新超大城市城中村更新与新市民可支付健康住房[①]的联动解决方案。

新时代我国超大城市城市更新需要彻底扬弃“排斥性”更新旧思维，创新包容性城市更新模式，将新市民和中低收入可支付健康住房纳入城中村更新规划，建立公共租赁住房、集体租赁住房和村民租赁住房“三足鼎立”的超大城市租赁住房新格局，把新市民住房解决在城中村更新过程中，逐步解决超大城市住房难题。

根据第七次全国人口普查个体样本数据，我们测算出北京、上海、深圳、广州和成都2020年租赁住房中可支付健康住房的比例（图1），数据不尽如人意。深圳2020年的租赁住房中只有36.5%是可支付健康租赁住房，换言之，有63.5%都属于非可支付健康住房，存在着严重的住房贫困。

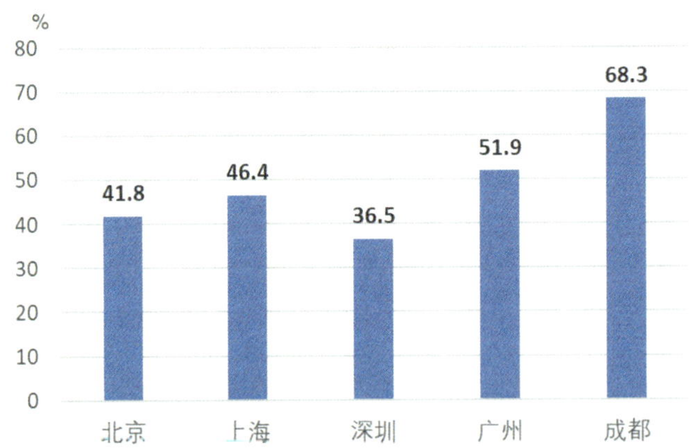

图1　2020年我国主要超大城市可支付健康租赁住房覆盖率

① 可支付健康住房是指居民买得起或者租得起的健康住房。城市经济学中买得起的标准是房屋总价为家庭年收入的8倍以内，租得起的标准是月租金为家庭月收入的30%以内。可支付性是可以享受发达国家公共租赁住房政策对象的判断标准；健康住房的标准是人均住房面积13平方米以上、拥有独立厕所和厨房居住套间。健康住房是健康生活的最低标准。

当前，我国超大城市已经与全国其他城市一样，十分关注新市民住房问题，已经建构了公共租赁住房和集体建设用地租赁住房“两大支柱”。然而，从全国执行情况看，“两大支柱”的实施与实现新市民住有所居还有很大距离。公共租赁住房杯水车薪，2018 年仅有 2.9% 的进城务工人员入住保障住房。集体租赁住房由于存在下列问题也步履维艰，不堪重负：村集体意愿低；价格高，超过中低收入群体可支付能力；大规模新增用地；与产业争地、与村民争利；建设进度缓慢，可预见的时间内难以解困等问题。

我国大城市中新市民租赁住房需要用历史的视角寻找新的答案，建构大城市新市民的“第三大支柱”——村民租赁住房。具体的做法是：实施包容性城中村更新行动，激励村民在回迁房中，将自住富余、用于出租的部分住房设计为与新市民可支付能力相匹配的 30～60 平方米的成套健康住房。按此方案对广州进行测算，广州城中村更新完成 50%，新市民住房问题基本得到解决（表 1）。

广州城中村更新与新市民住房供求平衡方案比较　　表 1

总供给（万套）					
	总供给	2020	2025	2030	2035
	（100%）	（10%）	（30%）	（50%）	（70%）
供给 1	402.5	40.3	120.8	201.3	281.8
供给 2	313.2	31.3	94	156.7	219.2
对需求 1 的满足程度（%）					
供给 1	325.0	32.5	97.5	162.4	227.4
供给 2	253.0	25.3	75.9	126.5	176.9
对需求 2 的满足程度（%）					
供给 1	249.9	25.0	75.0	124.9	174.9
供给 2	194.6	19.4	58.3	97.3	136.1

注：（1）表中以城中村更新补偿村民户均 280 平方米测算。供给 1 是村民自住 100 平方米，富余部分出租；供给 2 是村民自住 150 平方米，富余出租；需求 1 是满足 40% 的新市民租赁住房需求；需求 2 是满足 60% 的新市民租赁住房需求。根据我们测算，新市民中 20% 购买住房，20% 住集体宿舍，最多有 60% 的居民需要租赁可支付健康住房。
（2）表中以 2012 年城中村数量、流动人口以 600 万人为基础测算。到现在，无论是城中村数量还是流动人口规模都有大幅度提高，需要重新研究测算并作为规划的依据。

新市民住房是积累了 40 年的历史性难题，需要运用历史性思维，尊重历史的逻辑。我国独特的历史形成了城中村居民为新市民提供可支付住房的格局，其规模是如此巨大，任何企图用完全不同的方法在短期内替代城中村解决新市民住房问题，都是极其困难的，或成本极高。我们需要尊重历史，顺势而为，建构大城市中低收入租赁住房的第三支柱，在实施城中村更新行动中激励村民继续利用自住富余住房来提供给大规模的新市民，所不同的是变非正规住房为正规住房，变非正规出租为合法出租。

本方案是帕累托改进方案。该方案充分利用城中村更新的存量土地资源和存量住房资源，大规模增加新市民可支付租赁住房供给，实现了政府、村集体、村民和流动人口多方共赢，没有任何一方利益明显受损。各方利益表现如下：

（1）流动人口有效实现住有所居、住有宜居，从而得以真正开启市民化进程；

（2）本地原住民作为新型租赁住房市场化供给主体，获得可持续的资产性收入；

（3）新增租赁住房是利用存量住房资源的市场化再分配，把租赁住房供给的市场成本压缩到最低；

（4）大规模增加可支付住房供给，却不新增土地，不新增建筑面积，是最大限度地实现土地资源集约节约利用；

（5）政府负担的公共住房降到最低程度；

（6）为全面推进市民化、实现新型城镇化高质量发展奠定基础。

三、以城中村更新为契机全面推进市民化

国家《“十四五”规划纲要》明确把市民化作为新型城镇化的首要任务。但是全国推进市民化进程缓慢，特别是超大城市市民化进程严重滞后，其根本原因在于住房难题缺乏有效举措。一旦可以通过城中村更新为新市民提供充分的可支付健康住房，那么我国超大城市市民化难题通过如下“七化”迎刃而解：

第一，迁移人口家庭化。新市民以住房为依托实现举家迁移，实现新市民举家团聚，弘扬我国家文化，为社会和谐奠定微观基础。

第二，家庭生活社区化。伴随着新市民与本地居民共同住进新型社区，其家庭生活也社区化了，强化新市民对城市的归属感，促进社会融合。

第三，以社区常住人口为基础实现公共服务均等化。党的十八大以来，党中央国务院多次明确提出“推进常住人口基本公共服务全覆盖”，始终未能得到很好贯彻落实。究其原因，主要在于新市民居无定所，大部分居住在高度密集的非正规住房，公共服务配套十分困难。一旦新市民成为正规社区的合法租赁住房居民，他们成为社区常住人口，就完全可以制定以社区常住人口为基础的公共服务均等化规划，乃至 15 分钟生活圈规划，快速实现公共服务均等化。

第四，社区治理民主化。新市民作为社区的常住人口，可以参与社区民主治理，这将极大提高新市民的自豪感，激发他们对城市的热爱与责任心。

第五，社区治理艺术化。艺术是人类灵魂深处感情的表达。可以引导新型社区开展多种艺术活动，比如社区歌咏比赛、社区诗朗诵、社区绘画、社区篮球比赛等诞生一系列的社区诗人、社区画家、社区歌手、社区短跑冠军，还可以开展社区与社区之间的比赛。各类艺术活动将激发本地人与新市民共同的对艺术的热爱，将引导人们业余生活对艺术的追求，激发社会以艺术表达生活，激发深藏于人类灵魂深处的博爱，逐步形成与超大城市文明相适应的新型社会文化，激发社会活力和创造力，重塑新市民的积极心态，重铸新市民的尊严，重构社会蓬勃向上的集体人格，这将成为超大城市社会发展的内在动力。

第六，人力资源资本化。一旦新市民得以家庭团聚，解决了后顾之忧，不再徘徊于城市与乡村之间，他们将努力学习，奋力拼搏。经济学认为：到工业化中后期，物质资本投资边际效益下降，唯有人力资本投资边际效益递增，从而成为创新型经济可持续增长的源泉。对新市民住房、公共服务等一系列人力资本投资将快速积累新市民的健康资本，这将极大激励新市民的学习积极性，以此积累他们的智力资本，进而为超大城市现代产业发展提供不尽的新动能，这也是中国跨越中等收入陷阱的必由之路。

第七，新市民中等收入化。新市民人力资本积累必然提高他们的市场竞争力，在为超大城市高技术、高效率产业发展提供创新型劳动力的同时，赢得较高的工资回报，不断塑造中产阶层。当建立了以中等收入阶层为主体的现代社会结构，我国超大城市同时也就实现了社会主义现代化强市的目标，真正实现焕发“老城市、新活力”。

四、尊重城市规律，因地制宜统筹全面更新和微更新

全面更新和微更新是城市更新永恒的两种模式，需要因地制宜地选择和推进。

（一）全面更新的优缺点

全面更新的优点在于：第一，除了历史建筑以外，可以按照城市建设标准统筹安排土地资源、空间资源，建设成为新市区，同步实现覆盖所有人群的人居环境改善、产业效率提高、城市品质提升，实现生产、生活、生态系统优化；第二，为新市民提供可支付健康住房，实现新市民住有所居、住有宜居；第三，有成熟的盈利模式，可以市场化操作；第四，可以统筹兼顾各利益攸关方的利益，包括村集体与村民、新市民、投资者、政府的利益诉求，做到最大程度的人民满意，达到公共利益最大化；第五，可以极大促进社区治理能力提高，促进社区凝聚力提升，促进社会和谐。

全面更新的缺点在于：过程复杂，周期长，博弈难度大，交易成本高，并可能在短期内会造成新市民和本地人住房搬迁，租金一定程度上升。

（二）微更新的优缺点

微更新的优点是：第一，投资少，见效快；第二，新市民无须搬迁，可以享受外部环境的局部改善；第三，房屋租金上涨幅度低；第四，在全面更新提供可支付健康住房初期，不足以解决新市民住房的阶段，还必须对已有城中村进行微更新，以保障基本公共基础设施和公共服务供给。

微更新的缺点是：第一，不能彻底解决城中村的任何根本性问题，包括公共空间缺乏、基础设施不足、安全隐患不能根本消除等；第二，把新市民限定在不健康的居住环境之中，不能满足他们对美好生活的需求，这是对新市民最大的不公平，也将严重抑制人力资本积累；第三，缺乏盈利模式，只能政府投资，或者为企业搭配其他较大盈利的项目（比如黄埔港改造），资金不可持续；第四，微更新不仅不能供给与城市发展水平相当的现代生活空间，也不能供给高品质的生产空间，不能促进城市经济有效发

展，也难以增加有效的就业岗位，难以实现村集体和村民资产性收入的可持续增长。总之，微更新是一种较低效率的更新模式。

根据我们 2018 年对广州市已经完成的城中村更新效果进行对比测算，对于村集体和村民来说，全面更新模式人均分红为改造前的 2.7 倍，微更新模式该数据为 1.3 倍。我们将全面更新和微更新不同比例分为 5 种情景，分别测算其对广州城市宏观投入产出的影响（表 2）。

广州城中村更新模式选择 5 种情景下的宏观投入产出测算（单位：亿元） 表 2

备选方案	投入		收益				
			村集体	政府			企业
	政府投入	企业投入	集体经济增值	GDP	税收	就业	融资地块价值量
方案 1：90% 村庄全面改造，10% 村庄微改造	84.7	27167.6	283.5	14696.3	1115.2	741.3	131434.4
方案 2：70% 村庄全面改造，30% 村庄微改造	138.4	20819.0	210.9	13728.4	1041.7	690.7	101513.5
方案 3：50% 村庄全面改造，50% 村庄微改造	231.7	14138.5	154.6	9912.3	752.1	542.1	69322.8
方案 4：30% 村庄全面改造，70% 村庄微改造	341.0	8474.8	124.2	6433.9	488.2	363.4	41242.1
方案 5：10% 村庄全面改造，90% 村庄微改造	430.3	7709.6	73.8	4320.1	327.8	254.4	13680.4

2017 年广州市 GDP 21503.1 亿元，全市税收收入 1219.8 亿元。方案 1 的新增 GDP 和税收分别相当于 2017 年 69.6% 和 91.4%，方案 2 分别相当于 2017 年的 63.8% 和 85.4%。如果考虑效率充分提升，我们预判，以全面更新为主的广州城中村更新如果得以科学实施，可实现再造一个广州。

（三）全面更新与微更新的选择

第一，全面更新为主，微更新为辅。以努力建构城中村更新与新市民可支付健康住房供给的联动机制为前提，以完善城中村更新规划和制度为基础，充分激发市场积极性，在保障城市更新市场秩序、保障村民和村集体合法利益、保障《广州市城市更新办法》规定的公共利益的前提下，努力推进全面更新。

第二，在村民和市场都缺乏积极性的村庄，以微更新为主。政府有责任通过改善基础设施和公共服务，维护一定质量的人居环境。随着其他区域全面更新推进，这些村庄对新市民居住的吸引力下降，村民房屋租赁市场利润下降，更新意愿会逐步提升。

第三，全面更新在建设高品质健康人居环境的同时，房屋租赁价格会有所提升。一方面，伴随着城中村更新生产的可支付健康住房规模的扩大，供需矛盾会逐步缓和，价格将回归正常至处于新市民及中低收入阶层的可支付区间。另一方面，伴随着市民化的推进，新市民素质持续提升，他们的市场竞争力增强，工资收入会逐步提高，可以租得起较好质量的住房，这正是新市民中等收入化的必然要求。琶洲全面更新案例可以充分证明，一部分新市民已经支付得起且愿意支付比城中村更高的租金，以此获得更加美好的人居环境。所以，盲目追求低租金且供给低水平住房，不再完全符合新市民美好生活需求。

当然城市中始终存在一批低收入群体，在人力资本积累正常推进的情况下，这部分群体一般不高于人口总量的20%，发达国家通常的做法是，提供公共住房或者补偿租金使之可以租得起健康住房。根据我们对广州的测算，如果广州城中村更新得以健康发展，将可以提供充分的可支付健康住房，而政府基本可以通过“补人头”解决所有新市民和中低收入居民住房难题。

五、利用“七普”和“三调”数据重新摸清城中村家底

前面的所有的广州案例数据和测算都是基于2012年广州规划部门的村庄调查数据。10年来，广州经济快速发展，流动人口大幅度增长，其收入水平也有大幅度提高，城中村数量也有明显增加。虽然城中村更新的基本规律和逻辑不变，但是具体测算数据也已经不再适用。广州城市更新主管部门数据库中的272个城中村更是没有反映出城中村的现状，即便这272

个城中村都得到有效更新，广州城中村问题仍然没有解决。其他超大城市也大多具有共性。因此，建议超大城市市委市政府组织力量对城中村开展普查，特别是结合“七普”数据和“三调”数据，重新建立城市城中村数据库，研究分析新时代城中村更新的新特点、新矛盾及新对策，并以此为基础开展全市宏观层面的城中村更新总体规划。

六、开展多方讨论与沟通协商，积极推进城中村更新

总结经验教训，但不能因噎废食。住房和城乡建设部63号文之后，深圳城中村更新并没有停步，仍然按照其固有的逻辑在努力推进。超大城市一方面需要解放思想，真正做深化改革的先行地和探索科学发展的试验区；另一方面，开展多种类型的沟通和学术研讨，就目前争议的问题达成共识，抓住抓好城中村更新的历史机遇，争取成为自然资源部全国城中村更新规划的试点城市，探索我国超大城市治理中新二元结构破解之道，为推进中国特色的城市治理体系和治理能力现代化贡献智慧与经验。

（中国人民大学公共管理学院，教授、博士研究生导师，叶裕民）

关于建立国家植物园体系的建议

2021年10月12日，习近平主席在《生物多样性公约》第十五次缔约方大会领导人峰会提出“本着统筹就地保护与迁地保护相结合的原则，启动北京、广州等国家植物园体系建设。”2021年12月28日，国务院国函〔2021〕136号文件正式批准建设北京国家植物园，明确指出“坚持将植物知识和园林文化融合展示，讲好中国植物故事，彰显中华文化和生物多样性魅力，强化自主创新，接轨国际标准，建设成中国特色、世界一流、万物和谐的国家植物园。”标志着我国植物园的发展建设迎来了新的契机，进入了接轨国际、高质量发展的新阶段。

一、我国植物园的建设与发展历史悠久

中国植物园的雏形离不开古代皇家园林的建设与发展，唐代禁苑、明清南苑、清代圆明园等皇家苑囿承担着植物收集、国家形象展示、非正式外交的重要职能，如汉代上林苑内引种珍稀树木花卉达3000余种，展现了国家地大物博、资源丰富的恢宏气势。

民国时期，1929年中国建立了首个植物园——南京中山植物园，拉开了我国植物园建设的序幕。中华人民共和国成立后，随着经济社会发展，全国各城市根据城市规划和绿地系统规划积极开展植物园的建设工作，并将城市植物园建设纳入城市生态、绿地的评价以及园林城市和国家园林城市评选的考核指标之中。进而在植物园的数量、质量、保护、科研等方面都实现了极大提升，为丰富城市生态多样性、绿化美化城市、传播园林文化、满足市民游憩等发挥了重要作用，特别对儿童、中小学生、青少年起到了重要的自然科普教育功能。

二、我国植物园的现状与现存问题

管理主体多头，分级分类不完善。根据中国植物园联盟的相关统计，我国由中国植物园联盟认定的植物园共计162个，分别隶属于科技部门、住建部门、林业部门、单位、私人等。由于管理主体的不同，整体上缺少统筹部署与系统分类分级，各植物园的功能主导方向不一、规模与能力差异大，分别形成了植物科研、园林游憩与科研、林木引种培育、教学实验、旅游观光等差异化的类型（图1）。

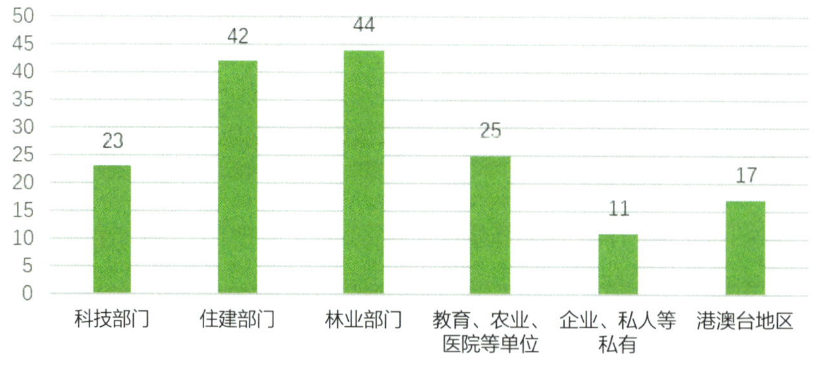

图1　中国植物园隶属关系统计图

空间分布不均，关键区域尚存空白。我国地域广阔，是世界上地理地貌、气候特征、植物品种最为丰富的国家之一，包含13个植被分区。由于地域城市发展，现状植物园主要分布于我国东部、中部地区，在寒温带阔叶林区、高寒荒漠区以及高寒草甸和草原区仍未建立具有典型植被分区特征的植物园，在生物多样性热岛、植物资源价值突出的青藏高原寒带、热带海岛等关键地区植物园或异地收集保护基地建设不足。

能力有待提升，与国际水平尚存差距。据统计，美国在活体植物种类收集方面名列前茅，密苏里植物园活体植物种类约3万种、圣安娜植物园约2.2万种，全美植物园收集保存的活植物种类约9万种；而我国现有知名植物园中，华南植物园活植物种类约1.7万种，西双版纳植物园活植物种类约1.3万种，北京植物园活植物种类约1万种。我国植物园在迁地保护、科研科普等方面有待进一步提升。

三、全国植物园的发展建议

一是合理建立中国植物园体系。充分结合我国现状植物园的发展情况、生物多样性保护、城市生态建设等，建立以国家植物园为引领、城市植物园为主体、机构植物园为补充的全国植物园体系。分级分类地引导、推进各类植物园的发展与建设，国家植物园应重点承载国家乃至世界植物的迁地保护、引种收集工作，构建世界植物资源的战略储备库，为全球生物多样性保护贡献中国力量；推进植物科学的自主创新与研发，为世界植物科学发展贡献中国智慧；传扬中国园林文化、推进生态教育，成为彰显大国气质的世界名园。城市植物园应以改善城市生态、提升生物多样性、储备与研发城市绿化植物资源核心，全面发挥生态教育、休闲游憩、风景游赏等功能，成为引领市民幸福美好生活的绿色载体。机构植物园为隶属于医院、学校、养老等单位与机构的植物园，应根据疗养、康复、教学等相关功能需求，强化特色发展。

二是重点推进国家植物园建设。我国地域广阔，是世界上地理地貌、气候特征、植物品种最为丰富的国家之一，拥有13个植被分区，植被种类极其丰富，被威尔逊誉为“世界园林之母”。充分结合关键空白区域、地区经济条件、现状植物园资源、中国文化谱系和中国园林体系等空间分布，布局国家植物园，辐射、引种和战略储备同气候带植物资源，以迁地保育为核心、研发利用为目标，科技创新为引领、中华文化为灵魂、科普教育为职责进行建设，将每个国家植物园构建成为“国际领先、全球贡献、中国特色、国家象征”的世界名园。

三是全面推进城市植物园建设。城市植物园是一个城市生态建设、生物保护、形象展示、生态教育、市民幸福生活的重要载体，是城市生态文明、园林绿化、公园建设的典型代表，更有利于全国人民尤其是儿童、青年树立起热爱自然的价值观念。各城市应重视和加强植物园建设，科学合理、有序规范地推进城市植物园的规划设计和落地实施，将其作为改善城市生态、提升生物多样性、普及生态教育、增强人民获得感的重要抓手。

四是积极建立管理保障机制。针对中国植物园体系建立起界定、法规、标准、考核的管理机制，将城市植物园建设纳入国家生态园林城市、公园城市、国家森林城市的考评必要条件。探索多方协同、高品质运营的管理方式，搭建科普解说、学术交流、宣传推广等平台，做好全国植物园的建设保障工作。

（风景园林和景观研究分院，执笔人：王忠杰、王剑、韩炳越、王美琳）

关于风景名胜区整合优化的建议

2022 年 7 月 22 日，国家林草局向各省、自治区、直辖市发出《国家林业和草原局办公室关于做好风景名胜区整合优化预案编制工作的函》（办函保字〔2022〕99 号）及《风景名胜区整合优化规则》，要求全国各地尽快完成并提交风景名胜区的整合优化预案。中规院依据函件的相关要求，针对该 100 个国家级风景名胜区整合优化预案中出现的问题和隐患，提出本次风景名胜区整合优化的建议。

一、切实认识风景名胜区的重要性

风景名胜区是中华文化的重要组成部分，是最具中国特色的自然保护地，风景名胜资源是具有国家代表性和典型性的自然文化遗产资源。风景名胜区深刻阐释了美丽中国和文化自信，它为实现人与自然和谐共生提供了中国智慧和中国方案，在国际上独树一帜。

在现有众多自然保护地类型中，除国家公园外，唯有国家级自然保护区和国家级风景名胜区是由国务院批准设立的，唯有自然保护区和风景名胜区颁布了相应国务院条例。风景名胜区的价值不能按照生态保护单一价值与其他自然保护地相比较，要更注重其文化价值，注重其文化与自然高度融合的文化景观价值，因为这是代表了中国特色的世界价值。

因此，在整合优化中，要切实、充分认识到风景名胜区对于历史与文化传承的重要性，对于建设中国特色自然保护地体系的重要性，不可与其他自然公园等同视之，而是要高于其他自然公园。

二、准确理解整合优化规则

本次“预案”对于风景名胜区的有效保护和未来发展必将产生极其深远和长久的影响。因此，本次“预案”应本着为国家、为社会、为历史负责的态度和原则，科学理解“99号函”[①]及整合优化规则，避免整合不合理、不到位，并杜绝“想调就调”“能调尽调”的优化方式，防止出现破碎化、嵌套式的空间格局，确保风景名胜资源类型不减少、价值不降低、管控力度不减弱。

“风景名胜区体系整体保留，名称不变”。是指名称仍是“风景名胜区”而不是“风景自然公园”或其他名称，要保留原有的类型体系、等级体系和价值体系，要保留原有的法规和规章，要保留原有的优秀管理制度和管理经验，要保证风景名胜区的主体范围、面积不发生大的变化，更不能随意取消风景名胜区。

“风景名胜区中属于生态功能极重要、生态极脆弱的区域，符合生态保

①《关于做好风景名胜区整合优化预案编制工作的函》（办函保字〔2022〕99号）。

护红线管控要求的，划入生态保护红线，其他区域不划入生态保护红线，已划入生态保护红线的区域原则上不调整”。这是指风景名胜区的范围边界无须与生态保护红线完全对应，风景名胜区范围内可以包含城镇开发边界、永久基本农田和生态保护红线3条控制线。目前仍有不少地方按照风景名胜区的范围边界与生态保护红线完全对应的方式来对待整合优化，导致风景名胜区支离破碎、范围大幅度调整、具有历史文化价值的区域调出风景名胜区等问题，这对后续的整合优化操作落地是极其不利的，应进行纠偏。

其他整合优化规则写得比较清晰，应按照规则的字面规定执行，避免各地自行解释，导致执行走样。

三、完整保留名山大川

名山大川是历史的积淀、文化的结晶，是中国山水文化的鲜活载体，是人与自然和谐共生理念的完美诠释，最能代表中国风景名胜区价值与特色。属于典型名山大川的国家级风景名胜区共165处。

建议申报世界遗产地的风景名胜区应保持稳定、范围不变。五岳、五镇、四大佛教名山、四大道教名山、革命圣地、山水文化代表（如黄山）等最具代表性的名山大川类型的风景名胜区，与国家级自然保护区交叉重叠的，应完整保留风景名胜区；其他名山大川类型的国家级风景名胜区与国家级自然保护区交叉重叠的，原则上完整保留风景名胜区；国家级风景名胜区与其他保护地重叠的，严格按照99号函执行，应完整保留国家级风景名胜区。

四、坚持不“开天窗”、不“挖深洞”

针对“预案”中的优化调整内容，建议根据上报“预案”中存在的隐患和问题，坚持不“开天窗”、不“挖深洞”的基本原则。并提出以下意见：

（1）世界遗产范围以及风景名胜区一、二级保护区内的地块不调出；

（2）风景名胜区内的村庄、农田、林地等区域不调出；

（3）作为风景名胜资源组成部分的城镇、村庄等区域不调出；

（4）作为风景名胜区管理系统，或游赏组织系统，或旅游服务系统组成部分的城镇、村庄等区域不调出；

（5）对潜在影响风景名胜区整体资源景观和生态安全格局的城镇、村庄等区域不调出；

（6）非国家级重大工程项目不应以重大项目的名义将有关地块划出国家级风景名胜区；国家级重大工程项目按照相关规定，应专题论证，具体问题具体分析。

五、杜绝以调代改

由于本次工作时间紧迫，任务繁重，短时间内无法对各个风景名胜区逐个充分讨论、详细审查。因此，应要求各地对调出风景名胜区的范围作出明确承诺，即调整地块不存在以下尚未整改处置到位的问题清单，包括中央生态环境保护督察、违建别墅清理整治、小水电清理整治、自然保护地“绿盾”行动等整改问题清单。

（风景园林和景观研究分院，执笔人：贾建中、王忠杰、陈战是、邓武功）

第四章　政策解读

第一节　新型城镇化

落实国家新型城镇化规划，实现城镇化的量质提升

自 2013 年中央召开中央城镇化工作会议以来，我国的城镇化率从 2013 年末的 53.7% 提高到 2020 年底的 63.9%，年均提高 1.46 个百分点。当前我国进入城镇化发展的中后期，城镇化进入量质提升的关键时期。为此国家近年来密集出台了新型城镇化规划与实施方案。

一、近年来城镇化相关政策

党的十八大提出走新型城镇化道路，习近平总书记指出要以人为本，推进以人为核心的城镇化。2014 年 3 月，中共中央、国务院印发了《国家新型城镇化规划（2014—2020）》，2021 年底新一版的《国家新型城镇化规划（2021—2035 年）》印发。2022 年 6 月，国家发展改革委出台《“十四五”新型城镇化实施方案》（发改规划〔2022〕960 号）（以下简称“城镇化实施方案”），2022 年3月，国家发展改革委印发了《2022年新型城镇化和城乡融合发展重点任务》的通知（发改规划〔2022〕371 号）（以下简称“2022 年重点任务”）。十年来，通过一系列新型城镇化的顶层规划，持续推动新型城镇化相关工作，深入实施以人为核心的新型城镇化战略。2022 年以来，重庆、广东、山东、福建、安徽、河南、广西、甘肃等省市区也相继出台了省（市）层面的新型城镇化规划。

二、重点政策文件的内涵和要求

（一）“十四五”新型城镇化实施方案

1. 促进农业转移人口全面融入城市

全面取消城区常住人口 300 万人以下的城市落户限制；全面放宽城区

常住人口 300 万人至 500 万人的 I 型大城市落户条件；完善城区常住人口 500 万人以上的超大特大城市积分落户政策。同时提出：完善城镇基本公共服务提供机制，提高农业转移人口劳动技能素质，强化随迁子女基本公共教育保障，巩固提高社会保险统筹层次和参保覆盖率，

2. 完善城镇化空间布局

以促进城市群发展为抓手，全面形成“两横三纵”城镇化战略格局，巩固完善“两横三纵”城镇化战略格局；提出以 19 个城市群为主要支撑、节点城市为重点，其中优化提升京津冀、长三角、珠三角、成渝、长江中游等城市群，发展壮大山东半岛、粤闽浙沿海、中原、关中平原、北部湾等城市群，培育发展哈长、辽中南、山西中部、黔中、滇中、呼包鄂榆、兰州－西宁、宁夏沿黄、天山北坡等城市群。

进一步聚焦都市圈协调发展要求，其目的是着眼点在于核心城市与周边辐射区域的协调发展，以及相邻城市在交通、服务、市场等方面的一体化运营。国家“十四五”规划提出：增强中心城市对周边地区辐射带动能力，培育发展现代化都市圈，增强城市群人口经济承载能力，形成都市圈引领城市群、城市群带动区域高质量发展的空间动力系统。通过都市圈协调发展规划，在城际交通、公服一体化、户籍积分落户互认、产业融合等方面加强跨区域的协调。该项任务也是对于 2019 年国家发展和改革委员会下发的《关于培育发展现代化都市圈的指导意见》的深化和落实。目前在国家“十四五”规划指导下，国家发展改革委相继批复了南京、福州、成都、长株潭、西安都市圈发展规划，其他都市圈发展规划也稳步有序推进。

提出城市分类发展指引。国家“十四五”规划提出：优化超大特大城市中心城区功能、提升核心竞争力；大中城市要提升功能品质，中西部有条件地区培育发展省域副中心城市；小城市要增强发展活力，要顺应城市兴衰规律，收缩型城市资源向城区集中，人口邻近转移；以县城为重要载体的城镇化建设，要补短板强弱项，推动就近城镇化。

3. 推进新型城市建设

党的二十大提出要不断满足人民群众日益增长的物质与精神需求，解决发展的不均衡、不平衡问题。为此，“城镇化实施方案”指出要全面提升城市品质，城市建设水平提升的内涵逐渐丰富，提出了宜居、韧性、创

新、智慧、绿色和人文城市建设新要求。宜居城市方面，进一步针对公共服务、住房保障、城市更新“三区一村”提出要求；韧性城市方面，进一步加强防灾减灾、公共卫生防控、内涝治理等要求；创新城市方面，要构建创新创业生态、创新载体，推动新兴产业发展；智慧城市方面，积极推进“新基建”、城市数据大脑，并扩展数字应用场景；绿色城市方面，围绕中央关于“碳达峰、碳中和”要求，推动城市建设的绿色低碳、节能减排；人文城市方面，要求加强历史文化保护传承，并提出要严禁拆除老建筑和砍树。

4. 健全城市治理体系

树立全生命期管理理念，推动城市治理能力现代化。其中要重点推进：一是优化城市空间治理，通过“三线”来加强规模管控，推动居住、工业、商业、交通、生态等功能空间优化布局；二是要进一步提高城镇建设用地集约高效，按照增量、存量并举施策，不断优化用地结构优化，推动开发模式转型；三是提高街道社区治理服务水平，坚持党对基层治理的全面领导，完善网格化管理服务，提高物业服务覆盖率；四是健全社会矛盾综合治理机制，畅通和规范群众诉求表达、利益协调、权益保障通道，推进社会治安防控体系建设；五是优化行政资源配置和区划设置，严格控制撤县建市设区，完善镇和街道设置标准；六是完善投融资机制，引导社会资金参与城市开发建设运营，防范化解城市债务风险。

5. 推进城乡融合发展

习近平总书记指出，在现代化进程中，如何处理好工农关系、城乡关系，在一定程度上决定着现代化的成败。2019年5月中央国务院下发了《中共中央 国务院关于建立健全城乡融合发展体制机制和政策体系的意见》，进一步明确了城乡融合发展的新要求。“城镇化实施方案”就推进城乡融合发展设置专篇，强调：要坚持以工补农、以城带乡，以县域为基本单元、以国家城乡融合发展试验区为突破口，逐步健全城乡融合发展体制机制和政策体系；城乡公共服务设施方面，推动公共服务向农村延伸、社会事业向农村覆盖，健全城乡一体的基本公共服务体系，推进城乡基本公共服务标准统一、制度并轨；基础设施方面，以市县域为整体，统筹规划城乡基础设施，统筹布局道路、市政等设施。

（二）2022年新型城镇化和城乡融合发展重点任务

提出要坚持走中国特色新型城镇化道路，深入推进以人为核心的新型城镇化战略，以城市群、都市圈为依托促进大中小城市和小城镇协调联动、特色化发展，使更多人民群众享有更高品质的城市生活。

重点任务提出在把推进农业转移人口市民化；推动形成疏密有致、分工协作、功能完善的城镇化空间格局；建设宜居、韧性、创新、智慧、绿色、人文城市；提高城市治理科学化精细化智能化水平；以县域为基本单元推动城乡融合发展等五大城镇化领域，共制订了26项任务举措。

三、城乡建设领域的落实与响应

当前我国进入城镇化发展中后期，城市发展由“外延式扩张”模式向“内涵式发展”模式转变，一方面要解决好快速城镇化过程中积累的突出风险与短板问题，另一方面也要有效满足市民化人群、既有城市居民多样化的品质提升需求。“城镇化实施方案”和“2022年重点任务”都对我国城乡建设领域提出了明确的指导要求和具体工作安排。主要涉及：超大特大城市转变发展方式，推动以县域为载体的城镇化，全面推动常住人口享有城镇基本公共服务，有序推进城市更新行动，建立健全住房保障体系，切实提升城市的安全韧性能力和应急响应水平等方面。

（一）切实推动超大特大城市转变发展方式

超大特大城市要有序疏解中心城区一般性制造业、区域性物流基地、专业市场等功能和设施，以及过度集中的医疗和高等教育等公共服务资源。超大特大城市的中心城区功能要进一步优化，增强全球资源配置、科技创新策源、高端产业引领功能，率先形成以现代服务业为主体、先进制造业为支撑的产业结构，提高综合能级与国际竞争力。要培育一批郊区新城，引入优质资源，促进产城融合，并强化与中心城区快速交通连接。要进一步加强超大特大城市的风险防控，增强能源安全保障能力，加大粮油肉菜等生活必需品和疫情防控、抗灾救灾应急物资及生产供应配送等相关设施保障投入。

（二）建设宜居、韧性、智慧城市

宜居城市方面，一是扩大教育、医疗、养老、育幼、社区服务供给，促进公共服务均衡普惠发展。科学布局义务教育学校，加强普通高中建设；增加普惠性幼儿园学位数量。优化社区综合服务设施，打造城市 15 分钟便民生活圈。二是补齐市政公用设施短板，提升城市运行保障能力。优化公交地铁站点线网布局，构建“窄马路、密路网、微循环”的城市路网体系；完善居住小区和公共停车场充电设施。推进水电气热信等地下管网建设。

韧性城市方面，从建筑安全、应急避难、内涝治理、管网更新改造等方面提出了一系列重点任务。对于建筑，开展既有重要建筑抗震鉴定及加固改造，新建建筑要符合抗震设防强制性标准；同步规划布局高层建筑、大型商业综合体等人员密集场所火灾防控设施。对于应急避难场地，要求完善供水、供电、通信等生命线备用设施，建设一批综合性国家储备基地，建立地方和企业储备仓储资源信息库。对于内涝治理，老城区更新改造中补齐防洪排涝基础设施短板，新城区高标准规划建设；各城市因地制宜，基本形成“源头减排、管网排放、蓄排并举、超标应急”4 大部分组成的城市排水防涝工程体系。推进城市管网更新改造，消除老化管道安全隐患。全面推进燃气管道老化更新改造，统筹推进城市及县城供排水、供热等其他管道老化更新改造。

智慧城市方面，核心是提升城市的智慧化治理水平。一是建设高品质新型基础设施。推进第五代移动通信（5G）网络规模化部署，确保覆盖所有城市及县城，扩大千兆光网覆盖范围。二是提高数字政府服务能力。推行城市数据一网通用、城市运行一网统管、政务服务一网通办、公共服务一网通享，增强城市运行管理、决策辅助和应急处置能力。三是丰富数字技术应用场景。发展远程办公、远程教育、远程医疗、智慧出行、智慧社区、智慧安防和智慧应急等，让人民群众有更多获得感、幸福感、安全感。

（三）有序推进城市更新行动

重点在老城区推进以老旧小区、老旧厂区、老旧街区、城中村等“三区一村”改造为主要内容的城市更新改造，探索政府引导、市场运作、公众参与模式。开展老旧小区改造，推进水电路气信等配套设施建设及小区内建筑物屋面、外墙、楼梯等公共部位维修，促进公共设施和建筑节能改造，有条件的加装电梯，打通消防通道，统筹建设电动自行车充电设施，改善居民基本居住条件。

（四）建立健全住房保障体系

建立多主体供给、多渠道保障、租购并举的住房制度，夯实城市政府主体责任，稳地价、稳房价、稳预期。建立住房和土地联动机制，实施房地产金融审慎管理制度，支持合理自住需求，遏制投资投机性需求。完善住房保障基础性制度和支持政策，有效增加保障性住房供给。以人口流入多的大城市为重点，扩大保障性租赁住房供给，着力解决符合条件的新市民、青年人等群体住房困难问题；要培育发展住房租赁市场，盘活存量住房资源，扩大租赁住房供给，完善长租房政策。

（五）全面推动常住人口享有城镇基本公共服务

城乡基本公共服务方面，从供给端建立基本公共服务同常住人口挂钩、由常住地供给的机制，特别是省级政府要按照常住人口规模和服务半径统筹基本公共服务设施布局，定期调整本地区基本公共服务标准；从需求端响应农业转移人口的需求，提高居住证持有人义务教育和住房保障等的实际享有水平。在农民工人群子女方面，明确以公办学校为主、加快解决教师编制和学位供给不足问题、扩大教育保障范围共三个方面强化随迁子女基本公共教育保障。进一步提高农业转移人口劳动技能素质，聚焦用工矛盾突出的行业和网约配送、直播销售等新业态，持续大规模开展面向新生代农民工等的职业技能培训；扩大职业技能培训覆盖面方面，推动公共实训基地共建共享。

（六）推动以县域为载体的城镇化

推进县城产业配套设施提质增效，完善产业平台、商贸流通、消费平台等配套设施。推进市政公用设施提档升级，健全市政交通、市政管网、防洪排涝、防灾减灾设施，加强数字化改造，实施老旧小区改造。推进公共服务设施提标扩面，健全医疗卫生、教育、养老托育、文化体育、社会福利设施。推进环境基础设施提级扩能，建设垃圾、污水收集处理设施，加强低碳化改造，打造蓝绿公共空间。

（科技促进处，执笔人：徐颖）

普惠便捷公共服务供给，让城市更加宜居宜业

近日，国家发展改革委发布了《“十四五”新型城镇化实施方案》（以下简称《实施方案》），这是国家“十四五”时期推进新型城镇化实施的重要纲领，也是《国家新型城镇化规划（2021—2035年）》实施以来对新型城镇化工作的重大部署。《实施方案》以习近平新时代中国特色社会主义思想为指导，全面贯彻党的十九大和十九届历次全会精神，以提高新型城镇化质量为目标，明确了稳中求进的工作总基调和各项工作任务。其中围绕“推进新型城市建设”，提出了“增加普惠便捷公共服务供给”。

公共服务获取的普惠力度和便捷感受是服务供给能力和质量的标尺，是影响城乡居民生活品质的关键因素，也是城市健康可持续发展的基础和保障。随着我国城镇化水平的不断提高、城镇化速度的逐步放缓，以及人口结构的变化与调整，城乡居民对宜居宜业生活的需求更加多元，流动人口、新市民、老人、儿童等不同群体对高品质服务的新诉求，以及在快速城镇化过程中积累的公共服务矛盾问题需要在“十四五”时期优先解决的。

一、推进优质教育资源均衡配置

2021年我国有义务教育阶段学校20.7万所，约1.58亿名学生。随着城市小学“就近入学、公民同招”等政策落实，义务教育均衡化质量在逐步提升，但“有书读”转向“读好书”的高质量需求又对义务教育供给提出新的挑战。因此，《实施方案》提出“科学布局义务教育学校，推进优质教

育资源均衡配置”，即在新型城市建设中，应科学预测常住适龄学童数量，并结合需求科学优化义务教育学校的布局。对于既有教育设施，应结合城市更新、学校适儿化改造等行动进一步补齐学校操场等非标短板；还应通过“教育强校扩优行动”，逐渐解决大班额、大校额问题，逐步实现区域、城乡、校际之间均衡发展。

二、完善医疗卫生服务体系建设

多年来我国医疗卫生服务体系建设取得了长足的进步，千人床位数、医院数量等硬件设施建设已基本达到发达国家水平。但医护人员数量、医疗水平和基层服务能力与发达国家仍有差距。根据国际统计年鉴数据，2017 年高收入国家的每千人医生数量为 3.1 人，而中国仅为 2.0 人。此外，我国基层医疗卫生机构的使用率普遍偏低，据国家卫健委统计，2010—2018 年间我国社区卫生服务中心（站）的诊疗人次仅为医院的 1/5 左右。对此《实施方案》提出：

一是逐步提升公立医院医疗水平。公立医院是我国医疗服务体系的主体。新时期公立医院发展重心要从规模扩张转向人才技术要素配置的提升，逐步提升医护人员数量和医疗水平，提供优质公共医疗服务。

二是增强基层医疗卫生机构诊疗能力。基层医疗卫生机构是卫生健康服务体系的基础，新时期应全面提升基层医疗卫生服务能力，构建 15 分钟城市健康服务圈。

三是组建紧密型城市医疗集团。应推进医疗服务设施网格化布局管理，组建由三级公立医院或代表辖区医疗水平的医院牵头，其他若干医院、基层医疗卫生机构、公共卫生机构等为成员的紧密型城市医疗集团，为网格内居民提供预防、治疗、康复等连续性医疗健康服务。

三、促进养老服务挖潜扩容提质

人口老龄化是我国现代化建设必须面对和解决的重大课题。从省级层面来看，除西藏外，2020 年全国其他省级行政单位（不含香港、澳门、台湾）65 岁及以上老年人口占比已超过 7%，其中 12 个省级行政单位该比例超过14%，根据国际标准，我国已进入老龄化社会，并即将进入深度老龄化社会。随着城市人口市民化政策推进，“劳动力＋儿童共同转移”导致人口外流省份老龄化程度加深，养老服务供给压力增大。截至2020年底，全国注册登记的养老机构3.8万个（不含社区养老照料机构和设施），床位488.2万张，按照现状千人床位数水平测算，到2035年养老机构床位数缺口在355万床左右。社区养老服务设施覆盖率约为51%，也存在较大缺口。此外，养老服务还存在“失能失智照护服务”“医养康养服务”等产品不够丰富，服务人才短缺，既有城区养老服务设施布局供需错位等问题，以及亟待解决的失独家庭养老等社会热点问题。对此《实施方案》提出：

一是要提高公办养老机构服务水平。应充分发挥其兜底保障作用，满足经济困难的失能（含失智）、孤寡、残疾老年人，失独等计划生育特殊家庭的老年人，以及为社会做出重要贡献老年人等的养老需求。

二是要做好资源统筹挖潜，吸引多元主体参与养老服务供给。一方面，城市应积极结合城市更新行动，推动城市低效闲置资源挖潜，优先推动党政机关和国有企事业单位的培训疗养机构转型为老年人提供养老服务；另一方面，也要积极发挥市场机制作用，完善相关政策制度，推动民办养老机构健康发展，实现养老服务扩容提质。

三是推动医养结合，扩大护理型床位供给。从促进供需契合角度，响应老年群体对医养结合服务的急迫需求，探索基层养老设施床位和医疗床位的转化机制，推动基层医疗设施和养老资源整合试点建设；积极引导医疗资源多的城市二级及以下医疗机构增加护理型床位，丰富养老服务供给类型。

四、提升托幼服务能力和普惠力度

2021年全国幼儿园毛入园率为88.1%，普惠性幼儿园占总幼儿园比例达到83%，农村普惠性幼儿园覆盖率达到90.6%，城乡学前教育服务体系基本建成。但在新生育政策实施和户籍制度改革等因素影响下，城市外来人口入托入园服务需求增加显著，存在区域性和结构性资源矛盾。因此《实施方案》提出：

一是扩大3岁以下婴幼儿托位供给，支持社会力量发展托育服务设施。城市应因地制宜增补托育综合服务中心、家庭养育指导设施、托儿所等设施，支持社会力量参与普惠性托育服务设施建设，积极推动利用社区低效闲置资源、工作场所空闲空间资源等增加托育服务供给。

二是增加普惠性幼儿园学位数量。围绕幼儿园“入园贵”等热点问题，应严格落实城镇小区配套园政策，积极支持公办幼儿园发展，鼓励民办幼儿园提供普惠性服务。优先推动社区和易地扶贫搬迁集中安置区配套建设与常住人口规模相适应的幼儿园。

五、补充优化社区各类服务设施

当前，我国社区设施建设存在设施不完善、便民服务缺乏、管理机制不健全等短板弱项。通过大数据及社会满意度调查，对全国42座典型城市（包括直辖市、省会城市和若干中小城市）的社区建设情况进行综合评估，社区基本公共服务设施覆盖率平均约为50%，其中社区综合服务站覆盖率平均约为79%，与满足民生需求尚有一定的差距。对此，《实施方案》提出：

一是按照每百户拥有不低于30平方米建筑面积标准，优化社区综合服务设施。城市应在按相关建设标准补充社区综合服务设施的基础上，优先落实《2022年新型城镇化和城乡融合发展重点任务》（以下简称《任务》）提出探索社区综合服务设施“一点多用”，即通过空间资源统筹和错时使用，实现社区综合服务能力的提升。

二是统筹发展生活性服务业，开展高品质生活城市建设行动，打造城市15分钟便民生活圈。住房和城乡建设部发布《关于印发完整居住社区建设指南的通知》，提出建立15分钟生活圈，即15分钟内步行可达各类生活服务设施，其范围与街区、街道的管理和服务范围相衔接，是衡量生活便捷度与幸福感的重要建设单元。《任务》还提出了应研究促进社区商业发展的配套政策、优化公共充换电设施建设布局、推动绿色空间和健身设施有机融合等近期实施任务。社区生活服务关系民生，提升15分钟社区便民服务能力，可有效增强人民群众获得感和满意度。

六、小结

城市应在城市更新、老旧小区改造、完整社区建设中推动既有公共资源挖潜，有序实现各类服务设施补短板。尤其要针对不同城市特点，因地制宜，分类施策。例如农业地区的县城，要强调公共服务设施提标扩面，服务“三农”，全域覆盖，发挥链接城乡的重要节点作用。此外，公共服务的提质增效还应与城市网格化治理相衔接，与提升社区治理服务水平统筹实施。

增加普惠便捷公共服务供给，满足人民日益增长的美好生活需要，让城市更加宜居宜业，对推进以人为核心的新型城镇化战略有序实施，实现城镇化高质量发展具有重要意义。

（执笔人：中国城市规划设计研究院院长，王凯；科技促进处，付冬楠；院士工作室，周亚杰；城市设计研究分院，魏维）

以县城为重要载体，推动新型城镇化建设

党的十九届五中全会和国家“十四五”规划纲要提出了推进以县城为重要载体的城镇化建设，党的二十大进一步明确了县城在我国新型城镇化战略中的重要作用。2022 年 5 月 6 日，中共中央办公厅、国务院办公厅出台《关于推进以县城为重要载体的城镇化建设的意见》(以下简称《意见》)，对县城建设作出了系统安排。

一、《意见》的出台背景

改革开放以来，我国城镇化战略几经调整。早期强调中小城市和小城镇的发展，严格控制大城市规模；党的十六大之后，大中小城市和小城镇协调发展成为主导；党的十九大之后，城市群、都市圈逐步成为我国城镇化的主体形态。当前，我国进一步强调县城在新型城镇化战略中的重要地位，这是中国城镇化道路区别于西方国家的重要体现，也是根据我国发展

面临的新趋势新特点作出的重要决策部署。

县制是我国地方管理中跨越时间最长、制度最稳定的组织机构，历史上具有保安全、便民生、实政权、兴教化等功能。综合来看，县城承上启下、连接城乡，是我国城镇体系的重要组成部分，是城乡融合发展的重要支撑，是推进县城城镇化建设和扩大内需的重要引擎，也是实现人民美好生活的重要保障。

近年来，县城成为农民就近就地城镇化的重要载体，2010—2020 年，全国县城总人口 1.66 亿人，增长 0.41 亿人，增长比例约 34.3%。10 年间，全国超过 90% 的县城人口增加。同时，尽管农村人口向城市大规模转移，由于农村土地集体所有制的稳定，农村人口必要时可以选择返乡，依托土地积蓄下一阶段的进城力量，从而使中国城市的发展得以避免“贫民窟化”，县域和县城成为城镇化进程中可进可退的韧性区域。

二、《意见》的基本要求

《意见》全面系统地提出了新时期县城建设的指导思想、工作要求、发展目标、建设任务、政策保障和组织实施方式。围绕 2025 年发展目标，以分类引导县城发展方向为基本前提，《意见》提出了六个方面的重点工作：① 培育发展特色优势产业，稳定扩大县城就业岗位；② 完善市政设施体系，夯实县城运行基础支撑；③ 强化公共服务供给，增进县城民生福祉；④ 加强历史文化和生态保护，提升县城人居环境质量；⑤ 提高县城辐射带动乡村能力，促进县乡村功能衔接互补；⑥ 深化体制机制创新，为县城建设提供政策保障。

三、《意见》的主要特点

（一）突出因地制宜，分类引导县城发展建设

《意见》明确提出要顺应县城人口流动变化趋势，立足县城的主要特征，选择一批条件好的县城作为示范地区重点发展，防止人口流失县城盲目建设，并具体提出了大城市周边县城、专业功能县城、农产品主产区县

城、生态功能区县城、人口流失县城的发展建设方向。分类施策的工作思路，顺应了县城分化的趋势，在支撑县城发展建设的同时，能够避免投资浪费，促进人口、资源向优势地区县城集聚，并引导县城更好地落实主体功能、发挥特色的优势，形成更为合理的城镇体系格局。

（二）突出产城融合，强化产业就业支撑

产业就业是县城吸引人口集聚和实现高质量发展的前提和基础。当前我国县城和县域就业岗位少、工资水平低，开发区等主要产业集聚平台绩效差，造成人口大量流出，高技能人才和劳动力短缺，县城难以形成产业集聚效应，也难以对“三农”形成有效支撑，制约了县城产业升级和吸引力提升。因此，《意见》把特色优势产业培育和扩大就业岗位作为工作重点，提出了增强产业支撑能力、提升产业平台功能、健全商贸流通网络、完善消费基础设施、强化职业技能培训等多项举措。通过提高县城产业就业承载力，有助于形成县城产城融合的发展格局，实现生产生活功能的相互支撑与良性互动。

（三）突出以人为本，提升人居环境质量

我国县城公共服务设施建设水平普遍有待提升，尤其是以教育、医疗、社会福利为主的基本公共服务供给不足、质量不高；基础设施投资水平滞后于全国城镇平均水平，投资结构不平衡；住房保障水平偏低，公共空间供给不足。《意见》把加快补齐县城建设短板作为重中之重，围绕市政设施、公共服务、人居环境 3 大方面，系统化地提出了 17 项具体措施。通过全面提升县城人居环境质量，有助于吸引县域人口向县城集聚，吸引外出人口向县城回流，也是对以人民为中心的发展思想的体现和落实。

（四）突出县域统筹，提高县城服务乡村能力

县域是县城吸引人口的最重要来源，也为县城产业发展提供支撑和保障；县城是县域的中心，是带动乡村地区发展、促进乡村振兴的关键。《意见》中提出“提高县城辐射带动乡村能力，促进县乡村功能衔接互补”的工作要求，把县城基础设施、公共服务向乡村延伸覆盖等作为工作重点，是与乡村振兴战略的有效衔接。以县城为中心，优化县域城—镇—村三级体系，建立县镇村统筹的公共服务网络，构建县域基础设施一体化机制，

形成要素齐备的农产品生产、设计、加工、储存、销售网络，更好地发挥县城作为就地城镇化载体和服务“三农”的作用。

四、规划的落实和响应

《意见》中明确提出了“强化规划引领”的组织实施要求。在坚持因地制宜、“一县一策”的总体原则下，需要科学评估县城的问题短板，加强规划技术创新，科学编制和完善建设方案，科学谋划储备建设项目，有效支撑县城高质量建设。

（一）开展县城体检评估

按照建设产城融合、功能完善、生态宜居、文化彰显、治理有效的县城建设要求，组织开展以完整居住社区为工作单元的体检评估，查找县城在统筹城乡发展、促进就地城镇化和社区建设等方面的突出问题和短板，一县一策地制订工作计划。

（二）研究县城绿色低碳建设指引

以绿色低碳为基本导向，以分类施策为重要方法，以引领县城高质量发展、加快补齐县城建设短板、提升县城承载力和公共服务水平为主要目标，研究县城绿色低碳建设指引，从安全底线、用地强度、住房和建筑、环境风貌、设施建设等方面提出县城建设指引，为科学开展县城建设提供技术支持。

（三）制定县城建设总体方案

在县城总体规划的基础上，以支撑高质量发展为目标，以项目落地实施为导向，坚持人民至上、绿色低碳的基本原则，制定县城建设总体方案，其主要特点包括：① 问题导向，主要解决县城建设过程中面临的关键问题；② 实施导向，与建设项目紧密衔接，重点解决项目落地问题；③ 统筹协调，结合总体方案对不同部门的项目进行梳理，区分轻重缓急，化解空间矛盾。

（村镇规划研究所，执笔人：陈鹏、魏来）

第二节　区域协调发展

加强流域综合治理，实现高质量发展

深入打好长江保护修复攻坚战

长江流域横跨中国东中西三大区域，资源丰富，拥有独特的生态系统。构筑长江流域生态安全屏障，推动长江流域经济社会发展全面绿色转型，实现人与自然和谐共生，意义重大，影响深远。2022 年 9 月，生态环境部等 17 部门联合印发《深入打好长江保护修复攻坚战行动方案》（以下简称《行动方案》），对维护长江流域生态安全、促进长江经济带高质量发展具有重要意义。

一、《行动方案》出台的背景

2016 年 1 月，习近平总书记在推动长江经济带发展座谈会上指出，当前和今后相当长一个时期，要把修复长江生态环境摆在压倒性位置，共抓大保护，不搞大开发。其后，长江保护修复的相关政策相继落地，长江流域生态治理力度不断加强，流域的保护修复主体逐步形成多元共治的新格局，保护修复的模式由政府主导转向政府及企业等非政府组织共同参与的多元化模式，保护修复目标由单一的污染治理转向山水林田湖草系统化治理（表 1）。

2017 年以来发布的长江保护修复相关政策文件　　　　表 1

发布时间	发布单位	政策文件
2017 年 7 月	环境保护部、国家发展改革委、水利部	长江经济带生态环境保护规划
2018 年 9 月	农业农村部	农业农村部关于支持长江经济带农业农村绿色发展的实施意见

续表

发布时间	发布单位	政策文件
2018 年 9 月	国务院办公厅	国务院办公厅关于加强长江水生生物保护工作的意见
2018 年 12 月	生态环境部、国家发展改革委	长江保护修复攻坚战行动计划
2020 年 6 月	国家发展改革委、自然资源部	全国重要生态系统保护和修复重大工程总体规划（2021—2035 年）
2021 年 3 月 1 日（施行）	全国人民代表大会常务委员会第二十四次会议	中华人民共和国长江保护法
2021 年 4 月	国家发展改革委	重大区域发展战略建设（长江经济带绿色发展方向）中央预算内投资专项管理办法
2021 年 4 月	财政部、生态环境部、水利部、国家林业和草原局	支持长江全流域建立横向生态保护补偿机制的实施方案
2021 年 9 月	财政部	关于全面推动长江经济带发展财税支持政策的方案
2021 年 11 月	中共中央、国务院	中共中央、国务院关于深入打好污染防治攻坚战的意见
2022 年 9 月	生态环境部、住房和城乡建设部等 17 个部门	深入打好长江保护修复攻坚战行动方案

目前，长江流域生态环境保护取得积极进展，长江经济带发展实现了在发展中保护、在保护中发展。2021 年 6 月，《国务院关于长江流域生态环境保护工作情况的报告》中显示“2020 年，长江流域水质优良（Ⅰ～Ⅲ类）断面比例为 96.7%，高于全国平均水平 13.3 个百分点，较 2015 年提高 14.9 个百分点，干流首次全线达到Ⅱ类水质。劣Ⅴ类断面比例较 2015 年降低 6.1 个百分点。长江流域 19 省（区、市）均完成‘十三五’水环境质量约束性指标。”但长江流域人口众多，经济社会发展水平差异较大，生态基础薄弱、历史欠账多，生态环境保护问题依然突出，打好长江保护修复攻坚战仍然任重道远，表现为：部分地区环境基础设施欠账较多，黑臭水体整治、工业污染治理等污染物减排力度仍需提升；面源污染在部分地方正在上升为主要矛盾，城乡面源污染防治亟待加强；部分地方湿地萎缩，水生态系统失衡，水生态保护与修复亟须突破。

为深入贯彻习近平总书记关于推动长江经济带发展系列重要讲话和指示批示精神，贯彻落实《中共中央 国务院关于深入打好污染防治攻坚战的意见》和《中华人民共和国长江保护法》有关要求，生态环境部等17部门联合印发《行动方案》。《行动方案》充分衔接《长江保护修复攻坚战行动计划》等政策文件，对其内容持续拓展及深化，明确了新时期长江流域的保护修复思路、重点任务和保障措施。

二、《行动方案》的主要内容及特点

《行动方案》包含“总体要求、持续深化水环境综合治理、深入推进水生态系统修复、着力提升水资源保障程度、加快形成绿色发展管控格局、强化实施保障”六大部分。“总体要求”明确了指导思想、工作原则、主要目标和区域范围，提出“到2025年年底，长江流域总体水质保持优良，干流水质保持Ⅱ类”等更高目标。“持续深化水环境综合治理”包括巩固提升饮用水安全保障水平、深入推进城镇污水垃圾处理、深入实施工业污染治理、深入推进农业绿色发展和农村污染治理、强化船舶与港口污染防治、深入推进长江入河排污口整治、加强磷污染综合治理、推进锰污染综合治理、加强涉镉涉铊涉锑等重金属污染防治、深入推进尾矿库污染治理、加强塑料污染治理、稳步推进地下水污染防治共12项工作任务。“深入推进水生态系统修复”包括建立健全长江流域水生态考核机制、扎实推进水生生物多样性恢复、全面实施十年禁渔、实施林地草地及湿地保护修复、深入实施自然岸线生态修复、推进生态保护和修复重大工程建设、加强重要湖泊生态环境保护修复、开展自然保护地建设与监管共8项工作任务。“着力提升水资源保障程度”包括严格落实用水总量和强度双控制度、巩固小水电清理整改成果，切实保障基本生态流量（水位）3项工作任务。“加快形成绿色发展管控格局”包括严格国土空间用途管控、推动全流域精细化分区管控、完善污染源管理体系、防范化解沿江环境风险、引导绿色低碳转型发展共5项工作任务。“强化实施保障”明确了加强组织领导、强化法治与标准保障、健全资金与补偿机制、加大科技支撑、严格监督执法、促进全民行动等保障措施。

《行动方案》具有如下特点：

一是突出问题导向，深入攻坚。《行动方案》针对当前长江生态环境面临的问题和保护修复工作的痛点难点问题，聚焦重点、深入攻坚，提出水环境治理、水生态修复、水资源保障、绿色发展管控 4 大攻坚任务，确立 28 项具体工作任务，力争在若干难点和关键问题上实现突破。

二是注重生态优先，统筹兼顾保护与发展。《行动方案》把修复长江生态环境摆在压倒性位置，坚决守住生态环境底线不动摇。同时，注重保护与发展的协同性、联动性、整体性，促进经济社会发展与资源环境承载能力相协调，以高水平保护引导推动高质量发展，努力实现经济发展与生态环境保护双赢。

三是坚持综合治理、系统治理、源头治理。《行动方案》从生态系统整体性和流域系统性出发，坚持山水林田湖草沙一体化保护和系统治理，要求保护修复工作要以河湖为统领，统筹水资源、水生态、水环境，从源头上系统开展生态环境修复和保护，推动长江流域上下游、左右岸、干支流协同保护，加强地上地下统筹，加强各类空间及各项治理措施的关联性和耦合性。

四是突出多元共治，落实责任。长江保护修复范围涉及 11 个省（市）及 6 个相关县级行政区域，其实施范围广大，责任部门众多。《行动方案》坚持党委领导、政府主导、企业主体、公众参与的多元共治格局，强化“党政同责”“一岗双责”，落实地方各级人民政府行动方案实施和生态环境保护主体责任，齐心协力、攻坚克难。

三、《行动方案》在相关规划中的贯彻落实

一是落实污染防治要求，加强流域协同治理。以法制为基础，规划应突出精准性、科学性、系统性，秉承上中下游联动、左右岸兼顾、干支流协同、水里岸上协同治理的规划思路，有效改善水环境质量。有效落实沿江城镇污水管网精准改造、长江入河排污口整治、沿江化工产业污染源有效控制和全面治理等治污措施，力争黑臭水体治理实现长治久清。有效落实长江干流和主要支流沿线规模化养殖场配套建设粪污处理设施。着力提升沿江城镇垃圾收集处理能力，加强长江流域农业面源污染防治，加强秸秆综合利用和禁烧管控，加强地膜等废弃物处理利用，助推农药减量控害。

二是落实生态保护修复要求，构建健康水生态系统。规划应坚持以自

然恢复为主、人工修复为辅的方针，着力推进水生生物多样性恢复。尊重和保护自然天成的峡、沱、湾、浩、碛、坝、嘴、滩、湖泊、沙洲、半岛、江心岛、湿地等特色生态要素，重点保护修复关键物种、旗舰物种的栖息地、觅食地和繁衍地。在水岸空间上，规划应结合本底资源划定河湖管理范围，严控岸线功能分区，严禁非法侵占河湖水域生态岸线，深入实施自然岸线生态修复，开展长江上游消落带治理，长江中下游生态缓冲带及湖泊保护修复。在水域空间内，积极落实国家重要江河湖库水生生物洄游通道恢复，增强河流连通性，实施中华鲟等珍稀水生生物拯救行动计划，落实长江流域珍贵、濒危物种保护。

三是落实空间管控要求，加强全流域全要素管控。落实《长江经济带（长江流域）国土空间规划（2021—2035年）》等要求，推动“三线一单”（生态保护红线、环境质量底线、资源利用上线和生态环境准入清单）落地实施和应用，加快形成绿色发展管控格局，严格国土空间用途管控，进一步加强岸线利用管控、重点区域流域生态保护和自然保护地管控等，推动全流域精细化分区管控。

（西部分院，执笔人：肖礼军、刘加维、余妙）

扎实开展黄河流域生态保护和高质量发展城乡建设行动

黄河是中华民族的母亲河，保护黄河是事关中华民族伟大复兴的千秋大计。黄河流域城乡聚落是中华文明和黄河文化的核心载体，城乡建设领域是黄河流域生态保护和高质量发展的重要战场。为深入贯彻习近平总书记关于黄河流域生态保护和高质量发展的重要讲话和指示批示精神，落实《黄河流域生态保护和高质量发展规划纲要》要求，科学部署、积极推动“十四五”期间黄河流域的城乡建设高质量发展，2022年1月6日，住房和城乡建设部印发《“十四五”黄河流域生态保护和高质量发展城乡建设行动方案》（以下简称《方案》）。

一、重点政策文件的内涵和要求

（一）《方案》出台背景

以习近平同志为核心的党中央高度关注黄河流域的保护和发展。2019年9月18日，习近平总书记主持召开黄河流域生态保护和高质量发展座谈会，强调黄河流域生态保护和高质量发展是重大国家战略，要共同抓好大保护，协同推进大治理。2021年10月22日，习近平总书记在深入推动黄河流域生态保护和高质量发展座谈会上强调，“十四五”是推动黄河流域生态保护和高质量发展的关键时期，要抓好重大任务贯彻落实，力争尽快见到新气象。

黄河流域生态保护和高质量发展路径日渐清晰。2020年12月以来，《〈黄河流域生态保护和高质量发展规划纲要〉重点任务分工方案》《2021年推动黄河流域生态保护和高质量发展重点工作安排》《“十四五”黄河流域生态保护和高质量发展实施方案》等文件陆续下达。2021年10月，中共中央、国务院正式印发《黄河流域生态保护和高质量发展规划纲要》，明确了黄河流域生态保护和高质量发展的战略部署，成为当前和今后一个时期黄河流域生态保护和高质量发展的纲领性文件，是制定实施相关规划方案、政策措施和建设相关工程项目的重要依据。

深化落实黄河流域城乡建设行动的重点领域。深入贯彻习近平总书记系列重要讲话精神，围绕“着力加强生态保护治理、保障黄河长治久安、促进全流域高质量发展、改善人民群众生活、保护传承弘扬黄河文化”五大目标任务，确定《方案》的五大重点行动，即实施城镇生态保护治理行动、安全韧性城镇建设行动、城乡水资源节约集约利用行动、城乡人居环境高质量建设行动、历史文化保护利用与传承行动。

（二）《方案》编制思路

《方案》的编制思路是在系统整体思维指导下，坚持目标导向、问题导向和结果导向相结合、相统一。

一是目标导向，贯彻落实习近平总书记黄河流域重要指示。贯彻落实习近平总书记在黄河流域生态保护和高质量发展座谈会上的讲话精神和核心任务，确定《方案》的五大重点领域和主要行动，并制定“十四五”期间的发展目标和关键指标。

二是问题导向，以解决黄河流域城乡建设问题为出发点。《方案》在全面把握黄河流域面临的整体问题的基础上，深化研究黄河流域在城乡建设领域中存在的不足和短板，以解决实际问题为出发点，确定城乡建设行动方案的重点任务和具体措施。

三是结果导向，以任务措施可落地、可量化、可考核为导向。把握《方案》的工作特征，以实效为目的，不求面面俱到，聚焦重点领域的突出问题和核心任务，提出的措施尽量落地，强调工作内容的实效性。结合住房和城乡建设部近期重点工作，依据《黄河流域生态保护和高质量发展规划纲要》中确定的住房和城乡建设领域重要任务，深化细化《方案》，共提出五大行动、18 个任务和 58 项措施。

（三）《方案》主要内容

《方案》主要包括三个部分：

一是总体要求，该部分提出指导思想、基本原则和工作目标，是“十四五”期间黄河流域城乡建设行动的总体纲领。

二是重点任务，该部分以专章形式，包括实施城镇生态保护治理行动、实施安全韧性城镇建设行动、实施城乡水资源节约集约利用行动、实施城乡人居环境高质量建设行动、实施历史文化保护利用与传承行动 5 个章节。各行动章节以原则、重点和目标为统领，从行动内涵、任务措施等方面阐述行动内容，并落实在具体区域或城乡空间和量化指标上。

三是保障措施，该部分提出落实部门责任、分解细化任务，全面开展体检评估、完善实施机制，推进立法保障、健全标准规范，开展试点示范、推进部省合作等四大保障措施。

二、规划落实和响应

（一）坚持生态优先，实施城镇生态保护治理行动

坚持生态优先的原则，实施城镇生态保护治理行动，加强以城镇生态

修复和水治理为重点的环境基础设施建设，营造黄河流域蓝绿交织、清新明亮的生态环境。《方案》部署实施城镇生态修复工程，系统推进城镇水环境治理，加快城镇垃圾收集处理设施建设，持续推进城镇清洁取暖改造四大任务 13 项具体措施。到 2025 年，黄河流域人水城关系逐渐改善，城镇生态修复和水环境治理工程有效推进，黄河流域地级及以上城市生活污水集中收集率达到 70% 以上，或较 2020 年提高 5 个百分点以上。

（二）守护黄河安澜，实施安全韧性城镇建设行动

坚持因地制宜、分类施策的原则，实施安全韧性城镇建设行动，着重加强黄河流域城市内涝、地质灾害和城镇燃气安全隐患等防控与治理工作，切实增强城乡建设安全韧性。《方案》部署统筹区域流域生态环境治理与城市建设、统筹城市水资源利用和防灾减灾、统筹城市防洪和内涝治理、加大城镇地质灾害防控与治理力度、加强城镇燃气供应安全管理、推进地下市政基础设施风险防控和整治共六大任务 12 项具体措施。到 2025 年，沿黄城市基本形成“源头减排、管网排放、蓄排并举、超标应急”的排水防涝工程体系，城市风险防控和安全韧性能力持续加强，安全隐患及事故明显减少。

（三）落实“以水四定”，实施城乡水资源节约集约利用行动

按照量水而行、节水为重的原则，把水资源作为最大的刚性约束，坚持以水定城、以水定地、以水定人、以水定产，合理规划城市与产业布局，统筹优化生产生活生态用水结构，推动用水方式由粗放低效向节约集约转变。《方案》部署全面加强节水型城市建设、积极推进非常规水资源利用、科学配置生态环境用水三大任务 9 项具体措施。到 2025 年，节水型城市建设取得重大进展，沿黄城市公共供水管网漏损率控制在 9% 以内，有条件的城市力争控制在 8% 以内。

（四）建设幸福黄河，实施城乡人居环境高质量建设行动

实施城市更新行动，统筹推进城市群基础设施和生态网络建设，构建山水城和谐统一的城市格局，补齐城市、县城和乡村基础设施短板，加快完整居住社区、绿色社区、绿色基础设施和新型基础设施建设，走内涵集

约、绿色低碳式发展路径。《方案》部署全面促进城市转型提质、加快完整居住社区建设、加强县城绿色低碳建设、提高乡村建设水平五大任务 20 项具体措施。到 2025 年，城市转型提质、县城建设补短板取得明显成效，力争基本完成沿黄省区 2000 年底前建成的需改造城镇老旧小区改造任务；城市绿色发展和生活方式普遍推广，沿黄大中城市绿色交通出行比例稳步提高，城市公园布局合理性和服务均好性明显改善，县城新建建筑普遍达到基本级绿色建筑要求。

（五）弘扬黄河文化，实施历史文化保护利用与传承行动

统筹发展与保护，建立分类科学、保护有力、管理有效的省级城乡历史文化保护传承体系，加强制度顶层设计，统筹黄河文化保护、利用和传承的关系，坚持系统完整保护。《方案》部署完善保护对象体系、全面推进保护修缮与活化利用、塑造城乡风貌特色三大任务 10 项具体措施。到 2025 年，黄河流域各省区城乡历史文化保护传承体系初步构建，历史文化街区和历史建筑普查、认定及挂牌工作全部完成，存在安全风险的历史建筑修缮全部完成，形成一批体现黄河景观风貌的特色镇村，沿黄城市风貌特色逐渐彰显。

（中规院（北京）规划设计有限公司，执笔人：张莉、武敏）

开展湖北省流域综合治理和统筹“四化”同步发展行动

一、编制背景

自古以来，治荆楚必先治水，三江汇聚，千湖之省，水是湖北最大的特点。长江、汉江、清江三江流域为湖北提供了优良的本底条件，创造了良好的发展机遇，也提出了更高的治理要求。以流域综合治理为基础，统筹湖北发展，高度契合湖北资源禀赋和比较优势。

为深入贯彻落实党的二十大精神和习近平总书记关于湖北工作的重要

讲话和指示批示精神，立足新发展阶段，完整准确全面贯彻新发展理念，服务和融入新发展格局，湖北省第十二次党代会提出努力建设全国构建新发展格局先行区的目标任务，并部署编制《湖北省流域综合治理和统筹发展规划纲要》（以下简称《规划纲要》），作为建设全国构建新发展格局先行区、开展流域综合治理和统筹发展的行动纲领。

二、主要内容

《规划纲要》以流域综合治理为基础，统筹水安全、水环境安全、粮食安全和生态安全四类安全底线，大力推进新型工业化、信息化、城镇化、农业现代化四化同步发展，探索推进中国式现代化的有效路径，促进加快建成中部地区崛起的重要战略支点。

（一）统筹发展和安全，以流域综合治理守住安全底线

湖北是长江流域重要的水源涵养地和重要生态屏障，也是丹江口水库的核心水源区，肩负着确保“一江清水东流”“一库净水永续北送”的特殊使命。湖北作为产粮大省，素有“鱼米之乡”的美誉，承担了保障国家粮食安全的重要责任。《规划纲要》立足湖北实际，明确水安全、水环境安全、粮食安全、生态安全四类安全底线，作为湖北安全管控的“负面清单”。

水的问题，表象在江河湖库，根源在流域。《规划纲要》将全省划分为长江干流流域、汉江流域、清江流域 3 个一级流域和 16 个二级流域片区，分区分类建立安全管控负面清单，形成以水安全、水环境安全为核心，统筹考虑粮食安全、生态安全的流域治理底线管控单元，开展系统治理和源头治理，推动实现更为安全、更可持续的发展。

（二）统筹城乡区域和资源环境，促进四化同步发展

走中国特色新型工业化、信息化、城镇化、农业现代化同步发展道路，是实现中国式现代化和构建新发展格局的重要路径，是推动区域协调发展和城乡融合发展的必由之路。湖北经济发展不充分，城乡、区域、城镇发展不平衡问题仍然突出，必须加强多目标统筹，提高发展的系统性和整体

性，推动四化同步发展，形成中国式现代化的持续动力。

推动四化同步发展，核心是“四化”，关键在“同步”。《规划纲要》提出了湖北大力推动四化同步发展的关键举措。一是四化各自要充分地发展，明确新型工业化、信息化、城镇化、农业现代化和建设的总体要求，并形成“目标—重点任务—评价指标”的完整体系，保障规划可落地、可操作、可考评。二是四化要同步协调地发展，以理想空间结构为引领，带动各类用地有序布局与资源高效配置，以国土空间布局的有序促进发展的有序，推动经济社会发展战略与空间发展布局相适应、相统一。通过建立四化同步评价指标，推动工业化与城镇化良性互动，城镇化和农业现代化相互协调，信息化和工业化、城镇化、农业现代化深度融合。

（三）统筹国际国内两个市场两种资源，完善支撑体系

着力提升支撑体系的能力、水平和体系化程度，是统筹发展和安全，推动四化同步发展的基础和保障。湖北九省通衢的交通区位优势显著，教育科技人才基础雄厚。通过提升综合交通体系、现代物流体系等支撑系统，打通制约经济循环的关键堵点，促进商品要素资源畅通流动，连接全国统一大市场，持续打造国内大循环的重要节点和国内国际双循环的重要枢纽。通过加强教育、科技、人才建设相结合的科技创新体系建设，强化四化同步发展的动力。

《规划纲要》明确综合交通体系、现代物流体系、科技创新三类支撑体系的目标任务、推动机制和指标体系，为湖北的发展提供硬支撑、强动力。一是完善综合交通体系，切实推进交通基础设施互联互通，强化沿江交通干线承载能力，高效联通国内主要城市群，多路衔接国际经济合作走廊，引导枢纽城市功能协调发展。二是完善现代物流体系，围绕建成全国重要物流枢纽、全国重点产业供应链资源配置中心、全国供应链服务平台企业集聚高地，强化制造业供应链物流，加强大宗商品物流基地建设。三是完善教育科技人才体系，从夯实教育基础、推进科技创新、做强人才支撑等方面，强化科技创新策源功能，加快建设全国科技创新高地，完善高能级科技创新平台体系，不断塑造发展新动能新优势。

三、规划特点

（一）多规合一，统领全局

坚持统筹规划，以《规划纲要》为“一”统领各级各类规划。流域是水问题治理的基本单元，是山水林田湖草等构成的生命共同体，是自然、经济和社会组成的复合生态系统。以流域综合治理统筹湖北四化同步发展，就是从安全和发展两个视角，落实中央要求和国家战略，对全省经济社会发展、生态文明建设作出全局性、综合性的战略谋划，推动实现更为安全、更可持续的高质量发展。

《规划纲要》是全省的纲领性、统领性规划，是各类“子规划”的基础。省直各部门按照规划要求，调整完善部门相关规划，明确各阶段的发展目标、重点任务和保障措施。各地结合具体情况，调整完善市州规划，落实底线管控要求，细化发展指引，完善支撑体系。

（二）正负清单，明晰要求

安全是发展的前提，通过制定安全管控负面清单，梳理风险点并制定相应的防范措施，有利于兜牢安全底线。这些底线，是不能突破的红线，也是经济建设活动需要遵循的负面清单。

发展是安全的保障，通过制定经济社会发展正面清单，主动对接国家发展战略，因地制宜确定地方发展要求，有利于全省统一方向、明确目标、共同努力，形成发展合力。正面清单不是约束性的，而是鼓励性、引导性的，需要在实践过程中不断调整、不断完善。

（三）上下贯通，联动实施

《规划纲要》凝聚全省智慧、形成全省共识，成为各级党委政府共同编制和“一把手”推动实施的战略规划。省市共同编制和实施《规划纲要》，省级层面明确安全管控底线，确定四化同步发展目标、指标体系和支撑体系；市州层面细化负面清单，优化经济发展正面清单，确保全省对本地区提出的目标任务落实到位。同时，建立评估机制，将规划实施情况纳入各地区各部门年度绩效考评。确保各级规划在总体要求上保持一致、流域治理上协调配合、底线管控上落实责任、工作安排上科学有序。

（中部分院，执笔人：陈烨）

推动多系统协同发展，提升城市群都市圈综合承载能力

落实国家“十四五”规划，开启北部湾城市群建设新篇章

北部湾城市群位于全国“两横三纵”城市化战略格局中沿海通道纵轴的南端，是中国—东盟国内国际双循环的重要连接点、陆海统筹战略高地。国家“十四五”规划纲要提出以城市群、都市圈为依托促进大中小城市和小城镇协调联动、特色化发展，全面形成“两横三纵”城镇化战略格局，并将北部湾城市群列入“发展壮大”类城市群，北部湾城市群发展进入新阶段。

一、北部湾城市群规划背景

环北部湾的桂南沿海、粤西、琼西北区域背靠祖国大西南、毗邻粤港澳、面向东南亚，地缘相近，人文相亲，文化交融，是我国沿海沿边开放的交汇地区，战略地位突出。广西壮族自治区2006年成立广西北部湾经济区，设立专属管理机构，推动国家批准实施《广西北部湾经济区发展规划》并于2014年进行修订，提出“协同广东、海南推进环北部湾城市群建设”。广东省编制《粤西城镇群协调发展规划（2011—2020）》，推进湛茂都市区一体化，将粤西作为参与环北部湾、大西南及东盟合作发展的桥头堡。海南省印发实施《海南省总体规划（2015—2030）》，坚持把全省作为一个大城市统一规划，加快区域一体化发展。

2017年，国务院批复《北部湾城市群发展规划（2017—2030）》（以下简称《规划》），规划范围包括广西壮族自治区南宁市、北海市、钦州市、防城港市、玉林市、崇左市，广东省湛江市、茂名市、阳江市和海南省海

口市、儋州市、东方市、澄迈县、临高县、昌江县，明确北部湾城市群的总体定位为面向东盟、服务“三南”（西南、中南、华南）、宜居宜业的蓝色海湾城市群。

二、《北部湾城市群建设“十四五”实施方案》解读

为落实国家“十四五”规划纲要要求，2020 年，国家发展改革委委托中国城市规划设计研究院启动《北部湾城市群发展定位与任务举措研究》，联合三省（区）及智库单位共同编制《北部湾城市群建设“十四五”实施方案》（以下简称《方案》），2022 年经国务院批复同意印发实施。

《方案》延续《规划》发展定位，充分衔接国家“十四五”规划部署和目标要求，在优化城市群空间格局、推动交通设施互联互通、促进产业高水平分工协作等 8 个方面提出 31 条实施方案（图 1）。

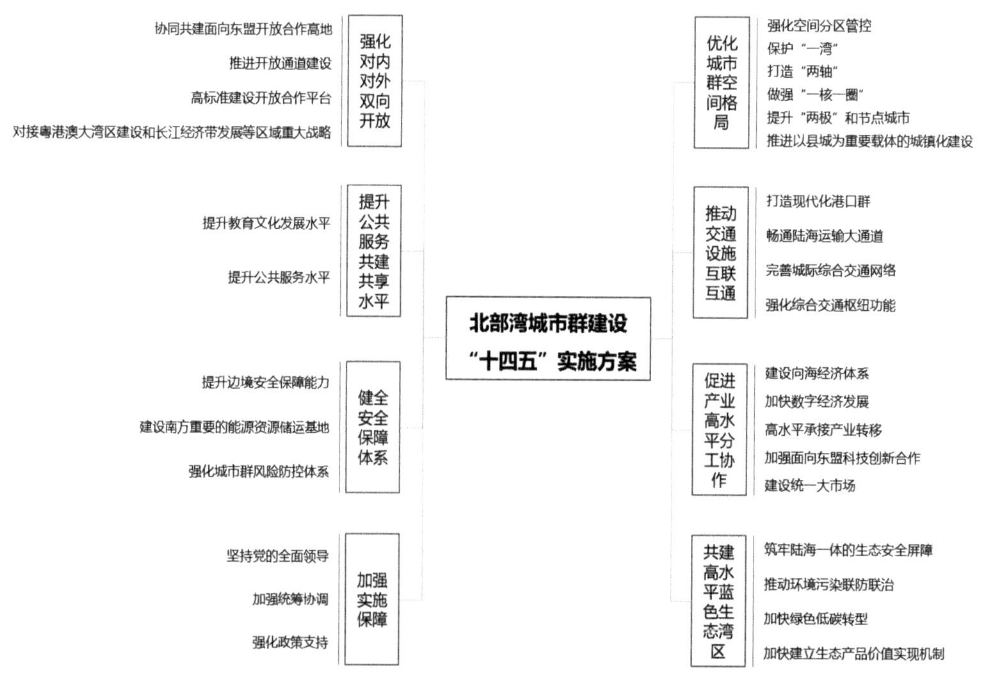

图 1 《北部湾城市群建设“十四五”实施方案》主要内容

（一）空间格局：重点做强“一核一圈”，优化城市群空间格局

北部湾城市群跨三省（区），空间尺度大，城市群城镇密度不高、经

济联系较弱，核心城市南宁市人口、经济规模能级偏小，辐射带动作用偏弱，仍然处于培育发展阶段。《规划》提出了“一湾双轴、一核两极”的总体空间格局，但未对空间建设时序和优先地区提出具体安排，城镇空间格局优化缺乏抓手。《方案》基于北部湾城市群发展阶段特征，顺应城市群发展基本规律，进一步聚焦都市圈要素集聚和联动发展，提出：首先做强“一核一圈”，即南宁核心城市和南宁都市圈，强化南宁国际合作、金融服务、信息交流、创新创业等功能；其次提升“两极”，促进海口与周边地区、儋州与洋浦一体化发展，推动湛江、茂名的城镇、港口和产业联动。

（二）交通支撑：对接西部陆海新通道，强化综合交通枢纽功能

《规划》重点优化沿海港口布局和分工协作，持续推进北部湾三大港区资源整合，近年北部湾港货物吞吐量增速排名全国沿海主要港口第一。《方案》落实《西部陆海新通道总体规划》和《现代综合交通枢纽体系“十四五”发展规划》相关要求，提出通过进一步明确北部湾港、洋浦港、湛江港功能定位，有序推进集疏运体系建设和航运组织模式，打造北部湾现代化港口群；通过扩能北向、畅通东向、完善西向运输通道，畅通陆海运输大通道；以省际、都市圈、环湾通道为重点，完善城际综合交通网络；提升各类综合交通枢纽中转组织能力，强化综合交通枢纽功能，支撑城市群人流、物流、要素流高效流动。

（三）产业发展：以向海经济数字经济为抓手，加快统一大市场建设

《规划》强调以绿色谋发展，倡导建设全国重要绿色产业基地。《方案》落实“十四五”创新、协调、绿色、开放、共享的新发展理念和国家“双碳”目标，提出坚持依海兴产、一体协作，以向海经济、数字经济为主要抓手，高水平承接产业转移，加强面向东盟科技创新合作，促进产业规模、结构、效益全面提升；通过建设统一的产业政策和合作机制，建设统一大市场，推进区域产业发展互促共进。

（四）生态保护：统筹陆海生态保护，引入碳汇推动绿色转型

《规划》通过划定生态、农业、城镇三类空间，明确农产品主产区、重

点生态功能区和海洋限制开发区，对陆海空间功能进行分类分区管控。《方案》坚持将保住一泓清水作为不可突破的底线，对接国土空间规划，明确国家自然保护地、重要生态功能区、陆海生态保护红线范围，构筑陆海一体的生态安全屏障；探索建立沿海、流域、海域协同一体的综合治理体系，明确重点工程，推动环境污染联防联治；通过建立清洁能源体系，实施产业结构调整负面清单和落后低效产能淘汰计划，开展碳汇能提升行动和碳汇核算交易，加快建立生态产品价值实现机制，推动绿色低碳转型。

（五）开放协同：坚持面向东盟开放，主动对接区域重大战略

《规划》提出以深度参与中国—东盟合作为基点，主动融入“一带一路”建设和全球经济体系，加强与珠三角、西南中南地区合作，辐射带动周边欠发达地区发展。《方案》延续了《规划》提出的对外合作战略，提出充分对接用好 RCEP（Regional Comprehensive Economic Partnership，区域全面经济伙伴关系协定）规则，重点深化与东盟的产业、科技、文化合作，推进开放通道建设，高标准建设海南自由贸易港、中国（广西）自由贸易试验区等开放合作平台，促进中国—东盟的全方面合作；同时，提出重点主动对接粤港澳大湾区建设和长江经济带发展，服务和融入以国内大循环为主体、国内国际双循环相互促进的新发展格局。

（六）公共服务：重点提升教育文化水平，强化区域共建共享

《方案》在 2017 版《规划》倡导的公共服务共建共享理念基础上，围绕共同打造幸福北部湾，重点提升城市群教育文化发展水平，强调增强教育与产业的对接，支持“海上丝绸之路·北部湾沿海史迹”申报世界文化遗产；提出建立跨省互认的医疗卫生体系，加强跨区域养老服务资源对接，扩大城市间劳务合作，实施区域社会保障“一卡通”，便利社会保险关系跨省区转移接续，形成区域一体化的公服系统。

（七）安全保障：将系统安全摆在高位，守护国家南海安全

《规划》在安全领域主要强调保障能源安全。《方案》落实国家“十四五”加强国家安全体系和能力建设的相关要求，在服务国家能源安全，建设南

方重要的油气、大宗物资等资源储运基地的基础上，进一步提出通过提高北部湾涉海事务管理服务一体化水平，强化边境跨境犯罪和疫情防控体系建设，提升边境安全保障能力；通过健全重大灾害和突发事件、公共卫生事件等多领域处置机制和预案体系，强化城市群风险防控体系，保障城市群多领域系统安全。

三、其他实施建议

（一）完善“决策层—协调层—执行层”协同机制

依托城镇化工作暨城乡融合发展工作部际联席会议，由国家发展改革委统筹开展定期会商、统筹协调，及时解决跨行业、跨部门、跨地区重大问题。加强省际协商合作，由三省（区）派员在南宁联合设立办事协调机构，完善工作机制，明确任务分工，协同推进实施方案重点任务落实落地。加强市际、县际合作与联动，定期由各市轮流主办北部湾城市群发展论坛、会议等，建立城市间常态化沟通交流机制。

（二）以跨界合作地区为抓手促进区域一体化

打破行政区划壁垒，开展跨行政区域合作机制的创新和探索，推动省际、市际交界地区开展先行合作示范。重点开展飞地式的跨行政区域合作机制探索，推广跨行政区域合作园区建设经验。推广实行“三省（区）领导、市为主体、独立运营”“统一规划、合作共建、利益共享、责任共担”的合作机制和“政策叠加、择优选用、先行先试”的创新模式，在省际边界选址建设合作示范区，形成具有示范性的区域合作成果，以点带面，逐步推进区域一体化发展。

（三）构建跨境产业链供应链服务国家产业安全

坚持联动西部，对接东部，面向东盟，服务全国，立足北部湾“双循环”交汇枢纽区位优势，充分发挥海南自贸港、广西自贸区制度政策优势，结合东盟国家市场需求，以关键材料和核心零部件为重点环节，构建“西部资源＋粤港澳资本技术＋北部湾关键材料和核心零部件＋东盟生产组装＋全球市场”的跨境产业链，主动融入和服务国家产业安全战略，培育产业发展新动能。

（深圳分院南宁分部，执笔人：柏露露、黄丹蕾）

发挥特大城市辐射带动作用，培育发展现代化都市圈

为加快培育发展现代化都市圈，自2019年国家发展改革委发布《关于培育发展现代化都市圈的指导意见》以来，南京、福州、成都、长株潭、西安、重庆、武汉等都市圈发展规划相继获批，成为新时期指导各都市圈同城化高质量发展的纲领性文件。

一、新一轮都市圈规划开展的总体思路

都市圈规划在南京、长株潭、武汉等城市已有二三十年的探索，《南京都市圈规划》2002年即获江苏省人民政府批准，各都市圈一体化发展均已取得不同程度的成效。新形势下加快培育现代化都市圈，重在发挥中心城市比较优势，促进各类要素合理流动和高效集聚，增强创新发展动力，加快构建高质量发展的动力系统，增强经济和人口承载能力，形成优势互补、高质量发展的区域经济布局。

综观已经公布的都市圈发展规划，均严格落实国家发展改革委《关于培育发展现代化都市圈的指导意见》，紧紧围绕基础设施一体化、城市间产业分工协作、建设统一开放市场、公共服务共建共享、生态环境共保共治、城乡融合发展、构建一体化发展机制共7个方面开展规划部署，总体具有5个方面特点：

一是大中小城市协调发展、推动区域整体高质量发展是都市圈发展的核心要义。不同于日本、欧洲国家都市圈以通勤为核心特征，我国推动都市圈建设是经济由“万马奔腾”的高速增长阶段转向高质量发展阶段的客观要求，必须走合理分工、优势互补、优化发展的路子；通过优化区域功

能布局，实现高质量发展的目标。二是构建区域协同创新体系是都市圈高质量发展的根本路径。整合创新资源，实现高效配置，打造区域创新共同体，推进产业发展迈上新台阶。三是共同保护生态环境和实现绿色低碳发展是都市圈协调和可持续发展的关键。推进山水林田湖草一体化保护和修复，共创山清水秀的区域环境本底和绿色发展新局面。四是实现民生共享和共同富裕是建设都市圈的根本宗旨，同时也是促进都市圈均衡发展的重要引导机制。五是建立统一、开放、自由的市场环境是都市圈合作共赢的重要保障。

二、都市圈规划关注的重点

（一）城乡空间布局优化

一是强化中心引领，突出中心—外围不同层级城市功能协调布局。西安、福州等都市圈均提出中心城市强化“核心功能”，聚焦科技创新、高端制造、对外交往等功能提升；县城和小城镇补足“服务功能”，推动产业培育、市政公用、公共服务设施提档升级。二是强调创新、开放、高端产业等高能级资源的配置效率，构建核心政策功能区和空间发展轴带。成都以重大政策平台的统筹推进为基础，打造成德临港经济产业带、成眉高新技术产业带、资临空经济产业带 3 条功能轴。南京强化区域创新驱动的引擎作用，提出建设沪宁合创新服务中枢发展带，聚集基础研究和技术研发能力。三是注重跨界空间治理，设立跨区域产城融合、生态绿色等重大功能合作平台，如南京、成都等建立的宁淮南北共建园区、彭州—什邡种植加工交易基地等。

（二）基础设施一体化

一是统筹交通枢纽间的主次协作关系，各都市圈均提出打造国际航空、铁路、航运、物流的国际交通枢纽，构建层次分明的综合交通体系。二是聚焦区域交通微循环，提升运输服务效率。长株潭推动铁路专用线、货运连接通道等设施建设，解决运输“最后一公里”问题；重庆、成都等城市推进公共交通同城化。三是以各类资源的安全、韧性为重点，提升区域水资源、能源等综合配置能力。重庆、长株潭等开展主要河流河道整治、堤防加固工程。

（三）协同创新与产业分工协作

一是构建都市圈产业链、创新链协同发展模式。南京强化中心城市产业链引领能力，中小城市承接产业转移；重庆构建研发在中心、制造在周边、链式配套、梯度布局的产业分工体系；福州提出“福州研发＋区域转化”创新协作模式。二是以特色产业园区合作为抓手，推动中小城市融入都市圈产业布局。西安规划建设富平—阎良产业合作园区；成都推动德阳与成都国际铁路港协作发展临港产业，眉山依托天府新区提升高新技术产业，资阳与东部新区联动发展临空产业。三是推动品牌园区在都市圈内复制推广。福州鼓励福州产业园区输出管理经验、运营模式、招商资源等；长株潭支持湖南自贸区长沙片区创新成果复制推广。

（四）公共服务共建共享

一是将统一标准作为公共服务一体化的前提。长株潭建立标准统一、有效衔接、互认共享的公共服务体系；西安以基本公共服务标准化促进均等化。二是构建都市圈公共服务网络，扩大优质资源供给。采取合作办学办医、成立教育和医疗联合体、推行社保“一卡通”、住房公积金互认互贷等方式，促进中心城市优质资源向其他地区流动。三是将文化旅游协同发展作为塑造都市圈形象品牌的有效途径。成都建设川菜美食地标；重庆提升巴渝“山城夜景”城市品牌；西安提升“世界古都”文化影响力。

（五）生态环境共保共治

一是聚焦都市圈共同生态价值空间，作为高质量发展的载体。长株潭此次更加突出中央绿心的生态增值及服务、资产、生活品质增值，集聚科创、康体等绿色产业；成都以龙泉山建设世界级城市绿心，西安共建秦岭国家公园，将生态共保转化为都市圈生态品牌。二是将流域协同综合治理作为跨界共治的切入点。福州建立流域—河口—近岸海域污染联防机制，形成 5 个山河跨界生态共治区；南京除统筹长江水污染防治外，还建立石臼湖等湖泊共治联管机制。三是探索行政许可的区域影响联动机制，如重庆、福州等建立环评区域（流域）联合审查审批制度。

（六）建设统一开放市场

一是建立统一的土地要素市场。长株潭建立年度新增建设用地指标统筹管理机制，完善城乡建设用地增减挂钩节余指标、补充耕地指标跨区域交易机制，制定存量土地一体化盘活方案。二是促进人口有序流动，将人才作为都市圈高质量发展的重要支撑。福州、成都等均提出建立户籍准入年限同城化累积互认、人才资质互认共享等制度，南京等全面放宽紧缺技能人才落户限制。

（七）都市圈发展机制

一是聚焦产业园区、跨界地区等重点空间，完善共建共享的政策安排。福州推进省级园区的政策创新，积极探索 GDP、财政税收、节能减排等方面的分配分担机制；西安在富阎、西咸等一体化重点区域，建立税收分享机制和征管协调机制。二是积极探索流域、森林等生态地区的生态保护补偿机制创新。南京在长江流域内建立资源有偿使用和排污权交易制度，有序推进水资源使用权、碳排放权等交易方式创新；福州推进商品林赎买改革试点。三是把行政区划的适时优化作为汇聚政策合力的切入点，如长株潭、福州提出的扩权强县、外围县县改市工作等。

三、对都市圈发展规划的展望

为实现 2035 年我国建成若干具有全球影响力的都市圈的目标，都市圈发展规划还应重点在以下方面深化探讨：

一是强化都市圈在参与全球竞争和全国网络构建中的枢纽、联通关系，形成以都市圈为双循环枢纽的新发展格局。支持都市圈之间快速交通廊道和机场、港口等枢纽设施建设，以及通信网、数据网、工业互联网等新型基础设施的互联互通；在都市圈设立双循环产业支撑平台，鼓励整合、打通都市圈之间和国内外产业链的企业享受政策支持；推动邻近都市圈优势互补与协同发展。

二是将都市圈作为韧性国土建设的战略节点。将水资源承载力和潜在安全风险作为都市圈规模管控与空间治理必须首要应对的问题，需在更大的流域范围内进行统筹，通过加强都市圈上游水源涵养区建设，流域水资源配置向都市圈倾斜，建立人口带用水指标向都市圈转移的机制，完善分水指标的市场交易机制，提高都市圈水资源承载力。围绕主要河流污染排放、水利工程建设、防洪排涝、排水工程等加强都市圈涉水安全协调。

三是深化都市圈产业链—供应链—创新链的空间布局优化。在深刻理解都市圈产业空间、创新空间协同布局规律的基础上，明确推动都市圈经济高质量发展的空间抓手。

四是以都市圈为单元重构未来美好生活和人居场景。倡导以自然为美的都市圈建设模式，构建一日休闲游憩圈，保障必要的休闲服务设施空间，加强自然文化景观和风景道周边区域风貌协调治理，构建大中小城市和城乡融合发展的网络化都市空间。

（区域规划研究所，执笔人：陈睿、朱冠宇、翟家琳）

加强转型示范，在重点地区推进政策落地和实施

广州南沙深化面向世界的粤港澳全面合作总体方案

南沙位于粤港澳大湾区的几何中心，区位条件优越，发展空间广阔，产业基础坚实，粤港澳三地合作开发意愿比较强烈，具有推动粤港澳全面合作的独特优势。2012 年 9 月，国务院批复了《广州南沙新区发展规划》，要求推进南沙开发建设，深化与港澳全面合作；2019 年 2 月，《粤港澳大湾区发展规划纲要》进一步明确了在南沙推进粤港澳全面合作，携手港澳建设高水平对外开放门户，共建创新发展示范区，建设金融服务重要平台，打造优质生活圈。2022 年 6 月，国务院印发了《广东南沙深化面向世界的粤港澳全面合作总体方案》（以下简称《南沙方案》）进一步明确了南沙未

来发展目标和重点方向，是推进南沙建设的基础性文件。

一、促进粤港澳合作的相关政策文件

《粤港澳大湾区发展规划纲要》明确提出，充分发挥深圳前海、广州南沙、珠海横琴等重大合作平台作用，探索协调协同发展新模式，深化珠三角九市与港澳全面务实合作，促进人员、物资、资金、信息便捷有序流动，为粤港澳发展提供新动能，为内地与港澳更紧密合作提供示范。为了进一步落实这一要求以及建设“世界级城市群、具有全球影响力的国际科技创新中心、‘一带一路’建设的重要支撑内地与港澳深度合作示范区、宜居宜业宜游的优质生活圈”的目标定位，国务院于 2021 年 9 月连续发布了《横琴粤澳深度合作区建设总体方案》和《全面深化前海深港现代服务业合作区改革开放方案》，与《南沙方案》共同形成指导粤港澳深度合作的总体纲领。

二、对粤港澳全面合作提出的重点要求

（一）《南沙方案》的主要内容

为加快推动广州南沙深化粤港澳全面合作，打造成为立足湾区、协同港澳、面向世界的重大战略性平台，以及香港、澳门更好融入国家发展大局的重要载体和有力支撑，《南沙方案》提出两阶段目标、五大发展任务及四方面保障：

两阶段目标分别以 2025 年、2035 年为时间节点，提出了科技创新体制机制、公共服务水平、营商环境等方面的主要目标。

五大发展任务主要包括：一是建设科技创新产业合作基地，明确要强化粤港澳科技联合创新、打造重大科技创新平台、培育发展高新技术产业、促进国际化高端人才集聚。二是创建青年创业就业合作平台，明确要协同推进青年创新创业、提升实习就业保障水平、加强青少年人文交流。三是共建高水平对外开放门户，明确要建设中国企业“走出去”综合服务基地、增强国际航运物流枢纽功能、加强国际经济合作、构建国际交往新平台。四是打造规则衔接机制对接高地，明确要构建国际一流的营商环境、有序

推进金融市场互联互通、提升公共服务和社会管理相互衔接的水平。五是建立高质量城市发展标杆，明确要加强城市规划领域建设合作、稳步推进智慧城市建设、稳步推进粤港澳教育合作、便利港澳居民就医养老、强化生态环境联防联治。

四方面保障，即全面加强党的领导，加强资金、要素等政策支持，创新合作模式，加强组织实施。

（二）粤港澳全面合作的重点方向

1. 科技创新产业合作

推动南沙协同港澳建设湾区科创与服务高地，统筹核心湾区科创资源，在科技研发产业、科技创新体制及科研成果转化等方面展开合作。包括推动粤港澳科研机构联合组织实施一批科技创新项目，共建南方海洋科学与工程广东省实验室（广州）等重大科技创新平台，建设一批智能制造平台，鼓励国际高端人才进入南沙等具体行动。

2. 青年创业就业合作

协同推进青年创新创业，深入推进大众创业、万众创新，聚众智、汇众力，更好地激发市场活力，开展平台建设、配套保障、人文交流等方面合作。通过优化粤港澳（国际）青年创新工场、“创汇谷”粤港澳青年文创社区等平台环境，以及落实人才合作、就业配套服务保障、青少年人文交流等，打造青年“双创”乐园，为港澳青年创新创业提供充分支持。

3. 对外开放水平提升

推动南沙以更大魄力、更高站位践行对外开放，以高水平对外开放实现高质量发展，开展经济合作、“一带一路”、国际平台等方面合作。主要包括建设中国企业“走出去”综合服务基地；深入对接“一带一路”沿线国家和地区发展；提升国际航运物流枢纽地位，推动粤港澳三地在南沙携手共建大湾区航运联合交易中心；加强与欧盟和北美发达经济体的合作，推动金融、科技创新等领域对接，进一步融入区域和世界经济，打造成为国际经济合作前沿地。

4. 规则体制机制衔接

推进粤港澳全面合作规则对接，打破三地间制度壁垒，实现粤港澳间互利互赢合作。包括深化“放管服”改革，持续打造市场化、法治化、国际化营商环境，推进粤港澳金融市场互联互通，以及推动粤港澳三地加强社会保障衔接。

5. 品质发展标杆建设

积极增加优质资源供给，携手港澳共建宜居宜业宜游的未来之城，开展粤港澳三地在教育、医疗、养老等公共服务方面的集聚与紧密衔接。推进高等教育开放试验田、高水平高校集聚地、大湾区高等教育合作新高地等各项民生合作项目。同时加强城市规划、智慧城市等领域合作，支持港澳业界参与内地重大设施综合开发建设。

三、规划落实和响应

（一）科创引领，协同港澳建设湾区科创与服务高地

以南沙科学城建设为抓手，大力建设国家级核心技术攻关创新策源地。依托庆盛片区，建立链接大湾区科学研究的大学联盟体系，为粤港澳产业创新发展提供前沿动力。联动湾区科研创新基地，共同推动大湾区创新成果转移转化，打造面向未来的战略新兴产业孵化基地。大力推进“2＋5＋2”先进制造业集群发展。

（二）交通提升：打造国内国际双循环支点

加强与香港、深圳等地合作，建立港口联盟，粤港澳共建国际航运中心和多式联运供应链枢纽。加强轨道交通网络建设，打造面向港澳的超级枢纽体系，重点打造南沙枢纽、南沙客运港、庆盛站和十六涌站四大区域性轨道交通枢纽，链接港澳及湾区重要功能平台。

（三）树立标杆，打造大湾区活力宜居城市典范

坚持国际化服务品质，建设国际和区域交往的外事、会展、文化体育、休闲娱乐设施，加强粤港澳合作的教育、医疗、养老设施及面向港澳居民的基本公共服务建设，构建“5 ＋ 15 ＋ 24”生活圈体系。构建国际化精品活力城区，强化国际交往、岭南文化、滨海休闲旅游等多元活力。加强城市设计，塑造通山达海、以人为本的特色魅力空间体系。

（四）政策支撑，构建黄金内湾一体化试验区

推进粤港澳深度融合发展，承载国家制度创新试验，建设黄金内湾一体化政策试验区。谋划省级政府管理放权，统一空间要素布局，探索南沙与港澳全面合作的 CEPA2.0 模式①。

（深圳分院，执笔人：谭都、马晓慧）

山东省深化新旧动能转换和绿色低碳发展

为支持山东进一步深化新旧动能转换，探索新时期转型发展之路，加快推动绿色低碳高质量发展，国务院于 2022 年 9 月 2 日发布《国务院关于支持山东深化新旧动能转换推动绿色低碳高质量发展的意见》（下文简称《意见》）。

一、国家政策文件解读

一是全面提升产业发展质量。遏制高耗能高排放低水平项目，推进产业园区循环化改造，推动传统化工、有色金属、建材、纺织、轻工等支柱产业绿色化高端化发展，促进钢铁、石化企业兼并重组，加快重化工业布局优化和结构调整。大力发展数字产业，推动传统制造业数字化转型，发展海洋特色新兴产业集群，壮大海洋经济，积极发展绿色低碳新兴产业。

二是优化能源和交通结构，降低碳排放。严格合理控制煤炭消费增长，推动化石能源清洁高效利用。促进风电、光伏、核电等非化石能源大规模

① 推进珠江口东西两岸融合发展，全面对接香港、澳门和国际，争取超自贸试验区的经济与社会管理权限。如争取科研设施进口免认证机制，建设湾区印刷业对外开放连接平台，成立湾区国际商业银行，开展合格境内有限合伙人 QDLP 境外投资试点，设立人民币海外投贷基金等。

高比例发展。加强多式联运，构建绿色货运系统，优化交通设施布局和结构。

三是实施创新驱动发展战略。推动一批重大创新平台、国家实验室建设。激发企业创新动力、人才创新活力。创新体制机制，建设改革开放新高地。

四是坚持绿色发展理念，持续改善生态环境质量。坚持“以水四定”，强化水资源节约集约利用。主动出击，改善环境质量，提升生态系统质量，提高碳汇能力，加快形成绿色低碳生活方式。

五是促进城乡区域协调发展。以都市圈为重点，提升山东半岛城市群联动协调发展水平。实施城市更新，完善环境设施，加快新型基础设施建设，提高城市现代化水平。守住粮食安全，扎实推进乡村振兴。

二、山东省落实《意见》的举措

2022 年 12 月，山东省印发《山东省建设绿色低碳高质量发展先行区三年行动计划（2023—2025 年）》（下文简称“计划”），提出六大发展目标、十大重要任务，形成了落实《意见》的路线图，重点举措包括 3 个方面。

一是增强创新能力，构建现代化产业体系。产业与创新是落实《意见》的关键。《计划》提出，加强战略科技力量建设，加强基础和关键核心技术攻关，强化企业创新主体地位等措施，建设全国区域创新中心。在产业发展方面，突出四个重点：推动传统产业绿色化、高端化，塑造动能转换新优势；培育壮大新动能，打造高质量发展的新引擎；做优做强数字经济，推动工业化数字化深度融合；做强先进制造业，提升产业竞争力。

二是推动形成绿色生产、生活方式，提升生态环境质量。建设绿色低碳高质量发展先行区，统筹结构调整、污染治理、生态保护、应对气候变化，《计划》提出协同推进降碳、减污、扩绿、增长。山东省生态环境部门在《计划》基础上，进一步制定了行动方案。深入推进环境污染防治，提升生态系统多样性、稳定性、持续性，深入实施“四减四增”行动方案，高质量发展生态环保产业，全力推进绿色低碳高质量发展先行区建设。

三是落实“双碳”目标，实施新型能源体系建设。能源是推动绿色低碳转型发展的重点领域。《计划》提出，立足山东省能源资源禀赋，加快新能源和可再生能源规模化发展，促进化石能源清洁高效利用，协同推进绿色低碳转型与能源供应保障。

三、山东各地市落实《意见》的规划策略

一是提升中心城市能级，推动三大经济圈协同发展，发挥山东半岛城市群龙头作用。实施济南“强省会”、青岛“强龙头”战略，提升中心城市能级和辐射带动能力。推动省会、胶东、鲁南经济圈特色化一体化发展，健全跨区域合作发展新机制。促进济南、青岛中心城市联动发展，协同带动淄博、烟台、潍坊相向发展，打造山东半岛高质量发展轴带。

二是加强国土空间规划管控，守住生态安全边界。统筹划定耕地和永久基本农田、生态保护红线、城镇开发边界 3 条控制线，提升国土空间开发保护质量和效率。严守耕地保护红线，加强永久基本农田建设，强化粮食生产功能区和重要农产品保护区建设管护。坚决守住生态安全边界，强化自然保护地管理，实施重点山体、河湖、海岸等区域生态保护和修复工程，创建科学绿化试点示范省。

三是优化产业空间布局，保障实体经济发展空间。融合产业空间、创新空间和城市空间，形成以济南、青岛、烟台“三核”为主引擎，以济青产业发展带、沿海产业发展带“两带”为支撑的新旧动能转换空间布局。鼓励在国土空间规划中划定工业区块控制线，保障实体经济发展空间。

四是增强基础设施支撑，建设安全韧性智慧城市。优化基础设施布局，构建双向开放的交通枢纽网络，预留重大设施廊道，建设集约高效、服务均等、安全可靠的现代化市政设施体系，逐步提升城市防灾减灾能力，建设韧性城市。

五是优化城乡人居环境，促进人与自然和谐共生。聚焦民生短板，高标准建设公共服务设施和蓝绿开敞空间。持续推进城市更新，以社区生活圈为重点，补齐各项公共服务和基础设施短板。充分挖掘全域山海景观、历史人文资源，引导山体、水系、岸线、公园、绿道、人文等要素有机融

合，建设宜居宜业宜游城市。提升乡村公共服务和基础设施配套水平，加快乡村环境整治，推动宜居宜业和美乡村建设。

（区域规划研究所，执笔人：曹培灵、陈宏伟、米雪）

将宁夏打造成黄河流域生态保护和高质量发展先行区

党的十八大以来，习近平总书记两次赴宁夏考察并发表重要讲话，多次对宁夏工作作出重要指示，为建设美丽新宁夏指明了前进方向、提供了根本遵循。为深入贯彻落实习近平总书记关于推动黄河流域生态保护和高质量发展的重要讲话精神，按照国家“十四五”规划纲要和《黄河流域生态保护和高质量发展规划纲要》有关部署，支持宁夏建设黄河流域生态保护和高质量发展先行区（以下简称先行区），2022 年 4 月，国家发展改革委印发《支持宁夏建设黄河流域生态保护和高质量发展先行区实施方案》（以下简称《方案》）。

一、政策文件的内涵和要求

《方案》准确把握保护和发展关系，统筹发展和安全两件大事，把系统观念贯穿生态保护和高质量发展全过程，坚持以水定城、以水定地、以水定人、以水定产，坚定不移走绿色低碳发展道路，打好环境问题整治、深度节水控水、生态保护修复攻坚战，扎实推进黄河大保护，确保黄河安澜，建设人与自然和谐共生的美好家园。《方案》着重从水资源节约集约利用、构建抵御自然灾害防线、构建黄河上游重要生态安全屏障、大力推动节能减污降碳协同增效、加快产业转型升级、建立健全跨区域合作机制、深化重点领域改革共 7 个方面明确了重点任务。

（一）水资源节约集约利用

坚持以水定城、以水定地、以水定人、以水定产，做到“有多少汤泡多少馍”，把节约用水贯穿经济社会发展各领域各方面，加快建设节水型社会。一是优化水资源配置格局，实行水资源消耗总量和强度双控，建立“总量控制、指标到县、分区管理、空间均衡”的配水体系，合理确定水资源严重短缺地区城市发展规模，对高耗水项目建设、大规模种树、“造湖大跃进”坚决限制和遏制。二是实施深度节水控水行动，提升农业节水水平，加快推进灌区现代化改造，优先将灌区有效灌溉面积建设成高标准农田，原则上不再扩大灌溉面积和新增灌溉用水量，削减高耗水作物种植面积，发展农田管灌、喷灌、微灌等高效节水灌溉。推进重点工业节水改造，加强工业废水资源化利用。三是开展智慧水利建设，建设“宁夏黄河云”，支持水利设施智能化升级改造，打造数字治水样板。在具备条件的地区开展“互联网＋城乡供水”示范区建设。

（二）加快构建抵御自然灾害防线

立足防大汛、抗大灾，补好灾害预警监测、防灾基础设施短板，全面提升自然灾害应急响应处置能力，确保黄河河套安澜。一是全面提高防洪防凌能力，有序推进黄河干流堤防巩固提升，加快清水河、苦水河等中小河流治理和山洪灾害防治，禁止在黄河河道管理范围线内新增一般耕地和乱建建筑物，规范黄河河道沿岸采砂采土秩序，进一步提高应对黄河凌汛水平。二是构建水旱灾害防御体系，以宁夏中南部易旱区为重点新建一批备用水源工程，提升极端天气和自然灾害预测预报预警能力，增强流域性重特大险情灾情、极端干旱等突发事件应急处置能力。三是加强河湖水域空间保护，留足河湖两岸生态空间，严禁“贴边”“贴线”开发，划定岸线功能分区，强化用途管制，严控开发强度。

（三）构建黄河上游重要生态安全屏障

加快完善生态保护修复体制机制，有效发挥森林、草原水源涵养和固碳作用，重点推进黄土高原丘陵沟壑区、风沙区水土流失综合治理。一是持续提升水源涵养能力，科学造林育林，推进贺兰山、六盘山水源涵养林建设，实施湿地保护修复工程，抓好科学绿化示范区建设。二是提高水土流失综合治理能力，系统推进小流域综合治理，建设以梯田和淤地坝为主的拦泥减沙体系，加强全区干支流水库群联合统一调度，减少入黄河泥沙量。三是深入推进防沙治沙示范，在宁夏中部干旱风沙区推进乔灌草相结合的防护林体系建设，实施腾格里沙漠锁边防风固沙工程、毛乌素沙地林草植被质量精准提升工程，大力推广使用防沙治沙先进技术，开展全国防沙治沙综合示范区和精准治沙重点县建设。四是创新生态保护修复体制机制，研究创建贺兰山、六盘山国家公园，全面开展绿色勘查和绿色矿山建设，创新生态保护修复投入和利益分配机制，探索生态产品价值实现形式。

（四）大力推动节能减污降碳协同增效

以碳达峰碳中和目标为引领，倒逼生产生活方式绿色转型，提升能源综合利用效率，打好黄河污染防治攻坚战，建设清洁美丽生态环境。一是有力有序有效做好碳达峰工作，以石化、煤炭、电力、有色等行业为重点，加大节能减排力度，制定宁夏能耗双控管控目录，探索将碳排放指标纳入节能审查内容，将宁夏符合条件的国家重大项目纳入“十四五”国家重大项目能耗单列范围。二是大力推进环境污染综合治理，以黄河干流沿线和主要灌区为重点，大力推进农业面源污染综合治理，以工业园区和重化工等行业为重点，推动工业污染治理提质增效，推动黄河岸线1公里范围内高污染企业全部迁入合规园区，实施化工企业集聚区地下水污染防控专项行动，推动城市、县城污水管网改造更新。三是推动形成绿色生活方式，实施清洁能源替代工程，在公共服务领域大力推广应用新能源汽车，加快推行生活垃圾分类制度。

（五）加快产业转型升级

以生态保护和水资源节约集约利用为前提，立足产业转型升级需要，提高科技创新对先行区高质量发展支撑作用，加快新旧动能转换，大力发展特色优势产业，构建绿色产业体系。一是提升科技创新支撑能力，围绕现代能源化工、新能源、新材料、仪器仪表、现代农牧业等产业领域，深入开展技术研发和科技成果转化应用，加快推进5G、物联网、大数据、云计算等信息基础设施建设，打造全国一体化算力网络国家枢纽节点和非实时性算力保障基地，支持在宁夏建设东西部科技合作示范区和协同创新共同体。二是建设国家农业绿色发展先行区，巩固提升粮食综合生产能力，开展高标准农田项目建设，建设优质奶源和饲草料基地，建设国家葡萄及葡萄酒产业开放发展综合试验区。三是高水平建设新能源综合示范区，加快推进沙漠、戈壁、荒漠地区大型风电、光伏基地项目建设，支持新能源就地消纳，推进牛首山抽水蓄能等电站前期工作，强化“西电东送”网架枢纽建设，实施“宁电入湘”工程。四是加快制造业转型升级，推动化工、冶金、有色等行业绿色化改造，面向高端新材料等方向延伸产业链、提升价值链。五是推动文化和旅游融合发展，加强黄河文化遗产系统保护，推进黄河国家文化公园（宁夏段）、引黄古灌区世界灌溉工程遗产公园、西夏陵国家考古遗址公园等工程建设，实施长城、石窟寺及石刻等重点文物保护修缮工程，推进水洞沟等大遗址保护利用，打造优秀文化旅游品牌，推动黄河生态、历史、文化融合转化。

（六）建立健全跨区域合作机制

以共同抓好大保护、协同推进大治理为主要内容，深化与沿黄河省区间务实合作，加强协同联动，形成整体合力。一是增强生态保护整体合力。二是协同构建综合交通网络。三是统筹规划产业协作发展平台。

二、银川市国土空间总体规划的落实和响应

（一）强化水资源保护与利用

规划统筹配置地表水、地下水、非常规水资源，以24.42亿立方米的用水规模总量为上限，整体优化水资源供给结构，优先满足生活用水，保障生态用水，合理安排生产用水。严控农业用水，推进工业节水，加强生活节水。保护重要水空间，强化地下水资源、重要河流和湖泊湿地、应急水源储备保护等重要的水空间。推动水生态治理，实施河湖库水系连通、生态补水工程、水污染综合治理等工程，保障河湖水体连续性和生态流量。

（二）增强国土空间防灾安全水平

规划针对承载环境与灾害风险特征，将市域分为贺兰山东麓防灾分

区、河西平原防灾分区及河东台地防灾分区三大防灾分区，在地质灾害高易发区限制新建项目，无法避让的，必须采取工程防治措施。规划明确了防洪治涝体系、消防体系、抗震避难体系，划定洪涝风险控制线，对危险品生产和仓储、人防工程、生命线保障与应急物资储备、防疫体系作出了具体安排。

（三）加强生态环境保护，筑牢生态安全屏障

着眼黄河流域生态保护协同性，立足全域生态系统整体性，以呵护黄河健康安澜为根本任务，突出贺兰山、白芨滩在维护区域生态安全中的核心地位，发挥灌渠网络在生态系统中的基础性作用，协同推进降碳、减污、扩绿、增长，树立节水治沙典范，全面提升贺兰山、黄河和绿洲生态系统多样性、稳定性、持续性。

（四）促进产业创新转型

对接国际国内市场，稳定扩展产业链、供应链、价值链，着力打造“六新六特六优”产业，推进新型工业化，发展“三新”产业，保障“两都五基地”用地需求，推动产业向高端化、绿色化、智能化、融合化方向发展，推动创新链、产业链、资金链、人才链深度融合，加快建设现代化产业体系。落实国家粮食安全战略和自治区“三区一廊”农业空间格局，建设好、管护好粮食生产功能区，做大做强贺兰山东麓酿酒葡萄和灵武长枣中国特色农产品优势区，加强对宁夏大米、灵武长枣等名特优新产地的独特气候环境、土壤等生产条件和生长空间的保护，树立大食物观，重点保障葡萄酒、枸杞、牛奶、肉牛、滩羊、冷凉蔬菜等自治区“六特”产业空间供给，拓展农产品多样化生产空间，支撑都市现代农业高质量发展，构建“一区两轴五基地”的农业空间格局。高水平建设国家新能源综合示范区。发展可再生能源，加大风能、太阳能、生物质能等开发力度，加快工业绿色转型，推进城乡绿色低碳建设。

（五）促进宁夏沿黄城市群协同发展

规划推动石嘴山、银川、吴忠协同开展贺兰山生态修复整治、矿山地质环境治理和绿道绿廊建设。共推资源能源高效利用，实施银川都市圈中

线、城乡东线、西线供水工程及银川河东扬水灌区改造工程，构建骨干供水“主动脉”，优化区域能源供给网络。构建一体化基础设施体系，提升银川全国性综合交通枢纽功能，加快推进高铁主通道建设，强化与干线公路、干线铁路、城市轨道及机场的高效衔接，促进沿黄城市群交通系统一体化发展。重点从教育、医疗、文化方面推进优质公共服务资源合理布局，实现基本公共服务均等化、公共服务水平同城化。

（中规院（北京）规划设计有限公司，执笔人：胡继元，徐有钢）

第三节　高品质生活

保障住房安全，提高社区品质

加强居民自建房安全管理，消除安全隐患

2022 年 4 月 29 日，湖南长沙居民自建房发生倒塌事故，造成重大人员伤亡。事故发生后，党中央、国务院高度重视，习近平总书记作出重要指示，李克强总理作出批示，国务院安全生产委员会召开全国自建房安全专项整治电视电话会议进行具体安排。同年 5 月 27 日，国务院办公厅印发《全国自建房安全专项整治工作方案》；此后，住房和城乡建设部先后出台《关于启动城乡自建房安全专项整治信息归集平台的通知》《自建房结构安全排查技术要点（暂行）》等文件；2002 年 11 月 23 日，湖南省出台《湖南省居民自建房安全管理若干规定》，成为全国首部规范居民自建房的地方性法规。

一、2022 年国家关于自建房安全管理的政策要求

2022 年 5 月 24 日，国务院办公厅印发《全国自建房安全专项整治工作方案》(国办发明电〔2022〕10 号)，要求组织开展“百日行动”，对危及公共安全的经营性自建房快查快改、立查立改，及时消除各类安全风险，坚决遏制重特大事故发生；推进分类整治，消化存量，力争用 3 年左右时间完成全部自建房安全隐患整治，逐步建立城乡房屋安全管理长效机制。工作方案明确了全面排查摸底、开展“百日行动”、彻底整治隐患、加强安全管理多项主要任务，以及强化组织实施、明确部门分工、加强支撑保障、强化督促指导、做好宣传引导等保障措施。

2022 年 5 月 27 日，住房和城乡建设部办公厅发布《关于启动城乡自建房安全专项整治信息归集平台的通知》。住房和城乡建设部依托全国自然灾害综合风险普查房屋建筑和市政设施调查系统，扩展开发了城乡自建房安全专项整治信息归集平台，明确了排查整治信息归集内容和使用方式，要求各地在组织城乡自建房安全专项整治工作中，结合实际按照《房屋建筑统一编码及基本属性数据标准》，对已排查的自建房进行赋码管理，建立数字化台账，并在显著部位设置永久性二维码标牌，实现线上线下融合管理。

2022 年 6 月 22 日，住房和城乡建设部办公厅发布《自建房结构安全排查技术要点(暂行)》。将自建房安全隐患初步判定结论分为三级，包括存在严重安全隐患、存在一定安全隐患、未发现安全隐患，明确房屋结构安全排查内容包括地基基础安全和上部结构安全，并分别明确安全隐患判定的具体要求，供各地结合实际参照执行。

2022 年 7 月 13 日，住房和城乡建设部建筑市场监管司发布《关于组织动员工程建设类注册执业人员服务各地自建房安全专项整治工作的通知》。要求各地动员组织注册建筑师、勘察设计注册工程师、注册建造师、注册监理工程师等注册执业人员，积极参与全国自建房安全隐患排查工作，充分发挥注册执业人员技术优势，依据有关法律法规及房屋安全隐患排查相关技术要求，为基层自建房安全专项整治工作提供技术咨询、指导，并从总体要求、服务内容、组织管理、鼓励政策等方面明确了相关要求。

二、《湖南省居民自建房安全管理若干规定》的重点要求

2022 年 11 月 23 日,《湖南省居民自建房安全管理若干规定》(以下简称《规定》)经湖南省第十三届人大常委会正式发布，并于 2023 年 1 月 1 日起实施。

（一）明确了管理职责分工

《规定》明确县级以上人民政府具有领导职责，应加强对本行政区域内居民自建房安全管理工作的领导，并对县级以上人民政府住房城乡建设、自然资源、农业农村、消防等自建房重点监管部门的职责进行了清晰划定；乡镇人民政府、街道办事承担属地责任，负责本辖区内居民自建房安全监督管理工作，对居民自建房的安全进行日常监管；村委会、居委会应发挥协助作用，协助乡镇人民政府、街道办事处做好居民自建房建设和使用安全监督管理工作。

（二）明确了房屋使用安全责任主体

《规定》明确房屋所有权人为房屋使用安全责任人。所有权人与使用人不一致的，所有权人和使用人可以约定由谁承担房屋使用安全责任。房屋所有权人下落不明或者房屋权属不清的，由房屋使用人或者管理人承担房屋使用安全责任。同时,《规定》明确了房屋使用安全责任人的具体使用责任，并对使用过程中的违法行为，设置了相应的法律责任条款。

（三）明确了房屋建设安全要求

《规定》从严格建设审批监管、规范设计和施工活动、建立竣工验收制度等方面提出相关要求。新建、改（扩）建、重建居民自建房的，应当依法办理用地、规划、建设等手续并依法进行建设，同时应建立居民自建房综合管理平台，利用平台对居民自建房用地、规划、建设、使用等进行监督管理。居民建设自建房应当依法委托具备相应资质的勘察设计单位设计图纸，并委托具备相应资质的建筑施工企业施工；设计、施工单位和乡村建筑工匠应当按照法律、法规、规章的规定及合同的约定进行设计施工。居民自建房竣工后，业主应当组织竣工验收，不组织竣工验收或者竣工验

收不合格的，不得投入使用，擅自投入使用的，责令停止使用。

（四）明确了房屋安全排查制度

《规定》明确，各级人民政府应当建立健全居民自建房安全风险隐患排查整治工作机制；县级以上人民政府住房城乡建设主管部门牵头组织居民自建房安全隐患排查整治。省人民政府应当加强对全省居民自建房安全排查整治工作的督促指导、考核评估；市、县级人民政府应当建立常态长效的居民自建房安全排查、复核和抽查制度；乡镇人民政府、街道办事处应当根据本辖区内居民自建房的安全状况进行定期排查。安全排查的重点区域为城乡接合部、城中村、安置区、学校和医院周边、产业园区、旅游景区、地质灾害易发区等，乡镇人民政府、街道办事处应当每年对重点区域进行一次全面排查，并加强日常巡查。排查活动应当吸收专业机构和人员参与，建立排查整治工作台账。

（五）明确了房屋安全鉴定的具体制度安排

《规定》明确房屋使用安全责任人的强制安全鉴定义务、安全鉴定机构应当具备的条件和危房报告责任。对于符合四类安全鉴定情形之一、危及公共安全的，居民自建房使用安全责任人应当委托鉴定机构进行安全鉴定。房屋安全鉴定机构应当具有独立的法人资格，具备相应的专业技术人员、专业设备设施，符合国家和省有关规定。对经鉴定为C、D级危险房屋的，房屋安全鉴定机构应当将鉴定报告及时送达委托人，并向房屋所在地乡镇人民政府、街道办事处和县级人民政府住房城乡建设主管部门报告；对有垮塌危险的，应当立即告知委托人，并立即向上述部门报告。

三、规划响应和落实

（一）消除存量隐患，以自建房安全排查信息作为重点区域规划建设的工作基础

在开展城乡接合部、城中村、安置区、学校和医院周边、产业园区、

旅游景区、地质灾害易发区等自建房安全排查重点区域的更新改造、规划建设等相关工作中，应以自建房安全排查信息作为工作基础，在规划范围内有存在安全隐患自建房的，应参照相关要求，明确分类处置方案，识别和消除安全隐患，严防安全风险。

（二）严控增量风险，强化新增自建房建设的规划控制要求

在涉及居民自建房集中区域的相关规划中，应结合地方要求，明确禁止和限制新建居民自建房的区域范围；允许新建、改（扩）建、重建居民自建房的，应明确依法办理用地、规划、建设等行政许可要求；3 层及以上城乡新建房屋，以及经营性自建房，应明确必须依法依规经过专业设计和专业施工，严格执行房屋质量安全强制性标准。

（住房与住区研究所，执笔人：焦怡雪）

实施老旧小区改造，打造完整居住社区

国家“十四五”规划明确提出，实施城市更新行动，加强城镇老旧小区改造和社区建设。为满足新时代人民群众对美好生活的需求，要以完善居住社区配套设施为着力点，大力开展居住社区建设补短板行动。2022 年 11 月，习近平总书记在辽宁考察时强调，“老旧小区改造是提升老百姓获得感的重要工作，也是实施城市更新行动的重要内容。要聚焦为民、便民、安民，尽可能改善人居环境，改造水、电、气等生活设施，更好满足居民日常生活需求，确保安全”。

一、2022 年出台的相关政策文件

2020 年 7 月，国务院办公厅印发《关于全面推进城镇老旧小区改造工作的指导意见》，明确了城镇老旧小区改造的总体要求、目标任务以及政策机制。2021 年 9 月，国家发展改革委、住房和城乡建设部印发《关于加强

城镇老旧小区改造配套设施建设的通知》。2020 年 8 月，住房和城乡建设部等 13 部门印发《关于开展城市居住社区建设补短板行动的意见》（以下简称《意见》）。2021 年 12 月，住房和城乡建设部、国家发展改革委、财政部印发《关于进一步明确城镇老旧小区改造工作要求的通知》（以下简称《通知》）。2022 年 11 月，住房和城乡建设部、民政部发布《关于开展完整社区建设试点工作的通知》。2022 年 12 月，住房和城乡建设部印发《完整居住社区建设指南》（以下简称《指南》）。

2020 年至 2022 年，住房和城乡建设部 6 批次印发城镇老旧小区改造可复制政策机制清单，总结地方加快城镇老旧小区改造项目审批、存量资源整合利用和改造资金政府与居民、社会力量合理共担等方面的探索实践，供各地结合实际学习借鉴。

二、重点政策文件的内涵和要求

（一）关于进一步明确城镇老旧小区改造工作要求

《通知》再次强调城镇老旧小区改造是重大民生工程和发展工程，要求把牢底线要求，坚决把民生工程做成群众满意工程。一是建立政府统筹、条块协作、各部门齐抓共管的专门工作机制，明确工作规则、责任清单和议事规程，形成工作合力。二是确定年度改造计划应从当地实际出发，尽力而为、量力而行，严禁以城镇老旧小区改造为名，随意拆除老建筑、搬迁居民、砍伐老树。三是各地确定改造计划不应超过当地资金筹措能力、组织实施能力。四是引导电力、通信、供水、排水、供气、供热等专业经营单位履行社会责任，将老旧小区需改造的水、电、气、热、信等配套设施优先纳入本单位专营设施年度更新改造计划。五是对小区配套设施短板及安全隐患进行摸底排查，并按照应改尽改原则。六是加快健全动员居民参与改造机制。七是居民对小区实施改造达成共识的，即参与率、同意率达到当地规定比例的，方可纳入改造计划。八是居民就结合改造工作同步完善小区长效管理机制达成共识的，方可纳入改造计划。九是各地应完善城镇老旧小区改造事中事后质量安全监管机制。十是有关市、县应及时核查整改审计、国务院大督查发现的问题。未按规定及时整改到位的，视情况取消申报下一年度改造计划资格。

聚焦难题攻坚，发挥城镇老旧小区改造发展工程作用。一是结合改造完善党建引领城市基层治理机制。二是推进相邻小区及周边地区联动改造。结合城市更新行动、完整居住社区建设等，积极推进相邻小区及周边地区联动改造、整个片区统筹改造，加强服务设施、公共空间共建共享，推动建设安全健康、设施完善、管理有序的完整居住社区。三是以改造为抓手加快构建社区生活圈。在确定城镇老旧小区改造计划之前，应以居住社区为单元开展普查，盘活利用的闲置房屋资源、空闲用地等存量资源。四是多渠道筹措城镇老旧小区改造资金。五是吸引培育各类专业机构等社会力量，全链条参与改造项目策划、设计、融资、建设、运营、管理。六是推动提升金融服务力度和质效。鼓励与各类金融机构加强协作，共同探索适合改造需要的融资模式。七是加快构建适应存量改造的配套政策制度。积极构建适应改造需要的审批制度，明确审批事项、主体和办事程序等。八是将改造后专营设施设备的产权依照法定程序移交给专业经营单位，由其负责后续维护管理。九是结合改造建立健全城镇老旧小区住宅专项维修资金归集、使用、续筹机制。十是引导小区居民结合改造同步对户内管线等进行改造。

（二）关于开展城市居住社区建设补短板行动的意见

一是任务迫切，城市治理的关键在居住社区。进入城镇化发展的中后期，城市开发建设方式由增量建设为主转向提质更新和结构优化并重。《意见》明确提出，以建设安全健康、设施完善、管理有序的完整居住社区为目标，以完善居住社区配套设施为着力点，大力开展居住社区建设补短板行动，提升居住社区建设质量、服务水平和管理能力。二是标准先行，提高居民生活质量和品质。《意见》提出落实完整居住社区建设标准，结合地方实际，细化完善居住社区基本公共服务设施、便民商业服务设施、市政配套基础设施和公共活动空间建设内容和形式，作为居住社区建设补短板行动的主要依据。三是机制创新，提升城市基层管理能力。通过引入专业化的物业服务、社区托管、组织代管或者居民自管的方式，建立物业管理服务信息平台，实现精细化、智能化服务。通过城市管理服务平台与物业管理平台的对接，推动城市管理进社区，使居住社区的管理服务与政府工作衔接。四是共同缔造，培育共同精神和内生动力。《意见》提出以开展居住社区建设补短板行动为载体，大力推进美好环境与幸福生活共同缔造活动，搭建沟通议事平台，充分发挥居民主体作用，推动实现决策共谋、发展共建、建设共管、效果共评、成果共享。

（三）完整居住社区建设指南

一是问题导向，找准居住社区建设短板。居住社区普遍存在规模不合理、设施不完善、公共活动空间不足、物业管理覆盖面不够、管理机制不健全等突出问题和短板，以社区为核心推动城市基本生活单元的更新改造是一项迫切的任务，以安全健康、设施完整和管理有序为目标精准发力，加快补齐既有居住社区设施短板，提升居住社区建设质量、服务水平和管理能力。二是标准先行，提高居民生活质量和品质。《指南》在标准的基础上细化完善了各项设施的建设要求，对建设原则、功能布局等提出明确的建设指引，具有较强的指导性和可操作性。重点从保障社区老年人、儿童的基本生活出发，提出配套养老、托幼等基本生活服务设施的标准，促进公共服务的均等化，提升人民群众的幸福感和获得感。三是机制创新，提升城市基层治理能力。《指南》围绕设施建设补服务和管理短板，提出物业管理全覆盖、健全社区管理机制等实操方法。通过居住社区治理机制的创新，打通城市管理和城市治理的“最后一公里”，促进构建纵向到底、横向到边、共建共治共享的城乡治理体系。

三、规划落实和响应

（一）制定老旧小区改造专项规划

城市层面，重点在于衔接城市更新专项规划、指导下一层级单元更新规划的制定。结合城市更新规划体系，城镇老旧小区改造规划可分为城市、单元（社区）、实施计划三个层次。城市层面可纳入城市更新专项规划，成为其中一个分项，或者单独制定《老旧小区改造专项规划》；单元层面形成《老旧小区改造单元规划》；实施计划层面形成《老旧小区改造实施计划》。

（二）增加老旧小区与城市的互动

一方面，老旧小区通过巧借周边城市资源弥补自身短板；另一方面，通过老旧小区改造，促进城市空间和设施的更新提升，带动城市发展。老旧小区可以借城市公共空间、交通设施、公共服务设施等资源，弥补自身不足。比如公共空间方面，可利用周边城市公园、口袋公园、山体公园、河道绿地等服务于老旧小区居民，弥补了周边老旧小区公共空间的不足。交通设施方面，办公或商业停车空间可提供给居民错峰停车。公共服务设施方面，可利用周边便民、养老、托幼等公共服务设施服务于老旧小区，等等。在改造中需要关注老旧小区周边步行环境，完善过街设施，提升老旧小区与周边公共空间、设施的可达性。

（三）拆墙并院、资源统筹

资源统筹策略主要是挖掘老旧小区连片改造单元内可利用资源，通过腾退、改造等方式拓展资源的使用效率。空间统筹。通过拆墙并院、清理违建、环境整治，将封闭小区变为共享社区。拆除围墙使得小院变大院，居民可获得的服务、可利用的设施和空间更多，公共资源的使用效率得到了提升。

交通统筹。通过打通交通堵点、理顺交通组织、清理僵尸车、优化停车位等手段，实现街道空间联通。老旧小区连片改造为疏通道路、缓解交通压力提供了一个良好的契机。通过拆除部分围墙、违建和闲置门房，可以打通断头路，实现街道空间联通，缓解老旧小区道路交通和停车问题。

设施统筹。利用单元内闲置的门房、库房、人防工程、办公楼等，改造为各类服务设施，如社区便民设施、活动中心等，不但补齐了公共服务短板，还可以吸引社会资本参与老旧小区改造和后期运营管理。

管理统筹。老旧小区连片改造单元在改造前需要统一规划、分类引导；在改造中需要拆墙并院、资源统筹；而在改造后，需要统筹管理、共治共享，即将连片改造单元内多个老旧小区打包给一个物业公司，或者共同成立社区服务公司、自治组织等，实现规模效应，形成共治共享的社区氛围。

（城市更新研究分院，执笔人：王仲、范嗣斌）

因地制宜，灵活多样，推动“口袋公园”建设

推动口袋公园建设是新时代绿色发展与科学绿化的重要手段，是推动居住区建设优化，解决老百姓“急难愁盼”问题的重要抓手。习近平总书记强调：“城市是人民的城市，要多打造市民休闲观光、健身活动的地点，让人民群众生活更方便、更丰富多彩。”2022 年 7 月，住房和城乡建设部发文，为新一轮口袋公园建设拉开序幕。

一、口袋公园建设相关的政策文件

2021 年《中共中央办公厅、国务院办公厅关于推动城乡建设绿色发展的意见》《国务院办公厅关于科学绿化的指导意见》、2022 年《国家园林城市评选标准》等文件以及“十四五”期间战略性、区域性政策，从绿化的形式、量化指标等角度拓展了口袋公园的建设空间。

2020 年《国务院办公厅关于全面推进城镇老旧小区改造工作的指导意见》《关于开展城市居住社区建设补短板行动的意见》《完整社区建设指南》等文件体现了口袋公园与百姓生活的密切关联。2020 年《国务院办公厅关于加强全民健身场地设施建设发展群众体育的意见》《关于开展人行道净化和自行车专用道建设工作的意见》、2021 年《关于在实施城市更新行动中防止大拆大建问题的通知》以及一些地方性政策中也都提及了口袋公园或类似形式的绿化活动。

2022 年 7 月，住房和城乡建设部《关于推动“口袋公园”建设的通知》首次以口袋公园为主题发文，提出了明确的建设指导要求。

二、相关政策文件的内涵和要求

（一）口袋公园与绿色发展、科学绿化

存量发展的背景下，城市对绿地、立体绿化、公共活动空间、体育公园仍存在增量需求。绿化的面积、服务半径覆盖仍是国家园林城市评选的重要指标。相较于综合公园、社区公园，口袋公园能更加灵活、充分地利用废弃地、边角地、房前屋后等见缝插绿，做到应绿尽绿。口袋公园也是级配合理、均衡共享、系统连通的公园体系的重要组成，可结合留白增绿、拆违建绿、见缝插绿、破墙透绿等园林绿化提质工作推动口袋公园建设。

（二）口袋公园与居住区建设优化

一是口袋公园建设可以满足社区内公共活动空间（包括公共活动场地和公共绿地）指标上的增量需求，而社区内边角地、废弃地、闲置地及拆除违法建设腾空土地为口袋公园建设提供了空间；二是社区内文化休闲设施、体育健身设施、应急避难场所可以与口袋公园建设相整合，整体提升小区及周边绿化、照明等环境品质，体现丰富的文化内涵。

（三）口袋公园集中体现多领域建设需求

城市更新行动中，口袋公园可作为区域建设规划统筹，加强过密地区功能疏解，积极拓展公共空间、公园绿地，提高城市宜居度的重要手段；在加强全民健身场地设施方面，口袋公园可作为多功能运动场、健身步道、广场、小型足球场等设施的载体，带动潜在空间资源梳理以及文化娱乐、养老、商业等设施资源的复合利用；人行道净化和自行车专用道等交通空间建设工作中，需推动人行道周边口袋公园、迷你花园建设，有条件的区域适当配置休憩设施、雕塑小品等，提升人行道空间品质。湖南、安徽等地关于历史文化保护传承的文件中提出保护人文及自然生态环境、延续整体空间格局、历史风貌和空间尺度。采用“绣花”“织补”等微改造方式增加口袋公园等公共开放空间。

（四）推动口袋公园建设的核心要求

一是提高认识，明确口袋公园的定义、类型、特点，了解口袋公园建设的积极作用、落实组织建设。二是制定实施方案，包括建设计划、推动工作的具体举措及保障措施等。每个省（自治区、直辖市）力争 2022 年内建成不少于 40 个口袋公园。三是各省级住房和城乡建设（园林绿化）主管部门要加强对本地区口袋公园建设工作的指导，兼顾选址、设计和建设、管理等方面。四是加强总结口袋公园建设管理中的做法、经验，宣传典型案例。

三、在相关研究和实践中落实和响应

（一）《口袋公园建设指南》编制研究

在住房和城乡建设部安排下，根据国家相关法律法规和政策标准，落实“以人民为中心”的发展思想，开展编制《口袋公园建设指南》，旨在指导口袋公园的规划、设计、建设、管理工作。主要内容如下：

1. 总体要求

口袋公园是面向公众开放、规模较小、形式多样、具有一定游憩功能的公园绿化活动场地；面积一般在 400～10000 平方米之间，类型包括小游园、小微绿地等；具有用地灵活、方便易达、简洁实用、精致小巧的特点；对改善城市宜居品质、提升城市活力有重要作用，是城市公园体系的重要组成部分。口袋公园建设应遵循因地制宜、便民亲民、节俭务实、共建共享的基本原则。

2. 规划选址

场地选择方面：老城、老区应充分结合城市更新、老旧小区改造，利用街边街角、闲置地、废弃地和拆违腾退空地建设口袋公园；新城、新区应结合规划，按步行 5～10 分钟可达配置口袋公园；合理利用屋顶、高架桥下及未定性用地等潜在空间建设口袋公园。

布局要求方面：以弥补绿地服务盲区为首要目标，通过口袋公园将城市公园绿化活动场地服务半径覆盖率提高到 85% 之上。结合城市更新行动，在社区、大型公建、商业服务设施、学校和公交地铁站点周边，建设口袋公园。鼓励结合历史遗存、古树名木、古井老桥等文化资源点建设口袋公园。

功能及设施配置方面：口袋公园的功能包括休闲娱乐、康体健身、体育运动、儿童游戏、文化展示、自然体验等，功能设置与面积、位置、周边人群特征等紧密相关，宜以一或几种功能为主，形成简洁清晰的功能分区，不强调综合性。设施配置应以居民的需求为依据，与空间规模和环境条件相适应。

3. 设计营造

口袋公园的建设方案应符合“满足周边人群的使用要求、营造开放融合的公园环境、注重简洁合理的空间布局、保障安全舒适的环境氛围、展现各具特色的场所主题”等要求。休憩交往、儿童活动、运动健身等活动场地的配置需呼应规划阶段的需求分析，并围绕其基本特点、常见形式及设施配置情况进行设计。

道路铺装设计应从铺装选材和竖向空间入手，形成合理的布局与形象表达。树种选择应符合适地适树原则，充分尊重场地现有植被，运用多种手法进行植物造景设计。建构筑物、小品的设计应突出形式与功能协调，场地及周边的附属设施需统筹设计、美化。

加强场地及周边历史文化资源的保护与发掘，运用多种表现形式，展现时代文化和风采，依托口袋公园开展多种文化活动。照明、运动建设设施等要素的设计应符合安全需求，园中各要素的设计应符合无障碍设计的相关规范。

4. 管理维护

园林绿化主管部门应根据建设目标统筹推进口袋公园规划、设计、建设、管理，对投融资方式和规模进行落实。由具有相应资质的机构进行设计、施工，按照国家相关要求进行工程验收。按属地设置管理机构，明确管养主体、管养责任人。建立设施日常检查制度，及时发现隐患并维护，日常维护应包括各类设施要素的常规养护、卫生保障、安全管理等内容，各项工作应符合相关规范要求。建设活动的全过程均应充分征询居民意见，引导公众全过程参与。

（二）规划设计实践

在石景山冬奥公园新首钢大桥桥下空间、金顶山全龄友好公园、大兴区“小空间大生活”城市微更新改造等规划设计实践项目中，充分响应相关政策导向，并总结经验，形成可推广、可复制的设计范式。

用地类型上，涵盖社区公共空间、道路边角地、桥下空间、现状公园绿地改造等多种形式，在见缝插绿的基础上，还做到“更新更绿”。将全龄友好的设计思想融入口袋公园，让公园更好地服务周边百姓。在冬奥会、城市更新行动的时代背景下，激活、串联具有历史价值和生活记忆的小空间，将历史与时代精神相融合。在院内、院外综合运用汇报交流、公众号等形式，开展推广宣传。

（风景园林和景观研究分院，执笔人：王忠杰、马浩然、王兆辰）

发挥农民主体作用，技术团队助力，建设宜居宜业和美乡村

一、政策焦点：充分发挥本土与外部人员在乡村振兴中的作用

党的二十大报告提出，全面推进乡村振兴，统筹乡村基础设施和公共服务布局，建设宜居宜业和美乡村。宜居宜业和美乡村的建设需要社会各界力量的参与。相较于各部委之前出台的《关于村庄建设项目施行简易审批的指导意见》（发改农经〔2020〕1337号）、《保障和规范农村一二三产业融合发展用地的通知》（自然资发〔2021〕16号）等政策，2022年的相关政策更加关注人在乡村振兴中的作用，强调发挥农民主体作用，通过设计下乡，乡村工匠培育，推进人才振兴，从而为乡村振兴的持续推进提供长久动力。

实现乡村振兴，一方面要充分发挥农民主体作用，激发广大农民的积极性、主动性、创造性，让广大农民有更多的获得感、幸福感、安全感。

2022年印发的《乡村建设行动实施方案》将“政府引导、农民参与”作为工作原则之一，要求坚持为农民而建，尊重农民意愿，要组织带动农民搞建设，不搞大包大揽、强迫命令，不代替农民选择。湖北省大力开展“美好环境与幸福生活共同缔造活动”，通过“决策共谋、发展共建、建设共管、效果共评、成果共享”的工作方法，让农民实质性地参与到乡村建设中来，形成“事事有人想、事事有人干、事事有人管”的乡村治理新格局，创新了基础治理体系，有较强的示范作用。

另一方面也需要加强乡村振兴的人才支撑，充分发挥专家、专业技术人员的作用，提升规划设计与建设水平。习近平总书记指出“要引导规划、建筑、园林、景观、艺术设计、文化策划等方面的设计大师、优秀团队下乡，发挥好乡村能工巧匠的作用，把乡村规划建设水平提升上去。”[①]住房和城乡建设部出台了《设计下乡可复制经验清单（第一批）》，不同于一般条文式的政策文件，印发可复制经验清单的方法，对地方政府、社会各界推动设计下乡有更强的参考价值与可操作性。原国家乡村振兴局等八部门联合印发了《关于推进乡村工匠培育工作的指导意见》，建立和完善乡村工匠培育机制，挖掘培养、传承发展、提升壮大乡村工匠，为乡村全面振兴提供重要人才支撑。

二、设计下乡：推动乡村人才振兴的重要举措

2022年11月，住房和城乡建设部印发了《设计下乡可复制经验清单（第一批）》，清单紧扣《住房城乡建设部关于开展引导和支持设计下乡工作的通知》（建村〔2018〕88号）的要求，从完善设计下乡政策机制、强化设计下乡人才队伍建设、健全落实激励措施、保障工作经费、提升服务能力和水平、加强宣传推广6个方面，对全国各地的实践经验与做法进行了总结与推广。从清单列出的多个案例可以总结出设计下乡具有两方面的成效和趋势。

首先，各地通过将设计下乡工作经费列入市、区（县）财政预算，细化设计下乡人才职称评审、继续教育等倾斜政策，将设计下乡工作从前期

① 习近平总书记在中央农村工作会议上的讲话（2017年12月28日）。

义务性、指令性的帮扶，逐步过渡常态化、规范化的服务。清单中提到山东、湖南、广东、福建、湖北、广西等13个省份都建立了相关制度；其中浙江作为发达地区，还建立起以县（市、区）为单位设立首席设计师和以乡镇（街道）为单位设立驻镇规划师的“双师”制度，并实现了全覆盖。驻镇、驻村开展规划设计服务越来越成为乡村工作的常态，切实起到了提升服务水平、提高建设质量的作用，成为推动乡村振兴的重要方法。

其次，设计下乡的人员构成和组织方式是多样的，涉及规划师、建筑师、工程师等不同专业，如苏州市创新了驻村设计师、工程师“一村两师”制度，在乡村建设的人才分工上进一步细化，形成了从规划设计到施工管理的全流程服务。设计下乡人员既包括院士、大师等高水平领军人才，也包括规划设计单位、高校师生等技术力量，还包括美丽乡村投资人、部分村书记等乡土建设顾问，形成了全行业、全方位、多层次的设计下乡的人才队伍，为乡村振兴提供了坚实的人才保障。

三、湖北省共同缔造：完善机制、调动群众的积极性

湖北省开展共同缔造工作具有较好的基础。2017年以来，在住房和城乡建设部帮扶下，湖北省红安县、麻城市开展“共同缔造”活动，充分调动了群众的积极性，形成了较为丰富的经验做法。2022年6月，湖北省委书记王蒙徽在全市第十二次党代会上提出以城乡社区为基本单元，广泛开展美好环境与幸福生活共同缔造活动。随后湖北省委办公厅、省政府办公厅发布的《关于开展美好环境与幸福生活共同缔造试点工作的通知》（鄂办发〔2022〕23号）要求每个县（市、区）确定5～10个城乡社区（农村自然湾组、城市居民小区）作为试点开展相关工作。截至2023年1月，湖北省委已对第一批试点进行了考核。相比于前期住房和城乡建设部推动的试点，湖北省的共同缔造工作，在理念方法、工作方式等方面都有创新和提升。

首先，在理念方法层面，本次湖北省全面开展的共同缔造工作，更强调共同缔造作为一种工作方法，要在提升基层治理体系和治理能力现代化的各个方面发挥作用。如省委文件明确“共同缔造活动是走好新时代党的

群众路线的实践路径，是增强党的执政领导力、思想引领力、群众组织力、社会号召力的重要载体”。因此，建立和完善全覆盖的基层党组织是开展共同缔造的基础，建立“共谋、共建、共管、共评、共享”的机制是工作的核心，而改善群众身边、房前屋后人居环境等则是共同缔造工作的具体抓手。

其次，从工作开展方式看，湖北省充分深刻认识到开展共同缔造工作的难度，因此采用了县级全覆盖，同时在每个县选择 5～10 个试点开展工作。明确试点的工作重点是增强群众的主人翁意识，探索建立“纵向到底、横向到边”的长效机制，并培养一批掌握共同缔造理念和方法的骨干人才，形成一批可复制、可推广的经验和方法，为未来共同缔造工作的开展提供方法和人才支撑。同时省委省政府多次强调，共同缔造不能搞“大跃进”“贴标签”，工作上不能先入为主、急于求成，更不能搞包办代替；试点的成效不仅要看项目的实施完成情况，更要看基层组织强了没、群众行为变了没、干部观念转了没。

从工作效果来看，各地结合自身实际情况，进行了大胆创新，初步形成了一批可复制、可推广的经验。如红安县作为较早开展相关工作的试点，率先出台了《红安县乡村振兴阶段打造美好环境与幸福生活共同缔造升级版工作方案》，明确将乡村建设从盆景式打造转为“示范片区＋重点村庄＋分类引导”的发展方式，成为湖北省乡村振兴阶段村庄发展的样板。黄梅县五里墩社区在共同缔造活动深入推进过程中，经过党员带头、群众讨论凝聚出“社区牵头、集体出资、个人出力、共同打造”的工作模式，并探索出“433”模式，即居民个人出资 40%、社区筹资 30%、乡贤捐赠 30% 的项目筹资办法，解决了“没人管事”“没钱做事”的问题，顺利完成了房屋立面改造、屋顶换瓦、围墙建设等工作。

总之，无论是住房和城乡建设部推动的“设计下乡”工作，还是湖北省开展的共同缔造活动，都将重点放到了乡村振兴中的人，通过发挥农民的主体作用、规划设计团队的专业技术能力，形成合力，共同形成乡村振兴的人才基础，实现宜居宜业和美乡村的建设目标。

（村镇规划研究所，执笔人：赵明、邓鹏）

补齐公共服务“短板”，建设人民满意的城市

总结可复制经验，关注城市更新面临的主要问题

实施城市更新行动是党的十九届五中全会作出的重大决策部署，是推动城市高质量发展的重大战略举措。2021年11月，住房和城乡建设部印发《关于开展第一批城市更新试点工作的通知》，在北京等21个市（区）开展城市更新试点，因地制宜探索城市更新工作机制、实施模式、支持政策、技术方法和管理制度。

一、城市更新试点城市的经验与做法

（一）构建协调联动工作机制有利于有序推进城市更新行动

在工作组织上，各地普遍建立市区协同、部门联动的工作机制，明确职责分工，凝聚工作合力，形成齐抓共管、整体推进的工作格局，并建立考核督查机制，保障城市更新工作有力有序推进。

（二）开展城市体检为科学推进城市更新行动提供依据

在工作程序上，坚持体检先行，牢固树立“无体检不项目，无体检不更新”的工作理念，把城市体检作为片区更新的前置要素，建立城市体检与更新循环机制。

（三）政策松绑和管理创新是城市更新行动的有效推动

各地在土地、规划、建设等领域制定配套政策，在土地使用、规划管理、建设审查、行政许可程序等方面进行政策松绑，突破既有制度规定的束缚，有效提高了城市更新试点项目和试点工作的推进效率。一是在土地使用方面尝试建立片区指标平衡和资金统筹的机制。二是在规划管理

方面试行用地混合和容积率管理的相关政策。三是在建设审查方面适度放宽技术审查要求。各地的基本共识是遵循实事求是、因地制宜的原则，底线是不低于现状标准。四是在行政许可程序方面全面优化土地使用、规划审批、项目审批等环节的既有工作流程，简化审查要件，缩短审查周期。

（四）技术导则和工作规程是城市更新行动的持续推力

通过试点项目的建设管理和更新规划的编制实施，各地针对规划设计和管理审查，逐步制定相应技术导则和工作规程，有效提高了城市更新工作的规范化水平。一是在规划设计方面推进标准化编制。二是在管理审查方面实现规范化管理，在松绑政策走通实施路径后，各地适时将“一事一议”的经验进行总结推广，形成日常管理的工作规范。

（五）多元参与资金模式是推进城市更新行动的重点

在资金来源上，发挥政府引导、社会资本参与的积极作用，探索引入多元化、可持续的资金投入办法和实施机制，加强与金融机构合作，拓宽融资渠道，降低融资成本，解决项目资金问题。

二、城市更新工作中的主要问题及堵点

汇总 21 个试点城市（区）上报的第一季度和第二季度信息，城市更新可持续实施模式的问题和堵点主要集中在如下几个方面：

（一）上位制度的缺位影响地方施策破局的决心

现有的项目建设审批程序和审查规范大多基于新建项目和增量项目，难以适应城市更新项目的类型特点。在政策层面寻求松绑和突破，是地方城市的基本共识。开展国家、省级层面的制度设计，为地方在行政许可、土地政策、规划建设技术审查等方面突破政策限制指明方向乃至提供上位依据，是实地调研时地方城市普遍提到的诉求。

从地方城市的反馈来看，亟须实行政策松绑环节集中在两个方面。一是存量资源盘活难。城市更新需要对闲置荒废存量资源加以整合利用，涉

及的增减部分需要调整规划指标，但目前缺乏相关政策支持。如需增建各类有收益的公共配套服务用房，需征收土地价款，增加了改造难度。二是标准规范不匹配。部分老城区的更新改造无法满足现行日照、绿化、消防等规范要求，有的老旧小区需要部分拆除重建，容积率、地下车库、绿地率等规范指标都要按常规项目要求，存在很大难度。

（二）过于依赖地方政府及其国有平台的资金投入，不利于城市更新行动的持续推进

各个试点城市（区）的更新实践尚处于探索初期。各地都鼓励社会资本参与更新，但具体的更新路径和盈利机制尚不清晰。这导致地方政府仍将自身及下属平台公司的出资作为主要的资金来源。长期来看，不利于经济的健康发展，也不利于发挥社会资本在城市更新中的作用，城市自身的资金财力也难以维持。目前，地方政府正在使用或计划使用的资金主要有三个来源：首先是地方国企出资与全盘托底。实地调研发现，地方城市的更新大多由地方政府指定市、区两级的国资企业操盘主导；其次是地方政府和国企向国家政策性银行申请的融资授信；最后是计划申请的各类专项资金的补贴。

（三）存量资源挖掘存在阻碍，社会资本进入不畅

目前在各地城市更新的推进过程中，老旧楼宇、老旧厂房、低效产业园区等存量资源盘活受阻。首先是受到多产权主体产权归集问题的限制，尤其是以老旧楼宇为例，由于大量、分散式的产权主体的协调很难达到《民法典》或部分城市更新条例关于“双3/4或双95%”的规定，更新项目无法推进。其次是以老旧厂房和低效产业园区为代表的项目缺乏合理的评估和退出机制，以北京市顺义区为例，该区产业用地约50平方公里的产业用地中接近一半处于闲置或低效状态。但大量产权企业自我评估价值过高（在市场评估价2倍以上），造成无法引入优质企业，政府依据现有法律法规仅能起到对接作用，没有办法进行强制性干预。

受制于城市更新的资金政策、土地政策及项目审批政策等不明朗影响，导致市场参与度较低，投融资机制创新不足。现阶段的资金政策主要聚焦于各级人民政府的专项资金及城投公司。以《铜陵市城市更新专项

资金管理暂行办法》为例，该类资金政策是针对当地政府市级财政的资金来源和使用管理的政策探索，针对社会资本的进入，未能提供明确指导。这就导致社会资本的进入路径受阻，单靠政府和城投公司难以满足资金需求。

（四）上位相关政策制度限制较多，地方配套的松绑政策在出台和实施时面临争议

现有的项目建设审批程序和审查规范大多基于新建项目和增量项目，难以适应城市更新项目的类型特点。受制于自身的立法权，地方城市无法突破国家和省级层面的现行法规规范，对城乡建设与管理等方面的事项制定地方性法规。导致更新中的“合理”手段面临潜在的法律风险和实施困境。因此，地方城市普遍呼吁，要开展国家、省级层面的制度设计，为地方在行政许可，指标放宽、土地出让等方面突破政策限制指明方向乃至提供上位依据。在行政许可方面，嘉兴在全市建成的 50 多个“红色驿站”（市区 25 个），其中约有半数在办理用地、规划、建设的行政许可时，不适用现行的审批程序，无法纳入正常监管。为推进项目实施，只能暂时搁置问题与争议，先行建设。在指标放宽方面，衢州在更新项目中尝试在建筑高度、物业用房建设等方面突破现行规范和审批程序的限制，被反对居民援引现行规范制止。试点小区计划建设的 2000 平方米物业用房最终只实施 800 多平方米。在土地出让方面，成都以连片的方式推进城市更新，以期实现片区基础设施补短板、完善公服配套、推动城市功能品质综合提升等综合效应，商业、住宅等各类经营性用地需要统一主体实行综合打造，与现行商品住房用地单宗出让的要求相冲突。《关于进一步加强房地产用地和建设管理调控的通知》规定：“土地出让必须以宗地为单位提供规划条件、建设条件和土地使用标准，严格执行商品住房用地单宗出让面积规定，不得将两宗以上地块捆绑出让”。

（城市更新研究分院，执笔人：孙心亮、李锦嫱、张祎婧）

抓住“十四五”窗口期，推进健康老龄化

一、背景与意义

健康长寿是人类追求的永恒主题，1987年5月召开的世界卫生大会提出了“健康老龄化”的概念；1990年，世界卫生组织提出实现“健康老龄化”的目标；2015年，世界卫生组织发布《世界卫生组织关于老龄化与健康的全球报告》，将“健康老龄化”定义为“发展和维护老年健康生活所需要的功能和功能发挥的过程”，即“健康老龄化”是从生命全过程的角度，从生命早期开始，对所有影响健康的因素进行综合、系统的干预，营造有利于老年人健康生活的外部环境，维护老年人的内在功能，保障老年人各项功能的正常发挥，延长健康预期寿命，实现有质量的老年健康生活。健康老龄化强调：从预期寿命提高到实现健康预期寿命提高；从生命长度延长到实现生命质量提高；从身体健康到实现全面健康。

（一）健康老龄化是我国积极应对人口老龄化、实施健康中国战略的必然选择

1999年，我国60岁及以上老年人口比例超过10%，开始进入老龄化社会。2022年我国人口61年来首次出现负增长，60岁及以上人口有2.8亿人，占全国人口比例19.8%，65岁及以上人口约2.1亿人，占全国人口比例14.9%，我国已经进入深度老龄化阶段。根据2022年全国人民代表大会常务委员会专题调研组的研究结论，2050年左右，我国60岁及以上老年人口预计达到峰值4.87亿人，将占届时全国总人口的34.8%、亚洲老年人口的2/5、全球老年人口的1/4。由于我国在1962年开始了中华人民共和国成立后长达13年的第二次人口出生高峰段，2022年到2035年我国老龄人口增长将进一步增速，预计2025年60岁及以上老年人口将突破3亿人，2033年突破4亿人，2035年前后进入重度老龄化阶段。

2016年，党中央、国务院发布《“健康中国2030”规划纲要》，把健

康中国建设上升为国家战略。党的十九大作出实施健康中国战略的重大决策部署。党的十九届五中全会明确提出实施积极应对人口老龄化国家战略；2021 年 10 月 13 日，习近平总书记对老龄工作作出重要指示，要求“把积极老龄观、健康老龄化理念融入经济社会发展全过程”，“加快健全社会保障体系、养老服务体系、健康支撑体系”。2021 年底，《中共中央　国务院关于加强新时代老龄工作的意见》和《“十四五”国家老龄事业发展和养老服务体系规划》等文件先后出台。

为提高全人群、全生命周期健康水平，满足老年人对健康的基本需求，兼顾多层次和多样化需求，推进老龄健康服务供给侧结构性改革，2022 年 3 月，国家卫生健康委、教育部、科技部等 15 个部门联合印发《“十四五”健康老龄化规划》（以下简称《规划》），强调持续发展和维护老年人健康生活所需要的内在能力，促进实现健康老龄化。促进健康老龄化对社会经济健康发展意义重大，为老年人提供优质的健康服务，为其提供支持性的健康教育、预防保健、医疗康复、照料和养老环境，可以提升老年人的健康预期寿命和生活质量，减轻政府和社会的财政负担，促进社会和谐与稳定。此外，健康、活力的老年人增加有利于形成第二次人口红利。可以说推进健康老龄化是积极应对人口老龄化的必然选择，是协同推进健康中国战略和积极应对人口老龄化 2 个国家战略的必然举措。

（二）“十四五”时期是我国健康老龄化深入发展的新阶段

“十三五”时期编制的《“十三五”健康老龄化规划》提出促进发展方式由以治病为中心转变为以人民健康为中心，服务体系由以提高老年疾病诊疗能力为主向以生命全周期、健康服务全覆盖为主转变的指导思想。这一时期，健康中国行动老年健康促进行动全面启动，包括“健康教育、预防保健、疾病诊治、康复护理、长期照护、安宁疗护”6 个环节的老年健康服务体系初步建立。在医养结合方面，老年健康和医养结合服务纳入国家基本公共服务，长期护理保险制度顺利推进，老龄健康产业规模也不断扩大。

“十四五”时期是我国全面建设社会主义现代化国家新征程的第一个五年，我国已转向高质量发展阶段，具有经济潜力足、发展韧性强、政策工具多的基本特点。这一时期我国低龄老年人比重将进一步增加，新增老年群体受教育水平高，对于健康产品和服务需求更加旺盛。这一时期需要重点解决：老年医疗卫生服务机构发展不充分和适老环境建设程度不高；老年医学及相关学科发展滞后；老年健康基层服务人员缺乏；医养结合供给不足、长期照护费用支付机制有待完善等问题。“十四五”时期是推进我国健康老龄化深入发展的新阶段。

二、目标与要求

《规划》提出了“十四五”期间促进健康老龄化的指导思想、基本原则、发展目标、主要任务和保障措施。

第一，《规划》提出的指导思想强调满足老年健康基本需求和多层次多样化需求兼顾；强调通过体制机制改革创新推进供给侧的结构性改革；强调把积极老年观、健康老龄化理念融入经济社会发展全过程。

第二，《规划》确定了健康优先、全程服务、需求导向、优质发展、政府主导、全民行动，公平可及、共建共享的基本原则。即强调老年健康服务以老年健康为中心，六项服务内容全程覆盖；同时强调以老年人健康需求为导向，促进医疗卫生服务体系整合，加大医养深度结合；强调政府、社会资本、个人和家庭共同参与，构建多层次、多样化的老年健康服务体系。推动老年健康服务公平可及，惠及全体老年人。

第三，《规划》确定了 4 个发展目标和 7 项主要行动指标。《规划》明确提出到 2025 年，老年健康服务资源配置更加合理，综合连续、覆盖城乡的老年健康服务体系基本建立，老年健康保障制度更加健全，老年人健康生活的社会环境更加友善，老年人健康需求得到更好满足，老年人健康水平不断提升，健康预期寿命不断延长。

到 2025 年，二级及以上综合性医院设立老年医学科的比例达到 60% 以上，65 岁及以上老年人城乡社区规范化健康管理服务率达到 65% 以上，65 岁及以上老年人的中医药健康管理率达到 75% 以上，85% 以上的综合性医院、康复医院、护理院和基层医疗卫生机构成为老年友善医疗机构，三级中医医院设置康复（医学）科的比例达到 85% 以上，培训老年医学科医师不少于 2 万人，培训老年护理专业护士不少于 1 万人。

“十四五”健康老龄化规划工作指标

第四，强调 15 个部门围绕 9 个方向，聚焦 28 项重点任务落实健康老龄化工作。主要包括：一是强化健康教育，提高老年人主动健康能力；二是完善身心健康并重的预防保健服务体系；三是以连续性服务为重点，提升老年医疗服务水平；四是健全居家、社区、机构相协调的失能老年人照护服务体系；五是深入推进医养结合发展；六是发展中医药老年健康服务；七是加强老年健康服务机构建设；八是提升老年健康服务能力；九是促进健康老龄化的科技和产业发展。

第五，提出加强组织领导、加大投入力度、完善保障体系、强化督导考核四方面的保障措施要求。

三、认知与思考

（一）建设高品质、综合连续整合型的老年健康服务体系

2019 年中共中央、国务院发布的《国家积极应对人口老龄化中长期规划》已经提出建立和完善包括健康教育、预防保健、疾病诊治、康复护理、长期照护、安宁疗护的综合、连续的老年健康服务体系。本次《规划》强调统筹预防、诊疗、康复，建设体系完整、分工明确、功能互补、密切协作、运行高效的整合型医疗卫生服务体系，优化生命全周期、健康全过程服务。对健康服务体系分项进行了深化和完善。

第一，强化健康意识和生活方式优先。强调老年人主动健康能力建设，通过细化健康教育的内容和服务组织方式，明确多元化健康教育的供给格局，提出鼓励建设“老年健康教育专属阵地”和依托各类公共场所和基层社区服务设施组织开展老年教育活动等，引导老年人树立“自己是健康第一责任”的意识，促进老年人践行健康生活方式。

第二，完善预防保健服务体系，关爱老年人身心健康，提出建立综合连续动态老年人健康管理档案，并将城乡社区对 65 岁以上老年人规范化管理服务纳入考核指标。同时强调推进体育卫生与健康养老相融合，加强社区、医养结合机构适老化健身设施建设，发布老年人体育健身活动指南。

第三，建立综合连续的覆盖疾病诊治、康复和护理、安宁疗护的连续

性医疗服务，鼓励将康复护理机构、安宁疗护机构纳入医联体网格管理。

（二）推动居家社区机构相互协调的健康设施和服务供给

《规划》强调推动居家、社区、机构相互衔接、相互协调的健康服务设施和服务内容供给。提出完善以机构为支撑、社区为依托、居家为基础的老年护理服务网络；建立医院、基层医疗卫生机构和家庭相互衔接的安宁疗护工作机制和转诊流程；发展面向居家、社区、机构的智慧医养结合服务等。具体对机构、社区、居家三个层面提出如下建设要求：

第一，多角度健全健康服务机构建设。

（1）建设老年健康促进、诊疗和科研高地。支持国家老年医学中心、区域老年医疗中心、国家老年疾病临床医学研究中心建设。遴选一批国家级和省级老年健康人才培训基地。

（2）补充建设老年医院、康复医院、护理院（中心、站）及优抚医院。鼓励公共医疗资源丰富的地区将公立医疗机构转型为康复和护理机构。支持机构提供照护服务，辐射居家失能老年人。三级中医院设置康复（医学）科比例达到85%以上。

（3）医疗机构推广多病共治，开展多学科诊疗。在二级以上综合医院、康复医院、优抚医院、护理院、医养结合机构开展老年综合评估服务。推进老年医学专科联盟。

（4）推进老年医学科建设。推进二级以上中医医院、二级以上综合医院设立老年医学科。加强各省中医治未病中心建设。开展老年健康服务机构（科室）建设。在疾病预防控制机构、综合性医院、康复医院、护理院、安宁疗护机构等医疗卫生机构和老年医学科、康复医学科、安宁疗护科等建设老年健康服务机构（科室）。

（5）医疗卫生机构合理开设安宁疗护病区或床位。建设安宁疗护培训基地。鼓励康复护理机构、安宁疗护机构纳入医联体网格管理。

（6）阿尔茨海默症患者专区建设。推进照护机构建设阿尔茨海默症患者专区。

（7）推进医养结合。支持规模较大的养老机构设置医疗卫生机构。建设医养结合机构，医养结合机构建设健身设施。

第二，推进基层医疗卫生服务机构、社区服务设施等增加老年健康服务。

基层医疗卫生服务机构应为老年人提供综合、连续、协同、规范的基本医疗服务。《规划》提出：

（1）提高基层医疗卫生机构康复、护理床位占比，有条件的可增设护理床位或护理单元；开展社区康复医疗服务，有条件可提供居家护理和日间护理服务；鼓励发展社区安宁疗护服务。支持农村医疗卫生机构利用空置的编制床位开设康复、护理、安宁疗护床位。

（2）鼓励社区卫生服务中心与相关机构合作增加照护功能，提供短期照护和临时照护。为失能老年人家庭提供家庭照护者培训和喘息服务。建设社区阿尔茨海默症患者照护点。

（3）鼓励医疗资源富余的基层医疗卫生服务机构利用现有资源开展医养结合服务。

（4）鼓励利用社区配套用房或闲置用房开办护理站，为行动不便的失能、残疾、高龄、长期患病的老年人提供上门医疗护理服务。为失能老年人提供居家健康服务。

（5）社区应为老年人建设适宜的健身设施。

第三，积极借助机构、基层医疗卫生服务机构和社区服务设施推进老年健康居家服务。

《规划》提出通过基层医疗卫生服务机构，开展居家康复医疗服务、居家护理、安宁疗护服务；通过有条件的医院和基层医疗卫生服务机构提供家庭病床和上门诊疗等。

（三）促进老年健康保障机制不断增强

第一，推进老年友好环境系统化建设。推进老年友善医疗机构建设，提出从文化、管理、服务、环境多方面落实老年人医疗服务适老政策，例如，切实解决老年人在运用智能技术就医方面遇到的困难。加快无障碍环境建设和住宅适老化改造。

第二，推进人财物等保障机制建设。《规划》提出提升老年健康服务能力，加强老年医学及相关学科专业建设。加大老年健康专业人才培训力度，推进老年健康队伍建设专项工程，到“十四五”期末，培训老年医学科医师不低于2万人，培训老年护理专业护士不低于1万人。实施安宁疗护服务能力提升培训项目；强化老年健康照护队伍建设，增加从事老年护理工作的医疗护理员数量。健全老年健康标准规范体系。加大投入力度，拓宽经费筹资渠道提供普惠性老年健康和医养结合服务。完善门诊用药保障机制，稳妥推进长期护理保险制度试点，鼓励多类型专属保险产品等。

第三，推动老龄健康产业可持续发展。推动老年健康与养老、养生、文化、旅游、体育、教育等多业态深入融合；支持新材料新技术在老年健康领域深度集成应用与推广；支持医疗卫生机构、企业、科研单位围绕医工协同发展，丰富智能产品，提高产品适老性。健全相关标准，规范为老服务市场，加大监管力度，维护老年人权益。

人民健康是中华民族昌盛和国家富强的重要标志，老年健康是保障我国老年人独立自主和参与社会的基础。积极利用“十四五”积极应对人口老龄化的窗口期，推进和深化健康老龄化，是完善老年人社会保障、养老服务、健康支撑三大体系，努力构建老年友好型社会的必经之路；是满足人民日益增长的美好生活需要、践行以人民为中心发展理念、实现城镇化高质量发展的重要发展策略。

（科技促进处，执笔人：付冬楠）

满足青年多样化需求，开展青年发展型城市建设试点

2022 年 4 月，中央宣传部、国家发展改革委、共青团中央等十七部门联合印发《关于开展青年发展型城市建设试点的意见》（以下简称《意见》），首次明确了“青年发展型城市”的建设内涵，推动青年高质量发展和城市高质量发展双向互促，统筹引导规范各地自行探索的青年发展型城市建设。2022 年 6 月，中长期青年发展规划实施工作部际联席会议办公室进一步公布了 45 座全国青年发展型城市建设试点和 99 个青年发展型县域试点名单，在一定范围内统筹探索相关实践经验。“青年优先发展”已经成为当下城市发展新阶段的重要话题。

一、青年发展的时代新命题

青年发展一直以来都是党和国家事业的关键所在。2017 年 4 月，中共中央、国务院印发了《中长期青年发展规划（2016—2025 年）》，是中华人民共和国成立以来第一个由党中央和国务院发布的青年发展规划，在国家层面把青年发展摆在党和国家工作全局中更加重要的战略位置。

纵观近 30 年的全国人口变化趋势，2021 年人口净增长仅 48 万人，创下 60 年新低，2022 年人口减少 85 万，进入负增长时代。青年人口规模也从 2000 年峰值 4.9 亿人逐步下降至 2019 年 4.07 亿人，占比也从 41.6% 下滑至 28.9%。在人口红利逐步褪去之际，城市是否具备对青年的吸引力，直接关系到城市未来高质量创新发展的命脉与潜力（图 1、图 2）。

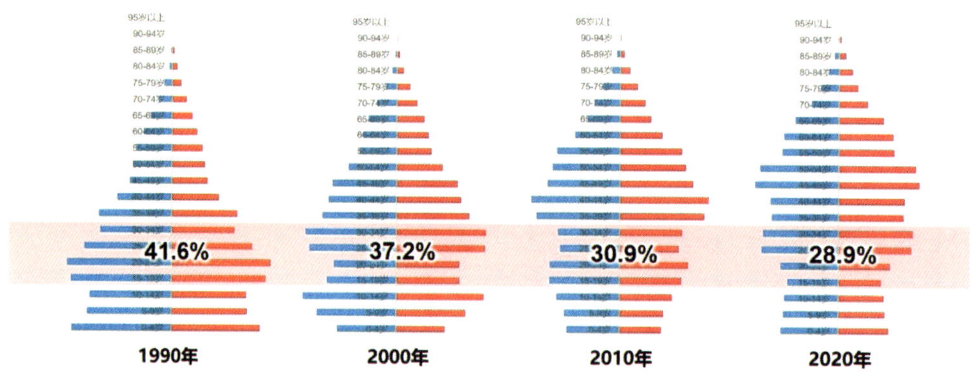

图 1　近 30 年的全国人口年龄结构变化趋势

数据来源：1988—2020 年《中国人口和就业统计年鉴》

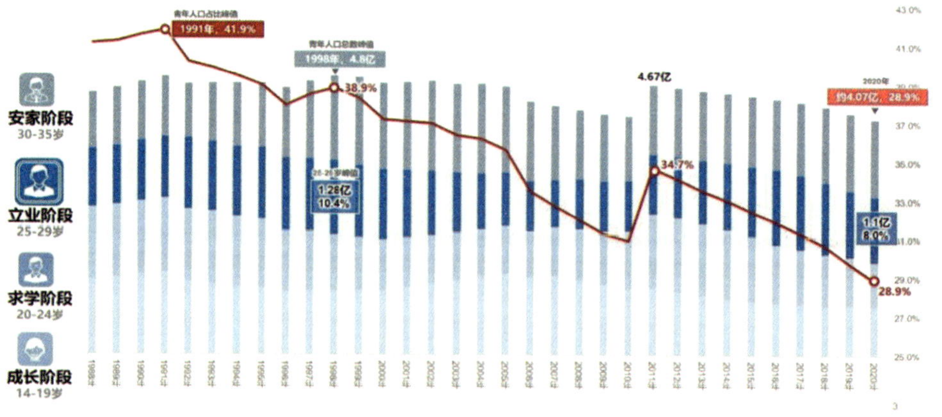

图 2　1988—2020 年青年人口规模与占比示意图

来源：1988—2020 年《中国人口和就业统计年鉴》

二、Z 世代青年的新画像

在城镇化快速推进的社会经济时代背景下，以 95 后出生的“Z 世代”为代表青年群体是推动城镇化的主要动力，在生活特征、工作方式、价值取向等方面上体现新世代特征。

高原子化。随着人口流动加速及社会生活成本上升，青年显现出“三高”的人口特征：与上一世代 80 后相比，Z 世代的单身成年人口数增加，初婚年龄提高，未婚比例上升。在生存方式上，房租压力、通勤压力、服务便利等成为青年关注的重要因素。

高创造力。伴随着产业调整、数字化趋势以及平台经济、众包模式等新型经济业态的产生，创新创业成为青年的重要发展路径，主动型创业占据了创业者的多数。在信息技术服务业、文化体育娱乐业、科技应用服务业等以创新创意为关键竞争力的行业中，青年占比均超过 50%。

重参与感。一方面，青年作为消费的主力军，关注新潮与独特体验，引领消费趋势演变，形成线上社区与线下活动的联动社交，驱动业态创新、场景创新类首店等新兴空间。另一方面，各类青年社会组织也开始参与到社会公益和社会治理中，在抗击疫情、洪涝灾害乃至各类重大城市活动中发挥着中流砥柱的作用。

三、实践探索的新阶段

各地的青年发展政策，从关注“青年引入”，到培育“青年活力”，再到纵深推进“青年友好”，从全面化的角度展开青年发展的政策设计。

（一）青年引入：人才争夺战

2017—2018 年各地的人才引进风起云涌，“抢人大战”由一二线城市开始陆续深入三四线城市中，人才政策正在不断加码升级，如南京“宁聚计划”、武汉“留汉九条”、成都“蓉漂计划”、长沙“人才新政 22 条”等。截至 2019 年底，全国发布相关人才新政的城市已经超过 160 座。

（二）青年活力：创新组合拳

在关注人才竞争的过程中，各地逐步转向注重就业促进和创新培育。如杭州提出建设“世界青年友好城”，建设覆盖全区县的创新创业生态服务体系。郑州等提出建设“技能型人才高地”，引导建设人才培训基地，提升青年技能培训水平。

（三）青年友好：青年发展城

2020 年以来，各地开始全面开展青年发展政策设计，如深圳打造“世界青年发展型城市”，成都启动“青年友好城市营造共建共治共享行动”，保定、东莞、珠海等城市也提出建设青年发展型城市或青年友好城市。在省级层面，贵州省建设“青年友好型成长型省份”，山东推进全省域“青年发展友好型城市”等。从 2022 年 4 月颁布《意见》以来，各地进一步加码落实相关工作，如上海在结合创新实验室等推动青年发展型社区和街区建设，青岛实施青年人才发展友好型示范园区方案，长沙抓紧编制《长沙市青年发展型城市建设规划》，等等。

四、青年发展型城市建设的举措建议

总结各地青年发展建设实践可以发现，保障青年住有所居、鼓励青年扎根立业、建设青年活力场景、引领青年先锋价值，成为助推城市高质量发展和鼓励青年奋发有为的 4 个关键领域。

（一）构筑青年乐居城市

青年们在用脚投票选择定居城市时，首要关注着良好的城市环境品质、完善的公共服务供给等因素。与此同时，不断持续上涨的房价与各座城市落户政策的阶段性调整、通勤压力等，也深刻影响着青年的考虑与选择。

在上一轮城市发展进程中，珠三角成为青年最向往的区域。深圳在过去 5 年内新增 565 万人，广州也增加 463 万人。东莞、佛山也借助粤港澳区域经济一体化深度对接广深，强化青年人聚集。长沙、郑州、西安、杭州等“强省会”战略成效突显。在过去 5 年里，长沙新增 240 万人，郑州新增288万人，西安新增412万人。其中，长沙借助严格的住房宏观调控成为最适宜定居的城市之一。北京、上海的人才政策转向提高城市人口质量、优化人口结构的导向，特别放宽了对国内一流院校应届毕业生的落户门槛。

对此，《意见》在关注青年发展型城市居住环境方面，关注加快完善以公租房、保障性租赁住房和共有产权住房为主体的住房保障体系，积极解决新市民、青年等住房困难问题。

（二）营建青年立业城市

2022年全国高校毕业生达到1076万人，再创历史新高，就业竞争更加激烈。而在创新方面，虽然各项创新政策和平台涌现，但创业成功率仅30%，贷款融资难、创新服务不完善等问题依然需要进一步解决。

北京、上海、深圳引领全国就业创业格局。北京引领创业氛围，成为“全国创业第一城”，上海侧重就业吸引，深圳在两方面的表现均名列第三城地位。杭州打造“全国数字经济第一城”，武汉的“百万大学生留汉创业就业计划”，郑州大力实施黄河人才计划，强化对研究型与技能型的人才培养。

为此，《意见》在优化就业环境上，明确健全青年就业公共服务体系、健全劳动权益保障机制、健全工资合理增长机制等内容，为青年们提供高质量就业机会。同时在动员创新创业方面，也注重完善人才发现培养、评价使用、流动配置、激励保障机制。

（三）建设青年活力城市

注重城市公共空间营造、激活城市公共空间活力成为“人民城市”建设的重要内涵之一。各地青年发展城市的建设同样离不开契合青年特征、满足青年需求的消费场景、文娱场景与社交场景的塑造。

上海、北京保持了极强的人气与活力，上海开始关注公共空间微更新改造，建设吸引青年向往的“15分钟社区生活圈”，北京也在建设国际一流和谐宜居之都。成都围绕“三城三都”建设，专门建设青年专属线下阵地。重庆也积极拓展“体验经济”，增强“山水之城、美丽之地”吸引力。各区域的商业中心也在积极塑造城市青年特色，如西安建设“新零售之城”，长沙大力发展夜经济、“她经济”；郑州也在联合塑造“三座城、三百里、三千年”文化旅游形象。

《意见》从助推生活品质提升方面，探索拓展青年喜闻乐见的消费新模式新业态，探索建立与青年发展相适应的城市公共服务空间与设施建设标准。

（四）引领青年有为城市

青年发展离不开青年志愿者，他们为城市文明注入蓬勃活力，并与城市形象紧密结合。《意见》也深刻关注如何让激发青年先锋示范作用，提出组织动员青年引领城市文明风尚、青年有序参与社会治理等方面形成具体落实，充分发挥青年在社区治理中的积极作用。

在号召青年有为参与上，深圳的“义工服务”已经形成响亮的志愿者名片，武汉也逐渐成为一座“志愿者之城”。成都也迈向“青年志愿服务 3.0 时代”，推动青年有序参与国际志愿服务等。

（上海分院，执笔人：廖航、闫岩、陆容立、牟琳）

育先机、开新局，推动城市基础设施高质量发展

2022 年 7 月 7 日，经国务院同意，住房和城乡建设部、国家发展改革委正式印发《“十四五”全国城市基础设施建设规划》（以下简称《规划》），明确了“十四五”时期城市基础设施建设的目标任务、重大行动和重大举措，为推动新时期城市基础设施健康有序发展提供重要依据。

一、加强城市基础设施建设意义重大

党中央、国务院高度重视城市基础设施建设。城市基础设施是城市正常运行和健康发展的物质基础，是改善民生的重要抓手，对于提升居民生活水平、改善城市人居环境、防范重大安全风险、推进城市治理体系和治

理能力现代化具有重要作用。改革开放以来，我国城市基础设施建设取得了历史性成就。设施总量快速增长，公共服务基本普及，安全保障能力大幅提升，人居环境显著改善。固定资产投资规模从1978年的12亿元，增长至2021年的2.74万亿元，城市道路长度、公园绿地面积增加至47万公里、78万公顷，人均占有量增长近10倍，城市供水普及率、燃气普及率、生活污水处理率达到98.99%、97.87%、97.53%。

同时，我们还要清醒认识到，我国城市基础设施建设还存在较多短板弱项。例如，历史欠账较多，发展不平衡问题突出，精细化管理水平不高，区域间调节力度仍要加强等，与满足人民群众对美好生活的向往仍有一定差距。加强城市基础设施建设，既是实实在在的民生工程，又是潜力巨大的发展工程，是扩内需补短板、增投资促消费、建设强大国内市场的重要领域，对于调结构促转型、推动绿色低碳发展具有积极支撑作用。

二、《规划》为新时期城市基础设施建设指明方向

构建系统完备、高效实用、智能绿色、安全可靠的现代化城市基础设施体系，才能更好地推进以人为核心的城镇化。《规划》以建设高质量城市基础设施体系为目标，以整体优化、协同融合为导向，从以下5方面明确“十四五”时期城市基础设施发展的目标指标。一是先进现代，持续提升基础供给性设施水平，基本达到或接近国际先进水平。二是集约高效，有效提升各类基础设施的使用效率、运行效率、生态效率。三是宜居舒适，有力加强对城市品质、人民群众幸福感和宜居舒适度影响较大的设施水平。四是绿色低碳，优化城市基础设施的建设方式、运营模式，更加体现资源节约和环境友好要求，助力实现碳达峰碳中和目标。五是智慧韧性，通过加快新型城市基础设施建设，推进城市智慧化转型发展，有效促进高效供给，提升安全韧性水平。

三、《规划》强调推动城市基础设施体系化发展

推动基础设施内部各子系统互相协调、有序衔接，提升系统性和整体性，才能有效提升城市基础设施效率和体系化水平。《规划》着力从以下

五方面完善城市基础设施体系。一是统筹系统与局部。《规划》明确，综合城市经济社会发展、公共服务、人居环境和城市安全等因素，系统编制涵盖城市交通、水系统、能源、环境卫生、园林绿化、信息通信、广播电视等系统的城市基础设施建设规划，统筹规划、合理布局、集约建设，有序引导项目实施。二是统筹存量与增量。《规划》明确，“十四五”时期从增量建设为主转向存量提质增效与增量结构调整并重。着力实现城市基础设施全领域系统推进和关键领域关键环节突破相结合，量力而行、尽力而为，加快推进设施建设补短板，不断增强城市承载能力。三是统筹建设与管理。《规划》提出，全面提高城市基础设施运行效率，落实“全生命周期管理”理念，构建城市基础设施规划、设计、建设、运行维护、更新等各环节的统筹建设发展机制。四是统筹灰色与绿色。《规划》明确，在推进工程性基础设施补齐短板的基础上，还应加强城市自然生境保护，建设蓝绿交织、灰绿相融、连续完整的城市生态基础设施体系，形成与资源环境承载力相匹配的山水城理想空间格局，推动城市绿色低碳发展。五是统筹传统与新型城市基础设施协调发展。《规划》提出，加快推进各领域传统基础设施数字化、网络化、智能化建设与改造，推进面向城市应用全面覆盖的通信、导航、遥感空间基础设施建设运行和共享，推动构建统筹集成的城市基础设施应用系统，加快智慧城市基础设施与智能网联汽车协同发展。

四、《规划》为推进城市高质量发展提供有力支撑

协调成为基本特点，开放成为必由之路，共享成为根本目的，才能满足人民日益增长的美好生活需要，才能推动城市高质量发展。基础设施是推动城市经济社会全面、协调、可持续发展的重要保障。一是牢固树立以人民为中心的发展思想。《规划》指出，以解决人民群众最关心、最直接、最现实的利益问题为立足点，着力补短板、强弱项、提品质、增效益，实施城市交通设施体系化与绿色化提升、水系统体系化建设、能源系统安全保障和绿色化提升、环境卫生提升行动、园林绿化提升、智能化建设等重大行动。二是推动区域重大基础设施互联互通。《规划》提出，加快基础设施跨区域共建共享、协调互动，加强中心城市辐射带动周边地区协同发展，

构建区域联动协作、优势充分发挥的基础设施协调发展新格局。推动城乡基础设施统筹发展，提高城乡基础设施联通水平。三是完善社区配套基础设施，打通城市建设管理“最后一公里”。《规划》明确，通过居住区水、电、气、热、信、路等设施更新改造、推进无障碍环境建设、完善居住区环卫设施、优化“15 分钟生活圈”公共空间等开展市政基础设施补短板工程，切实保障提升居民获得感和幸福感。

五、《规划》要求强化各类措施保障

切实有效的措施，是确保各项目标按期完成、各项任务有效落地的重要保障。一是落实工作责任，健全制度标准体系。《规划》明确，城市人民政府是城市基础设施规划建设的责任主体，要建立多部门统筹协调工作机制，完善现有法规和标准规范，同时，以城市人民政府作为实施主体，加快普查城市市政基础设施现状，形成集预警、监测、评估、反馈于一体的联动工作机制。二是加大政府投入力度，并激发市场主体参与积极性。推动有为政府和有效市场更好融合。《规划》提出，加大对城市基础设施在建项目和“十四五”时期重大项目建设的财政资金投入力度，创新资金投入方式和运行机制，推进基础设施各类资金整合和统筹使用。同时，深化市政公用事业价格机制改革，加快完善价格形成机制。三是积极推进科技创新及应用。《规划》指出，加大关键技术与设备研发力度，推动重点装备产业化发展，引导各类创新要素向城市基础设施企业集聚，促进经济转型升级提质增效。同时，加大城市基础设施规划、建设、投资、运营等方面专业技术管理人才的培养力度。

当前，我国基础设施建设面临需要提质增效、转型发展的新形势，进入补齐短板、全面提升体系化水平的新阶段，《规划》明确了最近一个时期和中长期发展方向和路径，各地区各部门要统一思想，坚定信心，压实各方责任，强化协调配合，健全制度体系，有力有序推进相关工作，加快完善城市基础设施体系，全面促进经济长期平稳较快发展与社会和谐稳定，实现城市高质量发展。

（城镇水务与工程研究分院，执笔人：姜立晖）

高质量系统化，全域推进城市黑臭水体纵深治理

2022年3月28日，住房和城乡建设部、生态环境部、国家发展改革委、水利部四部委联合发布了《深入打好城市黑臭水体攻坚战实施方案》(以下简称《实施方案》),《实施方案》提出系统治水、全域治水、生态治水、制度治水等新时期城市治水新思路新理念，为高质量纵深推进城市黑臭水体治理提供重要依据。

一、系统治水

一是强调科学编制系统化整治方案。据有关统计，截至2020年底，全国地级及以上城市2914个黑臭水体消除比例已经达到98.2%，因此，“十四五”时期，要在全面巩固已有治理成效基础上，进一步加强顶层设计，以高标准高质量科学制订系统化整治方案为引领，推动攻坚行动走深走实。做好系统谋划，突出综合效益，筛选技术可行、经济合理、效果明显的技术方法，做到源头减排、过程控制、系统治理。

二是强化城市区域流域统筹治理。治水要良治，良治的内涵之一是要用系统思维统筹水的全方位、全过程、全地域治理。《实施方案》明确，加强建成区黑臭水体与流域的协同治理，统筹协调上下游、左右岸、干支流、城市与乡村的综合治理。例如，我国南方地区，特别是长江中下游部分城市，水环境质量不高与外洪内涝等问题交织，应统筹分析省、市、区跨境界面污染物传输规律、洪涝调蓄与设施调度，实现综合整治、协同治理。

三是注重整体推进与重点突破相结合。黑臭水体治理要按照系统谋划、同步与分期实施结合，全面完整地推进治理工作。但同时需要注意的是，多数城市黑臭水体形成的主要原因集中在入河污染物超过水环境容量导致水体水质恶化方面，而形成这一问题的关键原因是当前城市污水收集水平仍不到位。《“十四五”城镇污水处理及资源化利用发展规划》指出，污水

管网建设与改造滞后仍是我国城市污水收集处理领域的突出短板。我国城市生活污水集中收集率不高，人均污水管道长度与发达国家也有显著差距。本次《实施方案》继续延续污水提质增效政策要求，明确提出“到2025年城市进水BOD浓度高于100毫克/升的生活污水处理厂规模占比要达到90%以上”，直指当前城市排水管网清污混接、雨污混接的突出问题，把推进城镇污水管网提质增效作为突破重点。

四是要源头、过程、系统全过程治理。实施源头、过程、系统治理是全国三批黑臭水体治理示范城市的有效治理经验，在实施黑臭水体治理工作中，既要注重采取工程措施，削减污染入河，强化污染治理，更要注重源头管控，坚持节水优先，落实海绵城市建设理念，将节水、减排与治污相结合。《实施方案》强调，持续推进源头污染治理，加快建筑用地红线内管网混错接等排查和改造，抓好城市生活污水收集处理，推进城镇污水管网全覆盖，加快老旧污水管网改造和破损修复，结合城市组团式发展，采用分布与集中相结合的方式，加快补齐污水处理设施缺口。

二、全域治水

一是流域、城市、单元、社区分层次全域治理。《实施方案》指出，要开展精细化治理，提高治理的系统性、针对性和有效性。流域层面，要科学分析流域水环境容量与污染排放总量关系，掌握河湖干支流、湖泊和水库水资源、水生态、水环境、水安全本底情况，认识城镇地区与农村地区的污染排放与自然净化特征，统筹实施跨省、市界面污染控制及水资源调度工程，为城市层面治理工程创造良好实施条件。城市层面，要注重城市自然生态空间保护与面源污染控制，科学规划生产生活生态空间，合理布局污水收集处理设施。治水单元层面，以排水分区为基本单元，“干一片、成一片”，推进城镇污水管网全覆盖，提升收集效能。社区层面，是要加快建设城中村、老旧城区、城乡接合部等地生活污水收集管网，强化管网修复更新，填补污水收集管网空白区，积极利用海绵设施减轻老旧管网排水压力。

二是生活、工业、农业污染多领域协同治理。全面整治城市黑臭水体需要多元推动。据统计，2020年，全国废水中化学需氧量排放量2564.8万吨，其中，农业源排放占62%、生活源排放占35%、工业源排放占2%。同时，工业废水常常影响处理设施稳定运行和污水资源化利用途径。因此，《实施方案》在抓好城市生活污水收集处理的基础上，进一步强化了对工业企业污染和农业农村污染的管控。《实施方案》提出工业企业加强节水技术改造、提升废水循环利用水平等策略；提出要对直接影响城市建成区黑臭水体治理成效的城乡接合部等区域全面开展农业农村污染治理，改善城市水体来水水质等有力措施。生活、工业、农业污染多领域协同治理，让黑臭水体治理更加全面、深入、结合实际。

三是注重水环境、水资源、水生态、水安全“四水统筹”。城市水问题向来不是孤立存在的，水环境、水资源、水生态、水安全问题往往在一个地区同时存在、集中体现。目前，国内一些城市的黑臭水体治理工作可以在晴天保障河道水质良好，但由于清污分流、雨污分流不彻底，导致管道内持续高水位，一到雨天打开雨水排放闸门，则马上污水横流直排入河，河道水质明显变差，只能保障晴天水环境，雨天则不能保障，黑臭水体治理效果打了对折；还有城市，为了保障河道水环境，在雨天时仍然坚持不肯打开雨水闸门排水，导致雨水无法排出，城市积水严重，在群众反响强烈时才勉强开闸排水，地面积水稍有退出则马上关闭雨水闸门，水环境与水安全的治理措施严重对立。所以，加大力度强调水资源、水生态、水环境、水安全的统筹治理是解决城市水问题的必由之路。《实施方案》指出，到2025年，城市生活污水集中收集率力争达到70%以上，严控以恢复水动力为由的各类调水冲污行为，鼓励将城市污水处理厂处理达到标准的再生水用于河道补水，进一步协调了水资源、水生态、水环境领域的问题与需求，逐步推动实现黑臭水体治理的“四水统筹”等。

三、生态治水

一是提出保障河湖基本生态用水需求。受自然禀赋条件限制、不合理开发利用及全球气候变化等影响，河湖生态流量难以保障，河流断流、湖泊萎缩、生物多样性受损、生态服务功能下降等问题依然严峻。《实施方案》提出，统筹生活、生态、生产用水，合理确定重点河湖生态流量保障目标，落实生态流量保障措施，保障河湖基本生态用水需求。

二是提出建设灰绿结合的生态基础设施。既要不断提高灰色基础设施的水平，提升效率，更要广泛地建设分散的、自然的绿色基础设施，构建健康的城市水循环，提高城市弹性韧性。《实施方案》提出，结合城市组团式发展，采用分布与集中相结合的方式建设污水处理设施，同时提出，减少对城市自然河道渠化硬化，恢复和增强河湖水系自净功能，因地制宜建设人工湿地、河湖生态缓冲带等。

三是强调“水岸共治”，实现“水城共融”。民生为上，治水为要。城市黑臭水体治理是重要的民生工程，要注重“水岸共治”，还给百姓清水绿岸、鱼翔浅底的景象，使人民群众具有获得感、幸福感。《实施方案》明确，治理过程中，不得以填埋或加盖等方式代替水体治理，河渠加盖形成的暗涵，有条件的应恢复自然水系功能，有条件的城市，要因地制宜建设人工湿地、河湖生态缓冲带，打造生态清洁流域，营造岸绿景美的生态景观和安全、舒适的亲水空间。

四、制度治水

制度治水是本次《实施方案》突出亮点，是落实新时期治水方针的根本保证。“十四五”时期，既要加快补齐设施短板、生态短板，更要加快补齐制度短板，建立长治久清的制度体系。

一是已经完成黑臭水体治理的城市，要建立防止返黑返臭的长效机制。《实施方案》要求，地级及以上城市政府要排查新增黑臭水体及返黑返臭水体，及时纳入黑臭水体清单并公示，限期治理，治理完成的水体要加快健全防止水体返黑返臭长效机制，及时开展评估，已完成治理的黑臭水体要开展透明度、溶解氧、氨氮指标监测，持续跟踪水体水质变化情况。

二是持续推进“厂—网”一体化专业化运维。加强设施运行维护是推进有效治理的必要条件。“厂—网”一体化运行维护来自于“十三五”时期城市黑臭水体治理的有效经验，通过保障城市污水收集与处理系统运行、维护、管理的完整性，打破“网不管厂、厂不知网”的格局，促使运维企业深入细致摸清服务范围内用户排水、污水收集、系统传输情况，提高收集处理效能，减少入河污染排放。《实施方案》指出，推广实施“厂—

网”一体化专业化运行维护，鼓励依托国有企业建立排水管网专业养护企业，对管网等污水收集处理设施统一运营维护，鼓励有条件的地区在明晰责权和费用分担机制的基础上将排水管网养护工作延伸到居民社区内部。

三是进一步严格排污许可、排水许可管理。健全的城镇排水许可管理制度，是保障黑臭水体治理后长治久清的基石，也是国内水环境治理先进地区的有益经验。2017 年，苏州市人民政府印发《关于进一步加强城区污水排放治理工作的通告》，针对农贸市场、餐饮业、洗车业、建筑工地等地污水排放混乱问题，要求各商户分区域限时完成整改并申领排水许可证，2018 年，广州市水务局印发《排水管理办法实施细则》，要求各辖区严格实施排水许可证后监管，包括定期对排水户设施接驳、雨污分流等情况进行检查，定期组织排水监测机构对排水设施的水质、水量进行监测。本次《实施方案》强调，全面落实企业治污责任，加强证后监管和处罚，到 2025 年，城市黑臭水体沿线的餐饮、洗车、洗涤等排水户要实现排水许可核发全覆盖，城市重点排水户排水许可证应发尽发，严控违法排放、通过雨水管网直排入河，开展城市黑臭水体沿岸排污口排查整治。

四是城市政府全面开展排查和评估。为了更有针对性、系统性地解决黑臭水体问题，《实施方案》将加快城市黑臭水体排查作为首要任务，明确城市政府是城市黑臭水体治理的责任主体，要加快健全防止水体返黑返臭长效机制，及时开展评估，同时强调要充分发挥河湖长制作用，严格落实领导干部生态文明建设责任制，依法追究责任。

五是创新资金投入方式，加大资金保障力度。稳固的资金投入是实现长效治理的重要保障。《实施方案》提出，各地要按规定将污水处理收费标准尽快调整到位，同时，结合实际，创新资金投入方式，引导社会资本加大投入，坚持资金投入同攻坚任务相匹配，提高资金使用效率，在严格审慎合规授信的前提下，鼓励金融机构为市场化运作的城市黑臭水体治理项目提供信贷支持。

（城镇水务与工程研究分院，执笔人：龚道孝）

第五章　创新实践

第一节　建设规划探索

南昌城市高质量建设方案

一、城市高质量发展建设方案的内涵

城市空间是政治、经济、社会、文化、环境等多方面因素在物质空间上的集中反映。事实证明，想用一个规划把所有涉及空间的内容都包含进去，将会是一个事无巨细、庞杂无序的规划，既难以在短时间完成，也难以真正发挥效用；但是，如果一个规划不考虑与周边领域、周邻空间的协调，也将是一个以偏概全、格局狭隘的规划。如何兼顾对象的系统性、复杂性和目标的有限性、实效性呢？这将会在一个体系下衍生出两种类型的规划：一种是覆盖全域，制定目标、规则与底线，统筹协调各领域、各空间矛盾的综合性规划；一种是在此综合型规划之下，对某个领域或某类空间开展的、深化细化直至实施落地的专项型规划或详细型规划。

以实施落地为工作目标，城市高质量发展建设方案要处理的核心问题有三个：一是面向人民美好生活需要，空间供给需求如何匹配？二是贯彻习近平生态文明思想，资源环境约束如何有效？三是在中央通过基础设施投资来拉动内需的背景下，重大建设项目如何生成？

以往的城市总体规划、土地利用规划、国民经济社会发展五年规划中重大项目库之间的衔接是不够的。以往的总体规划是“发展型”规划，有远无近、缺落地保障；以往的国民经济社会发展五年规划中重大项目库是“建设型”规划，自下而上、缺统筹协同（往往是部门上报项目的筛选和集成）；以往的土地利用规划是典型的“规制型”规划，由外至内、缺建设指引。在新的规划体系之下，如何在体制的供给上衔接三种类型的空间需求？这是我们要回答的问题（图 1）。

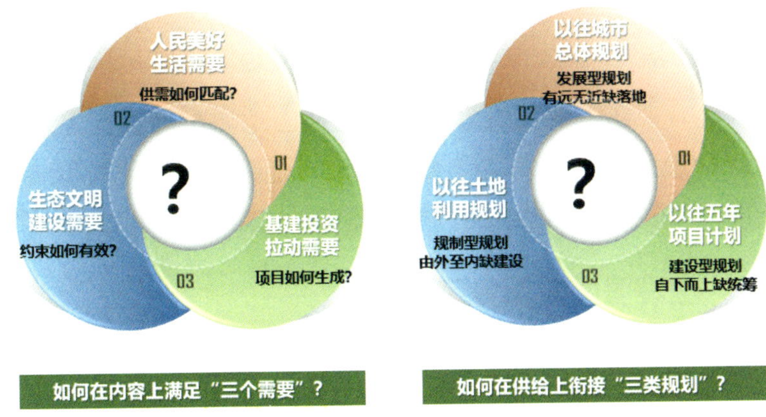

图 1　如何满足“三个需要”及衔接“三类规划”

二、《南昌城市高质量发展建设方案》编制的探索

南昌高质量发展建设方案是高位切入、部省共建的工作，也是回应省委书记“强省会战略”的要求。在部、省联动的工作组指导下，技术团队通过 5 个步骤回答上述问题：

（一）找准问题

问题的发现要从民情、市情、上情三个维度观察。

从民情维度看，通过民意调查问卷、现场随机访谈，了解老百姓的切身需求和感受；通过社会满意度分析，了解老百姓的急难愁盼问题。

从市情维度看，通过城市空间结构演进分析，我们发现南昌市还是一座“年轻的城市”，一个从单中心向多中心过渡、但多中心体系尚不健全的城市。外围组团的公共设施不足、职住不平衡现象严重；老城区的基础设施老旧，雨污分流问题、安全防灾问题比较突出，采用工程思维的方式处理内河水系，导致内涝和雨污混流。

从上情维度看，除经济首位度不高等情况外，典型问题是风貌特色不彰。南昌市毗邻鄱阳湖，但是感受不到鄱阳湖和城市间的互动关系，生态格局系统破碎，生态价值转化不足；南昌市是革命英雄城，但是全国红色旅游目的地和红色旅游景点排名前十位均没有南昌，历史文化彰显不足、活化利用水平较低。

（二）摸清家底

找准问题后，还需要摸清家底现状。通过地块深度的城中村、旧厂房等潜力地区的现状调查，划定“宏观片区—中观单元—微观用地”三级政策分区，细分为改造型、提升型、拓展型的功能空间（图 2）。

图 2　政策分区示意图

（三）开好药方

以目标为导向，寻找南昌市的优势和机遇，这部分与传统的战略性规划一脉相承。在产业优势与机遇上，提前布局数字经济，南昌市有条件引入全球顶尖 VR 企业，建设具有全球影响力的 VR 产业中心；在区位优势与机遇上，依托“中部之中”的区位优势，紧抓国内大循环的机遇，建设“一枢纽四中心”及全国消费中心城市；在生态优势与机遇上，依托毗邻鄱阳湖世界级湿地的生态优势，建设“城湖”融合、“江城”一体的具有全球影响力的“大湖名都”。在文化优势与机遇上，依托千年豫章郡、百年英雄城的文化优势，南昌市有条件打造国家乃至世界级文化旅游目的地（图 3）。

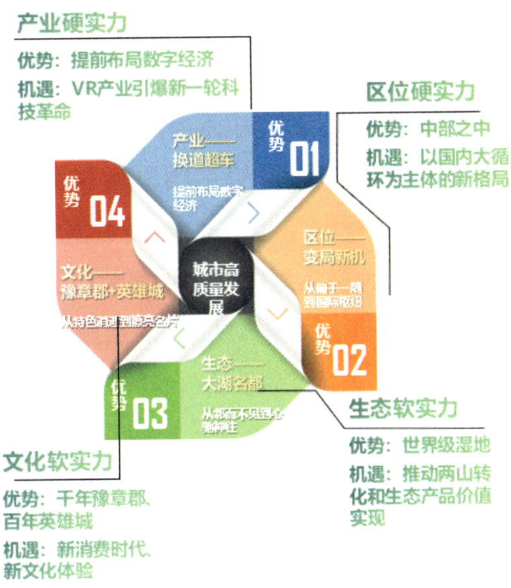

图 3　优势与机遇分析图

南昌市是紧邻鄱阳湖的大湖名都，要从邻而不见到心驰神往，要再现“落霞与孤鹜齐飞，秋水共长天一色”的诗意美景。作为南昌市国土空间规划编制团队开展了很多研究，其中基于生态价值的空间分析提供了有力支撑；另外，要擦亮名片，再现“千年豫章郡、百年英雄城”的文化记忆。与传统战略方式一样，形成了“问题导向—目标导向—结果导向”的技术路线，开展七大行动，以指导项目库的生成（图 4）。

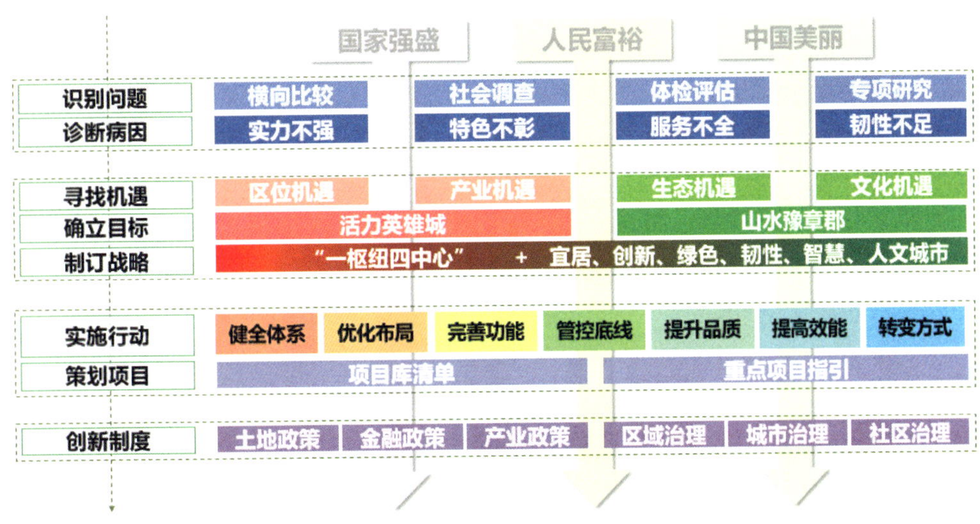

图 4　技术路线框架图

（四）选对项目

传统战略规划只做上半篇文章，并没有将老百姓需要的公共服务设施和交通、市政基础设施转化为项目清单，所以做好下半篇文章才是面向实施的重点。遴选项目的标准关注以下方面：一是老百姓需求的迫切程度；二是一个项目满足多个目标；三是考虑投入成本和产出效益；四是项目可分解，而不是超大尺度、超大投入的项目。按照上述标准项目组遴选了一系列项目，包括江纺片区改造与社区更新、老城主题文化路径建设等。

为了让项目落地，每个项目都要从投入 / 产出效益来看是否合理和可行，所以要通过投资估算、资金筹措方式、建设时序周期来评判项目的先后顺序，通过“一表”“一图”列出项目的具体信息和空间位置（表 1）。再往下还会有工程标段和建设导则，用这样的方式为建设项目做好铺垫。

重点项目一览表　　表 1

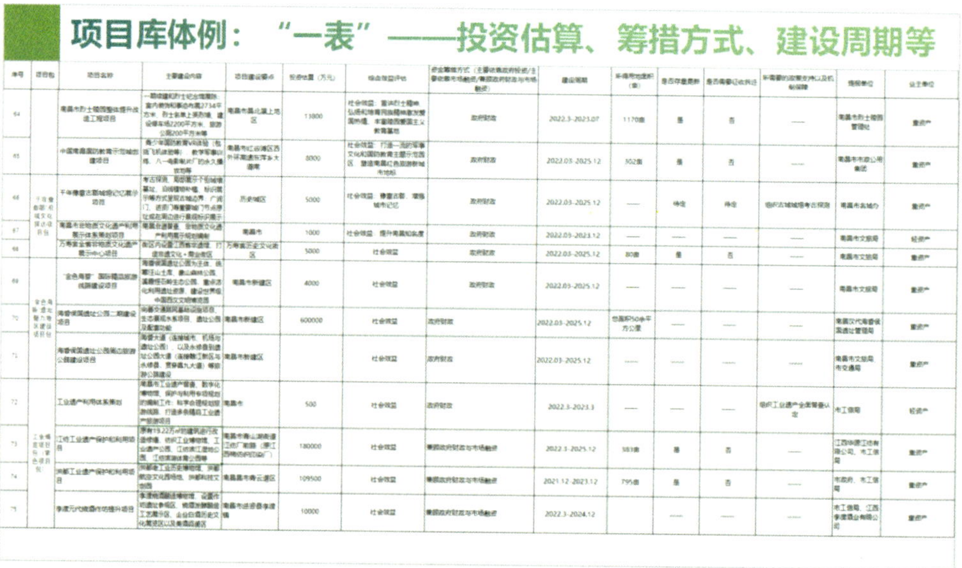

项目库体例：“一表”——投资估算、筹措方式、建设周期等

序号	项目包	项目名称	主要建设内容	项目建设地点	投资估算（万元）	综合效益评估	资金筹措方式（主要依靠政府投资/主要依靠市场融资/兼顾政府财政与市场融资）	建设周期	新增用地面积（亩）	是否存量用地	是否需要征收拆迁	所需要的政策支持以及机制保障	牵头单位	业主单位
64		南昌市烈士陵园整体提升改造工程项目	[illegible]	[illegible]	13000	社会效益：[illegible]	政府财政	2022.3-2023.07	1170亩	是	否	——	南昌市烈士陵园管理处	重资产
65		中国南昌国防教育示范城市建设项目	[illegible]	[illegible]	8000	社会效益：打造一流的军事文化和国防教育主题示范园区，[illegible]	政府财政	2022.03-2025.12	302亩	是	否	——	南昌市市政公用集团	重资产
66	[illegible]	千年豫章古都城市记忆展示项目	[illegible]	历史城区	5000	社会效益：彰显古都，增强城市记忆	政府财政	2022.03-2025.12	——	待定	待定	组织古城城墙考古探测	南昌市名城办	重资产
67		南昌市非物质文化遗产利用展示体系策划项目	[illegible]	南昌市	1000	社会效益：提升南昌知名度	政府财政	2022.03-2023.12	——	——	——	——	南昌市文旅局	轻资产
68		万寿宫非物质文化遗产展示中心项目	[illegible]	万寿宫历史文化街区	3000	社会效益	政府财政	2022.03-2025.12	80亩	是	否	——	南昌市文旅局	重资产
69	[illegible]	“金色海昏”国际精品旅游线路建设项目	[illegible]	南昌市新建区	4000	社会效益	政府财政	2022.03-2025.12	——	——	——	——	南昌市文旅局	重资产
70		海昏侯国遗址公园二期建设项目	[illegible]	南昌市新建区	600000	社会效益	政府财政	2022.03-2025.12	总面积50余平方公里	——	——	——	南昌汉代海昏侯国遗址管理局	重资产
71		海昏侯国遗址公园周边旅游公路建设项目	[illegible]	南昌市新建区		社会效益	政府财政	2022.03-2025.12	——	——	——	——	南昌市文旅局、市交通局	重资产
72		工业遗产利用体系策划	[illegible]	南昌市	500	社会效益	政府财政	2022.3-2023.3	——	——	——	组织工业遗产全面普查认定	市工信局	轻资产
73	[illegible]	江纺工业遗产保护和利用项目	[illegible]	[illegible]	180000	社会效益	兼顾政府财政与市场融资	2022.3-2025.12	383亩	是	否	——	[illegible]、市工信局	重资产
74		洪都工业遗产保护和利用项目	[illegible]	[illegible]	109500	社会效益	兼顾政府财政与市场融资	2021.12-2023.12	795亩	是	否	——	市政府、市工信局	重资产
75		李渡元代烧酒作坊提升项目	[illegible]	[illegible]	10000	社会效益	兼顾政府财政与市场融资	2022.3-2024.12		——	——	——	市工信局、[illegible]	重资产

（五）补齐政策

南昌市域周边城市各自为政、以邻为壑的情况非常明显，所以通过区域协同，破解存量用地的制度障碍、资金短缺的实施瓶颈，通过一系列的政策性金融或其他资金筹措渠道来保障实施。

作为一个省委省政府高度重视的项目，2022 年 5 月，省委书记在“深入实施强省会战略、推动南昌高质量跨越式发展大会”上通过了该方案，同时提出了进一步实施落地的要求。在文本方面，出台了《省委、省政府关于支持南昌市打造全国城市高质量发展示范城市的意见》，项目组提出的很多建议都在当中予以采纳。

三、总结

规划产品要回应新需求，项目组不希望、也不可能用一个产品来满足所有的需求。在当前背景下，在部省共建的要求下，我们要回应人民美好生活需求，要贯彻生态文明理念，也要考虑拉动基建投资的客观要求。项目组提出的高质量发展建设方案试图回应这些要求。习近平总书记在“七一”讲话的时候指出，要“协同推进人民富裕、国家强盛、中国美丽”，南昌市高质量建设方案也是回应这一要求的南昌方案（图 5）。

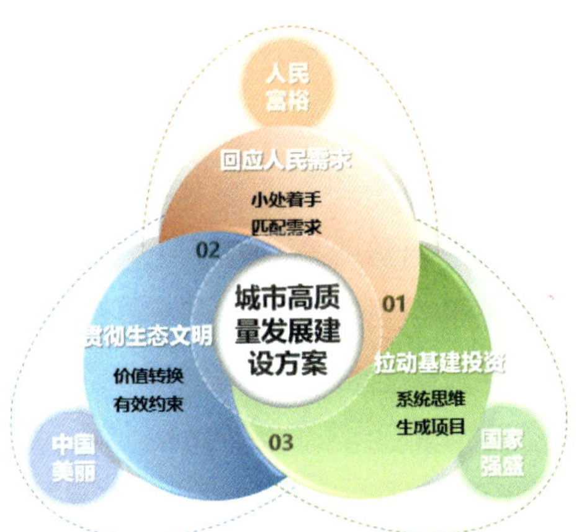

坚持在发展中保障和改善民生，坚持人与自然和谐共生，协同推进人民富裕、国家强盛、中国美丽。
——习近平总书记在庆祝中国共产党成立100周年大会上的讲话

图 5　以新产品回应新需求

（绿色城市研究所，执笔人：董珂、吴淞楠）

新型城镇化进程中宁波城市建设发展纲要（2019—2035）

一、《建设纲要》的编制背景

快速城镇化40年，以新城建设、市政基础设施、大型公共设施等为核心任务的城市建设取得了令人瞩目的成就。面向以品质提升为核心的城镇化下半场，宁波市住房与城乡建设局前瞻性思考，提出当前城市建设工作的两大问题：

一是在建设机制上，规划蓝图对于实际建设指导性不足，城市建设空间碎片化无序化问题突出。当前城市建设项目生成依赖自上而下的区县上报，或者自上而下的各类试点任务要求，住房和城乡建设部门工作被动，缺少主动谋划和统筹协同。

二是在建设理念上，以工程导向为主，但对于"人"的需求关注不足。如居住社区以基础型工程改造为主，面向不同人群生活服务需求仍难以满足；历史街区保留历史人文物质空间，但空置率高文化内涵难以感知；滨水地区延续传统园林景观模式，缺少有吸引力的活动场地。

因此，市住建局与中规院共同探讨提出编制《新型城镇化进程中宁波城市建设发展纲要（2019—2035）》（以下简称《建设纲要》），探索如何统筹工作机制，实现从"规划"到"建设"的有效衔接，如何践行新建设理念，从"工程导向"走向"人本导向"（图1）。

图1　搭建"规划—建设"的衔接平台

二、宁波城市建设发展纲要的技术路线

不同于以往的城市规划，偏向战略目标和策略引导，缺建设落地。《建设纲要》注重从问题导向和战略导向出发，构建从“城市体检—目标纲领—行动框架—项目抓手—实施保障”的技术逻辑，促进建设项目合理有序推进（图 2）。

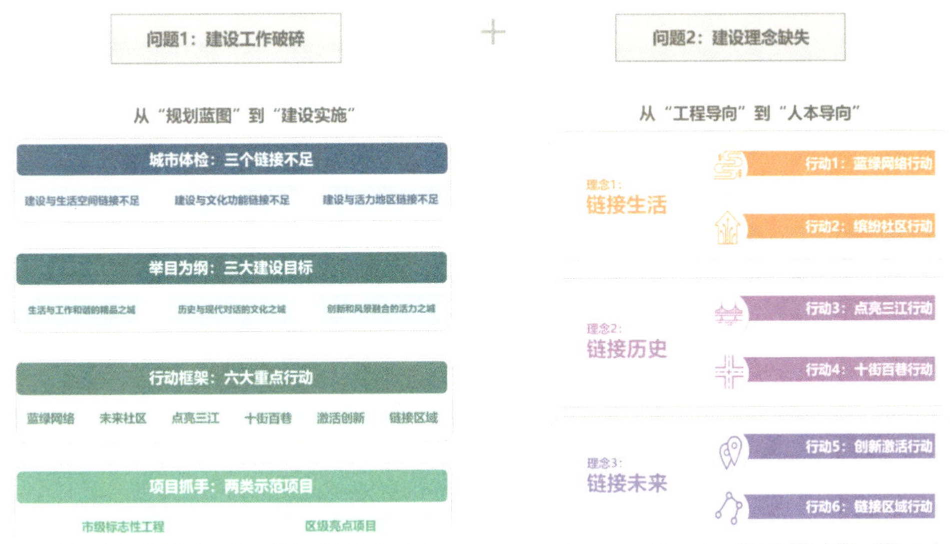

图 2　城市建设纲要技术路线

（一）开展“人本视角”的城市体检

有别于传统规划评估关注社会经济发展指标，强调从人的视角开展对当前宁波城市建设工作的全面反思。运用“人本数据”的评价方法，借助多种来源的大数据，通过人群行为客观评价各类空间的使用绩效。聚焦“人本需求”的建设空间，以“六区六道”为研究重点，六区为吸引人群的价值空间，包括宜居社区、滨水地区、人文地区、生态地区、门户地区和创新地区，六道为部门工作的核心抓手，包括蓝道、绿道、街道、轨道、管道和快道。

研究发现宁波当前的城市建设存在 3 个“链接不足”的问题：一是“建设与生活链接不足”，绿道建设与市民生活空间和活动需求不匹配，社区建设难以满足“完整社区”要求；二是“建设与文化链接不足”，滨水地区缺

乏腹地公共功能联动，人文地区缺少文化场景的整体营造；三是“建设与活力链接不足”，创新地区缺乏面向创新人群的空间营造，门户地区缺乏直联直通的交通支撑。

（二）建立多维度的目标共识

借鉴国内外城市建设目标的演变趋势，从经济发展的单一目标向社会文化生态的多元路径转变，思考宁波未来的城市建设目标。

从市民需求的维度要坚持“精品”，顺应宁波强中心的空间特征，落实新型城镇化的市民化要求。从特色营造的维度要畅想“文化”，传承宁波丰厚的文化积淀，应对个性化艺术化的消费趋势。从发展远见的维度要点亮“活力”，结合宁波人口变化趋势，提升对青年创新人群的吸引力。

基于以上考虑，《建设纲要》提出宁波的城市建设要“链接生活、链接文化、链接未来”，营造生活与工作和谐的精品之城、历史与现代对话的文化之城、创新和风景融合的活力之城。

（三）构建“目标—行动—项目”的行动框架

推动建设目标的落实，构建“目标—行动—项目”的行动框架。对应三大建设目标，形成六大重点建设行动。每项建设行动包括建设指标和任务指引两部分内容。建设指标按照 2025 年和 2035 年两个时间节点予以明确，任务指引基于建设目标和建设理念，提出空间和时间维度的建设重点引导。

对应“链接生活”的建设目标，提出“蓝绿网络”和“未来社区”行动。凸显“三江六塘河，一湖一水乡”的生态脉络，引导老城、旧村和新城的社区分类营造。

对应“链接文化”的建设目标，提出“点亮三江”和“十街百巷”行动。聚焦“三江六岸”的魅力骨架，塑造可阅读的“文化前街”和人情味的“生活后巷”。

对应“链接未来”的建设目标，提出“激活创新”和“链接区域”行动，引导“拥江揽湖滨海”的战略平台打造，加强长三角“1 小时交通圈”、大湾区“半小时交通圈”和轨道城市建设。

在六大建设行动的框架下，各实施主体结合各自发展诉求和实施条件，提出可操作的 60 个标杆示范项目（图 3）。

图 3　三江六岸公共客厅建设指引

（四）打通“四个一”实施路径

关注建设环节中的“项目、时间、政策、资金”要素，建立“一个项目库”，谋划近期市级十大标志性工程和区级亮点项目；制定“一张时间表”，分解建设任务，明确 2025 年年度计划和 2035 年建设指标；完善“一个政策包”，开展专题研究，制定滨水空间、轨道交通、城市更新等政策优化清单。搭建“一个资金池”，充分发挥宁波民营资本活跃优势，探索政企合作的融资路径（图 4）。

2035年建设指标

目标	序号	指标名称（单位）	现状（2019年）	近期（2025年）	远期（2035年）	指标说明（参考来源，计算方式）
总体规模	1	常住人口规模（万人）	455.6	550-600	650	国土空间规划（在编）
	2	城镇化率（%）	73	80	90	国土空间规划（在编）
	3	城镇建设用地面积（平方公里）	657	约700	约760	国土空间规划（在编），按照全省分配可能性估算
链接生活	4	市区绿道总长度（公里）	535	≥960	≥1590	年均增长60公里
	5	建成区绿道网步行5分钟可达覆盖率（%）	20	40	60	杭州2021年70%以上建成区实现5分钟步行可达
	6	新增城镇住房套数（万套）	-	约40	约80	2025年根据宁波市房地产十四五规划建设目标，2035年根据国土空间规划人口估算
	7	新增住房中政府、机构和企业持有的租赁性住房比例（%）	-	≥20	≥20	上海总规2035年目标≥20% 杭州2018-2020年占比30%
	8	老旧小区改造目标	-	全面完成2000年前老	全面完成街区整体更	
	9	400平方米以上绿地广场等公共开	50	≥60	≥80	上海总规2035年目标90%
	10	卫生、养老、教育、文化、体育等社区公共服务设施15分钟步行可达覆盖率（%）	10	30	80	上海总规2035年目标99% 雄安新区2035年目标100%
链接文化	11	三江六岸重点提升的城市标志性地区数量（个）	-	1+3	5公里左右1处	上海黄浦江滨江重点区段间距约3-5公里
	12	三江六岸建成区段文化休闲节点间距（米）	600-1000	300-500	200-300	上海徐汇滨江活力吸引点间距约150-200米
	13	重点营造文化created街（条）	-	≥10	≥20	
	14	重点建设生活圈镇	-	10-15个街区	每个15分钟生活圈建升1片生活街区	
	15	每10万人拥有博物馆、美术馆、演出场馆、美术馆或画廊（处）	1.0	1.5	2	北京副中心2035年目标2处/10万人
链接未来	16	智慧交通覆盖率（%）	70	85	≥90	雄安新区2035年目标90%
	17	海绵城市占建成区比例（%）	19	50	80	
	18	区域可达性指标	1小时可达杭州	1小时可达上海、杭州等周边重点城市	1小时基本可达省内城市及长三角核心城市	主要依托高铁及航空
	19	市域连通性指标	以高速公路为主	增加快速路和市域铁路	构建45分钟交通圈	
	20	中心城区轨道线网密度（公里/平方公里）	0.15	0.36	0.58	《宁波市城市轨道交通线网规划》
	21	中心城区路网密度（公里/平方公里）	4.24	6	8	上海总规2013目标主城区为8
	22	绿色交通出行比例（%）	73.6%	>75%	>80%	现状根据《宁波综合交通规划》

2025年年度计划（以绿道为例）

类型	序号	断点位置	长度（KM）	建设主体
贯通沿江绿网（33.5公里）	1	姚江东路（机场路—环城北路）	2.5	海曙区
	2	大庆南路北延二期（环城北路—北环西路）	2.1	江北区
	3	甬江南岸（剑兰路—东外环路段）	2.1	高新区
	4	甬江南岸（东外环路—输变线）	6.3	北仑区
	5	甬江北岸（庆丰桥—宁波大学）	6.5	江北区
	6	甬江北岸（宁波大学—聪园路）	7.9	镇海区
	7	甬江南岸（外塘路—江澄路）	0.5	北仑区
	8	奉化江西岸（星河湾—鄞南北路）	4.4	海曙区
	9	奉化江东岸（长丰桥—长丰路）	1.2	鄞州区
提升滨江休闲带（37.6公里）	10	余姚江北岸（绕城高速—姚江首战纲）	9.8	江北区
	11	余姚江北岸（丽江东路以东段）	0.8	江北区
	12	余姚江西岸河头段	2.4	江北区
	13	甬江北岸宁波大学段	3.3	江北区
	14	甬江北岸（镇大道头弄—招宝山大桥）	1.2	镇海区
	15	甬江南岸（招宝山大桥—小浃江）	2.1	北仑区
	16	甬江南岸（外塘路—输变线）	2.6	北仑区
	17	余姚江东岸（长丰桥—绕城高速）	15.4	鄞州区

图 4　城市建设“时间表”和“项目库”

三、《建设纲要》的核心价值

党的二十大报告提出“坚持人民城市人民建、人民城市为人民，提高城市规划、建设、治理水平，加快转变超大特大城市发展方式。”《建设纲要》是面向新阶段、落实新理念的新规划类型，希望以现代化的空间治理推动城市的高质量发展，其核心作用主要体现在：

强调理念性，从“工程导向”到“人本导向”。转变传统住房和城乡建设部门重规模、重投资的工作思路，关注人民急难愁盼的问题和“一老一小一青”的精细化需求，践行人民城市建设理念。

强调结构性，从“项目主导”到“结构引领”。城市建设纲要应体现战略意图，抓住城市发展中的主要脉络和关键环节，纲举目张，制定指导未来城市建设的行动纲领。

强调行动性，从“规划蓝图”到“行动计划”。推动城市战略蓝图落地落实，进行“分时”和“分工”的目标分解，促成“蓝图”向“过程”转变。分时维度下明确“时间表”，分工维度下落实“项目库”，管理维度下完善“政策包”。有序引导宁波市本级100亿元级城市建设财政资金投放，撬动市场3000亿元建设资金。

强调协同性，从“单一条线”到“多方协同”。引导城市建设从单一维度条线行动到多部门多主体工作协同，后续宁波住建局成立大专班，整合六大条线工作，搭建共同行动的工作平台。

（上海分院，执笔人：闫岩、朱小卉、何倩倩）

面向城市治理提升的转型探索

——重庆市2020年城市自体检

城市体检虽起源于规划实施评估，但两者各有其侧重点。规划实施评估聚焦于规划实施情况的评估评价，城市体检侧重于从问题出发，面向部门行动，针对性地开展城市治理以解决城市问题，从而促进城市人居环境高质量发展。社会化和智能化是治理现代化的两个重要维度，城市体检工作在这两方面均有所体现：一是强调共治、共享，通过公众满意度调查与意见征集，聚焦老百姓关心问题；二是强调系统性与整体性，把城市当作一个整体，基于跨部门协作，发现城市系统性问题，面向政府年度工作与部门行动，开展针对性的治理工作，同时，基于大数据、智能化的现代治理手段，建立平台化、长周期、可持续的体检方法，辅助城市科学决策。总的来说，城市体检对提升城市治理现代化水平具有重要意义。

重庆是我国内陆唯一直辖市，全市 8 万多平方公里，2020 年城市体检范围为中心城区，辖区面积 5467 平方公里，城市建成区约 1000 平方公里，是一座独具特色的“山城、江城”。近年来，伴随着城市快速发展与建设，城市出现了交通拥堵、开发强度较高、老旧小区环境较差等问题。通过开展城市体检，围绕指标设计与分析计算，对城市规划、建设、管理进行综合评价，发现城市短板与问题，提出治理措施。重庆城市体检重点围绕社会化和智能化这两项城市治理现代化的重要维度，探索以公众参与、部门协同、智慧分析监测为切入点，开展体检工作的技术路线。

一、以指标监测城市发展

城市是一个复杂的巨系统，包含人口、资源、环境、社会和经济发展等各个方面。通过构建指标系统监测城市发展，是城市定量研究的主要方式之一。从目前国内外城市指标体系来看，主要分为评价型、目标型、管控型三类。

评价型指标体系，包括对比评价与标准评价两种类型。对比评价主要通过城市间的横向对比，对城市排序分级，以此判断各个城市的相对优势或短板，体现城市竞争力；标准评价通过标准的建立，对比城市发展与标准差距，评价城市在特定领域发展水平。

目标型指标体系，是以城市战略规划、总体规划、国民经济和社会发展规划、专项规划为代表，通过指标体系评估城市实现目标的进程，分析城市发展与目标的差距或偏差。

管控型指标体系，以控制性详细规划为代表，针对城市发展底线，控制建设用地性质，使用强度和空间环境，作为城市规划管理的依据。通过建立监控指标体系，对城市规划建设管理中的重点领域监测预警。

利用指标体系监测城市发展，一是可以通过对比判断各个城市的相对优势或短板，体现城市竞争力；二是可以评估城市实现目标的进程，分析城市发展与目标的差距或偏差；三是可以对城市规划建设管理中的重点领域监测预警。城市体检是对城市总体运行情况的综合评价，其指标体系需要兼具上述 3 类指标体系的功能，通过城市对比、目标导向、问题导向，实现对城市竞争力、城市发展、城市问题的评估与监测（图 1）。

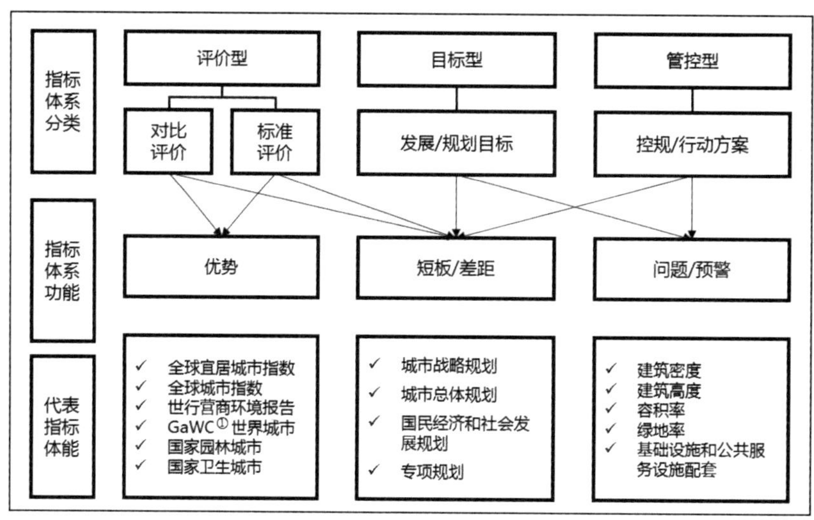

图 1　城市指标体系分类

二、重庆城市体检实践探索

重庆城市体检重点围绕社会化和智能化这两项城市治理现代化的重要维度，探索以公众参与、部门协同、智慧分析监测为切入点开展体检。融合公众参与构建指标体系，利用信息平台开展模型构建与综合诊断，同步搭建部门协作工作机制。

（一）指标体系构建

根据《城市自体检技术指南（试行版）》（以下简称《技术指南》）要求，

① 全球化与世界城市研究网络，Globalization and World Cities Study Group and Network，简称 GaWG。

城市体检包含生态宜居、健康舒适、安全韧性、交通便捷、风貌特色、整洁有序、多元包容、创新活力 8 个维度、50 个基本指标，构建了全国通用的城市体检指体系，同时要求各个城市根据自身特点设计特色指标。重庆市城市体检综合考虑案例借鉴、公众参、城市目标与特色，构建重庆市城市体检指标体系。

（1）构建案例指标库。结合各个维度内涵，借鉴中国人居环境奖评价指标体系、美国可持续城市发展指标体系、CRI① 全球韧性城市指数等 57 项国内外城市评价标准，构建包含 700 多项指标的城市体检指标参考库。

（2）突出公众参与。结合居民满意度调查，聚焦老百姓反映的通勤时间过长、社区公共服务设施不足等问题，增加跨江穿山截面通勤拥堵系数、轨道站周边步行 15 分钟覆盖通勤人口比例、菜市场 / 生鲜超市 15 分钟步行覆盖度、体育设施 15 分钟步行覆盖度、文化设施 15 分钟步行覆盖度等指标。

（3）体现重庆发展目标与特色。针对“内陆开放”“创新智能”“山水城市”等重庆发展目标与特色，增加铁路 4 小时覆盖重庆市外地级及以上城市个数、智慧小区占比、重庆山水名城与历史文化地标建成数等指标。

最终形成了重庆市“8 个维度、22 个分析视角、93 项指标”的体检指标体系，未来将结合试点工作推进逐步优化完善。

（二）指标计算与评价

指标评价标准参考国家、地方规范标准和技术导则、地方发展目标和管理文件，研究国内外案例指标参考值，结合重庆城市建设特色以及地貌特征，确定指标的评价标准。根据指标类型，将指标评价标准分为“范围评价”“正向评价”“负向评价”3 种评价标准，评价型指标主要使用“范围评价”，目标型指标主要使用“正向评价”，管控型指标主要使用“负向评价”。

通过指标评价与居民满意度评价，加权得到单指标评价结果。利用专家打分法和层次分析法构建多指标等级评价模型，对 8 个维度进行综合评

① 城市韧性指标法，City Resilience Index，简称 CRI。

价，得到各分析视角、各维度“优”“良”“差”3个评价等级；构建多指标综合诊断模型，选取有关城市规划及建设实施专项工作的指标集合，例如城市特色、城市安全、城市交通、组团密度等，以识别城市优势、发展短板、城市病及预警。

（三）综合诊断

在各指标、分析视角、维度的等级评价基础上，一方面，从城市规划建设管理的视角出发，结合部门事权与专项工作，围绕优势、短板、问题，通过综合诊断模型，打破8个维度的界限，对主客观指标结果进行综合判断；另一方面，利用信息平台，在识别城市总体层面问题的基础上，基于信息平台的数据整合与空间分析功能，对部分发展短板和“城市病”实现精确定位与下沉。

“一表、三单”综合体检成果。“一表、三单”城市综合诊断结果“一表”为“城市体检综合诊断表”，由综合指标计算的客观评价与居民满意度调查的主观评价汇总而成。“三单”包括“城市发展优势清单”“城市发展短板清单”和“城市病清单”。其中，“城市发展优势清单”采用横向对比的方式，充分挖掘重庆发展优势；“城市发展短板清单”，通过对标发展目标和先进城市差距，查找城市发展短板；“城市病清单”，把脉城市运行状况，聚焦老百姓关心的热点问题，诊断“城市病”。

围绕发挥优势、补齐短板、治理问题的总体要求，对标重庆发展目标，对接相关市级部门正在开展或计划开展的专项工作，针对城市发展短板和城市问题提出了相应的治理提升措施，生成治理项目建议。

三、结语

城市体检是城市治理体系和治理能力现代化的重要体现，是针对性地开展城市治理、解决“城市病”的重要手段。本文以重庆中心城区为例，尝试建立公众参与、部门协作及智慧分析监测相结合的技术方法。在住房和城乡建设部确定的基本指标的基础上，根据公众参与、城市对比、发展目标、城市特色及部门工作设计特色指标，建立城市自体检指标体系。采用主客观相结合、定量定性相结合的指标评价方式，发现城市优势、短板和问题，并结合部门行动提出治理措施。初步构建了城市体检发现问题，城市更新解决问题，推动城市高质量发展的技术路径。

根据重庆城市体检项目实践经验总结形成的论文成果收录于《城市规划》杂志2021年第11期，项目获得2021年度重庆市优秀城乡规划设计一等奖。

（西部分院，执笔人：张圣海、王文静、秦维）

杭州市规划建设评估

党的二十大报告指出：“坚持人民城市人民建、人民城市为人民，提高城市规划、建设、治理水平，加快转变超大特大城市发展方式，实施城市更新行动，加强城市基础设施建设，打造宜居、韧性、智慧城市。”对新时期城市规划建设与治理工作提出了新要求。2022年，杭州市委市政府提出开展杭州规划建设评估工作，要求对照高质量发展、高品质生活、高效能治理要求，对城市规划建设快速推进过程中存在的问题进行系统评估并提出对策。

一、规划建设评估的思路探讨

过去10年，杭州历经了高歌猛进的快速发展，创新经济高度活跃，人口人才活力充足，历史保护效果显著，生态环境持续优化。尤其在G20峰会、亚运会等大事件的谋划下，让世界聚焦这座千年古城，推动其成为最具竞争力的全国第五城。但在迈入特大城市的进程中，杭州也不可避免地面临着前所未有的转型压力与挑战：一是城市规模快速扩张带来的经济转型发展的压力；二是人口规模快速增长与人群多元化带来对城市服务的更高要求；三是规划建设系统脱节引发的诸多城市病隐患。而既有的“规划评估”和“年度体检”，更多聚焦“实现度”和“指标评价”，既难以解决发展与保护的矛盾，也难以改变系统之间协调不足的矛盾，同时也尚未充分关注到城市高质量发展过程中，对文化保护、安全发展、绿色低碳等方面不断升级的新要求。

因此，本次规划建设评估紧扣“中国式现代化”新内涵与新要求，聚焦“规划—建设—治理”一体化的视角的系统检视与评价，探讨特大城市精细化治理的系统解决方案。

二、《杭州市规划建设评估》编制探索

在工作定位上，本次规划建设评估工作探索了全新的规划类型，在范畴上不局限于部门事权，在内容上不拘泥于规划实现度的评价或具体指标的评判，而是尝试提供规划建设领域的综合性战略行动方案。即一个以问题导向为主的评估、一个“规划—建设—治理”打通的系统性评估、一个聚焦近期行动及解决方案的评估、一个多部门协调的综合空间治理评估。

在技术路线上，本次评估基于全面调研，综合专家建议与部门思考，明确了“统筹三组关系＋聚焦六个矛盾”的评估框架。三组关系中，一是底线与发展的关系，评估始终秉持安全与发展统筹并进的观念；二是空间效率与人的需求的关系，改变单纯评价空间的逻辑；三是规划—建设—治理的关系，评估将重点落实规划—建设—治理系统提升的对策行动。六大矛盾围绕杭州当前规划建设的实际情况出发，提出“人口快速增长与要素设施供给不足，经济体量大增速快与用地绩效偏低，文化保护与城市发展，生态保护与城市发展，交通设施建设与居民出行需求，市场灵活度大与规划刚性传导不足”6 个方面，并进一步指导评估的具体开展。

一是人口、住房与公共设施评估，关注多元人群的精细化供给。2021 年，杭州常住人口达 1220 万人，相比 2010 年增加 348 万人，且连续 5 年人才净流入率排名全国第一。在人口快速导入的同时，城市设施供给存在面向青年的安居保障不足、职住平衡局部失衡和公共设施建设滞后等问题。

二是空间、经济与用地绩效评估，探讨空间结构、形态与经济绩效的内在关系。2021 年杭州 GDP 总量 1.8 万亿元，增速居全国第四位，公共预算收入增速居全国第二位。但仍然存在总体空间绩效偏低、土地财政依赖度明显、产业用地供需不匹配、低效用地更新动力不足等阶段性问题。

三是历史文化保护与利用评估，聚焦历史文化与城市可持续发展的关系。杭州在保护探索中走在国内城市前列，三大世界文化遗产声名远播。但保护要求升级与地方发展诉求的矛盾日益凸显。保护空间“碎片化”“只见点、难见城”的保护方式难以彰显杭州“双城双轴、南宫北市、城湖一体、运河穿城”的整体风貌格局。管控机制上，缺乏对高度等重点指标的“刚性化”管控手段，且部门管理协同不足。

四是生态保护与安全韧性评估，评估安全与发展的统筹。在建设更具韧性城市的目标下，杭州生态要素丰富需要多元化管控，目前部分城郊接合部的重要生态空间缺乏有效、有针对性的管控与引导规则；面向人民生活的公园城市建设仍有一定差距；城市当前安全防灾以刚性防御为主，面向多灾种叠加风险缺乏更加韧性地应对。

五是交通与居民出行系统评估，评价设施水平与出行体验的关系。5 年来，杭州交通基础设施建设快速推进，但交通拥堵带来的群众出行满意度偏低、城市公交分担率偏低、慢行空间供给与品质不足等问题仍然存在。

六是规划传导与实施机制评估，评价规划横纵传导机制与衔接实施。既有总规与控规之间缺有效传导衔接，控规缺指导，总规缺落实；部门协作不足，缺乏对关键管控要素的统一认定与有效落实；控规对建设与治理方面的传导作用也相对不足。

系统评估下，研究提出杭州规划建设面临的核心挑战，既有历史原因，更有伴随城市快速发展而产生的新问题，简单的单一维度施策难以解决复杂矛盾，需要打通规划、建设、治理等多环节，系统求解。并基于评估提出八大对策与 33 项具体行动：① 切实转变房地产化的用地供给与政策倾向，实现高质量产业用地的保障机制；② 关注人群的个性化需求，精准补齐设施的短板；③ 塑造城市特色风貌，加快建立“特定地区专项管控，一般地区通则管控”的高度密度强度管控机制；④ 推动历史文化片区整体保护，建立“园文＋规资”双统管的保控联动机制；⑤ 创新多元生态空间的管控体系，强化城市韧性空间建设；⑥ 完善以轨道为核心的公共交通体系，提升以自行车为特色的慢行空间供给；⑦ 制定国土空间规划的分层传导规则，研究制定管控单元的划定办法，完善重点专项的部门联合编制与认定机制；⑧ 加快控规全覆盖，建立文化、生态、公共服务等跨部门刚性管控要求在控规中的落实机制。

三、总结

目前，杭州规划评估工作已经完成中期成果提交，研究核心内容以专报形式提交杭州市委市政府，得到市领导关注与批复。根据批复提出的“要结合提出的问题，采取有针对性的举措逐步完善提升”的批示要求。研究团队围绕“专项规划的编制与细化研究、专项导则的制定和优化、专项标准的提升、规则机制的建立与完善”4个方面，针对产业、设施、住房、历史保护、生态、交通和规划传导等问题提出了针对性的整改对策和举措建议，后续将进一步与区县、部门的工作开展对接。从杭州规划建设评估的工作来看，一方面，体现了新时期特大城市规划工作的转型，在研究过程始终坚持规划建设治理一体化的逻辑；另一方面，在工作组织和对策建议的提出中，更加强调与地方政府和管理部门的充分协作，以更好实现评估对城市发展的推进作用。

（上海分院，执笔人：孙娟、马璇、张亢）

第二节　城市更新实践

以完整社区建设为目标的体检研究及更新探索
——以北京市三里河路9号院为例

一、开展社区体检及社区更新的意义及目标

（一）推进完整社区建设落到实处

习近平总书记指出，“社区是基层基础，只有基础坚固，国家大厦才能

稳固”。当前，社区普遍存在环境脏乱差、公共空间不足、生活服务不完善、日常管理不到位等突出短板，特别是人口流动打破了原有的社区空间、邻里关系和历史文脉等，人口老龄化、公共安全、儿童救助、新市民等社会问题不断涌现，进一步加剧了社区建设和治理的难度。

住房和城乡建设部、民政部两部门联合印发《关于开展完整社区建设试点工作的通知》，提出发挥试点先行、示范带动作用，打造一批安全健康、设施完善、管理有序的完整社区样板、尽快补齐社区服务设施短板，全力改善人居环境，努力做到居民有需求、社区有服务。

完整社区是从微观角度出发，通过对人的基本关怀，维护社会公平与团结，促进城乡建设的绿色发展，最终实现美好环境与幸福生活的发展愿景。近年来，沈阳、厦门等地陆续探索开展完整社区建设，通过建设完善社区基础设施和公共服务设施，创造宜居公共环境，满足社区居民的基本生活需要，有效提升了基层治理的现代化水平，特别是在新冠病毒防控期间社区发挥了重要“稳压器”作用。

（二）树立完整社区更新工作典范

三里河路9号院作为伴随共和国建设逐步成长起来的社区，见证了中国居住建筑、社区建设发展的变迁。作为规模、尺度上的典型完整社区样本，三里河9号院既保留了我国不同历史阶段居住区规划设计的典型特征和优秀设计思想，又反映出在快速城市化、工业化、信息化的发展过程中，既有居住区在配套、环境、建设等标准、模式、理念上越来越难以满足现阶段居民的实际生活需求。因此对三里河9号院开展系统性的社区体检与社区更新工作，既要探索如何保护并延续中国居住区设计发展中的优秀设计理念、典型设计语汇，更要立足居民对物质空间与社会结构改善提升的实际诉求，补齐短板，探索具有普适意义的完整社区建设更新的工作方法、实施路径和技术工具，从“好社区，好小区，好住宅”角度出发，人民身边小事入手，以小见大树立完整社区建设治理典范（图1）。

图 1　小中见大的社区体检及更新行动目标

（三）探索完整社区设计治理方法

在完整社区建设的基础上进行适当创新，探索智慧、多元、有效的完整社区设计治理方法，为未来完整社区的设计与治理提供借鉴。其一，探索智慧、智能化的体检新技术，例如，借助中规院未来城市实验室，依托参数化联动和多专业协同的技术路线，引入多源数据，研究设施服务范围。其二，探索既能展开社区横向比较，又能立足个体社区形成涵盖实际体验，展现社区品质、居民满意度的纵深体检。其三，融入共同缔造、多元协商的设计治理方法理念，引导社区居民及社会组织以社区活动的形式共同参与社区治理当中，解决社区治理中居民切实关心的问题，提升社区居民的获得感、归属感。

二、以三里河路 9 号院为蓝本的完整社区体检模式探索

完整社区体检是开展完整社区建设更新的基础，是切实摸排人民对社区居住环境满意度的关键平台，更是在全国层面统筹推进完成社区建设工作的工具、抓手。本次以三里河路 9 号院为典型案例开展的完整社区的体检工作，主要从以下 3 个方面进行探索：

（一）体检框架体系及工作模式搭建

在体检内容的框架体系上，从好社区、好小区、好住宅的角度出发。社区层面，划定大院 15 分钟社区生活圈，对覆盖范围内各类设施进行体检；

小区层面，以完整社区建设标准为根本进行体检；住宅层面，依托住房和城乡建设部已有全国住宅质量普查，根据既有住宅质量评估研究与住房和城乡建设部出台的建设指导意见、国家标准规范，从安全健康、生活舒适两个维度对住宅体检进行了初步探索（图 2）。

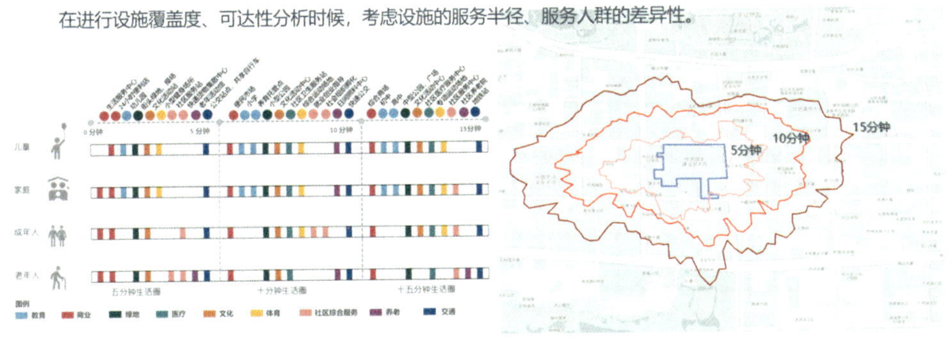

图 2　服务全生命周期的居民，评估 15 分钟生活圈设施服务水平

在体检工作的组织模式上，构建产权主体、管理主体、专业技术力量、市场主体及社会群体，即住房和城乡建设部机关服务中心、甘家口街道及居委会、中规院、万科物业及居民 5 方联动的工作协调平台，在社区体检中统筹数据、开展调研、征求意见，在社区更新中共同促进产权协调、空间调配、运营提升、共治共建。

（二）完整社区体检指标体系及评价标准建立

完整社区体检采用第三方体检与满意度调查结合的工作方式，充分利用大数据、新技术结合深度走访座谈，围绕完整社区建设标准，结合绿色社区、智慧社区建设，对标新建居住区体检指标体系，构建了涵盖“宜居保障、便利优质、安全便捷、适老宜少、绿色韧性、健全和谐”六大目标，囊括“达标要求、品质要求、满意度调查”3 个维度考核内容的 20 项指标评价体系。这一指标体系在精准逐一对标完整社区建设标准的同时，结合后疫情时代，可持续社区、韧性社区建设诉求，强调了对安全、绿色、低碳方面的要求，系统地整合了新时期对社区建设的各类发展要求，从后评估角度对未来社区的更新建设形成了明确的引导（图 3、图 4）。

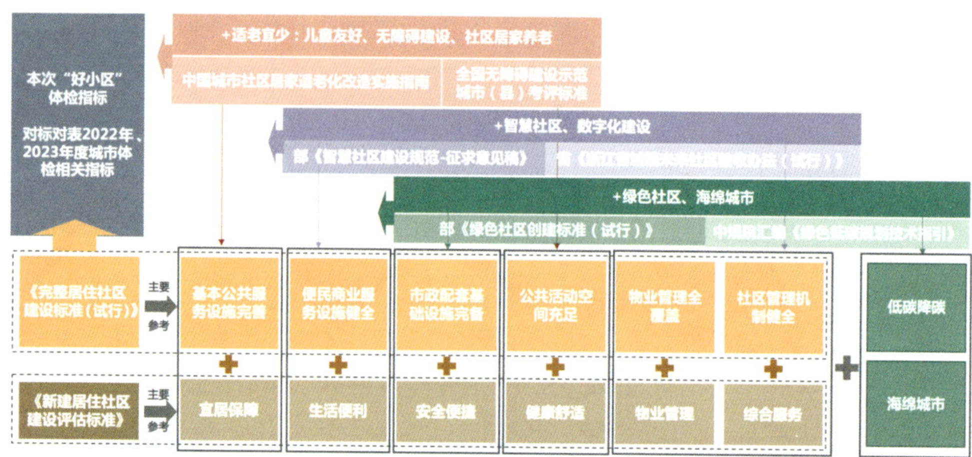

图 3　围绕完整社区建设，结合全龄友好、智慧社区、绿色社区形成指标搭建思路

“好小区”体检指标体系	
本次目标	体检指标
宜居保障（5项）	社区综合服务站、幼儿园、托儿所、老年服务站、社区卫生服务站
便利优质（3项）	超市菜场、其他经营设施、快递服务设施
安全便捷（6项）	环境卫生设施、水/电/路/气/热/信等设施、无障碍设施、停车及充电设施、慢行系统、公共安全设施
绿色韧性（2项）	低碳降碳、海绵设施
适老宜少（2项）	公共绿地方面、公共活动场地方面
健全和谐（2项）	物业服务、综合管理

序号	指标项	考核要求		
		达标要求	品质要求	满意度要求
1	社区综合服务站	建筑面积不小于800平方米	具备服务大厅、居委会办公室、居民活动用房、党群服务中心、阅览室	您对社区综合服务站（社区居委会办公地点）的设施是否满意？
2	幼儿园	不小于6班，建筑面积不小于2200平方米，用地面积不小于3500平方米	活动场地在标准的建筑日照阴影线之外的面积比例≥50%	您对幼儿园是否满意？
3	托儿所	建筑面积不小于200平方米	生活用房冬至日底层满窗日照时长≥3小时	您对托儿所是否满意？
4	老年服务站	建筑面积不小于350平方米	具备老年餐桌，提供日间生活辅助照料服务	您对老年服务设施是否满意？
5	社区卫生服务站	建筑面积不小于120平方米	具备独立入口承接临时应急处置改造能力	您对社区医疗机构是否满意？
6	综合超市	建筑面积不小于300平方米	能够供蔬菜、水果、生鲜、日常生活用品销售服务。	您认为社区中综合超市是否便利？
7	邮件和快件寄递服务设施	建筑面积不小于15平方米	格口数量为社区日均投递量的1—1.3倍。	您认为社区中的快递收发设施是否便利？
8	其他便民商业网点	人均建筑面积不小于0.1平方米/人	具备餐饮店、理发店、药店、维修点、家政服务网点等便民设施	您对社区中的便民网店是否满意？

图 4　围绕完整社区建设“三大革命”，制定 20 项指标的“达标、品质、满意度”考核评价方法

（三）基于全国房屋建筑和市政设施调查开展好住宅评价探索

基于全国房屋建筑和市政设施调查系统平台，根据住房和城乡建设部发布的《关于加快发展数字家庭提高居住品质的指导意见》，参考《建筑环境通用规范》GB 55016、《民用建筑设计统一标准》GB 50352、《住宅建筑规范》GB 50368 及《住宅设计规范》GB 50096 等多个现行国家标准规范，本次体检对面向“好住宅”的社区层面体检进行示范性探索。分别从安全健康、生活舒适两个维度构建了结构安全、室内环境、智慧设备、户型与面积、适老化改造 5 项评价指标。本次体检充分利用新技术模拟居住建筑环境，形成社区层面的建筑环境评价。将难以通过问卷或数据收集形成的住宅感知要素，通过智慧化工具进行模拟形成客观评价，为大范围开展类似体检工作奠定了技术基础（图 5）。

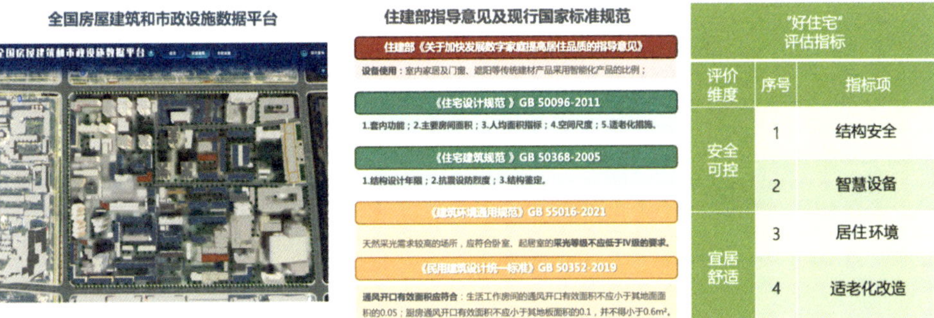

图 5 “好房子”体检指标设计基础及相关指标

三、以小见大有序推进完整社区更新实践

（一）系统谋划，分类推进

既有社区的主要矛盾大多是因为有限空间与多元需求无法匹配所造成的。因此既有社区的更新谋划更需要统筹，统筹不同产权主体的资源、不同使用主体的需求、不同物质空间的可能。本次三里河路 9 号院的社区更新工作，围绕社区体检工作中展现出来的“急、难、愁、盼”问题，从设施供给、环境品质、空间运营等方面入手，结合全龄友好、韧性安全、智慧社区等理念，形成了高品质宜居的空间与设施优化、全龄友好的社区韧性与活力塑造以及安全智慧的社区交通与运营完善 3 项系统性更新行动策略（图 6）。

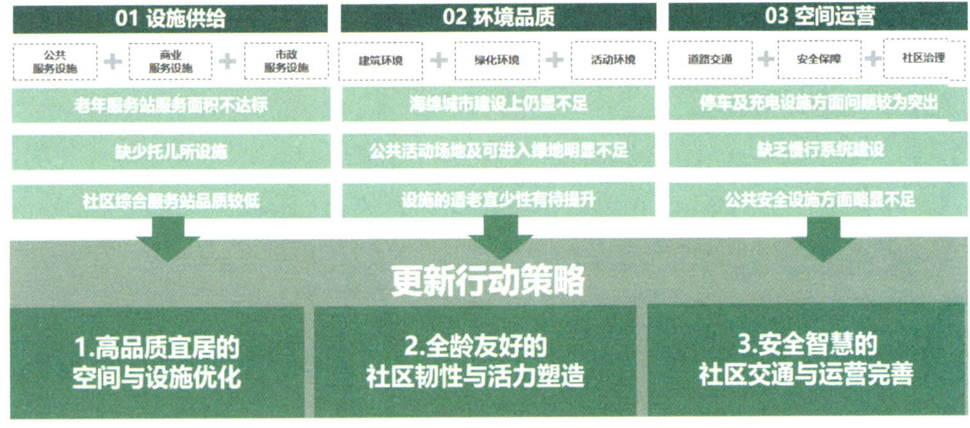

图 6 基于社区体检问题，明确社区更新行动策略

进一步将系统性更新行动策略按涉及安全、消防及居民迫切需求的急迫事项，涉及加建扩建、共建租用、产权协调的难题事项，涉及资金缺口、政策不清等愁困事项，以及涉及居民对美好生活的热切“盼”望事项，分类整理成“急、难、愁、盼”四类更新行动项目库，统筹更新工作开展时序，建立与各方协商推进完整社区更新工作的基础底账（图7）。

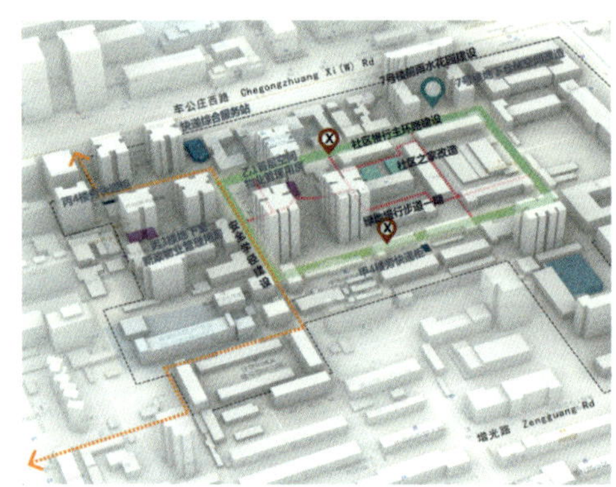

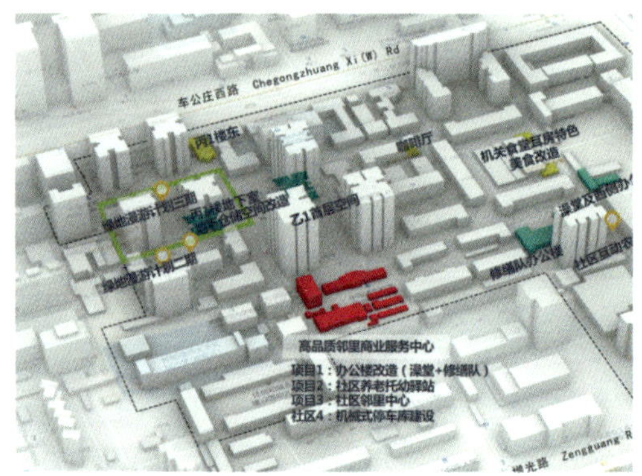

图7　更新策略转化为项目库，分期推进示意

（二）小切口，见实效

完整社区更新工作的开展，大多面临利益群体众多、启动资金有限、居民自治参与能力不足等普遍问题。因此三里河路9号院在完整社区更新中紧抓“小切口，见实效”的突破点，遴选出居民普遍盼望、工程难度较低、实施路径清晰、能实际解决居民诉求、快速见到明显成效的项目，作为社区更新行动启动的示范推广项目。并在示范项目开展前、中、后通过参与性城市设计的方法，引导居民在更新过程中从指手画脚的点评看客到融入其中的积极参与者，树立社区治理的自治意识和公约习惯，培育社区治理的志愿团队。实现完整社区物质空间提升与社会空间结构优化同步的现代化社区建设治理目标（图8）。

图 8　慢行空间一体化改造示意

（三）跟踪服务，统筹施治

在三里河路 9 号院的更新改造过程中，有些项目在社区系统性更新方案出台前，就已经进入了实施阶段，而完整社区更新方案中的项目受资金、政策、产权等因素的限制，很难一蹴而就、全面快速铺开实施。因此，技术团队既是更新方案的编制者，更是更新方案的持续动态维护者。技术团队同步开展了社区类责任规划师服务工作，针对在途的建设项目，通过书面文件、会议研讨、现场指导等方式，进行从设计到施工的全过程技术把关和跟踪服务。使在途项目的整体建设目标与建成风貌能够与系统性更新方案相协调。针对新启动的项目，社区类责任规划师服务工作既需要统筹规划、建筑、景观等多专业设计方案、建设时序，更需要衔接产权主体、运营主体、管理主体、社区居民，承担起规划宣传、社区共建、公众参与等服务工作。

四、展望

新一时期既有社区的更新改造工作，将成为实现人民群众追求更高品质生活水平的关键阵地，因此完整社区的体检评估和建设更新工作，将成为实现这一目标的重要抓手。随着全国各地城市更新工作的广泛推开，城市更新新政策、新法规层出不穷，而如何合理运用新规章、新政策，从实施运营角度出发统筹空间、时间，探索资源、资金的整合，利用市场、社会、居民共建共赢，最终实现人民心目中期盼的好社区、好小区、好住房，仍是完整社区建设中需要不断探索的关键。

（城市设计研究分院，执笔人：王颖楠、赵振乐、于传孟）

济南黑西路趵北路特色街区综合更新项目

一、特色街区综合更新的内涵

黑西趵北街区提升是由济南更新局组织的“1 + 5”特色街区提升的市级重要项目（图 1）。继 2017 年大明湖路更新提升工作后，2018 年“1 + 5”特色街区提升项目代表了济南更新工作的新阶段——从“6 条路”扩展到“6 个街区”，从街道界面的更新走向街区系统更新，也代表了济南更新工作从过去的“面子工程”走向“民生工程”和“文化工程”，城市更新已逐步成为织补城市功能、优化城市结构的有力手段。

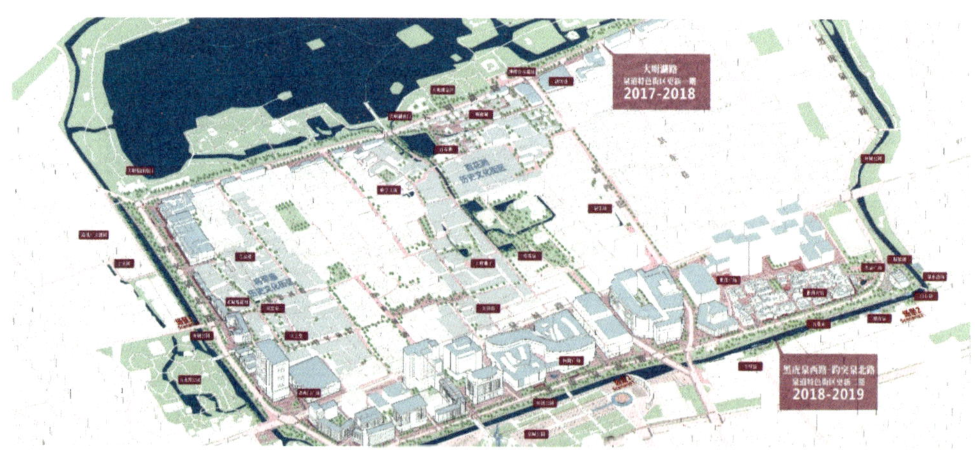

图 1　济南泉道特色街区示意图

2000 年后，济南老城区域先后经历了多轮整治，历次整治均以不同视角下的单一问题为导向，未能达到系统思维下的综合提升效果。老城区建筑亟待修缮，城市风貌多层叠加，缺乏管控引导，街道功能业态逐渐衰落，也正是众多老城困境的缩影。

特色街区综合更新同步开展了明府城范围的区域交通研究、业态研究、夜景照明研究、建筑评估等系列专项研究，有效构建起街区更新系统，完成从街道更新向街区更新的转化。在工作组织上采用城市设计综合团队带领各个专项团队与同步推进的方式，以整体性的城市设计统领不同尺度下的专业问题，形成各专业的统一出口，有利于目标的协调达成。

二、《济南黑西路趵北路特色街区综合更新项目》编制的探索

黑西趵北特色街区是涉及济南老城更新的重要工作，也是响应泉城申遗的诉求。技术团队通过 4 个方面创新街区更新：

（一）统一思想

问题导向与目标导向并重，明确工作定位。环明府城地区城市更新面对济南老城特色资源难寻、多元矛盾暴露、更新项目失序的现状发展问题，以应对和解决这些问题作为项目的基本出发点。针对这三方面问题，以建立老城整体发展战略定位为方向指引，在“世界泉城 • 文化景区”的构建共识下，提出显文化、提业态、为人民的三大核心目标，同时以“泉道”品牌营造为特色抓手，形成自下而上到自上而下有机统一的更新策略，明确本次环明府城街区综合更新的工作定位——建立战略共识，瞄准重点方向，打造更新样板。

（二）明确方向

明确老城更新的核心方向，着手关键要素。文化、业态、人民，是城市老城区重要的核心价值要素，也是城市老城更新重要的资源和主体。本项目紧紧抓住这三大要素，提出“显泉知城”“理商转能”“优服引人”三大设计策略（图 2），以分别应对城市文化彰显、老城业态优化、人民生活提升的目标方向，展开更新策略的研究。

图 2　环明府城地区的价值定位

（三）彰显价值

突出特色要素的空间塑造，确立品牌抓手。城市存量地区的更新改造一般都是逐片区推进的，在微观项目的实际操作中，往往存在缺少上位规划全局指引的问题。该项目通过“泉道塑泉城”的顶层设计策略，以泉道为抓手引领城市存量更新，链接城市特色公共空间文化资源，突出城市特色资源的品牌价值，扩大城市的影响力，提高城市的竞争力（图 3）。

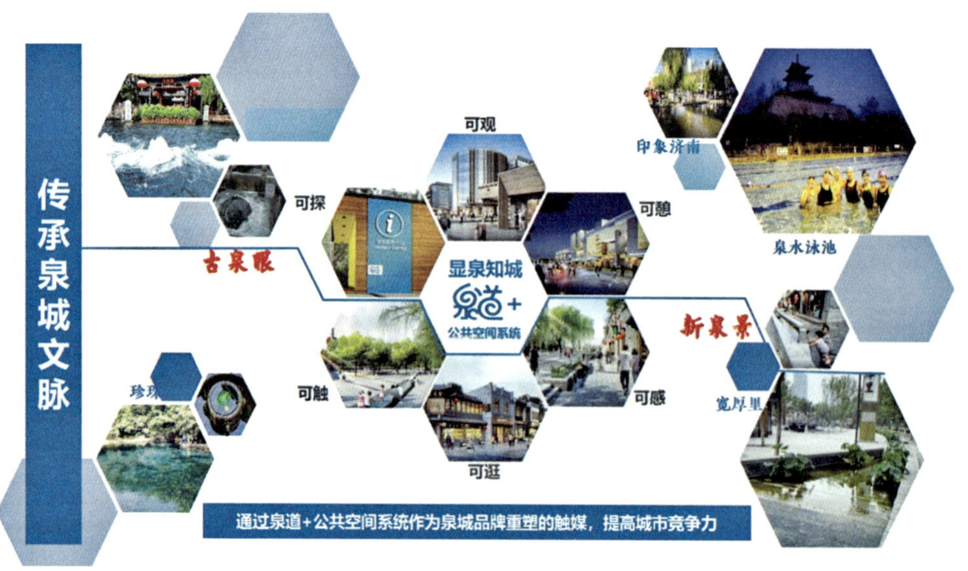

图 3　泉道＋公共空间系统

（四）落实实施

建立一套设计方案，城市设计与实施设计同步开展，在总体城市设计的引导下，明确街区更新和街道环境提升的实施方案及设计理念，实现城市设计向实施设计的编制传导；建立一套实施指引，划分事权责任，明确交通、路灯、广告、家具、店招等城市细节的后续管控方式，保障街区更新的分类落实，实现后续长效的管理运维；建立一套特色体系，以泉道为抓手，统筹特色要素品牌塑造与特色彰显落地建设，促进总体城市设计泉道体系的建立，并打造示范样本。通过三位一体的实施途径建议，最终达到重塑泉城风貌、重振城市品牌的目标。

三、总结

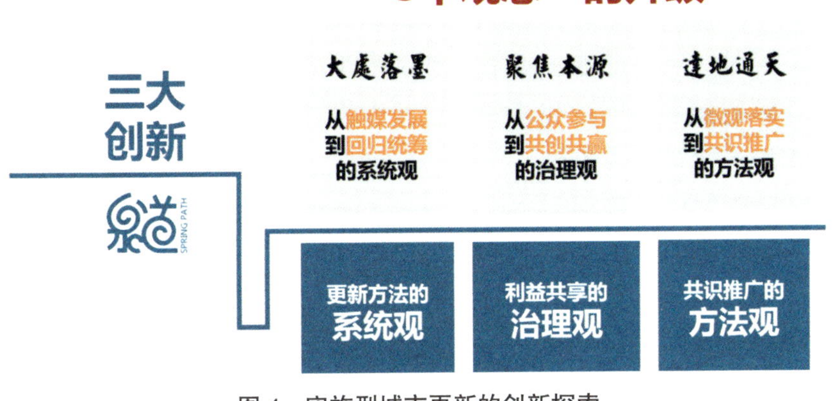

图 4　实施型城市更新的创新探索

（一）从“触媒发展”到“回归统筹”的系统观

改变过去“由点及面”的城市整治思路，而从整体角度出发，建立各专业的设计体系统筹、工作推进的全生命周期统筹及营运管理的长效统筹，确保各个子系统都朝着同一方向努力，也确保从设计到落实再到后续维护管理的长效性。城市设计的核心价值观通过回归统筹的系统观传导到各个子系统的具体工作中，实现城市更新在城市设计统领下在变化中的适应和坚持，真正实现城市更新的系统观和整体观。

（二）从“被动参与”到“共创共赢”的治理观

街区更新的本源是人民，在本次街区更新中公众参与不再是程序式的参与，而是事关主体利益的主动式参与，甚至不同利益方之间还有长期的争论和妥协过程。而共同缔造也不是一个网红词语，而是在不断的争论、协商中逐渐摸索让步和共赢的机制。在本次街区更新中，项目真正实现了从“公众参与”到“共同缔造”，在设计过程中，抓住利益这个核心诉求，建立业主利益诉求对接会、基于协商共建的协商会、相关部门协调会及不定期的随机访谈形式。针对具体设计方案和相关利益群体进行专项讨论，明确利益主体诉求，不断调整方案，创造共赢局面，解决更新矛盾。

（三）从“微观落实”到“宏观传导”的方法观

本项目在建立微观落实的基础上，尝试进一步推进价值共识的向上反馈。通过泉道抓手的设计落实，将泉道作为济南的特色公共空间体系，真正落实进入《济南市中心城区总体城市设计》中，推动泉道成为济南的价值共识。同时，泉道也进一步落实到济南市规划主管部门组织的《济南市城市设计编制技术导则》和《济南市城市设计成果技术标准》等技术文件编制工作中，实现“古泉眼＋新泉景”的愿景，使未来的“泉道”特色体系真正落实在泉城的规划谋略中，使泉道的核心理念在技术标准和技术导则的指引下能够更有效地发挥作用（图 5）。

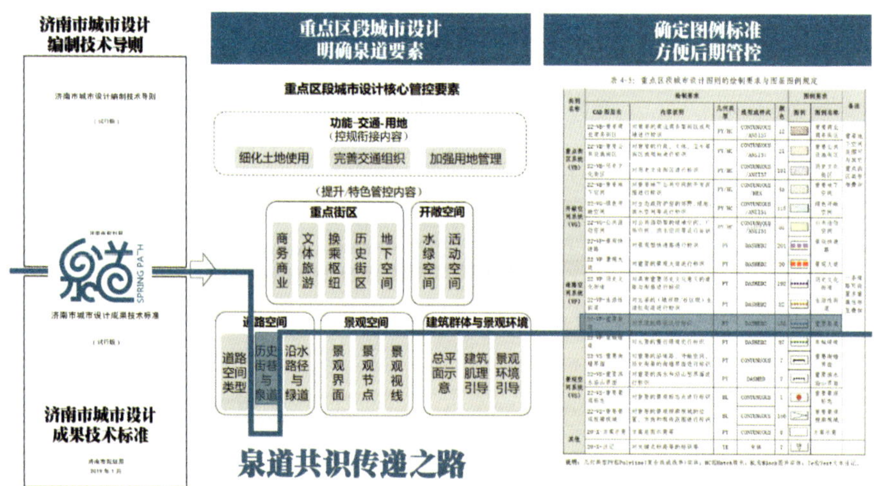

图 5 “泉道”在济南市城市设计成果技术标准中的落实

实施效果：济南市黑西趵北街区更新历时3年，实现了向街区综合更新的转变，铺设约3500米泉道，链接文化资源50余处，打通历史街区断头街巷，恢复历史景观视廊，截至2022年初，沿街店铺更新率达27%，街道、街区功能及环境品质大幅提升，整体更新效果得到民众各界的认可（图6）。

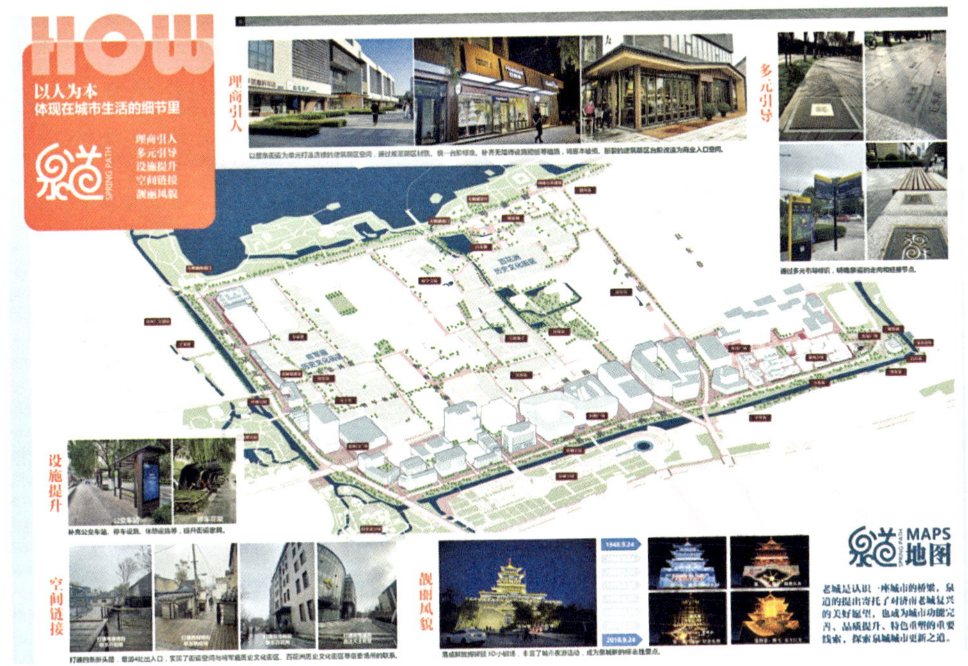

图6 更新实施效果

（城市设计研究分院，执笔人：何凌华）

重庆市大磁器口片区整体提升规划与设计

2021年，《中华人民共和国国民经济和社会发展第十四个五年规划和2035年远景目标纲要》中首次将“城市更新”上升为国家战略，实施城市更新行动，是适应城市发展新形势、推动城市高质量发展的必然要求，也标志着我国城市发展进入了城市更新的重要时期。在城市更新对象中，历史文化片区是一类特殊地区，除了常见的城市问题外，还具有丰富的历史文化遗产和鲜明的风貌特色。如何做好城市历史文化片区的保护、利用和传承，对延续历史文脉、推动城乡建设高质量发展、坚定文化自信、建设社会主义文化强国具有重要意义。

磁器口古镇位于重庆市主城沙坪坝区嘉陵江畔，始建于宋代，拥有“一江两溪三山四街”的独特地貌，是重庆古城的缩影和象征，被赞誉为“小重庆”。经历复杂的历史变迁，以古镇为核心的 3 平方公里片区内，沉淀出了丰富的历史文化遗产，聚集了多元的城市功能，也带来了诸多城市问题，城区、景区争地矛盾也越来越突出。2018 年，古镇年游客量已达到 1200 万人次，景区严重超载。

随着《重庆市城市提升行动计划》的全面开展，市委市政府对磁器口高度重视，明确提出扩容提质、整体打造优质资源的工作要求。不同于以往“穿衣戴帽涂脂抹粉”的更新方式，在区政府工作支持下，项目团队贯穿了从规划设计到更新提升的实施全过程。项目通过规划、设计、实施全过程的跟踪服务，探索城市历史文化片区更新的方法和路径，以期为其他地区的历史文化片区更新项目提供参考。

一、研究区域现状及其存在的问题

磁器口片区坐落在重庆市主城区中部槽谷，面积约 2.83 平方公里，涉及石井坡、覃家岗、磁器口、童家桥 4 个街道，涵盖歌乐山革命烈士陵园景区、康明斯发动机厂、磁器口古镇景区、金壁街、特钢厂等区域。片区历史文化资源丰富，共有市级文保单位 1 处、区级文保单位 11 处、未定级文物 3 处、历史建筑 2 处、传统风貌建筑 672 处，涵盖了人居文化、商贸文化、革命文化和工业文化。

但是在过去的城市发展过程中，人车交通混杂，新老风貌失调，功能业态单一，发展和保护割裂，城区和景区割裂，并没有融合发展。通过整体梳理，问题主要集中在以下 5 个方面。

（一）行不畅——交通混杂，设施滞后，步行环境欠佳

片区内已形成主干路、次干路和支路的路网结构，但由于体系不完备，

支路较为缺乏，微循环网络不完善，导致主次干道系统同时承担交通性出行和服务性出行，客流高峰日一旦出行拥堵，难以分流。部分道路步行空间过窄，表现为仅有单侧人行道，双侧均无人行道。

（二）看不得——新老风貌协调不足，环境品质有待提升

建筑高度管控不足，新建小区高度管控不够，对背后山体遮挡较为严重，且破坏了原本“大山小镇”的天际线。部分区域建筑风貌杂乱，民居建筑私搭乱建严重，部分老旧建筑缺乏维修。街道内侧电线、电缆裸露，市政通信管网、消防设施对环境破坏较大，影响街道整体景观。

（三）品不到——文化体验方式单一，文化空间面临挤压

歌乐山革命烈士陵园景区和磁器口古镇景区的文化体验以参观为主，缺乏深度体验的功能业态和空间场景，对文化的传承不具有可持续性。区域历史文化资源大多处于消极利用或废弃闲置的状态，比如重庆工业之母特钢厂、历史人文汇聚之所凤凰山等区域，未能有效发挥其应有的文化价值。

（四）留不住——旅游产品单一，品质不高，旅游配套不足

集中体现在磁器口古镇，过度的商业开发导致商业空间侵占文化空间，文化感知度较低。在商业业态上，以餐饮、零售、休闲类业态为主，住宿、文创、娱乐类业态较少，且各类业态产品相对单一，品质不高，文化体验场景、高品质消费场景、夜间旅游产品严重不足。

（五）停不下——有限的游览空间难以匹配大量的游客

集中体现在磁器口古镇，人流量巨大，但空间局促，景区承载能力过饱和，亟须扩大游览空间。滨水空间保护和利用不足，很多岸线被建设占用，亲水性差，防洪安全问题突出。根据社会调查，磁器口古镇景区的游客有 42% 认为在打磁器口片区应建设公园或广场，本地居民有 61% 认为公园绿地不足、71% 认为应该建设公园或广场。

二、更新方法

（一）坚持问题导向，整体谋划精准切入

1. 整体谋划，多方式梳理问题，系统观生成项目

以片区整体为研究对象，运用城市体检方法评估大磁器口片区，初步研判城市问题。通过实地踏勘、入户访谈、调查问卷等方式收集居民、商家、游客“急、难、愁、盼”问题，修正研判方向。通过与历届保护规划专家学者、企业家和政府部门座谈研究，汇聚多方建议和诉求。最终形成5大问题、22个子项问题，为精准施策提供扎实基础。树立在保护中发展、在发展中保护、推动城区景区共生共荣的更新思路，挖掘片区潜力空间，构建“体检为根、规划为干、专项为枝、项目为叶”的“树形”项目生成工作方式（图1）。以问题和目标为导向，对功能业态、交通组织、开放空间、城市风貌、配套设施5个重点领域系统施策，形成1套更新导则＋1套项目计划，为不同阶段开展更新提升项目实施管理提供了技术依据和设计指引，逐步优化完善片区城市功能和解决城市问题。

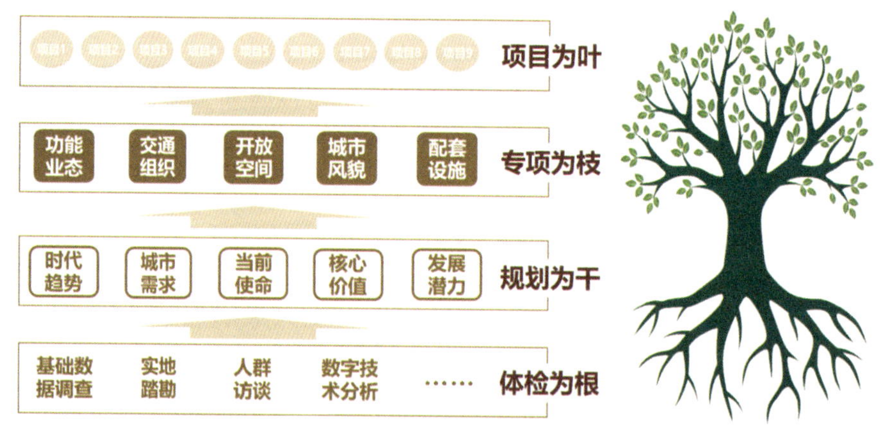

图1 构建“树形”项目生成工作方式

2. 精准切入，通过功能转换实现空间价值整合

在分析交通拥堵问题时发现，紧邻古镇北侧的磁童路承担大量过境交通是导致城区景区割裂、古镇入口区长期拥堵的主要原因。

通过交通模型论证，联通凤凰山隧道和拓宽劳动路后，可以分流磁器

口大量过境交通功能。于是我们提出将磁童路进行步行化改造，以空间织补方式，连通马鞍山和清水溪，扩大古镇步行区并整合古镇周边功能板块，以扩大景区的方式对磁器口自古以来“一江两溪三山四街”山水格局实现整体性保护（图 2）。

图 2　磁童路步行化改造与片区整体性保护

通过组织区域交通道路的方式，分流过境交通和到达交通，磁童路步行化实施后扩大步行区范围，有效提升了景区容量，疏解了古镇拥挤人流，为居民和游客创造了安全舒适的开敞空间，解决了景区交通杂乱拥堵问题，从而实现了片区空间价值整合与功能提升（图 3）。

图 3　磁童路步行化改造前后对比

（二）坚持文化引领，厚植场所文化基因

1. 系统性梳理，构建片区历史文化保护传承体系

城市更新意味着对历史文化的保护与传承，也意味着对现代文化的审视与反思，还意味着对未来文化的培育与展望[1]。立足区域研究片区历史文化演变发展，从时间和空间两个维度对片区历史沿革和文脉资源进行了全面梳理，梳理历史文化遗留资源，构建片区历史文化保护传承体系，探索内涵与外延、传承与创新“双并举”的有机更新模式。

依托遗存历史资源和潜力空间，塑造“最红岩”“最国际”“最文艺”“最创意”“最民俗”5个主题鲜明的文化功能区，挖掘潜力空间，结合区政府、新华社、红岩在线等文旅开发企业和公众意见设想，策划一系列特色项目，传承文脉，彰显价值。目前1949大剧院、磁后街、青瓷坊等已相继落成，丰富了片区文化体验，实现景区提档升级，提升了城市活力。

2. 创造性传承，让历史文化和现代生活融为一体

磁童路步行化改造采用符合新时代功能特质的现代风格，挖掘古镇历史典故和生活记忆，分段打造可停留、可观赏、可游乐的街道场景，塑造古镇客厅的新时代风情。新旧共生，和而不同，更加突出了古镇历史年轮。利用磁童路和磁正老街不同断面尺度，以空间留白的方式预留了场地功能弹性，可以承载多元民俗活动，扩展了原来古镇老街不能实现的活动功能，传承了磁器口烟火气息。

挖掘文化价值，营造古镇文化体验新场景。重庆1949大剧院项目位于歌乐山红色文化景区和磁器口景区交界处，原本规划为居住地块，通过片区整体规划策划后变为文化产业功能，建成投用后正在成为重庆红色文化体验的一张新名片（图4）。

图 4　磁童路步行化后的节日场景

（三）坚持绣花功夫，小尺度渐进式更新

1. 精细化设计，提升品质彰显巴渝风貌

以微更新为主要理念，摒弃大拆大建模式，不拆一栋传统民房，建立“分类型、抓要素、塑节点”的“4 大类＋ 21 要素”微更新方法体系，分类型清理建筑风貌不协调要素，以菜单式手法更新门窗、店招、栏杆等外立面构件，沿用传统建造工艺，用石栏杆替换现状混凝土、铁质栏杆，更换破损老石板，凹凸不平处采用人工凿刻的方式微修补。清洗墙面，规整各种管线，整治不协调构筑和景观，保护历史文化景观，彰显传统巴渝风貌（表 1、图 5）。

2. 适应性措施，提升街区综合防灾能力

古镇常年在 7～8 月面临洪水威胁，为延续“水进人退，水退人进”的古镇滨江生活场景，结合防洪水位线分布，分层引导功能业态，增设高压水枪点快速清淤，联合街道办完善应急疏散组织机制，形成滨江空间弹性利用模式。

历史文化街区整治提升技术路线图　　表 1

分类型	整体格局						建筑风貌					环境风貌				服务设施			
	保护		修复	提升			保护	修复				保护	修复		提升	提升			
抓要素	山水格局	原生居民	街巷肌理	业态场景	步行系统	观景体系	文物建筑	建筑风格	门窗	格栅	装饰要素	历史环境要素	石板路	栏杆	家具系统	标识系统	市政设施	居民生活服务设施	居民休闲服务设施
									栏杆	管线									

塑节点	重要建筑节点						重要景观节点							重要院落节点			
	幸福街节点	黄桷坪一巷	磁正街前段	磁正街后段	龙隐码头节点	龙隐门节点	幸福街节点	高石坎节点	磁正街节点	聚森茂节点	磁横街节点	龙隐码头节点	龙隐门节点	和美大院	宝善宫	民宿区入口	周家院

图 5　传统风貌建筑改造提升前后

现有防火标准会破坏古镇风貌，针对古镇存在的消防隐患，联合消防专业团队量身制定系统整治方案。利用现有巷道划分防火控制区，采用增厚、分隔的防火墙替代传统风火墙，外墙涂料、线网材料采用高等级消防材料；清理、整改老旧线路，对重餐饮设施采用电加热方式；灭火方面，在古镇制高点设置高位水池，储蓄消防水源，设置 9 处消防水炮，利用支路、车库空间完善消防通道，增补智慧消防及安全管理系统，“防”“消”结合，系统提升消防安全。

（四）坚持共同缔造，建立机制包容共进

在区政府的统筹组织下，成立磁器口提档升级指挥部和方案技术审查委员会统筹协调片区更新项目，构建多方参与机制，积极引入社会资本参与运作，多元路径推进片区提升。先期，国有平台公司实施非经营性基础设施建设项目，创建环境，提升空间价值。后期，积极引入社会资本，发挥企业自身优势，采用建设运营一体化模式，实现功能提档升级。同时，制定长效机制，鼓励现有个体商户改善经营形象，提升经营业态功能（图 6）。

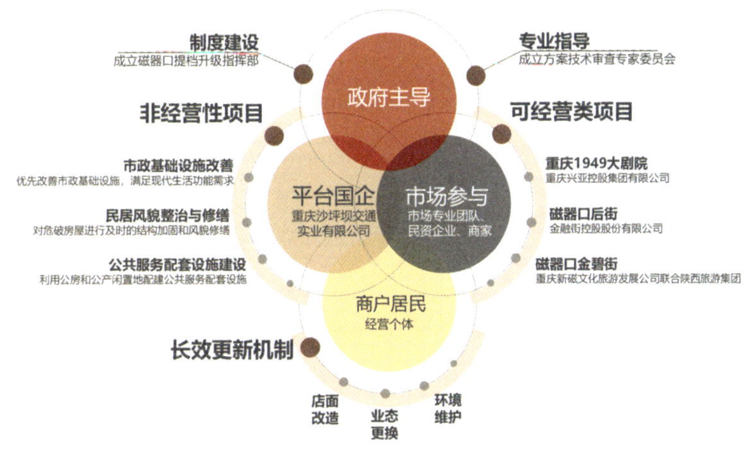

图 6　磁器口更新工作机制

三、结语

城市更新作为城市发展中一个必经的重要过程，要既能促进地方当下的活力和繁荣，又能守护、延续地域文化，构建和强化地方认同[2]。对原有的城市特色资源要素进行精心的培育与更新，而不是简单粗暴地拆除或者面目全非地改造，要形成独特的空间触媒效应，吸引新的人口和产业的涌入，给城市带来源源不断的活力，形成良性的复兴循环。磁器口片区近 3 年的更新实践，为重庆提升行动积累了经验，也为全国实践历史文化片区城市更新行动提供了可复制、可推广的经验。

（西部分院，执笔人：张圣海、肖礼军、刘静波、王海力、熊俊、汪先为）

参考文献

［1］姜自凤．城市更新视角下广州西关文化的保护与传承——以广州永庆坊微改造为例［J］．古今文创，2022（29）．

［2］黄怡，吴长福，谢振宇．城市更新中地方文化资本的激活——以山东滕州市接官巷历史街区更新改造规划为例［J］．城市规划学刊，2015（3）．

新时期基于创新生态的高科技园区有机更新方法与路径探索

——以上海漕河泾开发区为例

一、创新型园区更新的新内涵

在创新经济和知识经济发展的大潮中，很多产业园区孕育和发展出了成熟的创新生态，从单纯进行工业生产的园区转型成为创新型园区。但园区发展到一定阶段后，增量空间耗尽，设施环境老旧，需要通过城市更新实现园区的再发展。目前产业型地区通常有两种更新模式：一是市场主导的大拆大建模式，利用低成本土地和高容积刺激，但随着成本上升和总量管控而不可持续；二是政府主导的散点更新模式，通过更新为企业和人群提供服务设施，但由于投入较高且散点更新难以实现公共利益保障，推进较为困难。

面向新时期的创新园区更新，如何把握政府和市场的平衡，实现“政府可实施、市场有微利、公众有保障”，成为更新规划的重要命题。在新颁布的《上海市城市更新条例》中，明确在更新的价值导向上突出“为人更新”，在更新空间上强调设计为先，在更新机制上给予政策突破，在新技术上要求低碳智慧。

基于此，漕河泾开发区中区城市更新规划提出“坚守更新的价值底线，巧用更新的设计手段，善用更新的政策工具，活用更新的新兴技术”的方法路径。

二、《漕河泾开发区中区城市更新规划研究》的探索

上海漕河泾开发区，位于徐汇区西部，总面积 5.3 平方公里，分为东、中、西三区。作为中国第一批国家级经开区和高新区，漕河泾开发区是上海国际科技创新中心六大承载区之一。最先锋引领的大中小创新企业如雨后春笋般在这里孕育，最富创意的年轻活力人群在这里集聚，成为上海新时期创新浓度最高的示范样本。但经过 30 多年的发展，漕河泾早已迈入存量更新的阶段，需要通过城市更新推动产业高质量发展。

（一）坚持创新导向的价值底线

更新充分尊重漕河泾现有的大中小企业集聚的创新生态雨林特色，采取差异化的更新路径，维持创新生态的原真性。

一是充分摸清企业需求，提出保留为主、“改拆”并举的更新方案。以地块为基本单元，选取现状功能、税收强度、开发强度、建设年代、更新意愿、用地权属 6 个要素，进行更新潜力评估，形成 4 级更新潜力判断（图 1），对各地块提出“拆除重建、综合整治和完全保留” 3 个更新导向。遵循稳定创新生态的导向，明确不走大拆大建的更新路径，有的放矢地投入有限的规划增量，形成 1/3 拆除重建、1/3 完全保留、1/3 整治提升的整体更新方案。

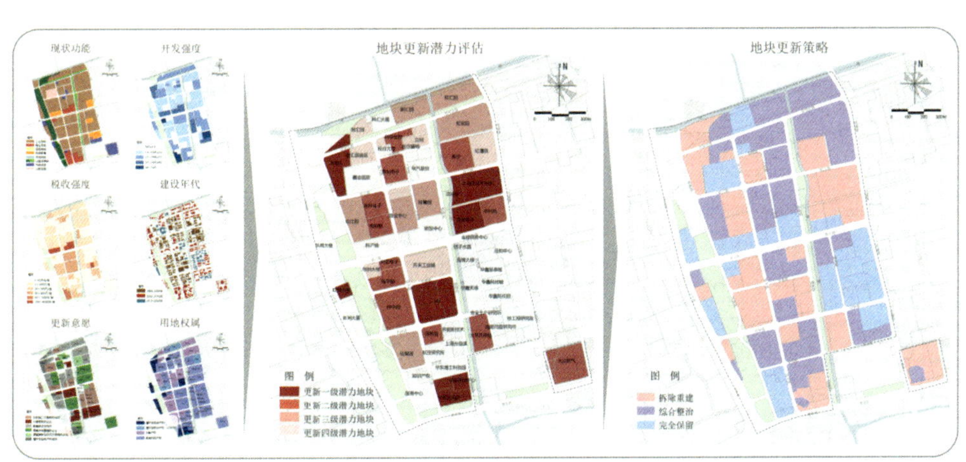

图 1 地块更新潜力评估

二是为大中小企业提供差异化的空间载体。针对头部企业大体量、独

栋式的空间需求，在临近轨道站点地区形成一片总部集聚区。空间形式上以高层塔楼为主，引导头部企业集聚。面向中型企业对创新平台的需求，针对更新潜力较大且用地相对集中的地区，采用“见缝插针”式的更新，配套专业型创新平台、配套服务设施、公共空间 3 类功能。围绕创新平台，布局中层中密度的街区式空间，承载中型企业。关注创新活力强但成本敏感的小微企业，通过微更新的方式，继续供给低成本、高品质的载体空间。微更新“园中园”，采用共享空间建设、微型服务设施植入、绿色低碳化改造、步行环境改善、公共空间优化等方式提升园区空间品质（图 2）。

图 2　大中小企业空间载体分布示意图

三是为高密度创新人群提供品质化的服务设施。面向密度高达 4 万 / 平方公里的创新人群，深入调研设施需求。建设服务秀带，以功能混合为导向，营造首层商业服务生态，兼顾基础性与特色化设施，重点增加咖啡馆、便利店等小型商业设施，文化馆、健身房、幼托等特色化服务设施，并以公共服务设施指引清单的形式对更新地块提出指引（图 3）。应对职住分离的问题，在园区内部通过更新的方式提供公共租赁住房，鼓励工业企业利用现行政策自建员工配套用房。在园区周边，通过区属国企定向收购住房作为园区公共租赁住房。力争实现 30% 的就业人群在周边 3 公里范围内居住的目标，实现职住关系“就近平衡”。

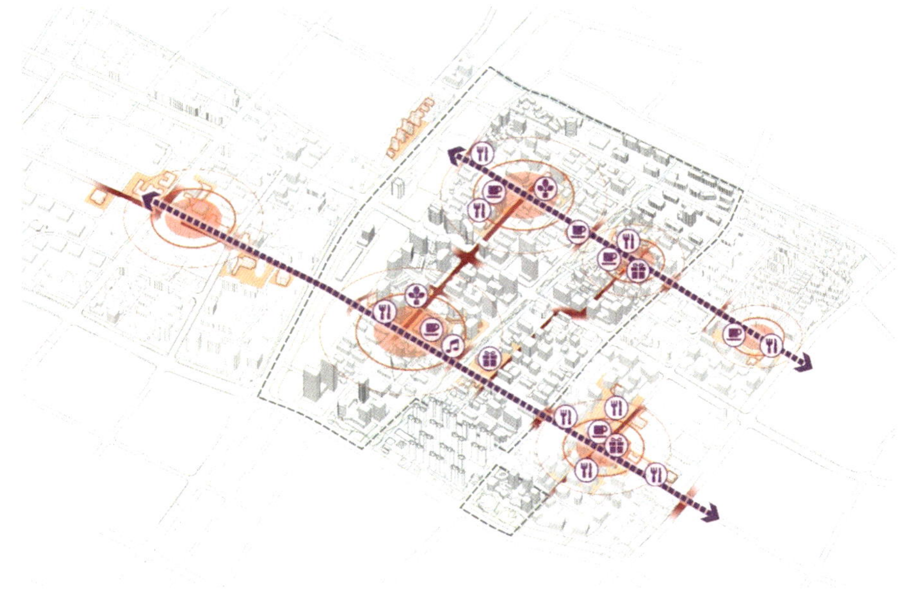

图 3　服务秀带示意图

（二）设计人本导向的园区环境

一是绿地“化整为零”，让开放空间更可及。改变原有大尺度公园的建设模式，打散大公园，织补小绿地。以街坊为单元植入若干小公园，保证每个街坊均有 1 处不小于 3000 平方米的街角绿地（图 4）。二是激活“边角空间”，让路旁街角更惊喜。针对上澳塘东岸封闭的边角滨水空间，设计沿岸贯通方案，提升滨水可达性和活力。协调沿岸企业，打通 6 个梗阻点，提升滨水活力。针对钦州北路以北闲置地块，设计提升为运动场馆，实现消极空间的价值提升。三是贯通“立体连廊”，让通勤路径更舒心。基于人群上班“最后一公里”通勤方式与路径的识别，以慢行为导向，建设绿色友好慢行廊道。设计 2 公里长的风雨长廊，串联轨道站点及园区现有二层连廊，形成舒心的立体步行网络。

图 4　公共绿地布局示意图

（三）制定长效平衡的更新政策

结合《上海市城市更新条例》中的更新政策红利，形成更新动力与公共利益平衡的长效创新机制。

一是“公益不计容”。在上海强制要求公益贡献的背景下，更新业主贡献的公益性设施可不计入地块开发总量控制，鼓励业主提供公益贡献。二是“公地可转移”。针对贡献用地零碎、难用的问题，通过建立公地转移制度，将不同更新地块的贡献用地进行整合，并在更新单元内统筹布局，实现公益性要素的整体调配。三是搭建“容积银行”。预留增量总规模的10%，对创新浓度、产出强度较高的项目实行容积奖励。四是探索“联合更新”和“动态搬迁”机制。根据地块内多业主实际需求，允许多方主体实行产权归集，统一更新目标，进行联合更新。地块更新逐一进行，为下一搬迁企业预留过渡性空间，防止更新造成优质企业流失，保障企业生产经营不间断。

（四）探索低碳智慧的更新技术

运用低碳更新技术手段，实现更新“低碳+”。整治提升类地块实行既有建筑低碳化改造，打造零碳楼宇示范；新建建筑中超低能耗建筑达到30%以上。运用燃气冷热电三联供技术，预留2个分布式能源中心，实现能源系统碳排放降低30%（图5）。

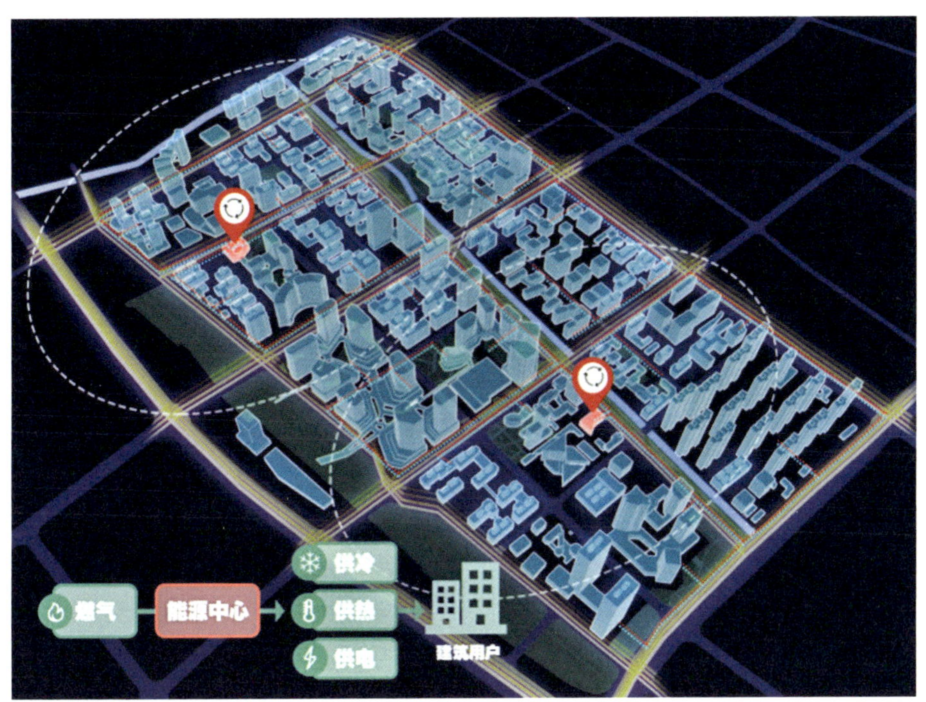

图5　分布式能源布局图

植入数字化场景，实现更新“智慧+”。与园区人工智能企业合作，强化AR和AI技术应用，对中环公园实行数字化改造；营造一批体验式数字场景，建设上海第一人工智能场景公园。

三、总结

面向创新型园区的更新，一方面，要坚守价值底线，需要呵护园区独有的创新生态；另一方面，以更新规划为平台，达成政府、市场、企业的更新目标共识。更新方案中，巧用设计手段，优化包括绿化、服务、交通等更新系统要素。更新机制上，善用政策工具，搭建平衡更新动力和公众利益的更新机制保障。面向未来，活用新兴技术，突出先锋引领的建设标准。从更新目标共识到系统要素、机制保障、建设标准，形成创新园区更新的规划新范式（图 6）。

图 6　创新型园区更新的思路

（上海分院，执笔人：林辰辉、陈海涛、罗瀛）

从“良好生态”到“美好生活”

——海口城市更新——增绿护蓝专项规划实践

一、城市更新中绿地专项规划编制的意义

城市园林绿化是城市重要的生态基础设施，在城市更新中开展系统全面的绿地更新专项规划，能够弥补绿地数量、分布和服务功能的不足，稳固并扩大城市绿地规模，提升绿地服务品质，保护城市蓝绿空间与山水自然风貌，进而优化绿色生态网络格局、完善城市生态系统。

海口市作为住房和城乡建设部第三批“生态修复功能修补”试点城市，

全面开展城市更新工作。海口市区位价值独特，城市依江拥海、带状展开，水脉贯通、城园交错，具有“山海林田园、江河湖海湾”全要素景观资源，江海城景融合，生态特色鲜明。然而，快速城镇化过程造成海口市生态破碎度增加、连续的生态廊道被切断等问题，导致生态服务功能水平降低，人居环境质量下降。

《海口城市更新——增绿护蓝专项规划》开展“主城区生态绿线划定”和“中心城区绿地增量提质”两部分工作，旨在恢复生态本底的连续性、整体性，提高生态系统服务功能，优化绿地服务水平，为人民群众提供人与自然和谐共生的美好空间（图1）。

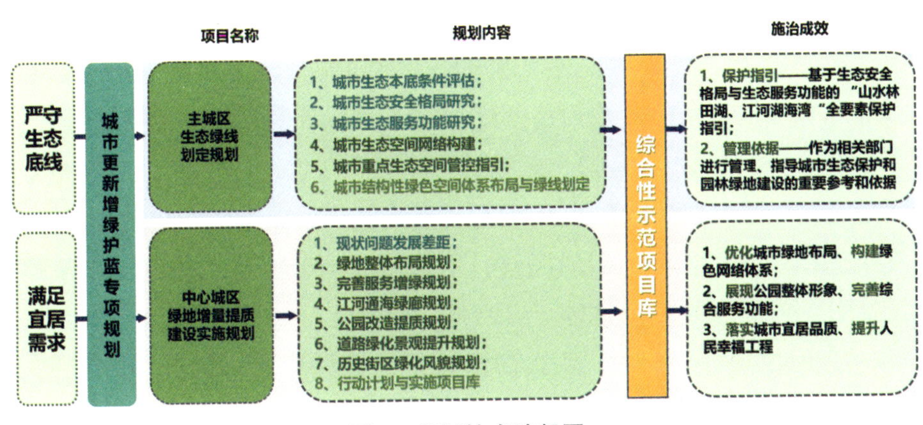

图1　规划技术路径图

二、《海口城市更新——增绿护蓝专项规划》编制探索

（一）建立系统全面的城市更新绿地专项规划工作技术方法

相较于传统的绿地系统规划，城市更新行动中的绿地专项规划具有窗口期短、多维度、多专项协同工作的特点，需要采用新技术多方诊断评估现状问题、量化增绿生态效益，识别重要生态节点和断点，以便优化城市更新绿地建设决策。

区别于快速城镇化时期绿地专项规划侧重用地空间划定与数量规模的提升，本规划聚焦生态品质的量化与美好生活的引领，探索城市更新阶段绿地专项规划工作模式，建立生态评价、绿地评估、生态空间管控、生态修复和生态建设指引、绿地增量和服务品质提升、实施项目指引等系列技术方法。

城市更新绿地专项规划从描绘愿景的规划转变成可落地实施的规划。本次规划拆解中心城区绿地指标与建设要求，形成刚柔结合实施传导机制，衔接4个行政区的管理部门，形成分区项目库，突出各区绿地特色。编制道路、公园分类建设指引，将生态修复、游憩服务功能要求进一步传导到方案设计中，有效指导项目实施。

（二）生态绿线兼顾格局管控和功能修复，守住城市良好生态

“主城区生态绿线划定规划”旨在保护长远生态空间，在传统绿线规划空间管控基础上，强化生态网络建设和生态功能恢复，并注重生态研判与规划统筹和管控指引的有效衔接。规划对海口城市生态本底条件展开评估，采用生态服务功能评价与生态安全格局叠加的方式，构建海口市理想生态空间格局；守住海口主城区55%的绿色空间底线，保证生态空间相对完整，实现生态结构相对稳定。针对关键片区、廊道、节点提出规划调整策略与建设指引，形成绿线划定方案。

对三大重点生态片区，两大河流廊道、四处生态节点提出建设指引，为海口实现城融绿、海连天提供生态基底保障，引导城市生态系统的良性发展。海南岛的母亲河——南渡江海口段，是主城区重要的行洪廊道、通风廊道和景观廊道，对区域雨洪调蓄和中心城区宜居环境营造有重要影响。规划明确南渡江主城区段生态管控范围，提出生物多样性保护和游憩控制要求；整合恢复廊道内被侵占的重要生态空间，其中自然段调整后廊道保护范围内生态用地占比从36.9%上升到56.5%。

“主城区生态绿线划定规划”通过研判生态保护理想分区，统筹相关保护规划要求，提出生态绿地保护指引，通过结构、边界、指标落实纵向传导，实现城绿协调发展的管控要求。生态绿线划定作为支撑城市绿色生态空间的保护与协调基础，有效支撑衔接后续国土空间相关规划。

（三）中心城区全方位增绿提质，助力城市美好生活

“中心城区绿地增量提质建设实施规划”以结构性增绿、公园体系游憩和绿化品质提升3个方面为重点，指导近期更新建设行动。规划梳理现状

问题与发展差距，拿出“绣花针”的功夫展开现场调研，协调多项相关规划，落实规划用地。优化绿地整体布局，完善服务增绿规划、江河通海绿廊规划、公园体系与改造提质规划、道路绿化景观提升规划、历史街区绿化风貌规划，制定海口市城市增绿三年行动计划与实施项目库。

通过结构性增绿，修复城市现状绿地网络中的两大生态断裂位；加强绿地生态过程的完整性与稳定性。完善游憩服务，针对海口缺少近郊游憩公园、社区级公园供给不足等问题，培育特色公园，构建城乡一体、全龄友好的公园体系。通过绿道兴游、街区弘文、滨海亲水、联荫见花的增绿策略，拉近人与自然的距离（图 2）。

图 2　海口城市更新增绿策略——绿道兴游

（四）通过“景观生态效能评价”，确定项目实施时序

通过生态效益评估、生态网络重要度评价等新技术，推进城市绿地建设实施。以生态网络结构分析法为手段，分析闭合度、通达性、连通度 3 个网络连接特征指数，对规划方案的绿地结构优化效果展开定量评估。通过固碳释氧、环境净化、热岛效应缓解 3 个方面，定量评估绿地功能优化效果。通过生态网络要素重要度评价，确定近期项目建设时序，将关联长度值高的节点列为近期重点实施项目。经过科学论证，形成海口增绿三年行动项目库。将该方法形成《城市绿地规划的景观生态效能评价方法》，申请发明专利（图 3）。

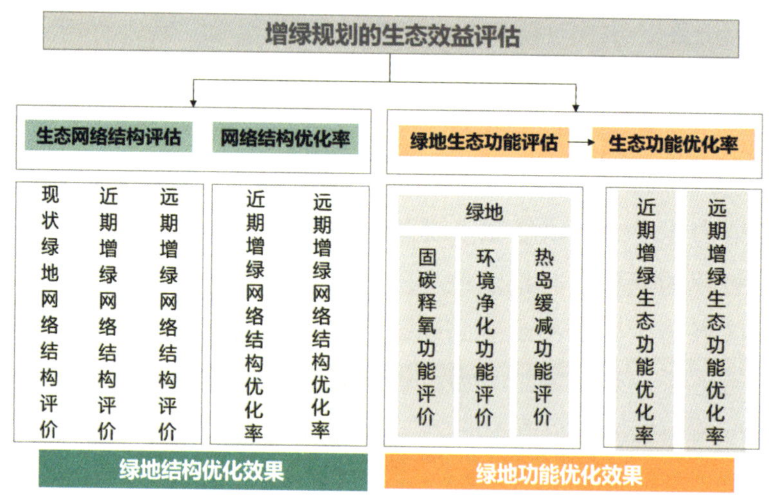

图 3　增绿生态效益评估技术路线图

三、实施效果与总结

从规划到实施历经 5 年，海口增绿三年行动项目库目前已落实近 85%。中心城区网络闭合度提升 1.45 倍，通达性提升 1.23 倍，连通性提升 1.2 倍，绿地结构优化率显著提高。通过结构性廊道修复，实现五源河、美舍河，廊道水系连通，展现“水清岸绿、鱼翔浅底”的优美景观；通过绿道建设贯通滨海空间，点线结合，还海、还岸、还景于民；综合水体治理、生态修复、景观提升，让老城内见证城市沧海桑田巨变的红城湖、三角池等“城中湖”，跟上城市发展的脚步，实现蝶变，再次成为市民喜爱的活力中心（图 4）。

图 4　城市更新改造项目建成实景组图

《海口城市更新——增绿护蓝专项规划》促进了城市生态安全基底保护，守住海口的绿水青山与独特的生态本色；同时，以民生为导向，做好增绿“民生答卷”，擦亮城市发展底色；最终，改善城市宜居品质，为城市增添活力亮色。

（风景园林和景观研究分院，执笔人：郝钰、刘冬梅）

烟台城市更新体系化建设

一、背景概况

中规院于2021年组建了包括规划设计、交通、景观、建筑、CIM等在内的多专业工种相互配合的技术团队，以烟台市最老的城区——芝罘区为“主战场”，正式开启了烟台市、区两级共同开展的城市更新的实践探索历程。在工作过程中，项目组紧密对标住房和城乡建设部推进城市更新试点工作的要求，结合更新规划体系和编制办法方面的技术思考，同时基于烟台市区两级更新规划编制的在地实践需求，上下衔接互动，初步探索搭建了更新规划编制方法体系（图1）。

图1　城市更新行动的主要流程内容

二、规划实践探索

城市更新工作需要综合统筹考虑城市的总体发展和建设。因此在烟台的工作中结合实际，特别突出了“三个联动”，即：

城市更新与城市战略联动。城市更新是城市“12335”整体战略部署的重要组成，通过芝罘区城市更新的“1 核突破”，推动整体功能结构的优化。

市级统筹与区级落实联动。市级整体统筹谋划，区级作为责任主体开展区级规划并落实，上下互动，共同推进压实城市更新工作。

老城更新与新区建设联动。芝罘区老城更新与外围的“幸福新城”建设联动考虑，使老城疏解与新城完善形成良好的统筹互动。

为更加科学、系统、有序地支撑烟台城市更新国家试点工作，在充分考虑地方工作需求和衔接现行法定规划体系的基础上，探索构建了市区两级联动的“1 ＋ 1 ＋ N ＋ X”的更新规划工作体系。其中，第一个“1”即烟台市级层面的城市更新规划；第二个“1”即芝罘区重点区域城市更新规划；“N”即重点片区地段的规划设计和城市重要系统的专项规划或研究；“X”即若干点线面相结合的抓手类的更新项目设计（图 2）。

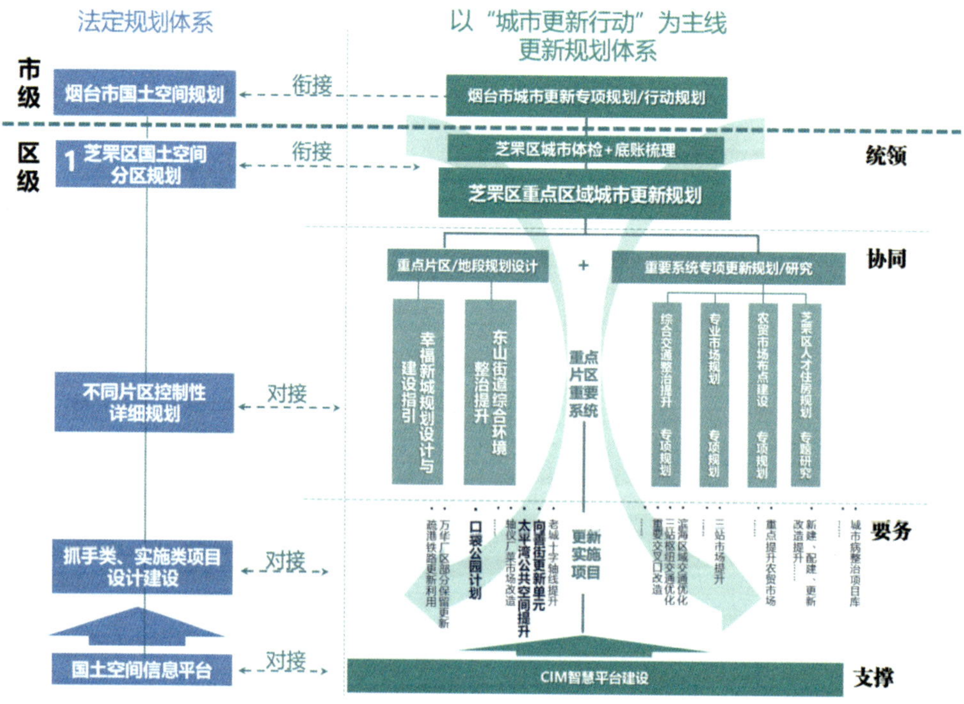

图 2　烟台市城市更新规划体系框架

（一）烟台市城市更新规划

市级层面城市更新专项规划是在当前存量更新阶段，从全市层面统筹谋划城市更新工作的整体性、系统性规划。作为专项规划，既要承接和落实市级国土空间总体规划的目标定位和总体要求，又要侧重从城市存量更新的角度，谋划如何通过实施城市更新行动以实现城市的宏观目标定位。因此，市级更新规划对全市开展城市更新工作具有很强的统筹和引领作用，要对各区、市开展城市更新工作起到指引作用。通过本次实践探索，总结出市级城市更新规划主要包含以下几部分重要内容：一是梳理更新底账及主要问题。结合城市体检对现状问题进行系统梳理。同时对全市现状潜力空间进行总体评估，盘整现状可更新的主要潜力片区。二是明确更新目标及策略方法。充分结合上位规划确定的城市发展目标及定位，在做好衔接协调的基础上，提出本次城市更新规划的目标、原则和思路，进而形成一系列城市更新策略和主要更新方法。三是确定工作任务及更新导则。结合烟台市总体城市设计，系统梳理烟台市城市空间格局，结合可更新的潜力空间分布，明确近期城市更新的重点地区并提出更新指引，统筹指导各区开展城市更新工作。四是制定行动计划及项目指引。确定生态、功能、品质、产业、民生、智慧六大行动计划，并进一步明确需要市级统筹的重大试点项目，形成项目库，提出总体更新指引，以指导各板块后续城市更新项目的实施。五是完善制度体系及配套政策。通过梳理烟台市在推进城市更新工作中可能遇到的政策堵点，研究提出相应的政策支撑和机制保障，确保城市更新工作有序推进（图 3）。

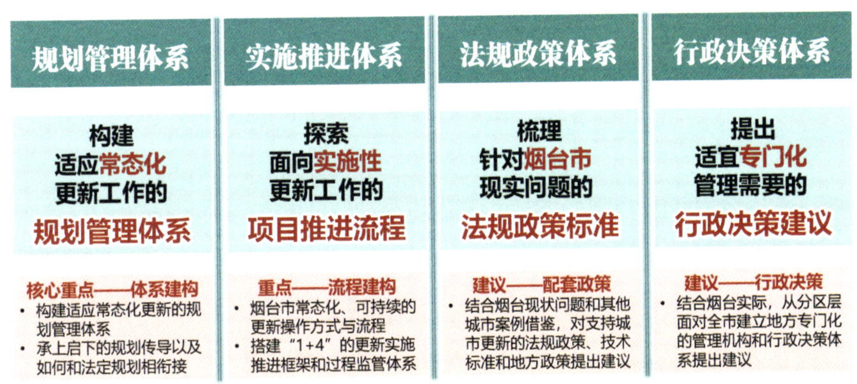

图 3　烟台市级层面城市更新谋划政策机制保障

（二）芝罘区城市更新规划

芝罘区的城市更新工作是烟台“12335”战略任务的核心，城市整体战略部署中正是希望通过芝罘区的“1 核突破”，通过城市更新去完善城市功能，优化空间布局，提升建设品质，提高产业效能。

该层面的更新规划要起到承上启下的作用，对上是落实市级国土空间规划和市级城市更新专项规划的重要战略意图，对下是指导下位更新单元规划的落实，并对更新项目的实施提出总体的思路指引。通过本次实践探索总结出了区级层面开展城市更新规划的重点工作内容。一是开展城市体检，评估发现城市问题。二是建立以宗地为基本单元的存量用地调查工作底图。三是目标导向与问题导向相结合，提出目标愿景和更新策略。四是结合城市问题分析，提出未来城市更新的重点是优化城市空间结构，完善城市功能，形成更新提升一张总图。五是上下互动，分板块、分陆海进行详细更新指引。六是衔接烟台市市级层面提出的六大行动计划，提出芝罘区级的六大行动计划和相应项目库，并提出城市更新首期重点推动的 6 个项目，同时按推进一批、谋划一批、储备一批的思路，建立更新项目库的动态调整机制，分批有序实施和落实。七是深入研究重点项目，提出示范类项目的更新设计指引。

（三）重点专项规划设计支撑

对于一些通过城市更新规划不能有效应对的重要且专类的城市问题，项目组考虑以专项规划的方式，配合更新规划，进行系统性、针对性地补充完善，制定统筹解决方案，包括《芝罘区重点区域交通整治规划》《芝罘区农贸市场专项规划》《芝罘区人才公寓建设专项规划》等。

（四）近期实施示范项目

对于一些处于核心地段、结构眼位，难度适中，又兼具民生改善、产业优化、公共空间提升等多重属性的更新改造点位，项目组将其筛选为首批聚力打造的精品示范类项目，如向善街、烟台啤酒厂、美好社区创建等项目。通过这类型项目的实施推进，探索城市更新的相关经验，总结更新模式，更为政府锻炼一批从事更新工作的人员队伍，以点带面，促进未来城市更新行动的全面推进。

三、体会和思考

第一，关于工作方法，这是“规划”的规划。更新规划是城市更新中很重要组成部分，它是一个起点，但它不只是一项规划，完成规划只是城市更新工作“万里长征路”走完的第一步，开始面向实施的时候才是进入攻坚克难的阶段。从更新规划到项目落地实施的过程中，城市体检和城市更新要充分融合，市区两级政府和相关部门要统筹联动，老城更新和新区建设要有机协同。因此，更新工作是一个动态持续完善的过程，更新工作需要不断因地因时调整，持续完善规划设计工作体系及行动方案（图 4）。

图 4　城市更新规划工作的经验初探

第二，关于技术体系的思考。更新工作需要分层级，各有侧重，上下互动，也要有城市更新全流程的思维，考虑规建管、融运维的全过程。我们需要思考整个体系的业务模块和拓展方向，城市更新的全流程应该纳入我们的思考范畴，在试点实践过程中，持续跟踪，不断丰富，逐步完善。

第三，关于更新的认识，包括理念、方法、组织、模式等。城市更新行动作为国家新时期的一项重大战略举措，既是物质空间转型发展的过程，也是治理体系如何持续更新完善的过程。实施过程中会遇到治理的堵点、难点，有些工作需要达成共识，与地方共同探讨所要采取的组织模式和治理模式。在转型中上下协调、机制创新，在治理上多方互动、持续推进。

最后，“城市是一个有机体，城市更新行动是个系统工程，就是以城市整体为对象，以新发展理念为引领，以城市体检评估为基础，以统筹城市规划建设管理为路径，顺应城市发展规律，推动城市高质量发展的综合性、系统性战略行动”。在推进城市更新行动的过程中，我们应深刻认识这项工作的内涵，始终要把握好这项工作的方向，积极探索出一条具有中国特色城市更新的路径。

（城市更新研究分院，执笔人：范嗣斌、谷鲁奇、魏安敏）

潍坊城市更新体系化建设

一、对城市更新行动试点工作的理解

潍坊市是城市更新第一批国家试点城市之一，要求围绕探索城市更新统筹谋划机制，探索城市更新可持续模式，探索建立城市更新配套制度政策等开展工作。试点探索工作在两个层面展开，分别是市级层面探索统筹推进作用，区级层面探索发挥实施主体作用并结合更新落地项目建立自下而上的反馈机制。

二、潍坊城市更新体系化建设的探索

建构了“市—区—项目”三级联动的更新体系，实现从“投资—规划—建设—运营”的全流程更新技术服务，探索打造可推广复制的城市更新潍坊经验。

（一）市级——更新探索统筹谋划和政策制度支撑

在潍坊市级城市更新中，中规院与地方政府一起构建“一个机制和三个体系”，探索落实统筹谋划和政策制度。我国当前的规划土地、财经、金融等政策基本是建立在城区增量新建逻辑下，比如土地制度和政策都是基于批地到供地的新增建设流程，更新所需的产权转让不动产登记制度、更新潜力认定土地政策、更新所需的资金支撑依据政策、公众参与实施相关政策等均较缺乏。从新建逻辑扩展到更新逻辑为主线索的配套制度政策亟待搭建。

潍坊市推动建立城市更新工作联席会议制度的“一个机制”。负责统筹推进全市城市更新工作，协调解决遇到的困难问题，并定期上报试点城市的工作进展、经验做法等。联席会议由市委书记和市长担任召集人，市政府分管领导为副召集人，发改、工信、教育、财政、自然资源和规划、住建、文旅等19个市直部门和各县市区政府主要负责同志为成员，构建区域统筹、条块协同、上下联动、共建共享的城市更新工作推进格局。

项目组与潍坊市住房和城乡建设局，协同各区县共同探索完善潍坊更新工作的“三个体系”。

一是建立政策推进体系。出台《潍坊市城市更新实施办法》《潍坊市城市更新工作联系会议制度》《潍坊市城市更新资金管理办法》《关于进一步优化建设用地开发强度管理　促进城市更新的实施意见（暂行）》《潍坊市中心城市城市更新保留建筑不动产登记实施意见（暂行）》《关于推进潍坊市中心城区更新的用地支持措施（暂行）》等系列文件，建立完善城市更新政策体系，为潍坊市城市更新行动开展提供基本遵循。

二是构建“1＋1＋N＋X”的城市更新规划编制体系。以“1”个城市体检为基础，以“1”个市级城市更新行动规划为引领，以“N”类专项规划为支撑，以“X”个实施计划及落地项目为抓手，市、区、项目三个层级上下联动，建立全市更新“一盘棋”。在潍坊的城市更新行动试点探索中，总结出了体检先行、规划统筹、专项支撑、策划项目、指导实施的规划技术框架。

在城市更新规划编制体系中，探索整体谋划与局部策划的“大小合一”，将城市总体功能格局的优化调整与局部地段的更新改造相结合，框定北部寒亭片区、中部老城片区、南部坊茨小镇片区3个重点更新片区，以“点”带“面”，支撑全市层面的城市空间布局优化。探索近期实施项目与中远期更新战略时序“近远合一”，城市更新行动既要以城市整体为研究对象，全局性、战略性和系统性地统筹与谋划城市高质量发展，以问题为导向破解

“城市病”，也要衔接落实“十四五”发展规划、城市近期建设规划与更新项目计划，将中远期的战略性行动与近期实施计划相结合，制定重点推进的行动计划，并分解落实至各部门、各区县，分阶段有序开展实施，有效指导战略部署向实施行动转化（图 1）。

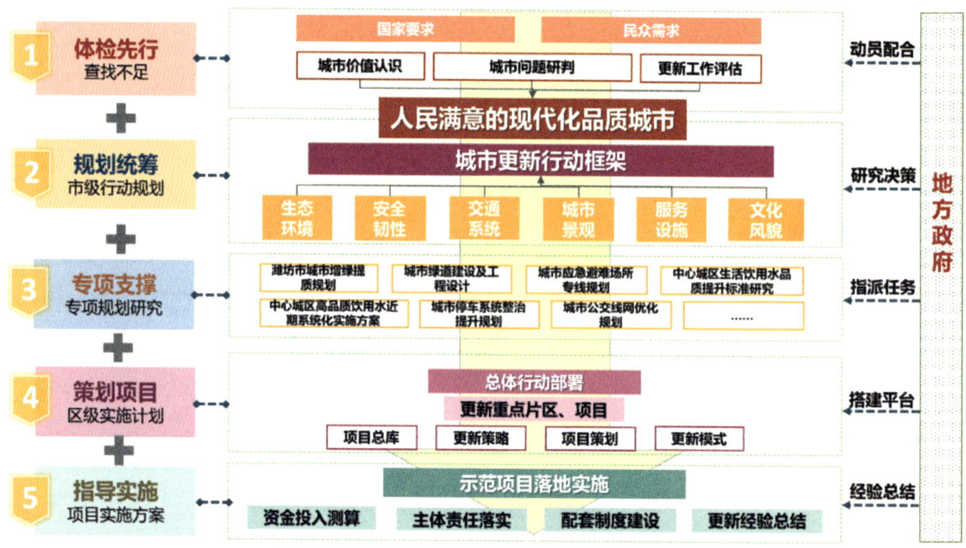

图 1　潍坊市城市更新行动规划技术框架

三是严格督导考核体系。建立全市更新项目库，综合考虑民生导向、可实施性、示范效应等因素，遴选近期重点实施的示范工程，打造一批特色项目。并制定《潍坊市城市更新考核办法》，每季度对各县市区进行评价考核，评价结果纳入全市高质量发展综合绩效考核，倒逼城市更新工作全面提速。

（二）区级——项目级推进落地实施和可持续更新

在实施主体的区级层面，推动从开发逻辑扩展到运营逻辑，尊重居民和业主，引入多方合作，探索可持续运营（图 2）。寒亭区是潍坊市城市更新行动中三大重点片区中的先行区，按照市级更新要求，面向落地实施，进行全区城市更新统筹谋划，提出面向实施的城市更新解决方案。

搭建平台。规划前端介入通过规划统筹、项目策划、资金筹措、政策创新等全流程服务，与政府等实施主体共同谋划，推动寒亭区城市高质量发展和实施项目落地，建设项目数字管理平台，形成政府常态化可操作的解决方案，打通城市更新实施路径。

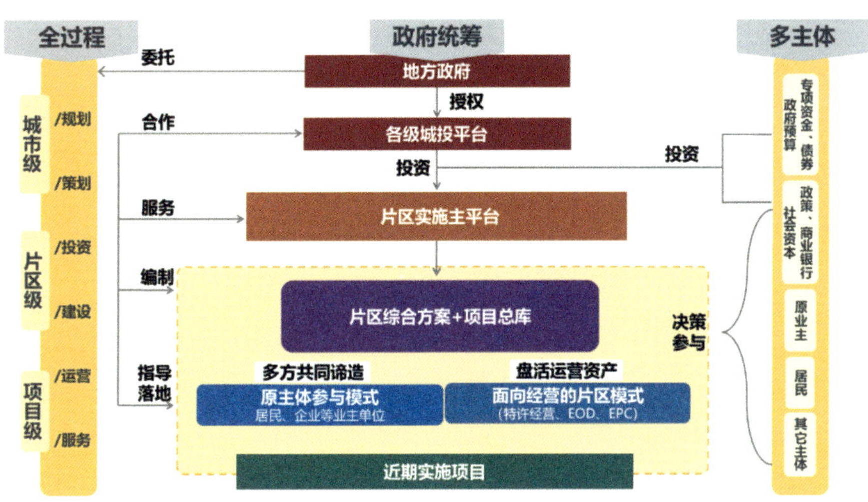

图 2　潍坊市寒亭区城市更新实施路径构建

统筹片区。规划明确“3 + 1”更新行动框架，分别为产业引领的渤海路片区更新、民生导向的民主街片区更新、文旅融合的浞河片区更新，以及基础设施与安全韧性提升行动。通过与周边地区功能协同，推动寒亭城区整体功能格局优化（图 3）。与地方政府和平台公司共同推进，在片区中策划生成项目，衔接资金筹措，打通政策堵点，招引运营主体，推进项目落地，构建“投资—规划—建设—运营”全流程服务体系。

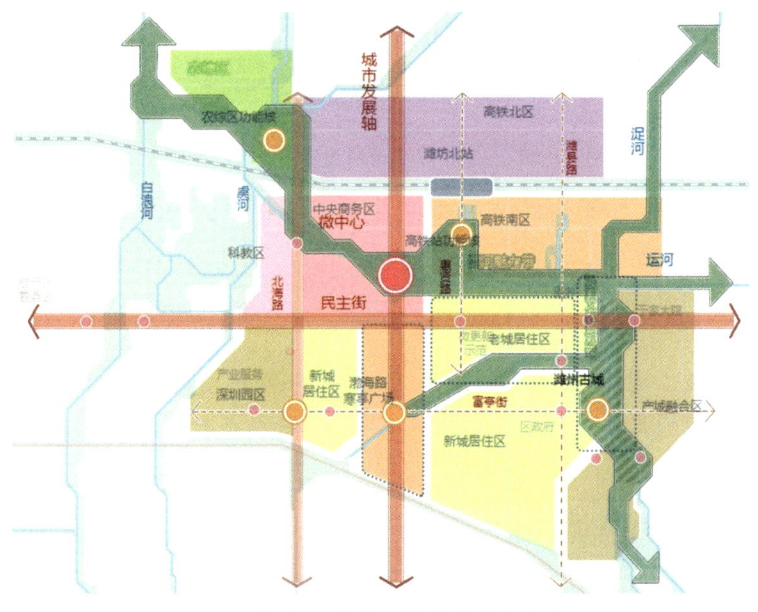

图 3　寒亭区城市更新功能空间框架

推进项目。规划以重点示范项目为抓手，为政府等实施主体提供高品质的设计服务和产业导入资源，实现片区综合目标、重点示范意义、运营主体意愿的“三统一”。重点推进了欣海花园社区及周边街区更新项目、浞河防洪和生态提升项目、杨家埠历史文化街区提升项目。与长期合作的优质工程施工单位联动，提供全过程工程咨询和工程总承包服务。

筹措资金。一是争取信贷支持，抢抓城市更新专项贷款“窗口期”，在实施规划方案编制中，全面梳理城市更新融资政策，梳理更新项目列表，协同国开行等银行的具体技术性要求。二是统筹项目平衡，采取“肥瘦搭配、近远结合”的城市更新平衡模式，识别公益性、准经营性和经营性项目，分类组合实施。三是引入社会资本，在政府主导的基础上，建立统一开放平台，鼓励原产权人通过作价出资（入股）、产权租赁、收购重组等方式盘活存量资源，同时灵活政策吸引新的市场主体参与更新活动，实现空间盘活更新改造（图 4）。

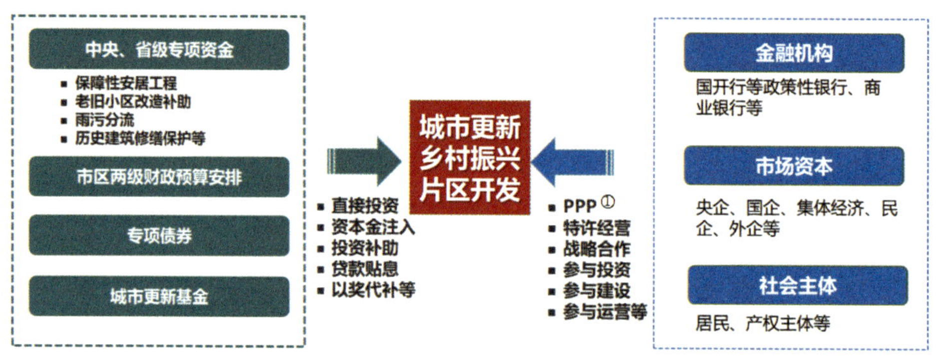

图 4　城市更新项目的资金筹措途径梳理

三、总结

潍坊的城市更新工作按国家的要求稳步推进，实施规划和落地推进的经验可以总结为系统化谋划、市场化运作、特色化切入、阶段化实施。

坚持系统化谋划。把城市更新行动纳入国土空间规划统筹考虑，更加注重与之前各类战略规划的传承和衔接，立足人居环境提质总体空间格局，

① 政府和社会资本合作模式，Public Private Partnership，简称 PPP。

对交通、市政、绿地、历史文化等进行系统层面的专项研究，提出专项行动计划和重点任务，并分解落实至各部门，形成城市更新规划行动作战总图，分期、分片、分类型全盘指引更新行动。

坚持市场化运作。城市更新仅靠平台融资和财政投入已很难推动工作开展，应积极探索“肥瘦”搭配、分类组合、片区统筹平衡的更新模式，引导和撬动更多社会资本参与，充分激发市场主体的愿景和潜力，从而实现可持续更新。

坚持特色化切入。潍坊更新主要聚焦在历史文化传承、工业遗存保护、特色街区打造、低效用地盘活等方面，通过城市更新提升城市活力品质与能级，打造特色鲜明的潍坊文化符号。

坚持阶段化实施。城市更新是一个持续的动态过程，既要全局性、战略性和系统性地统筹与谋划城市高质量发展，以问题为导向破解“城市病”，也要衔接落实“十四五”发展规划、城市近期建设规划与更新项目计划，将中远期的战略性行动与近期实施计划相结合，有效指导战略部署向实施行动转化。

（中规院（北京）规划设计有限公司，执笔人：王纯、李潇）

第三节　历史文化保护传承实践

历史风貌区保护与复兴实践探索

——以福州市烟台山历史风貌区城市设计为例

一、兼顾历史文化传承和当代精神融入的历史风貌区复兴探索

福州烟台山位于福州历史中轴的南端，作为福州三大历史名片之一，

素有“万国建筑博物馆”之称，是一个中西多元文化融合的独特空间载体。它记录着福州对外交流的鼎盛，蕴含着中西交融、开放包容、时尚创新的人文精神。2011 年 8 月，烟台山历史风貌区保护与改造项目正式启动，福州市拆除了庞大体量的小高层建筑以及部分危房，存留还原出真实的烟台山历史风貌。2015 年 10 月，万科拍得烟台山地块，提出以“致敬烟台山为题，挖掘本土人文的价值”的理念复兴烟台山。

丰富的历史遗存与保存完好的空间格局是烟台山的根基，而拆除所提供的空地提供了传承历史再发展的空间载体。如何在保护与修复的前提下，传承历史文脉、承续烟台山风貌特色、唤醒场所活力成为本次设计探索的重要议题。我们认为烟台山的复兴不能是某段历史风貌的简单复原模仿，也不能是游离于城市生活的旅游布景，它需要在保护真实历史文物的同时，植入满足当代生活的场景，实现烟台山历史文化传承和当代精神延续。

烟台山历史风貌区城市设计糅合了城市的理想、企业的意愿、规划师的理性、建筑师的创意。这是一次在既定的条件下，凝聚多方共识，实现历史风貌区保护与复兴的设计探索，践行了一套“基因解析—格局承续—遗存保护、历史彰显—文脉传承、历史织补—风貌延续，基因再生”的历史风貌区保护复兴模式。

二、烟台山空间文化基因解析

我们寻访了近 30 位原居民，寻找烟台山的记忆与乡愁。通过文献和踏勘研究烟台山的历史，梳理各级文保建筑、历史建筑，古树木、古石阶等历史要素；识别出市坊居所、庙宇文化、商会洋行 3 个历史空间段落；提炼出多元建筑、山地街巷、小尺度宅院三大空间基因。

（一）多元建筑

建筑依山就势、和谐相融，整体肌理尺度较小，绿树掩映于山水之间，整体呈现坡屋顶肌理。中式建筑主要分布于地势较低的仓前路沿线，西式建筑集聚于地势较高的乐群路沿线。不同年代、不同风格的中西建筑叠加融合在一起，具有强烈的多样性和丰富性。烟台山上的西式建筑具有 3 个特点：第一，空间上反映了亚热带的气候条件，包含回廊（如美领馆）、骑楼等元素；第二，大量使用了本地材料，如黏土砖瓦（几乎所有坡屋顶）和木材；第三，由于当时当地的经济发展条件，风格都偏简朴（图 1）。

图 1 建筑风格示意图

（二）山地街巷

街较为宽敞，坡度平缓，有丰富的院墙、院门景观，例如亭下路、乐群路。巷垂直于等高线，设有巷门，阶梯多为整石，休息平台与院落入口结合设置。弄较为狭窄、安静，坡度较缓，两侧围墙和建筑细节成为最重要的景观元素（图 2）。

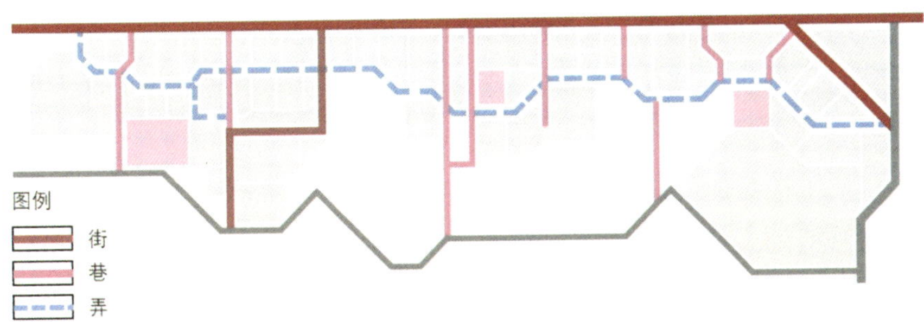

图 2 街巷空间模式示意图

（三）小尺度宅院

烟台山肌理有院、园、联排三种基本空间单元，建筑尺度较小，大致为 12～30 米之间。混合式的山地肌理，小尺度公共空间，类似鼓浪屿形态。烟台山的小尺度院落肌理与厦门鼓浪屿类似，并与福州三坊七巷、华侨新村不同，是一种混合式的山地错落坡顶肌理。中西多种坡顶形式整体错落有致，灰色调和谐统一（图 3）。

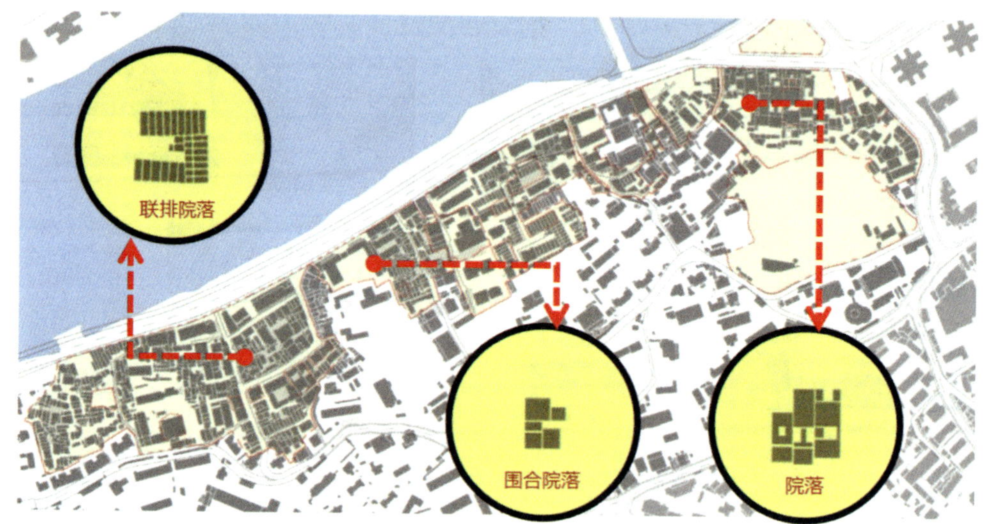

图 3　公共空间示意图

三、格局承续

设计以“闽江南岸人文地标、多元活力城区”为定位，保护街巷历史空间，构建“九巷双街、多元院落”的总体空间格局。以九条立体山“巷”，仓前路与山街为骨架，保护和织补街巷历史空间脉络。多元院落沿着街巷展开，形成精致生活街区、艺术创意街区、文化商业街区三大街区（图 4）。

利用“九巷双街”串联历史建筑和趣味场所，融合多元文化活动，形成烟台山独特的人文趣城网络。串联周边的塔亭路、公园路、马厂街历史建筑群，形成大烟台山遗产保护和文化体验网络（图 5）。

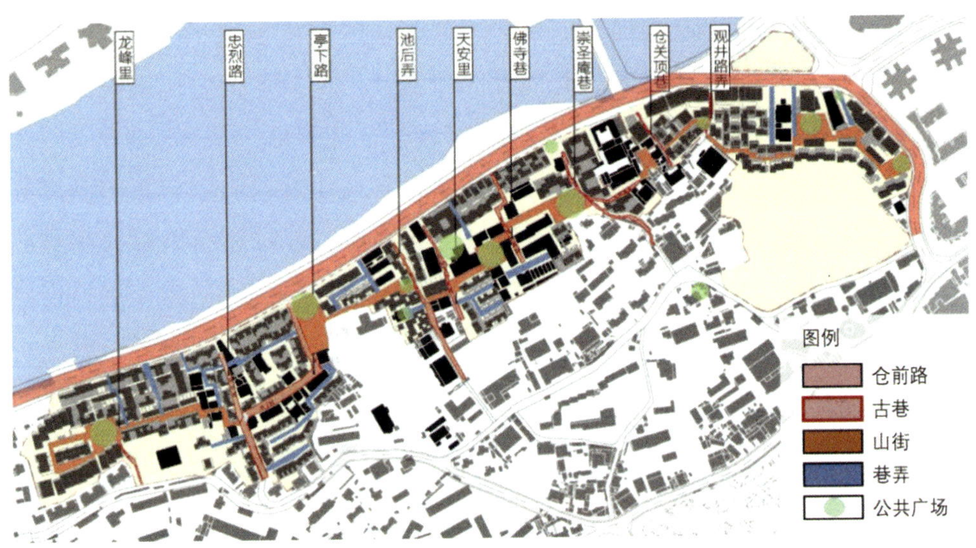

图 4　空间格局示意图

图 5　人文趣城网络规划图

四、遗存保护、历史彰显

烟台山历史文化风貌区烟台山属于建筑街区类历史文化风貌区，以近现代领事馆、洋行、教会学校及洋房建筑为主要特征。设计重点控制大庙山至烟台山新建建筑高度和城市景观，处理好闽江地带历史风貌保护和滨水景观建设的关系，严格保护近现代发展形成的历史街道、历史建筑和总体风貌。保持传统街巷格局的有机性和丰富性，保持滨河临山景观界面的完整性。

以3个标志性历史建筑作为空间景观控制点，管控周边建筑的高度和尺度；设计小体量建筑依山就势，营造显山露水、立体山城的整体景观风貌。按原貌修复美丰银行，并依据规范确定其保护范围。在美丰银行周围设计庭院式的、尺度较小的建筑，并且在保护范围内所有建筑高度低于美丰银行（图6）。通过环境整治与景观提升设计规划出一条途经美丰银行的路径，将烟台山公园与仓前路广场相连。

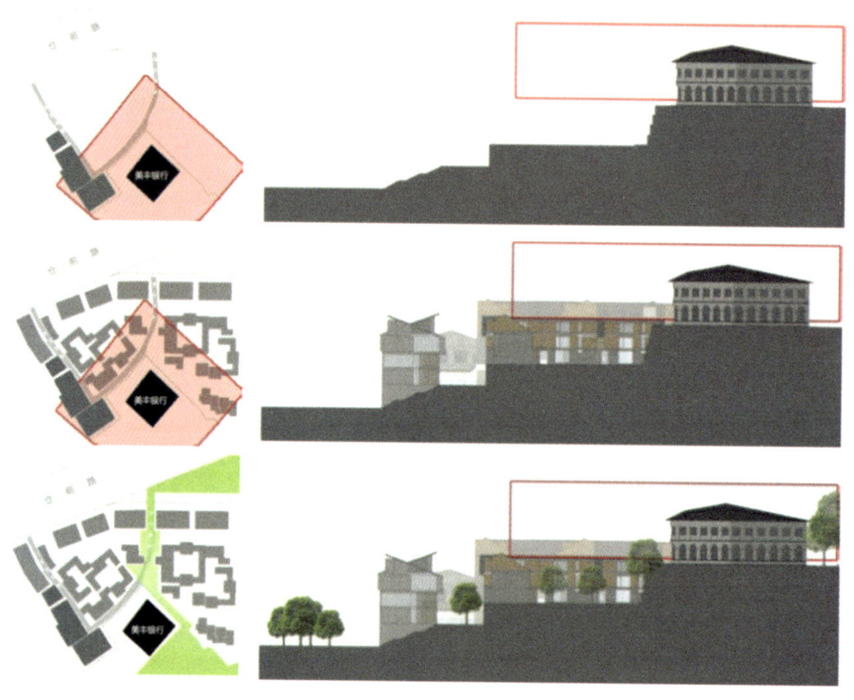

图6　美丰银行周边管控示意图

依据规范确定天安堂的保护范围，并在此范围内作景观提升设计。通过计算得出一条建筑高度控制线，保证仓前路上行人可直接看到天安堂正立面主要部分（图7）。天安堂以北设计了许多庭院式建筑，建筑体量较小，聚落式分布天安堂正北侧建筑高度严格低于建筑高度控制线。

在美领馆前形成一条南北轴线，突出其统领作用。以美领馆为核心制高点，营造景观轴线（图8）。

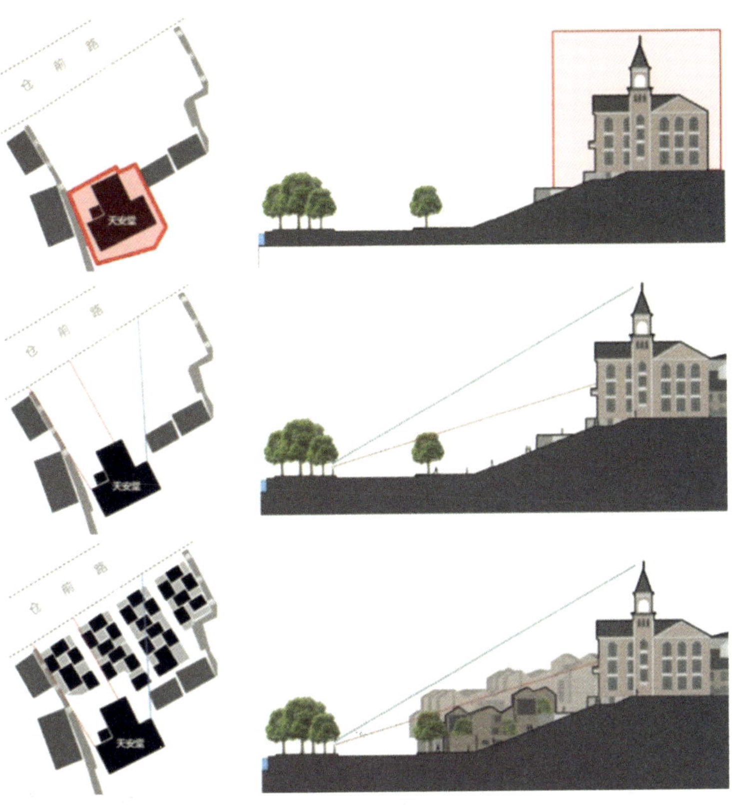

图 7　天安堂周边管控示意图

图 8　美领馆周边管控示意图

五、文脉传承、历史织补

以烟台山历史、现状遗存为依据，提炼高低错落的屋顶作为特征性风貌元素，传承屋顶的组合模式和形式秩序，以烟台山特有的设计语汇，织补屋顶体系，将历史碎片编织为有机的整体。

整体保护、局部修缮古石阶巷道，延续山巷内在的历史文化性格和风貌特征，以其固有的空间单词与语法，织补维护观井路弄、仓观顶巷、崇圣庵弄、佛寺巷、天安里、池后弄、亭下路、忠烈路、龙峰里9条巷道的历史空间氛围。

在解析仓前路历史和现状的基础上，运用其原有设计语言，延续历史建筑的尺度和形式，织补形成整体统一、富有节奏韵律的滨水界面，使历史建筑融入城市街坊（图9）。

图9　历史织补前后对比图

六、风貌延续，基因再生

西部街区以美领馆统领历史记忆轴线，以忠烈路、亭下路为视线通廊，街巷串联古建筑群，形成“市坊居所”特色的滨江风貌建筑群。中部地块以天安堂为空间控制要素，延续小尺度宅院肌理，建筑层层出檐形成连片起伏的屋顶风貌。修复四条山巷，编织新老建筑共同营造人文荟萃的历史空间氛围。东部地块以古宅为空间内核，美丰银行为外部控制要素，紧扣“商会洋行”风貌特征展开布局；提炼老建筑的立面门窗样式及装饰细节，延续烟台山“原汁原味”的商业空间（图10、图11）。

图 10　沿仓前路从东往西看效果图

图 11　沿仓前路从西往东看效果图

七、多专业整体统筹，集群设计创造多样性

以城市设计为统筹平台，协同了文保、规划、建筑、景观等多个专业。为了延续烟台山多元建筑的特色，创造建筑形态的多样性，中规院和都市实践合作组织了“设计公社”，集结了 10 余家知名设计机构开展建筑设计，让城市设计和建筑设计充分协同。我们把基地分成 3 个片区、15 个“设计坊”、40 个地块，将城市设计管控要素和设计意图提炼形成系列设计导则，以管控统筹建筑和景观设计。

本次城市设计工作历时 2 年有余，过程中与政府、专家、市民通过多轮广泛的讨论达成了共识。设计有效指导并伴随服务了后续的建筑设计、景观设计和工程设计。

八、规划实施

目前，烟台山历史风貌区 39 处古建已全部修缮完毕。罗宅完成了屋架、墙面、入口及庭院空间的全面修缮；原美国领事馆已经华丽变身为烟台山历史博物馆；仓山影剧院被改造成为人文与艺术相融的烟台山文化艺术中心；蔡志远宅、石厝教堂等老建筑也恢复了往日的风采。

片区内多条历史街巷已修复完成，亭下路、乐群路成为人气十足的文化街道。一座花园，一条路，一丛花，一所房屋，又慢慢诗意了起来，一个延续历史、融入现代生活的人文活力片区正在形成。东、西地块已竣工并完成交付，商业一期已经开业，吸引了快慢结合的多元消费业态，成为深受福州大众和游客喜爱的漫步街区（图 12）。

图 12　烟台山历史风貌区鸟瞰效果图

在烟台山城市设计中，我们探索了一条多方合作共识下的历史风貌区保护复兴之路。

（深圳分院，执笔人：何斌、李雪）

“浙东唐诗之路”天姥山旅游区规划设计

一、项目背景

自晋唐以来，钟灵毓秀的江南古越之地，吸引了无数文人墨客探幽访胜，以跨越千里的诗人足迹与精彩绝伦的诗歌著作，铺就了文化荟萃的山水人文长廊，这就是“唐诗之路”；其中以浙江省内的“唐诗之路”历史最悠久、资源最富集。

在“坚定文化自信、传承发扬中华优秀传统文化”的国家战略指引下，2019 年，浙江省着力建设以“浙东唐诗之路”为首的四条诗路文化带，打造“诗画浙江”的鲜活样板。

本次规划的绍兴新昌天姥山是“浙东唐诗之路”精华地，享有“一座天姥山，半部全唐诗”的文化盛誉。在地方主管部门的委托下，中规院承担编制了天姥山旅游区系列规划项目，采用“总规—详规—设计—现场服务”的一体化全过程工作框架。规划设计不断落地建成，取得了良好的实施效果和社会反响（图1）。

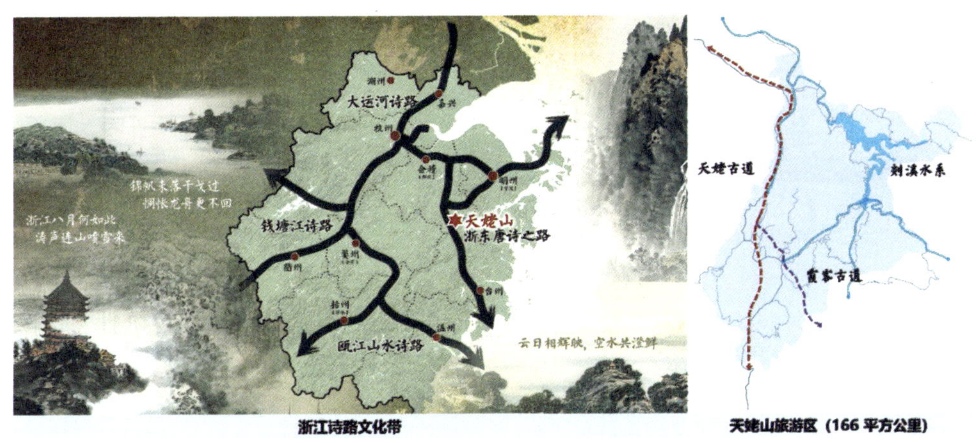

图1　天姥山与浙江省诗路文化带

二、价值认知与问题解读

天姥山是白居易笔下“沃洲天姥为眉目”的江南风景典范，是中国山水文化代表地、浙东唐诗之路精华地。《全唐诗》收录的2200余位诗人中，有451位诗人曾寻访天姥，流传下1500余首的诗歌名篇；诗仙李白、诗圣杜甫，诗王白居易以及山水诗的鼻祖谢灵运等都曾到访天姥，书写下《梦游天姥吟留别》等流传千古的璀璨华章。

眉目如画的东南山水与璀璨辉煌的诗歌文化有机融合，形成“诗意的风景”，共同构成了天姥山独特的文化景观。

但时至今日，天姥山唐诗之路丰富的文化遗存正在逐渐消磨：作为陆上诗路的天姥古道破损严重，沿线古驿古铺踪迹难寻；作为水上诗路的剡溪已失去通航功能，部分河段硬质渠化，生态景观破坏严重。人们来访天姥，除文字记录外，已无处领略诗意风景、无从感知唐诗之路（图2）。

图 2　天姥山唐诗之路历史文化遗存保护现状

因此，如何将无形的诗歌文化转化为有形的文化场景，如何再现天姥山“诗意的风景”，如何实现天姥山唐诗文化的保护传承与活化利用，是本次规划的重点和难点。

三、技术路径与规划策略

针对上述问题，本次规划紧扣唐诗之路文化主线，整体构建“文化意象空间识别—文化景观保护修复、文化意境场景营造—文化功能创新转化”的技术路径。

（一）文化意象空间识别

规划创新性地采用 NLP（Natural Language Processing）自然语言处理技术，选取了 48900 首全唐诗及 1500 首天姥山诗歌，从高频词意、诗歌色彩、诗人情绪 3 个维度进行语义挖掘分析，并将文化的诗歌意象进行空间耦合。

经研究发现，天姥山体现了全唐诗“以人为本、天人合一”的浪漫哲思。天姥山的“诗人”包含五大社会群体，并且其间具有丰富的文化关联与历史故事；天姥山的“诗景”聚焦于“天姥、沃洲、剡溪”三大地理坐标，“古道寻幽迹、乘舟入剡溪、登临天姥岑”这 3 条浙东唐诗之路上的时空线索也逐渐明晰。“天姥山文化意象时空图景”跃然纸上，清晰地展现了天姥山风景与诗词间的空间逻辑，也自然地形成了天姥山旅游区“一带五片、一环六线”的总体格局（图3～图5）。

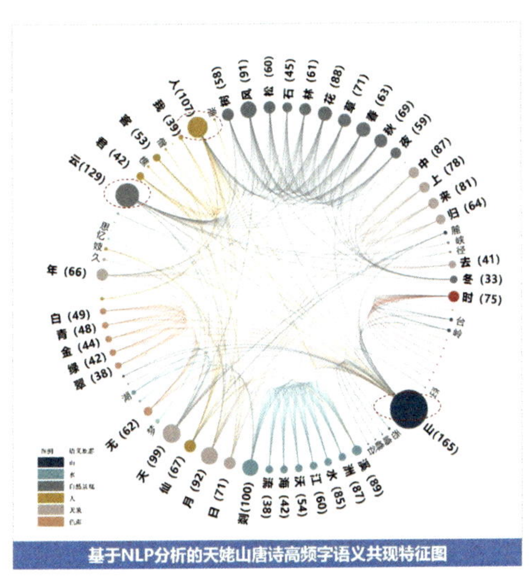

图3　基于NLP分析的天姥山唐诗高频字词语义共现特征图

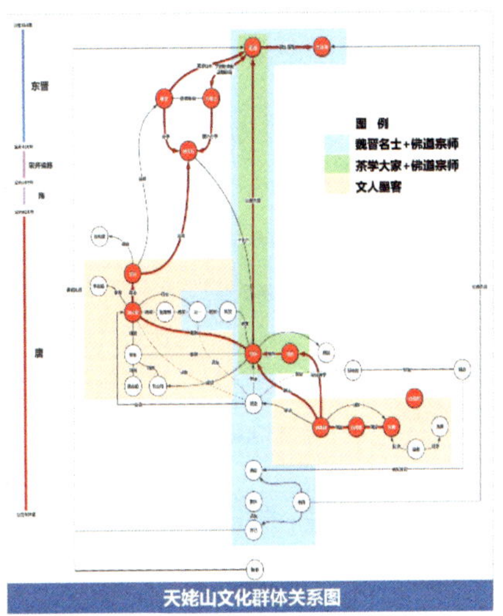

图4　天姥山文化群体关系图

图5　天姥山文化意象时空图景分析图

（二）文化景观保护修复、文化意境场景营造

1. 构建全时空、全要素、多层次的天姥山文化遗产保护展示体系

全面梳理天姥山诗路文化遗产资源；按照真实性、完整性的保护要求，

将唐诗之路沿线历史遗存及其依存的自然山水空间整体作为文化景观保护、修复与展示的主体；并将物遗、非遗保护紧密结合，保护天姥山非物质文化遗产及其依存的文化生态。

在此基础上，构建全时空、全要素、多层次的天姥山文化遗产保护展示体系。并在严格遵守生态和文物保护要求的前提下，有限度地完善必要的游赏服务设施（图 6）。

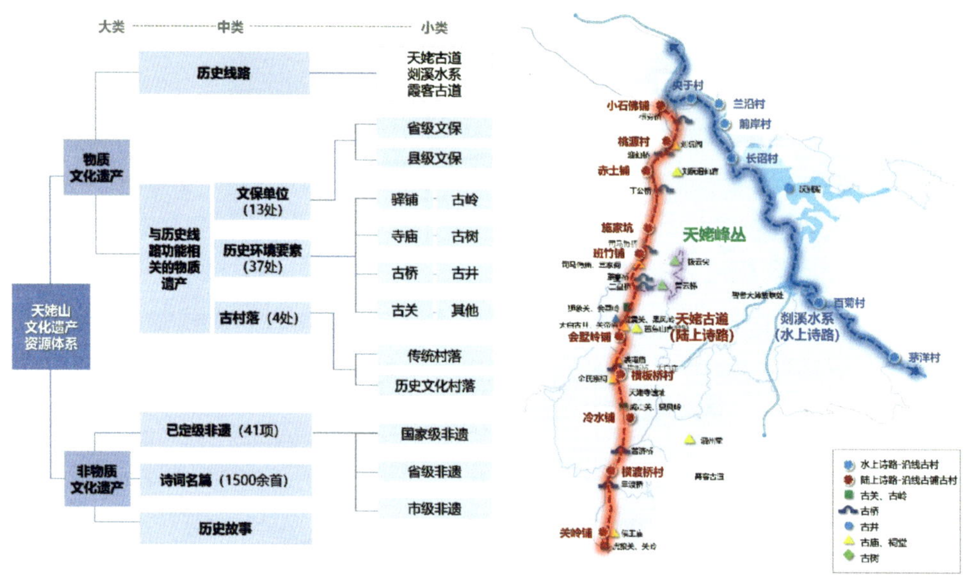

图 6　天姥山文化遗产保护展示体系

2. 诗歌为脉，"诗—画—景"一体化呈现唐诗意境与天姥故事

基于 NLP 分析得出的天姥文化意象空间，规划重点在"古道寻幽迹、乘舟入剡溪、登临天姥岑"这 3 条天姥山唐诗之路历史线路，营造系列诗路文化场景，植入特色化诗路文化节点，将"诗歌意境＋诗画场景＋诗情体验"一体化呈现，实现"人在诗中走，心在画中游"，展现看得见的"梦游天姥"、走得进的"唐诗意境"、读得懂的"诗人情怀"。

3. "古道寻幽迹"陆上诗路线

天姥古道是"浙东唐诗之路"天姥山段陆上线路，是贯穿整个天姥山旅游区的重要文化带、景观带。

一方面，规划采用"原材料、原工艺、原样式"，对天姥古道及沿线古树、古桥、古井、古庙等历史文化要素进行原真性保护修缮。此外，采用

“有机更新＋场景营造”的设计方式，结合古道沿线的乡村改造更新，将唐诗意境与文化故事进行场景化展现，营造出“刘阮桃源遇仙、谢公开山辟道、李白梦游天姥、霞客夜宿班竹”等系列文化节点，并提升改造了“仙缘桃源、赤土印香、班竹风物”等天姥古道沿线 11 处特色古村古驿。注重采用微改造、精提质的“绣花”功夫，在避免了大拆大建的同时，又让抽象的诗词可感可知，并以文化旅游赋能古道沿线乡村的振兴发展（图 7、图 8）。

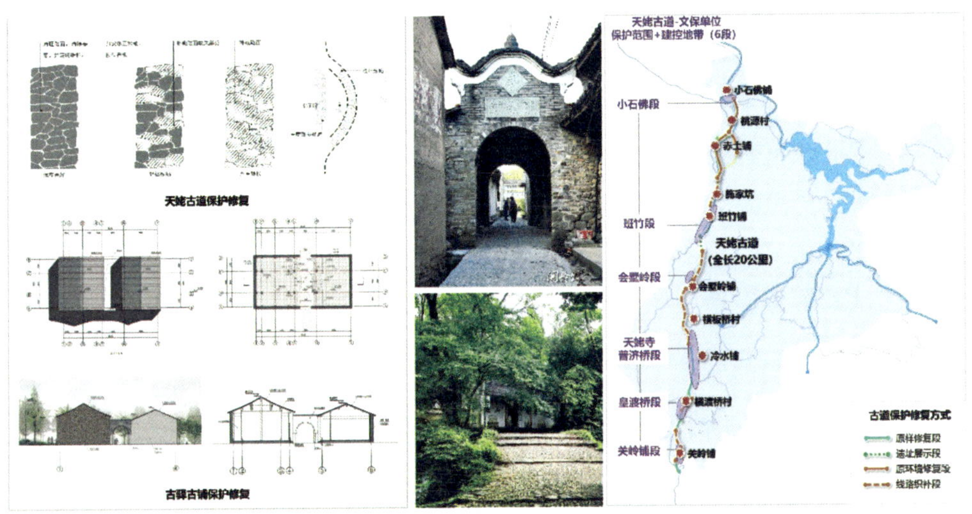

图 7 “古道寻幽迹”陆上诗路线——历史环境要素保护修缮

图 8 “古道寻幽迹”陆上诗路线——文化场景营造与诗路古驿提升

4.“乘舟入剡溪”水上诗路线

古剡溪是“浙东唐诗之路”天姥山段的水上游线，剡溪、沃洲作为天姥山重要的文化地理坐标，是文人墨客来访天姥咏诵的经典诗歌主题。

规划通过疏浚河道、整治驳岸与生态修复，再现水清景美、自然灵秀的诗意风景。在水源地上游禁止行船的茅洋溪河段，采用景观标识的方式，通过陆上设置遗产小径、诗路码头等景观要素，艺术化展现水上诗路的历史图景。

5.“登临天姥岑”文化地标线

天姥峰丛是李白著名诗篇《梦游天姥吟留别》的咏诵之地，也是历代文人墨客天姥览胜的必游之地。

规划以“梦游天姥吟留别”诗歌叙事为主线，在天姥峰丛恢复拨云揽胜、天姥烟霞等“天姥十景”，在保持大面积自然景观的基础上，以局部改造、点景等微更新手法，提升金银台等主题观景点与天姥峰丛步道体系，诗意展现李白笔下恢宏壮美、浪漫飘逸的天姥胜境（图9）。

图9 “登临天姥岑”文化地标线——天姥十景营造与步道提升

（三）文化功能创新转化

1. 融入数字科技，让传统文化活起来

规划结合浙江省优势建设“数字诗路”，建设天姥山智慧旅游信息平台，在文化场景中融入数字化、科技化互动体验，打造天姥山实景版“诗词大会”。目前“诗路声音博物馆”微信小程序已正式上线，真正实现了“跟着唐诗去旅行”。同时通过“梦游天姥”数字光影秀及诗路夜游等特色活动，真正让传统文化“动起来”“活起来”。

2. 融入当代生活，让诗歌文化蓬勃延续

规划突破了传统“诗词题壁”的单一展示方式，传承发展“曲艺传唱”这一诗歌最为悠久的传播形式，以国家级非遗“新昌调腔”传唱天姥诗歌，开展“诗路唱游”特色活动。同时，延续诗路古驿“休憩补给”的历史功能，在符合文物保护要求的前提下用于必要的旅游服务功能；并将诗路承载的文人群体“诗歌唱酬、品茗调香、抚琴赏乐”的诗意生活方式，转化为文化休闲、文化研学、文化体验等功能业态（图 10）。

图 10　诗路文化创新转化——“诗路声音博物馆”微信小程序

3. 共建诗路名城名镇名村，彰显诗路综合价值

规划将诗路文化元素全面融入城镇品质提升与美丽乡村建设，通过诗路建设带动沿线乡村振兴，促进交流合作与协同发展，打造唐诗之路沿线“诗路名城名镇名村”特色品牌。以文化为核心推动地区乡村振兴与高质量发展。合力共推“中国唐诗之路”申遗，实现区域经济、文化的繁荣发展，彰显唐诗之路的综合价值。

四、总结与思考

本规划是“文化保护传承＋旅游活化利用”的文旅融合创新型规划，积极探索了以诗歌为代表的优秀传统文化、进行创造性转化与创新性发展的实施路径。通过讲好诗路故事，弘扬诗歌文化，使诗歌文化在发展中创新、在创新中传承，并在当代生活中不断绽放崭新光彩，彰显新时代的文化自信。

在方法上，规划探索了无形诗歌文化的有形场景表达和传承创新。在技术上，应用了诗词文化意向提取与空间景观识别新技术，以及文旅大数据与量化分析等新技术；在模式上，探索了陪伴式落地实施的长效机制，推进文物保护、景区建设与乡村治理的共建共治。

（文化与旅游规划研究所，执笔人：刘小妹、苏航）

广州历史文化名城保护规划修编与政策试点的系列技术服务

一、新时期我国历史文化名城保护的背景要求

我国历史文化名城保护制度已经迈入第40个年头，众多历史文化名城已经具备了历史文化保护规划编制和制度建设的初步基础，如何在现有工作框架中进一步创新拓展，响应时代背景和城市高质量发展的需求，探索出新的保护规划编制和实施范式，是广州本轮名城保护规划的重要使命。

二、广州历史文化名城保护实践的突破探索

广州作为中国的一线城市，传统岭南文化中心，在千年花城迈向全球城市的战略机遇期，必须承担起强化国际文化影响力、传播中华文化魅力的重要任务，成为推动粤港澳大湾区融合发展的文化引领城市。同时，在

城市发展方式逐步由增量扩张转化为存量更新的新形势下，广州面对着经济高度发展与历史保护传承存在冲突、层叠丰富的文化资源与城市建设缺乏融合、政策规划制定与保护实施管理衔接脱节等重大挑战，要高度重视对于历史文化价值的认知和资源挖掘，避免出现破坏现象，走出一条在城市更新中做好历史文化保护传承的新路径，实现“老城市、新活力”。

（一）动态闭环，创新名城保护全周期工作新范式

在现有保护框架下如何开展新一轮保护规划，推动实施落地成为工作关注的重点。借鉴世界遗产的重要经验，融合当前的工作需求，以历史文化名城保护利用实施评估锚定现状问题和方向，通过历史保护重点项目试点实践突破主要实施障碍，将评估和试点的思路经验融入新一轮法定名城保护规划当中，全面提升常态管理能力，形成全周期闭环，动态持续推动保护工作前进。

从实施评估精准切入，包括规划编制、规划体系协同、保护制度构建、实施绩效、实施机制等方面，精准判断名城保护利用现状工作的特征和痛点，有效明确工作方向。从实施领域重点突破，上下联动建构全国历史建筑保护利用试点的广州工坊，跟踪 24 个实施项目，有针对性地突破全流程机制障碍。在全周期工作中深入开展共同缔造，推动多专业协同、全社会动员，积极运用各类新技术、新方法，融合新时期目标愿景、关键问题和实施结果 3 个导向，以新一轮名城保护规划为“一个平台”，推动价值认知和保护体系不断演进，构筑支持常态管理和滚动实施的顶层设计（图 1、图 2）。

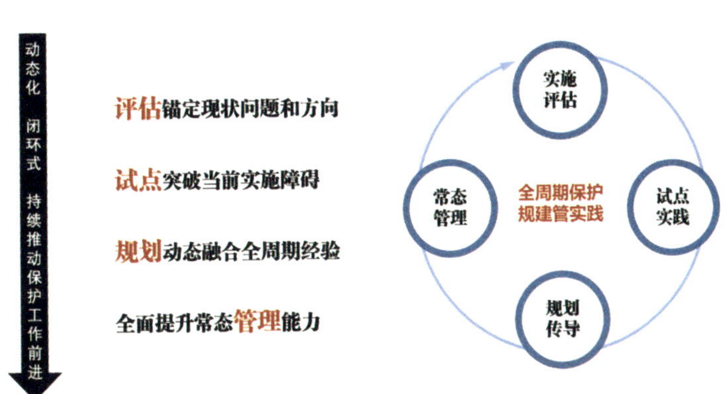

图 1　新时期广州名城保护工作的组织特征

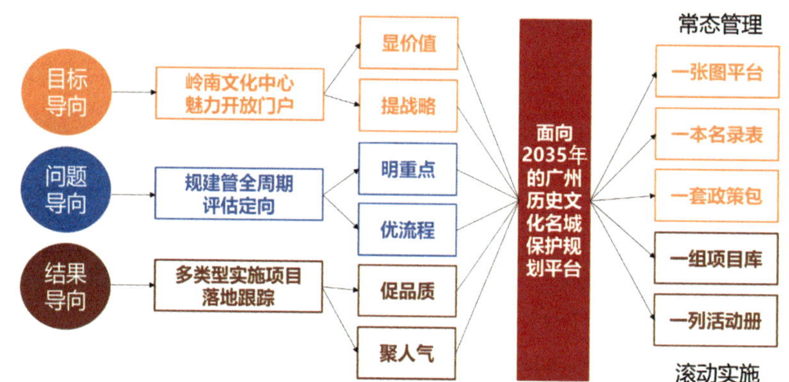

图 2　广州全周期名城保护工作的技术路线

（二）时空拓展，构筑“大历史”和“小故事”交织的保护传承体系

以大历史观为指导，衔接全国保护传承体系，明确广州在中华文明中的独特地位。讲好广州人的“小故事”，传承开放进取的城市记忆，留住多元包容的烟火市井。以历史文化价值和名城特色为基准，织补丰富相关遗产载体（图 3）。

图 3　广州历史文化价值研判

文明互鉴，聚焦海丝，保护珠江历史航运空间体系中的古港码头、墟市聚落、三塔地标；薪火相传，多元共生，将东山片区纳入历史城区研究范围整体保护，完整展现从城市原点到近现代发展演变的历程；延续文脉，守护记忆，增补传承岭南耕作文化的农业文化遗产、彰显创新创业历程的工业遗产，融汇中西文化交流的历史校园，以及承载红色文化、改革开放等时代印记的重要建筑；制定永不拓宽的街巷名录，让林荫道、麻石街、

骑楼街交织承载古城生活脉动。通过讲好广州的“大历史”和“小故事”，构建全类型、全要素、多层次的新时期城乡历史文化保护传承体系。

（三）以用促保，让“老城市”真正焕发“新活力”

在区域层面，响应国家重大区域战略，引领粤港澳大湾区联动保护与文化发展，协同跨区域遗产廊道保护，共建人文湾区。推进国家海防文化带保护，形成从全国到广东省、再到广州—东莞两市珠江口的保护联动，建设虎门国家文化公园关键节点。

在市域层面，形成市域文化与生态共融的整体格局，构筑珠江世界级滨江文化景观带，促进工业遗产转型，实现从生产通道向多元活力廊道的转变。活化流溪河文化带、南粤古驿道沿线日益空心化的传统村落，带动文化旅游、休闲体育等产业发展，助力乡村振兴和精准扶贫。

在历史城区层面，高度重视广州延续千年不变的中心地位，解决当前综合功能衰退、文化价值不显、空间品质较低等问题，明确其作为广东省、广州市重要的政务保障地区，推动粤港澳大湾区融合发展的岭南文化核心载体，传播中华文化魅力的国际交往平台三大定位，全面提升政务保障、文化引领、国际交往的核心功能。坚持整体保护、文脉彰显、活力更新，深度推进历史城区保护更新实施。

严格落实历史城区 12-18-30 米的整体高度管控要求，分类处理历史审批项目，延续舒朗怡人的城市形态。传承传统营城智慧，展现千年层叠历史文脉，提出修山理水、显城识标、亮轴缀园三大策略。以人民为中心，通过分类整治批发市场、调整穿城高架道路、优化公共空间与设施、推进传统建筑适宜性改造、组织历史文化步径等举措推进品质提升，形成“既能喝凉茶，又能叹咖啡”的魅力生活氛围。

（四）管理有效，构建规划—政策—行动融合的保护实施机制

创新成果表达，形成从规划策略到政策制定、行动落地的系列成果，完善“一图一表”。面向管理人员诉求，探索有效指导日常工作的管理说明书编制体例，对应文本条款进行说明解读，并提出政策、项目等传导机制，支持规划策略与常态管理的融合。衔接城市更新，强化历史城区整体保护机制，对接街道和社区管理边界，划分更新单元，引导微更新结合基层管理开展。

将实践经验转化为长效政策。在前期评估中，项目组深入剖析历史建筑保护利用主要问题，通过试点实践，逐项探索突破，多维度创新管理机制。如在农荫厅项目中，提出将国有历史建筑承租年限放宽至 12 年，适应历史建筑的修缮成本和周期；在美术公司画棚项目中，规范建筑增容利用模式，允许适度增加内部空间，发挥使用价值等。试点工作指导支持了一批建筑、街区、村落等实施项目落地，取得了积极成效。最终将试点经验融入广州政策制定与法定规划编制中，构建起保护规建管的长效机制（图 4、图 5）。

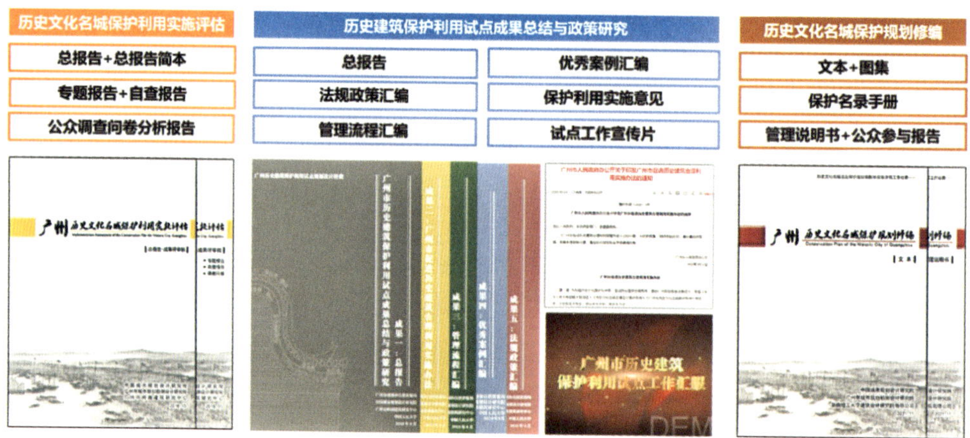

图 4　中规院名城分院团队近年来在广州工作的成果系列

图 5　全国历史建筑试点工作中的广州示范项目

三、总结

广州名城保护系列项目建立了以评估明确方向，试点解决问题，保护规划编制与政策制定完善管理机制的全周期、动态化工作范式，推动历史文化名城保护制度从搭建基础迈向成熟阶段，以“绣花功夫”促使文化保护传承全面融入城市更新与战略发展，在全国新一轮名城保护规划中具有示范引领作用。

（历史文化名城保护与发展研究分院，执笔人：汤芳菲、许龙、冯小航）

大运河文化保护传承利用探索
——以京冀大运河规划设计实践为例

一、大运河文化保护传承利用内涵

大运河由京杭大运河、隋唐大运河、浙东运河三部分构成，全长近 3200 公里，开凿至今已有 2500 多年历史，是中华民族最具代表性的文化标识之一，是祖先留给我们的珍贵物质和精神财富，具有独特的历史文化价值。

面向新时代，大运河文化的保护传承利用应突出以文化为引领推动沿线区域协调发展，把保护传承利用大运河承载的优秀传统文化作为出发点和立足点，打造璀璨文化带、绿色生态带、缤纷旅游带，推动大运河沿线区域实现绿色发展、协调发展和高质量发展。要秉承共抓大保护、不搞大开发理念，以文化遗产、河道水系、生态环境保护为重点，推动形成大运河文化保护传承利用新模式。

二、京冀大运河文化保护传承利用实践方法与路径

大运河作为中国大运河的始端，是历史上促进首都兴盛，推动经济、社会、文化发展的重要河流。基于多年京冀大运河文化研究、规划管控、

设计营建工作，我们分别从做好文化价值评估、讲好运河文化故事、塑造大河多元风貌，复兴运河时代魅力 4 个方面探索大运河保护传承利用建议。

（一）研究先行、溯源理脉，做好文化价值评估

随着多年的城乡发展建设，运河沿线呈现出空间类型多样、系统复杂的特点，为更好地传承与彰显运河历史文化特色，研究好沿线遗产价值、追溯好运河历史文化本源至关重要。因此，在开展的运河景观研究中，重点通过利用遗产价值评估体系的分析评估，识别运河沿线文化高价值区域，进而厘定运河文化格局，并对其沿线重点区域、区段和节点提出风景营建引导。

确立遗产价值评估体系。针对运河沿线 6 类 40 项已考证物质文化遗产，建立文化评估体系，全面对历史价值、文化价值、科学价值进行系统评估，主要包括运河古河道、漕运码头和仓储设施、闸坝桥梁、古建筑及古建筑遗址、沿线城镇聚落、历史景观等，做好运河文化梳理、识别、认知的基础支撑工作。

分析识别文化高价值区域。基于遗产价值评估体系，结合遗产空间分布，识别出沿线遗产集聚及价值突出的重点区域、区段和节点。重点片区是现状遗产集聚、价值极其突出的区域，包括白浮泉片区、颐和园片区、积水潭片区、通州古城片区和张家湾片区；重要水廊包括通惠河、坝河和北运河；重要节点包括广源闸—龙王庙节点、北新仓节点、南新仓节点和禄米仓节点。

锚定文化格局引导发展建设。研究北京大运河的历史水系构成，其主线构成为白浮泉—白浮瓮山河（今京密引水渠一线）—通惠河—坝河—白河（今北运河），全长约 82 公里。通过玉河、玉带河、运河故道等历史河道记忆恢复，以及萧太后河、凉水河、永引渠等关联河道文化景观展现等，形成南北贯通、一主多支的历史水系格局。在坚守严格保护、控制规模、优化改善、保持风貌等基本原则的前提下，推进重点区域“文绿融合”，打造白浮泉水源文化区、颐和园皇家文化区、什刹海京韵文化区、通州古城漕运文化区、张家湾古镇漕运文化区五大文化景观核心展示区，营造高品质的绿色空间景观环境，集中展示运河文化内涵。

（二）多措并举、尊史活化，讲好运河文化故事

运河历史传承千年，沿线形成了以漕运文化为核心的水利、文学、民俗、园林等多元文化元素，留存下诸多物质以及非物质文化遗产，见证千年文脉的流淌不息。秉承“尊重历史、活化展示”的核心原则，采用尊重历史原真性、再现场景文化性、强化活化展示性的手法，全面展现运河沿线的历史文化特色，彰显千年运河文化魅力，扩大文化宣传影响力，讲好运河文化故事。

尊重历史原真性。对现状的历史遗产、遗址、遗迹、古树名木等进行保护与修缮。根据深入挖掘、研究分析运河相关古诗古画、历史文献等相关记载内容，描绘历史场景，采用低干扰的手法，通过环境梳理与纯化、景观修复与提升、小品点缀与题记等手段，充分展现运河沿线历史文化节点的原真性，感知千年大河的时光穿梭流变与历史厚重积淀（图 1、图 2）。

图 1　白浮泉“龙泉漱玉”历史古景图

图 2　白浮泉龙泉禅寺保护修缮实景图

再现场景文化性。提取与运用运河舟船、水工、码头等历史文化元素与场景，融入与展示以运河为主线的文化印记。主要结合沿线设置场地空间，采用景观构筑、特色景墙、文化地雕、艺术雕塑等方式提点文化印记，并运用植物景观搭配烘托历史文化氛围，营造具有代入感的文化场景，诠释运河文化特色，重塑文化场所精神（图 3、图 4）。

图 3　白浮泉入口空间及牌坊实景图

图 4　廊坊北运河流变文化墙实景图

强化活化展示性。运用场所植入、活动策划、科普解说等多种方式，采用互动屏幕、VR 体验、智能解说等先进科技手段，强化运河文化的活化利用与多元展示，活化非物质文化遗产，增强文化的互动体验感知。结合广场空间、建筑空间等，营造丰富的民俗文化活动、智能的科普展陈展览，并结合文创产品、视频吸引游人，扩大文化宣传影响力，讲好运河文化故事（图 5、图 6）。

图 5　北京白浮泉文创产品及文化展厅实景图

图 6　廊坊北运河香河中心广场民俗活动实景图

（三）思维突破、要素融合，塑造大河多元风貌

历史上大运河绵延 2000 多公里，形成了与城镇、乡村、田园、自然相结合的多元风貌特征，现如今应突破管理边界，强调蓝线、绿线、黄线、红线、紫线等管理边界无界融合，构建水、岸、绿、城、村、田、路等多种要素的一体化规划设计的整体方案和融合效果呈现。以京冀大运河为例，重点突出 3 类风貌意向。

水与绿融合，塑造生态优先的蓝绿交织风貌。历史上的北运河自古生态风景优美，呈现“白云红树”“夹岸垂杨”“荷芰绿”“荻芦黄”等风景风貌，形成了杨柳成景、春花秋叶、芰荷荻芦的植物景观。根据河流季节性水位变化，保留现状滩涂，合理补植水生植物、抗旱耐涝灌草、耐湿乔木等植物，提升生物多样性，保护好河流湿地的现状生态特征。针对现状林地情况，重点采用保留为主、更新抚育等方式对现状林木进行保树营林、群落优化。针对新建段重点围绕不少于 30 米宽的滨河界面空间的植物群落更新，采用近自然植物群落营建的方式，营造节奏韵律变化的大尺度植物风景，展现春季落英缤纷、夏季浓郁幽远、秋季荻芦红叶等四时景象（图 7、图 8）。

图 7　廊坊北运河生态驳岸修复湿地风景实景图

图 8　北京坝河第四使馆区段河道实景图

水与城融合，打造水城一体的活力水岸风貌。运河自古就是与城镇发生着紧密联系，本着“水城融合、近水亲水”的原则，滨水建筑可采用退台式空间，打通滨水空间视线，将滨水引入城市；适度延展滨水建筑前空间，通过台层广场、绿蔓廊桥等将建筑前空间与滨水岸线一体化打造，让人便捷到达水边；充分利用滨水建筑 1～2 层商业服务功能，植入休闲茶室、咖啡、餐饮、售卖等功能，形成丰富的滨水休闲生活（图 9、图 10）。

图 9　北京坝河金盏段滨水 TOD 设计意向图

图 10　北京坝河阳光上东小区水城融合设计意向图

水与村田融合，再现兴业富村的郊野田园风貌。廊坊北运河南段借力金门闸码头、乡间人家码头，将运河水上游览人群引入南部区段，大力促进休闲农业发展。调整农业产业结构，推广多元特色种植，规模化种植藿香、芍药等特色药材，发展蔬果采摘、有机农作物生产，建设百亩药圃、千亩花海、万亩菜畦，兼顾农业效益和旅游收益，促进农民增收，带动经济发展，塑造带水绕田、沃野欢歌的田园风光（图 11）。

图 11　廊坊北运河南段带水绕天的郊野田园风貌设计意向图

（四）大胆创新、贴近生活，复兴运河时代魅力

城市发展曾经一度背离运河发展，城乡生活逐步远离运河，导致滨河公共服务设施、公共开放空间缺乏及慢行通达性不高等系列问题。新时代的运河要补齐设施、服务市民，可通过水上、岸上形成系统游览线路，休闲设施节点设计大胆创新、合宜精巧，融入地域环境，服务运河新市民，书写新时代运河生活魅力。

合宜布局码头，形成水上魅力游线。统筹旅游资源，按照布局合理、适度超前的原则，根据客运量预测，合理配布码头设施。规划 1 座大型旅游码头和 5 座小型旅游码头，上连北京通州，下接天津武清，实现互联互通，形成完善的水上游线。围绕运河水面空间和沿河的生态、文化资源，积极探索引入个性化、多类型、全时空的特色休闲娱乐游船项目，发展休闲体验旅游经济（图 12、图 13）。

贯通绿道系统，串联市民幸福生活。滨水绿道是运河沿线幸福生活的骨架型空间，能够有效串联文化资源、城市生活、田园乡村等，是市民共享运河治理成果的最直接的空间载体，应强调贯通性、近水性、亲水性等特点。沿线精巧点缀设施，如等级完善的驿站系统、与古为新的“轻介入”

慢行桥梁系统，做到通畅有序、服务便捷完善（图 14、图 15）。

图 12　廊坊北运河香河中心码头及水上活动实景图

图 13　廊坊北运河香河鲁家务小型码头及水上活动实景图

图 14　廊坊北运河滨水绿道及水岸生活实景图

图 15　北京坝河金盏段跨河慢行桥梁及水岸生活设计意向图

三、总结与思考

大运河绵延千里、上下千年，是宝贵的世界文化遗产，其保护传承利用具有复杂性、多元性、历史性、前瞻性，既要尊重历史，也要放眼未来。本报告从规划设计实践角度试图提出 3 个方面的思考：从方法上，历史长河是最好的老师，强调历史文化资源的挖掘和历史环境的真实性，突出研究先行；从机制上，部门协作是有效的办法，因其复杂性、系统性，要摒弃管理部门“各扫门前雪”的传统管理机制，要统筹谋划规划、一体化设计营建，突出要素融合；从目标上，魅力生活是最终的呈现，运河最终还是要为人民服务，因此无论从风貌、色彩、材料、设施等都要因地制宜、因需供给，人民的满意是大运河保护传承利用的最高标准。

（风景园林和景观研究分院，执笔人：王忠杰、韩炳越、刘华、王剑）

巴蜀文化历史溯源与保护传承体系研究

以巴蜀文化著称的成渝地区是我国战略大后方和中原地区面向欧亚大陆的扇形扇纽所在，中原文化、荆楚文化及少数民族文化等多元文化汇聚，成为“诸种文化与经济资源辐辏之处”，在中华文明序列和中国对外关系史上都占有重要地位。2020 年 1 月 3 日，习近平总书记在中央财经委员会第六次会议中提出“要推动成渝地区双城经济圈”“支持重庆、成都共建巴蜀文化旅游走廊”的重要指示。2020 年 11 月 15 日，习近平总书记在全面推动长江经济带发展座谈会上强调，“要保护传承弘扬长江文化。长江造就了从巴山蜀水到江南水乡的千年文脉，是中华民族的代表性符号和中华文明的标志性象征，是涵养社会主义核心价值观的重要源泉。”

从现阶段对巴蜀文化的相关研究表明，考古学与历史学界对于巴蜀文化的概念界定及空间范围研究已较为成熟，但对于巴蜀文化的空间演化脉络、文化空间特征等研究仍有缺失，成渝两地对巴蜀文化的认同感相对淡薄，区域文化资源保护面临瓶颈。因此，以巴蜀文化为切入点，填补成渝地区历史文化空间的研究空缺，既是响应党的二十大对城乡历史文化保护传承的精神，也是助力成渝地区双城经济圈建设的重要使命。

一、巴蜀文化的历史溯源

本次研究以史籍深读为基础，以考古佐证、实地踏勘、专家访谈为支撑，在传统巴蜀文化基础上，拓展补充巴蜀地区在建党 100 周年、新中国成立 70 年、改革开放 40 年期间历史文化遗产和当代重要建设成果的研究，以更加广义的巴蜀文化概念将巴蜀地区作为文化共同体，溯源历史空间、文化环境与城市发展演变特征，以此作为研究基础，大致可分为先秦、秦汉、唐宋以及近现代四个历史阶段。

先秦时期，巴蜀地域一体，文化同脉同源。古蜀国源于岷江上游，南迁至成都平原繁衍生息，勤事稼穑，崇拜源于农耕文明的“天—水—地”三官文化。古巴国源于大巴山区和巫巴山地，毗邻秦楚强敌，崇武尚力，巴蔓子等人正是忠勇巴国文化特质的缩影。伴随巴人西迁、蜀人南迁，“巴蜀世战争”后，两国国土于川东地区接壤，文化在战国时期趋于一致。

秦汉—三国时期，巴蜀文化渐趋华夏。秦灭六国、先征巴蜀，巴蜀地区迎来了“秦氏万家入巴蜀”的第一次大规模移民，地域文化渐趋华夏。蜀地兴修水利、初辟蜀道，道教缘起，“天府之国”美誉始成；巴地兴于战事、守卫要塞；江州（现重庆主城）、鱼复（现奉节县）成为三国蜀汉政权的养息复兴之地。

唐宋时期，巴蜀地区经济文化空前繁盛。受到唐长安城的辐射带动，巴蜀地区社会经济发展长足发展，形成了北越秦岭至关中、南经云滇达印缅、西破壁垒入高原、东出夔门通吴越四向通达的对外交通体系。成都成为“扬一益二”的国家中心城市，三峡的通航让重庆、奉节等沿江城市空前繁荣。宋元时期，巴蜀地区凭借山形水势构建了三道防线，形成以钓鱼城（位于现合川区）、江州（现重庆主城）为核心的四级山城防御体系，发挥了至关重要的守卫作用，留下了一批极具代表性的城池遗址。

近现代时期，巴蜀共担国家重大转折期的历史重任。重庆历经清末开埠和战时陪都等历史阶段，成为国家重要的商贸、文化、军事、政治中心，留存诸多军工企业、洋行公馆和文化机构。统战时期，红军长征途经川渝，巴中、广安等地成为重要的红色革命根据地。解放战争时期，江竹筠、杨汉秀等革命先烈抛头颅、洒热血，凝结彪炳史册的红岩精神。新中国成立后，成渝地区成为“三线”建设主战场，催生出德阳、绵阳、涪陵、攀枝花等一批新兴工业重镇，留下丰富的工业遗产和三线建设遗址（图1）。

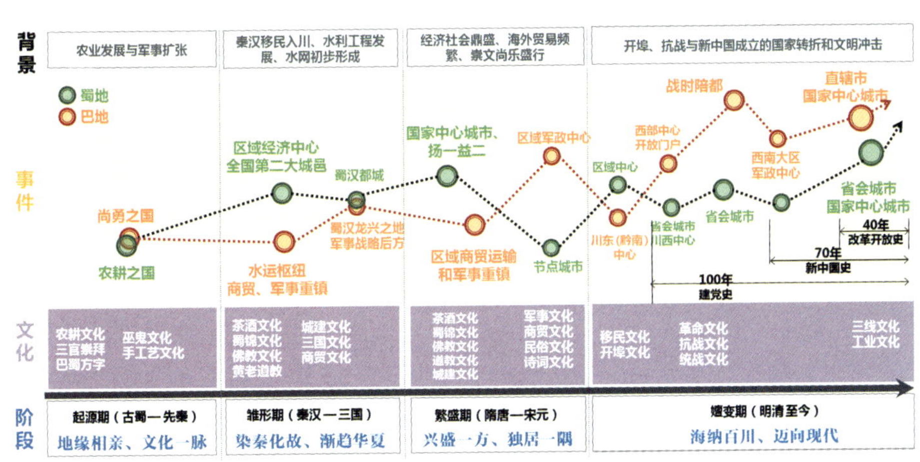

图1　巴蜀地区文化发展脉络演进分析

二、巴蜀文化保护传承体系的构建

（一）以“总体历史观”建立巴蜀文化价值谱系

立足巴蜀文化历史溯源与特征认识，凝练巴蜀文化大山大水之邦、“红色基因”宝库、内陆开放高地、烟火宜居之城四大价值主题，梳理涵盖地理、政治、经济、社会人文等领域的10项文化价值特征，以及以三峡文化、革命文化、三国文化等为代表的 20 个主题文化故事。结合地方特色扩大遗产名录，将长征、古道等文化线路，农耕景观、灌溉工程等人文景观，以及重要历史地段等纳入遗产保护名录，梳理形成 298 处代表性遗存，共同形成巴蜀文化价值谱系（图 2）。

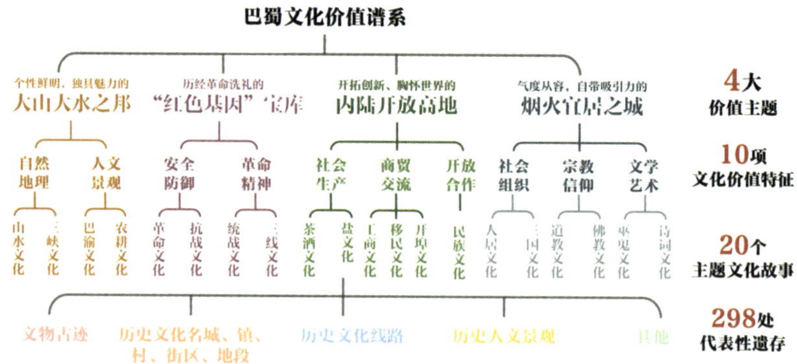

图 2　巴蜀文化“主题—特征—故事—遗存”价值谱系示意图

（二）搭建区域历史文化保护传承空间格局

识别文化魅力单元，促进同类型文化资源整合。基于成渝地区山水与人文高度契合的特征，对全域自然文化资源进行定量分析，结合地理格局、城乡经济、交通组织、旅游服务半径等因素进行定性修正，划定 18 个具有不同文化内涵的魅力单元。

构建区域文化走廊，协同跨地区文化保护利用。以长江、嘉陵江等川江水系、金牛道、米仓道等古道线路为纽带，重要交通廊道为支撑，串联 18 个文化单元，形成大河文明、古蜀文明、金牛渝水、米仓渠江、乌江西水和成渝驿道 6 条区域性文化走廊。

培育文化窗口城市，推动魅力资源与城乡融合发展。综合考虑文化、旅游、交通、人口、服务水平等因素，建设以重庆、成都两大国家中心城市为引领，乐山、江津等历史文化名城为支点，奉节、巴中等文化魅力城市为补充，塑造价值突出、特色鲜明的三级文化窗口城市。

对区域文化单元、文化走廊以及文化窗口城市提出保护传承路径与行动指引。鼓励协同城市共编单元、走廊保护利用规划，细化区域文化保护传承空间，落实文化共保与共建项目，并制定各级文化窗口城市在文化展示、文化交往以及文化消费等方面的设施配置标准（图 3）。

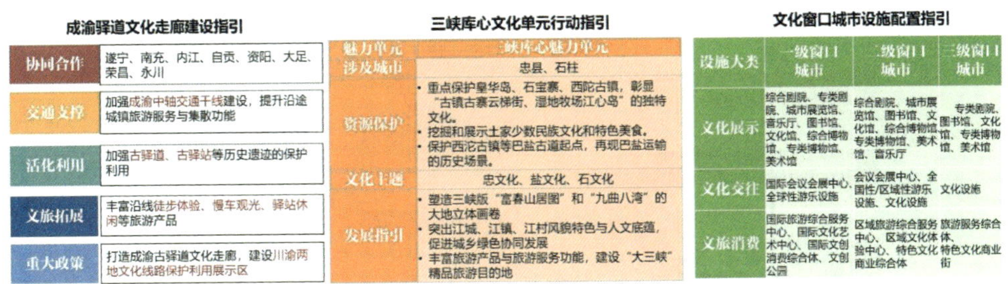

成渝驿道文化走廊建设指引

协同合作	遂宁、南充、内江、自贡、资阳、大足、荣昌、永川
交通支撑	加强成渝中轴交通干线建设，提升沿途城镇旅游服务与集散功能
活化利用	加强古驿道、古驿站等历史遗迹的保护利用
文旅拓展	丰富沿线徒步体验、慢车观光、驿站休闲等旅游产品
重大政策	打造成渝古驿道文化走廊，建设川渝两地文化线路保护利用展示区

三峡库心文化单元行动指引

魅力单元	三峡库心魅力单元
涉及城市	忠县、石柱
资源保护	• 重点保护皇华岛、石宝寨、西陀古镇，彰显“古镇古寨云梯街、湿地牧场江心岛”的独特文化。 • 挖掘和展示土家少数民族文化和特色美食。 • 保护西沱古镇等巴盐古道起点，再现巴盐运输的历史场景。
文化主题	忠文化、盐文化、石文化
发展指引	• 塑造三峡版“富春山居图”和“九曲八湾”的大地立体画卷 • 突出江城、江镇、江村风貌特色与人文底蕴，促进城乡绿色协同发展 • 丰富旅游产品与旅游服务功能，建设“大三峡”精品旅游目的地

文化窗口城市设施配置指引

设施大类	一级窗口城市	二级窗口城市	三级窗口城市
文化展示	综合剧院、专类剧院、城市展览馆、音乐厅、图书馆、文化馆、综合博物馆、专类博物馆、美术馆	综合剧院、城市展览馆、图书馆、文化馆、综合博物馆、专类博物馆、美术馆、音乐厅	专类剧院、图书馆、文化馆、专类博物馆、美术馆
文化交往	国际会议会展中心、全球性游乐设施	会议会展中心、全国性/区域性游乐设施、文化设施	文化设施
文旅消费	国际旅游综合服务中心、国际文化艺术中心、国际文创消费综合体、文创公园	区域旅游综合服务中心、区域文化体验中心、特色文化商业综合体	旅游服务综合体、特色文化商业街

图 3　文化单元、文化廊道和文化窗口城市建设指引

（三）面向传导实施，形成一套有效传导的管理架构

打破现有行政边界和“条状”管理模式，探索形成省、市两级、联动各职能部门的管理架构。省级层面成立巴蜀文化保护与传承管理委员会，负责制定管理条例、协调部门分工、认定区域遗产等工作；市区层面成立巴蜀文化保护与传承工作组，负责遗产巡视监管、遗产和文旅项目申报实施等工作。鼓励发挥行业协会、社会媒体等非政府组织机构力量，提供技术、资金、人力支持（图 4）。

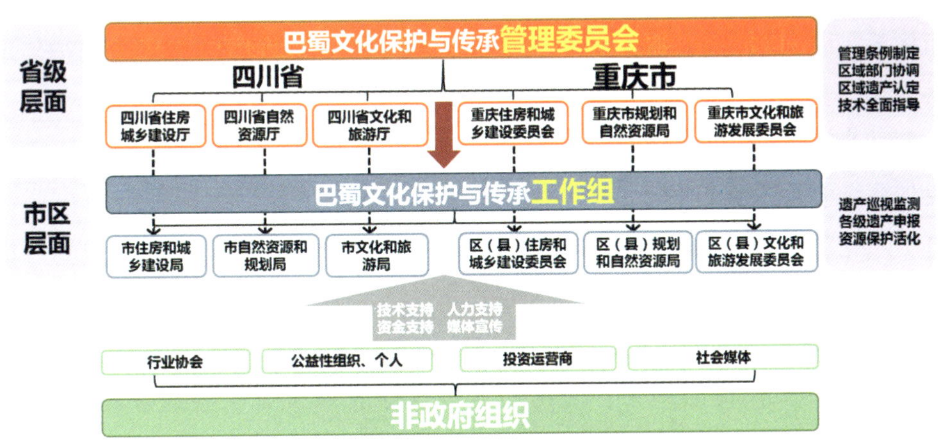

图 4　巴蜀文化保护传承管理架构示意

对接两地职能部门与“十四五”规划，形成若干区域性历史文化保护传承重大项目，明确项目推进方式、责任主体城市以及选址建设要求，成为行政管理部门推动区域文化保护传承的行动抓手。对于共建项目，构建“申报—规划—管理—监测”全过程制度体系，需分级上报至巴蜀文化保护工作组和委员会，通过两省市组织联席会议进行审议（图 5）。

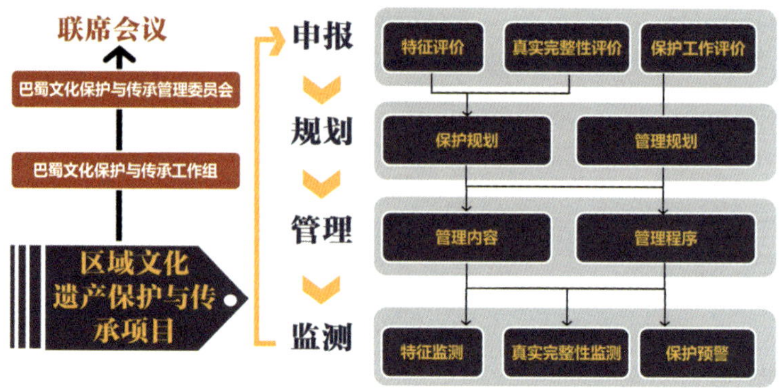

图 5　区域历史文化遗产保护制度流程示意

三、思考总结

自 1982 年我国公布第一批国家历史文化名城至今，我国以名城制度为核心的文化遗产保护理论与方法相对成熟。2021 年 8 月，中央办公厅、国务院办公厅印发的《关于在城乡建设中加强历史文化保护传承的意见》中明确提出要“建立分类科学、保护有力、管理有效的城乡历史文化保护传承体系。”不仅扩大了遗产保护的范畴和内涵，更是将历史文化的保护传承融入城乡建设，通过强化顶层设计和价值体系的构建，促进区域文化遗产的整体性保护与城乡高质量发展，意味着我国历史文化的保护工作迈向了更加系统全面的新征程。

在此背景下，本次研究进行了诸多尝试和探索：一是将空间规划与历史学、考古学相结合，首次从空间视角将巴、蜀作为文化共同体，溯源文化脉络与空间更迭特征；二是以动态的大历史观、大遗产观构建凝聚两地共识的巴蜀文化价值谱系；三是结合地理信息系统分层叠加和评价方法，识别巴蜀文化价值空间，搭建区域历史文化保护格局；四是从实施管理维度，紧密对接两地规资、文旅、住建等主管部门，探索形成突破行政界限的管理体系和区域遗产保护制度的建构流程。

近年来，以京杭大运河、南粤古驿道等区域线性遗产廊道的保护与实践管理经验日渐丰富，而以地域文化为单元的整体性保护研究及实施管理方法仍相对较弱。本次研究虽将核心成果纳入成渝地区双城经济圈国土空间规划作为传导管控内容，但未来仍需跳出行政管理体制，不断完善区域遗产认定、规划、管理等法定化程序与政策机制，才能促进我国不同地区地域文化单元的保护传承。

（西部分院，执笔人：贾莹、吕晓蓓、徐萌、刘敏）

普通县城保护更新的创新路径探索
——以江西永新为例

一、普通县城高质量发展的时代需求

“天下之治始于县”，县城上承国家意志、下联广大乡村，自古就是社会治理的基层单元和天下稳定的基石，维系着中国人最深层的文化认同和情感归属。当前，县城聚集了全国新增城镇人口总量的一半以上，在新型城镇化进程中承担着重要角色。但是，当前大量普通县城普遍存在山水城割裂、文化特色遭受冲击、人居环境恶化、青壮年人口流失、活力严重缺乏等突出问题。

郡县治、天下安。本文结合江西永新的保护更新实践，探索新时期普通县城实施城市更新、传承历史文脉、实现高质量发展的新路径。

二、江西永新的保护更新实践探索

永新县是江西省吉安市西部一座文化古县，县名源于《大学·礼记》，意为“日永月新”。永新井冈山革命根据地的重要组成部分和湘赣革命根据地的中心，是“三湾改编”“龙源口大捷”等重大历史事件发生地。永新古城山环水绕、形胜独特、传统格局较好、街巷肌理基本保留。更为可贵的是，古城内仍然有 40 多种传统手工艺活态传承，在古城内居住的原住民有 2620 余户，共计 10120 人，传统生产生活网络仍然较好地延续，历史文化底蕴深厚。

但是，同中国千万个普普通通的老城一样，永新老城在发展过程中也存在一些突出的问题，如传统风貌遭受冲击、基础设施和公共服务欠账严重、老城活力不足等。

规划深入挖掘永新传统营建智慧，找寻被湮没的山水人文秩序，凝练出永新老城“营城六法”——因山为屏、理水塑城、依势筑城、修文荣城、聚市兴城、立标识城。从传统智慧中汲取营养，辨识老城迎山接水的自由形态和人文内涵，并在保护更新中加以延续和传承，重塑永新文化精神（图1）。

图1　永新古城“营城六法”示意图

（一）采用微更新的绣花功夫，为老城空间留骨、留白、留忆

永新老城保留着宋、明、清、近现代等不同时期的建构筑物，它们共同形成了老城的独特景观和历史记忆。因此，规划按照“留改拆并举、以保留保护为主”的思路，制定了建筑保护更新四“不”原则——产权基本不动、肌理基本不改、居民基本不迁、社会网络基本不变，采取了“针灸式改造、对症下针、点式切入”的微更新思路，通过刺激局部来激活整体。

（1）留骨增肉，修复城市肌理。规划在空间布局上保留了老城“一横三纵（禾川东大街、北门街、民主街、幸福路）”的格局骨架，延续了鱼骨状的传统街巷网络，并对基础设施、传统建筑提出了改造提升和保护修缮的方案。目前，永新老城已经按照规划完成了3条主要街巷的沿街建筑立面提升、街巷铺装更新及小品、指示牌、路灯等设施建设，整治了沿街一进院落约3.9万平方米的建筑，修缮了51栋约2.4万平方米有保护价值的建筑，延续了建筑的传统风貌，完善了内部设施，加固了650栋约19.5万平方米的普通居民楼。

（2）留白补短，优化城市功能。规划提出以“减法”留白，老城内不再新建大型公共类建筑，把与老城定位不相关的功能逐步转移出去，腾退的空间用于公共绿化和必要功能的补齐；以“加法”补短，打通了老城通往新区的禾河北路，疏通了老城小街小巷“经络”，新增了一批停车泊位，结合残垣断壁、舍屋、废弃地等建设了 7 个口袋花园——憩园、珍园、忆园、梅园、永园、志园、南塔广场，总面积近 700 平方米。

（3）留忆铸魂，点亮城市记忆。规划在公共空间设计中注重结合永新历史文化、地域文化、居民习俗等设置多样主题和空间形式。例如每个口袋花园结合自身主题对历史文化进行了深度挖掘与再现——“忆园”布局展现了原红四军军部旧址格局，珍园设计成纪念贺子珍同志的小型台地花园。通过红色文化、非遗展示、艺术体验、传统美食、休闲民宿等业态的培育，以街巷、绿道等为载体，将老城及周边文化资源串联，形成内涵丰富的文化体验路径（图 2、图 3）。

图 2　传统建筑保护修缮前后对比照片

图 3　口袋花园微更新前后对比照片

（二）继承山水营城智慧，让老城融入山色、水色、景色

（1）治山添秀色。规划以永新传统山城秩序为参照，按照“远山目可览，近山行可达”的思路，结合山体营造可游、可赏的郊野游憩空间，建设爬山步道和少量公共设施。对于城市周边的小山小坡，规划提出不采取推平等简单粗暴的方式，而是因地制宜地打造小游园、湿地公园等，满足市民回归自然、休闲娱乐的需求。

（2）理水增灵韵。规划按照海绵城市的理念，提出疏浚历史水系，再现渡口、码头、浮桥、阁塔等历史景观，使老城与滨水区域有机缝合。在江堤内侧建议引入人工水系，穿流郊野地中的水塘，沿溪设游步道、休憩场地，把自然带回城市生活场景之中。

（3）通廊亲山水。规划方案中打通了老城内 12 条望山通水的廊道，严格控制滨水建筑的高度与体量，改善街巷的望山视线；在重要节点处设计了望山亲水平台、游憩体验路径等，对老城依山就水的自由城垣轮廓进行标识，增强老城内重要空间对山水环境的感知度（图 4）。

图 4　老城山—水—城秩序修复规划图

（三）推进多专业跨界融合和共同缔造，培育老城发展新动力

（1）搭建多专业协作平台。针对各专业背对背组织方式带来的沟通成本高、实施效果走样、难以统筹协调等问题，永新老城保护更新以规划为统领，搭建了策划、建筑、景观、运营、文化、艺术等学科“跨界融合”的协作平台，通过大师工作营、设计竞赛、建造节、设计周等组织方式形成强大合力，推动项目精准落地（图5）。

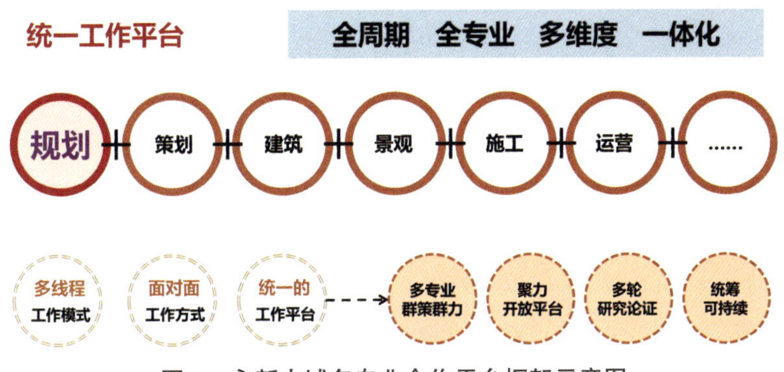

图5 永新古城多专业合作平台框架示意图

（2）积极引入社会资本。在规划的引导下，县政府旅投公司和社会资本共同出资成立了运营管理公司，集中整合旅投、城投、住建、街道相关资金。成立了永新文化艺术基金，抢救性保护传统民俗、手工业、商业老字号等遗产。

（3）培育特色产业。按照规划指引，老城已引入6类、30余项新业态，包括非遗馆、艺术工坊、咖啡店、音乐酒吧、创意民宿、花艺店、美食餐饮等商业品牌店。入驻文化机构2个，目前老城内共有年轻创客30余人，2021年，商业文创经营收入超过500万元；2021年，永新老城举办了中国首个非遗设计周，举办展览70余场，吸引国内外策展人200位，举办大型文化活动5次，接待游客数量10万人次，旅游收入1200万元（图6）。

（4）引导居民共同缔造。规划以查找社区发展的根本问题和诉求为切入点，详细了解老城居民需求，推动建立社区自组织机制，鼓励居民积极参与自家房屋修缮、建筑外观装饰、街头巷尾的公共空间改造以及特色产业培育等，共同缔造美好家园。政府通过租金减免、税收优惠等政策，吸引外地的永新人返乡创业（图7）。

图 6　永新老城规划功能布局图

图 7　永新老城引入的新业态照片

三、总结

永新老城的保护更新紧紧围绕满足“人”的需求这一关键目标，通过挖掘文化唤起人的记忆，通过优化功能改善人的生活，通过植入业态激发人的参与，因地制宜、不拘一格，在平衡老城环境、产业、文化中求发展，找到了一条适合自己走的路子，创造了独具魅力的永新模式，为全国普通县城的历史文化保护传承和城市更新提供了可复制的样板，对推进以县城为重要载体的新型城镇化具有重要的示范意义！

（历史文化名城保护与发展研究分院，执笔人：王军）

第四节　海绵城市与流域治理实践

六盘水市黑臭水体治理示范城市治理技术咨询

一、项目背景

三池三湖六盘水，千岩万壑一凉都。六盘水市坐落于贵州西部乌蒙山区，地处滇、黔两省结合部，是我国为数不多的名字带水的城市；也是一座“以水为脉、水清则城美”的城市，无论是“三线”建设时期的项目布局，还是如今“两山夹一河”的城市结构，无不彰显着整个城市与水的密切联系；更是一座“因水而忧、以水为患”的城市，伴随着城镇化的发展，水城河——六盘水赖以为生的母亲河遭到了污染，水环境质量日趋下降，昔日老百姓休闲、娱乐的好去处，已经彻底变成了臭水沟、垃圾堆，民众对此怨声载道，也严重影响了城市形象，成为六盘水转型发展的“心头之患”（图 1、图 2）。

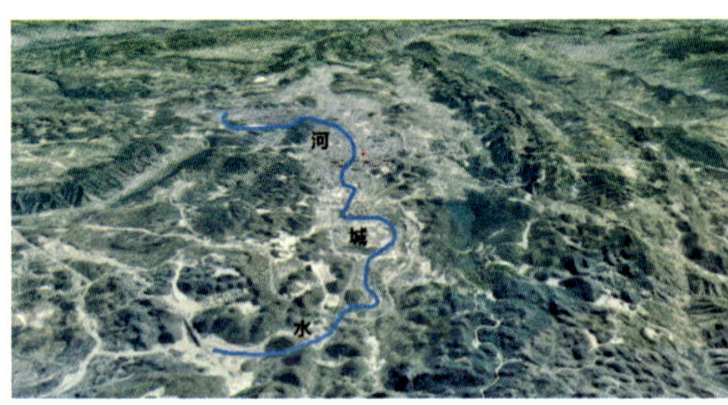

图 1　六盘水“两山夹一河”城市结构

图 2　治理前水城河实景照片

二、项目构思

（一）问题与需求分析

六盘水市黑臭水体治理具有“处在转型发展瓶颈期的资源枯竭型城市、人居环境改善需求强的欠发达中小城市、城市水系统亟待升级的国家级示范城市”的三大特征，决定了其城市水环境治理体系面临问题的代表性、特殊性、复杂性。

1. 代表性：欠发达地区，城市排水系统短板突出

六盘水地处云贵经济欠发达地区，城市基础设施投入长期缺口较大，尤其是排水系统短板突出，雨、污水管网覆盖比例低，管网空白区占中心城区比例超过 10%，合流制比例达到 42%，合流制溢流污染问题和分流制区域的污水直排问题并存，部分污水处理厂的处理标准依然为一级 B，导致城市建成区 2 条主要河流水城河、双水河均为黑臭水体（图 3）。

（a）水城河 2018 年度水质监测结果（氨氮）　（b）水城河 2018 年度水质监测结果（透明度）

图 3　水城河主要水质监测数据图

2. 特殊性：喀斯特地区，排水系统与清水系统耦合

六盘水所在区域是我国最大的喀斯特地貌区，普遍存在的地下多溶洞伏流、地下水与地表水交换强烈、大量清水进入排水系统等鲜明特点，城市排水系统与清水系统耦合，排洪沟成为清水、雨水、污水混流通道，清污混流问题突出，导致排水系统效能低下，污水处理厂进水 BOD（生化需氧量）浓度常年低于 40 毫克 / 升，污水处理系统不能充分发挥作用。

3. 复杂性：已实施两轮的水环境治理，部分项目“走弯路”，反而增加了下一步治理的难度

在成为示范城市之前，六盘水市刚刚完成了先后两轮的黑臭水体治理，由于缺乏系统谋划，采取的是“大截排”等简单粗暴的建设方式，将沿河雨污排口全部截留，并实施了河道硬化，导致建设项目不仅未能有效解决已有问题，反而增加了下一步治理的难度。在示范城市建设中，如何最大化利用已实施项目，成为制定建设方案时需要解决的重要问题。

（二）项目模式“定制”

除了排水设施欠账多、问题多、短板突出等现实问题，六盘水市更面临着示范周期短、建设任务重、考核标准高等多重挑战。在此背景下，六盘水市委托中规院开展“系统化实施方案＋伴随式技术咨询服务”的“1＋1”技术咨询服务，以“系统服务＋协同管理”为目标，开展覆盖全生命周期的黑臭水体治理技术咨询工作。

三、主要内容

面对六盘水市现状问题和黑臭水体治理需求，项目组基于中规院长期服务六盘水的技术积累（六盘水市城市水系统专项规划、六盘水市海绵城市专项规划、六盘水市道路竖向规划）、“十一五”以来的水专项研究成果（城市低影响排水（雨水）系统与河湖联控防洪抗涝安全保障关键技术、城市地表径流污染控制与内涝防治规划研究、城市水污染治理规划实施评估及监管方法研究、城市水环境系统的规划研究与示范等课题），结合六盘水市实际特征，形成了可以指导实施的“一张蓝图”。

（一）明确三大目标

围绕六盘水市黑臭水体治理建设需求和核心问题，结合示范城市考核要求，项目组提出了“全系统治理—混合型排水体制区域污水提质增效典范、全方位推进—海绵城市与黑臭水体治理协同推进示范、全社会参与——基于立法保障的黑臭水体治理长效机制”三大示范目标，构建了以污水提质增效为核心，融合海绵城市建设、河道生态修复的“1 ＋ 2”任务体系，并为六盘水市“量身定制”了三大建设模式（图 4）。

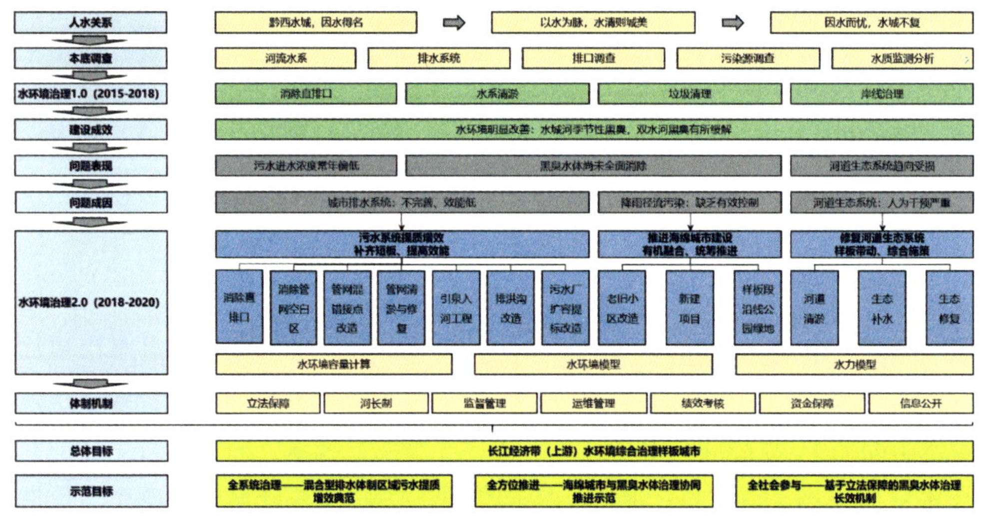

图 4　项目技术路线图

（二）确定三大模式

一是污水提质增效“四步走”。

先摸清问题，后解决问题。提出首先开展覆盖六盘水中心城区的管网详查和诊断工作，全面查清现有排水管网存在问题，为制定科学、合理的改造方案奠定基础。

先重点问题，后次要问题。充分考虑示范城市建设周期和考核目标，提出优先解决当前排水系统中存在直排口、管网空白区、合流制溢流污染等突出问题，在此基础上，再开展重点片区混错接改造等。

先清污分流，后雨污分流。针对喀斯特地区普遍存在的地下多溶洞伏流、地下水与地表水交换强烈、大量清水进入排水系统等特点与问题，提出“先清污分流、后雨污分流”的建设策略，明确了“挤清水”作为示范期建设重点、远期视情况开展雨污分流的技术方案。

先主干管网，后支干管网。针对六盘水市排水系统短板较多的特点，提出了“先主干管网，后支干管网”的改造策略，并结合管网详查和水质监测数据，建立管网评估方法，精准识别“瓶颈管”，制定针对性改造方案，起到“四两拨千斤”的作用。

二是海绵城市建设“三协同”。

结合城市降雨径流污染控制需要，按照“以海绵城市理念治理黑臭水体”的要求，结合六盘水市城市建设时序和项目安排，提出了“嵌入式”建设模式，并最终形成海绵城市建设“三协同”推进策略，分别为与老旧小区改造协同推进、与黑臭水体治理样板段打造协同推进、与重点项目建设（水钢排洪沟改造、九洞桥污水处理厂提标改造、水钢污水处理厂新建等）协同推进，以实现有机融合、统筹推进，系统提升城市人居环境。

三是河道生态修复“两提升”。

鉴于水城河、双水河河道岸线大部分已为硬化、渠化状态，提出主要通过两个方面进行生态修复：一是将再生水作为补水水源实施生态补水工程，提升河道流动性；二是通过清淤和岸线生态化改造，提升河道生态功能。此外，为全面提升城市水环境，结合现状问题，除黑臭水体外，亦对中心城区范围内凤池园、水城古镇景观河道、卡达凯斯人工湖、明湖湿地等重要水体提出了生态修复方案和建设要求。

按照上述治理思路，充分考虑相关部门的职责分工和项目实施方式，对其中相关性较强的项目进行整合和打包，共梳理出涉及污水处理厂提标改造、清污分流改造、排水管网改造、海绵城市建设、水体生态修复、再生水利用、能力建设 7 大类 17 项建设项目，形成六盘水市黑臭水体治理示范城市建设“作战蓝图”，涉及总投资约 12.54 亿元。

四、项目特色

（一）针对黑臭水体治理，开创了“系统化实施方案＋伴随式技术咨询服务”的“1＋1”技术模式

针对“十三五”以来多数城市在黑臭水体治理中存在的项目科学性、系统性不足等问题，创新性地采用“系统化实施方案＋伴随式技术咨询服务”的“1＋1”技术模式，通过编制系统化实施方案，实现“定目标、定思路、定项目”，通过伴随式技术咨询服务，扎根现场承担治理工作“总工”角色，协助地方政府对项目实施进行把控，定期到项目施工现场进行督查，对项目实施中遇到的问题进行技术协调和把关，对施工现场不符合要求的做法出具整改意见，确保项目建设效果，并根据实施过程中遇到的问题，及时对系统化实施方案进行“动态维护”，确保如期实现建设目标。

（二）针对排水管网改造，创新性提出了适用于管网问题突出城市的“四先四后”建设模式

针对在排水管网改造中由于重点不明、思路不清、本末倒置导致的改造后污水处理厂进水浓度“不升反降”“水不臭了但是雨天淹了”等问题，创新性提出了“先摸清问题、后解决问题，先重点问题、后次要问题，先清污分流、后雨污分流，先主干管网、后支干管网”的“四先四后”建设模式，为排水管网科学、合理、有序改造提供了技术范本，为我国众多管网问题突出的城市提供了极具实践价值的参考案例。

（三）针对喀斯特地区，针对性提出了“上截、中引、下疏”的清污分流模式

针对西南喀斯特地区普遍存在的清污混流、污水处理厂进水浓度低等问题，结合喀斯特地区地形地貌特征，提出了“上游截山洪、中游引清入河、下游疏通改造排洪沟”的清污分流技术模式，破解了清水、雨水、污水混流问题，显著提高了城市排水系统效能。

五、实施情况

（一）建设成效：黑臭消除、浓度提升、人居环境改善

在两年多的黑臭水体治理示范城市建设中，项目组提出的17项建设项目全部得到实施（项目落地率100%）。项目实施后，六盘水市城市建成区内2条黑臭水体彻底消除，城市水生态环境明显改善，重现“水清岸绿、鱼翔浅底”美好景象；城市排水系统效能显著提升，污水处理厂进水BOD浓度提升50%以上（图5）。

图5　水城河治理前后效果对比图

（二）形成水环境治理的“六盘水模式”：“四强化、四构建”长效模式

在示范城市验收前，项目组结合在六盘水驻场工作近千日的实践经验，总结形成了“强化高位推进、构建整体联动的组织工作体系，强化技术支撑、构建全面覆盖的技术保障体系，强化建管结合、构建全面监管的建设管控体系，强化多元投入、构建稳定有力的资金保障体系”的水环境治理“全社会参与——基于立法保障的黑臭水体治理‘四强化、四构建’长效模式”，作为典型案例得到《贵州改革情况交流》《贵州省生态文明建设》等官方媒体刊发，在西南喀斯特地区实现示范、推广和应用，取得良好社会影响。

（城镇水务与工程研究分院，执笔人：周飞祥）

流域治理的市场化探索与规划实践

——永定河流域综合治理与生态修复实施方案

永定河，北京母亲河，京津冀重要水源涵养区、生态屏障和生态廊道，2016 年底，永定河流域综合治理与生态修复启动，成为京津冀协同发展在生态领域率先实现突破的着力点。如何保证这项近 400 亿元治理项目资金的持续投入是核心难题。为减轻沿线政府“治河”财政压力，永定河流域治理和生态修复项目在全国首次采取“投资主体一体化带动流域治理一体化”的新模式。

2017 年底，由国家发展改革委牵头，京津冀晋四省市政府引入中交集团作为战略投资方，共同组建永定河流域投资有限公司，负责全流域治理工作的总体实施和投融资运作，构建起运用经济杠杆保障流域治理持续运作的市场机制，并以流域投资公司为平台探索流域上下游政府协同治理的新机制。为此，永定河流域投资有限公司（以下简称流域投资公司）开展《永定河综合治理与生态修复实施方案》（以下简称《实施方案》）编制工作，为流域投资公司与流域沿线各城市政府签订“一地一策”合作协议提供技术支撑。

一、以企业为主导的流域协同治理机制特点

（一）积极应对治理新主体的多种角色

面向市场化运作，以公司为平台，促进流域治理中社会资本参与程度，并建立流域内公共政策与市场化手段相结合的运行机制。公司将担任起治理工程实施者、资产所有者和资源经营管理者三重角色，并赋予其实施和投融资运作、统筹综合治理修复资金、统一管理运营流域相关工程和资产以及进行相关资源利用和开发等职责。

（二）以资金平衡成为核心目标

流域综合治理和生态修复工程可获得一定比例的中央投资补助，其余资金通过市场化方式筹措解决。研究通过流域沿线土地开发、水资源运营、生态补偿以及生态资源使用权交易和相关产业经营等方式获得收益，用以平衡流域治理的资金，实现从建设期到运营期总体上动态的、持续的资金平衡。从自身企业发展角度，公司在确保治理工程项目实施之外，还将更多关注流域治理过程中资源开发、资本运作及资金管理等各个方面的有效衔接。

（三）通过资源价值转化带动多方共赢

作为资金平衡的重要方式，通过特许经营流域内的有关资产来挖掘流域内生态产品的服务价值，以资源价值提升与兑现为抓手，搭建公司的盈利模式，探索一条“绿水青山向金山银山”转化路径。充分发挥各地资源的优势，突破行政区障碍，促进流域上下游在产业、资金、信息和人才等要素的自由流动，带动流域经济社会发展转型升级，构建起流域内生态共治、经济共兴、文化共荣的流域协同发展利益共同体和责任共同体。

二、永定河流域综合治理与生态修复实施方案编制探索

实施方案从支持地方政府高质量发展和促进沿线资源高水平保护利用出发，确定了“绿色纽带、游憩廊道、千里画卷”的总体目标愿景。落实到“生态治理、土地资源、生态资源利用、文化遗产、数字化管理”5个方面任务，并进一步细化为30余项子任务，整合形成“生态治理类”和“资金平衡类”两大项目库，统筹安排项目时序和空间位置。成果体系包括流域治理实施方案、分省市实施方案、专项规划、专题研究四部分内容（图1）。

主要内容总结概况为资源库、项目库、政策库和标准技术库4个方面（图2）。

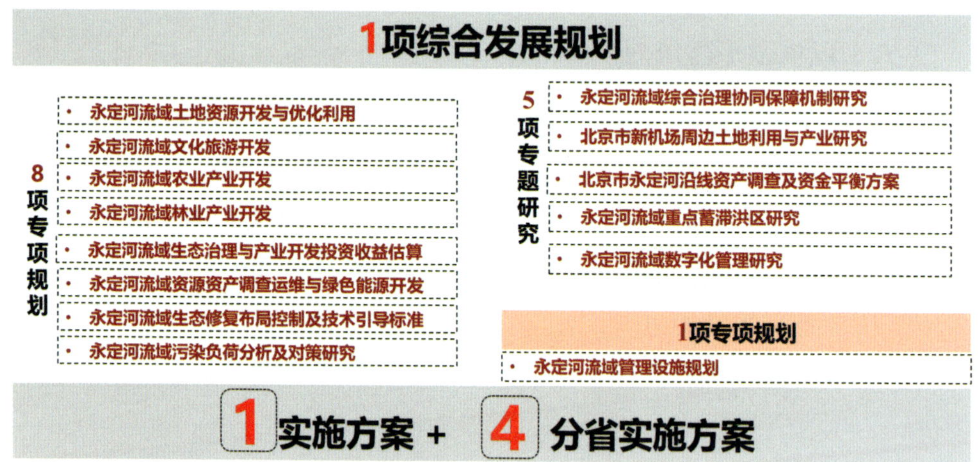

图1　实施方案成果体系图

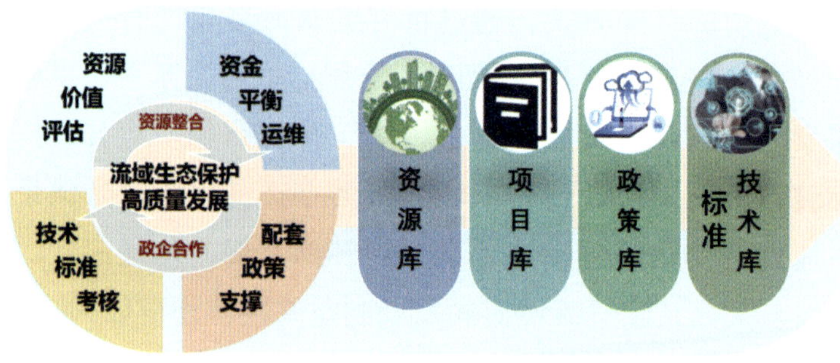

图2　实施方案主要成果图

（一）识别全流域绿水青山价值的“资源库”

摸清资源家底，开展流域内土地、农林、文旅、绿色能源等资源与资产现状调查，包括存量和待开发资源，以及涉及资源开发的配套优惠政策等，从“项目运维与市场前景、投入产出效益比、政策支撑度、政企合作契合度、操作便利度”多个方面综合评价各类资源开发潜力，筛选出优质价值“资源库”，分类制定包括增值溢价分配、生态指标和产权交易、生态补偿、生态产品收益等多种资源向资产转化方式，作为政企合作以及引入社会资本参与进行洽谈、储备和招商的核心资源（图3）。

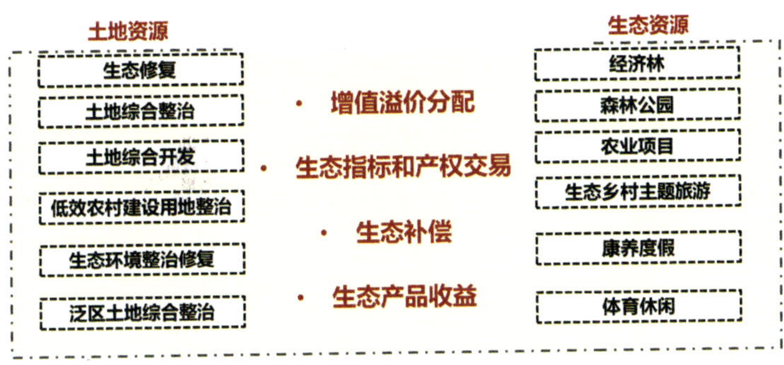

图 3　资源库利用与价值转化路径示意图

（二）构建以资金平衡为目标的“项目库”及其运营模式

从支持地方转型发展和促进沿线资源高质量开发角度，规划制定契合流域政府和企业发展诉求的流域治理总体目标和开发保护总体格局，落实到“生态修复与综合治理、土地整治与开发、生态资源高效利用、文化遗产保护与活化、数字化管理体系”5 个方面任务，并进一步细化为 30 余项子任务并生成“生态治理类”“资金平衡类”两大项目库，以区、县为单位，在开发时序和空间关系上对两类项目库进行匹配。进一步明晰各类项目运营模式和资产管理边界，结合流域投资公司业务范围，制定项目的运营操作手册和流程图，并初步匡算资金平衡方案。后续流域投资公司陆续和各地政府签订了“一地一策”的合作框架，明确了“项目库”在实施过程中双方责权、分工及利益分配等框架性内容，为构建稳定的政企合作关系和方案实施提供了重要保障（图 4）。

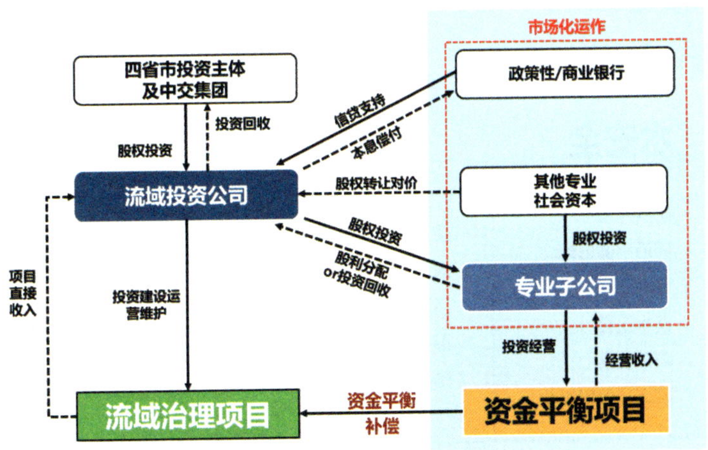

图 4　项目运营模式示意图

（三）创新制定支撑资产转化的配套“政策库”

实施方案以流域自然资产增值和转化为目标，系统梳理部门政策、地方政策、行业政策和试点政策，为创新政策提供重要参考。为吸引社会资本参与，制定了资产转化的各类配套政策，包括河流生态廊道及廊道内资源开发政策、特色资源综合开发和利益分配保障制度、水资源使用和交易制度、流域治污和排污权交易政策、生态补偿机制、多元化融资机制、实施考核和监督机制共 7 个方面（图 5）。

图 5　政策库示意图

（四）形成一套保障工程质量的“标准技术库”

识别流域主要生态环境影响因素和生态环境问题，以全线不断流为目标，测算河道内用水总量，确定河流各段生态功能定位、措施方向、技术指标与工程要求，制定“水安全、水环境、水生态”三类标准，指导永定河后续治理，形成长效的技术监督和质量评估考核标准（图 6）。

图 6　标准技术库示意图

三、总结

以市场化为主导、提升社会资本的参与程度，是我国生态文明建设领域机制创新的重要方向，其核心命题是确定“绿水青山向金山银山”转化的路径，包括如何挖掘高价值的生态资源、如何产出高质量的生态产品及如何实现生态产品的价值兑现等。而在各类企业参与的生态治理项目中，通过资源开发补偿治理资金，明确“资源—资产—资本”的转换方式至关重要，这也是提升社会参与生态治理项目积极性的关键突破点。

永定河流域治理和生态修复项目是国内首次采取以“投资主体一体化带动流域治理一体化”模式的试点工程，《实施方案》对应了企业性质的流域治理新主体，重点解决了“合理匹配生态修复与资源开发资金平衡的关系，明晰政企合作机制，制定补偿机制和配套政策体系”3 个难点，并采取“价值评估—项目遴选—运营模式—合作机制—利益调配—配套政策”的方法，确定了生态资源向生态资产转化的多种方式，为企业等市场化主体参与、主导综合治理和生态修复类项目提供了经验。目前该方案已进入实施阶段，确定的近期资金平衡类项目将陆续进入实操环节，项目后续的立项、资金测算、运营方式等将受到市场环境、政企合作机制和宏观政策的多重影响，存在一定的变数，项目实施的“最后一公里”仍是一个需要不断调整和探索的过程。

（中规院（北京）规划设计有限公司，执笔人：刘雪源、武旭阳、徐有钢）

天津市海绵城市建设的探索与实践

早在 2008 年 9 月，位于天津市滨海新区的中新天津生态城建设之初，就已将低影响开发和雨水资源利用理念纳入指标体系和总体规划之中，指导城市开发建设，并于 2011 年正式启动一批海绵项目的建设。在习近平总书记提出建设海绵城市的要求后，天津市积极响应，组织专业团队，推动天津市海绵城市建设专项规划的编制，绘制海绵城市建设蓝图，并要求位于河西区的解放南路八大里区域、西青区的侯台区域等一批城市更新区域在规划设计时融入海绵城市建设要求，海绵理念得以逐步渗透进天津的城市建设发展中。

依托原有工作基础，到 2016 年 4 月，天津市成功入选国家第二批海绵城市建设试点，并按照需求导向性、可操作性、可示范可推广、新旧结合等原则，选择了两个海绵城市试点建设片区，即天津生态城片区和解放南路片区，总面积 39.5 平方公里。两个试点片区特点鲜明，生态城片区突出目标导向，重点探索城市新区的海绵城市建设实施路径；解放南路片区突出问题导向，重点探索城市更新背景下的海绵城市建设方式。中规院从编制海绵规划开始便协助天津打造海绵技术体系，试点期间开展全过程技术咨询，持续为天津市及两个试点区的海绵城市建设提供技术支撑。

经过 3 年多奋战建设，天津市以规划为引领、以试点为契机、以制度为保障、以标准为支撑，取得了较好的海绵城市建设成效。申请试点时承诺的 4 大类 11 项指标全部达标，中新生态城试点区基本实现“小雨不积水、大雨不内涝”的海绵城市建设目标，解放南路试点区在显著缓解城市老区内涝积水问题的同时，还有效解决了污水跑冒、道路破损、绿地缺失等问题，增强了居民幸福感和获得感。探索出了北方沿海地区超大城市海绵城市建设路径，工作中形成的可复制、可推广的经验可为其他大中城市提供参考。

一、夯实顶层设计，实现系统全域管控

针对开发强度高、人口密度大、建成区面积占比高的超大城市特点，天津市从试点建设伊始便采取试点建设与全域管控并行的基本思路，建立市区两级联动的管理体系，市级成立由主管副市长任组长的市海绵城市建设工作领导小组，由市住建委牵头负责的市海绵办，各区均成立以分管副区长为组长的领导小组，由区住建委牵头负责的区海绵办，还建立了一系列工作制度机制及较为完善的协调推动机制，上下联合系统推动和指导海绵城市建设工作，构建起“全域管控—系统构建—分区治理—试点先行”的建设模式。

二、注重规划引领，编制市区规划方案

海绵城市专项规划是建设海绵城市的重要依据，是海绵城市规划顶层设计的重要组成部分。2016年初，《天津市海绵城市建设专项规划（2016—2030年）》（下称《专项规划》）编制完成并由市政府批复。2018年，为适应形势变化，重点围绕住房和城乡建设部专家意见和控规优化，对专项规划进行提升完善。在《专项规划》的指导下，全市除城六区外的10个行政区也编制了各区海绵城市建设专项规划。并按照汇水分区进行系统分析，梳理实际问题，结合积水片改造，全市16个行政区编制了海绵城市建设实施方案，明确重点建设任务，并持续更新。

专项规划立足于天津“高地下水位、高土地利用率、高不透水面积、低透水率”的“三高一低”海绵城市建设本底，以及超大城市规划管控难度大的现实情况，提出了全域统筹、系统规划、分层管控的总体思路，分别从市域、中心城市和中心城区3个层次提出海绵城市建设规划和管控要求。市域层面开展分层级、多尺度的技术适宜性评价，指引各区海绵城市建设；中心城市构建流域—城市河湖联排联调、蓄排并举的防洪防涝格局，以流域综合治理与统筹为指导，将源头管控指标分解到各分区。中心城区通过治理内河水系、雨水管渠提标、新改扩建雨水泵站等措施，形成蓄排并举、管网提升、源头削减的排水防涝工程体系。

三、建立全域规划建设管控制度，形成项目全流程管控

为加快推进海绵城市建设，规范海绵城市建设项目的规划建设管理，天津市出台了《关于加强海绵城市建设管理的通知》等40余项政策，已将海绵建设要求纳入规划用地审批、方案施工图审查、施工许可、竣工验收等项目规划建设全流程管控环节，明确审批流程、审核要求、审查部门、技术支撑单位等，实现了海绵城市建设工作的规范化、制度化，确保新建、改扩建项目可有效落实海绵城市理念和要求，为海绵城市健康发展提供了制度保障。2017年至今，全市已有万余个建设项目纳入了规划建设管控机制流程。

四、逐年开展绩效考评，发挥工作合力

天津市出台了《天津海绵城市建设监督考评办法（试行）》等制度，建立起了较为完善的海绵城市建设绩效考核制度，已将海绵城市建设工作推动情况纳入市政府对各区和市级有关部门的绩效考评。市海绵办会同市政府督察室对各区人民政府、各相关部门进行专项督查，且督查结果将纳入市政府年度考核，形成了"工作有标准、干部有指标、落实有考评"的绩效责任体系。对市级各有关单位从水生态、水环境、水资源、水安全、制度建设及执行情况、显示度共6个方面的工作落实情况进行全方面考核；对各区人民政府从工作机制建立、专项规划编制、项目建设计划安排、项目审批、建设进度、实施效果、宣传情况和群众满意度等方面进行全过程考核。考评结果作为绩效奖励差额化分配的重要依据。考评不仅在试点期间逐年开展，在试点结束迈入全域海绵后仍持续进行。

同时天津市将海绵城市与全面推行河长制有机结合，在《天津市全面推行河长制主要任务分解表》中纳入海绵城市建设的主要内容和考核指标，在市河长办的季度督导和年度考核中继续强化海绵城市的考核内容，形成推动合力，加强了各区级政府对海绵城市建设工作的重视程度，切实做到了在全市范围内推进海绵城市建设。也结合水污染治理、补短板等工作的开展，在《天津市打好渤海治理攻坚战强化作战计划》等20余项专项工作中，也将海绵城市建设纳入重点工作内容和绩效考核。

五、推动融资引资，广泛吸纳资金

试点期间天津市在用好中央专项补助资金的基础上，积极吸引社会投资。解放南路海绵城市试点区域PPP项目总投资25.2亿元，社会资本区域投资比重超过70%，为在全市推动海绵城市PPP模式建设提供了实践模板。制定配套考核办法，做实考核流程、考核指标、考核管理等内容。通过公开招标选取专业机构实施考核工作。同时，配套出台《天津市市政公用交通领域推广政府和社会资本合作（PPP）模式实施方案》等政策文件，鼓励资本投资，规范资金管理。

六、加强宣传推广，推进共建共享

天津市搭建了海绵城市宣传推广体系。推进海绵城市理念先行与建设实施并重，在全市广泛开展专项宣传，通过地铁、公交全覆盖播放、发放《海绵城市宣传手册》等方式让更多市民群众了解海绵城市、重视海绵城市。

天津市构建了产学研融合平台。以水专项课题为技术支撑。着力突破技术瓶颈，形成关键技术成果，服务海绵设计，应用于示范工程。并组建海绵城市建设产业技术创新联盟，开展技术创新、产业发展等方面的攻关探索。目前已基本形成涵盖科研、咨询、设计、施工和海绵产品的海绵城市全产业链构架。

通过 3 年的试点建设，天津积极破解海绵城市建设中遇到的各类制约难题，在改革中实践，在实践中发展，努力实践出了北方地区超大城市海绵城市建设的新路径。各类法规政策、工作机制、管控制度、标准规范等海绵城市建设工作的“四梁八柱”初步建立，在 2 个国家试点区率先开展海绵城市建设的引导下，全市各区海绵建设已全面推开，坚持“新区以目标为导向，老区以问题为导向”，有针对性地解决了部分内涝积水点和黑臭水体问题，取得了较为显著的成效。也为目前系统化全域推进海绵建设打下了坚实基础。

伴随着试点的结束，天津市继续一以贯之地落实海绵城市发展理念，全市各区的新建区域全面落实海绵城市理念，老城区结合城市更新有序推进海绵城市建设，推动实现“试点海绵”见成效到“全域海绵”成体系的转变，截至 2021 年底，天津市明确已完工排水分区 89 个，目前已达标面积为 312.83 平方公里，占建成区面积 1170.24 平方公里的 26.73%。在已达标排水分区内，年径流总量控制率达到 73.69%，黑臭水体消除率达到 100%，内涝积水点消除率达到 87.34%，雨水资源化利用率达到 3.83%，污水再生利用率达 68.96% 以上。天然水域面积不减少、地下水埋深保持稳定。海绵城市系统化全域推进工作已取得了良好的成效。

（中规院（北京）规划设计有限公司，执笔人：吕红亮、李智旭）

临沂市黑臭水体整治系列规划、方案、设计项目

一、水环境治理的新内涵与新需求

随着我国经济快速发展，城市化进程不断加快，城市水环境问题愈发突出。为此国家部委出台相关文件，对污水提质增效、黑臭水体消除、水环境治理、海绵城市建设等城市涉水领域提出一系列要求，极大地推动了中国水环境领域的技术进步和产业升级，城市水环境治理领域正处于快速迭代发展的阶段。

传统的水环境治理普遍存在工程碎片化、治标不治本、就水而论水、重建轻管等问题，核心原因主要还是治理系统化统筹不足、技术服务专业综合性不足、长效管理不足3个原因。新一轮治水被赋予了新的含义，并在3个方向得到延伸，即：从专注水质的基本改善转向探索水生态综合提升的新目标；从专注水环境的技术方法转向探索水系治理的新体系；从专注水空间治理转向探索水城关系的新模式。新阶段的城市水环境治理不仅需要破解上述问题，还需要转变治理思路，将原有的水污染治理拓展延伸至"水环境、水生态、水资源、水安全"等以及城市更新等统筹建设，以应对未来城市高质量发展的核心需求。

二、水环境治理从规划—设计—实施落地的全过程探索

临沂市中心城区水系发达，呈现六河贯通、八水绕城的形态。随着生态文明发展理念的不断深入，"水"正逐渐成为临沂发展中最重要的元素之一。《临沂市城市总体规划（2020）》中将临沂定位为"生态水城"。做足"水文章"，是临沂在新一轮发展中面临的新课题与新挑战。

随着2018年全国首批黑臭水体治理示范城市的成功申报，面对三年复杂繁重的黑臭水体治理示范工作以及未来更长远的水环境治理与保持工作，临沂市继续对治理工作进行全盘系统统筹规划，启动了《临沂市黑臭水体

整治系列规划、方案、设计项目》系列咨询项目，用以明确黑臭水体以及水环境治理的整体思路、技术理念、系统方案与具体工程项目设计，通过“全过程技术咨询”更快更好地推进临沂市水环境治理工作，争取为全国城市黑臭水体治理工作提供有力示范。

（一）精准评估、找准问题

建立精准评估准则：围绕“上下游治理协调程度”“管网普查修复程度”“截污纳管覆盖程度”“清淤程度”“生态补水程度”“生态岸线达标程度”“滨水空间品质程度”“初期雨水控制程度”8个维度制定临沂市黑臭水体治理成效评估准则，对上一轮治理水体的实际整治效果进行精准评价，查漏补缺，确定每一段水体的问题并形成清单，为近远期整治指引正确方向，为制定详细系统方案奠定基础。

（二）驻场服务、摸清本底

在项目组织形式与项目架构设置上与传统的水环境的项目存在着明显不同。主要体现在项目架构的层次多，从规划到方案、再到重点项目设计，通过分层来解决消化技术难点与项目问题。另外本次项目参加的团队多，项目组织复杂，通过横向的专业组织与纵向的层次组织，以“全过程技术咨询”驻场模式将顶层规划指引、技术指导审查、现场跟踪监管、评估督导考核等各环节形成技术闭环，合力保障黑臭水体治理。

（三）反复试验、仿真模拟

借助长期驻场的先天优势，构建基地涉水数据库与数学模型。结合项目驻场团队常年在现场的观测与试验数据，建立了城市水文气象、排水系统、河流水系本底数据库，并基于此构建了河网、管网水量水质数学模型（图1）。利用数据库与模型，项目团队在陷泥河、青龙河、鱼梁沟等实施项目工程设计中发挥了关键作用，比如确定老城区溢流污染控制工程设计标准为合流制为不低于15.4毫米降雨量，分流制初期雨水污染控制标准为不低于5毫米降雨量等。

图 1　临沂市水环境治理智慧平台（含调度系统与数学模型）

（四）顶层构思、全局谋划

坚持问题导向与目标导向相结合，以流域区域为视角，咨询单位从总体层面谋划系统治理规划，确定了临沂市“上下游、内外源、左右岸、治保用、赏玩游”的黑臭水体整治总体方针，注重统筹技术、投资、设计、建设、运营等不同阶段的全过程服务与管理，全方位衔接规划、市政、环保、水利、生态、景观等各专业关系，近远结合策划形成一批能有效实现治理目标的项目库（图 2）。

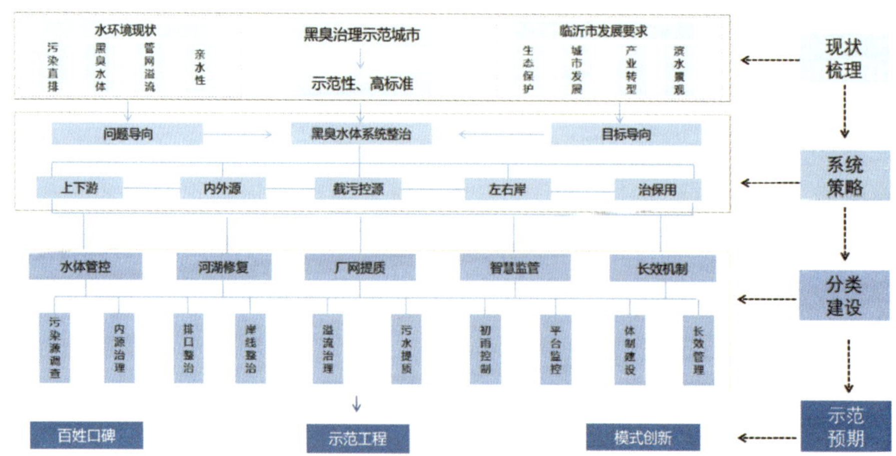

图 2　顶层规划技术路线示意图

（五）“水环境＋”创新治理模式

项目提出基于“水环境＋”模式的全过程咨询服务，即以保障水环境治理达标为首要控制指标，在解决水环境治理问题的基础上外延至城市更新、交通改善、智慧建设等领域，提出“水环境＋城市更新”“水环境＋交通改善”“水环境＋智慧建设”等方面的技术方案，从保障治理效果及方案落地角度，“水环境＋”技术咨询模式需从水环境及附加提升两方面展开（图 3）。

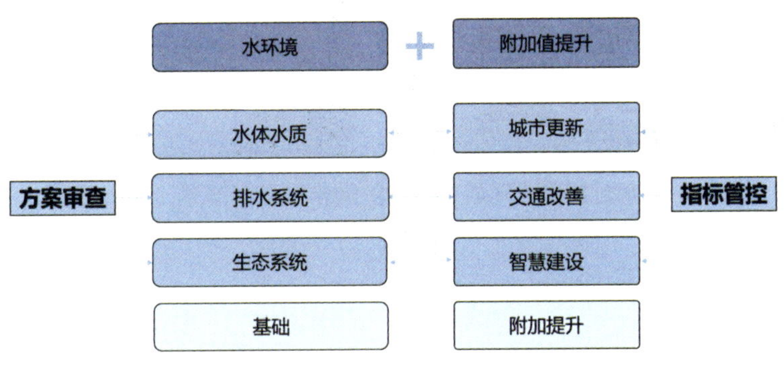

图 3 “水环境＋”治理模式示意图

在青龙河工程实际设计与实施中，需保障按照系统化治理方案中所设置的项目布局落地，尤其是截污系统建设、污水处理设施建设、调蓄系统建设及水体上下游生态系统建设。对于待治理水体而言，不仅需关注水体本身，更需要关注水体上下游建设、流域排水系统建设，避免因区域外污染增加治理水体污染的风险。如在一个典型合流制排水系统中，河上下游任何一段出现溢流污染时，都可能导致河道污染，因此不仅需重点治理沿河排口，更需要系统梳理排水系统，达到治标治本的效果。同时，还需要融入城市更新、交通改善及智慧建设等内容，提升土地价值，改善人居环境，在青龙河项目中体现得淋漓尽致，项目规划与设计充分实现了沿河历史文化遗迹、节点公园、公共服务设施更新改造相互串联，共构“清风清水廊道”，并激发了沿河居民自发地对人居环境进行更新改造，以适应新的滨水环境（图 4）。

图 4　治水过程中沿河居民自发的城市微更新场景（实景图）

（六）管理咨询、长治久清

水环境治理不仅需要科学合理地规划、设计、建设技术咨询，还需要专业的管理咨询，通过长效的管理制度确保水环境质量，管理咨询模式主要包括项目管理和长效管理两方面。项目管理层面，对于涉水项目管理，需清晰定位各项目在系统治理中的功能作用，协调各项目之间的建设关系，科学合理地安排项目实施及运行时序，并优化各涉水项目之间的运行调度，快速且高效地实现治理目标，更大程度上发挥项目功能。因此不仅需从系统层面上把控项目，同时还需要在项目建设细节上进行管理，严格把控项目建设标准；在长效管理层面，由于水环境管理涉及部门较多，如住建、城管、水利等部门，项目长效管理责任分工不明确，传统咨询模式难以实现统筹管理运维的目标。需基于科学调研及政策文件制定，建立长效管理制度，以水环境治理效果保障和完善为目标，建立水环境长期跟踪、长效管理、智慧水务优化调度及数据收集存储等制度。

通过研究国内外黑臭水体治理制度保障特色，结合本地管理特征，提出并协助政府制定涉及多部门的“规划—设计—建设—验收—管理”全流程建管机制及“河长制”考核、问责机制。根据治理过程中出现的短板，撰写“关于黑臭水体治理长效机制建设调研报告”上报市政府。同时在“智慧管控、厂网河湖划定”等技术层面、“排水管理条例”等管养标准层面，继续全流程辅助引导，并以带动并培养地方技术团队为目标，为河道后续长治久清提供强有力保障（图5）。

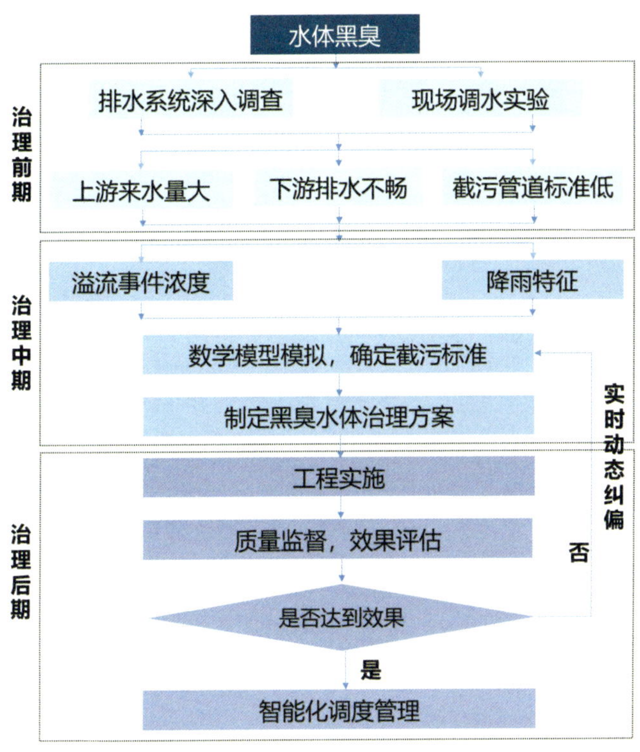

图5　水环境治理驻场流程示意图

三、总结

截至目前，临沂市上报的24段黑臭水体已全部通过省级长治久清评估，连续多年多次通过国家、省级环保部门的专项督查行动，并得到广泛好评。通过黑臭水体治理示范城市建设，临沂市不仅实现了从黑臭水体到“清水绿岸，鱼翔浅底”的完美蝶变，而且借助城市黑臭水体治理之机创新打造的滨水生态宜居城市也迈入了品质提升的快车道（图6）。

图 6　典型河道治理前后效果

（上海分院，执笔人：谢磊、赵祥、吴健、解铭）

第五节　城市治理实践

数字赋能的城市体检关键技术研究与创新应用

一、项目背景

（一）国家要求建立城市体检制度，推动城市高质量发展

我国城市建设发展在取得巨大成就的同时，也累积产生了诸多城市问

题，各类“城市病”凸显。在高质量发展阶段，识别、治理解决城市发展中的突出问题和短板成为当务之急。在此背景下，住房和城乡建设部落实党中央关于建立城市体检评估机制的要求，提出将城市体检作为推动城市高质量发展、提升城市治理水平的创新手段。2019 年，住房和城乡建设部在全国启动“城市体检”第一批试点工作，试点城市包括海口等 11 个城市。其中，中规院承担了海口城市体检试点项目。

（二）海口市建设自贸港对城市人居环境提出更高要求

2018 年，习近平总书记提出建设海南自由贸易港。海口市作为海南省省会，是落实自贸港国家战略的核心区，对城市人居环境品质提出更高要求。尽管海口市近年来持续推进城市建设各项工作，但对照自贸港建设要求，在城市人居环境、创新开放发展等方面仍然存在短板，需要通过全面评估，识别发展问题和开展系统治理。

二、技术思路

（一）突出四个导向

项目结合工作背景，在技术思路中重点突出以下四个导向：目标导向、问题导向、治理导向、人本导向。

“目标导向”指围绕建设海口建设“自贸港核心区”的国家战略和城市愿景，以推动城市高质量发展为目标开展城市体检评估。“问题导向”是指针对城市人居环境突出短板、居民关注的重点问题，开展专项评估和成因分析，推动“城市病”治理。“治理导向”是探索完善体检成果的应用机制，使城市体检工作成为市委市政府开展城市规划建设管理工作的重要参考。“人本导向”是指按照人民城市为人民理念，多渠道调查市民对城市人居环境主观满意度。

（二）主要工作内容

围绕四个导向，项目重点开展 6 项主要工作。① 确定特色指标体系与指标标准；② 指标计算与城市问题诊断分析；③ 居民主观满意度调查；

④ 提出城市治理策略建议；⑤ 制定城市品质提升项目库；⑥ 建设城市体检信息平台（图 1）。

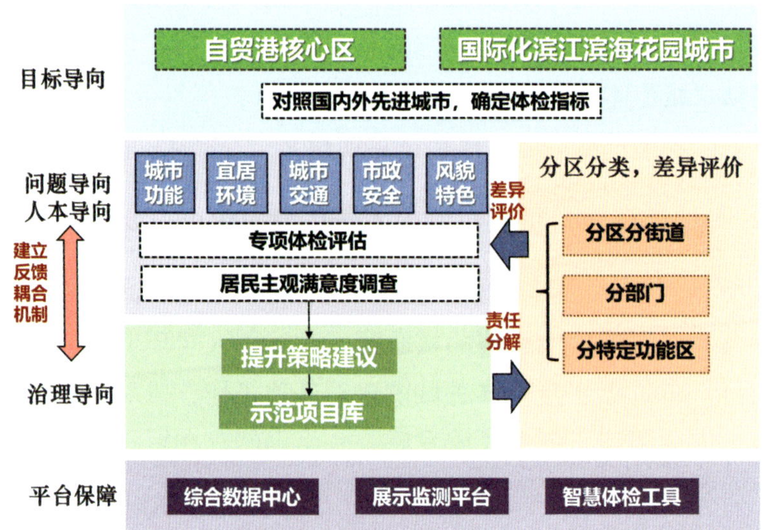

图 1　项目技术路线图

三、主要创新点

（一）作为全国第一批试点，构建系统技术方法体系

项目作为全国城市体检第一批试点城市，在特色指标体系构建、指标评价标准研究、城市问题“三维”诊断评估、主客观综合评估等方面开展了一系列探索，形成适用于地方城市自体检的系统方法体系。

一是提出特色体检指标体系和评价标准研究制定方法。项目突出海口自贸港“国家战略”与滨江滨海花园城市“地方特质”，参考国内外相关指标体系，增补营商环境、生态城市等特色指标，形成海口城市体检特色指标体系。同时从国家规范、规划目标、对标城市等角度出发，因地制宜确定各项指标的取值标准，为识别城市发展优势和问题短板明确评估的“标尺”。

二是总结提炼城市问题“三维”评估诊断方法。项目从城市人居环境子系统维度、变化趋势时间维度、不同尺度空间维度 3 个维度出发，对体检指标开展综合分析，评估城市体征，精准识别发现问题和城市病。具体方法包括：分维度专项评估、时空地图诊断、城市横向比较诊断等（图2、图3）。

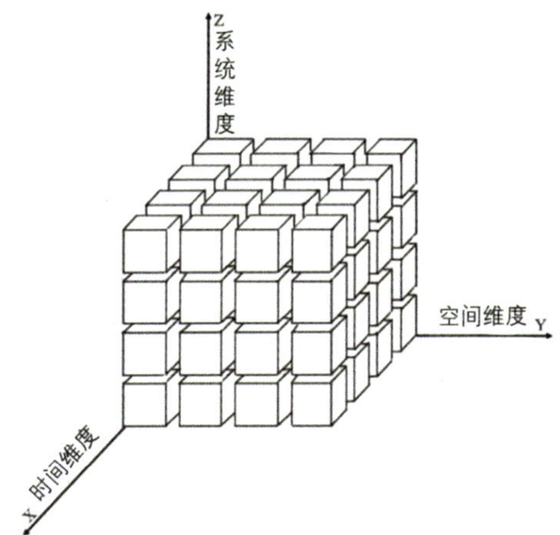

图2　城市问题“三维”评估诊断方法模式图

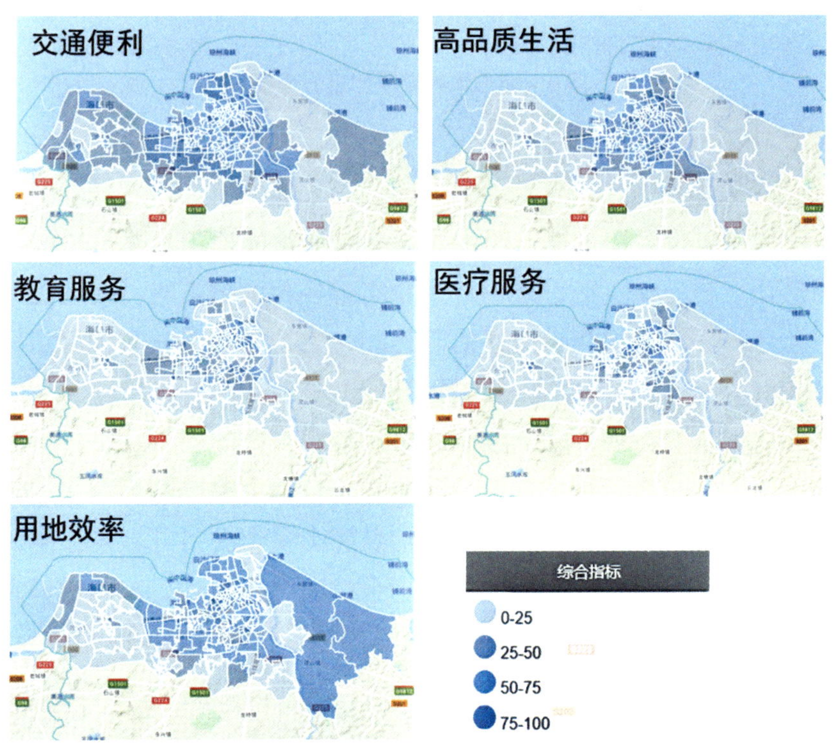

图3　海口市社区分项维度评价结果示意图

三是多渠道调查民意，开展主客观综合评估。一方面，项目采用“线下＋线上”方式投放城市体检调查问卷，广泛调查海口市民对城市建设各方面满意度；另一方面，分析挖掘海口“12345”市民服务热线投诉数据信息，识别居民突出关注的问题，进行重点评估。进而综合指标客观计算结果和市民主观满意度，汇总形成各维度城市问题诊断结论（图 4）。

（a）“椰城市民云”APP　　（b）中规院“规划公众参与平台”

图 4　城市体检调研问卷界面图

（二）加强信息化技术应用，为城市体检智慧赋能

项目围绕体检咨询工作，同步建设海口城市体检信息平台，提高城市体检信息化、自动化水平。该平台开发实现多源数据汇集、可视化展示对比、自动计算分析、智能模型评估等功能，为持续跟踪城市体检指标、监测预警城市运行体征、辅助政府治理决策提供支撑。

平台创新点一：耦合多源数据，加强基于空间的定量评估。平台以政府数据为基础，融合网络大数据、行业专业数据、遥感数据等多元新兴数据，形成可逐年更新的城市体检数据信息库，支撑项目开展基于空间分析的多维度、精细化定量评估。此外，平台打通数据接口，对接海口市“城市大脑”等已建政府信息平台，实现数据共享、功能协同（图 5）。

平台创新点二：运用新技术方法，支撑人本视角的智能评估分析。平台利用人工智能、空间分析等技术，建立街景分析、基于路网的可达性分析等智能分析模型，自动化处理海量的城市街景图片等空间数据，从居民视角出发实现对街道风貌品质、社区生活圈的定量化、精细化评估，推动城市体检向“智能化”升级（图 6）。

（a）城市体检平台　　（b）阿里 ef 城市大脑

图 5　海口市城市体检平台与“城市大脑”对接模式图

图 6　利用街景分析技术分析海口市街道景观品质

（三）创新城市体检工作机制，推动城市体检常态化

一是探索工作组织机制创新。项目配合海口市住建局，建立了“高位推动、共同体检”的工作组织机制。海口市政府成立城市体检评估试点工作领导小组，由市长担任组长，分管副市长任副组长，统筹调度体检工作。同时，建立跨部门“共同体检”机制，组织各区、各部门全过程协同参与城市体检工作。

二是推动体检成果应用机制创新。项目建立了“评价—反馈—治理”的体检成果应用机制。项目首先，识别发现城市现状短板与问题，其次，提出针对性的治理策略建议，再次，广泛对接海口市各部门、各区工作，形成城市品质提升项目库，报市政府同意后，转化为海口城市治理的年度实施项目（图 7）。

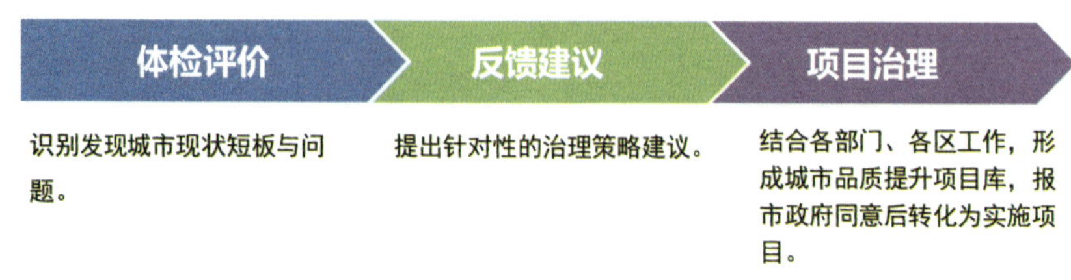

图 7　海口城市体检工作流程示意图

四、实施成效

（一）纳入政府工作报告，成为城市管理抓手

项目提出 40 余项行动项目建议，其中 27 项被列入《海口市 2020 年政府工作报告》的 2020 年重点工作任务，成为海口市提升城市人居环境品质的重要政策抓手。

（二）推动项目实施，促进城市人居环境品质提升

项目提出的推进内涝积水点改造、完善城市道路系统、优化城市公交系统、加强城市文化地标建设等城市品质提升项目在 2020 年有序实施，切实提升了居民的获得感、幸福感（图 8）。

（a）改造前

（b）改造后

图 8　海口市农垦中学积水点改造前后对比图（同等暴雨情况下）

（三）建设信息平台，提高城市体检工作效率

海口城市体检信息平台上线了指标填报系统，实现对部分指标的在线填报收集，提高数据汇聚的效率与质量。同时平台搭建的城市体检基础数据库、部署的完整社区评价等算法模型持续应用于后续年度城市体检，提高了城市体检工作的科学化、智能化水平（图9）。

图9　海口城市体检信息平台指标数据填报系统界面图

（四）经验复制推广，在全国城市体检工作中发挥示范效应

项目完整构建“体检咨询＋信息平台”的城市体检一体化技术解决方案，为后续全国其他地区的城市体检工作提供了经验参考。根据项目经验，项目组参与编制了住房和城乡建设部科技司组织编制的《城市自体检技术指南》《城市体检信息平台建设指南》等技术文件，指导全国其他城市体检样本城市的体检评估工作。

（城市规划学术信息中心，执笔人：李昊）

城市信息模型（CIM）基础平台规划建设顶层设计及咨询服务

——以雄安新区和苏州为例

一、城市信息模型（CIM）的内涵

城市信息模型（CIM）是智慧城市建设的核心，其作为现代城市新型基础设施的作用日益凸显，顶层设计是运用系统论的方法，既要站位高远，又要结合苏州和雄安的实际情况，从全局角度，对城市信息模型（CIM）基础平台的各方面、各层次、各要素统筹规划，以集中有效资源，高效快捷地建立满足当地现状和需求的时空信息基础设施。

整体来说，CIM 技术方法仍然处于探索阶段，呈现以下两大趋势：第一个趋势就是 CIM 和建筑信息技术模型（BIM）的不断融合和打通。CIM 本身就是多种 BIM 聚合起来构成的。确切来说，BIM 本身的发展，对于 CIM 技术的迭代也起到了非常关键的作用。结合工程项目改革审批的发展，BIM 的精进对于 CIM 发展有很大推动作用。另一个发展趋势是物联网数据发展，也就是对于城市今后运营中各个方面的感知，都推动了 CIM 平台在城市管理与运营中发挥更大的作用。这两方面的发展结合，构成今后 CIM 整体的发展趋势。从国家的标准来说，现在的核心是围绕 CIM 基础平台标准在定义。为了推动基础平台的运转，实际上需要发展三维模型建模的标准及相关感知数据融通的标准，实现整个城市多源异构空间数据轻量化、实时化、跨行业的流转。同时，结合城市的规划、建设、施工、竣工流程环节，在各个阶段，汇聚城市大建设系统方方面面的信息。这些部分结合城市治理和数字经济，形成了 CIM 平台的一套标准体系（图 1）。

雄安是住房和城乡建设部城市信息模型平台第一批试点城市之一，平台作为第一个通过验收的项目，其经验推广到苏州、上海、深圳、成都、三亚、北京市南中轴等地，引领了全国城市信息模型平台建设的经典模式。

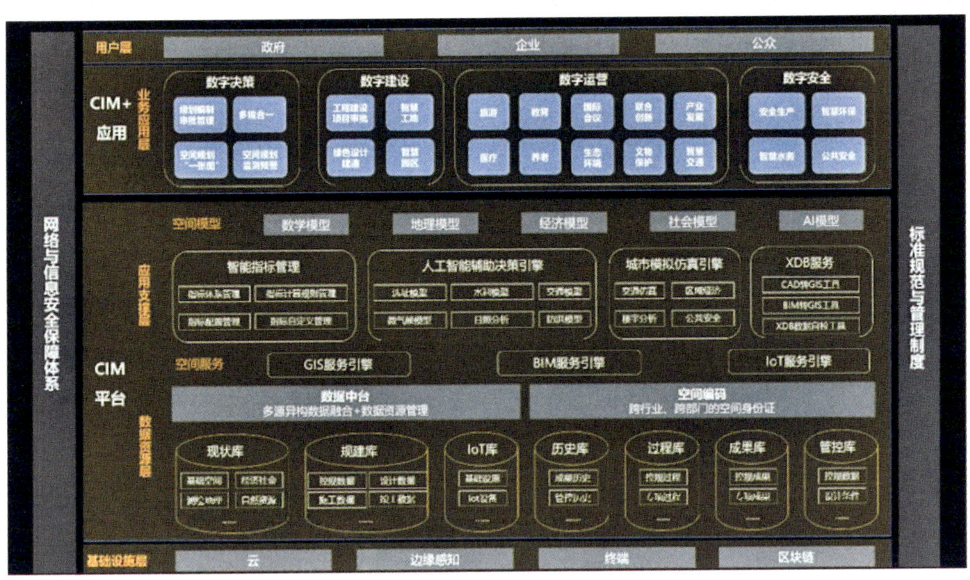

图 1　CIM 平台的架构

二、编制探索

紧密围绕数字城市和物理城市同步规划同步建设的“核心任务”，雄安新区规划建设 BIM 管理平台以空间为核心，探索用于指导未来数字城市的高质量发展方式，建立了从城市现状、规划、建设到运维的数字空间映射成长模式；针对国家“放管服”、工程项目审批改革等要求，基于 BIM 的工程建设项目智能审批，研究针对 BIM 审查和 CIM 平台建设的顶层设计方法，助力雄安数字孪生城市建设。

相对来说，“苏州市城市信息模型（CIM）基础平台规划建设顶层设计及咨询”项目是为了构建具有苏州特色的“数字基础设施”，高起点高定位开展的顶层设计。项目针对苏州数字化发展对时空信息载体建设的迫切需求，开展了业务调研、案例分析和项目建设方案设计等内容，搭建了验证系统，编制了《苏州市城市信息模型（CIM）基础平台规划建设顶层设计报告》，为后续平台建设提供了重要依据。

（一）摸清问题

苏州市在 CIM 平台建设上具有良好的政策优势、经济文化优势和信息化基础，但是在数据方面仍存在现有多源数据融合不足、三维数据精度不够、数据共享机制欠缺等问题，在业务方面存在自然资源规划与管理业务流程交错重叠、各区县业务权限不统一、业务智能化水平待提升等现状情况，在系统建设方面则面临现有系统众多、条线分隔、系统数据未打通等问题。针对上述问题与数字化发展的需求，顶层设计方案一方面，提出多源数据融合的要求和具体路径，明确三维模型的分级分类数据标准与各类模型精度的使用场景，强调以共享为原则、不共享为例外的数据共享要求；另一方面，梳理绘制了统一的资源调查、规划、建设、管理等全链条业务流程，将各处室业务流程进行串联，为后续的业务数据关联打通、业务数据的唯一性提供了基础支撑；在此基础上，提出建立统一的 CIM 数据库和 CIM 基础平台，统一对外提供数据服务，保证数据的唯一性、连贯性和共享性，强化系统之间的关联性。

（二）研究方法

找准问题才能找到正确的研究方法。苏州市 CIM 平台顶层设计采用案例分析、调研访谈等方法，在借鉴各地先进做法的基础上，通过调研苏州实际的业务、数据、系统情况，分析用户实际需求，创新性地提出苏州市“1 ＋ 10”CIM 基础平台的架构体系、技术路线和实施方案，并搭建验证系统，对顶层设计的思路和方案进行有效验证，具有前瞻性和可操作性。

雄安新区规划建设 BIM 管理平台基于多元异构数据以及海量数据的存储计算需求，平台部署在云计算之上，采用分布式云计算和存储方式，平台聚焦于解决应用问题，云计算平台提供存储、计算、并发、数据备份等服务，满足数据处理、实时分析等多种应用需求；围绕规建管全生命周期的建设需求，利用专业化 GIS 平台引擎和三维地图，实现建筑、市政等城市 BIM 模型可视化，支持海量空间数据存储、运算及可视化，实现信息互联互通；构建规建管全流程业务支撑，构建覆盖规划、建筑、市政等专业的审查管控规则库，实现雄安规建管智能化。

（三）流程设计

雄安新区规划建设 BIM 管理平台立足建立全周期生长记录、全时空数据融合、全要素规则贯通的数字信息系统，优化时空资源配给，建立起实时协同反馈的规划与治理模式。

（1）全周期生长记录，平台遵循城市的生长周期的客观规律，以数字技术对空间管理赋能增效，监测与展示雄安新区空间成长建设的全过程。

（2）全时空数据融合。统一公开格式的数据转译，汇集地上地下空间数据和动态信息，建立空间编码体系，促进数字城市全时空要素管理。

（3）全要素规则贯通，以多规合一、多管合一的理念，构建覆盖审查—监测—评估—预警等多种需求的指标体系，制订规划设计、技术指南、标准规范、相关政策等内容共同确定的“全量无损”管控规则，制定各专业平台成果交付标准，整合打通六大阶段中规划—建筑—市政等跨专业的指标计算关系，结合城市—组团—用地—建筑—房间—构件等多尺度空间单元，实现从总体规划逐步落实到地块层面，最后落实到建设层面的纵向传导过程，形成层层传递、全局联动、敏捷迭代的城市智能化决策规则，拉通指标—标准—构件属性挂接的传递，实现描述性管控要素在信息载体上的落位（图2）。

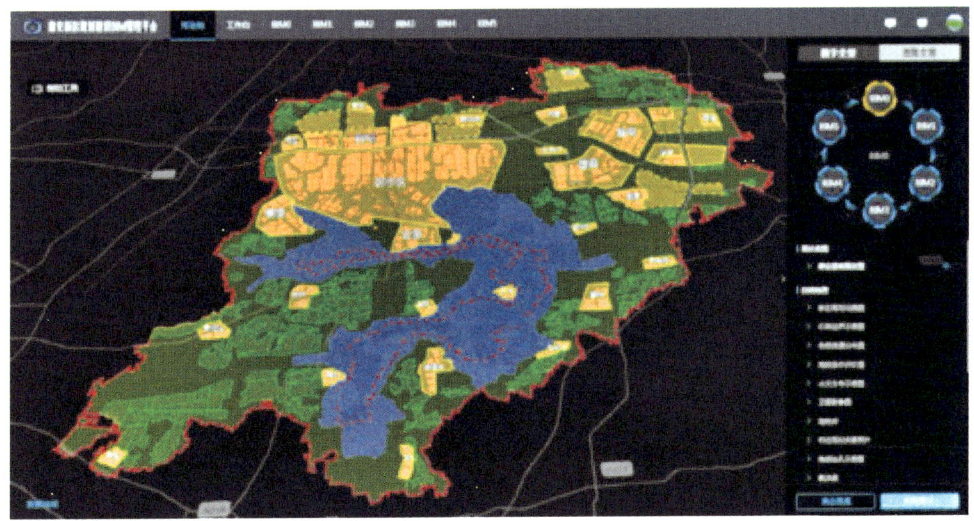

图2　数字全景驾驶舱界面

（四）顶层设计

苏州市CIM平台顶层设计以构建一条“业务链”、编织一张“数据网”为规划构思，具有以下创新点：

（1）市区共建共享，形成分布式“1 + 10”架构体系。从苏州市区两级管理特征和发展特点出发，搭建“1 + 10”市域一体化的 CIM 平台，“1”为苏州市，“10”为苏州六区四县共 10 个板块，实现多源异构数据的融合和数据的空间化映射。

（2）数据、模型、业务三轮驱动，基于场景实现自动迭代。建立“三中台模型”，以数据中台认知城市规律，以业务中台生产城市知识，以模型中台推动人机互动，进而以应用系统辅助空间决策。

（3）多场景松耦合，满足各类智慧城市应用场景。基于微服务架构，保证 CIM 平台的可扩展性，构建数字驾驶舱、城市规建管、城市治理、数字经济、生活服务五大应用子系统，未来支持多样化智慧应用基于 CIM 平台的集成、共享、共创，提升现代化城市治理与公共服务水平。

（4）六板块、双循环，推动数字经济的可持续。从资源、规划、土地、项目、监管、交易六大核心板块出发，建立局内局外数据业务双循环、政府市场资源双循环、国内国外经济双循环，为数字经济的可持续发展提供支撑。

（5）实体与空间协同编码，创新数据融合标准。根据统一的规则，为每个空间赋予唯一的身份 ID。

（五）实施推进

城市信息模型平台融合了三维的空间数据以及各种城市的建设信息，能够提供城市三维数据的可视化表达、专业的模型计算、管理审查等核心功能，为城市建设运营和管理提供各种智能服务。雄安新区规划建设 BIM 管理平台针对城市全生命周期的“规、建、管、养、用、维”六个阶段，在国内率先提出了贯穿数字城市与显示世界映射生长的建设理念与方式。围绕“一张蓝图”的落实，平台在规建成果服务支撑系统中实现 BIM 2 成果机器自动化质检，避免人为错误，保证成果准确无误，提高核查效率 95% 以上；自动生成“一函一表一底板”，实现规划条件智能核提，将在传统以人工为主模式下需要 5 天的工作缩短为 1.5 天；承接上位管控要求，实现设计方案 BIM 机审体检，基本完成项目线上报建、一窗受理、部门联审、统一出证的整体报建流程，实现统一标准、人审和机审统一。苏州市城市信息模型（CIM）基础平台稳步推进（图 3）。

图 3　CIM 基础平台服务门户

三、总结

面向未来，城市信息模型（CIM）将会推动数字孪生城市全生命周期的智能化应用。下一步，我们将更加专注于规划方案仿真模拟，也就是通过规划条件形成跨专业数据底板，不仅把总规和详规以及城市设计连接起来，还要把交通、能源、供水、环保等与之相关的专项规划和城市规划方案无缝衔接起来，建立各专业之间的数据协同联动。实际上，在雄安项目上，不同机构的方案在平台上拼合在一起，就能快速发现某些线下难以发现的不吻合点。同时，模型测试以及仿真模拟，包括交通、空间、水和气候系统模型，都将成为规划设计方案优化的辅助工具。更为重要的是专家会商，推动人机互动，辅助识别规划设计中需要优化的部分。

CIM 平台将提供以人为中心的智慧感知界面。街道立面是感知城市空间的界面，手机屏幕是感知数字空间的界面，个体穿戴设备是感知隐匿维度的界面。不同智能化的感知界面将会促进人们从更多的视角去体验空间，这将会加速我们对物质世界和数字世界的认知和决策。基于 CIM 平台的数字孪生城市将会提升并重塑我们对于城市或者对于未来的感知、认知、体验、决策能力，孕育出更多的未来使用场景，挖掘更多的未来发展维度，催生更多的未来创意想法，最终加速实体城市社会的演进。

（城市规划学术信息中心，执笔人：鲍巧玲、张晔理、胡文娜）

深圳国际会展城总设计师咨询服务

深圳市从40年前一个偏僻的边境小城，变成了中国改革开放的探路者和破冰者，创造了人类建设史上的一个奇迹。制度变革所释放的巨大能量，推动着这座城市飞速发展，超越了前辈规划师最初的预想，甚至超越了所有人最大胆的想象。

中国城市规划设计研究院，自20世纪80年代初就参与深圳特区的建设，并设立常驻分支机构。我们有幸以长期跟踪、伴随服务的方式，参与和见证了深圳市很多重点地区的变迁及重点项目的建设。

伴随式服务的规划设计工作，包含从规划意图到设计蓝图，再到实施建设的动态过程。基于不断应对政府和市场的调整要求，以及多专业协同推进落实的诉求，我们在内部和外部的工作协同机制建设，以及团队人员构成和能力建设方面都积累了大量经验，并且在长期的伴随式城市设计服务实践中得到不断丰富、完善和制度化。这些探索和积累成为后来深圳市政府2018年正式出台总设计师制度的重要实践基础。

一、缘起大空港

深圳国际会展中心是全球第一个集地铁、周边市政道路桥梁及管廊、水利工程、配套设施同时开发并投入使用的系统建筑工程，对提纲挈领的统筹协调是一个巨大的考验。原有的各项规划层次、范围、侧重点各不相同，在快速建设过程中亟须跨专业、全要素的衔接。

因此按照深圳市委市政府关于城市重点地区高品质、高标准开展规划、设计、建设和管理以及打造世界一流国际会展中心的要求，2018年深圳市政府提出国际会展城开展总设计师咨询服务制度。

会展中心的规划和组织服务源自2006年的大空港规划，我们团队研究了国际化大都市空港地区的发展规律后提出，深圳的空港地区应该配置一个国际性的会展中心。虽然当时并没有得到回应，但在后续的空港枢纽地区规划被不断调整的过程中，我们一直坚持预留会展中心的位置和功能，并最终得到认可。2015 年，受相关主管部门委托又开展了会展中心的前期咨询服务，拟定了国际招标文件，并参与评审最终选定中标方案。在整个 15 年的规划历程中，从谋划会展中心到描绘会展新城，再到服务于会展中心的建设，我们一直在进行规划伴随的持续服务（图 1）。

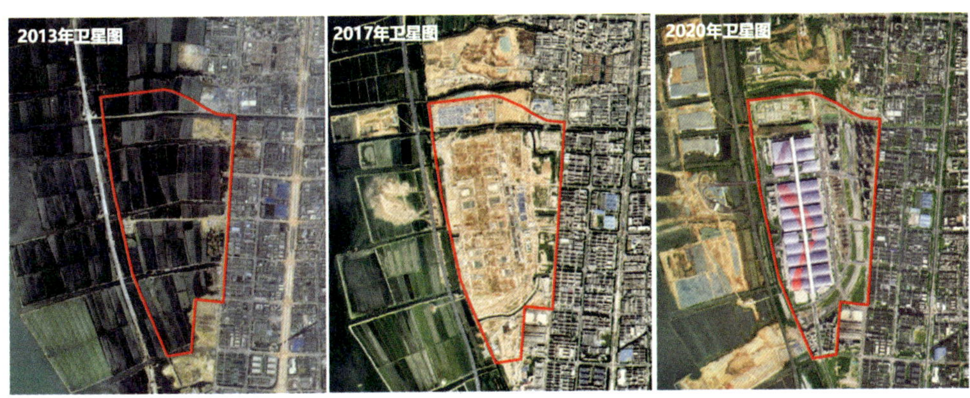

图 1　深圳国际会展中心建设历程图

二、共谋会展城

鉴于中规院深度参与了深圳国际会展中心谋划、选址、招标到建设、配套、运营全过程，已规划伴随、跟踪深圳大空港地区服务 10 多年。因此最终确定由中规院深圳分院朱荣远与香港华艺设计林毅正式成为国际会展城总规划师与总建筑师。这是深圳第一个采用“双总师”制度实践的重点地区，即由深圳国际会展中心建设指挥部办公室聘请“1 名总规划师＋ 1 名总建筑师”作为国际会展城总设计师，为深圳国际会展中心建设和深圳国际会展城综合规划项目规划统筹、交通优化、产业升级、景观提升等提供及时专业意见。

通过规划和建筑双总师的共同协助，把保障重大项目落地和周边地区高质量发展整体营造进一步结合。落实中央城市工作会议要求，提高规划实效性，深化规划编制与规划管理的对接机制，探索建立全过程、精细化的规划编制责任制度。调动政府、社会和市民三方参与城市规划的积极性，转变思路，减量提质，多规合一，探索新的发展道路。

随着规划空间层次的划分和规划类型的多样化，规划编制和动态维护需要依托相对稳定的空间平台和技术团队。因此，特别由两位总设计师组建相对稳定能持续跟踪服务的技术团队、专业构成多元、并有拥有丰富经验的团队成员。

以中国城市规划设计研究院朱荣远领衔的总规划师团队为例，主要包括规划、交通、市政 3 大专业，城市规划、城市设计、道路交通、经济地理、燃气工程、给水排水工程、电力工程、环卫工程、人防工程 9 个细分领域的 33 位技术人员构成。

总设计师以规划实施为导向，通过伴随式咨询服务，主抓城市规划和城市设计的结构和系统，主动发现问题，及时优化调整，纲举目张地把控从城市设计到建设实施的全过程。总规划师偏重中观层面的地区城市设计引导，弥补了宏观规划实施传导方面的不足。总建筑师团队在微观层面又深入落实中观城市设计的要求。两大团队优势互补形成合力，系统地主导项目前期咨询、设计服务、现场指导直至运营管理。在提高会展中心整体工程的建设效率、减少工程浪费和弥补工程缺陷的同时，保障了周边地区城市品质的全面提升，实现了从一个“会展中心”建设到一个“会展新城”营造的跨越（图 2）。

图 2 “双总师”现场工作图

三、工作新要求

总设计师基于保障规划实施的公共利益，推进建筑与城市空间建设协调，提升城市形象和品质为原则，为精细化管理提供专业的技术支持。按照会展指挥部的总设计师细则要求，主要是为指挥部、招华集团、空港办、市区两级政府的各个部门提供规划、建筑、景观、市政、交通、生态等各领域的技术协调、专业咨询和技术审查等服务。

通过总师高层级的协调服务机制，自上而下地推动项目高效建设。服务形式上主要包括驻场办公、现场指导、工作会议、优化设计、专题研究等。

从解决的关键性问题来看，深圳国际会展中心总设计师团队重点解决了八大问题：

（1）协调指导《深圳国际会展城综合规划》编制，搭建国际会展城总规划师工作的技术整合平台。

（2）协调重大公共设施选址，最终推动决策调整，在关键地区释放出1平方公里的核心用地。

（3）策划编制新城核心区国际咨询任务书，开拓国际视野，打造“西湾都心”。

（4）交通方面从区域千米级的连接建议到街道厘米级的微差协调，坚持原则底线，突出行人体验。

（5）景观方面重点关注人的尺度与整体空间协调，营造宜人的慢行体验空间。

（6）“双总师”协同，从不同角度开展地块方案设计审查，确保城市建筑空间品质。

（7）市政基础设施方面主要包括协助落实各类设施用地、提升优化水生态系统等基础保障。

（8）在会展中心落成后，还开展了会展二期、区域协同、街道优化、设计指引等专项研究工作。

总设计师团队的伴随式服务保障了深圳国际会展中心一期工程的建设，最终实现了三年竣工的深圳效率。2019年11月4日，会展中心如期开业，迎来了首展。而会展新城的总设计师服务工作还在继续中，通过周边地区的城市更新以进一步推动国际会展城和湾区的协同发展，成为新阶段总设计师服务的重要工作内容（图 3）。

图 3　深圳国际会展城会规划鸟瞰图

四、制度新探索

（一）规划伴随有助于规划实施与提升

总设计师要对这块土地非常熟悉，中规院跟踪深圳长达 10 余年，这就是我们最大的优势，可以从规划到落实持续不断地维护。同时鼓励规划、建筑、工程、景观等多专业总师服务制度，在不同阶段、不同深度提供不同维度的研究视角和技术判断。在中、微观层面都会有相应的技术要求，比如中观层面的地区城市设计总设计师制，微观层面的工程建筑师负责制。

（二）突出城市设计的引领，空间形象需以城市设计为抓手

在规划实施阶段，重中之重是城市设计。它是积极引导又面向实施的行动计划。城市设计贯穿于城市规划建设管理全过程，是落实城市规划、指导建筑设计、塑造城市特色风貌的有效手段。

（三）总设计师给专业管理提供新兴力量

城市规划建设管理具有专业性、系统性强的特点。高质量的城市规划建设管理，不仅要求政府、社会、市场积淀深厚的专业力量，还要求把各方面专业力量融合起来，才能形成强有力的供给。为提升城市规划水平，可成立城市规划委员会等高规格决策咨询机构，吸收国内外不同界别的权威专家参与。

五、结语

随着我国社会经济发展进入新的发展阶段，从好设计到好营造，将是城市化过程中的一个重要挑战。当我们面向未来，唯一确定的就是不确定性。如果在发展的过程中不去思辨，不能顺应社会进步的规律，那么无论多么优秀的规划设计都将存在认知的局限性。所以，不同层级和不同专业的规划设计，都有必要采取不同的伴随和修正方式，去确保良好的结果，这就是规划的理性一面。我们也可以说，唯一确定的就是确定性。因为，初心、信念和理想都有其确定性的一面。“不忘初心，方得始终”，只有对价值观和底线的坚守，才能让好设计真正地变成好营造。最后希望通过总设计师咨询服务的长期跟踪，超越物质空间的表象，控制关键资源，系统地设计城市空间秩序，“保障当下，预留未来”，这就是我们所追求的。

（深圳分院，执笔人：龚志渊、王泽坚）